普通高等院校土木工程专业“十三五”规划教材
国家应用型创新人才培养系列精品教材

土木工程材料

主编　杨中正　刘焕强　赵玉青

中国建材工业出版社

图书在版编目（CIP）数据

土木工程材料/杨中正，刘焕强，赵玉青主编．—北京：中国建材工业出版社，2017.5（2024.8 重印）

普通高等院校土木工程专业“十三五”规划教材　国家应用型创新人才培养系列精品教材

ISBN 978-7-5160-1834-7

Ⅰ.①土…　Ⅱ.①杨…　②刘…　③赵…　Ⅲ.①土木工程—建筑材料—高等学校—教材　Ⅳ.①TU5

中国版本图书馆 CIP 数据核字（2017）第 082175 号

内容提要

本书着重介绍了土木工程材料的基本知识、组成、性能、技术要求、用途及检验方法等，运用理论与试验相结合的方法，对土木工程材料性能及其应用进行了较为深入的阐述，并对重点内容辅以相应的试验作为指导，把工程实践内容有机地组织到教材中，加强了实践运用的力度，以便读者学习。

全书内容包括土木工程材料的基本性质、气硬性胶凝材料、水泥、混凝土、建筑砂浆、建筑钢材、建筑石材、沥青及沥青混合料、墙体与屋面材料、聚合物材料、装饰材料、建筑功能材料和土木工程材料试验。

本书应用性强，适用面宽，可作为高等学校土木工程、工程管理、道路桥梁、水利、工程造价、建筑学及相关专业学生的教材或教学参考用书，也可作为土木工程设计、施工、监理、科研和管理等相关人员的参考用书。

土木工程材料

主　编　杨中正　刘焕强　赵玉青

出版发行：中国建材工业出版社

地　　址：北京市西城区白纸坊东街 2 号院 6 号楼

邮　　编：100054

经　　销：全国各地新华书店

印　　刷：北京雁林吉兆印刷有限公司

开　　本：787mm×1092mm　1/16

印　　张：24.75

字　　数：610 千字

版　　次：2017 年 6 月第 1 版

印　　次：2024 年 8 月第 4 次

定　　价：62.80 元

本社网址：www.jccbs.com，微信公众号：zgjcgycbs

本书如有印装质量问题，由我社事业发展中心负责调换，联系电话：（010）63567692

前　　言

本书是普通高等院校土木工程专业“十三五”规划教材，以“高等学校土木工程本科指导性专业规范”为指导，结合多年教学实践经验，立足材料在土木工程中的应用，合理借鉴国内外土木工程材料发展的新成果，针对土木工程领域技术发展和人才培养的需求，力图全面反映土木工程材料及其应用技术的发展现状与趋势，让学生在学习现代土木工程材料知识的同时培养创新精神，提高能力，增强素质，为进一步学习专业课以及毕业后从事专业相关工作打下必要的基础。

本书阐述了土木工程材料的基本知识，并介绍了常用土木工程材料的基本组成、生产工艺、材料性能、技术质量要求、用途及检验方法等，强调教学的实用性，注重反映和突出基础理论在工程实践中的应用，把工程实践内容有机地组织到教材中，加强了实践运用的力度，具有系统性、全面性和实用性等特点。本书内容较全面，包括土木工程材料的基本性质、气硬性胶凝材料、水泥、混凝土、建筑砂浆、建筑钢材、建筑石材、沥青及沥青混合料、墙体与屋面材料、聚合物材料、装饰材料、建筑功能材料和土木工程材料试验。每章也配有习题和相关的工程案例，更有利于学生掌握本章重点内容。

本书由华北水利水电大学教师合作编写，参加编写工作的有：杨中正教授（第 1 章、第 2 章、第 3 章、第 7 章、第 14 章的试验一及试验七），刘焕强副教授（第 4 章、第 5 章、第 9 章、第 11 章、第 13 章、第 14 章的试验二至试验六），赵玉青副教授（第 6 章、第 8 章、第 10 章、第 12 章）。

土木工程材料发展日新月异，新材料、新标准层出不穷，作者水平有限，书中难免有不当之处，敬请广大师生和读者不吝批评指正。

编　者

2017 年 1 月

目　　录

1 绪　论

内容提要

掌握土木工程材料的概念和土木工程材料的发展方向、化学组成、键型和主要特征；熟悉并了解土木工程材料试验中计算的算术平均值、标准差、变异系数所表达的含义；了解我国土木工程材料的标准。

1.1 土木工程和土木工程材料

土木工程是建造各类工程设施科学技术的统称，包括应用的材料、设备和进行的勘测、设计、施工、保养、维修等技术活动，以及工程建设的对象；也包括建造在地上或地下、陆上或水中、直接或间接为人类生活、生产、军事、科研提供服务的各种工程设施，例如建筑工程、桥梁工程、公路与城市道路工程、铁道工程、管道隧道工程、运河堤坝工程、港口工程、电站工程、飞机场工程、海洋平台工程、给水排水以及防护工程等。

土木工程材料包括广义的土木工程材料和狭义土木工程材料。广义的土木工程材料指土木工程中所有的材料，包括施工过程中的辅助材料以及建筑器材等。其中，建筑物材料包含砂石、水泥、石灰、混凝土、钢材、沥青、沥青混合料、装饰材料等；施工过程的辅助材料，包括脚手架、模板、卷扬机等；建筑器材，包含消防设备、给排水设备、网络通讯设备等。狭义土木工程材料指直接构成工程实体所有材料及制品的总称，它们是构成建筑物的最基本元素，是一切土木工程的物质基础。

1.2 土木工程材料的分类

土木工程材料可按不同原则进行分类。

1.2.1 按材料的化学成分划分

金属材料是指以金属元素或以金属元素为主构成的具有金属特性材料的统称。包括纯金属、合金、金属材料金属间化合物和特种金属材料等。一般分为工艺性能和使用性能两类。所谓工艺性能是指机械零件在加工制造过程中，金属材料在特定的冷、热加工条件下表现出来的性能。金属材料工艺性能的好坏，决定了它在制造过程中加工成形的适应能力。由于加工条件不同，要求的工艺性能也就不同，如铸造性能、可焊性、可锻性、热处

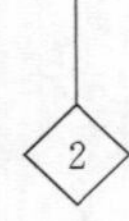

理性能、切削加工性能等。所谓使用性能是指机械零件在使用条件下，金属材料表现出来的性能，它包括力学性能、物理性能、化学性能等。金属材料使用性能的好坏，决定了它的使用范围与使用寿命。在机械制造业中，一般机械零件都是在常温、常压和非强烈腐蚀性介质中使用的，且在使用过程中各机械零件都能承受不同荷载的作用。金属材料在荷载作用下抵抗破坏的性能，称为力学性能（过去也称为机械性能）。金属材料的力学性能是零件设计和选材时的主要依据。外加荷载性质不同（例如拉伸、压缩、扭转、冲击、循环荷载等），对金属材料要求的力学性能也将不同。常用的力学性能包括强度、塑性、硬度、冲击韧性、多次冲击抗力和疲劳极限等。

无机非金属材料是由硅酸盐、铝酸盐、硼酸盐、磷酸盐、锗酸盐等原料和（或）氧化物、氮化物、碳化物、硼化物、硫化物、硅化物、卤化物等原料经一定的工艺制备而成的材料。是除金属材料、高分子材料以外所有材料的总称。它与广义的陶瓷材料有等同的含义。无机非金属材料种类繁多，用途各异，目前还没有统一并完善的分类方法。一般将其分为传统的（普通的）和新型的（先进的）无机非金属材料两大类。传统的无机非金属材料主要是指由二氧化硅（SiO_2）及其硅酸盐化合物为主要成分制成的材料，包括陶瓷、玻璃、水泥和耐火材料等。此外，搪瓷、磨料、铸石（辉绿岩、玄武岩等）、碳素材料、非金属矿（石棉、云母、大理石等）也属于传统的无机非金属材料。新型的（或先进的）无机非金属材料是用氧化物、氮化物、碳化物、硼化物、硫化物、硅化物以及各种无机非金属化合物经特殊的先进工艺制成的材料。主要包括先进陶瓷、非晶态材料、人工晶体、无机涂层、无机纤维等。无机非金属材料具有高熔点、高硬度、耐腐蚀、耐磨损、高强度和良好的抗氧化性等基本属性还具有宽广的导电性、隔热性、透光性、良好的铁电性、铁磁性和压电性。

有机材料又称高分子材料，是指由一种或几种结构单元多次（103～105）重复连接起来的化合物。它们的组成元素不多，主要是碳、氢、氧、氮等，但是相对分子质量很大，一般在10000以上，有的可高达几百万。因此才叫做高分子化合物。高分子化合物的基本结构特征使它们具有跟低分子化合物不同的许多宝贵的性能。例如机械强度大、弹性高、可塑性强、硬度大、耐磨、耐热、耐腐蚀、耐溶剂、电绝缘性强、气密性好等，使高分子材料具有非常广泛的用途。

综上所述，土木工程材料按化学成分分类见表1-1，材料的化学组成、键型和主要特征见表1-2。

表1-1　土木工程材料按化学成分分类

无机材料	金属材料	黑色金属：铁、建筑钢材
		有色金属：铜、铝、铝合金
	无机非金属材料	天然材料：如石材、砂、碎石等 无机胶凝材料：如石灰、石膏、水玻璃、水泥等 硅酸盐制品：砖、瓦、玻璃、陶瓷 无机纤维材料：玻璃纤维、矿物纤维、氧化物纤维等
有机材料	植物材料	木材、竹材等
	沥青材料	石油沥青、煤沥青等
	高聚物材料	橡胶、塑料、涂料、油漆、胶黏剂等

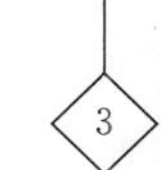

续表

复合材料	非金属-非金属复合	水泥混凝土、砂浆、无机结合料稳定混合料
	金属-无机非金属材料	钢筋混凝土、钢纤维混凝土
	有机-无机非金属材料	玻璃钢、聚合物混凝土、沥青混凝土
	金属-有机材料	轻质金属夹心板、PVC 钢板等

表 1-2 材料的化学组成、键型和主要特征

材料类别	化学组成	组合键	主要特征
金属材料	金属元素	金属键	光泽、塑性、较高强度、刚度、导热导电
无机非金属材料	氧、硅或其他金属的化合物、氮化物、碳化物等	离子键 共价键	耐高温、耐蚀、脆性
高分子材料	碳、氢、氧、氮、氟等	共价键 分子键	轻、比强度 高、耐磨、耐蚀、易老化、刚度小
复合材料	两种或两种以上不同材料组成	—	比强度、比模量高、功能复合

1.2.2 按材料的来源划分

根据材料的来源，土木工程材料可分为天然材料及人造材料。

1.2.3 按材料的使用部位划分

根据材料的使用部位不同，土木工程材料可分为承重材料、墙体材料、屋面材料等。

1.2.4 按材料的功能划分

根据材料的功能，土木工程材料可分为两大类：

结构材料——主要用做承重的材料，如梁、板、柱所用材料。

功能材料——主要是利用材料的某些特殊功能，包括装饰、防水抗渗、绝热、耐热、防火、耐磨、耐腐蚀、防爆、防腐蚀材料等。

1.3 土木工程材料的技术要求

1.3.1 材料的性能检验方法

通常在实验室内进行材料的性能检测，包括结构检测，实验室内模拟现场修筑试验性能结构检测等。

检测性能的基本要求：

（1）测试技术

取样：代表性。

仪器：仪器精度与试验要求一致。

试验：试件和试验严格按照试验规程进行。

结果和评定：结果满足精确度和有效数字的要求。一般取算术平均值作为结果。

（2）试验条件

由于同种材料在不同条件下会得出不同结果，因此严格控制试验条件，保证结果可比性。具体如下：

温度：温度低，抗冲击强度低。

湿度：一般试件湿度越大，测得的强度越小。

试件尺寸与受荷面的平整度：小试件比大试件强度高，高度低的试件比高度高的试件强度高。

加荷速度：加荷速度越快，试件强度越高。

（3）检测报告

包括试验名称、内容、目的与原理、试验编号、测试数据、计算结果评定与分析、实验条件与日期、试验人、校核人、技术负责人等。注意，试验报告需要整理、计算，不是原始记录。

1.3.2 材料性能检测的数据处理与分析

在进行具体的数字运算前，按照一定的规则确定一致的位数，然后舍去某些数字后多余尾数的过程称为数字修约，指导数字修约的具体规则称为数字修约规则。现在广泛使用的数字修约规则主要有“四舍五入”规则和“四舍六入五单双法”规则。

当尾数为 5，而尾数后面的数字均为 0 时，应看尾数“5”的前一位，若前一位数字此时为奇数，就应向前进一位；若前一位数字此时为偶数，则应将尾数舍去。数字“0”在此时应被视为偶数。当尾数为 5，而尾数“5”的后面还有任何不是 0 的数字时，无论前一位在此时为奇数还是偶数，也无论“5”后面不为 0 的数字在哪一位上，都应向前进一位。

负数修约，按上述进行，最后在修约值前面加上负号。

1.3.3 平均值、标准差以及变异系数

数据有两种变化趋势，集中趋势和离散趋势。表示数据集中趋势的指标有多个，如算术平均数、中位数、几何平均数、调和平均数等，使用最多的是算术平均数。表示数据离散趋势的指标有多个，如极差、平均离差、方差与标准差，使用最多的是方差与标准差。

1. 平均数

算术平均数是指资料中各观察值的总和除以观察值的个数所得的商，简称平均数或均数，记为 $\overline{x}$。平均数是统计学中最常用的统计量，用来表明资料中各观测值相对集中较多的中心位置。设某一资料包含 n 个观测值：x_1、x_2、⋯、x_n，则样本算术平均数可通过式（1-1）计算：

$$\overline{x}=\frac{x_1+x_2+\cdots+x_n}{n}=\frac{\sum_{i=1}^{n}x_i}{n} \tag{1-1}$$

2. 中位数

将资料内所有观测值从小到大依次排列，位于中间的那个观测值，称为中位数，记为M_d。当所获得的数据资料呈偏态分布时，中位数的代表性优于算术平均数。中位数的计算方法因资料是否分组而有所不同。对于未分组资料，先将各观测值由小到大依次排列，当观测值个数 n 为奇数时，（$n+1$）/2 位置的观测值，即 $M_d=x_{(n+1)/2}$ 为中位数；当观测值个数 n 为偶数时，$n/2$ 和（$n/2+1$）位置的两个观测值之和的 1/2 为中位数，即 $M_d=\frac{x_{n/2}+x_{(n/2+1)}}{2}$。已分组资料中位数的计算方法。若资料已分组，编制成次数分布表，则可利用次数分布表来计算中位数，其计算公式见式（1-2）：

$$M_d=L+\frac{i}{f}\left(\frac{n}{2}-c\right) \tag{1-2}$$

式中 L——中位数所在组的下限；

i——组距；

f——中位数所在组的次数；

n——总次数；

c——小于中数所在组的累加次数。

3. 几何平均数

n 个观测值相乘之积开 n 次方所得的方根，称为几何平均数，记为 G。它主要应用于生产动态分析，畜禽疾病及药物效价的统计分析。如动物生产中增长率，抗体的滴度，药物的效价，疾病的潜伏期等，或当资料中的观察值呈几何级数变化趋势，或计算平均增长率，平均比率等时用几何平均数比用算术平均数更能代表其平均水平，其计算公式见式（1-3）。为了计算方便，可将各观测值取对数后相加除以 n，得 $\lg G$，再求 $\lg G$ 的反对数，即得 G 值，见式（1-4）：

$$G=\sqrt[n]{x_1\cdot x_2\cdot x_3\cdots x_n}=(x_1\cdot x_2\cdot x_3\cdots x_n)^{\frac{1}{n}} \tag{1-3}$$

$$G=\lg^{-1}\left[\frac{1}{n}(\lg x_1+\lg x_2+\cdots+\lg x_n)\right] \tag{1-4}$$

4. 调和平均数

资料中各观测值倒数的算术平均数的倒数，称为调和平均数，记为 H，见式（1-5）：

$$H=\frac{1}{\frac{1}{n}\left(\frac{1}{x_1}+\frac{1}{x_2}+\cdots\frac{1}{x_n}\right)}=\frac{1}{\frac{1}{n}\sum\frac{1}{x}} \tag{1-5}$$

5. 标准差

用平均数作为样本的代表，其代表性的强弱受样本资料中各观测值变异程度的影响。仅用平均数对一个资料的特征作统计描述是不全面的，还需引入一个表示资料中观测值变异程度大小的统计量，为此引入标准差记 S，计算公式见式（1-6）和式（1-7）：

$$S=\sqrt{\frac{\sum(x-\overline{x})^2}{n-1}} \tag{1-6}$$

或

$$S=\sqrt{\frac{\sum x^2-\frac{(\sum x)^2}{n}}{n-1}} \tag{1-7}$$

标准差可以反映绝对离散成度。

6. 变异系数

当资料所带单位不同或单位相同但平均数相差较大时，不能直接用标准差比较各样本资料的变异程度大小。变异系数是衡量资料中各观测值变异程度的另一个统计量。标准差与平均数的比值称为变异系数，记为 C_V，见式（1-8）：

$$C_V = \frac{S}{\bar{x}} \times 100\% \tag{1-8}$$

变异系数可以消除单位和（或）平均数不同对两个或多个资料变异程度的影响，反映相对离散程度。

此外，还有可疑值、极端值和异常值。当对同一样品进行多次重复测定时，常发现一组分析数据中某一、两个测定值比其他测定值明显地偏大或偏小，我们将其视为可疑值。可疑值可能是测定值随机波动的极端表现，即极端值（包括极大和极小值），它们虽然明显地偏离多数测定值，但仍处于统计上所允许的误差范围之内，与多数测定值属于同一总体。当然有些可疑值可能与多数测定值并非属于同一总体内，这样的可疑值称为异常值。样本异常值是指样本中的个别值，其数值明显偏离它所在样本的其余观测值。

1.3.4 技术标准

产品标准化是现代工业发展的产物，是组织现代化大生产的重要手段，也是科学管理的重要组成部分。为了适应现代化生产科学管理的需要，专门的机构必须对土木工程材料产品的各项技术制定统一的执行标准，对其产品规格、分类、技术要求、检验方法、验收方法、验收规则、标志、运输和贮存等方面作出详尽而明确的规定，作为有关生产、设计应用、管理和研究等部门共同遵循的依据。

目前，世界各国对土木工程材料的标准化都非常重视，均有自己的国家标准。随着我国对外开放和加入世界贸易组织（WTO），常常会涉及这些标准，其中主要有，世界范围统一使用的国际标准，代号为 ISO；美国材料试验学会标准，代号为 ASTM；德国工业标准，代号为 DIN；英国标准，代号为 BS；法国标准，代号为 NF；日本工业标准，代号为 JIS 等。熟悉相关的技术标准并了解制定标准的科学依据，也是十分必要的。国外产品在我国境内使用时，如无特别许可，必须符合我国国家标准。

《中华人民共和国标准化法》将我国标准分为国家标准、行业标准、地方标准、企业标准四级，我国国家技术监督局是国家标准化管理的最高机关。对于生产企业，必须按标准生产合格的产品，同时它可促进企业改善管理，提高生产率，实现生产过程合理化。国家标准和部门行业标准都是通用标准，是国家指令性技术文件，各级生产、设计、施工等部门，均必须严格遵照执行。凡没有制定国家标准、行业标准的产品，均应制定企业标准。

1. 国家标准

国家标准是指由国家标准化主管机构批准发布，对全国经济、技术发展有重大意义，且在全国范围内统一的标准。国家标准有强制性标准（代号为 GB）、推荐性标准（代号为 GB/T）。

2. 行业标准

行业标准也是全国性的标准，但是它是由主管生产部（或总局）发布，如建材行业标

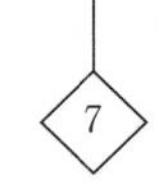

准（代号为JC），建工行业标准（代号为JG），冶金行业标准（代号为YB），交通行业标准（代号为JT）。

3. 地方标准

地方标准是地方主管部门发布的地方性标准（代号为DB）。

4. 企业标准

企业标准则仅适用于本企业（代号为QB）。凡没有制定国家标准、行业标准的产品，均应制定企业标准。

标准的一般表示方法，是由标准名称、部门代号、编号和批准年份等组成。例如：《普通混凝土长期性能和耐久性能试验方法标准》（GB/T 50082—2009）。对于强制性国家标准，任何技术（或产品）不得低于其规定的要求；对推荐性国家标准，表示也可以执行其他标准的要求；地方标准或企业标准所制定的技术要求应高于国家标准。

1.4 土木工程材料在国民经济中的地位和发展方向

1.4.1 土木工程材料在国民经济中的地位

1. 建筑业的物质基础

材料质量的优劣，选用是否适当，配制是否合理等因素直接影响结构物的造价和质量。

2. 土木工程材料决定工程造价

在工程修筑费用中，材料费用约占30%～70%，某些重要工 程甚至可达到70%～80%。如材料费用一般占建筑工程总造价的50%～70%，水利工程材料的费用占30%～40%。材料质量的优劣，配制是否合理，选用是否恰当直接影响建筑工程质量。所以节约工程投资，降低工程造价，合理选配和应用材料是极其重要的一个环节。

3. 材料的研究是土木工程技术发展的重要基础

工程建设中要实现新设计、新技术、新工艺，因此研制新材料至关重要。新材料的出现又会推动新技术的发展。土木工程材料的发展与土木工程建造技术的进步有着不可分割的联系，它们相互制约、相互依赖和相互推动。新型土木工程材料的诞生推动了土木工程设计方法和施工工艺的变化，而新的土木工程设计方法和施工工艺对土木工程材料品种和质量提出了更高的多样化要求。一种新型土木工程材料的出现，必将促进土木工程结构设计和施工技术的革新。提高土木工程材料的强度，则在相同承载力下，构件的截面尺寸可以减小，自重也随之降低。材料的重量减轻，不仅构件自重小，而且在相同的运输能力下，构件和制品的数量就可增大。如果采用轻质大板、空心砌块取代传统的烧结普通砖，既减轻了墙体自重，又改善了墙体的保温性能。采用轻质高强土木工程材料可以使整个建筑物的重量大大降低，从而使建筑物的下部结构和地基的负荷相应减少，抗震能力增强。同时，也有利于机械化施工，加快工程施工进度。

随着社会生产力的发展和人民生活水平的提高，对土木工程材料在功能方面提出新要求，反过来又将促进土木工程材料的发展。例如，现代高层建筑和大跨度结构需要高强轻

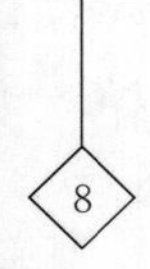

质材料；化学工业厂房、港口工程、海洋工程等需要耐化学腐蚀材料；建筑物下部结构、地铁和隧道工程等需要高抗渗防水材料；建筑节能需要高效保温隔热材料；严寒地区的工程需要高抗冻性材料；核工业发展需要防核辐射材料；为使建筑物满足美观的需求，则需要各种绚丽多彩的装饰材料等。因此，在土木工程中，按照建筑物对材料功能的要求及其使用时的环境条件，正确合理地选用材料，做到材尽其能，物尽其用，这对于节约材料，降低工程造价，提高基本建设的技术经济效益具有重大的意义。

一般来说，优良的土木工程材料必须具备足够的强度，能够安全地承受设计荷载；自身的重量（表观密度）以轻为宜，以减少下部结构和地基的负荷；具有与使用环境相适应的耐久性，以便减少维修费用；用于装饰的材料，应能美化房屋并能产生一定的艺术效果；用于特殊部位的材料，应具有相应的特殊功能，如屋面材料要能隔热、防水，楼板和内墙材料要能隔声等。除此之外，土木工程材料在生产过程中还应尽可能保证低能耗、低物耗及环境友好。

1.4.2 土木工程材料的发展方向

土木工程材料是随着人类社会生产力和科学技术水平的提高而逐步发展起来的。随着社会生产力的发展，人类最从早穴居巢处，进入能制造简单工具的石器、铁器阶段，如万里长城（200 B.C.）采用条石、大砖、石灰砂浆等，金字塔（2000—3000 B.C.）采用石材、石灰、石膏等材料，罗马圆形剧场（70—80 A.D.）采用石材、石灰砂浆等；18 世纪中叶进入钢材、水泥等材料的阶段，19 世纪进入钢筋混凝土（1890—1892）阶段；20 世纪进入预应力混凝土、高分子材料的时代；进入 21 世纪后，土木工程材料不仅性能和质量不断改善，而且品种不断增加，一些具有特殊功能的新型土木工程材料应运而生，如轻质、高强、节能、高性能绿色建材等。

随着生产的发展、科学技术的进步，土木工程材料的发展更迅速，传统材料朝着轻质、高强、美观、复合化和多功能化、绿色化方向发展。主要表现在原料、工艺、性能、形式和研究方向上。

① 在原材料上，利用再生资源，如工农业废渣、废料，保护土地资源。

② 在工艺上，引进新技术，改造、淘汰旧设备，降低原材料与能耗，减少环境污染，维护社会可持续发展。

③ 在性能上，力求产品轻质、高强、耐久、美观并具有高性能化和多功能化。

④ 在形式上，发展预制装配技术，提高构件尺寸和单元化水平。

⑤ 在研究方向上，研究和开发化学建材和复合材料，促进新型建材的发展。

1.5 土木工程材料的学习目的和要求

土木工程材料是一门实用性很强的专业基础课。它以数学、力学、物理、化学等课程为基础，并为学习有关的后续专业课程提供材料基本知识，同时还为学生从事工程实践和科学研究打下必要的基础。该课程的基本任务是使学生通过学习，获得土木工程材料的基础知识，掌握土木工程材料的技术性能、应用方法及其试验检测技能，同时对土木工程材料的储运和保护也有所了解，以便在今后的工作实践中正确选择与合理使用土木工程材料。

1.5.1 学习的目的

该课程对土木工程中材料的合理选择、设计、存储、研究和发展，以及保证工程建设质量都具有重要的指导意义。学习重点应是根据材料的性质合理选用材料。要达到这一点，就必须了解各种材料的特性，在学习时，不仅要了解每一种土木工程材料具备哪些性质，而且应对不同类型、不同品种材料的特性进行相互比较，只有掌握其特点，才能做到正确合理选用材料。同时，还应知道材料具备某种工程性质的基本原理，以及影响工程性质变化的外界条件。

1.5.2 学习要求

重点掌握常用土木工程材料的技术性能、组配方法及检验方法，以及各种材料的内部组成结构及其与技术性能之间的关系，学会合理选用材料。熟悉常用材料的测试仪器，掌握测试方法和技术。了解材料的产源，加工工艺对其性能的影响，材料存在的问题和改善方法及保管和运输材料等问题。

重视试验课的学习。试验课是重要教学环节，可加深了解材料的性能和掌握试验方法，培养科学研究能力以及严谨的科学态度。通过试验，一方面要学会利用各种常用土木工程材料的检验方法，对土木工程材料进行合格性判断和验收；另一方面可提高实践技能，能对试验数据、试验结果进行正确的分析和判别，培养科学认真的态度和实事求是的工作作风。因此，结合课堂讲授的内容，加强对材料实验的实践是十分必要的。

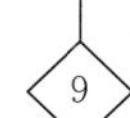

思考题

1. 什么是土木工程和土木工程材料?
2. 木工程材料按化学成分分哪几类?
3. 什么是算术平均值、标准差、变异系数?
4. 《中华人民共和国标准化法》将我国标准分为哪几类?
5. 土木工程材料在国民经济中的地位?
6. 土木工程材料的发展方向?

2
土木工程材料的基本性质

内容提要

掌握材料的基本组成、结构、物理性质和基本力学性质，熟悉材料的密度、表观密度和堆积密度间的关系；了解材料与水和热有关的性质；掌握材料的耐久性能。重点是掌握材料的基本物理性质、力学性质和耐久性，难点是材料的耐久性及其影响因素。

土木工程材料的基本性质，是指材料处于不同的使用条件和使用环境时，通常具有的最基本的、共有的性质。建筑物是由各种土木工程材料建造而成的，这些土木工程材料在建筑物各个部位的功能不同、使用环境不同，人们对材料的使用功能要求就不同，对材料性质的要求也就有所不同，因而要求土木工程材料必须具有相应的基本性质。例如，用于结构部位的材料需要承受不同外力作用，因此应具有所需的力学性能；用于基础的材料除了受建筑物的荷载作用外，还可能受地下水侵蚀或冰冻作用；用于建筑物外墙的材料，要求具有防水、耐腐蚀的特点；对于长期暴露在大气中的材料则要求其能经受风吹、日晒、雨淋、冰冻引起的温度变化、湿度变化及反复冻融引起的破坏。为了保证在工程设计与施工中能够正确地选择和合理地使用土木工程材料，必须了解土木工程材料的主要性能，掌握对材料质量的评定指标。

2.1 材料的组成、结构与构造

环境条件是影响材料性质的外因，材料的组成、结构和构造是影响材料性质的内因。内因对材料的性质起着决定性的作用。

2.1.1 材料的组成

材料的组成，包括材料的化学组成、矿物组成和相组成。它们不仅影响材料的化学性质，而且也是影响材料物理力学性质的主要因素。

1. 化学组成

化学组成是指组成材料的化学元素或单质与化合物的种类和数量。其中，金属材料以各化学元素含量表示，无机非金属材料以各氧化物含量表示，有机材料以各化合物的含量表示。当材料与外界自然环境及各类物质相接触时，它们之间必然要按照化学变化规律发生作用，如钢材的腐蚀等。材料有关这方面的性质都是由材料的化学组成决定的。例如，钢材中四种矿物相所含的化学元素是：Fe、C 及其他微量元素（Cr、Mn、Ni 等）；生石灰的化学组成是 CaO，熟石灰的化学组成是 $Ca(OH)_2$；水泥中四种矿物相所含的化合物是 CaO、SiO_2、Al_2O_3、Fe_2O_3 等；氯乙烯塑料的化学组成有 PVC 树脂（$[-CH-CHCl-]_n$）、二丁酯、$CaCO_3$ 等。

2. 矿物组成

矿物组成是指构成材料矿物的种类和数量。矿物指具有一定化学组成和结构特征的天然化合物或单质，也指具有特定晶体结构、特定物理力学性能、类似于天然矿物的物相或化合物。材料中的天然石材、无机硅胶凝材料等，其矿物组成是决定材料性质的主要因素。如钢材中的矿物相有奥氏体、铁素体、渗碳体和珠光体；硅酸盐类的水泥主要由硅酸钙、铝酸钙等熟料矿物组成，决定了水泥易水化成碱性凝胶体并具有凝结硬化的性能，同时当水泥所含的熟料矿物不同或含量不同时又可形成各种不同性质的水泥。

化学组成与矿物组成的关系：①化学组成相同，其矿物组成不一定相同。例如：半水石膏的化学成分为 $CaSO_4 \cdot 0.5H_2O$，但它有 α—、β—、γ—等三种矿物相；②不同的矿物相，其化学组成可能相同。例如：水泥熟料中的硅酸二钙和硅酸三钙两种不同矿物相的化学成分均是 CaO 和 SiO_2；③矿物组成相同，其化学组成一定相同。

3. 相组成

相指具有同一聚集状态、同一结构、相同的物理和化学性质，并以界面相互隔开的均匀部分。自然界的物质可分为气相、液相和固相。相同化学组成的物质在温度、压力等条件发生变化时会发生相变，如化学组成为 H_2O 的物质，由于温度和压力的不同可以呈现为气相、液相和固相。固相包括连续相、分散相（纤维与颗粒）。

2.1.2 材料的结构

材料的结构是决定材料性质的重要因素，是指材料中所含各物相物质的类型、尺寸、形状、数量及分布，包括物相或化合物中各离子、原子、分子与超细颗粒等质点的堆积方式和几何形状，以及纤维的排布等。材料的结构层次包括宏观结构、细观结构和微观结构。

1. 宏观结构

宏观结构是指材料宏观存在的状态，即肉眼或放大镜可分辨的毫米级组织。主要有致密结构、多孔结构、纤维结构、层状结构、散粒结构等，见图 2-1。

① 致密结构。基本上是无孔隙存在的材料。特点：强度和硬度较高，吸水性小，抗渗和抗冻性较好，耐磨性较好，绝热性差。例如钢铁、有色金属、致密天然石材、玻璃、玻璃钢料等。

② 多孔结构。多孔结构指具有粗大孔隙的结构。这种材料的性质决定于孔隙的特征、多少、大小及分布情况。一般来说，这类材料的强度较低，抗渗性和抗冻性较差，绝热性较好。如加气混凝土、石膏制品、烧结普通砖等。

③ 纤维结构。纤维结构指材料内部组成有方向性，纵向较紧密而横向疏松，组织中存在相当多的孔隙。这类材料的性质具有明显的方向性，一般平行方向纤维的强度较高，导热性较好。如木材、竹、玻璃纤维、石棉等。

④ 层状结构。层状结构指天然形成或人工方法用胶结料将不同的片材或具有各向异性的片材胶合成具有层状结构的材料。每一层的材料性质不同，但叠合成层状构造的材料

后，可获得平面各向同性，更重要的是可以显著提高材料的强度、硬度、绝热或装饰等性质，扩大其使用范围。如胶合板、纸面石膏板、塑料贴面板等。

⑤ 散粒结构。散粒结构是指松散颗粒状的结构。密实颗粒：如砂子、石子等，因其致密，强度高，适合作承重的集料，比如混凝土集料。轻质多孔颗粒：如陶粒、膨胀珍珠岩等，因具多孔结构，适合做绝热材料。

(a) (b) (c) (d)

图 2-1　材料的宏观结构

(a) 致密结构，如致密天然石材；(b) 多孔结构，如加气混凝土；(c) 纤维结构，如玻璃纤维；(d) 层状结构，如胶合板

2. 细观结构

细观结构（显微结构、亚微观结构）指光学显微镜能看到的 $10^{-6}\sim10^{-3}$ m 级的结构，介于微观结构和宏观结构之间。如分析金属材料的金相组织、木材的木纤维、混凝土中的孔隙、界面和微裂缝等。

3. 微观结构

微观结构是指用电子显微镜或 X 射线衍射仪等手段来研究材料的原子、分子级结构，尺寸$<10^{-6}$ nm。如水泥浆体的微观结构由晶体态水化物、非晶态水化物和微小孔隙及孔隙中的水构成。材料的许多物理性质如强度、硬度、熔点、导热、导电性都是由微观结构所决定的。根据排列有序与无序，微观结构分为晶体、非晶体（又称无定型体或玻璃体）、胶体。

（1）晶体

晶体是指有明确衍射图案的固体，其原子或分子在空间上按一定规律周期重复排列。晶体中原子或分子的排列具有三维空间的周期性，隔一定的距离重复出现，这种周期性规律是晶体结构中最基本的特征。晶体的分布非常广泛，自然界的固体物质中，绝大多数是晶体。气体、液体和非晶物质在一定的合适条件下也可以转变成晶体。晶体的特征包括以

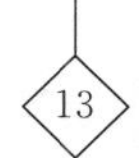

下方面。长程有序，晶体内部原子至少在微米级范围内规则排列；均匀性，晶体内部各个部分的宏观性质是相同的；各向异性，晶体中不同方向上具有不同的物理性质；对称性，晶体的理想外形和晶体内部结构都具有特定的对称性；自限性，晶体具有自发地形成封闭几何多面体的特性；解理性，晶体具有沿某些确定方位晶面劈裂的性质；最小内能，成型晶体内能最小；晶面角守恒，属于同种晶体的两个对应晶面之间的夹角恒定不变。晶体按其结构粒子和作用力的不同可分为四类，原子晶体、离子晶体、分子晶体和金属晶体。

① 原子晶体。原子晶体是指相邻原子之间通过强烈的共价键结合而成的具有空间网状结构的晶体，如金刚石、碳化硅等。由于原子之间相互结合的共价键非常强，要打断这些键而使晶体熔化必须消耗大量能量，所以原子晶体一般具有较高的熔点、沸点和硬度，在通常情况下不导电，也是热的不良导体，熔化时也不导电，但半导体硅等可有条件地导电。原子晶体在工业上多被用作耐磨、耐熔或耐火材料。金刚石、金刚砂都是极重要的磨料；SiO_2是应用极广的耐火材料；石英和它的变体，如水晶、紫晶、燧石和玛瑙等，是工业上的贵重材料；SiC、BN（立方）、Si_3N_4等是性能良好的高温结构材料。

② 离子晶体。离子晶体是指由正负离子以离子键结合而形成的晶体，如亚硝酸钠、硫酸铝等。离子晶体一般硬而脆，具有较高的熔沸点，熔融或溶解时可以导电。离子晶体在固态时有离子，但不能自由移动，不能导电，溶于水或熔化时离子能自由移动而导电。因此水溶液或熔融态状态下是通过离子的定向迁移导电，而不是通过电子流动导电。不同于离子化合物，离子晶体是指由离子化合物结晶成的晶体，离子晶体属于离子化合物，是离子化合物中的一种特殊形式，不能称为分子。

③ 分子晶体。分子晶体是指分子间通过分子间作用力构成的晶体，一般分子晶体属于有机化合物，如苯、乙酸、乙醇、葡萄糖等。其强度、硬度、熔点较低，密度小，如有机化合物等。

④ 金属晶体。金属晶体以金属阳离子为晶格，是由自由电子与金属阳离子间金属键结合而形成的。

晶体内质点的相对密集程度，质点间的结合力和晶粒的大小，对晶体材料的性质有着重要的影响。以碳素钢材为例，因为晶体内的质点相对密集程度高，质点间又以金属键联结，其结合力强，所以钢材具有较高的强度，较大的塑性变形能力。如再经热处理使晶粒更细小、均匀，则钢材的强度可以提高。又因为其晶格间隙小，存在自由运动的电子，所以使钢材具有良好的导电性和导热性。

（2）非晶体

非晶体也称玻璃体。玻璃体是具有一定化学物质的熔融物质，经快速冷却，使熔融的质点来不及按一定的规则排列，便凝固成固体，即为玻璃体。玻璃体的特点：无一定的几何外形，无熔点而只有软化温度，各向同性，化学性质不稳定，容易与其他物质反应或自行缓慢地向晶体转换，近程有序，远程无序，具有化学不稳定性。如在水泥、混凝土中使用的粒化高炉矿渣、火山灰、粉煤灰等均属玻璃体，在有水存在的条件下，它们能与石膏、石灰发生反应，生成具有水硬性的产物。

胶体，是指物质以极微小的质点（粒径 1～100μm）分散在连续相介质中形成的分散体系。胶体的总面积很大，因而表面能很大，有很强的吸附力，所以具有较强的黏结力。

例如，胶体硅酸盐水泥水化产物中的胶体将砂石黏结在一起形成整体，就形成了混凝土。另一方面，胶体在长期应力作用下，具有黏性液体的流动性质。正是由于硅酸盐水泥的主要水化产物是凝胶体，混凝土的徐变就是由于凝胶体的存在而产生的。

从宏观、亚微观、微观三个不同层次的结构上来研究建筑材料的性质才能深入其本质，对改进和提高材料的性能以及材料创新都有重要的意义。例如将几种材料叠合在一起可以避免单一材料的缺点，制成具有特殊性能的建筑材料，如隔热、隔声、防水多功能的复合材料等。建筑工程中使用最广泛的钢筋混凝土材料，可以认为是钢筋和混凝土的复合材料，它弥补了混凝土抗拉强度不足的缺点，利用钢筋使其抗拉强度得到充分的发挥和利用，纤维增强水泥与混凝土材料掺入不同效能的外加剂后，可以大大改善混凝土的性质。注意，相同组成的材料可以有不同的结构；相同结构的材料可以有不同的组成。

材料宏观结构的分类及特征见表 2-1。

表 2-1　材料宏观结构的分类及特征

宏观结构		结构特征	土木工程材料举例
按孔隙特征	致密结构	无宏观尺度的孔隙	钢铁、玻璃、塑料等
	微孔结构	主要具有微细孔隙	石膏制品、烧土制品等
	多孔结构	具有较多粗大孔隙	加气混凝土、泡沫玻璃等
按构造特征	纤维结构	纤维状材料	木材、玻璃钢、岩棉、GRC
	层状结构	多层材料叠合	复合墙板、胶合板、纸面石膏板等
	散粒结构	松散颗粒状材料	砂石料、膨胀蛭石、膨胀珍珠岩等
	聚集结构	集料和胶结材料	各种混凝土、砂浆、陶瓷等

2.1.3　材料的构造

材料的构造指具有特定性质的材料在特定单元之间的相互搭配情况，如固相、气相、液相的关系；混凝土中集料、水泥石、孔隙数量及排列方式。

材料的构造方式很大程度上影响着材料技术性质的具体表现，在建筑材料中尤其以孔隙的数量组成影响最为普遍。

材料中或多或少地含有气相，气相以各种尺寸和形态的孔（缝）隙存在于材料中。因此，孔隙有一定的结构——孔结构。孔（缝）隙对材料性能有很大影响，有害孔，如孔径较大的孔、连通缝等；无害孔，如孔径很小的孔、凝胶孔等；有益孔，如孔径很小的封闭孔等。

2.2　材料的物理性质

2.2.1　材料的体积组成

体积指材料占有的空间尺寸。因为材料具有不同的物理性质，因而表现出不同的体积，包括绝对密实体积、表观体积和堆积体积。

1. 材料的孔隙体积（V_p）

材料孔隙多少和特征对材料性质影响很大，按照孔隙与外界是否连通，材料的孔隙分为与外界连通的开口孔隙（V_o）和与外界隔绝的封闭孔隙（V_c）。按照材料孔隙的尺寸可分为大孔隙、毛细孔隙和纳米孔隙。对于开口孔隙和大孔隙，水分和溶液容易渗入，但是不易充满；纳米孔隙中水分和溶液易于渗入，但是不易在其中流动；毛细孔隙，水分和溶液易于渗入，又易于被充满，对材料的抗渗性、抗冻性和抗侵蚀性均不利。封闭孔隙，水分和溶液均不易侵入，故对材料的抗渗性、抗冻性和抗侵蚀性无不利影响，反而改善材料的保温性和耐久性等。材料的孔隙体积 $V_p=V_o+V_c$。

2. 材料的绝对密实体积（V_t）

材料在绝对密实状态下的体积，即材料内部没有孔隙时的体积。除了钢材、玻璃等少数的材料之外，绝大多数材料都有一些孔隙。在测定孔隙材料密实体积时，应把材料磨成细粉，干燥后用李氏瓶测定其体积。砖、石块等块状材料的体积就是用此方法测得。在测量某些致密的不规则的散粒材料（如卵石、砂等）的体积时，直接以颗粒状材料为试样，用排水法测定其体积，材料中部分与外部不连通的封闭的孔隙无法排除，用此体积所求得的密度称为视密度或者近似密度。

3. 材料的表观体积（V_0）

材料在自然状态下的体积，即整体材料的外观体积，含内部孔隙和水分，但是不包括开口气孔。材料的表观体积 $V_0=V_t+V_c$。

4. 堆积体积（V'）

粉状或者粒状材料，在堆积状态下的总体外观体积。根据堆积状态的不同，同一种材料总体外观体积的大小可能不同，松散堆积状态下的体积较大，密实堆积状态下的体积较小。

2.2.2　材料的密度、表观密度和堆积密度

1. 材料的密度或真密度（ρ_t）

材料的密度是指材料在绝对密实状态下单位体积的质量，见式（2-1）：

$$\rho_t=\frac{m}{V_t} \tag{2-1}$$

式中　ρ_t——密度，g/cm^3或kg/m^3；

m——材料的质量，g 或 kg；

V_t——材料的绝对密实体积，cm^3或m^3。

测试时，材料必须是绝对干燥状态。

测定方法：李氏瓶法、排水法、几何法。

意义：反映材料的结构状态。例如：用密度控制玻璃的生产。

对于不同性质和种类的材料应采取不同的方法去测定其绝对密实体积，如含孔材料必须磨细后采用密度瓶或李氏瓶通过排开液体的方法来测定体积。

2. 表观密度（ρ_0）

表观密度是指粉状或粒状材料在自然状态下单位体积的质量，计算式见式（2-2）：

$$\rho_0=\frac{m}{V_0}=\frac{m}{V_t+V_c} \tag{2-2}$$

式中 ρ_0——材料的表观密度，g/cm^3或kg/m^3；

m——材料的质量，g或kg；

V_c——材料的内部气孔体积，cm^3或m^3；

V_0——材料的表观体积，cm^3或m^3；

V_t——材料的绝对密度体积，cm^3或m^3。

材料的表观体积是指包括内部孔隙在内的体积，大多数材料的表观体积中包含内部孔隙，孔隙的多少，孔隙中是否含有水及含水的多少，均可能影响总质量（有时还影响其表观体积）。因此，材料的表观密度除了与微观结构和组成有关外，还与内部构成状态及含水状态有关。当材料空隙内含有水分时，质量和体积均有所变化，故测定表观密度时需注明其含水情况。

测定方法：规则试件采用几何计算法；不规则试件采用蜡封，饱和排水法。

3. 材料的堆积密度（ρ'）

堆积密度是指粉状或粒状材料在堆积状态下单位体积的质量，见式（2-3）：

$$\rho' = \frac{m}{V'} \tag{2-3}$$

式中 ρ'——材料的堆积密度，g/cm^3或kg/m^3；

m——材料的质量，g或kg；

V'——材料的堆积体积，cm^3或m^3。

粉状或粒状材料的质量是指填充在一定容器内的材料质量，其堆积体积是指所用容器的容积。因此，材料的堆积体积包含了颗粒内部孔隙和颗粒之间的空隙。

测定方法：粉状或粒状材料的质量是指填充在一定容器内的材料质量，其堆积体积是指所用容器的容积。

意义：在土木建筑工程中，计算材料用量、构件的自重，配料计算以及确定堆放空间时经常要用到材料的密度、表观密度和堆积密度等数据。

几种密度的比较见表2-2。

表2-2 几种密度的比较

比较项目	实际密度	表观密度	毛体积密度	堆积表观密度
材料状态	绝对密实	近似绝对密实状态	自然状态	堆积状态
材料体积	$V_{固}$	$V_{固}+V_{闭}$	$V_{固}+V_{闭}+V_{开}$	$V_{固}+V_{闭}+V_{开}+V_{空}$
应用	判断材料性质		用量计算、体积计算	

相同点：指单位体积质量，（质量/体积）；

区别：测试方法不同，获得体积大小不同。

体积的测试方法：实体体积——李氏比重瓶法（粉末）；表观体积（固体＋闭口）——排水法（水中重法）；毛体积（固体＋闭口＋开口）；堆积体积（固体＋闭口＋开口＋间隙）——密度筒法。

常用建筑材料的密度、表观密度、堆积密度和孔隙率见表2-3。

表 2-3 常用建筑材料的密度、表观密度、堆积密度和孔隙率

材料	密度 ρ_t（kg/m^3）	表观密度 ρ_0（kg/m^3）	堆积密度 ρ'（kg/m^3）	孔隙率 P（%）
石灰岩	2.60～2.80	2000～2600	—	—
花岗岩	2.60～2.90	2600～2800	—	0.5～3.0
碎石（石灰岩）	2.60～2.80	—	1400～1700	—
砂	2.60	—	1450～1650	—
黏土	2.60	—	1600～1800	—
普通黏土砖	2.50	1600～1800	—	20～40
黏土空心砖	2.50	1000～1400	—	—
水泥	3.10	—	1200～1300	—
普通混凝土	—	2100～2600	—	5～20
木材	1.55	400～800	—	55～75
钢材	7.85	7850	—	0
泡沫塑料	—	20～50	—	—

2.2.3 密实度、孔隙率和空隙率

1. 密实度

与材料孔隙率相对应的另一个概念，是材料的密实度。密实度是指材料体积内被固体物质充实的程度或材料内部固体物质的实体积占材料总体积的百分率。见式（2-4）：

$$D=\frac{V_t}{V_0}\times 100\%=\frac{\rho_0}{\rho_t}\times 100\% \tag{2-4}$$

对于绝对密实材料，因 $\rho_0=\rho_t$，故密实度 $D=100\%$。对于大多数土木工程材料，因 $\rho_0<\rho_t$，故密实度 $D<100\%$。材料的很多性能，比如强度、吸水性、耐热性、耐久性等，均与密实度有关。

2. 孔隙率

材料的孔隙率是指材料内部孔隙的体积占材料总体积的百分率，$P=100\%-D$。孔隙率 P 计算式见式（2-5）：

$$P=\frac{V_0-V_t}{V_0}\times 100\%=\left(1-\frac{\rho_0}{\rho_t}\right)\times 100\% \tag{2-5}$$

式中 V_t——材料的绝对密实体积，cm^3 或 m^3；

V_0——材料的表观体积，cm^3 或 m^3；

ρ_0——材料的表观密度，g/cm^3 或 kg/m^3；

ρ_t——密度，g/cm^3 或 kg/m^3。

材料的孔隙特征（指材料孔隙的大小、形状、分布、连通与否等孔隙构造方面的特征）对材料的物理、力学性质均有显著影响。常见三个特征：

① 按孔隙尺寸大小，可把孔隙分为微孔、细孔和大孔三种。

② 按孔隙之间是否相互贯通，把孔隙分为互相隔开的孤立孔或互相贯通的连通孔。

③ 按孔隙与外界之间是否连通，把孔隙分为与外界相连通的开口孔隙（简称开孔）或不相连通的封闭孔隙（简称闭孔），见图 2-2。

孔隙率的大小直接反映了材料的致密程度。孔隙率的大小以及孔隙本身的特征与

材料的许多重要性质有关，如强度、吸水性、抗掺性、抗冻性和导热性等。一般而言，孔隙率较小，且连通孔较少的材料，其吸水性较小，强度较高，抗渗性和抗冻性较好。

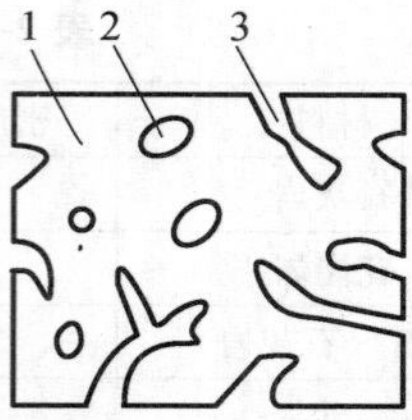

图 2-2 材料内部孔隙示意图

1—固体；2—闭孔；3—开孔

3. 空隙率

空隙率是指散粒材料在其堆积体积中，颗粒之间的空隙体积所占堆积体积的比例。空隙率 P' 计算式见式（2-6）：

$$P'=\frac{V'-V_0}{V'}\times 100\%=\frac{\rho_0-\rho'}{\rho_0}\times 100\% \tag{2-6}$$

式中 ρ_0——材料的表观密度，g/cm³ 或 kg/m³；

ρ'——材料的堆积密度，g/cm³ 或 kg/m³。

空隙率的大小反映了散粒材料颗粒互相填充的致密程度。空隙率可作为控制混凝土集料级配与计算含砂率的依据。

孔隙率与空隙率的区别，见表 2-4。

表 2-4 孔隙率与空隙率的区别

比较项目	孔隙率	空隙率
适用场合	个体材料内部	堆积材料之间
作　用	可判断材料性质	可进行材料用量计算
计算公式	$P=\frac{V_0-V_t}{V_0}\times 100\%$	$P'=\frac{V'-V_0}{V'}\times 100\%$

【例 2-1】 已知某种建筑材料试样的孔隙率为 24%，此试样在自然状态下体积为 40cm³，质量为 85.50g，吸水饱和后的质量为 89.77g，烘干后的质量为 82.30g。求该材料的密度、视密度、开口孔隙率、闭口孔隙率以及含水率。

【解】 密度＝干质量/密实状态下的体积＝82.30/40×（1－0.24）＝2.7g/cm³

开口孔隙率＝开口孔隙的体积/自然状态下的体积＝(89.77－82.3）/40
＝0.187＝18.7%

闭口孔隙率＝孔隙率－开口孔隙率＝(0.24－0.187)×100%＝0.053×100%
＝5.3%

表观密度＝干质量/包含闭口孔隙的体积＝82.3/40×（1－0.187）
＝2.53g/cm³

含水率＝水的质量/干重＝（85.5－82.3）/82.3×100%＝0.039×100%
＝3.9%

【例 2-2】 材料的密度、表观密度、堆积密度有何区别？如何测定？材料含水后对三者有什么影响？

【解】 密度　　表观密度　　堆积密度

$$\rho_t=\frac{m}{V_t}\qquad \rho_0=\frac{m}{V_0}\qquad \rho'=\frac{m}{V'}$$

对于含孔材料，三者的测试方法要点如下：

测定密度时，需先将材料磨细，之后采用排出液体或水的方法来测定体积。测定表观

密度时，直接将材料放入水中，即直接采用排开水的方法来测体积；测定堆积密度时，将材料直接装入已知体积的容量筒中，直接测试其自然堆积状态下体积。

含水与否对密度无影响，因密度是对干燥状态而言的。含水对堆积密度、表观密度的影响则较复杂。一般来说是使堆积密度和表观密度增大。

【例 2-3】 某工地所用卵石材料的密度为 2.65g/cm^3、表观密度为 2.61g/cm^3、堆积密度为 1680kg/m^3，计算此石子的孔隙率与空隙率。

【解】 石子的孔隙率：

$$P=\frac{V_0-V_t}{V_0}\times 100\%=\left(1-\frac{V_t}{V_0}\right)\times 100\%=\left(1-\frac{\rho_0}{\rho_t}\right)\times 100\%$$
$$=\left(1-\frac{2.61}{2.65}\right)\times 100\%=1.51\%$$

石子的空隙率：

$$P'=\left(\frac{V'-V_0}{V'}\right)\times 100\%=\left(1-\frac{V_0}{V'}\right)\times 100\%=\left(1-\frac{\rho'}{\rho_0}\right)\times 100\%$$
$$=\left(1-\frac{1.68}{2.61}\right)\times 100\%=35.63\%$$

2.3 材料的力学性质

材料力学性质指材料在外力作用下有关变形的性质和抵抗外力作用破坏的能力。

2.3.1 强度

1. 强度

材料的强度是指材料在外力作用下抵抗破坏的能力。包括理论强度和实际强度。

材料的理论强度，是指结构完整的理想固体材料所具有的强度，指按材料结构质点（原子、分子和离子）作用力计算的强度，材料的理论抗拉强度计算式见式（2-7）：

$$f_m=\left(\frac{E\gamma}{d_0}\right)^{1/2} \tag{2-7}$$

由于各种材料都有结构和构造缺陷，材料的实际强度远低于理论强度。

实际强度，按材料在荷载下实际具有的强度，一般远远低于理论强度。如 C30 理论抗拉强度为 3×10^3MPa，实际抗拉强度为 3MPa，原因是材料内部存在很多缺陷，材料的强度通常指实际强度。

当材料承受外力作用时，内部就产生应力。随着外力逐渐增加，应力也相应增大。直至材料内部质点间的作用力不能再抵抗这种应力时，材料即破坏，此时的极限应力值就是材料的强度。根据外力作用方式的不同，材料强度有抗拉、抗压、抗剪、抗弯（抗折）强度等，材料的受力示意图见图 2-3。

在试验室采用破坏试验法测试材料的强度。按照国家标准规定的试验方法，将制作好的试件安放在材料试验机上，施加外力（荷载），直至破坏，根据试件尺寸和破坏时的荷载值，计算材料的强度。

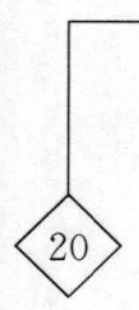

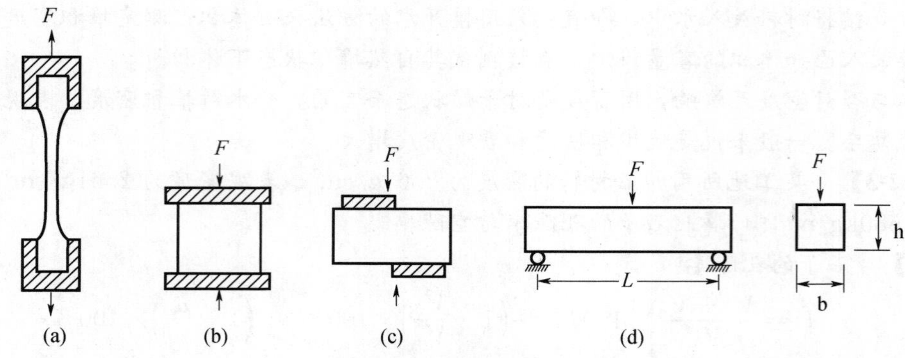

图 2-3　材料的受力示意图

（a）拉力；（b）压力；（c）剪切；（d）弯曲

材料的抗压强度、抗拉强度、抗剪强度的计算式见式（2-8）：

$$f=\frac{F_{\max}}{A} \tag{2-8}$$

式中　f——材料强度，MPa；

$F_{\max}$——材料破坏时的最大荷载，N；

A——试件受力面积，mm^2。

材料的抗弯强度与试件受力情况、截面形状以及支撑条件有关。通常是将矩形截面的条形试件放在两个支点上，中间作用一集中荷载。

材料中间作用一集中荷载［图 2-4（a）］，对矩形截面试件，则其抗弯强度的计算式见式（2-9）：

$$f_{\mathrm{w}}=\frac{3PL}{2bh^2} \tag{2-9}$$

式中　f_{w}——材料的抗弯强度，MPa；

P——材料受弯破坏时的最大荷载，N；

A——试件受力面积，mm^2；

L、b、h——两支点的间距，试件横截面的宽及高，mm。

对于对称荷载，对矩形截面试件［图 2-4（b）］则其抗弯强度计算式见式（2-10）：

$$f_{\mathrm{w}}=\frac{3P(L-a)}{2bh^2} \tag{2-10}$$

式中　a——对称荷载间的距离，mm。

其余符号同上。

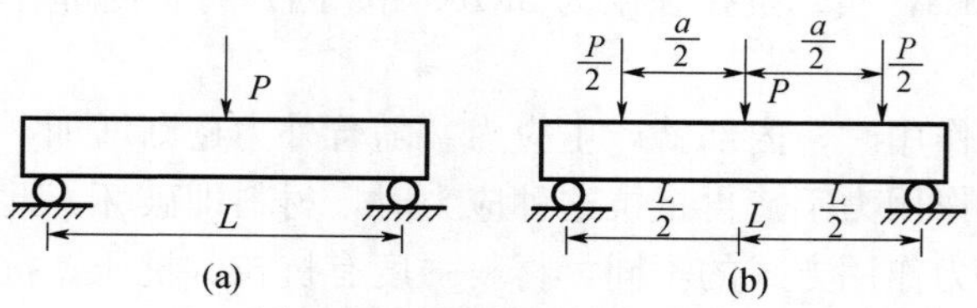

图 2-4　材料的受力示意图

（a）集中荷载；（b）对称荷载

影响强度的内在因素有结合键、组织、结构、组成、原子本性。如将金属的强度与陶瓷、高分子材料比较可看出结合键的影响是根本性的。从组织结构的影响来看，有四种强化机制影响金属材料的强度，包括固溶强化，形变强化，沉淀强化和弥散强化，晶界和亚晶强化。沉淀强化和细晶强化是工业合金中提高材料屈服强度最常用的手段。在这几种强化机制中，前三种机制在提高材料强度的同时，也降低了塑性，只有细化晶粒和亚晶，既能提高强度又能增加塑性。

影响强度的外在因素有温度、应变速率、应力状态。随着温度的降低与应变速率的增高，材料的强度升高，尤其是体心立方金属对温度和应变速率特别敏感，这导致了钢的低温脆化。应力状态的影响也很重要。虽然强度是反映材料内在性能的一个本质指标，但应力状态不同，强度值也不同。我们通常所说的材料强度一般是指单向拉伸时的强度。

总而言之，影响材料强度的主要因素有材料的组成、微观结构和宏观构造。一般来说材料孔隙率越大，强度越低，另外不同的受力形式或不同的受力方向，强度也不相同。材料强度除与材料的组成、结构或构造有关外，还受试件形状、尺寸、表面状态、温度湿度及其他试验条件等因素影响。如小尺寸试件测试的强度值高于大尺寸试件；加载速度快时测得的强度值高于加载速度慢的；立方体试件的测得值高于棱柱体试件；受压试件与加压钢板间无润滑作用的（如未涂石蜡等润滑物时），测得的强度值高于有润滑作用。

为了掌握材料的力学性质，合理选择材料，将材料按极限强度（或屈服点）划分成不同的等级即强度等级。如石材、混凝土、红砖等脆性材料主要用于抗压，因此以抗压极限强度来划分等级，而钢材主要用于抗拉，故以屈服点作为划分等级的依据。

2. 比强度

承重的结构材料除承受外荷载力，还需承受自身重力。反映材料轻质高强的力学参数是比强度，比强度是指单位体积质量的材料强度，它等于材料的强度与其表观密度之比（f/ρ）。比强度是衡量材料是否轻质、高强的重要指标。

2.3.2 材料的变形性质

材料在外力作用下产生变形，当外力去除后能完全恢复到原始形状的性质称为弹性。可完全恢复的变形称为弹性变形。

材料在外力作用下产生变形，当外力去除后，有一部分变形不能恢复，这种性质称为材料的塑性。不可恢复的变形称为塑性变形，见图 2-5。常见塑性材料有混凝土拌合物、水泥浆、钢材、沥青等。

实际上，完全弹性的材料是不存在的，大多数材料在受力不大的情况下表现为弹性，受力超过一定限度后则表现为塑性，所以可称之为弹塑性材料，见图 2-6。

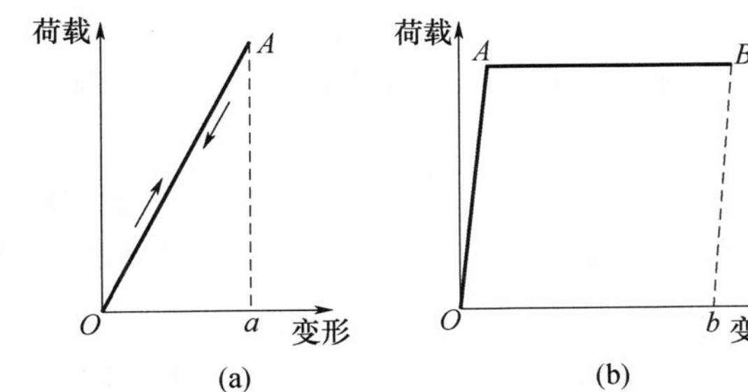

图 2-5 材料的变形曲线（一）

（a）弹性；（b）塑性

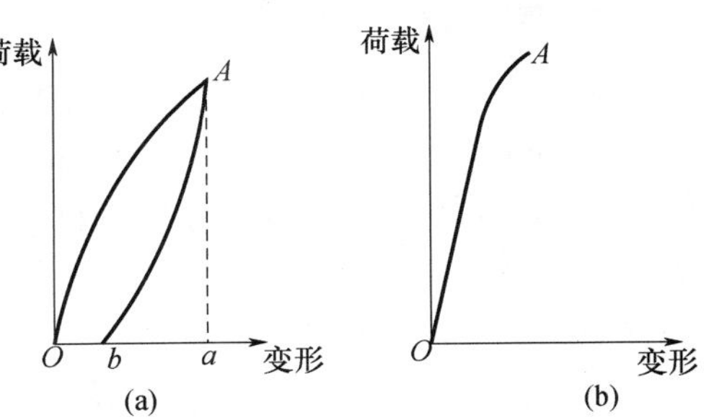

图 2-6 材料的变形曲线（二）

（a）弹塑性；（b）脆性材料

材料呈塑性还是脆性取决于自身成分、组织、构造等因素，同时还与受荷条件、试件尺寸、加荷速度及荷载类型有关。

2.3.3 脆性与韧性

脆性是指材料受外力作用，当外力达一定限度后，材料无明显的塑性变形而突然破坏的性质。在常温、静荷载下具有脆性的材料称为脆性材料。大部分无机非金属材料均属脆性材料，如天然石材、烧结普通砖、陶瓷、玻璃、普通混凝土、砂浆等。脆性材料的另一特点是抗压强度高而抗拉、抗折强度低。在工程中使用时，应注意发挥这类材料的特性。

韧性或冲击韧性是指在冲击、振动荷载作用下，材料能够吸收较大的能量，同时也能产生一定的变形而不致破坏的性质。具有韧性性质的材料称为韧性材料。材料的韧性是用冲击试验来测试的，以试件破坏时单位面积所消耗的功表示，见式（2-11）。木材、建筑钢材、沥青、橡胶等均属于韧性材料。

$$a_k = \frac{W_k}{A} \tag{2-11}$$

式中 a_k——材料的冲击韧性，J/mm^2；

W_k——试件破坏时所消耗的功，J；

A——材料受力净截面积，mm^2。

材料的冲击韧性可以反映出材料既具有一定强度，又具有良好受力变形的综合性能。脆性材料的冲击韧性小，塑性材料韧性大。

2.3.4 徐变与松弛

徐变指在长期不变外力作用下，变形随时间延长而逐渐增大的现象。

对于晶体材料来说，产生徐变的原因是由于晶格的滑移及位错；对非晶体材料来说，徐变的产生是由于外力作用下发生的黏性流动。影响徐变的因素与应力大小、环境温度和湿度有关。

以混凝土为例，混凝土材料的徐变对材料性能的影响如下：有利面，可削弱材料结构内部局部的应力集中现象；不利面，会导致预应力混凝土结构中的应力损失。

应力松弛指在长期荷载作用下，如总变形不变，而弹性变形逐渐降低、塑性变形逐渐增加的现象。

2.3.5 硬度、磨损及磨耗

硬度是材料表面的坚硬程度，是抵抗其他硬物刻划、压入其表面的能力。通常用刻划法，回弹法和压入法测定材料的硬度。

刻划法常用于测定天然矿物的硬度。即按天然矿物滑石—石膏—解石—萤石—磷—正长石—石英—黄玉—刚玉—金刚石硬度递增顺序分为十级；通过它们对材料的划痕来确定所测材料的硬度，称为莫氏硬度。

回弹法用于测定混凝土表面硬度，并间接推算混凝土的强度。回弹法也用于测定陶瓷、砖、砂浆、塑料、橡胶、金属等的表面硬度并间接推算其强度。

压入法是以一定的压力将一定规格的钢球或金刚石制成尖端压入试样表面，根据压痕

的面积或深度来测定其硬度。常用的压入法有布氏法、洛氏法和维氏法，相应的硬度称为布氏硬度、洛氏硬度和维氏硬度。硬度大的材料耐磨性较强，但不易加工。

磨损是材料受外界物质的摩擦作用而减小质量和体积的现象。

磨耗是材料同时受到摩擦和冲击而减小质量和体积的现象。

材料的耐磨性用磨耗率表示，计算公式如下：

$$G=\frac{m_1-m_2}{A} \tag{2-12}$$

式中 G——材料的磨耗率，g/cm^2；

m_1——材料磨损前的质量，g；

m_2——材料磨损后的质量，g；

A——材料试件的受磨面积，cm^2。

测得的磨耗率越小，材料的耐磨性越好。

一般情况下，材料的硬度大、韧性高、构造密实，抗磨损和磨耗的能力强。

2.3.6 材料的持久强度和疲劳极限

材料在持久荷载下的强度为持久强度。持久强度低于暂时强度（静力强度）。

疲劳极限指在交替荷载作用下，应力也随时间交替变化，这种应力超过某一限度而长期反复会造成材料的破坏，该应力值称为疲劳极限。疲劳极限远低于静力强度，甚至低于屈服强度。疲劳破坏为无显著变形的突然破坏。疲劳破坏往往没有明显的塑性变形，即发生突然断裂，即使塑性好的材料也是这样，破坏应力低于极限强度，甚至低于屈服强度。

2.4 材料与水有关的性质

当材料与水接触时，水分与材料表面的亲和情况是不同的。在材料、水和空气的三相交叉点处沿水滴表面作切线，此切线与材料和水接触面的夹角 θ，称为润湿边角。θ 角越小，表明材料越易被水润湿。

$$\sigma_{气-固}=\sigma_{液-固}+\sigma_{气-液}\cos\theta$$

$$\cos\theta=\frac{\sigma_{气-固}-\sigma_{液-固}}{\sigma_{气-液}}$$

一般认为 $\theta\leqslant 90°$ 为亲水性，材料能被水润湿而表现出亲水性，这种材料称为亲水性材料，表明水分子之间的内聚力小于水分子与材料分子间的吸引力；当 $\theta>90°$ 为憎水性，材料表面不能被水润湿而表现出憎水性，这种材料称为憎水性材料，表明水分子之间的内聚力大于水分子与材料分子间的吸引力。当 $\theta=0°$ 时，表明材料完全被水润湿，称为铺展；当 $\theta=180°$ 时称为完全不润湿。憎水材料能阻止水分渗入毛细管中，可用作防水材料或对亲水材料进行表面处理（图 2-7）。

土木工程材料绝大部分为亲水性材料，如石料、砖、混凝土、木材；沥青、石蜡为憎水材料。亲水材料通过毛细管作用将水吸入材料内部，对亲水材料表面进行憎水处理，可改善其耐水性能。

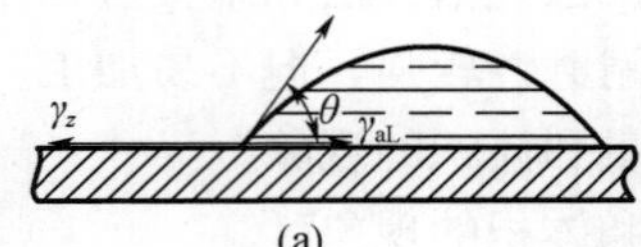

(a)

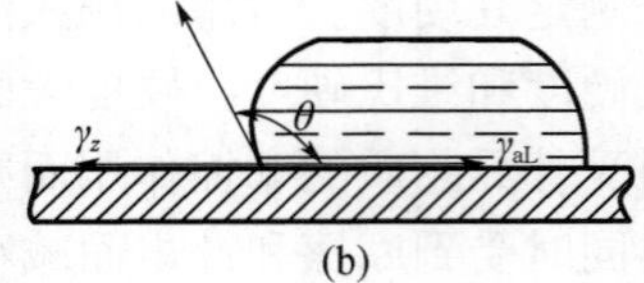

(b)

图 2-7　材料的润湿示意图

（a）亲水性材料；（b）憎水性材料。

2.4.1　材料的含水状态

亲水性材料的含水状态可分为四种基本状态，如图 2-8 所示。

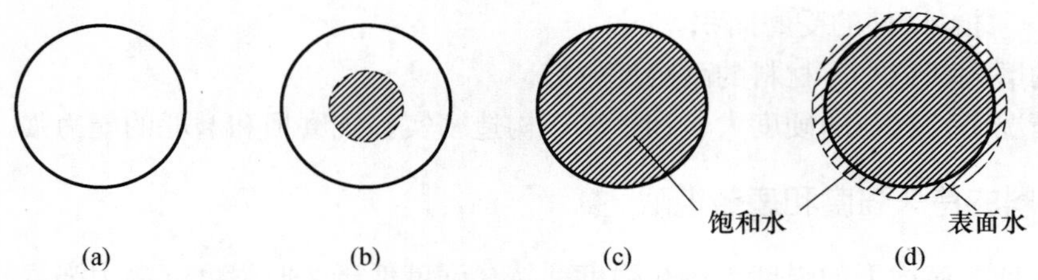

图 2-8　亲水性材料的含水状态

（a）干燥状态；（b）气干状态；（c）饱和面干状态；（d）湿润状态

干燥状态，材料的孔隙中不含水或含水极微；气干状态，材料的孔隙中所含水与大气湿度相平衡；饱和面干状态，材料表面干燥，而孔隙中充满水达到饱和；湿润状态，材料不仅孔隙中含水饱和，而且表面上润湿并附有一层水膜。

除上述四种基本含水状态外，材料还可以处于两种基本状态之间的过渡状态中。

2.4.2　材料的吸水性

材料吸收水分的性质称为吸水性。由于材料的亲水性及开口孔隙的存在，大多材料具有吸水性。吸水性的大小用吸水率表示，吸水率有质量吸水率和体积吸水率两种表示方法。

吸水率为材料浸水后在规定时间内吸入水的质量（或体积）占材料干燥质量（或干燥时体积）的百分比。材料在气干状态下的含水率称为平衡含水率；吸水饱和状态的含水率称为材料的吸水率。

1. 质量吸水率

质量吸水率是指材料在吸水饱和时，所吸水量占材料在干燥状态下的质量百分比，以 W_m 表示。即：

$$W_m = \frac{m_b - m_g}{m_g} \times 100\% \tag{2-13}$$

式中　m_b——材料吸水饱和状态下的质量，g 或 kg；

　　　m_g——材料在干燥状态下的质量，g 或 kg。

2. 体积吸水率

体积吸水率是指材料在吸水饱和时，所吸水的体积占材料自然体积的百分率，并以

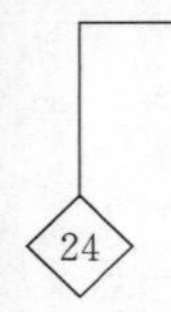

W_v表示。即：

$$W_v = \frac{m_b - m_g}{V_0} \times \frac{1}{\rho_W} \times 100\% \tag{2-14}$$

式中 m_b——材料吸水饱和状态下的质量，g 或 kg；

m_g——材料在干燥状态下的质量，g 或 kg。

V_0——材料在自然状态下的体积，cm^3或 m^3

ρ_W——水的密度，g/cm^3或 kg/m^3，常温下取 $\rho_W = 1.0\ g/cm^3$。

材料的吸水性与材料的孔隙率和孔隙特征有关。对于细微连通孔隙，孔隙率越大，则吸水率越大。闭口孔隙水分不能进去，而开口大孔虽然水分易进入，但不能存留，只能润湿孔壁，所以吸水率仍然较小。各种材料的吸水率很不相同，差异很大，如花岗岩的吸水率只有 0.5%～0.7%，混凝土的吸水率为 2%～3%，黏土砖的吸水率达 8%～20%，而木材的吸水率可超过 100%。

吸水率可影响材料的强度、保温性、抗渗性以及抗冻性。例如，混凝土的吸水率越大，抗冻性越差。

3. 材料的吸湿性

材料的吸湿性是指材料在潮湿空气中吸收水分的性质。干燥的材料处在较潮湿的空气中，便会吸收空气中的水分——吸湿过程；而当较潮湿的材料处在较干燥的空气中时，便会向空气中放出水分——干燥过程。即材料的含水多少是随空气的湿度变化的。

材料的含水率指材料在任一条件下含水的多少，并以 W_h表示。即：

$$W_h = \frac{m_s - m_g}{m_g} \times 100\% \tag{2-15}$$

式中 m_s——材料吸湿状态下的质量，g 或 kg；

m_g——材料在干燥状态下的质量，g 或 kg。

显然，材料的含水率受所处环境中空气湿度的影响。材料在空气中吸收水分，所吸收水分随空气中湿度的大小而变化。当空气湿度在较长时间内稳定时，材料的吸湿和干燥过程处于平衡状态，此时材料的含水率保持不变，这时的含水率称为材料的平衡含水率。而材料吸水达到饱和时的含水率即为材料的吸水率。

4. 材料的耐水性

材料的耐水性指材料长期在饱和水的作用下不被破坏，强度也不显著降低的性质。衡量材料耐水性的指标是材料的软化系数 K_R，计算：

$$K_R = \frac{f_b}{f_g} \tag{2-16}$$

式中 K_R——材料的软化系数；

f_b——材料吸水饱和状态下的抗压强度，MPa；

f_g——材料在干燥状态下的抗压强度，MPa。

软化系数反映了材料吸饱水后强度降低的程度，是材料吸水后性质变化的重要特征之一。一般材料吸水后，水分会分散在材料内微粒的表面，削弱其内部结合力，强度也会有不同程度的降低。当材料内含有可溶性物质时（如石膏、石灰等），吸入的水还可能溶解部分物质，造成强度的严重降低，即使是致密的材料也不能完全避免这种影响。花岗岩长期浸泡在水中，强度将下降 3%，普通黏土砖和木材所受影响更为显著。

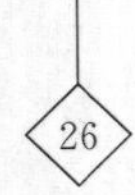

材料耐水性限制了材料的使用环境，软化系数小的材料耐水性差，吸水饱和之后强度降低较多，其使用环境尤其受到限制。一般材料吸水后，强度降低，但降低的程度不同。因为水分会分散在材料内微粒的表面，削弱其内部结合力，因此产生了不同程度的降低。

软化系数的波动范围在 0～1。工程中通常将 $K_R>0.85$ 的材料称为耐水性材料，可以用于水中或潮湿环境中的重要工程。用于受潮较轻或次要的工程部位时，材料软化系数也不得小于 0.75。

【例 2-4】 某石材在气干、绝干、水饱和情况下测得的抗压强度分别为 174、178、165MPa，求该石材的软化系数，并判断该石材可否用于水下工程。

【解】 该石材的软化系数为：

$$K_R=\frac{f_b}{f_g}=\frac{165}{178}=0.93$$

由于该石材的软化系数为 0.93，大于 0.85，故该石材可用于水下工程。

5. 抗冻性

抗冻性是指材料在吸水饱和状态下，能经受反复冻融循环作用而不被破坏，强度也不显著降低的性能。材料吸水后，在负温条件下，水在材料毛细孔内冻结成冰，体积膨胀所产生的冻胀压力造成材料的内应力，会使材料遭到局部破坏。随着冻融循环（−15℃和室温或 20℃）的反复，材料的破坏作用逐步加剧，这种破坏称为冻融破坏。

抗冻性以试件在冻融后的质量损失或相对动弹模量损失、强度降低不超过一定限度时所能经受的冻融循环次数来表示，用抗冻等级 F_n 表示。n 表示材料试件经 n 次冻融循环试验后，质量损失不超过 5%，相对动弹模量下降至≤60%，强度损失不超过 25%的最大冻融循环次数。材料的抗冻等级可分为 F15、F25、F50、F100、F200 等，分别表示此材料可承受 15 次、25 次、50 次、100 次、200 次的冻融循环。

影响抗冻性的因素有材料的密实度（孔隙率），密实度越高则其抗冻性越好。材料的孔隙特征，开口孔隙越多则其抗冻性越差。材料的强度，强度越高则其抗冻性越好。材料的耐水性，耐水性越好则其抗冻性也越好。材料的吸水量大小，吸水量越大则其抗冻性越差。

材料受冻融破坏的原因是材料孔隙内所含水分结冰时产生的体积膨胀应力（约增大 9%）以及冻融时的温差应力所产生的破坏作用，对孔壁造成很大的静水压力（高达 100MPa），造成孔壁开裂所致。材料抗冻性能的好坏主要取决于材料内部孔隙率和孔隙特征，孔隙率小及具有封闭孔的材料其抗冻性较好。此外，抗冻性还与材料吸水程度、材料强度及冻结条件（如冻结温度、冻结速度及冻融循环作用的频繁程度）等有关。在严寒地区和环境中的结构设计和材料选用时，必须考虑到材料的抗冻性能。

6. 材料的抗渗性

材料的抗渗性是材料在压力水作用下抵抗水渗透的性能。建筑工程中许多材料常含有孔隙、孔洞或其他缺陷，当材料两侧的水压差较高时，水可能从高压侧通过内部的孔隙、孔洞或其他缺陷渗透到低压侧。这种压力水的渗透，不仅会影响工程的使用，而且渗入的水还会带入能腐蚀材料的介质，或将材料内的某些成分带出，造成材料的破坏。

(1) 渗透系数

材料的渗透系数可通过式(2-17)计算：

$$K=\frac{Qd}{AtH} \tag{2-17}$$

式中 K——渗透系数，$cm^3/(s \cdot cm^2)$；

Q——渗水量，cm^3；

A——渗水面积，cm^2；

H——材料两侧的水压差，cm；

d——试件厚度，cm；

t——渗水时间，s。

材料的渗透系数越小，说明材料的抗渗性越强。对于防潮、防水材料，如沥青、油毡、沥青混凝土、瓦等材料，常用渗透系数表示其抗渗性能。

(2) 抗渗等级

指用标准方法进行透水试验时，材料标准试件在透水前所能承受的最大水压力，并以字母 P 及材料可承受的水压力值(以 0.1MPa 为单位)来表示抗渗等级。如 P4、P6、P8、P10 分别表示试件能承受 0.4MPa、0.6MPa、0.8MPa、1.0MPa 的水压而不渗透。材料的抗渗等级越高，其抗渗性越好。

抗渗性是决定材料耐久性的主要指标(抗冻性和抗侵蚀性)。材料的抗渗性与材料内部的孔隙率和孔隙特征有关，特别是开口孔隙率，开口孔隙率越大，大孔含量越多，则抗渗性越差。材料的抗渗性还与材料的憎水性和亲水性有关，憎水性材料的抗渗性优于亲水性材料。地下建筑及水工建筑等，因经常受压力水的作用，所用材料应具有一定的抗渗性。对于防水材料则应具有好的抗渗性。

2.5 材料的热学性质

2.5.1 热阻和传热系数

1. 导热系数

导热性是指材料传导热量的能力。当材料两面存在温度差时，热量从材料一面通过材料传导至另一面的性质。导热性用导热系数 λ 表示，即：

$$\lambda=\frac{Qd}{At(T_2-T_1)} \tag{2-18}$$

式中 λ——导热系数，$W/(m \cdot K)$；

Q——传导的热量，J；

d——材料厚度，m；

A——热传导面积，m^2；

t——热传导时间，s；

T_2-T_1——材料两面温度差，K。

在物理学意义上，导热系数为单位厚度（1m）的材料、两面温度差为1K时、在单位时间（1s）内通过单位面积（1m^2）的热量。材料的导热系数越小，表示其越不易导热，绝热性能越好。材料的导热性与孔隙特征有关，增加孤立的不连通孔隙能降低材料的导热能力。一般将$\lambda \leqslant 0.175$W/（m·K）的称为绝热材料。常用建筑材料的热工性质指标见表2-5。

表2-5　常用建筑材料的热工性质指标

材料名称	导热系数W/（m·K）	比热J/（g·K）
钢	55	0.46
玻璃	0.9	—
花岗岩	3.49	0.92
普通混凝土	1.51	0.88
水泥砂浆	0.93	0.84
普通黏土砖	0.81	0.84
黏土空心砖	0.64	0.92
松木	0.17～0.35	2.51
泡沫塑料	0.03	1.30
冰	2.20	2.05
水	0.60	4.19
静止空气	0.023	—

影响导热性的因素有材料的化学组成与结构。化学组成不同的材料，其导热系数不同，所以不同材料的导热系数也不同。一般情况下，导热系数的大小为，金属材料大于非金属材料大于有机材料。导热性也与孔隙率和孔隙构造特征有关。孔隙率越大，导热性越差，原因是静止空气的导热性小于一般材料的导热性。孔隙率一定时，随着连通孔和粗孔的增多，导热性增加，因为孔隙粗大或贯通时，对流作用加强，导热性增加。材料的湿度和温度，材料受潮后，导热性增加，保温隔热性降低，材料再受冻，导热性进一步增加，保温隔热性进一步降低。

2. 热阻

热阻（R）是指料层厚度（d）与导热系数（λ）的比值［$R=d/\lambda$，单位为（m^2·k)/W］。它表明热量通过材料层时所受到的阻力。导热系数λ［W/(m·K)］和热阻R是评定材料绝热性能的主要指标，其大小受材料的孔隙结构、含水状况影响很大。通常，材料的孔隙率越大，表观密度越小，导热系数就越小；具有细微而封闭孔结构的材料，其导热系数比具有粗大或连通孔结构的材料小；材料受潮或冰冻后，导热性能会受到严重影响，绝热材料应经常处于干燥状态，以利于发挥材料的绝热效能。

2.5.2　材料的热变形性

材料的热变形性，是指材料在温度变化时的尺寸变化。多数物质随温度的升高，体积变小，即属于硫型物质，符合热胀冷缩这一自然规律。少数随温度升高体积变小，即属于水型物质，如冰、铋、镓、锗、三氯化铁等。材料的热变形性常用线膨胀系数α来表示，计算公式如下：

$$\alpha = \frac{\Delta L}{L(T_2 - T_1)} \tag{2-19}$$

式中 α——材料的线膨胀系数，1/K；

L——材料原来的长度，mm；

ΔL——材料的线变形量，mm；

$T_2 - T_1$——材料在升、降温前后的温度差，K。

材料的线膨胀系数与材料的组成和结构有关，应选择合适的材料来满足工程对温度变形的要求。土木工程材料中总体上要求材料的热变形性不要太大。

2.5.3 热容量和比热

材料在受热时吸收热量，冷却时放出热量的性质称为材料的热容量（Q）。单位质量材料温度升高或降低 1K 所吸收或放出的热量称为热容量系数或比热（C）。比热的计算：

$$C = \frac{Q}{m(T_2 - T_1)} \tag{2-20}$$

式中 C——材料的比热，J/（g·K）；

Q——材料吸收或放出的热量（热容量），J/K；

m——材料质量，g；

$T_2 - T_1$——材料受热或冷却前后的温差，K。

表 2-6 给出了常用材料的比热。

表 2-6 常用材料的比热

材料名称	比热 J/（g·K）
钢	0.46
铜	0.38
花岗岩	0.92
普通混凝土	0.88
水泥砂浆	0.84
普通黏土砖	0.84
黏土空心砖	0.92
松木	2.51
泡沫塑料	1.30
冰	2.05
水	4.19

2.5.4 材料的耐燃性

材料的耐燃性是指材料对火焰和高温的抵抗能力。它是决定建筑物防火、建筑结构耐火等级的重要因素。2012 年第三次修订，明确了建筑材料及制品燃烧性能的基本分级为 A 不燃材料（制品）、B1 难燃材料（制品）、B2 可燃材料（制品）和 B3 易燃材料（制品）

四级。同时建立了与欧盟标准分级 A1、A2、B、C、D、E、F 的对应关系，并采用了欧盟标准 EN 13501—1：2007 的分级判据，见表 2-7。

表 2-7　建筑材料及制品燃烧性能的基本分级

<table>
<tr><th></th><th>GB 8624—1997</th><th>GB 8624—2006</th><th>GB 8624—2012</th></tr>
<tr><td rowspan="7">燃烧性能等级</td><td>A（匀质）</td><td>A1</td><td rowspan="2">A</td></tr>
<tr><td>A（复合）</td><td>A2</td></tr>
<tr><td rowspan="2">B1</td><td>B</td><td rowspan="2">B1</td></tr>
<tr><td>C</td></tr>
<tr><td rowspan="2">B2</td><td>D</td><td rowspan="2">B2</td></tr>
<tr><td>E</td></tr>
<tr><td>B3</td><td>F</td><td>B3</td></tr>
</table>

氧指数（Oxygen index），是指在规定的试验条件下，试样在氧氮混合气流中，维持平稳燃烧（即进行有焰燃烧）所需的最低氧气浓度，以氧所占的体积百分数的数值表示(即在该物质引燃后，能保持燃烧 50mm 长或燃烧时间 3min 时所需要的氧、氮混合气体中最低氧的体积百分比浓度)。作为判断材料在空气中与火焰接触时燃烧的难易程度非常有效。一般认为，OI＜27 的属易燃材料，27≤OI＜32 的属可燃材料，OI≥32 的属难燃材料。

1. 不燃烧材料

在空气中受到火焰燃烧或在高温高热作用下不起火、不碳化、不微燃的材料称为非燃烧材料，如钢铁、砖、石等。用非燃材料制作的构件称为非燃烧体。钢铁、铝、玻璃等材料受到火烧或高热作用会发生变形、熔融，所以它们虽然是非燃烧材料，但不是耐火材料。

2. 难燃材料

在空气中受到火焰燃烧或在高温高热作用时难起火、难微燃、难碳化，当火源移走后，已有的燃烧或微燃立即停止的材料，称为难燃材料，如经过防火处理的木材和刨花板。

3. 可燃材料

在空气中受到火焰燃烧或高温高热作用下立即起火或微燃，且火源移走后仍继续燃烧的材料，如木材，这种材料称为可燃材料。用这种材料制作的构件称为燃烧体，此种材料使用时应作防燃处理。

2.6　材料的耐久性

材料的耐久性是泛指材料在使用条件下，受各种内在或外在自然因素及有害介质的作用下能保持其原有性能、不变质、不破坏的性质。包括抗渗、抗冻、抗风化、抗老化和耐腐蚀等。材料在建筑物中，除要受到各种外力的作用之外，还经常受到环境中许多自然因

素的破坏作用，这些破坏作用包括物理、机械、化学、生物的作用。

物理作用有干湿变化、温度变化及冻融变化等。这些作用可使材料发生体积的胀缩，或导致内部裂缝的扩展，时间长久即会使材料逐渐破坏。在寒冷地区，冻融变化对材料起着显著的破坏作用。经常处于高温状态的建筑物或构筑物，所选用的建筑材料要具有耐热性能。在民用和公共建筑中，需要考虑安全防火要求，须选用具有抗火性能的难燃或不燃的材料。

机械作用包括荷载的持续作用或交变作用，引起材料的疲劳、冲击和磨损。

化学作用包括大气、环境水以及使用条件下酸、碱、盐等液体或有害气体对材料的侵蚀作用。

生物作用包括菌类、昆虫等的作用而使材料腐朽、蛀蚀而破坏。

砖、石料、混凝土等矿物材料，多是由于物理作用而破坏，也可能同时会受到化学作用的破坏。金属材料主要是由于化学作用引起的腐蚀。木材等有机质材料常因生物作用而破坏。沥青材料、高分子材料在阳光、空气和热的作用下，会逐渐老化而使材料变脆或开裂。

决定材料耐腐蚀的内在因素主要包括，材料的化学组成和矿物组成。如果材料的组成成分容易与酸、碱、盐、氧或某些化学物质起反应，或材料的组成易溶于水或某些溶剂，则材料的耐腐蚀性较差。非晶体材料较同组成的晶体材料的耐腐蚀性差。因前者较后者有较高的化学能，即化学稳定性差。材料内部的孔隙率，特别是开口孔隙率也影响着材料的耐腐蚀性。孔隙率越大，腐蚀物质越易进入材料内部，使材料内外部同时受腐蚀，因而腐蚀加剧。材料本身的强度，材料的强度越差，则抵抗腐蚀的能力越差。

在构筑物的设计及材料的选用中，必须根据材料所处的结构部位和使用环境等因素，综合慎重考虑其耐久性问题，并根据各种材料的耐久性特点合理地选用，以利于节约材料、减少维修费用、延长构筑物的使用寿命等。

案例分析

【2-1】　某工程灌浆材料采用水泥净浆，为了达到较好的施工性能，配合比中要求加入硅粉，并对硅粉的化学组成和细度提出要求，但施工单位将硅粉理解为磨细石英粉，生产中加入的磨细石英粉的化学组成和细度均满足要求，在实际使用中效果不好，水泥浆体成分不均，请分析原因。

分析：硅粉又称硅灰，是硅铁厂烟尘中回收的副产品，其化学组成为 SiO_2，微观结构为表面光滑的玻璃体，能改善水泥净浆施工性能。磨细石英粉的化学组成也为 SiO_2，微观结构为晶体，表面粗糙，对水泥净浆的施工性能有不利影响。硅粉和磨细石英粉虽然化学成分相同，但细度不同，微观结构不同，导致材料的性能差异明显。

【2-2】　某施工队原使用普通烧结黏土砖，后改为多孔、容量仅 700kg/m^3 的加气混凝土砌块。在抹灰前往墙上浇水，发觉原使用的普通烧结黏土砖易吸足水量，但加气混凝土砌块表面看来浇水不少，但实则吸水不多，请分析原因。

分析：加气混凝土砌块虽多孔，但其气孔大多数为“墨水瓶”结构，肚大口小，毛细管作用差，只有少数孔是水分蒸发形成的毛细孔。故吸水及导湿均缓慢，材料的吸水性不仅要看孔数量多少，还需参考孔的结构。

【2-3】 生产材料时，在组成一定的情况下，可采取什么措施来提高材料的强度和耐久性？

分析：主要有以下两个措施：

(1) 降低材料内部的孔隙率，特别是开口孔隙率。降低材料内部裂纹的数量和长度；使材料的内部结构均质化。

(2) 对多相复合材料应增加相界面间的黏结力。如对混凝土材料，应增加砂、石与水泥石间的黏结力。

【2-4】 相同组成材料的性能为何不一定是相同的？

分析：例如同是二氧化硅成分组成的材料，蛋白石是无定型二氧化硅，石英是结晶型二氧化硅。它们的分子结构不同，因而它们的性质不同。

【2-5】 孔隙率越大，材料的抗冻性是否越差？

分析：材料的孔隙包括开口孔隙和闭口孔隙两种，材料的孔隙率则是开口孔隙率和闭口孔隙率之和。材料受冻融破坏主要是因其孔隙中的水结冰所致。进入孔隙的水越多，材料的抗冻性越差。水较难进入材料的闭口孔隙中。若材料的孔隙主要是闭口孔隙，即使材料的孔隙率大，进入材料内部的水分也不会很多。在这样的情况下，材料的抗冻性不会差。

知识归纳

1. 土木工程材料的基本物理性质包括材料的密度、表观密度和堆积密度；材料的孔隙率与密实度；材料的空隙率与填充率等。对于同种材料来说：堆积密度＜表观密度＜密度。

2. 土木工程材料的基本力学性质主要有材料的强度和比强度、硬度和耐磨性等。

3. 土木工程材料与水有关的性质主要有材料的亲水性与憎水性、材料的含水状态、材料的吸水性与吸湿性、材料的耐水性、材料的抗渗性以及材料的抗冻性等。

4. 土木工程材料的热性质参数主要包括导热性、热阻、热容量和比热容、热变形性以及耐燃性等。

5. 土木工程结构物的工程特性与土木工程材料的基本性质直接相关，且用于构筑物的材料在长期使用过程中，需具有良好的耐久性。在构筑物的设计及材料的选用中，必须根据材料所处的结构部位和使用环境等因素，根据各种材料的耐久性特点合理地选用，以利于节约材料、减少维修费用、延长构筑物的使用寿命。

思考题

1. 材料的组成和结构分别包括哪几个方面？

2. 材料的密度、表观密度、堆积密度的定义以及如何测定？材料含水后对三者有什么影响？

3. 材料的孔隙率和孔隙特征对材料的哪些性能有影响？有何影响？

4. 孔隙率越大，材料的抗冻性是否越差？

5. 材料的亲水性与憎水性的定义是什么？质量吸水率的定义是什么？

6. 材料的耐水性、软化系数和耐水性材料的定义是什么？

7. 材料的耐水性、抗渗性、抗冻性的含义是什么？用什么指标来表示？

8. 某工地所用卵石材料的密度为 2.65g/cm^3、表观密度为 2.61g/cm^3、堆积密度为 1680kg/m^3，计算此石子的孔隙率与空隙率。

9. 经测定，重量为 3.4kg，容积为 10.0L 的容量筒装满绝干石子后的总重量为 18.4kg。若向筒内注入水，待石子吸水饱和后，为注满此筒共注入水 4.27kg。将上述吸水饱和的石子擦干表面后称得总重量为 18.6kg（含筒重）。求该石子的表观密度、吸水率、堆积密度、开口孔隙率。

10. 某石材在气干、绝干、水饱和情况下测得的抗压强度分别为 174、178、165MPa，求该石材的软化系数，并判断该石材可否用于水下工程。

11. 测定含大量开口孔隙的材料表观密度时，直接用排水法测定其体积，为何该材料的质量与所测得的体积之比不是该材料的表观密度。

12. 什么是材料力学性质和强度？影响材料强度的因素有哪些？

13. 什么是材料的弹性和塑性？韧性材料和脆性材料各自有何特点？

14. 什么是材料的耐磨性？

15. 简述决定材料耐腐蚀的内在主要因素。

16. 影响材料导热系数的因素有哪些？

17. 简述材料的耐久性及其影响因素。

3
气硬性胶凝材料

内容提要

了解无机胶凝材料的分类，掌握胶凝材料、气硬性胶凝材料的概念，以及石膏、石灰、水玻璃等气硬性胶凝材料的水化和硬化机理，主要性质和用途；熟悉石膏、石灰和水玻璃的原材料及生产。重点是无机气硬性胶凝材料的基本知识，几种典型的无机气硬性胶凝材料的特性及用途；难点为无机气硬性胶凝材料的水化和硬化机理。

胶凝材料是指在一定条件下，经过自身一系列物理、化学作用后，能够由浆体变成固体的物质。其主要用途是将散粒或块状材料黏结成为具一定强度的整体材料。包括无机胶凝材料和有机胶凝材料。

有机胶凝材料以天然或人工合成的高分子化合物为基本成分，如沥青和树脂。

无机胶凝材料以无机物为主要成分，遇水后形成浆体，进而硬化成固体的物质。包括水硬性胶凝材料和气硬性。气硬性胶凝材料只能在空气中凝结硬化，保持并发展其强度。在水中不能硬化，也就不具有强度。已硬化并具有强度的制品在水的长期作用下，强度会显著下降以至破坏。如石灰、石膏、水玻璃和菱苦土等。水硬性胶凝材料既能在空气中硬化，也能在水中硬化，保持并继续发展其强度，如硅酸盐水泥等。它们既适用于地上工程，也适用于地下或水中工程。

气硬性胶凝材料一般只适用于地上或干燥环境中，不宜用于潮湿环境中，更不可用于水中。

3.1 石　　膏

石膏胶凝材料是三大胶凝材料之一，是以硫酸钙为主要成分的矿物。我国的石膏资源极其丰富，分布很广，有天然二水石膏、无水石膏和各种工业副产品或废料——化学石膏。其中，无水石膏（$CaSO_4$）也称硬石膏，它结晶紧密，质地较硬，是生产水泥的原料，不能用来生产建筑石膏和高强石膏。天然石膏（$CaSO_4 \cdot 2H_2O$）也称生石膏或软石膏，大部分自然石膏矿为生石膏，是生产建筑石膏的主要原料，2 级以上用来生产高强石膏。

石膏主要包括建筑石膏、可溶性硬石膏、不溶性硬石膏、高温燃烧石膏。建筑石膏也称熟石膏或半水石膏，是指不预加任何外加剂或添加剂的粉状胶凝材料，是由生石膏加工而成；可溶性硬石膏脱水温度较高，半水石膏易转变为结构疏松的无水石膏，其需水量较

大、凝结很快、强度低，不宜直接使用，但储存一段时间（即陈伏处理）使其转变成半水石膏后，才可使用；不溶性硬石膏难溶于水，失去凝结硬化能力，如果掺入适量激发剂（如石灰等）混合磨细，即可制成无水石膏水泥，强度在5～30MPa，用于制造石膏板和其他制品等；高温燃烧石膏，凝结硬化较慢，但耐水性和强度高、耐磨性好，可用于铺设地面，也称地板石膏。在建筑中应用较多的是建筑石膏。

建筑石膏及其制品具有许多优良的性能，如质轻、耐火、隔音、绝热等，而且原料来源丰富、生产工艺简单，是一种理想的高效节能材料，可作为粉刷石膏、抹灰石膏、石膏砂浆、石膏水泥、各种石膏墙板、天花板、装饰吸声板、石膏砌块、纸面石膏板、嵌缝石膏、黏结石膏、自流平地板石膏及其他装饰部件等。

3.1.1 建筑石膏（$CaSO_4 \cdot \frac{1}{2}H_2O$）

建筑石膏是一种白色粉末状的气硬性胶凝材料，密度为2.60～2.75g/cm^3，堆积密度为800～1000kg/m^3。根据其内部结构不同可分为α型半水石膏和β型半水石膏：

$$CaSO_4 \cdot 2H_2O \xrightarrow[\text{常压}]{107\sim170℃} (\beta\text{型})\ CaSO_4 \cdot \frac{1}{2}H_2O\ (\text{建筑石膏}) + \frac{3}{2}H_2O$$

$$CaSO_4 \cdot 2H_2O \xrightarrow[127kPa]{124℃} (\alpha\text{型})\ CaSO_4 \cdot \frac{1}{2}H_2O\ (\text{高强石膏}) + \frac{3}{2}H_2O$$

β型半水石膏结晶细小，分散度高，其中杂质含量较少、白度较高，常用于制作模型和花饰，也称模型石膏，它在陶瓷工业中用作成型的模。

α型半水石膏结晶较粗，比表面积较小，生成的半水石膏是粗大而密实的晶体，水化后具有较高强度，故又称为高强石膏。

当加热温度超过170℃时，可生成无水石膏，只要温度不超过200℃，此无水石膏就具有良好的凝结硬化性能。温度超过400℃时，完全失去水分，形成不溶性硬石膏，失去凝结硬化能力，称为死烧石膏。但是，加入少量激发剂（如5%硫酸钠或硫酸氢钠+1%铁矾或铜矾等）混合磨细可生成无水石膏水泥。温度超过800℃时，部分石膏分解出氧化钙起催化作用，产品又具有凝结硬化性能，而且具有较高的强度和耐磨性以及较好的抗水性，称为高温煅烧石膏或过烧石膏、地板石膏。

3.1.2 建筑石膏的水化与硬化

建筑石膏粉与水调和均匀，能形成可塑性良好的浆体，随着石膏与水的反应，浆体的可塑性很快消失而发生凝结并产生强度，发展成为有强度的固体，这个过程称为石膏的水化和硬化。建筑石膏与水之间产生化学反应的反应式为：

$$CaSO_4 \cdot \frac{1}{2}H_2O + \frac{3}{2}H_2O \longrightarrow CaSO_4 \cdot 2H_2O \downarrow$$

此反应实际上也是半水石膏的溶解和二水石膏沉淀的可逆反应，因为二水石膏溶解度（20℃为2.05g/L）比半水石膏的溶解度（20℃为8.16g/L）小得多，所以此反应总体表现为向右进行，二水石膏以胶体微粒自水中析出。随着二水石膏沉淀的不断增加，就会产生结晶，随着结晶体的不断生成和长大，晶体颗粒之间便产生了摩擦力和黏结力，造成浆体的塑性开始下降，这一现象称为石膏的初凝；而后随着晶体颗粒间摩擦力和黏结力的增大，浆体的塑性很快下降，直至消失，这种现象为石膏的终凝。

石膏终凝后，其晶体颗粒仍在不断长大和连生，形成相互交错且孔隙率逐渐减小的结构，其强度也会不断增大，直至水分完全蒸发，形成硬化后的石膏结构，这一过程称为石膏的硬化。石膏浆体的凝结和硬化，实际上是交叉进行的。凝结后的石膏含水率 21%，半水石膏含水率 5%～7%。

半水石膏水化过程中石膏颗粒膨胀形成凝胶，然后形成针状结晶的二水化合物，石膏凝结后体积增加 1%。这使得石膏制品充满模型，得到准确而光滑的外形。

浆体的水化、凝结、硬化是一个连续进行的过程，为了便于理解而将其拆为三个过程。将从加水开始拌合一直到浆体刚开始失去可塑性的过程称为浆体的初凝，对应的这段时间称为初凝时间；将从加水拌合开始一直到浆体完全失去可塑性，并开始产生强度的过程称为浆体的硬化，对应的这段时间称为浆体的终凝时间。建筑石膏凝结硬化示意图见图 3-1。

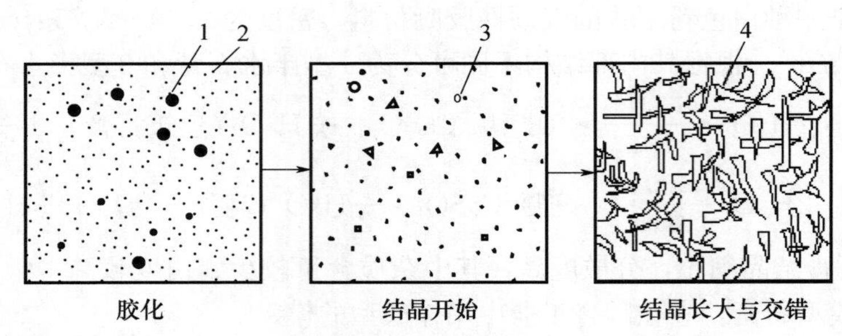

图 3-1　建筑石膏凝结硬化示意图

1—半水石膏；2—二水石膏胶体颗粒；3—二水石膏胶体晶粒；4—交错的晶体结构

3.1.3　建筑石膏的特点

建筑石膏的特点包括如下几个方面：

1. 凝结硬化速度快

建筑石膏的浆体，凝结硬化速度很快。一般石膏的初凝时间仅为 10min 左右，终凝时间不超过 30min，这对于普通工程施工操作十分方便。有时需要操作时间较长，可加入适量的缓凝剂，如硼砂、动物胶、亚硫酸盐酒精废液等。

2. 凝结硬化时的膨胀性

建筑石膏凝结硬化是石膏吸收结晶水后的结晶过程，其体积不仅不会收缩，而且还稍有膨胀（0.2%～1.5%），这种膨胀不会对石膏造成危害，还能使石膏的表面较为光滑饱满，棱角清晰完整，避免了普通材料干燥时的开裂。

3. 硬化后的多孔性、质量轻，但强度低

建筑石膏在使用时，为获得良好的流动性，加入的水分要比水化所需的水量多，因此，石膏在硬化过程中由于水分的蒸发，使原来的充水部分空间形成孔隙，造成石膏内部具有大量微孔，使其质量减轻，但是抗压强度也因此下降。通常石膏硬化后的表观密度约为 800～1000kg/m^3，抗压强度约为 3～5MPa。

4. 良好的隔热、吸声和“呼吸”功能

石膏硬化体中大量的微孔，使其传热性显著下降，因此具有良好的绝热能力；石膏的

大量微孔，特别是表面微孔对声音传导或反射的能力也显著下降，使其具有较强的吸声能力。建筑石膏具有大热容量和大孔隙率及开口孔结构，吸湿性强，使石膏具有呼吸水蒸气的功能，故具有一定的调温、调湿作用。

5. 有良好的装饰性和可加工性

石膏表面光滑饱满、颜色洁白、质地细腻，具有良好的装饰性。微孔结构使其脆性有所改善，硬度也较低，所以硬化石膏可锯、可刨、可钉，具有良好的可加工性。

6. 防火性好

硬化后石膏的主要成分是二水石膏，当受到高温作用时或遇火后会脱出21%左右的结晶水，并能在表面蒸发形成水蒸气幕，可有效地阻止火势的蔓延，具有良好的防火效果。

7. 耐水性、抗冻性差

建筑石膏硬化后，具有很强的吸湿性和吸水性。在潮湿的环境中，晶体间的黏结力削弱，强度明显降低。在水中，晶体还会溶解而引起破坏；若石膏吸水后受冻，则孔隙内的水分结冰，产生体积膨胀，使硬化后的石膏体破坏。因此，建筑石膏不宜用于潮湿、严寒的环境中使用。

3.1.4 建筑石膏的技术性能

根据《建筑石膏》（GB/T 9776—2008）规定，建筑石膏组成中β型半水石膏的质量分数应不小于60.0%，其物理力学性能符合表3-1的要求。

表3-1 建筑石膏的物理力学性能

等级	细度（0.2mm方孔筛余的质量分数）(%)	凝结时间/min		2h强度/MPa	
		初凝	终凝	抗折	抗压
3.0	≤10	≥3	≤30	≥3.0	≥6.0
2.0				≥3.0	≥4.0
1.6				≥3.0	≥4.0

此外，工业副产建筑石膏的放射性核素限量应符合建筑材料放射性核素限量的要求；限制成分氧化钾、氧化钠、氧化镁、五氧化二磷和氟的含量由供需双方商定。

3.1.5 建筑石膏的用途

建筑石膏具有许多优良的性能，适宜用作室内装饰、保温绝热、吸声及阻燃等方面的材料，主要用途如下：

1. 石膏装饰制品

石膏装饰制品是室内装饰用石膏制品的总称，其花色品种多样，规格不一。包括柱子、角花、角线、平底线、圆弧线、花盘、花纹板、门头花、壁托、壁炉、壁画以及各式石膏立体浮雕、艺术品等。产品艺术感强，广泛应用于各类建筑风格、不同档次的建筑室内艺术装饰。它的装饰造型可使楼堂馆所富丽堂皇、气势雄伟，居室雍容华贵、温馨典雅。

2. 石膏砌块

石膏砌块是以建筑石膏为主要原料，经加水搅拌、浇注成型和干燥而制成的块状轻质建筑石膏制品。生产中可根据性能要求可加入轻集料、纤维增强材料、发泡剂等辅助材料，有时也可用部分高强石膏（α-半水石膏）代替建筑石膏。石膏砌块可分为实心及空心砌块两大类，外形为长方体，一般在纵横四边分别设有榫与槽。

3. 纤维石膏板

纤维石膏板是指以各种有机纤维或无机纤维与石膏制成的增强石膏板材。有机纤维包括木质纤维（指木材纤维、木材刨花、纸浆及革类纤维）和化学纤维等。木质纤维石膏板的表面可涂刷涂料，为了提高纤维石膏板装饰效果，也可在木质纤维石膏板的表面进行深加工，目前可采用的方法是在板材表面贴装饰材料，如刨切薄木、三聚氰胺浸渍纸和PVC薄膜等。在饰面之前，木质纤维石膏板的表面必须先进行砂光，使板的厚度偏差在±0.2mm以内。无机纤维有玻璃纤维、云母和石棉等。

4. 纸面石膏板

纸面石膏板是指以建筑石膏为主要原料，加入少量添加剂与水搅拌后，连续浇注在两层护纸之间，再经封边、压平、凝固、切断、干燥而成的一种轻质建筑板材，包括普通纸面石膏板（代号P)、耐水纸面石膏板（代号S）和耐火纸面石膏板（代号H)。普通纸面石膏板主要用于内墙、隔墙、天花板等处。耐水纸面石膏板以建筑石膏为主要原料，掺入适量纤维增强材料和耐水外加剂等构成耐水芯材，并与耐水护面纸牢固地黏结在一起的耐水建筑板材，主要用于湿度较大的场所，如厨房、卫生间、室内停车库等需要抵抗间歇性潮湿和水汽的场合，也可用于满足临时外部暴露的需要。它可以阻止水汽的渗透，而不使内层龙骨锈蚀、破坏，板面适于粘贴各种装饰材料，包括瓷砖或适当质量的石材。耐火纸面石膏板以建筑石膏为主要材料，掺入适量轻集料、无机耐火纤维增强材料和外加剂构成耐火芯材，并与护面纸牢固地黏结在一起，主要用于有特殊要求的场所，如电梯井道、楼梯、钢梁柱的防火背涂覆以及防火墙和吊顶等。

5. 石膏空心条板

石膏空心条板以建筑石膏为原料，形状似混凝土空心楼板，规格尺寸为（2400～3000）mm×（60～120）mm、7孔或9孔的条形板材。板材可代替传统的实心黏土砖或空心黏土砖用于建筑物内隔墙。由于条板的单位体积密度小、砌筑量少，使建筑物的自重小，其基础承载也就更小，可进一步降低建筑造价。由于条板的长度按建筑物的层高定制，因此施工效率更高。另外石膏空心条板的耐水防潮性能也很差，因此，许多生产厂家对石膏空心条板做了改性措施，如掺入一定比例的珍珠岩粉来改善板材的脆性和降低密度；掺入硅酸盐水泥改善条板的耐水、防潮性能；在石膏空心条板两侧板面预埋涂塑玻璃纤维网格布，以改善板材的抗冲击性能和耐变形能力。根据不同改性措施生产的板材来命名石膏空心板的名称，如石膏珍珠岩空心条板、增强石膏珍珠岩空心条板、加气石膏纤维空心条板等。

6. 装饰石膏板

装饰石膏板有很多品种，通常包括普通装饰石膏板、嵌装式装饰石膏板、新型装饰石膏板及大型板块等。嵌装式装饰石膏板四周具有不同形式的企口，按其功能又有装饰板、吸声板和通风板之分；各种装饰板按材料性质又有普通、防火、防潮之分；按质量大小又

可分为普通、轻质等。装饰石膏板通常用于各种建筑物吊顶的装饰装修之用，如小型浴室、厨房、卧室、客厅、室内游泳池、酒吧、舞厅、会议室、报告厅、体育馆、大会堂等均可使用。由于装饰石膏板所具有的多种优点及强烈的装饰效果，因而风靡于世界各地。

3.2 水 玻 璃

3.2.1 水玻璃

水玻璃俗称“泡花碱”，由碱金属氧化物和二氧化硅组成，属于可溶性硅酸盐类，分子式为 $R_2O \cdot nSiO_2$，其中 n 为二氧化硅与碱金属氧化物摩尔数比值，其大小决定了水玻璃的品质及应用性能。常用的有钠水玻璃和钾水玻璃。碱性水玻璃 $n<3$，中性水玻璃 $n\geqslant 3$。水玻璃摩数 n 越大，硬化时析出的硅酸凝胶 $nSiO_2 \cdot mH_2O$ 越多，水玻璃黏度越大，硬化速度越快，硬化后的黏结力强度、抗压强度越高，耐水性越好，抗渗性及耐酸性也越好。摩数低的固体水玻璃较易溶于水，但晶体组分较多，黏结能力较差。摩数为 1 的水玻璃溶解于常温水中，摩数大于 3 的水玻璃须在 4 个大气压以上蒸汽中才溶解，摩数一般在 1.5～3.5 之间，常用 2.6～2.8。在液体水玻璃中加入尿素，在不改变其黏度的条件下能提高黏结力。水玻璃是无色透明的液体，杂质及其杂质含量的多少会使水玻璃呈青灰色、绿色或微黄色。水玻璃的浓度是硅酸钠在溶液中的含量，通常用密度 ρ 和波美度(°Bé)表示。

$$\rho=145/(145-°\text{Bé})$$

在工业上常用水玻璃密度为 1.3～1.4g/cm^3，即°Bé 为 33.5～41.5。

水玻璃生产有干法和湿法两种。湿法是石英砂和氢氧化钠溶液在压蒸釜内用蒸汽加热、搅拌，直接反应成液体水玻璃。干法是将磨细的石英砂和碳酸钠在温度 1300～1400℃的熔炉中得到的固体水玻璃，在压蒸釜内将水蒸气引入到固体水玻璃中得到液体水玻璃，反应式如下：

$$Na_2CO_3+n\,SiO_2 \longrightarrow Na_2O \cdot n\,SiO_2+CO_2\uparrow$$

3.2.2 水玻璃硬化

液体水玻璃在空气中吸收二氧化碳，形成无定形硅酸凝胶，并逐渐干燥硬化，硬化反应式如下：

$$Na_2O \cdot n\,SiO_2+CO_2+mH_2O \longrightarrow Na_2CO_3+n\,SiO_2 \cdot mH_2O$$

由于空气中 CO_2 黏度较低，其硬化过程极慢，为加速硬化和提高硬化后的防水性，常加入氟硅酸钠（Na_2SiF_6）作为促硬剂，促使硅酸凝胶加速析出。反应式如下：

$$2(Na_2O \cdot n\,SiO_2)+Na_2SiF_6+mH_2O \longrightarrow 6NaF+(2n+1)SiO_2 \cdot mH_2O$$

$$(2n+1)SiO_2 \cdot mH_2O \longrightarrow (2n+1)SiO_2+mH_2O$$

加入氟硅酸钠后，初凝时间可缩短至 30～60min。其适宜掺量一般为水玻璃的 12%～15%，若加入量小于 12%，则其凝结硬化慢、强度低，并且存在较多的没参加反应的水

玻璃。当遇水时，残余水玻璃易溶于水，影响硬化后水玻璃的耐水性；若加入量超过15%，则凝结硬化过快，造成施工困难，且抗渗性和强度降低。因此，氟硅酸钠的适宜用量为水玻璃质量的12%～15%。氟硅酸钠用量不仅影响硬化速度，而且能提高强度和耐水性，但因氟硅酸钠有毒，施工操作时要注意安全防护。

3.2.3 水玻璃的技术特性

1. 黏结力强

水玻璃是建筑上常用的黏结材料和胶凝材料。硬化后具有较高的黏结、抗拉和抗压强度。如水玻璃胶泥的抗拉强度大于2.5MPa，水玻璃混凝土的抗压强度约在15～40MPa之间。此外，水玻璃硬化析出的硅酸凝胶还可堵塞毛细孔隙而防止水分渗透。对于同一摩数的液体水玻璃，其浓度越稠、密度越大，则黏结力越强。而不同摩数的液体水玻璃，摩数越大，其胶体组分越多，黏结力随之增加。

2. 耐酸性好

硬化后的水玻璃，主要成分是 SiO_2，具有高度的耐酸性能，能抵抗大多数无机酸和有机酸作用。可作耐酸混凝土的胶凝材料，与耐酸集料可配制耐酸砂浆、耐酸混凝土。

3. 耐热性好

水玻璃不燃烧，水玻璃硬化后形成 SiO_2 空间网状骨架，高温下硅酸凝胶干燥得更加强烈，强度并不降低，甚至有所增加，具有良好的耐热性能，能配制耐热砂浆和耐热混凝土。

4. 耐碱性和耐水性差

水玻璃在加入氟硅酸钠后仍不能完全反应，硬化后的水玻璃中仍含有一定量的 $Na_2O \cdot nSiO_2$。由于 SiO_2 和 $Na_2O \cdot nSiO_2$ 均可溶于碱，且 $Na_2O \cdot nSiO_2$ 可溶于水，所以水玻璃硬化后不耐碱、不耐水。为了提高耐水性，常采用中等浓度的酸对已硬化的水玻璃进行酸洗处理。

3.2.4 水玻璃的用途

1. 涂刷材料表面提高其抗风化能力

水玻璃硬化析出的硅酸凝胶能堵塞毛细孔隙，可使材料的密实度、强度、抗渗性、耐水性均得到提高。可以直接涂刷在建筑表面，或直接涂刷在黏土砖、硅酸盐制品、水泥混凝土等多孔材料表面。以密度为 $1.35g/cm^3$ 的水玻璃浸渍或涂刷黏土砖、水泥混凝土、石材等多孔材料，可提高材料的密实度、强度、抗渗性、抗冻性及耐水性等。这是由于水玻璃与空气中的二氧化碳反应生成硅酸凝胶，同时水玻璃也与材料中的氢氧化钙反应生成硅酸钙凝胶，二者填充材料的孔隙，使材料致密。

2. 修补砖墙裂缝裂隙

将水玻璃、粒化高炉矿渣粉、砂或氟硅酸钠按适当比例拌合后，直接压入砖墙裂缝，可起到黏结和补强作用。

3. 加固地基或土壤

将摩数为2.5～3的液体水玻璃和氟化钙溶液通过金属管胶体向地层压入，两种溶液发生化学反应，可析出吸水膨胀的硅酸胶体，胶结土壤颗粒并填充其空隙，阻止水分渗透并使土壤固结。用这种方法加固的砂土，抗压强度可达3～6MPa。

作为地基灌浆材料使用时，常将水玻璃溶液与氯化钙溶液交替地压入地基中，其反应式如下：

$$Na_2O \cdot nSiO_2 + CaCl_2 + mH_2O \longrightarrow Ca(OH)_2 + nSiO_2 \cdot (m-1)H_2O + 2NaCl$$

反应生成的硅胶起胶结作用，能包裹土粒并充填于孔隙中。而$Ca(OH)_2$又与加入的$CaCl_2$反应生成氧氯化钙，也起胶结与充填孔隙的作用，既提高地基强度，又增强其不透水性。

当水玻璃与水泥水化时析出的活性很强的氢氧化钙作用时，可生成具一定强度的硅酸钙胶体，使水泥的强度增加，反应式如下：

$$Na_2O \cdot nSiO_2 + Ca(OH)_2 \longrightarrow 2NaOH + CaO \cdot nSiO_2$$

常用于粉土、砂土和黏土的地基加固，称为双液注浆。

4. 配制速凝防水剂

以水玻璃为基料，与多种矾配制成速凝防水剂，能在1min内凝结，故工地上使用时必须做到即配即用。适用于堵塞漏洞、缝隙等局部抢险。水玻璃浆液与水泥浆液的体积比对胶凝时间的影响见图3-2。

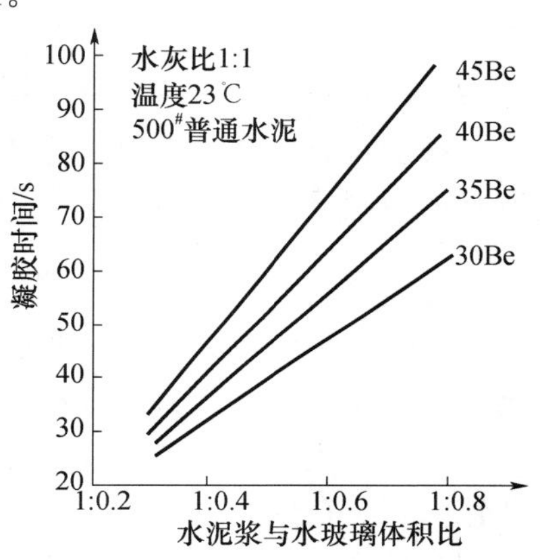

图3-2 水泥浆与水玻璃的体积比对胶凝时间的影响

5. 配制耐酸砂浆和耐酸混凝土

水玻璃硬化后，具有很高的耐酸性，常用作耐酸材料。与耐酸集料一起可配制成耐酸砂浆和耐酸混凝土，用于耐酸工程中。

6. 配制耐热砂浆和耐热混凝土

水玻璃耐热性能好，能长期承受一定高温作用而不降低强度，用它与耐热集料等可配制耐热砂浆和耐热混凝土，用于耐热工程中。

水玻璃不耐氢氟酸、热磷酸及碱的腐蚀，不宜用于长期受水浸湿的工程。水玻璃在储存中应注意防潮防水，不得在露天长期存放。

3.3 石　　灰

石灰是人类最早使用的一种矿物胶凝材料，人类使用石灰的历史已有五千年。石灰的原料是石灰岩，主要成分为碳酸钙（$CaCO_3$），其次为碳酸镁（$MgCO_3$）。因为石灰生产原料来源广泛、工艺简单、成本低廉、使用方便，所以至今仍被广泛用于土木工程中。

3.3.1 石灰的生产

生产石灰的主要原料是以碳酸钙为主要成分的天然岩石，常用的有石灰石、白云石、白垩、不适作装饰用的大理石、鱼卵石、石灰华、贝壳石灰石等，其主要化学成分见表3-2。其次还有化工副产品，如碳化钙制取乙炔时所产生的电石渣——氢氧化钙，用氨碱法制碱所得的残渣——碳酸钙。

表 3-2 石灰原料的化学成分

原料名称	化学成分（%）		
	$CaCO_3$	$MgCO_3$	$SiO_2+R_2O_2$
纯石灰石	96～10	0～2	0～2
弱白云石化石灰石	91～98	3～8	0～2
白云石化石灰石	75～92	7～24	0～2
弱泥灰质石灰石	72～98	0～2	3～6
弱泥灰质白云石化石灰石	70～90	7～24	3～6
贝壳	75～96	1～4	3～21
白垩	88	3	9

石灰石原料在适当的温度（900～1100℃）下燃烧，碳酸钙分解，释放出 CO_2，得到以 CaO 为主要成分的生石灰，其燃烧反应式如下：

$$CaCO_3 \xrightarrow[178kJ/mol]{900℃} CaO + CO_2 \uparrow$$

由于石灰原料中含有一些碳酸镁，故生石灰中还有一些 MgO，MgO≤5%的石灰称为钙质石灰，否则称为镁质石灰。

生石灰质量轻，表观密度为 800～1000kg/m^3，密度约为 3.2g/cm^3，色质洁白或略带灰色。石灰在生产过程中，应严格控制燃烧温度的高低及分布和石灰石原料的尺寸大小，否则容易产生“欠火石灰”和“过火石灰”。

正火石灰，正常温度和煅烧时间所煅烧的石灰具有多孔结构，内部孔隙率大，表观密度较小，晶粒细小，与水反应迅速。

欠火石灰是由于煅烧温度过低或时间不足、原料尺寸过大引起，外部为正常煅烧的石灰，内部尚有未分解的石灰石内核，不仅降低石灰的利用率，而且有效氧化钙和氧化镁含量低，黏结能力差。

过火石灰是由于煅烧温度过高或时间过长所致，则会因高温烧结收缩而使石灰内部孔隙率减少，晶粒变得粗大，颜色较深，石灰表面出现裂纹或颗粒表面部分被玻璃状物质或釉状物所包覆，体积收缩明显，使过火石灰与水的作用减慢，硬化后体积膨胀，引起鼓包和开裂，如在工程中使用会影响工程质量。

石灰石中黏土杂质对煅烧制度的影响，见图 3-3。为避免体积安定性不良，应限制石灰石中菱镁矿的含量。

石灰（氧化钙）的活性（与水反应的能力）与结构的关系，见图 3-4。D. R. 格拉森的研究表明，石灰的活性主要是由内比表面积和晶格变形程度决定。随着煅烧温度提高和煅烧时间延长，石灰的内比表面积逐渐减小。晶格变形分为三个阶段，生成假晶，保留 $CaCO_3$ 晶格的 CaO；亚稳的 CaO 重结晶形成稳定的 CaO 晶体，内比表面积达最大；再结晶的 CaO 烧结，从而使内比表面积降低。

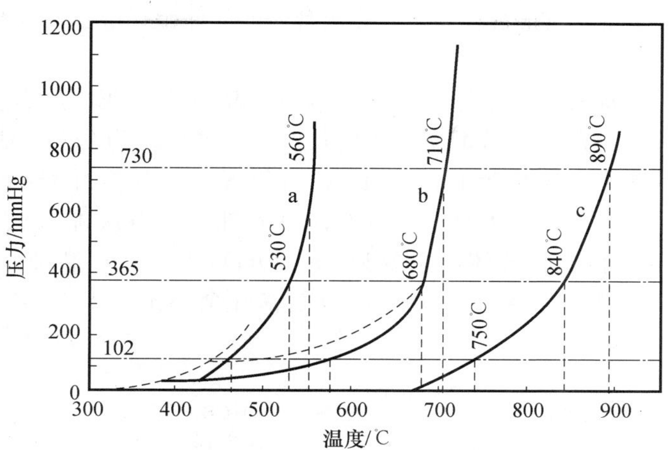

图 3-3 石灰石中黏土杂质对煅烧制度的影响

a—$CaCO_3+SiO_2$；b—$CaCO_3+C_2S$；c—$CaCO_3$

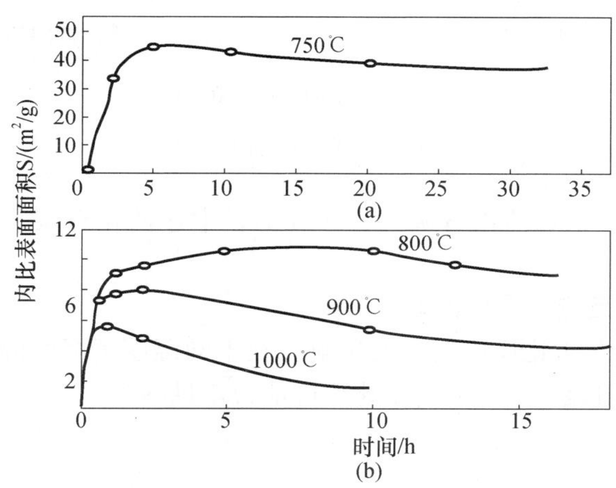

图 3-4 石灰的内比表面积与煅烧温度的关系

3.3.2 石灰的消化

工地上在使用石灰时，通常将石灰加水，使之消解为膏状或粉末状的消石灰——氢氧化钙，这个过程称为石灰的“消化”或“熟化”。反应式如下：

$$CaO+nH_2O \longrightarrow Ca(OH)_2 \cdot nH_2O+64.9kJ/mol$$

伴随着消化过程，放出大量的热，并且体积迅速增加 1～2.5 倍。过火石灰在使用后，其表面常被黏土杂质融化形成的玻璃釉状物包裹，熟化很慢，当石灰已经硬化后，其中过火石灰颗粒吸收空气中的水蒸气才开始熟化，体积逐渐膨胀，使已硬化的浆体产生隆起、开裂等破坏，故在使用前必须使其消化或将其去除。常采用的方法是在熟化过程中首先将较大尺寸的过火石灰利用小于 3mm×3mm 的筛网去除，过筛也有利于去除较大的欠火石灰块，以改善石灰质量，消除过火石灰的危害，之后将石灰膏在储灰池中存放两周以上，即所谓“陈伏”。“陈伏”使水有充分的时间穿过过火石灰的釉质表面，让较小的过火石灰块充分消化。陈伏期间为防止石灰碳化，石灰膏表面应保留一层水，消石灰粉也应采取覆盖等措施。

石灰的分类。石灰根据成品加工方法可以分为块状生石灰、生石灰粉、消石灰粉、石灰膏及石灰乳等。石灰石直接煅烧所得的块灰，主要成分为CaO；消石灰粉、生石灰加入适量水所得的粉末，主要为Ca（OH）$_2$；石灰膏、生石灰加3～4倍水消化而成的膏状可塑性浆体，主要为Ca（OH）$_2$和H_2O；石灰乳、生石灰加入大量水消化或石灰膏加水稀释而成的一种乳状液体，主要为Ca（OH）$_2$和H_2O；磨细生石灰，由生石灰磨细而得的细粉，细度一般要求0.08mm方孔筛筛余小于15%，主要成分是氧化钙。

石灰的加工产品见图3-5。

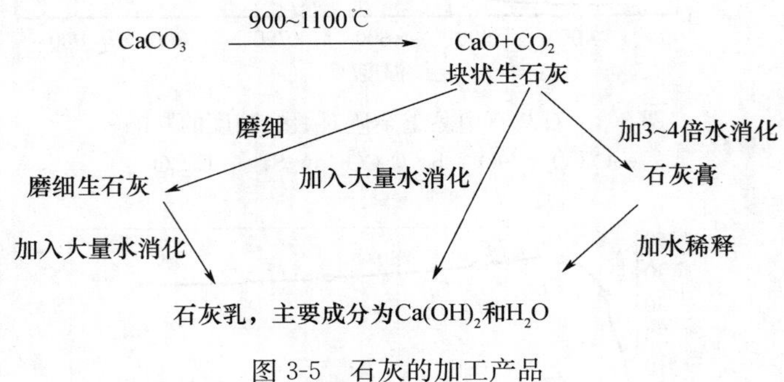

图3-5 石灰的加工产品

石灰的消化速度。快速消化石灰（<10min）；中速消化石灰（10～30min）；慢速消化石灰（>30min）。

1. 影响石灰水化反应能力的因素

① 煅烧条件对石灰水化反应能力的影响。在不同温度下煅烧的石灰，其结构的物理特征有很大的差异，直接影响石灰的水化反应能力，见图3-6。

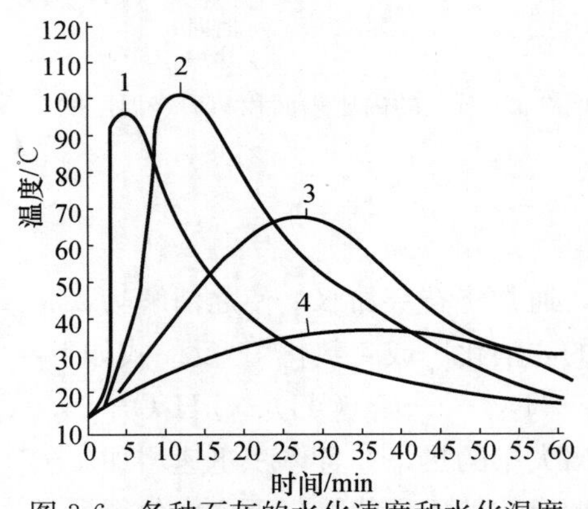

图3-6 各种石灰的水化速度和水化温度

1—有15%欠烧的石灰；2—煅烧正常的石灰；3—有15%过烧的石灰；4—含32%MgO的苦土石灰

② 水化温度对石灰水化反应能力的影响。石灰水化反应速度随着水化温度的提高而显著增加。

③ 外加剂对石灰水化反应能力的影响。加快消化速率——氯盐；延缓消化速率——磷酸盐、草酸盐、硫酸盐等。

2. 石灰的水化特点

① 水化热高、放热速率快。

② 需水量大。理论需水量仅为 32%，但实际要使 CaO 全部转变为 $Ca(OH)_2$ 约需加入 70%的水才可得到十分干燥、体积疏松的消石灰粉。

③ 体积膨胀。石灰水化后外观体积增大约 1.5～2 倍。石灰水化前后石灰-水系统体积变化见表 3-3。

表 3-3 石灰水化前后石灰-水系统体积变化

反应式	分子量	比密度	系统的绝对体积（cm^3）		固体的绝对体积（cm^3）		绝对体积的变化（%）		反应所需的相对水量
			反应前	反应后	反应前	反应后	系统	固相	
$CaO+H_2O\longrightarrow Ca(OH)_2$	56.08	3.34	34.8	33.2	16.7	33.2	−4.54	+97.92	0.321
	18.02	1.00							
	74.10	2.23							

理论上石灰与水泥等其他胶凝材料一样，和水进行化学反应时，都产生了化学减缩。但实际上石灰与水作用时，外观体积是增大的。图 3-7 给出了磨细生石灰在水灰比为 0.33 的情况下石灰浆体体积随时间的变化曲线。

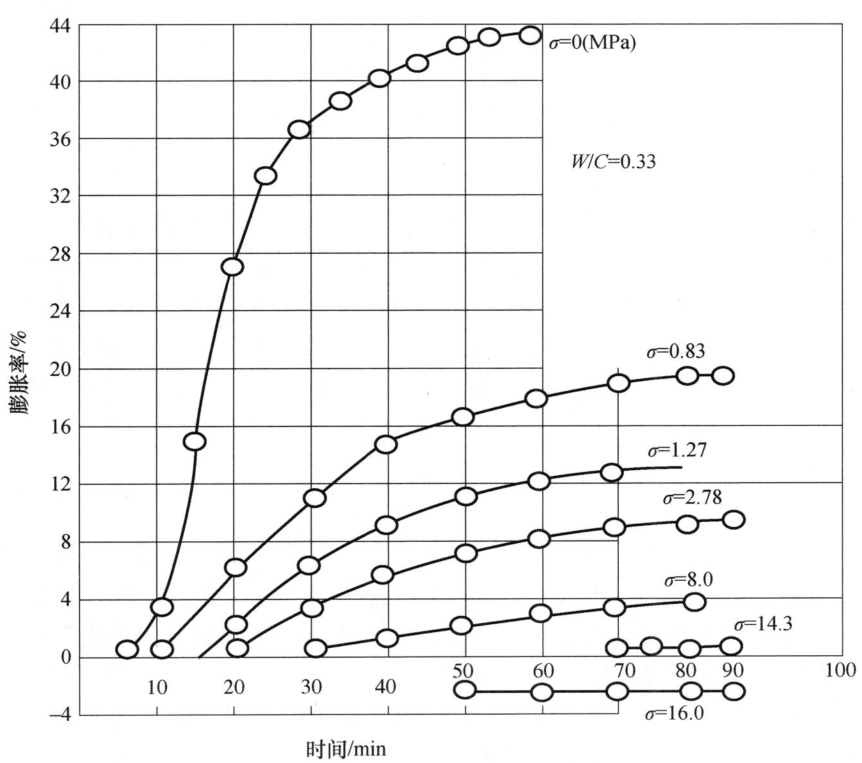

图 3-7 磨细生石灰在水灰比为 0.33 的情况下石灰浆体体积随时间的变化

石灰水化产生显著体积增大的原因包括：水化过程中物质的转移，水分子进入石灰粒子内部，发生水化反应，生成水化产物；水化产物向原来的充水空间转移，当前者的速率大于后者，则产生试件膨胀和开裂。孔隙体积增加，固相体积增加引起孔隙体积增加，固相体积和孔隙体积增量之和可能超过石灰-水系统的空间，引起石灰浆体的体积增大。

控制石灰体积变化的主要方法包括：改变石灰的细度，试验表明石灰磨得越细，石灰消化时的体积变化就越小；水灰比的影响，随水灰比提高，石灰消化时体积膨胀量减小，见图 3-8（a）；介质温度的影响，石灰消化时的介质温度对石灰体积变化有显著的影响，随着介质温度的提高，水灰浆体的体积增大明显，见图 3-8（b）；合料的影响，石灰中掺 5%的石膏，可显著减少其膨胀值，见图 3-8（c）。石膏抑制石灰浆体积膨胀的原因有两方面，水化速率和孔隙体积。

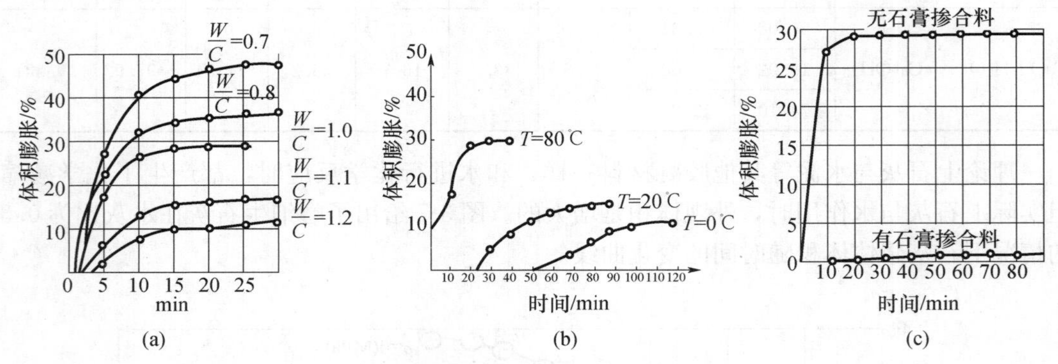

图 3-8 石灰消化时体积膨胀量的影响

（a）水灰比变化；（b）温度变化；（c）石膏掺入量

3. 石灰浆体凝聚结构及其特性

石灰水化→溶解与分散→胶体粒子→凝聚结构。水扩散层形成阻止离子相互靠近的“楔入力”，随颗粒沉降靠近，水夹层减薄，范德华引力超过“楔入力”，则粒子结合，胶体开始凝聚。石灰粒子内部吸入扩散层中的水继续水化，生成新物质，且水夹层厚度减小，粒子热运动的分子引力超过“楔入力”，粒子粘连，形成凝聚结构。凝聚结构的特性，具有触变性与结构强度影响凝聚结构性能的因素——粒子数量、粒子细度与扩散层厚度。

3.3.3 石灰的硬化

石灰浆体在空气中逐渐硬化，包括了结晶作用和碳化作用两个同时进行的过程。结晶作用是指游离水分蒸发，氢氧化钙逐渐从饱和溶液中结晶，浆体逐渐失去塑性；碳化作用是指氢氧化钙与空气中的二氧化碳化合生成碳酸钙结晶，释放出水分并被蒸发。碳化作用实际上是二氧化碳与水形成碳酸，然后与氢氧化钙反应生成碳酸钙，所以这个作用不能在没有水分的全干状态下进行。而且碳化作用长时间只限于表层，随时间增长，表层碳酸钙的厚度逐渐增加。氢氧化钙的结晶作用则主要在内部发生。所以，石灰浆体的硬化，是由表里两种不同的晶体组成的，当材料表面形成的碳酸钙达到一定厚度时，碳化作用极为缓慢，而且阻止了内部水分的脱出，使氢氧化钙结晶速度缓慢，这是石灰凝结硬化速度缓慢

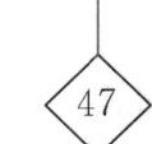

的主要原因。另外，石灰硬化过程体积收缩大（容易产生收缩裂缝）。

3.3.4 石灰的技术特性

1. 保水性与可塑性好

生石灰熟化为石灰浆时，形成了颗粒极细的呈胶体分散状态的氢氧化钙，表面吸附一层厚水膜。因此用石灰调成的石灰砂浆突出的优点是具有良好的可塑性。

2. 硬化过程缓慢、强度低

从石灰浆体的硬化过程可以看出，由于空气中二氧化碳稀薄，碳化十分缓慢。而且表面碳化后，形成紧密外壳，不利于碳化作用的深入，也不利于内部水分的蒸发，因此石灰是硬化缓慢的材料。同时，石灰的硬化只能在空气中进行，硬化后的强度也不高。受潮后石灰溶解，强度更低，在水中还会溃散。如石灰砂浆（1∶3）28d 强度仅为 0.2～0.5MPa。所以，石灰不宜在潮湿的环境中作用，也不宜用于重要建筑物基础。为充分消化石灰，获得较好的塑性，拌制石灰的用水量较大，石灰凝结硬化时多余水分蒸发，会留下大量孔隙，因而密实性较差。

3. 硬化时体积收缩大

石灰在硬化过程中，蒸发大量的游离水而引起显著的收缩、开裂，所以除调成石灰乳作为薄层涂刷外，不宜单独使用。常在其中掺入砂、纸筋等以减少收缩、提高抗裂能力和节约石灰。

4. 易受潮不宜贮存

块状石灰放置太久，会吸收空气中水分而自动熟化成消石灰粉，再与空气中二氧化碳作用而还原为碳酸钙，失去胶结能力。所以石灰不能用于潮湿环境。

生石灰具有很强的吸湿性，受潮会自动熟化成消石灰粉而失去胶凝能力，所以储存和运输生石灰时，既要防水防潮，而且不易久存。最好运到后即熟化成石灰浆，将贮存期变为陈伏期。另外，生石灰受潮熟化时放出大量的热，而且体积膨胀，因此储存和运输生石灰时，要注意安全，将生石灰与易燃物分开保管，以免引起火灾。

5. 耐水性差

石灰浆在水中或潮湿环境中没有强度，已凝结硬化的石灰在水中会溃散。

3.3.5 石灰的技术要求

石灰的技术要求有氧化钙和氧化镁含量、细度、二氧化碳含量、生石灰产浆量、未消化残渣量和体积安定性等，由此将建筑石灰分为优等品、一等品和合格品三个等级。另外，按石灰中氧化镁的含量分类，将生石灰和生石灰粉分为钙质石灰（CL）（MgO 含量≤5%）和镁质石灰（ML）（MgO 含量>5%）；将消石灰分为钙质消石灰（HCL）（MgO 含量≤5%），镁质消石灰粉（HML）（MgO 含量为>5%），见表 3-4 至表 3-7。值得注意的是石灰中的氧化钙分为“结合氧化钙”和“游离氧化钙”两类。结合氧化钙是在煅烧过程中生成的钙盐，如硅酸钙、铝酸钙和铁酸钙，在石灰中不起胶凝作用。游离氧化钙是石灰中的胶结成分，它又分为“活性”和“非活性”两种，非活性氧化钙是由石灰过烧造成的，可通过碾碎变成活性氧化钙，活性氧化钙是主要胶结成分。

表 3-4　建筑生石灰的化学成分（JC/T 479—2013）　（%）

名称	（氧化钙＋氧化镁）（CaO＋MgO）	氧化镁（MgO）	二氧化碳（CO_2）	三氧化硫（SO_3）
CL 90－Q CL 90－QP	≥90	≤5	≤4	≤2
CL 85－Q CL 85－QP	≥85	≤5	≤7	≤2
CL 75－Q CL 75－QP	≥75	≤5	≤12	≤2
ML 85－Q ML 85－QP	≥85	>5	≤7	≤2
ML 80－Q ML 80－QP	≥80	>5	≤7	≤2

注：Q 表示块状，QP 表示粉状。

表 3-5　建筑生石灰的物理性质（JC/T 479—2013）

名称	产浆量（dm^3/10kg）	细度	
		0.22mm 筛余量（%）	90μm 筛余量（%）
CL 90－Q CL 90－QP	≥26 —	— ≤2	— ≤7
CL 85－Q CL 85－QP	≥26 —	— ≤2	— ≤7
CL 75－Q CL 75－QP	≥26 —	— ≤2	— ≤7
ML 85－Q ML 85－QP	—	— ≤2	— ≤7
ML 80－Q ML 80－QP	—	— ≤7	— ≤2

注：1. 其他物理特性，根据用户要求，可按照 JC/T 478.1 进行测试。
2. Q 表示块状，QP 表示粉状。

表 3-6　建筑消石灰粉的化学成分（JC/T 481—2013）　（%）

名称	（氧化钙＋氧化镁）（CaO＋MgO）	氧化镁（MgO）	二氧化碳（SO_3）
HCL 90 HCL 85 HCL 75	≥90 ≥85 ≥75	≤5	≤2
HML 85 HML 80	≥85 ≥80	>5	≤2

注：表中数值以试样扣除游离水和化学结合水后的干基为基准。

表 3-7　建筑消石灰粉的物理性质（JC/T 481—2013）　（%）

名称	游离水	细度		安定性
		0.2mm 筛余量	90μm 筛余量	
HCL 90	≤2	≤2	≤7	合格
HCL 85				
HCL 75				
HML 85				
HML 80				

3.3.6 石灰的应用

1. 石灰砂浆和涂料

由于石灰的保水性和可塑性好，建筑上常用石灰膏、磨细生石灰粉或消石灰粉配制石灰砂浆或石灰混合砂浆用于抹灰和砌筑，但应注意石灰浆硬化后体积收缩明显，为避免抹灰层较大的收缩裂缝，往往在生石灰浆中掺入麻刀、纸筋等纤维增强材料。

磨细生石灰粉不经陈伏直接加水使用，消化和凝结硬化同时进行，但当它用于抹灰砂浆时，消化时间应大于3h。该石灰消化放出的热量会大大加快凝结硬化的速度，且需水量较少，硬化后强度较高，提高了石灰的利用率，节约施工现场，缺点是成本较高。用石灰膏加水稀释成石灰乳涂料可用于要求不高的室内粉刷。必须注意的是石灰未硬化前就处于潮湿的环境中，石灰中的水分不能及时蒸发出去，其硬化会停止，且长期受潮后吸湿或被水浸泡，氢氧化钙易溶于水致使石灰溃散，故石灰不应在潮湿的环境中应用。

2. 硅酸盐制品

以石灰（消石灰粉或生石灰粉）与硅质材料（砂、粉煤灰、火山灰、矿渣等）为主要原料，经过配料、拌合、成型和养护后可制得砖、砌块等各种制品，因内部的胶凝物质主要是水化硅酸钙，所以称为硅酸盐制品，常用的有灰砂砖、粉煤灰砖等。

3. 碳化石灰板

磨细生石灰粉与纤维材料（如玻璃纤维）或轻质集料加水拌合成型后制成坯体，然后通入二氧化碳进行人工碳化（12～24h），制成碳化石灰板。为减轻自重，提高碳化效果，通常制成薄壁或空心制品。该板的性价比高，可用做非承重的内隔墙板、顶棚等。

4. 三合土和灰土

将消石灰粉或生石灰粉掺入各种粉碎或原来松散的土中，经拌合、压实及养护后得到的混合料，称为灰土或石灰土。它包括石灰土、石灰稳定砂砾土、石灰碎石土等。黏土颗粒表面的少量活性氧化硅和氧化铝与氢氧化钙发生反应，生成水硬性的水化硅酸钙和水化铝酸钙，使黏土的抗渗能力、抗压强度、耐水性得到改善，可广泛用做建筑物的基础、地面的垫层及道路的路面基层。

3.4 镁质胶凝材料

镁质胶凝材料是氧化镁（MgO）为主要成分的气硬性胶凝材料，是由磨细的苛性苦土（MgO）或苛性白云石（MgO 和 $CaCO_3$）为主要组成的一种气硬性胶凝材料。与其他胶凝材料不同，镁质胶凝材料在使用时不用水调和，必须用一定浓度的氯化镁溶液或其他盐类溶液来调和。

3.4.1 原料及生产

镁质胶凝材料一般是将菱镁矿或白云石矿煅烧再磨细而成。主要煅烧设备为立窑和回转窑。纯净的晶质菱镁矿石为白色非晶质的为白色瓷土状，常含有 SiO_2 和 $CaCO_3$ 等杂质，见表3-8。

表 3-8 菱镁矿的化学成分

化学成分	SiO_2	Al_2O_3	Fe_2O_3	CaO	MgO	烧失量
辽宁	0.67	0.19	1.01	0.12	46.78	51.39
山东	3.63	0.36	0.60	0.89	45.72	49.32

菱苦土材料一般是将菱镁矿经煅烧磨细而制成的。要求的细度为 4900 孔/cm^2 的筛余量不大于 25%，其化学反应可表示如下：

$$MgCO_3 \xrightarrow{800\sim850℃} MgO + CO_2\uparrow$$

白云石矿是指碳酸镁与碳酸钙的复盐，$CaCO_3 \cdot MgCO_3$，理论摩尔组成为 $CaCO_3$: $MgCO_3$ = 1 : 1，即质量组成为 $CaCO_3$（54.2%）和 $MgCO_3$（45.8%）。另外，石灰石含 $MgCO_3$（0～5%）；镁质石灰石含 $MgCO_3$（5%～10%）；白云质石灰石含 $MgCO_3$（10%～25%）；白云石含 $MgCO_3$（>25%）。煅烧过程中白云石的分解反应：

$$MgCO_3 \cdot CaCO_3 \xrightarrow{650\sim750℃} MgCO_3 + CaCO_3$$

$$MgCO_3 \xrightarrow{600\sim650℃} MgO + CO_2\uparrow$$

$$CaCO_3 \xrightarrow{900℃} CaO + CO_2\uparrow$$

白云石加热过程的时间与温度和失重之间的关系曲线见图 3-9。

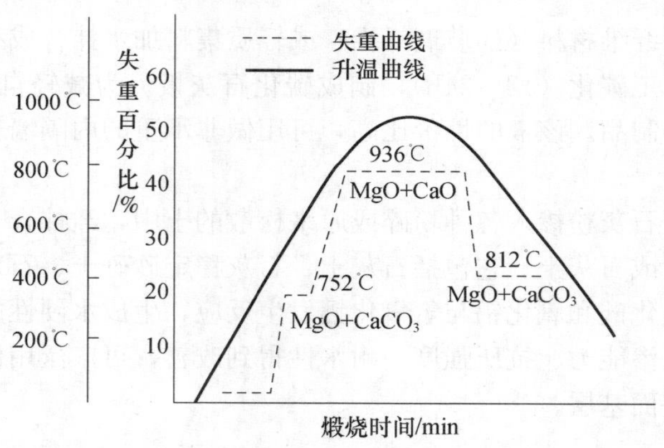

图 3-9 白云石加热过程

1—失重曲线；2—温度曲线

3.4.2 镁质胶凝材料料浆的制备和硬化性能

1. 氧化镁-水系统

氧化镁与水拌合后产生反应为：

$$MgO + H_2O \longrightarrow Mg(OH)_2$$

反应特点为浆体凝结很慢，硬化后强度很低。原因是 MgO 溶解度小，水化过程缓慢，导致硬化时间长；相对过饱和度太大，产生结晶应力，使强度降低。MgO 水化速度与煅烧温度的关系见表 3-9。内比表面积大的 MgO，其水化速度快，强度发展也快，但结构强度的最终值很低。MgO 溶液的过饱和度特别高，会产生大的结晶应力，使形成的结晶结构网受到破坏。解决方案为降低过饱和度和提高溶解度，如改用 $MgCl_2$ 水溶液拌合。

表 3-9 MgO 水化时间与煅烧温度的关系

水化时间（d）	煅烧温度（℃）		
	800	1200	1400
1	75.4	6.49	4.72
3	100.0	23.40	9.27
30	—	94.76	32.80
360	—	97.60	—

氧化镁-水系统的水化时间和强度与比表面积的关系密切，见图 3-10。

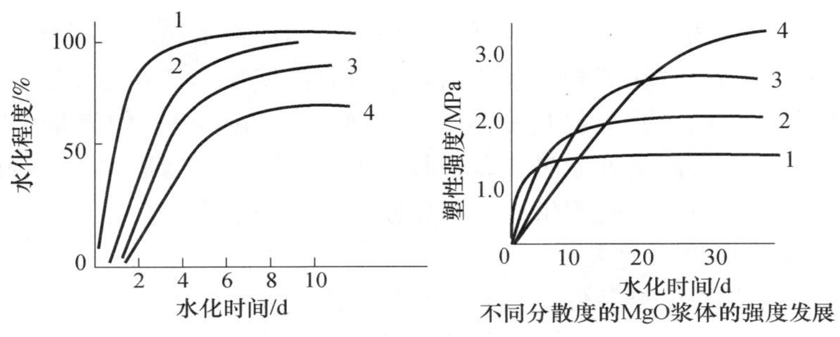

图 3-10 水化速度和强度与比表面积的关系曲线

注：曲线表示 1～4 的比表面积逐渐降低。

2. 氧化镁-氯化镁-水系统

实验证明用氯化镁溶液代替水来调制 MgO 时，可以加速其水化速度，并且能与之形成新的水化物相。这种新相的平衡溶解度比 Mg $(OH)_2$ 高，因此过饱和度也相应降低。这种用 $MgCl_2$ 溶液调制的镁质胶凝材料就是目前广泛关注的氯化镁水泥，简称镁水泥，也称索瑞尔水泥（Sorel Cement）。这种新的水化产物硬化后的强度较高（40～60MPa）。水化反应如下：

$$MgO + MgCl_2 \cdot H_2O \longrightarrow MgO \cdot MgCl_2 \cdot H_2O$$

$$MgO + H_2O \longrightarrow Mg(OH)_2$$

镁水泥的水化过程可分为以下几个阶段：Ⅰ——诱导前期，出现第一放热峰 q_1，反应时间 5～10min；Ⅱ——诱导期，反应速率缓慢，一般持续几小时；Ⅲ——加速期，出现第二放热峰 q_3；Ⅳ——减速稳定期，见图 3-11。使用不同浓度 $MgCl_2$ 溶液时的水化热见表 3-10。

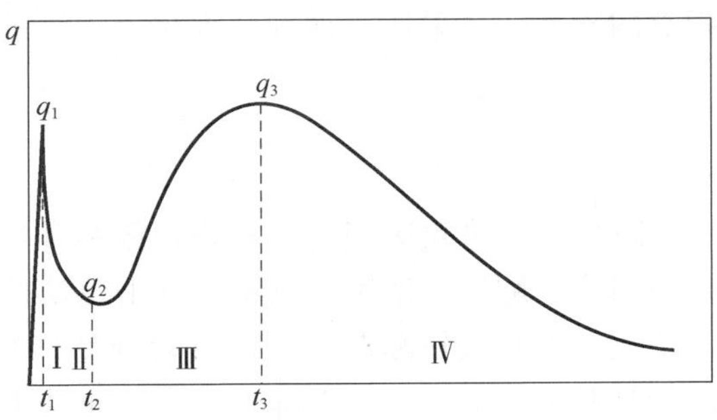

图 3-11 镁水泥的水化过程

表 3-10　不同浓度 $MgCl_2$ 溶液调制时的水化热

编号	配比	t_2	t_3	水化热（J/g·MgO）		
	Mg（OH）$_2$：$MgCl_2$：H_2O	(h)	(h)	8h	10h	12h
2-1	3：1：7	4	12.5	104	184	290
2-2	3：1：8	3.5	12.3	139	231	349
2-3	3：1：11	1.5	6	321	409	485
4-1	5：1：5	4	11.5	170	273	202
4-2	5：1：8	3	6.5	276	373	468
4-3	5：1：11	1.5	5.5	341	433	500

随着 $MgCl_2$ 溶液浓度的降低，水化过程的诱导期缩短，加速期提前结束，水化放热量增大。硬化体中的孔隙增多，对产品性能影响不利。

反应生成的氧氯化镁结晶速度比氢氧化镁快，因而加速了镁质胶凝材料的凝结硬化速度，制品强度显著提高。水化产物是针状结晶，彼此机械咬合，并相互连生、长大，形成致密的结构，使浆体凝结硬化。氯化镁溶液（浓度为 1.2g/cm^3）的掺量一般为菱苦土的 55%～60%。掺量太大则凝结速度过快，且收缩大、强度低。掺量过少，则硬化太慢、强度也低。此外，温度对凝结硬化很敏感，氯化镁掺量可作适当调整。

3. 镁水泥的硬化强度和抗水性

硬化强度。镁水泥在干燥条件下具有硬化快、强度高的特点。

抗水性。镁水泥抗水性差，在潮湿条件下其强度很快降低。镁水泥制品的耐水性和耐久性差，吸湿性大，易返潮和翘曲变形。根本原因是相 3 和相 5 是不稳定的。氯盐的吸湿性大，结晶接触点的溶解度高，水化物具有高的溶解度。解决措施：掺入少量磷酸、磷酸盐水溶性树脂或硫酸镁（$MgSO_4 \cdot 7H_2O$）和铁矾（$FeSO_4$）做调和剂，可以降低吸湿性，提高抗水性，但强度较用氯化镁低。

3.4.3　菱苦土的应用

菱苦土与植物纤维能很好黏接，而且碱性较弱，不会腐蚀纤维。建筑工程中常用来配制菱苦土木屑浆和菱苦土木屑砂浆。前者可胶结为菱苦土木屑板，用于内墙、天花板和地面。也可压制成各种零件用作窗台板、门窗框、楼梯扶手等。后者掺入砂子可作为地坪耐磨面层。用膨胀珍珠岩代替木屑可制成轻质、阻燃型的室内装饰板材。以菱苦土为胶结料，以玻璃纤维为增强材料，添加改性剂，可制成管材产品。

菱苦土的不足之处是硬化后易吸潮返卤、耐水性差，其原因是硬化产物具有较高的溶解度，遇水会溶解。为提高耐水性，可采用外加剂，或改用硫酸镁作为拌合水溶液，降低吸湿性，改进耐水性。

案例分析

【3-1】　某住户喜爱石膏制品，房间运用普通石膏浮雕板作装饰。使用一段时间后，客厅、卧室效果相当好，但厨房、厕所、浴室的石膏制品出现发霉变形。试分析原因。

分析：厨房、厕所、浴室等处一般较潮湿，普通石膏制品具有强的吸湿性和吸水性，在潮湿的环境中，晶体间的黏结力削弱，强度下降、变形，而且还会发霉。

建筑石膏一般不宜在潮湿和温度过高的环境中使用。欲提高其耐水性，可于建筑石膏

中掺入一定量的水泥或其他含活性成分 SiO_2、Al_2O_3、CaO 的材料，如粉煤灰、石灰。掺入有机防水剂也可改善石膏制品的耐水性。

【3-2】 菜市口旧城改造，用炸药拆除房屋时震动大，相邻房屋开裂，影响使用，因此使用石灰作静态破碎剂。

分析：相邻部分房屋多年失修，用常规炸药震动冲击波大，易损坏，需用静态破碎剂。静态破碎剂是一种以生石灰和硅酸盐为主的白色粉末状物质，其中过火石灰量较多。用于砖、混凝土、钢筋混凝土建筑物、构筑物的拆除，破碎各种岩石、花岗岩、大理石、汉白玉等。

【3-3】 石灰加固软弱地基。某三层楼需建在软弱地基上，试找一种经济有效的加固地基的方法。

分析：石灰桩又称石灰挤密桩，是在直径 150～400mm 桩孔内注入新鲜石灰块夯实挤密而成。石灰桩具有加固效果显著、材料易得、施工简便、造价低廉等优点，适于处理含水量较高的软弱土地基、不太严重的黄土地基湿陷性事故或者处理较严重的湿陷性事故的辅助处理措施，是一种处理软弱地基的简易有效的方法。此外还可以用灰土挤密桩。

【3-4】 施工现场需使用熟石灰。熟石灰有两种形式即石灰膏和熟石灰粉，如何生产这两种石灰产品？

分析：(1) 石灰膏：在化灰池中将块状生石灰用过量水（约为生石灰体积的 3～4 倍）消化，然后经筛网流入储灰池，经沉淀除去多余的水分得到膏状物，或将消石灰粉和水拌合所得到的达一定稠度的膏状物即为石灰膏，其主要成分为 $Ca(OH)_2$ 和水。石灰膏中的水分约占 50%，表观密度为 1300～1400kg/m^3。1kg 生石灰可熟化成 1.5～3.0kg 石灰膏。

(2) 熟石灰粉：用于拌制石灰土（石灰、黏土）、三合土（石灰、黏土、砂石或炉渣等）时，需将生石灰熟化成熟石灰粉。此过程理论上需水 32.1%，由于一部分水分消耗于蒸发，实际加水量常为生石灰质量的 60%～80%，可采用分层浇水法，每层生石灰块厚约 0.5m；或在生石灰块堆中插入有孔的水管，缓慢地向内注水。加水量以熟石灰粉略湿，但不成团为宜。熟石灰粉在使用以前，也应有类似石灰浆的“陈伏”时间。

知识归纳

本章主要介绍了无机胶凝材料概念和分类，以及典型的无机气硬性胶凝材料（如石膏、石灰、水玻璃）的水化和硬化机理，主要特性及用途。

思考题

1. 无机气硬性胶凝材料的基本概念是什么，有哪些典型的无机气硬性胶凝材料？
2. 石灰有哪些特性和用途？
3. 工地上使用生石灰时，为何要进行熟化？
4. 石灰本身不耐水，但有些施工良好的石灰土，具有一定的耐水性，你认为有哪些原因？
5. 建筑石膏凝结硬化过程的特点是什么？与石灰凝结硬化过程相比有何异同？
6. 建筑石膏的主要用途有哪些？
7. 用于墙面抹灰时，建筑石膏与石灰相比较，具有哪些优点？
8. 选用水玻璃时，为何要考虑水玻璃的摩数？
9. 水玻璃的主要技术性能和用途有哪些？

4 水　泥

内容提要

本章主要介绍水泥的分类及硅酸盐水泥的原材料、生产工艺、矿物组成、水泥的水化、凝结硬化、强度形成机理及其相应的影响因素。水泥石的腐蚀机理与预防措施，通用硅酸盐水泥以及其他品种水泥的特性及选用要求等。

水泥呈粉末状，与水拌合后，通过一系列物理化学反应，由可塑性浆体变成坚硬的石状固体，并能将散粒状的材料胶结成为整体，而且其浆体不但能在空气中硬化，还能更好地在水中硬化，保持并继续增长其强度，因此，水泥是一种典型的水硬性胶凝材料。长期以来，它作为一种重要的胶凝材料，广泛应用于土木建筑、水利、国防等工程。

水泥的发展经历了一个较长的历程，1756 年，英国工程师J·斯米顿在研究某些石灰在水中硬化的特性时发现，要获得水硬性石灰，必须采用含有黏土的石灰石来烧制。用于水下建筑的砌筑砂浆，最理想的成分是由水硬性石灰和火山灰配成。这个重要的发现为近代水泥的研制和发展奠定了理论基础。1796 年，英国人J·帕克用泥灰岩烧制出了一种水泥，外观呈棕色，很像古罗马时代的石灰和火山灰混合物，命名为罗马水泥。因为它是采用天然泥灰岩做原料，不经配料直接烧制而成的，故又名天然水泥，具有良好的水硬性和快凝特性，特别适用于与水接触的工程。1813 年，法国的土木技师毕加发现了石灰和黏土按 3：1 混合制成的水泥性能最好。1824 年，英国建筑工人约瑟夫·阿斯谱丁发明了水泥并取得了波特兰水泥的专利权。他用石灰石和黏土为原料，按一定比例配合后，在类似于烧石灰的立窑内煅烧成熟料，再经磨细制成水泥。因水泥硬化后的颜色与英格兰岛波特兰地区用于建筑的石头相似，被命名为波特兰水泥。它具有优良的建筑性能，在水泥史上具有划时代意义。1871 年，日本开始建造水泥厂。1877 年，英国的克兰普顿发明了回转炉，并于 1885 年经兰萨姆改革成更好的回转炉。1889 年，我国河北唐山开平煤矿附近，设立了用立窑生产的唐山“细绵土”厂。1906 年在该厂的基础上建立了启新洋灰公司，年产水泥 4 万吨。1893 年，日本远藤秀行和内海三贞二人发明了不怕海水的硅酸盐水泥。1907 年，法国比埃利用含铝矿石的铁矾土代替黏土，混合石灰岩烧制成了水泥。由于这种水泥含有大量的氧化铝，所以叫做“矾土水泥”。20 世纪，人们在不断改进波特兰水泥性能的同时，成功研制了一批适用于特殊建筑工程的水泥、如高铝水泥，特种水泥等。全世界的水泥品种已发展到 200 多种，2015 年水泥年产量约 41 亿吨，我国 2015 年年产量为 23.5 亿吨。我国在 1952 年制订了第一个全国统一标准，确定水泥生产以多品种多标号为原则，并将波特兰水泥按其所含的主要矿物组成改称为矽酸盐水泥，后又改称为硅酸盐水泥至今。

水泥的品种很多，常按不同方式对其进行分类。根据国家标准《水泥的命名原则和术语》（GB/T 4131—2014）的规定，水泥分为两大类：用于一般土木工程的水泥称为通用水泥，有硅酸盐水泥、普通硅酸盐水泥、矿渣硅酸盐水泥、火山灰质硅酸盐水泥、粉煤灰硅酸盐水泥、复合硅酸盐水泥等；具有专门用途或某种特殊性能的水泥称为特种水泥，如道路水泥、砌筑水泥、油井水泥、抗硫酸盐水泥、膨胀型水泥、快硬硅酸盐水泥等。水泥按其主要水硬性物质种类又可分为，硅酸盐水泥、铝酸盐水泥、硫铝酸盐水泥及氟铝酸盐水泥等。水泥品种繁多，在我国水泥产量的90%仍属于以硅酸盐为主要水硬性物质的硅酸盐类水泥，其中又以硅酸盐水泥的组成最为简单，也是最为基本的水泥。因此，我们在讨论水泥的性质和应用时，常以硅酸盐水泥为基础。

4.1 硅酸盐水泥

4.1.1 硅酸盐水泥的生产及矿物组成

按国家标准《通用硅酸盐水泥》（GB 175—2007）规定，凡由硅酸盐水泥熟料、0～5%石灰石或粒化高炉矿渣、适量石膏磨细制成的水硬性胶凝材料，称为硅酸盐水泥。硅酸盐水泥分为两种类型，不掺加混合材料的为Ⅰ型硅酸盐水泥，代号为P・Ⅰ；掺加不超过水泥质量5%的石灰石或粒化高炉矿渣混合材料的为Ⅱ型硅酸盐水泥，代号为P・Ⅱ。

1. 硅酸盐水泥的生产

生产硅酸盐水泥的原料主要有石灰质原料和黏土质原料，常用的石灰质原料主要是石灰石，也可用白垩、石灰质凝灰岩等，主要提供水泥中氧化钙（CaO）；黏土质原料主要采用黏土或黄土，它主要提供氧化硅（SiO_2）、氧化铝（Al_2O_3）、氧化铁（Fe_2O_3）。若所选用的石灰质原料和黏土质原料按一定比例配合不能满足某些化学组成要求时，则要掺加相应的校正原料，如铁质校正原料铁砂粉、黄铁矿渣以补充 Fe_2O_3，硅质校正原料砂岩、粉砂岩等以补充 SiO_2。此外，为改善煅烧条件，常加入少量的矿化剂、晶种等。

硅酸盐水泥的生产就是将上述原料按适当的比例混合、磨细制成生料。生料均化后，送入窑中煅烧至部分熔融形成熟料，熟料与适量石膏共同磨细，即得到Ⅰ型硅酸盐水泥。若将熟料、石膏、不超过5%石灰石或粒化高炉矿渣共同磨细，即可得到Ⅱ型硅酸盐水泥。其生成工艺流程如图4-1所示：

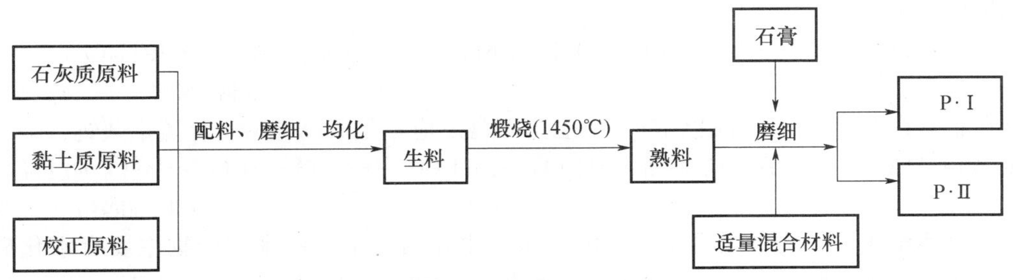

图4-1 硅酸盐水泥生产工艺流程图

2. 硅酸盐水泥熟料的组成

(1) 化学组成

硅酸盐水泥熟料是由含量在95%以上的CaO、SiO_2、Al_2O_3、Fe_2O_3等氧化物和5%以下的MgO、SO_2、TiO_2、K_2O、Na_2O等氧化物所组成。据统计，各主要氧化物含量的波动范围为CaO62%～67%、$SiO_2$20%～24%、$Al_2O_3$4%～7%、$Fe_2O_3$2.5%～6%。

在水泥熟料中，CaO、SiO_2、Al_2O_3、Fe_2O_3不是以单独的氧化物存在，而是以两种或两种以上的氧化物互相反应生成的多种矿物的集合体存在，它结晶比较细小（一般小于100μm）。因此，水泥熟料是一种多矿物组成的、结晶细小的人造岩石。

(2) 矿物组成

由于硅酸盐水泥熟料是一个复杂体系，从化学组成中很难区分不同厂家及品种水泥的技术性质，故研究硅酸盐水泥一般从其矿物组成来进行研究。共有四种矿物，硅酸三钙$3CaO \cdot SiO_2$，简写为C_3S，含量为37%～60%；硅酸二钙$2CaO \cdot SiO_2$，简写为C_2S，含量为15%～37%；铝酸三钙$3CaO \cdot Al_2O_3$，简写为C_3A，含量为7%～15%；铁铝酸四钙$4CaO \cdot Al_2O_3 \cdot Fe_2O_3$，简写为$C_4AF$，含量为10%～18%。

由于水泥熟料中，硅酸三钙和硅酸二钙（即硅酸盐）总含量在70%以上，故以其生产的水泥称为硅酸盐水泥。除主要熟料矿物外，水泥中还含有少量游离氧化钙、游离氧化镁和一定的碱性物质，但其总含量一般不超过水泥质量的10%。

4.1.2 硅酸盐水泥的水化及凝结硬化

1. 硅酸盐水泥的主要水化产物

硅酸盐水泥遇水后，熟料矿物即与水发生水化反应，生成水化产物并放出一定的热量，各种矿物成分水化反应如下：

$$\underset{\text{硅酸三钙}}{2(3CaO \cdot SiO_2)} + 6H_2O \longrightarrow \underset{\text{水化硅酸钙}}{3CaO \cdot 2SiO_2 \cdot 3H_2O} + \underset{\text{氢氧化钙}}{3Ca(OH)_2}$$

$$\underset{\text{硅酸二钙}}{2(2CaO \cdot SiO_2)} + 4H_2O \longrightarrow \underset{\text{水化硅酸钙}}{3CaO \cdot 2SiO_2 \cdot 3H_2O} + \underset{\text{氢氧化钙}}{Ca(OH)_2}$$

$$\underset{\text{铝酸三钙}}{3CaO \cdot Al_2O_3} + 6H_2O \longrightarrow \underset{\text{水化铝酸三钙}}{3CaO \cdot Al_2O_3 \cdot 6H_2O}$$

$$\underset{\text{铁铝酸四钙}}{4CaO \cdot Al_2O_3 \cdot Fe_2O_3} + 7H_2O \longrightarrow \underset{\text{水化铝酸三钙}}{3CaO \cdot Al_2O_3 \cdot 6H_2O} + \underset{\text{水化铁酸钙}}{CaO \cdot Fe_2O_3 \cdot H_2O}$$

在氢氧化钙饱和溶液中，水化铝酸三钙还能与氢氧化钙进一步反应，生成六方晶体的水化铝酸四钙：

$$CaO \cdot Al_2O_3 \cdot 6H_2O + Ca(OH)_2 + 6H_2O \longrightarrow \underset{\text{水化铝酸四钙}}{4CaO \cdot Al_2O_3 \cdot 13H_2O}$$

在石膏存在时，部分水化铝酸三钙会与石膏反应，生成高硫型水化硫铝酸钙：

$$3CaO \cdot Al_2O_3 \cdot 6H_2O + 3(CaSO_4 \cdot 2H_2O) + 19H_2O \longrightarrow \underset{\text{高硫型水化硫铝酸钙}}{3CaO \cdot Al_2O_3 \cdot CaSO_4 \cdot 31H_2O}$$

从上述水化反应式可以看出，硅酸盐水泥水化后，生成的水化产物主要有水化硅酸钙、水化铁酸钙凝胶及氢氧化钙、水化铝酸钙和水化硫铝酸钙晶体等。水泥充分水化后，水化硅酸钙（C-S-H凝胶）约占70%，氢氧化钙约占20%。

2. 硅酸盐水泥熟料矿物的水化特性

硅酸盐水泥熟料中不同的矿物成分与水作用时，不仅水化物种类有所不同，而且水化特性也各不相同，它们对水泥凝结硬化速度、水化热及强度等的影响也各不相同。

铝酸三钙（C_3S）水化速度最快，水化热也最大，其主要作用是促进水泥早期强度的增长，而对水泥后期的强度的贡献较小；硅酸三钙的水化较快，水化时放热量也较大，在凝结硬化的前四周内，是水泥石强度的主要贡献者；硅酸二钙（C_2S）水化反应的产物虽然与硅酸三钙基本相同，但它的水化反应速度很慢，水化放热量也少，对水泥石强度的贡献早期低、后期高；铁铝酸四钙（C_4AF）水化的速度较快，水化时放热量也较大，对水泥的抗拉强度有利。

各种水泥熟料矿物水化时所表现的特性见表 4-1 所示。

表 4-1　各种矿物单独与水作用时的主要特性

矿物名称	硅酸三钙	硅酸二钙	铝酸三钙	铁铝酸四钙
凝结硬化速度	快	慢	最快	快
28d 水化放热量	多	少	最多	中
强度贡献	高	早期低、后期高	低	低
耐化学侵蚀性	中	良	差	优

水泥是几种熟料矿物的混合物，改变熟料矿物成分间的比例，水泥的性质即可发生相应的变化，从而生产出不同特性的水泥，如提高硅酸三钙的相对含量，可得到快硬早强水泥；降低铝酸三钙和硅酸三钙的含量，提高硅酸二钙的含量，可制得水化热低的水泥，如低热水泥等。

3. 硅酸盐水泥的凝结硬化

水泥加水拌合最初形成可塑性的浆体，然后逐渐变稠失去塑性但尚不具备强度的过程，称为水泥的“凝结”。随后开始产生强度并逐渐发展而形成坚硬的石状固体——水泥石，这一过程称为水泥的“硬化”。水泥的凝结和硬化是人为划分的，它实际上是一个连续而复杂的物理化学变化过程。凝结硬化过程示意图如图 4-2 所示。

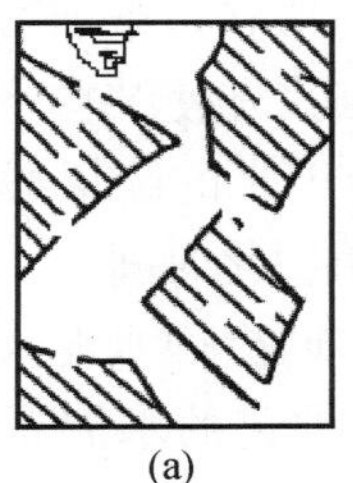
(a)
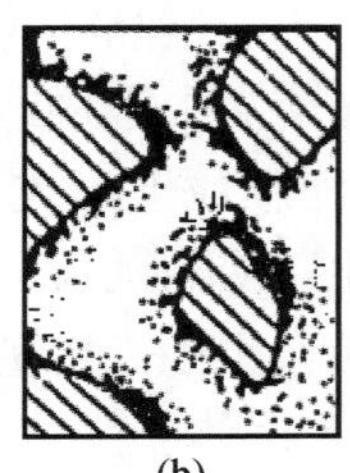
(b)
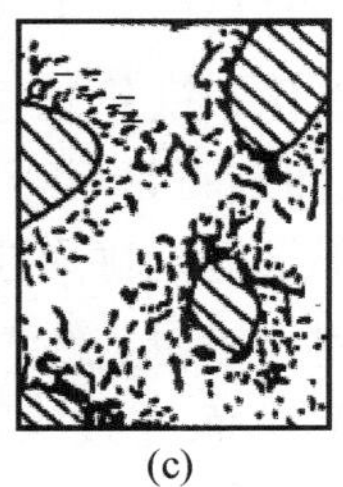
(c)
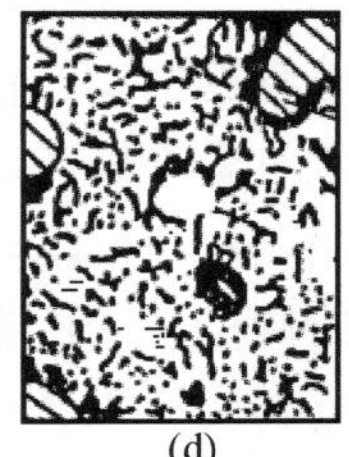
(d)

图 4-2　水泥凝结硬化过程示意图

（a）水泥颗粒分散于水中；（b）水泥颗粒表面有水化产物出现；（c）水化物长大连接共生（凝结）；（d）产物进一步长大密实（硬化）

首先当水和水泥颗粒接触时，水泥颗粒则发生水化反应，从而生成相应的水化物。随着水化物的增多和溶液浓度的增大，一部分水化物就呈胶体或晶体析出，并包在水泥颗粒的表面。在水化初期，水化物不多时，水泥浆尚具有可塑性。

随着时间的推移，水泥颗粒不断水化，水化产物不断增多，使包在水泥颗粒表面的水化物膜层增厚，并形成凝聚结构，使水泥浆开始失去可塑性，这就是水泥的初凝，但这时还不具有强度。再随着固态水化物不断增多，结晶体和胶体相互贯穿形成的网状结构不断加强，固相颗粒间的空隙和毛细孔不断减小，结构逐渐紧密，使水泥浆体完全失去塑性，并开始产生强度，也就是水泥出现终凝。水泥进入硬化期后，水化速度逐渐减慢，水化物随时间增长而逐渐增加，并扩展到毛细孔中，使结构更趋致密，强度进一步提高。如此不断进行下去直到水泥颗粒完全水化，水泥石的强度才停止发展，从而达到最大值。

4. 影响水泥凝结硬化的主要因素

(1) 矿物组成

熟料各矿物单独与水作用后的特性是不同的，它们相对含量的变化，将导致不同的凝结硬化特性。比如当水泥中 C_3A 含量高时，水化速率快，但强度不高，而 C_2S 含量高时，水化速率慢，早期强度低，后期强度高。

(2) 细度

水泥颗粒越细，比表面积增加越多，与水反应的区域增多，水化速度加快，从而加速水泥的凝结、硬化，早期强度较高。

(3) 水灰比

水灰比是影响水泥石强度的关键因素之一，水泥水化的理论需水量约占水泥质量的23%，但实际使用时，用这样的水量拌制而成的水泥浆非常干涩，无法形成密实的水泥石结构。理论上，在水灰比为0.38时，水泥可以完全水化，此时的水成为化学结合水或凝胶水，而无毛细孔水。在实际工程中，水灰比多为0.4～0.8，适当的毛细孔可提供水分向水泥颗粒扩散的通道，可作为水泥凝胶增长时填充的空间，对水泥石结构以及硬化后强度有利。水灰比为0.38的水泥浆实际上要完全水化还是比较困难的，因为水分扩散受到限制，水泥无法完全水化。但随着水灰比的增加，自由水逐步增加，此时，在水泥水化过程中，水泥石中由于自由水的蒸发形成的孔隙增加，造成水泥石的密实度降低，强度也随之下降。

(4) 石膏

石膏影响铝酸盐水化产物凝聚结构形成的速率和结晶的速率与形状，未加石膏的水泥将很快形成凝聚结构，由于水化铝酸钙从过饱和溶液中很快结晶出来，使结构坚硬，导致水泥不正常急凝（即闪凝）。加入石膏后，在水泥颗粒上形成难溶于水的硫铝酸钙覆盖在未水化水泥颗粒表面，阻碍了水泥的进一步水化，从而延长了凝结硬化时间。

石膏的掺量必须严格控制，掺量太少时缓凝作用小；掺量过多时会因水泥浆硬化后继续水化生成高硫型水化硫铝酸钙而导致水泥石产生体积膨胀，使硬化的水泥石开裂而破坏。其掺量原则是保证在凝结硬化前（约加水后24h内）全部耗尽。适宜的掺量主要取决于水泥中 C_3A 含量和石膏中 SO_3 的含量。国家标准规定 SO_3 不得超过3.5%，石膏掺量一般为水泥质量的3%～5%。

(5) 温度和湿度

对 C_3S 和 C_2S 来说，温度对水化反应速度的影响遵循一般的化学反应规律，温度升高，水化加速，特别是对 C_2S 来说，由于 C_2S 的水化速率低，所以温度对它的影响更大。C_3S 在常温时水化就较快，放热也较多，所以温度影响较小。当温度降低时，水泥水化速

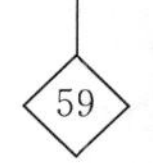

率减慢，凝结硬化时间延长，尤其对早期强度影响很大。在0℃以下，水化会停止，强度不仅不增长，还会因为水泥浆体中的水分发生冻结膨胀，而使水泥石结构产生破坏，强度大大降低。

湿度是保证水泥水化的必备条件，因为在潮湿环境条件下，水泥浆内的水分不易蒸发，水泥的水化硬化得以充分进行。当环境温度十分干燥时，水泥中的水分将很快蒸发，以致水泥不能充分水化，硬化也将停止。

保持一定的温度和湿度使水泥石强度不断增长的措施，叫做养护。在较高温度下养护的水泥石，往往后期强度增长缓慢，甚至下降。

（6）龄期

水泥加水拌合之日起至实测性能之日止，所经历的养护时间称为龄期。硅酸盐水泥早期强度增长较快，后期逐渐减慢。水泥加水后，起初3～7d强度发展快，大约4周后显著减慢。但是，只要维持适当的温度和湿度，水泥强度在几个月、几年，甚至几十年后还会持续增长。

（7）外加剂

为了适应工程的需要，加入适当的水泥外加剂，可以改善水泥的凝结硬化速度，如早强剂可以加速水泥的凝结硬化速度；相反，缓凝剂能够抑制水泥的凝结硬化。

4.1.3　硅酸盐水泥的技术性质

根据国家标准《通用硅酸盐水泥》（GB 175—2007），硅酸盐水泥的技术性质主要有细度、凝结时间、体积安定性、强度等。

1. 细度

细度是指水泥颗粒的粗细程度，它是影响水泥性能的重要指标。水泥颗粒粒径一般在7～200μm范围内，颗粒越细，与水反应的表面积越大，水化反应快而且较完全，早期强度和后期强度都较高。但在空气中硬化时收缩性也较大，成本较高，在储运过程中也易受潮而降低活性。若水泥颗粒过粗则不利于水泥活性的发挥，一般认为水泥颗粒小于40μm时，才具有较高活性，大于70μm后活性就很小了。因此，为保证水泥具有一定的活性和具有一定的凝结硬化速度，须对水泥提出细度要求。

国家标准规定，水泥的细度可用筛析法和比表面积法检验。筛析法是采用孔径为80μm的方孔筛或45μm方孔筛对水泥试样进行筛析试验，用筛余百分率表示。比表面积法是根据一定量空气通过一定空隙率和厚度的水泥层时，所受阻力不同而引起流速的变化来测定水泥的比表面积（单位质量的水泥颗粒所具有的总表面积），以 m^2/kg 表示。国家标准规定，硅酸盐水泥的细度采用比表面积法检验，其比表面积应大于 $300m^2/kg$。

2. 标准稠度用水量

水泥的技术性质中有体积安定性和凝结时间，为了使检验的结果有可比性，国家标准规定必须采用标准稠度的水泥净浆来测定。获得这一稠度时所需的水量称为标准稠度用水量，以水与水泥质量的比值来表示。影响标准稠度用水量的因素有熟料的矿物组成、水泥的细度、混合材料品种（如沸石粉需水性大）和数量等。

3. 凝结时间

水泥凝结时间是指水泥从开始加水拌合到失去流动性所需要的时间，分为初凝时间和

终凝时间。

初凝时间为水泥从开始加水拌合起至水泥浆开始失去可塑性所需要的时间；终凝时间是从水泥开始加水拌合起至水泥浆完全失去可塑性并开始产生强度所需的时间。水泥的凝结时间对施工有重要实际意义，初凝时间不宜过早，以便在施工中有足够的时间完成混凝土或砂浆的搅拌、运输、浇捣和砌筑等操作；终凝时间不宜过迟，以使水泥能尽快硬化和产生强度，进而缩短施工工期。国家标准规定硅酸盐水泥初凝时间不得早于45min，终凝时间不得迟于390min。

4. 体积安定性

水泥体积安定性是反映水泥浆体在硬化过程中或硬化后体积是否均匀变化的性能。安定性不良的水泥，在浆体硬化过程中或硬化后可能产生不均匀的体积膨胀，甚至引起开裂，进而影响和破坏工程质量，甚至引起严重工程事故。因而体积安定性不良的水泥应按不合格品处理，不能用于工程中。

造成水泥安定性不良的主要原因如下：

(1) 熟料中游离氧化钙含量过多

游离氧化钙是熟料煅烧时，没有被吸收形成熟料的矿物所形成的。这种过烧的氧化钙水化慢，而且水化生成$Ca(OH)_2$时体积膨胀，给硬化的水泥石造成破坏。国家标准规定可用沸煮法检验水泥中游离氧化钙是否会引起安定性不良。

(2) 熟料中游离氧化镁含量过多

熟料中游离氧化镁正常水化的速度更缓慢，且体积膨胀，同样会造成膨胀破坏。水泥中游离氧化镁是否会引起安定性不良，可用物理方法——压蒸法来检验，只有这样才能加速 MgO 的水化。国家标准规定：用化学分析法检验其含量是否超标。

(3) 水泥中三氧化硫含量过多

SO_3过多同样也会造成膨胀破坏。同游离氧化镁一样，物理检验不便于快速检验。因此国家标准规定可用化学分析法检验水泥中 SO_3含量是否超标。

国家标准规定，用沸煮法检验水泥的体积安定性。具体测试时可用饼法，也可用雷氏法。通过观察水泥净浆沸煮 3h 后所产生的变形或膨胀值来检验安定性。由于沸煮法只能对氧化钙熟化起加速作用，所以无论是饼法还是雷氏法，只能检测出游离氧化钙所引起的体积安定性不良。而游离氧化镁只有在压蒸下才加速熟化，石膏的危害则需在长期的常温水中才能发现，两者均不便于快速检验。因此，国家标准规定，水泥熟料中游离氧化镁含量不得超过 5.0%，若经压蒸检测安定性合格，可放宽到 6.0%；水泥中三氧化硫含量不得超过 3.5%。

5. 强度及强度等级

水泥的强度是水泥的重要力学性质，它与水泥的矿物组成、水灰比大小、水化龄期和环境温湿度等密切相关，同一水泥在不同条件下所测得的强度值不同。因此，为使试验结果具有可比性，水泥强度须按国家标准《通用硅酸盐水泥》（GB 175—2007）和《水泥胶砂强度检验方法（ISO 法）》（GB/T 17671—1999）的规定来测量。根据测量结果，将硅酸盐水泥分为 42.5、42.5R、52.5、52.5R、62.5 和 62.5R 六个强度等级，其中代号 R 表示早强型水泥。各强度等级硅酸盐水泥的各龄期强度不得低于表 4-2 中相应的数值。

表 4-2 硅酸盐水泥的强度要求（GB 175—2007）

品种	强度等级	抗压强度（MPa）		抗折强度（MPa）	
		3d	28d	3d	28d
硅酸盐水泥	42.5	17.0	42.5	3.5	6.5
	42.5R	22.0	42.5	4.0	6.5
	52.5	23.0	52.5	4.0	7.0
	52.5R	27.0	52.5	5.0	7.0
	62.5	28.0	62.5	5.0	8.0
	62.5R	32.0	62.5	5.5	8.0

6. 烧失量和不溶物

烧失量是指水泥在一定灼烧温度和时间内，烧失的量占原质量的百分数。烧失量越大，说明水泥质量越差。国家标准规定，Ⅰ型硅酸盐水泥的烧失量不得大于 3.0%，Ⅱ型硅酸盐水泥的烧失量不得大于 3.5%。

不溶物是指经盐酸处理后的残渣，再以氢氧化钠溶液处理，经盐酸中和过滤后所得的残渣经高温灼烧所剩的物质。不溶物含量高对水泥质量有不良影响。Ⅰ型硅酸盐水泥中不溶物不得超过 0.75%，Ⅱ型硅酸盐水泥中不溶物不得超过 1.50%。

7. 水化热

水泥在水化过程中放出的热量称为水泥的水化热。水泥的水化放热量和放热速度主要决定于水泥的矿物组成和细度。若水泥中铝酸三钙和硅酸三钙的含量越高，颗粒越细，则水化热越大，放热速度也越快。这对一般工程的冬季施工是有利的，但对于大体积混凝土工程是有害的。因为在大体积混凝土工程中，水泥水化放出的热量积聚在内部不易散失，使内部温度上升到 60～70℃，内外温差所引起的温度应力，使混凝土产生裂缝。

8. 碱含量

当集料中含有活性二氧化硅、水泥的碱含量较高时，则水泥会与集料发生碱集料反应，在集料表面生成复杂的碱硅酸凝胶，凝胶吸水体积膨胀，从而导致混凝土开裂破坏。为抑制碱集料反应，水泥中的碱含量按 $Na_2O+0.658K_2O$ 计，不得大于 0.6%。

9. 密度及堆积密度

在计算组成混凝土的各项材料用量和储运水泥时，往往需要知道水泥的密度和堆积密度。硅酸盐水泥的密度一般在 3.0～3.2g/cm^{3}之间。堆积密度除与矿物组成及粉磨细度有关外，主要取决于水泥堆积的紧密程度，松散堆集状态为 1000～1100kg/m^3，紧密堆积状态时可达 1600kg/m^3。在配制混凝土和砂浆时，水泥堆积密度可取 1200～1300kg/m^3。

4.1.4 水泥石的腐蚀与防止

硅酸盐水泥硬化后的水泥石，在正常使用条件下具有较好的耐久性。但在某些腐蚀性介质的作用下，水泥石的结构逐渐遭到破坏，强度下降以致溃裂，这种现象称为水泥石的腐蚀。

1. 水泥石腐蚀的主要类型

引起水泥石腐蚀的原因很多，作用十分复杂，下面介绍几种典型介质的腐蚀作用。

（1）软水侵蚀（溶出性侵蚀）

蒸馏水、工业冷凝水、天然的雨水、雪水以及含重碳酸盐的河水及湖水均属软水。当水泥长期与这些水相接触时，由于水的侵蚀作用，使水泥石中的氢氧化钙晶体不断溶出，并促使水泥石中其他成分分解，从而使水泥石结构遭到破坏。

在静水或无压水中，由于水泥石周围的水为氢氧化钙饱和溶液，使溶解作用中止，在此情况下，软水的侵蚀作用仅限于表层，影响不大。但若水泥石处在流动的或有压水中，则流出的氢氧化钙会不断流失，侵蚀作用不断深入内部，使水泥石孔隙增大，致使强度降低。

（2）盐类腐蚀

① 硫酸盐腐蚀。在海水、地下水以及某些工业废水中常含有钠、钾、铵等的硫酸盐，它们与水泥石中氢氧化钙反应生成硫酸钙，硫酸钙再与水泥石中的固态水化铝酸钙作用，生成比原体积增加 1.5 倍的高硫型水化硫铝酸钙，由于体积膨胀而使已经硬化的水泥石开裂、破坏。其反应式为：

$$4CaO \cdot Al_2O_3 \cdot 12H_2O + 3CaSO_4 + 20H_2O \longrightarrow 3CaO \cdot Al_2O_3 \cdot 3CaSO_4 \cdot 31H_2O + Ca(OH)_2$$

高硫型水化硫铝酸钙呈针状晶体，通常称为“水泥杆菌”。

另外，当水中硫酸盐浓度较高时，反应生成的硫酸钙晶体将在孔隙中沉积而直接导致水泥石膨胀破坏。

② 镁盐腐蚀。在海水及地下水中常含有大量镁盐，主要是硫酸镁和氯化镁。它们与水泥石中的氢氧化钙发生如下的反应：

$$MgSO_4 + Ca(OH)_2 + 2H_2O \longrightarrow CaSO_4 \cdot 2H_2O + Mg(OH)_2$$

$$MgCl_2 + Ca(OH)_2 \longrightarrow CaCl_2 + Mg(OH)_2$$

生成的氢氧化镁松软而无凝胶能力，氢氧化钙和硫酸钙易溶于水，且硫酸钙还会进一步引起硫酸盐的膨胀破坏。因此，硫酸镁对水泥石起着镁盐和硫酸盐的双重腐蚀作用。

（3）酸类腐蚀

① 碳酸腐蚀。工业污水、地下水常溶解有较多的二氧化碳，当水泥石与这些水接触时，水泥石中的氢氧化钙便首先与二氧化碳发生如下反应：

$$Ca(OH)_2 + CO_2 + H_2O \longrightarrow CaCO_3 + 2H_2O$$

当水中所含的碳酸超过平衡浓度［溶液中的 pH<7 时，则生成的碳酸钙将继续与含碳酸的水作用，变成易溶于水的碳酸氢钙 $Ca(HCO_3)_2$］：

$$CaCO_3 + CO_2 + 2H_2O \longrightarrow Ca(HCO_3)_2$$

由于碳酸氢钙的溶解，以及水泥石中其他产物的分解，从而使水泥石遭到破坏。显然，只有当水中含有较多的碳酸，并超过平衡浓度时才会引起碳酸腐蚀。

② 一般酸的腐蚀。工业废水，地下水中常含无机酸和有机酸。工业窑炉中的烟气中常含有二氧化硫，遇水后即生成亚硫酸。各种酸类对水泥石都有不同程度的腐蚀作用，它们与水泥石中的氢氧化钙作用后生成的化合物，或者易溶于水，或者体积膨胀而导致水泥石破坏。其中无机酸中的盐酸、氢氟酸、硫酸和有机酸中的醋酸、蚁酸及乳酸对水泥石腐蚀作用最快。

例如，盐酸与水泥石中的氢氧化钙作用：

$$2HCl + Ca(OH)_2 \longrightarrow CaCl_2 + 2H_2O$$

水泥石中的氢氧化钙晶体因上述反应生成了易溶于水的氯化钙，从而导致破坏。硫酸与水泥石中的氢氧化钙作用：

$$H_2SO_4+Ca(OH)_2 \longrightarrow CaSO_4 \cdot 2H_2O$$

生成的二水石膏或者直接在水泥石孔隙中结晶产生膨胀破坏，或者再与水泥石中的水化铝酸钙作用，生成“水泥杆菌”而使其破坏。

（4）强碱腐蚀

碱类溶液浓度不大时一般是无害的，但铝酸盐含量较高的硅酸盐水泥遇到强碱作用后也会破坏，如氢氧化钠可与水泥石未水化的铝酸盐作用，生成易溶的铝酸钠：

$$3CaO \cdot Al_2O_3+6NaOH \longrightarrow 3Na_2O \cdot Al_2O_3+3Ca(OH)_2$$

当水泥石被氢氧化化钠溶液浸透后又在空气中干燥时，氢氧化钠与空气中的二氧化碳作用生成碳酸钠：

$$2NaOH+CO_2 \longrightarrow Na_2CO_3+H_2O$$

碳酸钠在水泥石毛细孔中结晶沉积而使水泥石胀裂。

除上述腐蚀类型外，对水泥石有腐蚀作用的还有一些其他物质，如糖、氨盐、动物脂肪等。

2. 水泥石腐蚀的防止

水泥石的腐蚀是一个极为复杂的物理化学过程。水泥石在遭受腐蚀时，很少为单一的腐蚀作用，往往是几种腐蚀作用同时存在，相互影响。但产生水泥石腐蚀的基本原因可归纳为三点，一是水泥石中存在着易遭受腐蚀的两种组成成分：氢氧化钙和水化铝酸钙；二是水泥石本身不密实使侵蚀性介质易于进入其内部；三是外界因素的影响，如腐蚀介质的存在、环境温度、介质浓度的影响等。

针对以上腐蚀原因，可从下列途径采取相应措施以防止其腐蚀：

① 根据侵蚀环境特点，合理选用水泥品种。硫酸盐介质存在的环境宜选用铝酸三钙含量低于5%的抗硫酸盐水泥；有软水作用的环境可采用水化产物中氢氧化钙含量较少的水泥（如矿渣水泥等）。

② 提高水泥石的密实度。水泥石中孔隙越多，腐蚀介质越易进入其内部，腐蚀作用也就越严重。因此提高水泥石的密实度是提高水泥防腐能力的一个重要途径。为此，在实际工程中，可针对不同情况，采取相应措施，如合理设计混凝土的配合比，尽可能采用低水灰比、掺入外加剂、选用最优施工方法等。此外，在混凝土或砂浆表面进行碳化或氟硅酸处理，使之生成难溶的碳酸钙外壳或氟化钙及硅胶薄膜，以提高表面的密实度，也可减少侵蚀性介质深入内部。

③加做保护层。当侵蚀作用较强时，可用耐腐蚀石料、陶瓷、玻璃、塑料、沥青等覆盖于水泥石的表面，避免腐蚀介质与水泥石直接接触。

4.1.5 硅酸盐水泥的性能与应用

1. 强度高

硅酸盐水泥具有凝结硬化快、早期强度高以及强度等级高的特性，因此可用于地上、地下和水中重要结构的高强及高性能混凝土工程中，也可用于有早强要求的混凝土工程中。

2. 抗冻性好

硅酸盐水泥水化放热量高，早期强度也高，因此可用于冬季施工及严寒地区遭受反复冻融的工程。

3. 抗碳化性能好

硅酸盐水泥水化后生成物中有20%～25%的$Ca(OH)_2$，因此水泥石中碱度不易降低，对钢筋有保护作用，故抗碳化性能好。

4. 水化热高

因为硅酸盐水泥的水化热高，所以不宜用于大体积混凝土工程。

5. 耐腐性差

由于硅酸盐水泥石中含有较多的易受腐蚀的氢氧化钙和水化铝酸钙，因此耐腐蚀性能差，不宜用于水利工程、海水作用和矿物水作用的工程。

6. 不耐高温

当水泥石受热温度到250～300℃时，水泥石中的水化物开始脱水，水泥石收缩，强度开始下降；当温度达700～800℃时，强度降低更多，甚至破坏。水泥石中的氢氧化钙在547℃以上开始脱水分解成氧化钙，当氧化钙遇水，则因熟化而发生膨胀导致水泥石破坏。因此，硅酸盐水泥不宜用于有耐热要求的混凝土工程以及高温环境中。

4.2 掺混合材料的硅酸盐水泥

凡在硅酸盐水泥熟料中，掺入一定量的混合材料和适量石膏，共同磨细而制成的水硬性胶凝材料，均属掺混合材料的硅酸盐水泥。按掺加混合材料的品种和数量不同，掺混合材料的硅酸盐水泥可分为普通硅酸盐水泥、矿渣硅酸盐水泥、火山灰质硅酸盐水泥、粉煤灰硅酸盐水泥和复合硅酸盐水泥。

4.2.1 水泥混合材料

在生产水泥时，为改善水泥性能，调节水泥强度等级而掺入水泥中的天然或人工的矿物材料，称为水泥混合材料。根据所加矿物材料的性质和作用不同，水泥混合材料通常分为活性混合材料和非活性混合材料两大类。

1. 活性混合材料

（1）活性混合材料的主要类型

经磨细后，在常温下，与石灰（或石膏）一起加水后能生成具有胶凝性的水化产物，既能在空气中又能在水中硬化的混合材料称为活性混合材料。生产水泥常用的活性混合材料主要有：

① 粒化高炉矿渣。粒化高炉矿渣是将高炉冶炼生铁时所得的硅酸钙与铝酸钙为主要成分的熔融矿渣，经水淬急速冷却而形成的松软颗粒，颗粒粒径一般为0.5～5mm。主要成分为CaO、Al_2O_3、SiO_2，通常占总量的90%以上，此外还有少量的MgO、FeO和一些硫化物等。矿渣的活性不仅取决于活性成分活性Al_2O_3和活性SiO_2的含量，而且在很大程度上取决于内部结构。矿渣熔融体在淬冷成粒时，阻止了熔融体向结晶结构的转化而形

成了玻璃体，储有较高的潜在化学能，从而使其具有较高的潜在活性。在有少量激发剂的情况下，其浆体就具有一定的水硬性。含氧化钙较高的碱性矿渣，本身就具有弱的水硬性。

② 火山灰质混合材料。火山喷发时，随同熔岩一起喷发的大量碎屑沉积在地面或水中而形成的松软物质称为火山灰。火山灰由于喷出后即遭急冷，因此形成了一定量的玻璃体，这些玻璃体成分使其具有活性，它的成分也主要是活性 SiO_2 和活性 Al_2O_3。火山灰质混合材料是泛指具有火山灰活性的天然或人工矿物材料，如天然的火山灰、凝灰岩、浮石、硅藻土、硅藻石、蛋白石等。属于人工材料的有烧黏土、煅烧的煤矸石、粉煤灰及硅灰等。

③ 粉煤灰。粉煤灰是火力发电厂以煤做燃料，从锅炉烟气中收集下来的灰渣，又称飞灰。其颗粒多呈玻璃态实心或空心的球形，表面光滑，粒径一般为 0.001～0.05mm。粉煤灰的成分主要是活性氧化硅和活性氧化铝，其次还含有少量氧化钙。根据其氧化钙含量不同，又有高钙粉煤灰和低钙煤灰之分。前者氧化钙含量一般高于 10%，本身就具有一定的水硬性。

（2）活性混合材料的作用

上述的活性混合材料，它们与水调和后，本身不会硬化或硬化极为缓慢，强度很低。但有石灰存在时，就会发生显著的水化，特别是在饱和的氢氧化钙溶液中水化更快，其水化反应一般认为是：

$$xCa(OH)_2 + SiO_2 + mH_2O \longrightarrow xCaO \cdot SiO_2 \cdot mH_2O$$

式中 x 值决定于混合材料的种类、石灰和活性氧化硅的比例、环境温度以及作用所延续的时间等，一般为 1 或稍大。n 值一般为 1～2.5。

同样，活性氧化铝与 $Ca(OH)_2$ 也能相互作用形成水化铝酸钙。当液相中有石膏存在时，水化铝酸钙将进一步与石膏反应生成水化硫铝酸钙。这些水化物既能在空气中硬化，又能在水中继续硬化，并具有较高的强度。可以看出，氢氧化钙和石膏的存在使活性混合材料的潜在活性得以发挥，氢氧化钙和石膏起着激发水化、促进凝结硬化的作用，故称为激发剂。常用的激发剂有碱性激发剂和硫酸盐激发剂两类，一般用做碱性激发剂的是石灰和能水化析出氢氧化钙的硅酸盐水泥熟料；硫酸盐激发剂主要是二水石膏或半水石膏，而且其激发作用必须在有碱性激发剂的条件下才能充分发挥。

2. 非活性混合材料

非活性混合材料是指不具有潜在的水硬性、与水泥矿物组成也不起化学作用的混合材料。它们掺入到水泥中仅起减少水化热、降低强度等级和提高水泥产量的作用。常用的有磨细石灰石粉、磨细石英砂、磨细粒化高炉矿渣等。

4.2.2 普通硅酸盐水泥

凡由硅酸盐水泥熟料、6%～20%混合材料、适量石膏磨细制成的水硬性胶凝材料，称为普通硅酸盐水泥，简称普通水泥，代号为 P·O。

掺活性混合材料时，其最大掺量不得超过 20%，其中允许用不超过水泥质量 5%的窑灰或不超过水泥质量 8%的非活性混合材料来代替。

普通硅酸盐水泥按照国家标准《通用硅酸盐水泥》（GB 175—2007）的规定分为

42.5、42.5R、52.5 和 52.5R 四个强度等级，其各龄期强度不得低于表 4-3 中相应的数值；初凝时间不得早于 45min，终凝时间不得迟于 600min，比表面积不小于 300m²/kg；安定性用沸煮法检验必须合格；氧化镁、三氧化硫、碱含量等均与硅酸盐水泥规定相同。

表 4-3　普通硅酸盐水泥各龄期的强度要求（GB 175—2007）

强度等级	抗压强度（MPa）		抗折强度（MPa）	
	3d	28d	3d	28d
42.5	17.0	42.5	3.5	6.5
42.5R	22.0	42.5	4.0	6.5
52.5	23.0	52.5	4.0	7.0
52.5R	27.0	52.5	5.0	7.0

普通水泥中所掺入混合材料较少，绝大部分仍为硅酸盐水泥熟料，其成分与硅酸盐水泥相近，因而性能和应用与同强度等级的硅酸盐水泥也极为相近。但毕竟所掺混合材料稍多一些，因而与硅酸盐水泥相比，早期硬化速度稍慢，抗冻性与耐磨性能也略差。它被广泛用于各种混凝土或钢筋混凝土工程，是我国主要水泥品种之一。

4.2.3　矿渣硅酸盐水泥

凡由硅酸盐水泥熟料和粒化高炉矿渣、适量石膏磨细制成的水硬性胶凝材料称为矿渣硅酸盐水泥，简称矿渣水泥，代号为 P・S。分 A、B 两种类型。其中 P・S・A 型水泥中粒化高炉矿渣掺加量按质量百分比计为＞20％且≤50％；B 型水泥中粒化高炉矿渣掺加量按质量百分比计为＞50％且≤70％。允许用石灰石、窑灰、火山灰质混合材料中的一种代替矿渣，但代替数量不得超过水泥质量的 8％，替代后水泥中粒化高炉矿渣不得少于 20％。

按照国家标准《通用硅酸盐水泥》（GB175—2007）规定，矿渣硅酸盐水泥分为 32.5、32.5R、42.5、42.5R、52.5 和 52.5R 六个强度等级，各强度等级水泥的各龄期强度不得低于表 4-4 中相应的数值；对细度、凝结时间及沸煮安定性的要求均与普通硅酸盐水泥相同，水泥熟料中游离氧化镁含量不得超过 5.0％，若经压蒸检测安定性合格，允许放宽到 6.0％；三氧化硫的含量不得超过 4.0％。

表 4-4　矿渣、火山灰、粉煤灰、复合硅酸盐水泥的强度要求（GB 175—2007）

强度等级	抗压强度（MPa）		抗折强度（MPa）	
	3d	28d	3d	28d
32.5	10.0	32.5	2.5	5.5
32.5R	15.0	32.5	3.5	5.5
42.5	15.0	42.5	3.5	6.5
42.5R	19.0	42.5	4.0	6.5
52.5	21.0	52.5	4.0	7.0
52.5R	23.0	52.5	4.5	7.0

4.2.4 火山灰质硅酸盐水泥

凡由硅酸盐水泥熟料和火山灰质混合材料、适量石膏磨细制成的水硬性胶凝材料称为火山灰质硅酸盐水泥，简称火山灰水泥，代号为P·P，水泥中火山灰质混合材料掺加量按质量百分比计为＞20％且≤40％。

按国家标准规定，火山灰水泥中三氧化硫的含量不得超过3.5％，其细度、凝结时间、强度、沸煮安定性和氧化镁含量的要求均与矿渣硅酸盐水泥相同。

4.2.5 粉煤灰硅酸盐水泥

凡由硅酸盐水泥熟料和粉煤灰混合材料、适量石膏磨细制成的水硬性胶凝材料称为粉煤灰硅酸盐水泥，简称粉煤灰水泥，代号为P·F，水泥中粉煤灰掺加量按质量百分比计为＞20.％且≤40％。按国家标准规定，粉煤灰硅酸盐水泥的细度、凝结时间、体积安定性和强度的要求与火山灰水泥完全相同。

4.2.6 复合硅酸盐水泥

凡由硅酸盐水泥熟料、两种或两种以上规定的混合材料、适量石膏磨细制成的水硬性胶凝材料，称为复合硅酸盐水泥，简称复合水泥，代号为P·C。水泥中混合材料总掺量按质量百分比计应＞20％且≤50％。允许用不超过8％的窑灰代替部分混合材料。掺矿渣时，混合材料掺量不得与矿渣硅酸盐水泥重复。

按照国家标准规定，复合硅酸盐水泥分为32.5、32.5R、42.5、42.5R、52.5和52.5R六个强度等级，水泥熟料中氧化镁的含量不得超过5.0％，如经压蒸安定性试验合格，则熟料中氧化镁的含量允许放宽到6.0％。三氧化硫的含量不得超过3.5％，对细度、凝结时间及体积安定性的要求与普通水泥相同。

复合硅酸盐水泥由于在水泥熟料中掺入了两种或两种以上规定的混合材料，因此其特性主要取决于所掺混合材料的种类、掺量及相对比例，既与矿渣水泥、火山灰水泥、粉煤灰水泥有相似之处，又有其本身的特性，而且较单一混合材料的水泥具有更好的技术效果，故它也广泛适用于各种混凝土工程中。

4.2.7 通用水泥特性

普通硅酸盐水泥由于掺加的混合材料较少，因此它的性质与硅酸盐水泥的性质基本上相同。

矿渣水泥、火山灰水泥、粉煤灰水泥与硅酸盐水泥或普通水泥的组成成分相比，都有一个共同点，即所掺入的混合材料较多，水泥中熟料相对较少，这就使得这三种水泥的性能之间有许多相近的地方，但与硅酸盐水泥或普通水泥的性能相比则有许多不同之处，具体来讲，这三种水泥相对于硅酸盐水泥有以下主要特点。

1. 凝结硬化速度较慢

早期强度较低，但后期强度增长较多，甚至可超过同强度等级的硅酸盐水泥。这是因为相对硅酸盐水泥，这三种水泥熟料矿物较少而活性混合材料较多，其水化反应是分两步进行的。首先是熟料矿物水化，此时所生成的水化产物与硅酸盐水泥基本相同。由于熟料

较少，故此时参加水化和凝结硬化的成分较少，水化产物较少，凝结硬化较慢，强度较低；随后，熟料矿物水化生成的氢氧化钙和石膏分别作为混合材料的碱性激发剂和硫酸盐激发剂，与混合材料中的活性成分发生二次水化反应，从而在较短时间内有大量水化物产生，进而使其凝结硬化速度大大加快，强度增长较多。

2. 水化放热速度慢，放热量少

这也是因为熟料含量相对较少，其中所含水化热大、放热速度快的铝酸三钙、硅酸酸钙含量较少的缘故。

3. 对温度较为敏感

温度低时硬化较慢，当温度达到 70℃以上时，硬化速度大大加快，甚至可超过硅酸盐水泥的硬化速度。这是因为，温度升高加快了活性混合材料与熟料水化析出的氢氧化钙的化学反应。

4. 抗侵蚀能力强

由于熟料水化析出的氢氧化钙本身就少，再加上与活性混合材料作用时又消耗了大量的氢氧化钙，因此水泥石中所剩余的氢氧化钙就更少了，所以，这三种水泥抵抗软水、海水和硫酸盐腐蚀的能力较强，宜用于水工和海港工程。

5. 抗冻性和抗碳化能力较差

根据上述特点，这些水泥除适用于地面工程外，特别适宜用于地下和水中的一般混凝土和大体积混凝土结构以及蒸汽养护的混凝土构件，也适用于一般抗硫酸盐侵蚀的工程。

由于这三种水泥所掺混合材料的类型或数量的不同，这就使得它们在特性和应用上也各有其特点，从而可以满足不同的工程需要。矿渣水泥耐热性好，可用于耐热混凝土工程。但保水性较差，泌水性较大，干缩性较大；火山灰水泥使用在潮湿环境后，会吸收 $Ca(OH)_2$ 而产生膨胀胶化作用使结构变得致密，因而有较高的密实度和抗渗性，适宜用于抗渗要求较高的工程，但耐磨性比矿渣水泥差，干燥收缩较大，在干热条件下会起粉，故不宜用于有抗冻、耐磨要求和干热环境的工程；粉煤灰水泥的干燥收缩小，抗裂性较好，其拌制的混凝土和易性较好。

硅酸盐水泥、普通水泥、矿渣水泥、火山灰水泥、粉煤灰水泥和复合水泥是土木工程中广泛使用的水泥品种，主要用来配制混凝土和砂浆，选用见表 4-5。

表 4-5 通用水泥的选用

混凝土工程特点及所处环境条件			优先选用	可以选用	不宜选用
普通混凝土	1	在一般环境中的混凝土	普通硅酸盐水泥	矿渣水泥、火山灰水泥、粉煤灰水泥、复合水泥	—
	2	在干燥环境中的混凝土	普通硅酸盐水泥	矿渣水泥	火山灰水泥、粉煤灰水泥
	3	在高湿环境中或长期处于水中的混凝土	矿渣水泥、火山灰水泥、粉煤灰水泥、复合水泥	普通硅酸盐水泥	—
	4	厚大体积的混凝土	矿渣水泥、火山灰水泥粉煤灰水泥、复合水泥	—	硅酸盐水泥

续表

混凝土工程特点及所处环境条件			优先选用	可以选用	不宜选用
有特殊要求的混凝土	1	要求快硬、高强（>C40）的混凝土	硅酸盐水泥	普通硅酸盐水泥	矿渣水泥、火山灰水泥、粉煤灰水泥、复合水泥
	2	严寒地区的露天混凝土，寒冷地区处于水位升降范围内的混凝土	普通硅酸盐水泥	矿渣水泥	火山灰水泥、粉煤灰水泥
	3	严寒地区处于水位升降范围内的混凝土	普通硅酸盐水泥	—	矿渣水泥、火山灰水泥、粉煤灰水泥、复合水泥
	4	有抗渗要求的混凝土	火山灰水泥，	—	矿渣水泥
	5	有耐磨性要求的混凝土	硅酸盐水泥普通水泥	普通硅酸盐水泥	火山灰水泥、粉煤灰水泥
	6	受侵蚀介质作用的混凝土	矿渣水泥、火山灰水泥、粉煤灰水泥、复合水泥	—	硅酸盐水泥、普通硅酸盐水泥

4.3 其他品种水泥

在土木工程中，除大量使用通用水泥外，为满足一些工程的特殊需要，还需使用一些特种水泥，本节将就其中几个品种进行简介。

4.3.1 快硬水泥

1. 快硬硅酸盐水泥

凡以硅酸盐水泥熟料和适量石膏磨细制成的、以 3d 抗压强度表示强度等级的水硬性胶凝材料，称为快硬硅酸盐水泥，简称快硬水泥。

快硬硅酸盐水泥与硅酸盐水泥的生产方法基本相同，快硬水泥的特性主要依靠合理设计的矿物组成及生产工艺条件的控制。通常采取以下三种主要措施，一是提高熟料中凝结硬化最快的两种成分的总含量，通常硅酸三钙为 50%～60%，铝酸三钙为 8%～14%，二者的总量不应小于 60%～65%；二是增加石膏的掺量（达到 8%），促使水泥快速硬化；三是提高水泥的粉磨细度，使其比表面积达到 330～450m^2/kg。

根据国家标准规定，水泥中三氧化硫含量不得超过 4.0%，氧化镁含量不得超过 5.0%，如经压蒸安定性试验合格，则允许放宽到 6.0%，用 80μm 方孔筛的筛余不得超过 10%，或 45μm 方孔筛的筛余不得超过 30%，初凝时间不得早于 45min，终凝时间不得迟于 10h；按 3d 抗压抗折强度分为 32.5、37.5 和 42.5 三个等级，各等级各龄期强度不低于表 4-6 中的相应数值。

表 4-6 快硬硅酸盐水泥各龄期强度要求

强度等级	抗压强度（MPa）			抗折强度（MPa）		
	1d	3d	28d①	1d	3d	28d①
32.5	15.0	32.5	52.5	3.5	5.0	7.2
37.5	17.0	37.5	57.5	4.0	6.0	7.6
42.5	19.0	42.5	62.5	4.5	6.4	8.0

注：①供需双方参考指标。

快硬水泥凝结硬化快，早期强度增进较快，因而它适用于要求早期强度高的工程、紧急抢修工程、冬季施工工程以及制作混凝土或预应力钢筋混凝土预制构件。

由于快硬水泥颗粒较细，易受潮变质，故运输、储存时须特别注意防潮，且不宜久存，从出厂之日起超过一个月，则应重新检验，合格后方可使用。

2. 铝酸盐水泥

凡以铝酸钙为主、氧化铝含量大于50%熟料磨制的水硬性胶凝材料，称为铝酸盐水泥，代号为CA。由于其主要原料为铝矾土，故又称矾土水泥，又由于熟料中氧化铝含量较高，也常称其为高铝水泥。

（1）铝酸盐水泥的矿物组成

铝酸盐水泥的主要矿物组成为铝酸一钙（$CaO \cdot Al_2O_3$，简称为CA）其含量约占70%，其次还含有其他铝酸盐，如二铝酸一钙（$CaO \cdot 2Al_2O_3$、简写为CA_2），七铝酸十二钙（$12CaO \cdot 7Al_2O_3$，简写为$C_{12}A_7$）和铝方柱石（$2CaO \cdot Al_2O_3 \cdot SiO_2$，简写为$C_2AS$），另外还含有少量的硅酸二钙（$C_2S$）。

（2）铝酸盐水泥的水化与硬化

由于铝酸一钙是铝酸盐水泥的主要矿物成分，因而铝酸一钙的水化过程基本代表了铝酸盐水泥的水化过程。而铝酸一钙的水化反应随温度的不同而不同。

当温度低于20℃时：

$$CaO \cdot Al_2O_3 + 10H_2O \longrightarrow CaO \cdot Al_2O_3 \cdot 10H_2O \quad （简写为 CAH_{10}）$$

当温度在20～30℃时：

$$2(CaO \cdot Al_2O_3) + 11H_2O \longrightarrow 2CaO \cdot Al_2O_3 \cdot 8H_2O + Al_2O_3 \cdot 3H_2O \quad （简写为 C_2AH_8）$$

当温度高于30℃时：

$$3(CaO \cdot Al_2O_3) + 12H_2O \longrightarrow 3CaO \cdot Al_2O_3 \cdot 6H_2O + 2(Al_2O_3 \cdot 3H_2O) \quad （简写为 C_3AH_6）$$

水化产物CAH_{10}和C_2AH_8均为针状或板状结晶，能同时形成和共存，并互相结成坚固的结晶连生体，形成坚强的晶体骨架。析出的氢氧化铝凝胶难溶于水，填充于晶体骨架的空隙中，形成较为密实的水泥石结构，使水泥石具有较高强度。经过5～7d后，水化产物的增量就很少了，因此，水泥的早期强度增长得很快，后期强度增长不显著。水化产物C_3AH_6强度较低，以它为主要成分的水泥石强度也较低，因此铝酸盐水泥不宜在高于30℃的条件下施工养护。

由CAH_{10}和C_2AH_8晶体所组成的水泥石的强度虽较高，但这两种晶体都是亚稳定的，它们会随着时间的推移而逐渐转化为比较稳定的C_3AH_6，如：

$$3(CaO \cdot Al_2O_3 \cdot 10H_2O) \longrightarrow 3CaO \cdot Al_2O_3 \cdot 6H_2O + 2(Al_2O_3 \cdot 3H_2O) + 18H_2O$$

转化过程随温度升高而加速，转化的结果使水泥石内析出大量游离水，增大了孔隙体

积，同时由于 C_3AH_6 晶体本身缺陷较多，强度较低，晶体间结合力比较差，从而使水泥石的长期强度呈现降低趋势。

CA_2 的水化反应与 CA 相似，但水化硬化较慢，后期强度较高，早期强度却较低，如含量过高，将影响水泥的快硬性能；$C_{12}A_7$ 的水化产物也是 C_2AH_8、水化硬化很快，含量超过 10%时，会引起水泥快凝；C_2AS 水化反应极为微弱，可视为惰性矿物；少量的 C_2S 则生成水化硅酸钙凝胶。

（3）铝酸盐水泥的技术性质

铝酸盐水泥根据其 Al_2O_3 含量不同分为四种类型，即 CA-50、CA-60、CA-70、CA-80，各类型水泥各龄期强度值不低于表 4-7 中相应的数值。各种水泥的比表面积不小于 $300m^2/kg$ 或在孔径为 $45\mu m$ 筛上的筛余不大于 20%；各类型铝酸盐水泥化学成分应符合表 4-8 中的要求，水泥胶砂凝结时间应符合表 4-9 要求。

表 4-7　铝酸盐水泥胶砂强度（GB 201—2015）

水泥类型		抗压强度（MPa）				抗折强度（MPa）			
		6h	1d	3d	28d	6h	1d	3d	28d
CA50	CA50－Ⅰ	20①	≥40	≥50	—	≥3.0①	≥5.5	≥6.5	—
	CA50－Ⅱ		≥50	≥60	—		≥6.5	≥7.5	—
	CA50－Ⅲ		≥60	≥70	—		≥7.5	≥8.5	—
	CA50－Ⅳ		≥70	≥80	—		≥8.5	≥9.5	—
CA60	CA60－Ⅰ	—	≥65	≥65	—	—	≥7.0	≥10.0	—
	CA60－Ⅱ	—	≥20	≥20	≥85	—	≥2.5	≥5.0	≥10.0
CA70		—	≥30	≥30	—	—	≥5.0	≥6.0	—
CA80		—	≥25	≥25	—	—	≥4.0	≥5.0	—

注：①当用户需要时，生产厂应提供结果。

表 4-8　化学成分　（质量百分比，%）

类型	Al_2O_3 含量	SiO_2 含量	Fe_2O_3 含量	碱含量 [$w(Na_2O)+0.658w(K_2O)$]	S（全硫）含量	Cl^- 含量
CA50	≥50 且＜60	≤9.0	≤3.0	≤0.50	≤0.2	≤0.06
CA60	≥60 且＜68	≤5.0	≤2.0	≤0.40	≤0.1	
CA70	≥68 且＜77	≤1.0	≤0.7			
CA80	≥77	≤0.5	≤0.5			

表 4-9　水泥胶砂凝结时间　（min）

类型		初凝时间	终凝时间
CA50		≥30	≤360
CA60	CA60－Ⅰ	≥30	≤360
	CA60－Ⅱ	≥60	≤1080
CA70		≥30	≤360
CA80		≥30	≤360

(4) 铝酸盐水泥的特性及应用

① 铝酸盐水泥早期强度增长较快，24h即可达到其极限强度的80%左右，因此宜用于要求早期强度高的特殊工程和紧急抢修工程。

② 铝酸盐水泥水化热较大，而且集中在早期放出，一天内即可释放出总量70%～80%的热量，因此，适宜于寒冷地区的冬季施工工程，但不宜用于大体积混凝土工程。

③ 铝酸盐水泥在高温时能产生固相反应，以烧结代替了水化结合，使得铝酸盐水泥在高温时仍然可得到较高强度。因此，可采用耐火的集料和铝酸盐水泥配制成使用温度高达1300～1400℃的耐火混凝土。

④ 铝酸盐水泥由于其主要组成为低钙铝酸盐，硅酸二钙含量极少，水化析出的氢氧化钙也很少，故其抗硫酸盐的侵蚀性能好，适用于有抗硫酸盐侵蚀要求的工程。

⑤ 铝酸盐水泥由于随着时间的推移而发生晶体转化，其长期强度有降低的趋势，因此用于工程中，应按其最低稳定强度进行设计，同时在使用时，其最适宜的硬化温度为15℃左右，一般环境温度不得超过25℃，故配制的混凝土不能进行蒸汽养护，也不能在炎热季节进行施工。

⑥ 铝酸盐水泥严禁与硅酸盐水泥、石灰等能析出$Ca(OH)_2$的胶凝材料混用，也不得与尚未硬化的硅酸盐水泥混凝土接触使用，否则不仅会使铝酸盐水泥出现瞬凝现象，而且由于生成碱性水化铝酸钙，使混凝土开裂、破坏。

3. 快硬硫铝酸盐水泥

凡以适当成分的生料，与经煅烧所得以无水硫铝酸钙和硅酸二钙为主要矿物成分的熟料混合，再加入适量石膏共同磨细制成的早期强度高的水硬性胶凝材料，称为快硬硫铝酸盐水泥，也称早强硫铝酸盐水泥，代号R·SAC。

无水硫铝酸钙水化快，能在水泥尚未失去塑性时就形成大量的钙矾石晶体，并迅速构成结晶骨架，而同时析出的氢氧化铝凝胶填塞于骨架的空隙中，从而使水泥获得较高的早期强度。同时β-C_2S活性较高，水化较快，也能较早地生成水化硅酸钙凝胶，并填充于钙矾石的晶体骨架中，使水泥石结构更加致密，强度进一步提高。另外，该水泥细度较大，从而也使其具有早强的特性。

根据《快硬硫铝酸盐水泥》(JC 933—2003)规定，快硬硫铝酸盐水泥以3d抗压强度划分为42.5、52.5、62.5和72.5四个等级，各龄期强度不得低于表4-10中规定的数值。初凝时间不早于25min，终凝时间不迟于180min，细度以比表面积计不得低于350m^2/kg。

表4-10 快硬硫铝酸盐水泥各龄期的强度要求

强度等级	抗压强度(MPa)			抗折强度(MPa)		
	1d	3d	28d	1d	3d	28d
42.5	33.0	42.5	45.0	6.0	6.5	7.0
52.5	42.0	52.5	55.0	6.5	7.0	7.5
62.5	50.0	62.5	65.0	7.0	7.5	8.0
72.5	56.0	72.5	75.0	7.5	8.0	8.5

快硬硫铝酸盐水泥具有快凝(一般0.5～1h即初凝，1～1.5h终凝)、早强(一般4h即具有一定的强度，12h的强度即可达到3d强度的50%～70%)、微膨胀或不收缩的特

点，因此宜用于紧急抢修工程、国防工程、冬季施工工程、抗震要求较高工程和填灌构件接头以及管道接缝等，也可以用于制作水泥制品、玻璃纤维增强水泥制品和一般建筑工程。但由于其配制的混凝土中碱度较低，使用时应注意钢筋的锈蚀问题。同时，其主要水化产物高硫型水化硫铝酸钙在150℃以上开始脱水，强度大幅度下降，其耐热性较差。另外，其水化热较大，也不宜用于大体积混凝土工程。

4.3.2 膨胀型水泥

一般水泥在硬化过程中都会产生一定的收缩，从而可能造成制品出现裂纹而影响制品的性能和使用，甚至不适于某些工程的使用。而膨胀型水泥则在硬化过程中，不仅不收缩，而且还有不同程度的膨胀。根据在约束条件下所产生的膨胀量（自应力值）和用途不同，膨胀型水泥分为收缩补偿型膨胀水泥和自应力型膨胀水泥两大类。前者在硬化过程中的体积膨胀较小（其自应力值小于2.0MPa，一般为0.5MPa）主要起着补偿收缩、增加密实度的作用，所以称其为收缩补偿型膨胀水泥，简称膨胀水泥；后者膨胀值较大（其自应力值大于2.0MPa），能够产生可应用的化学预应力，故称其为自应力型膨胀水泥，简称自应力水泥。

膨胀型水泥根据其基本组成，可分为硅酸盐膨胀水泥、明矾石膨胀水泥、铝酸盐膨胀水泥、铁铝酸盐膨胀水泥和硫铝酸盐膨胀水泥五种类型。而应用较多的则是硅酸盐膨胀水泥和铝酸盐膨胀水泥，现将其基本情况简介如下。

1. 硅酸盐膨胀水泥和自应力水泥

硅酸盐膨胀水泥和自应力水泥是以硅酸盐水泥为主要组分，外加高铝水泥和石膏按一定比例配制而成的一种具有膨胀性的水硬性胶凝材料。这种水泥的膨胀作用，主要是由于高铝水泥中的铝酸盐矿物和石膏遇水后化合形成了具有膨胀性的钙矾石晶体。由于水泥的膨胀能力主要源自于高铝水泥和石膏，因此我们习惯称高铝水泥和石膏为膨胀组分。显然，水泥膨胀值的大小可通过改变膨胀组分的含量来调节。如采用85%～88%的硅酸盐水泥熟料、6%～7.5%的高铝水泥、6%～7.5%的二水石膏可制成收缩补偿型水泥，用这种水泥配制的混凝土可作屋面刚性防水层、锚固地脚螺丝或修补等用。若适当提高膨胀组分的含量，如将高铝水泥提高到12%～13%，二水石膏提高到14%～17%，即可增加其膨胀量，配制成自应力水泥。这种自应力水泥常用于制造自应力钢筋混凝土压力管及配件等。

2. 铝酸盐膨胀水泥和自应力水泥

铝酸盐膨胀水泥是由高铝水泥熟料和二水石膏共同磨细而成的水硬性胶凝材料，其中高铝水泥熟料约占60%～66%，二水石膏约占34%～40%。铝酸盐膨胀水泥及自应力水泥的膨胀作用同样是基于硬化初期，生成钙矾石使其体积膨胀。该水泥细度高（比表面积不小于450m^2/kg）、凝结硬化快、膨胀值高、自应力大、抗渗性高、气密性好，并且制造工艺较易控制，质量比较稳定。常用于制作大口径或较高压力的自应力水管或输气管等。

4.3.3 白色和彩色硅酸盐水泥

1. 白色硅酸盐水泥

凡以适当成分的生料烧至部分熔融、得到以硅酸钙为主要成分、氧化铁含量很少的白色硅酸盐水泥熟料，加入适量石膏共同磨细制成的水硬性胶凝材料称为白色硅酸盐水泥，简称白水泥。

白水泥与硅酸盐水泥由于氧化铁含量不同，因而具有不同的颜色，一般硅酸盐水泥由于含有较多的 Fe_2O_3 等氧化物而呈暗灰色；而白水泥则由于 Fe_2O_3 等着色氧化物很少而呈白色。为了满足白水泥的白度要求，在生产过程中应尽量降低氧化铁的含量，同时对于其他着色氧化物（如氧化锰、氧化钛、氧化铬等）的含量也要加以限制。为此，一是要求使用含着色杂质（铁、铬、锰等）极少的较纯原料，如纯净的高岭土、纯石英砂、纯石灰石或白垩等；二是在煅烧、粉磨、运输、包装过程中防止着色杂质混入；三是磨机的衬板要采用质坚的花岗岩、陶瓷或优质耐磨特殊钢等，研磨体应采用硅质卵石（白卵石）或人造瓷球等；四是煅烧时用的燃料应为无灰的天然气或液体燃料。

根据《白色硅酸盐水泥》（GB/T 2015—2005）规定，白水泥分为 32.5、42.5、52.5 三个强度等级。水泥在各龄期的强度要求不低于表 4-11 中相应的数值。水泥中三氧化硫含量不得超过 3.5%，在 80μm 方孔筛上的筛余不得超过 10%，初凝时间不得早于 45min，终凝时间不得迟于 12h，安定性用沸煮法检验必须合格。

表 4-11　白水泥各龄期强度

强度等级	抗压强度（MPa）		抗折强度（MPa）	
	3d	28d	3d	28d
32.5	12.0	32.5	3.0	5.5
42.5	17.0	42.5	3.5	6.5
52.5	22.0	52.5	4.0	7.0

白水泥还有白度要求。白水泥的白度可用白度仪测定，白度值不得低于 87。

2. 彩色硅酸盐水泥

彩色硅酸盐水泥简称彩色水泥，按生产方法可分为两大类。一类为由白水泥熟料、适量石膏和碱性颜料共同磨细而成。所用颜料要求不溶于水，且分散性好，耐碱性强，抗大气稳定性好，掺入水泥中不能显著降低其强度。常用的颜料有不同成分和颜色的氧化铁（如铁红 Fe_2O_3、铁黑 Fe_3O_4 等）、二氧化锰（黑褐色）、氧化铬（绿色）、赭石（赭色）、群青（蓝色）等，但在制造红色、棕色或黑色水泥时，可在普通硅酸盐水泥中加入耐碱矿物颜料，而不一定用白色硅酸盐水泥。另一类是在白水泥的生料中加入少量金属氧化物直接烧成彩色水泥熟料，然后加入适量石膏磨细而成。

白色水泥和彩色水泥富有装饰性，主要用于建筑物的内外表面装修上，如做成彩色砂浆、水磨石、水刷石、斩假石、水泥拉毛等各种饰面材料而用于楼地面、内外墙、楼梯、柱及台阶等的饰面。

4.3.4　道路硅酸盐水泥

道路硅酸盐水泥，简称道路水泥，是由道路硅酸盐水泥熟料、0～10%活性混合材料和适量石膏共同磨细制成的水硬性胶凝材料。

道路硅酸盐水泥熟料以硅酸钙为主要成分，且含有较多量的铁铝酸四钙。其中，铁铝酸四钙的含量不得小于16.0%，铝酸三钙含量不得大于5.0%，游离氧化钙含量，旋窑不得大于1.0%，立窑不得大于1.8%。

按国家标准《道路硅酸盐水泥》（GB 13693—2005）规定，道路硅酸盐水泥分为32.5、42.5和52.5三个强度等级，各龄期强度值不得低于表4-12中相应的数值；水泥中氧化镁含量不得超过5.0%，三氧化硫含量不得超过3.5%，安定性用沸煮法检验必须合格；初凝时间不得早于1.5h，终凝时间不得迟于10h；比表面积在300～450m²/kg；28d的干缩率不得大于0.10%，耐磨性以磨损量表示，不得大于3.0kg/m²。

表4-12　道路水泥各龄期强度指标（GB 13693—2005）

强度等级	抗压强度（MPa）		抗折强度（MPa）	
	3d	28d	3d	28d
32.5	16.0	32.5	3.5	6.5
42.5	21.0	42.5	4.0	7.0
52.5	26.0	52.5	5.0	7.5

道路硅酸盐水泥具有早期强度高、干缩率小、耐磨性好等特性，主要用于道路路面和机场地面，也可用于要求较高的工厂地面、停车场或一般土建工程。

4.3.5　中热水泥、低热水泥、低热矿渣水泥

中热硅酸盐水泥以适当成分的硅酸盐水泥熟料，加入适量石膏，磨细制成的具有中等水化热的水硬性胶凝材料，称为中热硅酸盐水泥，代号P.MH。

低热硅酸盐水泥以适当成分的硅酸盐水泥熟料，加入适量石膏，磨细制成的具有低等水化热的水硬性胶凝材料，称为低热硅酸盐水泥，代号P.LH。

低热矿渣硅酸盐水泥以适当成分的硅酸盐水泥熟料，加入矿渣、适量石膏，磨细制成的具有低水化热的水硬性胶凝材料，称为低热矿渣硅酸盐水泥，代号P.SLH。

水泥中矿渣掺量按质量百分比计为20%～60%，允许用不超过混合材料总量50%的磷渣或粉煤灰代替部分矿渣。

中低热水泥各龄期的水化热不得超过表4-13中规定的数值。

表4-13　中、低热水泥各龄期水化热值

品种	强度等级	水化热（kJ/kg）	
		3d	7d
中热水泥	42.5	251	293
低热水泥	42.5	230	260
低热矿渣水泥	32.5	197	230

国家标准规定《中热硅酸盐水泥、低热硅酸盐水泥和低热矿渣硅酸盐水泥》（GB 200—2003）规定，其强度等级及各龄期强度值见表4-14所示；水泥中三氧化硫含量不得超过3.5%，比表面积不小于250m²/kg，初凝不得早于60min，终凝不得迟于12h，安定

性沸煮法检测需合格。

表 4-14　中、低热水泥各龄期强度值

品种	强度等级	抗压强度（MPa）			抗折强度（MPa）		
		3d	7d	28d	3d	7d	28d
中热水泥	42.5	12.0	22.0	42.5	3.0	4.5	6.5
热水泥	42.5	—	13.0	42.5	—	3.5	6.5
低热矿渣水泥	32.5	—	12.0	32.5	—	3.0	5.5

由于中、低热水泥水化热较低，因此适用于大体积混凝土工程，如大坝、大体积建筑物和厚大的基础工程等。

4.3.6　砌筑水泥

凡由一种或一种以上的水泥混合材料，加入适量硅酸盐水泥熟料和石膏，经磨细制成的和易性较好的水硬性胶凝材料，称为砌筑水泥。

水泥中混合材料掺加量按质量百分比计应大于50%，允许掺入适量的石灰石或窑灰。水泥中混合材料掺加量不得与矿渣硅酸盐水泥重复。

国家标准（GB/T 3183—2003）规定，砌筑水泥分为12.5和22.5两个强度等级，各龄期强度不得低于表4-15中相应的数值。水泥中三氧化硫含量不得超过4.0%，安定性用沸煮法检验必须合格。80μm方孔筛筛余不得超过10%。初凝不得早于60min，终凝不得迟于12h，保水率不得低于80%。砌筑水泥由于强度较低、和易性较好，主要用于配制砌筑砂浆。

表 4-15　砌筑水泥强度要求（GB/T 3183—2003）

水泥强度等级	抗压强度（MPa）		抗折强度（MPa）	
	7d	28d	7d	28d
12.5	7.0	12.5	1.5	3.0
22.5	10.0	22.5	2.0	4.0

4.4　水泥的储运与验收

4.4.1　水泥的储运

1. 储运应注意的问题

① 水泥在储存时应按不同品种、不同强度等级及不同出厂日期分别存放，不得混杂。散装水泥应分库存放。

② 水泥堆放高度一般不应超过10袋；遵循先来的水泥先用的原则。

③ 一般储存条件下，水泥会吸收空气中的水分和二氧化碳，使颗粒表面水化甚至碳化，丧失胶凝能力，强度降低。经 3 个月后，水泥强度约降低 10%～20%，经 6 个月后，约降低 15%～30%，1 年后，约降低 25%～40%。因此，水泥在储存时，既要防潮，也不可储存过久，存放期一般不应超过 3 个月，而且要考虑先存先用。存放期超过 6 个月的水泥，必须经过试验才能使用。

④ 水泥在运输过程中不得受潮和混入杂物；不同品种、不同强度等级的水泥不能混装。

2. 水泥受潮程度的鉴别与处理

对于受潮水泥的鉴别、处理和使用可参照表 4-16 进行。

表 4-16 受潮水泥的鉴别、处理和使用

受潮情况	处理方法	使用
有粉块，用手可捏成粉末	将粉块压碎	经试验后，根据实际强度使用
部分结成硬块	将硬块筛除、粉块压碎	经试验后，根据实际强度使用，对于受力小的部位，或强度要求不高的工程可用于配置砂浆
大部分结成硬块	将硬块粉碎磨细	不能作为水泥使用，可掺入新水泥中作为混合材料使用（掺量应＜25%）

4.4.2 水泥的验收

1. 外观和数量的验收

水泥验收时应注意核对包装上所注明的工厂名称、生产许可证编号、水泥品种、代号、混合材料名称、出厂日期及包装标志等项。

另外还可以通过水泥包装袋上文字的颜色来分辨水泥的品种，见表 4-17。

表 4-17 通用水泥的外观（颜色）鉴别

水泥品种	颜色	水泥品种	颜色	水泥品种	颜色
硅酸盐水泥 普通硅酸盐水泥	红色	矿渣水泥	绿色	粉煤灰水泥火山灰水泥 复合水泥	黑色 蓝色

通用水泥的数量验收，可以根据国家标准（GB 175—2007）规定进行，一般袋装水泥，每袋净重 50kg，且不得少于标志重量的 98%。随机抽取 20 袋，水泥总重量不得少于 1000kg。

2. 水泥的质量验收

（1）水泥质量等级评定

依据《通用水泥质量等级》（JC/T 452—2009）的规定，通用水泥产品质量水平分为三个质量等级，即优等品、一等品、合格品。优等品要求产品标准必须达到国际先进水平，且水泥实物的质量水平与国外同类产品相比，达到近 5 年内的先进水平；一等品要求水泥产品标准必须达到国际一般水平，且水泥实物的质量水平达到国际同类产

品的一般水平；合格品要求按我国现行水泥产品标准组织生产，水泥实物的质量水平必须达到产品标准的要求。我国通用水泥产品标准实物质量等级要求见表 4-18 的要求。

表 4-18　通用水泥实物质量等级（JC/T 452—2009）

<table>
<tr><td colspan="2" rowspan="2">质量等级项目</td><td colspan="2">优等品</td><td colspan="2">一等品</td><td>合格品</td></tr>
<tr><td>硅酸盐水泥；普通硅酸盐水泥</td><td>矿渣硅酸盐水泥；火山灰质硅酸盐水泥；粉煤灰硅酸盐水泥；复合硅酸盐水泥</td><td>硅酸盐水泥；普通硅酸盐水泥</td><td>矿渣硅酸盐水泥；火山灰质硅酸盐水泥；粉煤灰之硅酸盐水泥；复合硅酸盐水泥</td><td>硅酸盐水泥；普通硅酸盐水泥；矿渣硅酸盐水泥；火山灰质硅酸盐水泥；粉煤灰之硅酸盐水泥；复合硅酸盐水泥</td></tr>
<tr><td rowspan="3">抗压强度/MPa</td><td>3d</td><td>≥24.0（≥24.0）</td><td>≥22.0（≥21.0）</td><td>≥20.0（≥19.0）</td><td>≥17.0（≥16.0）</td><td rowspan="4">符合通用水泥各品种的技术要求</td></tr>
<tr><td rowspan="2">28d</td><td>≥48.0（≥46.0）</td><td>≥48.0（≥46.0）</td><td>≥46.0（≥36.0）</td><td>≥38.0（≥36.0）</td></tr>
<tr><td colspan="4">≤1.1$\overline{R}$</td></tr>
<tr><td colspan="2">终凝时间 / min</td><td>≤300（≤390）</td><td>≤330（≤390）</td><td>≤360（≤390）</td><td>≤4200（≤480）</td></tr>
<tr><td colspan="2">Cl 含量 / %</td><td colspan="5">≤0.06</td></tr>
</table>

注：1. $\overline{R}$ 为同品种同强度等级水泥 28d 抗压强度上月平均值，至少以 20 个编号平均，不足 20 个编号时，可两个月或三个月合并计算，对于 62.5 以上（含 62.5）水泥，28d 抗压强度不大于 1.1$\overline{R}$ 的要求不作规定。

2. 括号中数据为 JC/T 452—2002 规定的数据。

（2）水泥质量的评定

① 合格品：通用水泥的化学指标、凝结时间、安定性、强度均满足现行规范要求为合格。

② 不合格品：通用水泥的化学指标、凝结时间、安定性、强度任何一项不满足现行规范要求即为不合格。

案例分析

【4-1】　三峡工程大坝为混凝土重力坝，最大坝高 181m，枢纽工程混凝土浇筑总量达 2800 万 m^3，其属于典型的大体积混凝土，由于三峡工程属于世纪工程，举世闻名，其大体积混凝土抗裂性要求非常高。

分析：三峡工程使用的水泥分别由葛洲坝、华新和湖南等三个特种水泥厂供应的 525 中热水泥，从水泥水化热出发降低大体积混凝土放热量；其次，三峡工程所用水泥其熟料中 MgO 含量控制在 3.5%～5.0%范围内，利用水泥中方镁石后期水化体积膨胀的特点，以补偿混凝土降温阶段的部分温度收缩；同时结合其他降温措施，取得了良好的技术经济效果。

【4-2】　上海浦东新区世博会各场馆周边道路，为美化环境、诱导交通、改善排水等要求，在道路设计时采用彩色透水混凝土路面施工。

分析：彩色水泥，主要由水泥、沙子、氧化铁颜料、水、外加剂经搅拌而成为彩色砂浆（或叫彩色混凝土），它主要用于现场施工。在世界发达国家，彩色水泥和彩色混凝土早已代替了价格昂贵的天然石材，也代替了维护成本很高的行道砖和瓷砖，成为一种新的建筑材料。随着城市建设的发展和建筑市场多元化的需求，彩色水泥在城市道路和公路建设中占有一席之地。

彩色水泥人行道路面具有以下几个特点，造价低、使用寿命长、维护费用省、施工方便、可适合不同要求的人行道、绿色环保。

知识归纳

通过本章的学习，学生应了解硅酸盐水泥熟料生产的原材料、生产工艺及熟料矿物组成，其他品种水泥的特性及选用；掌握通用硅酸盐水泥中熟料矿物与水泥活性混合材料的水化、凝结、硬化机理及其影响因素，通用硅酸盐水泥的技术性能指标及其测试方法，硬化水泥石的化学侵蚀机理及其防护措施；熟悉不同硅酸盐水泥的特性，并能够根据工程需求的不同进行合理选择。

思考题

1. 硅酸盐水泥熟料的矿物成分主要有哪些？它们在水化时各有何特性？它们的水化产物是什么？

2. 影响硅酸盐水泥强度的主要因素有哪些？

3. 水泥有哪些主要技术性质？如何测试与评定？

4. 现有甲、乙两厂生产的硅酸盐熟料，其矿物组成如下：

生产厂家	熟料矿物组成（%）			
	C_3S	C_2S	C_3A	C_4AF
甲厂	55	20	10	15
乙厂	52	28	7	13

若用上述熟料分别生产硅酸盐水泥，试比较它们的水化特性有何差异？

5. 为什么生产硅酸盐水泥时掺适量石膏对水泥不起破坏作用，而硬化水泥石遇到有硫酸盐溶液的环境产生出石膏时就有破坏作用？

6. 何谓水泥混合材料？常用类型有哪些？它们掺入水泥中有何作用？

7. 常用特性水泥主要有哪些？它们各有何特性和用途？

8. 有下列混凝土构件工程，请分别选用合适的水泥，并说明其理由：

（1）大体积混凝土工程；（2）紧急抢修工程；（3）高炉基础；（4）现浇楼板、梁、柱；（5）采取蒸汽养护的预制构件；（6）有硫酸盐腐蚀的地下工程；（7）抗冻性要求较高的混凝土；（8）公路路面工程。

9. 经过测定，某普通硅酸盐水泥标准试件的抗折和抗压荷载如下表所示，试评定其强度等级。

抗折荷载（kN）		抗压荷载（kN）	
3d	28d	3d	28d
1.5	3.0	29 30	76 78
1.8	2.8	32 33	68 72
1.6	2.9	30 32	70 72

5 混　凝　土

内容提要

本章主要介绍混凝土的组成材料及其技术要求、新拌混凝土技术性能即混凝土施工和易性。硬化混凝土技术性能即强度、变形性能、耐久性。混凝土质量波动及控制与评定，混凝土配合比设计，同时还包括混凝土技术的最新发展和特种混凝土。本章的重点是混凝土性能以及根据混凝土性能要求进行混凝土的配合比设计。

混凝土是指由胶凝材料将集料胶结成整体的工程复合材料的统称。混凝土按所用胶结材料不同可分为水泥混凝土、沥青混凝土、聚合物混凝土、水玻璃混凝土、石膏混凝土等多种。通常讲的混凝土是指用水泥作为胶凝材料，砂、石作集料，与水（可含外加剂和掺合料）按一定比例配合，经混合搅拌而得的水泥混凝土，也称普通水泥混凝土，它广泛应用于土木工程及其他领域。

混凝土可以从不同的角度进行分类。

混凝土按表观密度大小（主要是集料不同）可分为：干表观密度大于2600kg/m^{3}的重混凝土；干表观密度为1950～2600kg/m^{3}的普通混凝土；干表观密度小于1950kg/m^{3}的轻混凝土。

混凝土按施工工艺可分为：泵送混凝土、喷射混凝土、真空混凝土、造壳混凝土（裹砂混凝土）、碾压混凝土、压力灌浆混凝土、热拌混凝土等多种。

混凝土按用途可分为：防水混凝土、防射线混凝土、耐酸混凝土、装饰混凝土、耐火混凝土、补偿收缩混凝土等多种。

混凝土按掺合料可分为：粉煤灰混凝土、硅灰混凝土、磨细高炉矿渣混凝土、纤维混凝土等多种。

混凝土是世界上用量最大的工程材料，应用范围遍及建筑、道路、桥梁、水利、国防工程等领域，近代混凝土基础理论和应用技术的迅速发展有力地推动了土木工程相关技术的不断创新与发展。

混凝土之所以在土木工程中得到广泛应用，是由于它有以下优越的工程性能：

① 原材料来源广泛。混凝土中占整个体积70%以上的砂、石材料绝大多数可就地取材，资源丰富，可有效降低工程成本。

② 性能可调整。根据使用功能要求，改变混凝土的材料配合比例及施工工艺可在相当大的范围内对混凝土的施工性能、强度、耐久性等进行调整。

③ 在凝结硬化前具有良好的可塑性。混凝土拌合物具有优良的可塑性，使混凝土可适应各种形状复杂的结构构件的施工要求。

④ 施工工艺简易、多变。混凝土既可简单进行人工浇筑，亦可根据不同的工程环境特点灵活采用泵送、喷射、水下等多种施工方法。

⑤ 与钢筋协同效应好。钢筋与混凝土虽为不同属性的两种材料，但两者却有近乎相等的线膨胀系数，从而使它们有共同工作的基础。钢筋能够很好地弥补混凝土抗拉强度低的缺点，扩大其应用范围，同时，混凝土的碱性环境也为钢材的耐久性提供了强有力的保障。

⑥ 强度高、耐久性好。混凝土具有较高的抗压强度，近代高强混凝土的抗压强度可达 100MPa 以上，能够满足大多数工程抗压强度的要求。同时混凝土具备较高的抗渗、抗冻、抗腐蚀、抗碳化性，其耐久年限可达数百年以上。

混凝土除以上优点外，也存在着自重大、养护周期长、脆性大、易开裂、导热系数较大、不耐高温等缺点。随着混凝土工作者的不断探索，混凝土新功能、新品种的不断涌现，这些缺点正在被不断克服和改进。

5.1 混凝土的组成材料

混凝土的组成材料主要是水泥、水、细集料（砂子）和粗集料（石子），现今的混凝土还常常包括适量的掺合料和外加剂。

混凝土生产的基本工艺过程，包括按规定的配合比称量各组成材料，然后把组成材料混合搅拌均匀，运输到现场，进行浇筑、振捣，最后通过养护形成硬化混凝土。混凝土的各组成材料在混凝土中起着不同的作用。砂、石对混凝土起骨架作用，水泥和水组成水泥浆，包裹在集料的表面并填充在集料所留下的空隙中，在混凝土拌合物中，水泥浆起润滑作用，赋予混凝土拌合物流动性，便于施工；在混凝土硬化后起胶结作用，把砂、石集料胶结成为整体，使混凝土产生强度，成为坚硬的人造石材。混凝土的组成结构见图 5-1。

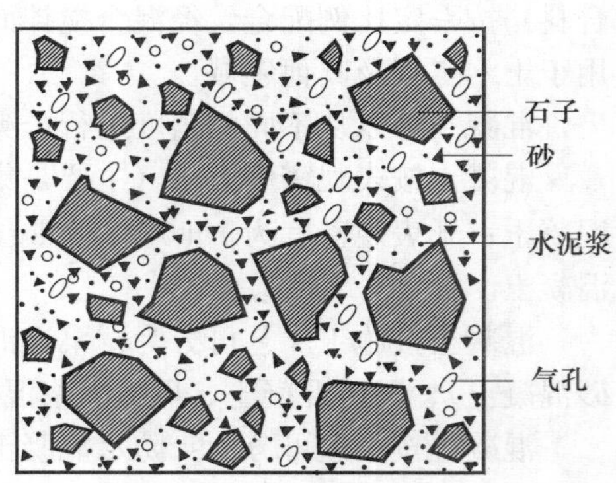

图 5-1　混凝土的组成结构

混凝土的质量很大程度上取决于原材料的技术性质是否符合要求。因此，为了合理选用材料和保证混凝土质量，必须掌握原材料的技术质量要求。

5.1.1 水泥

水泥是混凝土中重要的组分，其技术性质要求详见第 4 章有关内容，这里只讨论如何选用。对于水泥的合理选用包括两个方面。

1. 水泥品种的选择

配制混凝土时，应根据工程性质、部位、施工条件、环境状况等，按各品种水泥的特性进行合理的选择。在满足工程要求的前提下，还应选用价格较低的水泥品种，以降低工程造价。

2. 水泥强度等级的选择

水泥强度等级的选择，应与混凝土的设计强度等级相适应，即“强度相适应原则”。若用低强度等级的水泥配制高强度等级混凝土，不仅会使水泥用量过多而不经济，同时还会对混凝土产生不利的工程后果。反之，用高强度等级的水泥生产低强度等级混凝土，若只考虑强度要求，会使水泥用量偏少，从而影响耐久性能；若水泥用量兼顾了耐久性等要求，又会导致超强而不经济。因此，在配制混凝土时应合理选择水泥的强度等级。根据经验，对于普通强度等级的混凝土，水泥强度等级宜为混凝土强度等级的 1.5～2.0 倍。配制高强度等级的混凝土时，水泥强度等级可取混凝土强度等级的 0.7～1.5 倍。

5.1.2 集料

普通混凝土所用集料按粒径大小不同分为两种。粒径大于 4.75mm 的岩石颗粒称为粗集料，粒径小于 4.75mm 的岩石颗粒称为细集料。

1. 细集料

普通混凝土中所用的细集料，一般是由自然风化、水流搬运和分选后堆积形成或经机械破碎、筛分制成的岩石颗粒（不包括软质岩、风化岩石的颗粒）。根据来源不同可分为天然砂和人工砂两类。天然砂包括河砂、湖砂、山砂、海砂等；人工砂包括机制砂和混合砂。

砂的质量应同时满足《建筑用砂》（GB/T 14684—2011）和《普通混凝土用砂、石质量及检验方法标准》（JGJ 52—2006）的要求。砂按技术要求分为Ⅰ类、Ⅱ类、Ⅲ类。Ⅰ类宜用于强度等级大于 C60 的混凝土；Ⅱ类宜用于强度等级 C30～C60 及抗冻、抗渗或其他要求的混凝土；Ⅲ类宜用于强度等级小于 C30 的混凝土和建筑砂浆。混凝土对砂的技术要求主要有以下几个方面。

（1）砂中有害物质含量、坚固性

为保证混凝土的质量，混凝土用砂不应混有草根、树叶、树枝、塑料、煤块、炉渣等杂物。但实际上，砂中常含有云母、轻物质、有机物、硫化物及硫酸盐、氯化物等有害物质，这些物质会对混凝土的性能产生不良影响。砂的坚固性，是指砂在自然风化和其他外界物理化学因素作用下抵抗破裂的能力。砂中的有害物质含量、坚固性指标应符合表 5-1 的规定。

表 5-1　砂中有害物质含量、坚固性指标要求

项目		指标		
		Ⅰ类	Ⅱ类	Ⅲ类
有害物质含量	云母（按质量计），% ≤	1.0	2.0	2.0
	贝壳（按质量计），% ≤			
	轻物质（按质量计），% ≤	1.0	1.0	1.0
	有机物（比色法）	合格	合格	合格
	硫化物及硫酸盐（按 SO_3 质量计），% ≤	0.5	0.5	0.5
	氯化物（以氯离子质量计），% ≤	0.01	0.02	0.06
坚固性指标	天然砂采用硫酸钠溶液法进行试验，砂样经 5 次循环后的质量损失，% ≤	8	8	10
	人工砂单级最大压碎指标，% ≤	20	25	30

(2) 含泥量、泥块含量和石粉含量

含泥量是指天然砂中粒径小于 0.075mm 的颗粒含量。泥块含量是指砂中原粒径大于 1.18mm，经水浸洗、手捏后小于 0.60mm 的颗粒含量。石粉是指人工砂中粒径小于 0.075mm 的颗粒含量，其化学成分与母岩相同。亚甲蓝试验 MB 值是用于判定人工砂中粒径小于 0.075mm 颗粒含量主要是泥土还是与被加工母岩化学成分相同的石粉的指标。天然砂的含泥量和泥块含量、人工砂的石粉含量和泥块含量应符合表 5-2 中的要求。

表 5-2　砂中含泥量、石粉含量和泥块含量（按质量计）

项目					指标		
					Ⅰ类	Ⅱ类	Ⅲ类
天然砂的含泥量和泥块含量	含泥量,%				≤1.0	≤3.0	≤5.0
	泥块含量,%				0	≤1.0	≤2.0
人工砂的石粉含量和泥块含量	1	亚甲蓝试验	MB值<1.4或合格	石粉含量,%	≤3.0	≤5.0	≤7.0①
	2			泥块含量,%	0	≤1.0	≤2.0
	3		MB值≥1.4或不合格	石粉含量,%	≤1.0	≤3.0	≤5.0
	4			泥块含量,%	0	≤1.0	≤2.0

注：①根据使用地区和用途，在试验验证的基础上，可由供需双方协商确定。

(3) 粗细程度与颗粒级配

砂的粗细程度是指不同粒径的砂粒混合在一起的总体平均粒径的粗细程度，通常用砂的细度模数 M_x 表示。砂的粗细程度与总比表面积有直接关系，在相同质量条件下，粒径越小，总比表面积越大；粒径越大，总比表面积越小。混凝土中砂的表面被水泥浆包裹，大粒径的砂所需包裹在其表面的水泥浆数量少，较经济。所以，用于混凝土中砂粒的粗细程度应尽可能选用大些，同时也要综合考虑施工时的实际情况。

砂的颗粒级配是指不同粒径的砂粒相互之间的搭配比例。在混凝土中砂之间的空隙是由水泥浆所填充的，为了节约水泥和提高混凝土强度，就应尽量减小砂粒之间的空隙。从图 5-2 可以看出，如果是相同粒径的砂，孔径大，空隙率高［图 5-2（a）］；用两种不同粒径的砂搭配起来，孔径变小，空隙率降低［5-2（b）］；用三种不同粒径的砂搭配，孔径更小，空隙率也更低［5-2（c）］。由此可见，只有适宜的颗粒分布，才能达到良好的级配要求。混凝土用砂应选用颗粒级配良好的砂。

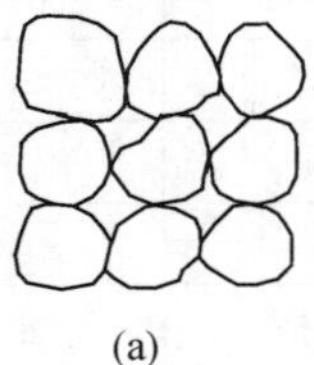
(a)

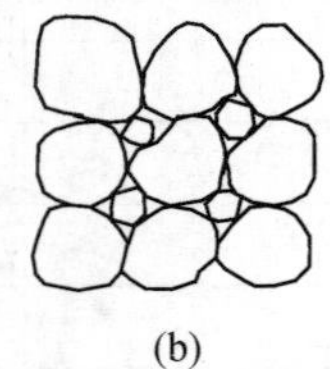
(b)

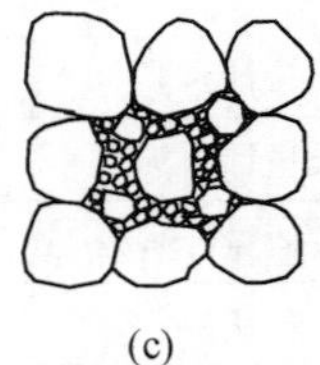
(c)

图 5-2　砂的颗粒级配

砂的粗细程度和颗粒级配用筛分法进行测定，筛分法是用一套孔径分别为 4.75mm、2.36mm、1.18mm、0.60mm、0.30mm、0.15mm 的标准方孔筛，将 500g 干砂试样由粗到细依次过筛，然后称得余留在各号筛上砂的质量（分计筛余量 m_i），并计算出各筛上的

分计筛余百分率（分计筛余量占砂样总质量的百分数）及累计筛余百分率（各筛和比该筛粗的所有分计筛余百分率之和）。分计筛余百分率、累计筛余百分率的关系见表 5-3。

砂细度模数 M_x 的计算公式如下：

$$M_x = \frac{(A_2 + A_3 + A_4 + A_5 + A_6) - 5A_1}{100 - A_1} \tag{5-1}$$

细度模数 M_x 越大，表示砂越粗。砂按细度模数分为粗砂、中砂、细砂。M_x 在 3.1～3.7 为粗砂，M_x 在 2.3～3.0 为中砂，M_x 在 1.6～2.2 为细砂。混凝土用砂的细度模数应控制在 1.6～3.7 之间。

表 5-3 筛余量、分计筛余百分率、累计筛余百分率的关系

筛孔尺寸（mm）	筛余量 m_i（g）	分计筛余百分率 a_i（%）	累计筛余百分率 A_i（%）
4.75	m_1	a_1	$A_1 = a_1$
2.36	m_2	a_2	$A_2 = a_1 + a_2$
1.18	m_3	a_3	$A_3 = a_1 + a_2 + a_3$
0.60	m_4	a_4	$A_4 = a_1 + a_2 + a_3 + a_4$
0.30	m_5	a_5	$A_5 = a_1 + a_2 + a_3 + a_4 + a_5$
0.15	m_6	a_6	$A_6 = a_1 + a_2 + a_3 + a_4 + a_5 + a_6$

应当注意，砂的细度模数只能反映砂的粗细程度，并不能反映砂的颗粒级配情况，细度模数相同的砂其颗粒级配不一定相同，甚至相差很大。因此，配制混凝土必须同时考虑砂的细度模数和颗粒级配。

砂的颗粒级配常以级配区和级配曲线表示。砂根据 0.60mm 方孔筛的累积筛余百分率分成三个级配区，见表 5-4 和图 5-3（级配曲线）。混凝土用砂的颗粒级配，应处于表 5-4 或图 5-3 的任何一个级配区内，否则认为砂的颗粒级配不合格。

表 5-4 砂的颗粒级配区

累计筛余（%） 筛孔尺寸	级配区		
	1	2	3
4.75mm	10～0	10～0	10～0
2.36mm	35～5	25～0	15～0
1.18mm	65～35	50～10	25～0
0.60mm	85～71	70～41	40～16
0.30mm	95～80	92～70	85～55
0.15mm	100～90	100～90	100～90

注：1. 砂的实际颗粒级配与表中所列数字相比，除 4.75mm 和 0.60mm 筛档外，可以略有超出，但超出总量应小于 5%。

2. 1 区人工砂中 0.15mm 筛孔的累计筛余可以放宽到 100～85，2 区人工砂中 0.15mm 筛孔的累计筛余可以放宽到 100～80，3 区人工砂中 0.15mm 筛孔的累计筛余可以放宽到 100～75。

处于 2 区级配的砂，其粗细适中，级配较好，是配制混凝土最理想的级配区，宜优先选用。当采用 1 区砂时，应提高砂率，并保持足够的水泥用量，以满足混凝土的和易性。当采用 3 区砂时，宜适当降低砂率，以保证混凝土强度。

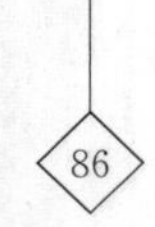

(4) 表观密度、堆积密度、空隙率、碱集（骨）料反应

砂的表观密度、堆积密度、空隙率应符合下列规定：表观密度应大于 2500kg/m^3，松散堆积密度应大于 1400kg/m^3，空隙率应小于 44%。

碱集料反应主要是由混凝土组成材料中的水泥、外加剂及环境中的碱性氧化物（Na_2O、K_2O）与具有碱活性的集料（含有活性 SiO_2）在潮湿环境下发生的膨胀性反应。经碱集（骨）料反应试验后，由砂制备的试件应无裂缝、酥裂、胶体外溢等现象，在规定的试样龄期的膨胀率应小于 0.10%。

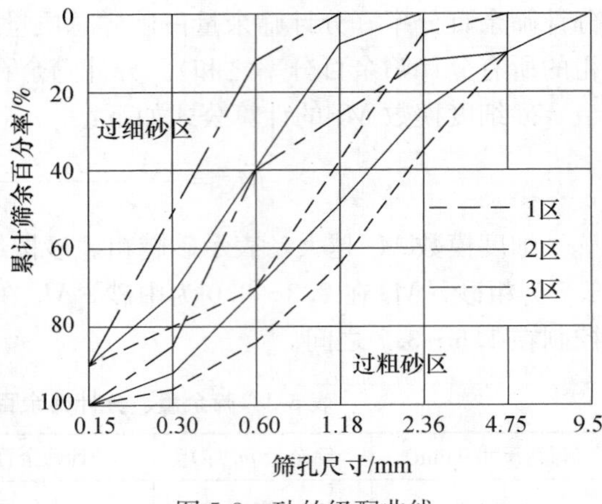

图 5-3　砂的级配曲线

2. 粗集料

粗集料指粒径大于 4.75mm 的岩石颗粒。混凝土常用的粗集料有卵石和碎石两大类。卵石是由于自然风化、水流搬运和分选、堆积形成的，分为河卵石、海卵石和山卵石；碎石是由天然岩石或卵石经机械破碎、筛分而制成的。卵石多为圆形，表面光滑，与水泥的黏结较差；碎石多棱角，表面粗糙，与水泥黏结较好。当采用相同配合比时，用卵石拌制的混凝土拌合物流动性较好，但硬化后强度较低；用碎石拌制的混凝土拌合物流动性较差，硬化后强度较高。配制混凝土选用碎石还是卵石，要根据工程性质、当地材料的供应情况、成本等各方面综合考虑。

粗集料的质量应同时满足《建筑用卵石、碎石》(GB/T 14685—2011) 和《普通混凝土用砂、石质量及检验方法标准》(JGJ 52—2006) 的要求。卵石、碎石按技术要求分为Ⅰ类、Ⅱ类、Ⅲ类。Ⅰ类宜用于强度等级大于 C60 的混凝土；Ⅱ类宜用于强度等级 C30～C60 及抗冻、抗渗或其他要求的混凝土；Ⅲ类宜用于强度等级小于 C30 的混凝土。卵石、碎石的技术要求主要有以下几个方面。

(1) 有害物质、含泥量和泥块含量、坚固性

为保证混凝土的质量，卵石和碎石中不应混有草根、树叶、树枝、塑料、煤块、炉渣等杂物。在实际工程中，卵石和碎石中常含泥和泥块，以及有机物、硫化物、硫酸盐等有害物质。其中，含泥量是指卵石和碎石中粒径小于 0.075mm 的颗粒含量，泥块含量是指卵石和碎石中原粒径大于 4.75mm，经水浸洗、手捏后小于 2.36mm 的颗粒含量。泥、泥块和有害物质对混凝土的危害作用与细集料相同。卵石和碎石中的有害物质、针片状颗粒、含泥量和泥块的含量、坚固性指标要求应符合表 5-5 的规定。

表 5-5　碎石、卵石有害物质、针片状颗粒、含泥量和泥块含量、坚固性指标要求

项目		指标		
		Ⅰ类	Ⅱ类	Ⅲ类
有害物质含量	有机物（比色法）	合格	合格	合格
	硫化物及硫酸盐（按 SO_3 质量计，%）	≤0.5	≤1.0	≤1.0

续表

项目			指标		
			Ⅰ类	Ⅱ类	Ⅲ类
针片状颗粒含量	（按质量计，%）		≤5	≤15	≤25
泥块含量	（按质量计，%）		≤0.5	≤1.0	≤1.5
含泥量			0	≤0.5	≤0.7
坚固性指标	采用硫酸钠溶液法进行试验，经5次循环后的质量损失（%）	碎石	≤10	≤20	≤30
		卵石	≤12	≤16	≤16

（2）强度

为了保证混凝土的强度，粗集料必须具有足够的强度。碎石的强度可用压碎指标和岩石抗压强度指标表示，卵石的强度可用压碎指标表示。当混凝土强度等级大于或等于C60时，对粗集料强度有严格要求或对集料质量有争议时，宜用岩石抗压强度做检验。

岩石抗压强度，是用母岩制成50mm×50mm×50mm的立方体或直径为50mm，高为50mm圆柱体试件，浸泡水中48h，待吸水饱和后测定的抗压强度值。压碎指标是将一定质量气干状态下粒径为9.5～19.0mm的石子装入一定规格的圆筒内，在压力机上均匀加荷到200kN并稳荷5s，然后卸荷后称取试样质量（m_0），再用孔径为2.36mm的筛筛除被压碎的碎粒，称取留在筛上的试样质量（m_1）。压碎指标的计算公式如下：

$$\text{压碎指标}=\frac{m_0-m_1}{m_0}\times 100\% \tag{5-2}$$

压碎指标越小，表明粗集料抵抗破碎的能力越强，粗集料的强度越高。碎石、卵石的压碎指标和岩石抗压强度要求见表5-6。

表5-6 碎石、卵石的压碎指标和岩石抗压强度要求

项目		指标		
		Ⅰ类	Ⅱ类	Ⅲ类
压碎指标（%）	碎石	≤10	≤20	≤30
	卵石	≤12	≤16	≤16
岩石抗压强度		在水饱和状态下，火成岩≥80MPa，变质岩≥60MPa，水成岩≥30MPa		

（3）最大粒径、针片状颗粒和颗粒级配

① 最大粒径。粗集料中公称粒级的上限称为该集料的最大粒径。当集料粒径增大时，其总表面积减小，因此包裹在它表面所需的水泥浆数量相应减少，可节约水泥，所以在条件许可的情况下，粗集料最大粒径应尽量用得大些。

但试验研究证明，粗集料最大粒径超过80mm后，随集料粒径的增大，节约水泥的效果不明显；当集料粒径大于40mm后，由于减少用水量获得强度的提高被黏结面积的减少和大粒径集料造成不均匀性的不利影响所抵消，且给混凝土搅拌、运输、振捣等带来困难，强度也难以提高。因此要综合考虑各种因素来确定石子的最大粒径。

《混凝土结构工程施工及验收规范》（GB 50204—2015）从结构和施工的角度，对粗集料的最大粒径做了以下规定：粗集料的最大粒径不得超过结构截面最小尺寸的1/4，同时不得超过钢筋间最小净距的3/4；对混凝土实心板，粗集料最大粒径不宜超过板厚的1/2，且不得超过40mm。对于泵送混凝土，为防止混凝土泵送时堵塞管道，保证泵送施工的顺利进行，《普通混凝土配合比设计规程》（JGJ 55—2011）规定，泵送混凝土粗集料最大粒径与输送管的管径之比应符合表5-7的规定。

表5-7　泵送混凝土粗集料的最大粒径与输送管的管径之比

粗集料品种	泵送高度（m）	粗集料的最大粒径与输送管的管径之比
碎石	<50	≤1∶3
	50～100	≤1∶4
	>100	≤1∶5
卵石	<50	≤1∶2.5
	50～100	≤1∶3
	>100	≤1∶4

② 针片状颗粒。针状颗粒是指长度大于相应粒级平均粒径的2.4倍的颗粒；片状颗粒是指厚度小于平均粒径的0.4倍的颗粒。针片状颗粒易折断，其含量多时，会降低新拌混凝土的流动性和硬化后混凝土的强度。

③ 颗粒级配。粗集料的级配原理与细集料基本相同，也要求有良好的颗粒级配，以减小空隙率，节约水泥，提高混凝土的密实度和强度。

《建筑用卵石、碎石》（GB/T 14685—2011）规定，卵石、碎石的颗粒级配用筛分析的方法进行测定，其测定原理和砂相同。粗集料的级配采用孔径为2.36mm、4.75mm、9.5mm、16.0mm、19.0mm、26.5mm、31.5mm、37.5mm、53.0mm、63.0mm、75.0mm和90.0mm的标准筛共12个，可按需选用筛号进行筛分，然后计算得出每个筛号的分计筛余百分率和累计筛余百分率（计算与砂相同）。粗集料的颗粒级配分为连续粒级和单粒粒级，各粒级的累计筛余百分率应符合表5-8的规定。

表5-8　卵石和碎石的颗粒级配

公称粒径（mm）		累计筛余（%）											
		筛孔尺寸（mm）											
		2.36	4.75	9.5	16.0	19.0	26.5	31.5	37.5	53.0	63.0	75.0	90.0
连续粒级	5～10	95～100	80～100	0～15	0								
	5～16	95～100	85～100	30～60	0～10	0							
	5～20	95～100	90～100	40～80		0～10	0						
	5～25	95～100	90～100		30～70		0～5	0					
	5～31.5	95～100	90～100	70～90		15～45		0～5	0				
	5～40		95～100	70～90		30～65			0～5	0			
单粒粒级	5～20		95～100	85～100		0～15	0						
	16～31.5		95～100		85～100			0～10	0				
	20～40			95～100		80～100			0～10	0			
	31.5～63				95～100			75～100	45～75		0～10	0	
	40～80					95～100			70～100		30～60	0～10	0

连续粒级是指石子粒级呈连续性，即颗粒由大到小，每一级石子都占有一定的比例。连续级配的颗粒大小搭配连续合理（最小粒径都从 4.75mm 起），石子的空隙率较小，用其配制的混凝土拌合物的和易性好，不易发生离析现象，混凝土质量容易保证，目前在土木工程中应用较多。但其缺点是，当最大粒径较大（大于 40mm）时，天然形成的连续级配往往与理论值有偏差，且在运输、堆放过程中易发生离析，影响到级配的均匀合理性。实际应用时，除直接采用级配理想的天然连续级配外，常采用由预先分级筛分形成的单粒粒级，然后进行掺配组合成人工连续级配。

间断级配是石子粒级不连续，某些中间粒级的颗粒缺失而形成的级配。间断级配相邻两级粒径相差较大，较大粒径集料之间的空隙由比它小几倍的小粒径颗粒填充，能更有效地降低石子颗粒间的空隙率，使水泥达到最大程度的节约，但由于颗粒粒径相差较大，混凝土拌合物容易产生离析、分层现象，导致施工困难，单粒粒级级配需按设计进行掺配。

无论连续级配还是间断级配，其级配原则都是共同的，即集料颗粒间的空隙要尽可能小，粒径过渡范围小，集料颗粒间紧密排列，不发生干涉。

④ 表观密度、堆积密度、空隙率、碱集（骨）料反应。表观密度应不小于 2600kg/m^3，松散堆积，对于空隙率，Ⅰ类小于 43%、Ⅱ类小于 45%、Ⅲ类小于 47%。

粗集料的表观密度、堆积密度、空隙率应符合下列规定：

经碱集（骨）料反应试验后，由碎石、卵石制备的试件应无裂缝、酥裂、胶体外溢等现象，在规定的试样龄期的膨胀率应小于 0.10%。

5.1.3 混凝土用水

混凝土用水包括混凝土拌合用水和养护用水。混凝土用水按水源分为饮用水、地表水、地下水、再生水和海水等。混凝土用水的基本质量要求是不影响混凝土的凝结和硬化；无损混凝土的强度发展和耐久性，不加快钢筋的锈蚀；不引起预应力钢筋脆断；不污染混凝土表面等。水质应符合《混凝土用水标准》（JGJ 63—2006）的规定，见表 5-9。

表 5-9 混凝土用水水质要求（JGJ 63—2006）

项 目		预应力混凝土	钢筋混凝土	素混凝土
pH 值	≥	5	4.5	4.5
不溶物（mg/L）	≤	2000	2000	5000
可溶物（mg/L）	≤	2000	5000	10000
氯化物（按 Cl^- 计 mg/L）	≤	500	1000	3500
硫酸盐（按 SO_4^{2-} 计 mg/L）	≤	600	2000	2700
碱含量（mg/L）	≤	1500	1500	1500

凡能饮用的水和清洁的天然水，都可用于混凝土拌制和养护。海水不得拌制钢筋混凝土、预应力混凝土及有饰面要求的混凝土；工业废水须经适当处理后经过检验，符合混凝土用水标准的要求才能使用；对于设计使用年限为 100 年的结构混凝土，氯离子含量不得超过 500mg/L；对使用钢丝或热处理钢筋的预应力混凝土，氯离子含量不得超过 350mg/L。

5.1.4 外加剂

混凝土外加剂是指在拌制混凝土过程中掺入的用以改善混凝土性能的物质，其掺量一般不大于水泥质量的5%。混凝土外加剂的使用是近代混凝土技术发展的重要成果，外加剂种类繁多，虽掺量很少，但对混凝土和易性、强度、耐久性、水泥的节约都有明显的改善，常称为混凝土的第五组分。特别是高效能外加剂的使用成为现代高性能混凝土的关键技术，发展和推广使用外加剂具有重要的技术和经济意义。

1. 混凝土外加剂的类型

混凝土外加剂种类繁多，按化学成分不同分为有机外加剂（多为表面活性剂）、无机外加剂（多为电解质盐类）和有机无机复合外加剂，按其主要功能一般分为以下五类：

① 改善混凝土拌合物流变性能的外加剂，如各种减水剂、泵送剂、引气剂等。

② 调节混凝土凝结时间、硬化性能的外加剂，如缓凝剂、早强剂、速凝剂等。

③ 调节混凝土气体含量的外加剂，如引气剂、加气剂、泡沫剂、消泡剂等。

④ 改善混凝土耐久性的外加剂，如抗冻剂、防水剂、阻锈剂等。

⑤ 提供混凝土特殊性能的外加剂，如引气剂、膨胀剂、着色剂、泵送剂、发泡剂等。

混凝土外加剂大部分为化工制品，还有部分为工业副产品。因其掺量小、作用大，故对掺量（占水泥质量的百分比）、掺配方法和适用范围要严格按产品说明和操作规程执行。

2. 常用的混凝土外加剂

（1）减水剂

减水剂是指在混凝土拌合物坍落度基本相同的条件下，能减少拌合用水量的外加剂。

减水剂是一种表面活性剂，即其分子是由亲水基团和憎水基团两部分构成。当水泥加水拌合后，若无减水剂，则由于水泥颗粒之间分子凝聚力的作用，使水泥浆形成絮凝结构，将一部分拌合用水（游离水）包裹在水泥颗粒的絮凝结构内［图5-4（a）］，从而降低混凝土拌合物的流动性。如在混凝土中加入适量减水剂，则减水剂的憎水基团定向吸附于水泥颗粒表面，使水泥颗粒表面带有电性相同的电荷，产生电性斥力。在电性斥力作用下，使水泥颗粒分开［图5-4（b）］，从而将絮凝结构解体释放出游离水，有效地增加了混凝土拌合物的流动性。另外，当水泥颗粒表面吸附足够的减水剂后，减水剂还能在水泥颗粒表面形成一层溶剂化水膜［图5-4（c）］，这层水膜是很好的润滑剂，在水泥颗粒间起到很好的润滑作用。减水剂的吸附—分散和湿润—润滑作用使混凝土拌合物在不增加用水量的情况下，增加了流动性。

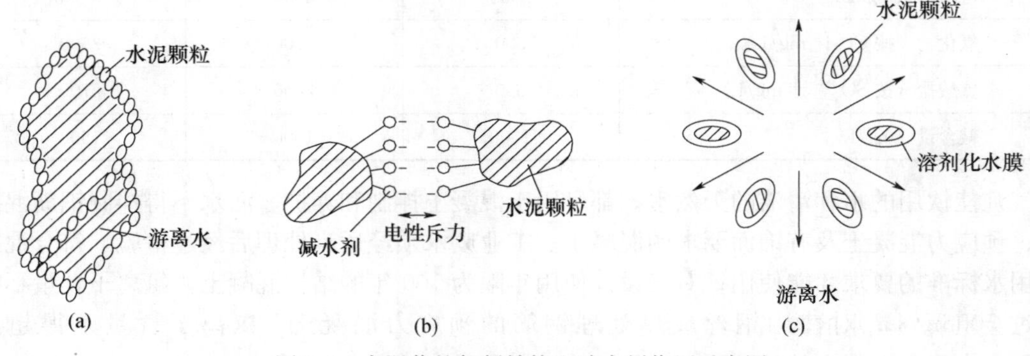

图5-4　水泥浆的絮凝结构和减水剂作用示意图

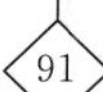

常用减水剂按化学成分分类主要有木质素系、萘系、树脂系、糖蜜系等几类；按效果分为普通减水剂和高效减水剂（减水率大于10%）两类；按凝结时间可分成普通型、早强型和缓凝型三种；按是否引气可分为引气型和非引气型两种。

混凝土中掺入减水剂后，根据使用目的的不同，减水剂可达到以下作用效果：

① 在原配合比不变，即水、水灰比、强度均不变的条件下，增加混凝土拌合物的流动性。

② 在保持流动性及水泥用量不变的条件下，可减少拌合用水，使水灰比下降，从而提高混凝土的强度和耐久性。

③ 在保持强度不变，即水灰比不变以及流动性不变的条件下，可减少拌合用水，从而使水泥用量减少，达到保证强度而节约水泥的目的。

常用减水剂的品种、适宜掺量、效果见表5-10。

表5-10 常用减水剂品种与适宜掺量、效果

类别	普通减水剂		高效减水剂	
	木质素系	糖蜜系	萘系（磺酸盐系）	水溶性树脂系
主要品种	木质素磺酸钙（木钙） 木质素磺酸钠（木钠） 木质素磺酸镁（木镁）	3FG TF ST	NNO、NF、FDN、UNF、JN、MF、SN-2、NHJ、SP-1、DM等	SM（三聚氰胺树脂磺酸钠）、CRS（古玛隆树脂磺酸钠）
主要成分	木质素磺酸盐	糖渣、废蜜经石灰中和而成	芳香族磺酸盐甲醛缩合物	三聚氰胺甲醛树脂 磺化古马龙树脂
适宜掺量（占水泥质量，%）	0.2～0.3	0.2～0.3	0.2～1.0	0.5～2.0
减水率（%）	10左右	6～10	15～25	18～30
早强效果	—	—	明显	显著
缓凝效果	1～3h	3h以上	—	—
引气效果（%）	1～2	—	一般为非引气或引气<2	<2

（2）引气剂

引气剂是一种在搅拌混凝土过程中能引入大量均匀分布、稳定而封闭的微小气泡的外加剂，能减少混凝土拌合物泌水离析、改善和易性，并能显著提高硬化混凝土抗冻耐久性。

引气剂也是一种憎水型表面活性剂，它与减水剂类表面活性剂的最大区别在于其活性作用不是发生在液-固界面上，而是发生在液-气界面上，掺入混凝土后，在搅拌作用下能引入大量微小气泡，吸附在集料表面或填充于水泥硬化过程中形成的泌水通道中，这些微小气泡从混凝土搅拌一直到硬化都会稳定存在于混凝土中。在混凝土拌合物中，集料表面的这些气泡会起到滚珠轴承的作用，减小摩擦，增大混凝土拌合物的流动性，同时气泡对水的吸附作用也使黏聚性、保水性得到改善。在硬化混凝土中，气泡填充于泌水开口孔隙中，会阻隔外界水的渗入。而气泡的弹性，则有利于释放孔隙中水结冰引起的体积膨胀，因而大大提高混凝土的抗冻性、抗渗性等耐久性指标。

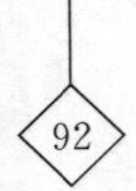

掺入引气剂形成的气泡，使混凝土的有效承载面积减少，故引气剂可使混凝土的强度受到损失；同时气泡的弹性模量较小，会使混凝土的弹性变形加大。所以引气剂的掺量必须适当。

混凝土引气剂的种类按化学组成可分为松香树脂类、烷基磺酸盐类、脂肪醇磺酸盐类、蛋白盐及石油磺酸盐等多种。其中应用较为普遍的是松香树脂类中的松香热聚物和松香皂，其掺量极微，均为0.005%～0.015%。

引气剂是外加剂中重要的一类。长期处于潮湿严寒环境中的混凝土，应掺用引气剂或引气减水剂。引气剂的掺量根据混凝土的含气量要求并经试验确定，最小含气量与集料的最大粒径有关，最大含气量不宜超过7%。我国在海港、水坝、桥梁等长期处于潮湿严寒环境、抗海水腐蚀要求较高的混凝土工程中应用引气剂，取得了很好的效果。

由于外加剂技术的不断发展，近年来引气剂已逐渐被引气型减水剂所代替，引气型减水剂不仅能起到引气作用，而且对强度有提高作用，还可节约水泥，因此应用范围逐渐扩大。

（3）早强剂

早强剂是指能加速混凝土早期强度发展的外加剂。常用的早强剂品种有氯盐类、硫酸盐类、有机胺类及以它们为基础组成的复合早强剂。为更好地发挥各种早强剂的技术特性，实践中常采用复合早强剂。早强剂可对水泥的水化产生催化作用，也可与水泥成分发生反应生成固相产物，从而有效提高混凝土的早期强度。

① 氯盐早强剂。氯盐早强剂包括钙、钠、钾的氯化物，其中应用最广泛的为氯化钙。氯化钙可加速水泥的凝结硬化，能使水泥的初凝和终凝时间缩短，掺量不宜过多，否则会引起水泥速凝，不利于施工，有时也称为促凝剂。氯化钙的掺量为0.5%～2%，它可使混凝土3d的强度提高40%～70%，7d的强度提高25%以上。氯盐早强剂还可同时降低水的冰点，因此适用于混凝土的冬期施工，可作为早强促凝抗冻剂。

在混凝土中掺加氯化钙后，可增加水泥浆中的Cl^-离子浓度，从而对钢筋造成锈蚀，进而使混凝土发生开裂，影响混凝土的强度及耐久性，故在钢筋混凝土结构中应慎用。

② 硫酸盐早强剂。硫酸盐早强剂包括硫酸钠、硫代硫酸钠、硫酸钙等，应用最多的是硫酸钠（Na_2SO_4）。硫酸钠掺入混凝土中后，会迅速与水泥水化产生的氢氧化钙反应生成高分散性的二水石膏，它比二水石膏更易与C_3A迅速反应生成水化硫铝酸钙晶体，从而加快了水化反应和凝结硬化速度，有效提高了混凝土的早期强度。

硫酸钠的适宜掺量为0.5%～2%。可使混凝土3d强度提高20%～40%。硫酸钠常与氯化钠、亚硝酸钠、三乙醇胺、重铬酸盐等制成复合早强剂，可取得更好的早强效果。硫酸钠对钢筋无锈蚀作用，可用于不允许使用氯盐早强剂的混凝土中。但硫酸钠与水泥水化产物$Ca(OH)_2$反应后可生成NaOH，与碱集料可发生反应，故其严禁用于含有活性集料的混凝土中。

③ 三乙醇胺复合早强剂。三乙醇胺是一种络合剂，属非离子型的表面活性物质，为淡黄色的油状液体。三乙醇胺的早强机理是三乙醇胺能与Fe^{3+}和Al^{3+}等离子形成稳定的络离子，该络离子与水泥的水化产物作用生成溶解度很小的络盐并析出，有利于早期骨架的形成，从而使混凝土的早期强度提高。三乙醇胺属碱性，对钢筋无锈蚀作用。

三乙醇胺掺量为0.02%～0.05%，由于掺量极微，单独使用早强效果不明显，故常与其他外加剂组成三乙醇胺复合早强剂。三乙醇胺不但直接催化水泥的水化，而且还能在其他盐类与水泥反应中起到催化作用，它可使混凝土 3d 的强度提高 50％以上，对后期强度也有一定提高，使混凝土的养护时间缩短近一半，常用于混凝土低温环境的快速施工。

（4）缓凝剂

缓凝剂是能延缓混凝土凝结时间并对混凝土后期强度发展无不利影响的外加剂。缓凝剂常用的品种有多羟基碳水化合物、木质素磺酸盐类、羟基羧酸及盐类、无机盐等四类。其中，我国常用的为木钙（木质素磺酸盐类）和糖蜜（多羟基碳水化合物类）。

缓凝剂可在水泥及其水化物表面吸附或与水泥矿物反应生成不溶层，因而可延缓水泥的水化达到缓凝的效果。适于高温季节施工和泵送混凝土、滑模混凝土以及大体积混凝土的施工或远距离运输的商品混凝土。但缓凝剂不宜用于日最低气温在 5℃以下施工的混凝土。

（5）速凝剂

速凝剂是使混凝土迅速凝结和硬化的外加剂。常用的速凝剂主要是无机盐类的铝氧熟料，如红星Ⅰ型（铝酸钠＋碳酸钠＋生石灰）、711 型（铝氧熟料＋无水石膏）和 782 型（矾泥＋铝氧熟料＋生石灰）。速凝剂的作用机理是，作为速凝剂主要成分的铝酸钠、碳酸钠在碱性溶液中能迅速与水泥中的石膏反应生成硫酸钠，使石膏失去其原有的缓凝作用，从而促成 C_3A 迅速水化，并在溶液中析出其化合物，导致水泥迅速凝结硬化。

速凝剂主要用于道路、隧道、机场的修补、抢修工程以及喷锚支护时的喷射混凝土施工。

（6）防冻剂

防冻剂是指在规定温度下能显著降低混凝土的冰点，使混凝土液相不冻结或仅部分冻结，以保证水泥的水化作用，并在一定时间内获得预期强度的外加剂。防冻剂常由防冻组分、早强组分、减水组分和引气组分组成，形成复合防冻剂。

防冻剂的防冻组分可改变混凝土液相浓度，降低冰点，保证混凝土在负温下有液相存在，使水泥仍能继续水化；减水组分可减少混凝土拌合用水量，从而减少混凝土中的成冰量，并使冰晶粒度细小且均匀分散，减小对混凝土的破坏应力；引气组分引入一定量的微小封闭气泡，减缓冻胀应力；早强组分提高混凝土早期强度，增强混凝土抵抗冰冻的破坏能力，因此防冻剂的综合效果是能显著提高混凝土的抗冻性。

（7）膨胀剂

膨胀剂是能使混凝土产生一定体积膨胀的外加剂。工程上常用的膨胀剂有硫铝酸钙类、硫铝酸钙-氧化钙类、氧化钙类等。

硫铝酸钙类有明矾石膨胀剂、CSA 膨胀剂、U 形膨胀剂等。氧化钙类膨胀剂有多种制备方法，其主要成分为石灰，加入石膏与水淬矿渣或硬脂酸或者石膏与黏土，经一定的煅烧或混磨而成。膨胀剂加入混凝土中后，膨胀剂组分参与水泥矿物的水化或与水泥水化产物反应，生成高硫型水化硫铝酸钙（钙矾石），使固相体积大大增加，从而导致体积膨胀。

膨胀剂主要用于补偿收缩混凝土、自应力混凝土和有较高抗裂防渗要求的混凝土工程，如用于屋面刚性防水、地下防水、基础后浇带、堵漏、底座灌浆、梁柱接头等工程。

(8) 其他外加剂

混凝土常用的其他外加剂还有泵送剂、防水剂、起泡剂(泡沫剂)、加气剂(发气剂)、阻锈剂、消泡剂、保水剂、灌浆剂、着色剂、隔离剂(脱模剂)、碱集料反应抑制剂等。

3. 外加剂使用的注意事项

外加剂掺量虽小,但可对混凝土的性质和功能产生显著影响,在具体应用时要严格按产品说明操作,稍有不慎,便会造成事故,故在使用时应注意以下事项。

(1) 严格检验产品质量

外加剂常为化工产品,应使用正式厂家的产品。粉状外加剂应用有塑料衬里的编织袋包装,每袋20～25kg,液体外加剂应采用塑料桶或有塑料袋内衬的金属桶。包装容器上应注明产品名称、型号、净重或体积(包括含量或浓度)、推荐掺量范围、毒性、腐蚀性、易燃性状况、生产厂家、生产日期、有效期及出厂编号等。

(2) 外加剂品种的选择

外加剂品种繁多,性能各异,有的能混用,有的严禁混用,如不注意可能会发生严重事故。选择外加剂应依据现场材料条件、工程特点、环境情况,根据产品说明及有关规定,如《混凝土外加剂应用技术规范》(GB 50119)及国家有关环境保护的规定进行品种的选择。有条件的应在正式使用前进行试验检验。

(3) 外加剂掺量的选择

外加剂用量微小,有的外加剂掺量才几万分之一,而且推荐的掺量往往是在某一范围内,外加剂的掺量和水泥品种、环境温湿度、搅拌条件等都有关。掺量的微小变化对混凝土的性质会产生明显影响,掺量过小,作用不显著;掺量过大,有时会物极必反起反作用,酿成事故。故在大批量使用前要通过基准混凝土(不掺加外加剂的混凝土)与试验混凝土的试验对比,取得实际性能指标后,再对比确定应采用的掺量。

(4) 外加剂的掺入方法

外加剂不论是粉状还是液态状,为保持作用的均匀性,一般不能采用直接倒入搅拌机的方法。合适的掺入方法应该是:可溶解的粉状外加剂或液态状外加剂,应预先配成适宜浓度的溶液,再按所需掺量加入拌合水中,与拌合水一起加入搅拌机内;不可溶解的粉状外加剂,应预先称量好,再与适量的水泥、砂拌合均匀,然后倒入搅拌机中。外加剂倒入搅拌机内,要控制好搅拌时间,以满足混合均匀、时间又在允许范围内的要求。

5.1.5 掺合料

混凝土掺合料是指在配制混凝土过程中直接加入的具有一定活性的矿物细粉材料。

这些活性矿物掺合料绝大多数来自工业固体废渣,主要成分为SiO_2和Al_2O_3,在碱性或兼有硫酸盐成分存在的液相条件下,可发生水化反应,生成具有固化特性的胶凝物质。所以,掺合料也被称为混凝土的“第二胶凝材料”或辅助胶凝材料。

掺合料用于混凝土中不仅可以部分取代水泥,节约成本,而且还可以改善混凝土拌合物和硬化混凝土的各项性能。目前,在调配混凝土性能、配制大体积混凝土、高强混凝土和高性能混凝土等方面,掺合料已成为不可或缺的组成材料。另外,掺合料的应用,对改善环境,减少二次污染,推动环境可持续发展具有十分重要的意义。

常用的混凝土掺合料有粉煤灰、矿渣微粉和硅灰。

1. 粉煤灰

粉煤灰是在燃烧煤粉的锅炉烟气中收集到的粉末，其颗粒多为球形，表面光滑。

粉煤灰有高钙粉煤灰（CaO＞10％）和低钙粉煤灰（CaO≤10％）之分，高钙粉煤灰有一定的水硬性，低钙粉煤灰具有火山灰活性。我国的高钙粉煤灰较少，低钙粉煤灰来源比较广泛，是用量最大、使用范围最广的混凝土掺合料。

（1）粉煤灰的质量要求

粉煤灰的化学成分主要为 SiO_2 和 Al_2O_3，总含量在 60％以上，它们是粉煤灰活性的来源。此外，粉煤灰还含有少量的 Fe_2O_3、CaO、MgO 和 SO_3 等。

国家标准《用于水泥和混凝土的粉煤灰》（GB/T 1596—2005）根据粉煤灰的技术指标不同，将用于水泥和混凝土中的粉煤灰分为三个等级，如表 5-11 所示。

表 5-11　粉煤灰等级与质量指标（GB/T 1596—2005）

<table>
<tr><th colspan="2" rowspan="2">项目</th><th colspan="3">粉煤灰等级</th></tr>
<tr><th>Ⅰ级</th><th>Ⅱ级</th><th>Ⅲ级</th></tr>
<tr><td>细度（45μm 方孔筛筛余，％）　≤</td><td rowspan="5">F 类粉煤灰
C 类粉煤灰</td><td>12.0</td><td>25.0</td><td>45.0</td></tr>
<tr><td>烧失量（％）　≤</td><td>5.0</td><td>8.0</td><td>15.0</td></tr>
<tr><td>需水量比（％）　≤</td><td>95.0</td><td>105.0</td><td>115.0</td></tr>
<tr><td>三氧化硫（％）　≤</td><td colspan="3">3.0</td></tr>
<tr><td>含水量（％）　≤</td><td colspan="3">1.0</td></tr>
<tr><td colspan="2">游离氧化钙（％）</td><td colspan="3">F 类粉煤灰≤1.0；C 类粉煤灰≤4.0</td></tr>
<tr><td colspan="2">安定性（雷氏夹沸煮后增加距离，mm）</td><td colspan="3">C 类粉煤灰≤5.0</td></tr>
</table>

注：F 类粉煤灰是指由无烟煤或烟煤煅烧收集的粉煤灰。C 类粉煤灰是指由褐煤或次烟煤煅烧收集的粉煤灰，其氧化钙含量一般大于 10％。

细度是评定粉煤灰质量的重要指标，用 45μm 方孔筛筛余的百分率来表示。一般来说，细度越细，粉煤灰活性越好。

烧失量是指粉煤灰在 950～1000℃下，灼烧 15～20min 至恒重时的质量损失，其大小反映未燃尽碳粒的多少。未燃尽碳粒是有害成分，其含量越少越好。

需水量比是水泥粉煤灰砂浆（水泥：粉煤灰＝70：30）与纯水泥砂浆在达到相同流动度的情况下的需水量之比，是影响混凝土强度和拌合物流动性的重要参数。

Ⅰ级粉煤灰的品质最好，可以应用于各种混凝土结构、钢筋混凝土结构和跨度小于 6m 的预应力混凝土结构。Ⅱ级粉煤灰细度较粗，适用于钢筋混凝土和无筋混凝土。Ⅲ级粉煤灰为火电厂的直接排出物，含碳量较高或粗颗粒含量较多，因此只能用于 C30 以下的中、低强度的无筋混凝土。

（2）粉煤灰的作用

在混凝土中掺入粉煤灰，有两方面的效果：

① 节约水泥一般可节约水泥 10％～15％，有显著的经济效益。

② 改善和提高混凝土的诸多技术性能，如改善混凝土拌合物的和易性、可泵性；降低大体积混凝土水化热；提高混凝土抗渗性、抗硫酸盐侵蚀性能和抑制碱集料反应等耐久性能。粉煤灰取代部分水泥后，虽然粉煤灰混凝土的早期强度有所下降，但 28d 后的长期强度可赶上，甚至超过相同配比下不掺粉煤灰的混凝土强度。

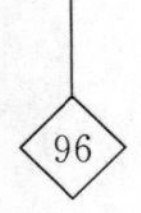

目前，粉煤灰混凝土已被广泛应用于土木、水利建筑工程，以及预制混凝土制品和构件等方面。如大坝、道路、隧道、港湾，工业和民用建筑的梁、板、柱、地面、基础、下水道，钢筋混凝土预制桩、管等。

2. 硅灰

硅灰又称硅粉，是生产硅铁合金或硅钢等排放的烟气中收集到的颗粒极细的烟尘，颜色呈浅灰至深灰。硅灰的颗粒是微细的玻璃球体，其粒径为 0.1～1.0μm，是水泥颗粒粒径的 1/50～1/100，比表面积为 18500～20000m^2/kg，密度为 2100～2200kg/m^3。硅灰中无定形 SiO_2的含量在 85%～96%，具有很高的活性，硅灰使用时掺量很少，其掺量一般为水泥用量的 5%～10%。

硅灰掺入混凝土可以取得以下几个方面的效果。

(1) 改善混凝土拌合物的黏聚性和保水性

硅灰作为混凝土掺合料取代部分水泥，不仅节约了成本，而且能改善混凝土拌合物的黏聚性和保水性，由于硅灰具有很大的比表面积，混凝土拌合物中许多自由水都被硅灰粒子所约束，可以大大减小泌水量，因此改善混凝土拌合物的黏聚性和保水性。但另一方面又会增加混凝土的需水量、降低拌合物的流动性。因此，将其作为混凝土掺合料时，必须同时掺入高效减水剂方可保证混凝土的和易性。

(2) 提高混凝土的强度

硅灰能与部分水泥水化产物氢氧化钙反应生成水化硅酸钙，均匀分布于混凝土结构体系之间，形成密实的混凝土结构，使强度大幅度增加。

(3) 改善混凝土的孔结构，提高混凝土抗渗性、抗冻性及抗腐蚀性

硅灰的掺入会使硬化混凝土孔结构细化，超细孔隙增加。因而掺入硅灰的混凝土抗渗性明显提高，抗冻及抗硫酸盐腐蚀能力也相应提高。

(4) 抑制碱集（骨）料反应

掺入硅灰可抑制混凝土中的碱集料反应，因为硅灰粒子改善了水泥胶结材料的密封性，降低水分通过浆体的运动速度，使得碱集料反应所需的水分减少；另外，掺入硅灰后所形成的低钙硅比 C-S-H 凝胶可以增加容纳外来离子（碱分子）的能力。

目前在国内外，常利用掺入硅灰配制抗压强度达 100MPa 以上的超高强混凝土。

3. 沸石粉

沸石粉是天然的沸石岩经磨细而成，颜色为白色。沸石岩是一种火山灰质铝硅酸盐矿物，含有一定量活性二氧化硅和三氧化二铝，能与水泥水化析出的氢氧化钙反应生成胶凝物质。沸石粉具有很大的内比表面积和开放性结构，其细度为 80μm 筛余率小于 5%，平均粒径为 5.0～6.5μm。配制普通混凝土时，沸石粉的掺量为 10%～27%，配制高强混凝土时掺量一般为 10%～15%。

沸石粉用作混凝土掺合料可以提高混凝土强度，配制高强混凝土；也可以改善混凝土和易性及可泵性，配制流态混凝土及泵送混凝土。

4. 粒化高炉矿渣粉（简称矿渣粉）

粒化高炉矿渣粉是指将粒化高炉矿渣经干燥、磨细达到相应细度且符合相应活性指数的粉状材料。矿渣粉作为混凝土的掺合料，可等量取代水泥，而且能显著地改善混凝土的综合性能，如改善混凝土拌合物的和易性、降低水化热、提高混凝土的抗腐蚀能力和抗渗

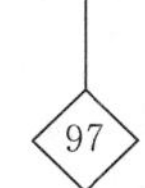

性，增强混凝土的后期强度等。

5. 超细矿物掺合料

超细矿物掺合料是将高炉矿渣、粉煤灰或沸石粉等超细粉磨制成比表面积大于 $500m^2/kg$ 的超细微粒，用于配制高强、超高强混凝土。超细矿物掺合料是高性能混凝土不可缺少的组分，掺入混凝土后可产生化学效应和物理效应。化学效应是指它们在水泥水化硬化过程中发生化学反应，产生凝胶性；物理效应是指它们具有微观填充作用，可填充水泥颗粒间的空隙，使结构致密化。

超细矿物掺合料的品种、细度和掺量都会影响混凝土的性能。一般具有以下几方面的效果，改善混凝土的和易性、提高混凝土的力学性能、改善混凝土的耐久性等。利用超细矿物掺合料是当今混凝土技术发展的趋势之一。

5.2 混凝土的主要技术性质

混凝土拌合物是指由混凝土的各组成材料拌合在一起，凝结硬化前的混合物，又称新拌混凝土。新拌混凝土硬化后，则为硬化混凝土。混凝土的性能也相应分为新拌混凝土的性能和硬化混凝土的性能。混凝土的主要技术性质包括混凝土拌合物的和易性、硬化混凝土的强度、变形及耐久性等方面。

5.2.1 混凝土拌合物的和易性

1. 和易性的概念

新拌混凝土是不同粒径的矿质集料颗粒分散在水泥浆体介质中的一种复杂分散系，具有弹-黏-塑的性质。目前在生产实践中，新拌混凝土的性质主要用和易性（又称工作性）来表征。和易性是指混凝土拌合物易于施工操作（搅拌、运输、浇注、捣实）并能获得质量均匀、成型密实的混凝土性能。这些性质在很大程度上与硬化后混凝土的技术性质息息相关，因此研究混凝土拌合物的施工和易性及其影响因素具有十分重要的工程意义。

混凝土拌合物的和易性是一项综合技术性能，包括流动性、黏聚性和保水性三方面含义。

（1）流动性

流动性是指混凝土拌合物在本身自重或施工机械振捣的作用下，能产生流动，并均匀密实地填充满模板的性能。流动性的大小反映了混凝土拌合物的稀稠，它关系着施工振捣的难易和浇筑的质量。流动性好的混凝土操作方便，易于捣实、成型。

（2）黏聚性

黏聚性是指混凝土拌合物组成材料之间具有的黏聚力，在混凝土运输和振捣过程中不至于产生粗集料下沉、细集料和水泥浆上浮的分层离析现象。黏聚性反映混凝土拌合物的均匀性。若混凝土拌合物黏聚性不好，混凝土中集料与水泥浆容易分离，造成混凝土不均匀，振捣后会出现蜂窝、麻面和空洞等现象。

（3）保水性

保水性是指混凝土拌合物在施工过程中，具有一定的保水能力，不产生严重的泌水现象。保水性反映了混凝土拌合物的稳定性。混凝土拌合物在施工过程中，若保水性不足，水分会逐渐析出至混凝土拌合物的表面（此现象称为泌水），同时在混凝土内部容易形成泌水通道，影响混凝土的密实性，降低混凝土的强度和耐久性。

2. 和易性的测定方法

各国混凝土研究者对混凝土拌合物和易性的测定方法进行了大量的研究，但至今仍未有一种能够全面反映混凝土拌合物和易性的测定方法。常用的方法是测定混凝土拌合物的流动性，辅以观察黏聚性和保水性并结合经验来综合评定混凝土拌合物和易性及其他方面的性能。按我国现行国家标准《普通混凝土拌合物性能试验方法标准》（GB/T 50080—2016）规定，流动性可用坍落度试验和维勃稠度试验方法测定。

（1）坍落度试验

该方法适用于集料最大粒径不大于 40mm、坍落度不小于 10mm 的混凝土拌合物和易性测定。

我国国家标准《普通混凝土拌合物性能试验方法标准》（GB/T 50080—2016）规定坍落度试验用标准坍落度圆锥筒测定。试验时将搅拌好的混凝土分三层装入坍落度筒中（捣实后每层高度为筒高的 1/3 左右），每层用捣棒均匀捣插 25 次。多余试样用镘刀刮平，垂直向上将筒提起，混凝土拌合物由于自重将会产生坍落现象，测量筒高与坍落后混凝土拌合物最高点之间的高度差，即为新拌混凝土拌合物的坍落度，以 mm 为单位，如图 5-5 所示。作为流动性指标，坍落度越大表示流动性越好。

在进行坍落度试验的同时，应观察混凝土拌合物的黏聚性、保水性，以便全面地评定混凝土拌合物的和易性。黏聚性的评定方法，用捣棒在已坍落的混凝土锥体侧面轻轻敲打，若锥体在敲打后逐渐下沉，则表示黏聚性良好；如果锥体突然倒塌，部分崩裂或出现离析现象，则表示黏聚性不好。保水性是以混凝土拌合物中稀浆析出的程度来评定。坍落度筒提起后，如有较多稀浆从底部析出，锥体部分混凝土拌合物因失浆而集料外露，则表明混凝土拌合物的保水性能不好。如坍落度筒提起后无稀浆或仅有少量稀浆自底部析出，则表示此混凝土拌合物保水性良好。

混凝土拌合物根据坍落度大小可分为四级，见表 5-12。

（2）维勃稠度法。

对于坍落度小于 10mm 的混凝土拌合物，用坍落度指标不能有效表示其流动性，此时应采用维勃稠度指标。常规维勃稠度试验如下。维勃稠度仪如图 5-6 所示。

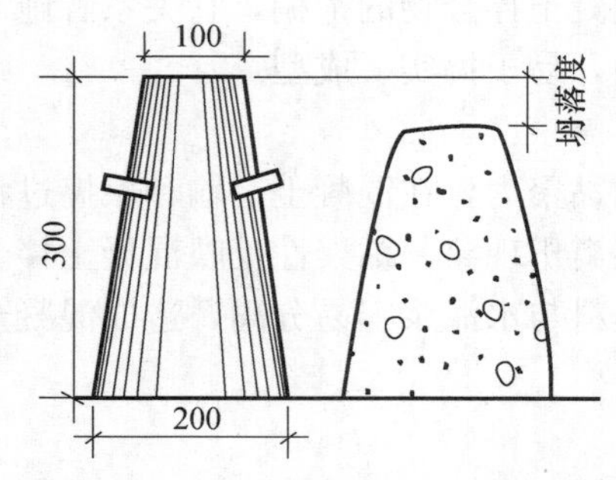

图 5-5　混凝土拌合物坍落度测定示意图（尺寸单位：mm）

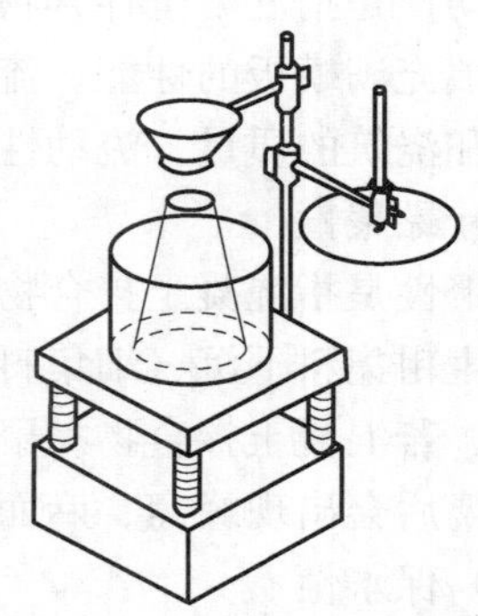

图 5-6　混凝土拌合物维勃稠度测定示意图

测定方法：在坍落度筒中按坍落度试验方法装满拌合物，提起坍落度筒，在拌合物试体顶面放一透明圆盘，开启振动台，同时用秒表计时，当振动到透明圆盘底面被水泥浆布满的瞬间停止计时，并关闭振动台。由秒表读出时间即为该混凝土拌合物的维勃稠度值，精确至1s。

该方法适用于集料最大粒径不超过40mm，维勃稠度在5～30s之间的混凝土拌合物的稠度测定。根据维勃稠度的大小，混凝土拌合物也分为四级，见表5-12。

表5-12 混凝土拌合物按流动性的分类

名称			代号	指标
混凝土拌合物	塑性混凝土（坍落度≥10mm）	低塑性混凝土	T_1	10～40mm
		塑性混凝土	T_2	50～90mm
		流动性混凝土	T_3	100～150mm
		大流动性混凝土	T_4	≥160mm
	干硬性混凝土（坍落度＜10mm）	超干硬性混凝土	V_0	＞31s
		特干硬性混凝土	V_1	30～21s
		干硬性混凝土	V_2	20～11s
		半干硬性混凝土	V_3	10～5s

（3）流动性的选择

选择混凝土拌合物的坍落度，要根据结构类型、构件截面大小、配筋疏密、输送方式和施工捣实方法等因素来确定。当构件截面较小或钢筋较密，或采用人工插捣时，坍落度可选大些。反之，如构件截面尺寸较大，或钢筋较疏，或采用机械振捣时，坍落度可选择小些。混凝土浇筑的坍落度宜按表5-13选用。

表5-13 混凝土浇筑时的坍落度

项目	结构种类	坍落度（mm）
1	基础或地面等的垫层、无配筋的大体积结构（挡土墙、基础等）或配筋稀疏的结构	10～30
2	板、梁或大型及中型截面的柱子等	30～50
3	配筋密列的结构（薄壁、斗仓、筒仓、细柱等）	50～70
4	配筋特密的结构	70～90

表5-13是指采用机械振捣的坍落度，当采用人工振捣时可适当增大。当施工工艺采用混凝土泵输送混凝土拌合物时，则要求混凝土具有较高的流动性，可通过掺入高效减水剂等措施使其坍落度达到80～180mm。

3. 影响混凝土拌合物和易性的因素

影响拌合物和易性的因素很多，主要有水泥浆的数量、水泥浆的稀稠（水灰比）、砂率的大小、环境条件、原材料的种类以及外加剂等。

（1）水泥浆数量的影响

在水泥浆稀稠不变，即混凝土的用水量与水泥用量之比（水灰比）保持不变的条件下，单位体积混凝土内水泥浆数量越多，拌合物的流动性越大。但若水泥浆过多，集料不

能将水泥浆很好地保持在拌合物内，混凝土拌合物将会出现流浆、泌水现象，使拌合物的黏聚性及保水性变差。这不仅增加水泥用量，而且还会对混凝土强度及耐久性产生不利影响。因此，混凝土内水泥浆的含量，以使混凝土拌合物达到要求的流动性为准，不应任意加大。

(2) 水灰比的影响

水泥浆的稠度取决于水灰比，水灰比是指混凝土拌合物中用水量与水泥用量的比。在水泥用量、集料用量均不变的情况下，水灰比越小，水泥浆越稠，混凝土拌合物的流动性就越小。当水灰比过小时，水泥浆过于干稠，混凝土拌合物的流动性过低，造成施工困难且不能保证混凝土的密实性。水灰比增大会使混凝土拌合物的流动性加大，但水灰比过大，又会造成混凝土拌合物的黏聚性和保水性不良，而产生流浆、离析现象，影响混凝土的强度和耐久性。因此，混凝土拌合物的水灰比不能过大或过小，一般应根据混凝土的强度和耐久性合理选用。

无论是水泥浆数量的多少，还是水泥浆的稀稠，实际上对混凝土拌合物流动性起决定作用的是用水量的多少。因此，影响混凝土拌合物流动性的决定性因素是单位体积用水量的多少。在混凝土配合比设计时，可以在单位用水量不变的情况下，变化水灰比，而得到既满足拌合物的和易性要求，又满足混凝土强度和耐久性设计的要求。

(3) 砂率的影响

砂率是指混凝土中砂的质量占砂、石总质量的百分率。砂率的变动会引起集料的空隙率和总表面积很大的变化，从而对混凝土拌合物的和易性产生显著的影响。若砂率过小，砂浆量不足，不能在石子周围形成足够的砂浆润滑层，砂浆层不足以包裹石子表面和填满石子间的空隙，因此混凝土拌合物的流动性降低；砂率过大时，石子含量相对较少，集料的总表面积和空隙率都会增大，混凝土拌合物变得干稠，流动性显著降低；混凝土的砂率不能过小，也不能过大，宜用合理砂率。

合理砂率是指在用水量和水泥用量一定的条件下，能使混凝土拌合物获得最大的流动性且能保证良好的黏聚性和保水性的砂率（图 5-7）；也即在水灰比一定的条件下，能使混凝土拌合物获得所要求的流动性及良好的黏聚性和保水性，水泥用量最少的砂率（图 5-8）。

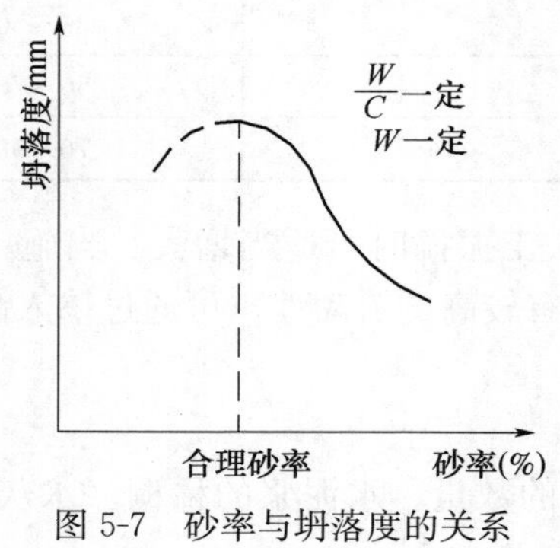

图 5-7　砂率与坍落度的关系

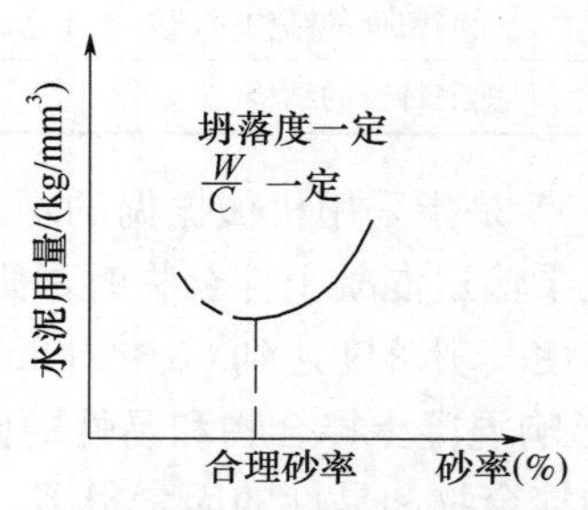

图 5-8　砂率与水泥用量的关系

(4) 环境条件的影响

影响混凝土拌合物和易性环境因素主要有温度、湿度、时间等。对于给定组成材料性质和配合比的混凝土拌合物，其和易性的变化主要受水泥的水化率和水分的蒸发率所支

配。因此，混凝土拌合物从搅拌至捣实的这段时间里，温度的升高会加速水泥的水化及水分的蒸发损失，导致拌合物坍落度的减小。同样，风速和湿度因素也会影响拌合物水分的蒸发率，从而影响坍落度。混凝土拌合物在搅拌后，其坍落度随时间的增长而逐渐减小的现象，称为坍落度损失，主要是由于拌合物中自由水随时间而蒸发、集料吸水和水泥早期水化损失的结果。在不同环境条件下，要保证拌合物具有一定的和易性，必须采取相应的改善措施。如在夏季施工时，为保证混凝土具有一定的流动性应适当增加拌合物的用水量。

（5）其他因素的影响

除上述影响因素外，拌合物和易性还受水泥品种、掺合料品种及掺量、集料种类及颗粒级配、混凝土外加剂以及混凝土搅拌工艺和搅拌后拌合物停置时间的长短等条件的影响。

4. 和易性的改善与调整

针对上述影响混凝土拌合物和易性的因素，在实际工程中，可采取以下措施来改善混凝土拌合物的和易性。

① 当混凝土拌合物的流动性小于设计要求时，应保持水灰比不变，增加水泥浆的用量。切记不能单独加水，否则会降低混凝土的强度和耐久性。

② 当混凝土拌合物的流动性大于设计要求时，应在保持砂率不变的前提下，增加砂、石用量。实际上是减少水泥浆数量，选择合理的浆骨比。

③ 改善集料的级配，即可增加混凝土拌合物的流动性，也能改善黏聚性和保水性。

④ 在混凝土中掺加外加剂和矿物掺合料，可改善、调整混凝土拌合物的和易性，以满足施工要求。

⑤ 尽可能选择合理砂率，当黏聚性不足时可适当增大砂率。

5.2.2 硬化混凝土的强度

强度是硬化混凝土最重要的性质，混凝土的其他性能与强度均有密切关系，混凝土的强度也是配合比设计、施工控制和质量检验评定的主要技术指标。混凝土的强度主要有抗压强度、抗拉强度、抗弯强度、抗折强度和抗剪强度等。其中抗压强度值最大，也是最主要的强度指标，故在结构工程中混凝土主要用于承受压力。

1. 混凝土抗压强度

混凝土的抗压强度与其他强度及其他性能之间有一定的相关性，因此混凝土的抗压强度是结构设计的主要参数，也是评定和控制混凝土质量的重要指标。抗压强度用单位面积上所能承受的压力来表示。根据试件形状的不同，混凝土抗压强度分为轴心抗压强度和立方体抗压强度。

（1）混凝土立方体抗压强度、抗压强度标准值和强度等级

① 立方体抗压强度。根据我国《普通混凝土力学性能试验方法标准》（GB/T 50081—2019）规定，制成边长为 150mm 的立方体试件，在标准条件［温度（20±2）℃，相对湿度 90%以上］下，养护至 28d 龄期，按照标准试验方法测得的抗压强度值，称为混凝土立方体抗压强度，以 f_{cu}或 $f_{cu,28}$表示，按式（5-3）计算：

$$f_{cu}=\frac{F}{A} \tag{5-3}$$

式中 f_{cu}——立方体抗压强度，MPa；

F——抗压试验中的极限破坏荷载，N；

A——试件的承载面积，mm^2。

试验时以三个试件为一组，取三个试件强度的算术平均值作为每组试件的强度代表值。当三个试件强度的最大值或最小值之一，与中间值之差超过中间值的15%时，取中间值。当三个试件强度中的最大值和最小值，与中间值之差均超过中间值15%时，该组试验应重做。用非标准尺寸试件测得的立方体抗压强度，应乘以换算系数，折算为标准试件的立方体抗压强度。混凝土强度等级＜C60时，200mm×200mm×200mm试件换算系数为1.05；100mm ×100mm×100mm试件，换算系数为0.95。当混凝土强度等级≥C60时，宜采用标准试件，使用非标准试件时，尺寸换算系数应由试验确定。

② 立方体抗压强度标准值及强度等级。按我国现行国标《混凝土强度检验评定标准》(GB 50107—2010）的定义，混凝土立方体抗压强度标准值是按照标准方法制作和养护的边长为150mm的立方体试件，在28d龄期，用标准试验方法测定的抗压强度总体分布中的一个值，具有不低于95%保证率的抗压强度值，用 $f_{cu,k}$ 表示。

根据《混凝土结构设计规范》(GB 50010—2010)，混凝土强度等级按照混凝土立方体抗压强度标准值划分为十四个强度等级，即C15、C20、C25、C30、C35、C40、C45、C50、C55、C60、C65、C70、C75、C80。强度等级用符号C和“立方体抗压强度标准值”两项内容来表示。例如，C30即表示混凝土立方体抗压强度标准值 $f_{cu,k}=30MPa$。

(2) 混凝土轴心抗压强度

混凝土的强度等级是根据立方体抗压强度标准值确定的，但在实际工程中大部分钢筋混凝土结构形式为棱柱体或圆柱体，而不是立方体。为了较真实地反映实际受力状况，在钢筋混凝土结构设计中常采用棱柱体试件测得的轴心抗压强度作为设计依据。

根据《普通混凝土力学性能试验方法标准》(GB/T 50081—2019）规定，轴心抗压强度是测定尺寸为150mm×150mm×300mm棱柱体试件的抗压强度，以 f_{cp} 表示。根据大量的试验资料统计，轴心抗压强度比同截面面积的立方体抗压强度要小。当立方体抗压强度在10～50MPa范围内时，混凝土轴心抗压强度（f_{cp}）与立方体抗压强度（f_{cu}）的比值为0.7～0.8。考虑到结构中混凝土强度与试件强度的差异，并假定混凝土立方体抗压强度离差系数与轴心抗压强度离差系数相等，混凝土轴心抗压强度标准值常取等于0.67倍的立方体抗压强度标准值。

(3) 劈裂抗拉强度

混凝土的抗拉强度值较低，通常为抗压强度的1/20～1/10。在普通钢筋混凝土结构设计中虽不考虑混凝土承受的拉力，但抗拉强度对混凝土的抗裂性起着重要作用，有时也用抗拉强度间接衡量混凝土与钢筋的黏结强度，或用于预测混凝土构件由于干缩或温缩受约束而引起的裂缝，是结构设计中确定混凝土抗裂能力的重要指标。

根据《普通混凝土力学性能试验方法标准》(GB/T 50081—2019）规定，目前常采用劈裂抗拉试验法。劈裂抗拉强度试验采用150mm×150mm×150mm立方体试件，通过垫条对混凝土施加荷载，混凝土劈裂抗拉强度按式（5-4）计算：

$$f_{ts}=\frac{2P}{\pi A}=0.637\frac{P}{A} \tag{5-4}$$

式中 f_{ts}——劈裂抗拉强度，MPa；

P——破坏荷载，N；

A——试件劈裂面积，mm^2。

(4) 抗弯拉（折）强度

在道路和机场工程中，混凝土路面结构主要承受荷载的弯拉作用。因此，抗折强度是混凝土路面结构设计和质量控制的主要指标，因而将抗压强度作为参考强度指标。

道路水泥混凝土的抗折强度是以标准方法制成 150mm×150mm ×550mm 的梁形试件，在标准条件下，经养护 28d 后，按三分点加荷方式，测定其抗弯拉强度，以 f_{cf}表示，按式（5-5）计算：

$$f_{cf}=\frac{FL}{bh^2} \tag{5-5}$$

式中 f_{cf}——混凝土抗折强度，MPa；

F——破坏荷载，N；

L——支座间距，mm（通常 L=450mm）；

b——试件宽度，mm；

h——试件高度，mm。

根据我国《公路水泥混凝土路面设计规范》（JTG D40—2011）规定，不同交通量分级的水泥混凝土计算抗折强度如表 5-14。道路水泥混凝土抗折强度与抗压强度的换算关系见表 5-15。

表 5-14 路面水泥混凝土抗弯拉强度标准值

交通等级	特重	重	中等	轻
抗折强度标准值（MPa）	5.0	5.0	4.5	4.0

表 5-15 道路水泥混凝土抗折强度与抗压强度的关系

抗折强度（MPa）	4.0	4.5	5.0	5.5
抗压强度（MPa）	25.0	30.0	35.5	40.0

2. 影响混凝土强度的主要因素

混凝土受力破坏时，破裂面可能出现在三个位置上，一是集料和水泥石黏结界面破坏，二是水泥石的破坏，三是集料自身破裂。第一种是混凝土最常见的破坏形式。所以普通水泥混凝土强度主要取决于水泥石强度及其与集料的界面黏结强度，而水泥石强度及其与集料的界面黏结强度同混凝土的组成材料密切相关，并受到施工质量、养护条件及试验条件等因素的影响。其中混凝土材料的组成是混凝土强度形成的内因，主要取决于组成材料的质量及其在混凝土中的用量。

(1) 水泥强度和水灰比

水泥混凝土的强度主要取决于其内部起胶结作用的水泥石的质量，水泥石的质量则取决于水泥的强度和水灰比的大小。当试验条件相同时，在相同的水灰比下，水泥的强度越高，则水泥石的强度越高，从而使用其配制的混凝土强度也越高。当水泥强度一定时，混凝土强度取决于其水灰比。在水泥强度相同的条件下，混凝土的强度将随水灰比的增加而降低。

试验证明，在原材料一定的条件下，混凝土强度随着水灰比增大而降低的规律呈曲线关系如图 5-9（a）所示；混凝土强度与灰水比（水灰比的倒数）则呈直线关系，如图 5-9（b）所示。需要指出的是，当水灰比过小时，水泥浆过分干稠，在一定振捣条件下，混凝土拌合物不能被振捣密实，反而导致混凝土强度降低。

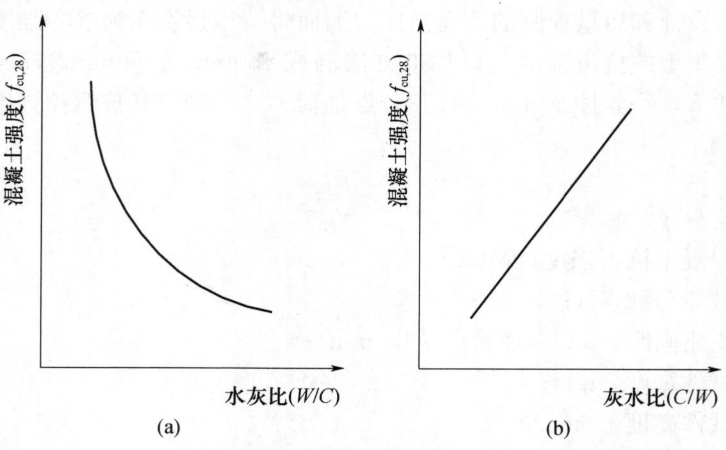

图 5-9　混凝土强度与水灰比及灰水比的关系

根据大量的试验资料统计结果，得出了灰水比、水泥实际强度与混凝土 28d 立方体抗压强度之间的关系式如下：

$$f_{cu}=\alpha_a f_{ce}\left(\frac{C}{W}-\alpha_b\right) \tag{5-6}$$

式中　f_{cu}——混凝土的立方体抗压强度，MPa；

$\frac{C}{W}$——混凝土的灰水比；即 $1m^3$ 混凝土中水泥与水用量之比，其倒数即是水灰比；

f_{ce}——水泥的实际强度，MPa；

α_a、α_b——与集料种类有关的经验系数，依据《普通混凝土配合比设计规程》（JGJ 55—2011）的规定按表 5-16 选用。

表 5-16　回归系数

石子品种	回归系数	
	α_a	α_b
碎石	0.53	0.20
卵石	0.49	0.13

水泥的实际强度根据水泥胶砂强度试验方法测定。无条件时，可根据我国水泥生产标准及各地区实际情况，水泥实际强度以水泥强度等级乘以富余系数确定。

$$f_{ce}=\gamma_c f_{ce,k} \tag{5-7}$$

式中　γ_c——水泥强度等级富余系数，可按实际统计资料确定，当缺乏统计资料时可按水泥的强度等级，32.5 水泥，$\gamma_c=1.12$；42.5 水泥，$\gamma_c=1.16$；52.5 水

泥，$\gamma_c = 1.10$；

$f_{ce,k}$——水泥强度等级。如 42.5 级，取 42.5MPa。

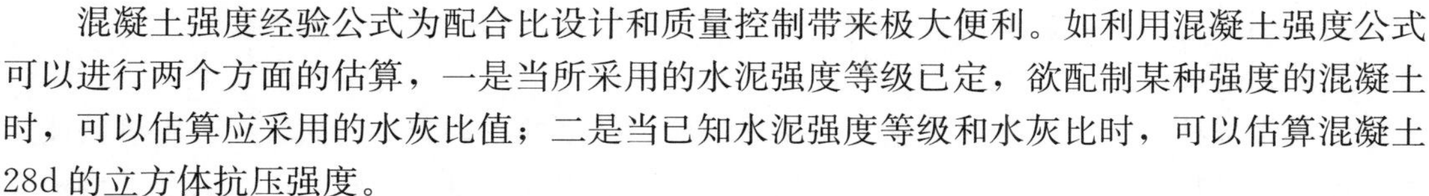

混凝土强度经验公式为配合比设计和质量控制带来极大便利。如利用混凝土强度公式可以进行两个方面的估算，一是当所采用的水泥强度等级已定，欲配制某种强度的混凝土时，可以估算应采用的水灰比值；二是当已知水泥强度等级和水灰比时，可以估算混凝土 28d 的立方体抗压强度。

（2）集料的种类及级配

集料本身的强度一般比水泥石的强度高，所以不会直接影响混凝土的强度。但集料中有害杂质过多且品质低劣时，将降低混凝土的强度。表面粗糙且富有棱角的碎石集料所配制混凝土的强度较卵石混凝土的强度高。但达到相同的流动性时，碎石拌制的混凝土比卵石拌制的混凝土用水量大，随着水灰比变大，强度变低。依据大量试验，在相同配比条件下，用碎石配制的混凝土比卵石配制的混凝土强度约高 10%。当集料级配良好，砂率适当时，砂石集料填充密实，将使混凝土获得较高的强度。

（3）养护条件

为了获得质量良好的混凝土，混凝土浇筑后必须保持足够的湿度和温度，才能保证水泥的不断水化，以使混凝土的强度不断发展。混凝土的养护条件一般情况下可分为标准养护和同条件养护，标准养护主要为确定混凝土的强度等级或控制工程质量。同条件养护是为检验浇筑混凝土工程拆模时或预制构件中张拉钢筋时混凝土强度。

① 湿度。水是水泥水化反应的必要成分，如果湿度不足，水泥水化反应就不能正常进行，甚至停止，将严重降低混凝土强度，而且水泥石结构疏松，形成干缩裂缝，影响混凝土的耐久性。因此，为了使混凝土正常凝结硬化，在混凝土养护期间，应创造条件维持一定的潮湿环境，从而产生更多的水化产物，使混凝土密实度增加。按《混凝土结构工程施工质量验收规范》（GB 50204—2015）规定，浇筑完毕的混凝土应采取一定的保湿措施。

② 温度。养护温度对混凝土的强度发展有很大的影响，当养护温度较高时，可以增大水泥初期的水化速度，混凝土的早期强度较高，但早期养护温度越高，混凝土后期强度增进率越小；而在相对较低的养护温度下，水泥的水化反应较为缓慢，使其水化物具有充分的扩散时间均匀地分布在水泥石中，使得混凝土结构越稳定，后期强度也越高。但如果混凝土的养护温度过低并降至冰点以下时，水泥水化反应停止，致使混凝土的强度不再发展，并可能因冰冻作用使混凝土已获得的强度受到损失。

（4）龄期

龄期是指混凝土在正常养护下所经历的时间。随养护龄期增长，水泥水化程度提高，凝胶体增多，自由水和孔隙率减少，密实度提高，混凝土强度也随之提高。最初的 7d 内强度增长较快，而后增幅减少，28d 以后，强度增长更趋缓慢，但如果养护条件得当，可延续几年，甚至几十年之久。

在标准养护条件下，混凝土强度大致与龄期的对数成正比（龄期不少于 3d），可按下式进行计算：

$$\frac{f_n}{f_{28}} = \frac{\lg n}{\lg 28} \tag{5-8}$$

式中　f_n——n 天龄期混凝土的抗压强度，MPa；

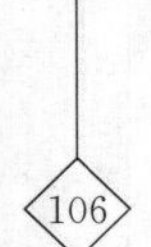

f_{28}——28d 龄期混凝土的抗压强度，MPa；

n——养护龄期，d；$n \geqslant 3$。

当采用早强型普通硅酸盐水泥时，由 3～7d 强度推算 28d 强度会偏大。

(5) 施工条件

主要指搅拌、运输、振捣等施工操作对混凝土强度的影响。一般而言，采用机械搅拌不仅比人工搅拌工效高，而且能搅拌得更均匀，故能提高混凝土的密实度，其强度也相应提高。尤其是对于掺有减水剂或引气剂的混凝土，机械搅拌的作用更为突出。

采用机械振捣混凝土、高频或多频振捣器来振捣混凝土，采用二次振捣工艺等，都可以使混凝土振捣得更加密实，从而可获得更高的混凝土强度。

(6) 试验条件

混凝土的试验条件如试件形状与尺寸、表面状态及含水率、支承条件和加载速度等，将在一定程度上影响混凝土强度测试结果。

① 相同的混凝土其试件的尺寸越小，测得的强度也越高。试件尺寸影响强度的主要原因：试件尺寸大时，内部孔隙、缺陷等出现的几率也越大，导致有效受力面积减小及应力集中，从而引起强度的降低。采用 150mm×150mm×150mm 的立方体试件作为标准试件，当采用非标准试件时，所测得的抗压强度应乘以相应的换算系数。当采用 100mm×100mm×100mm 的立方体试件时乘以 0.95，当采用 200mm×200mm×200mm 的立方体试件时乘以 1.05，以保证评价结果的一致性。

② 试件的形状。当试件受压面积（$a \times a$）相同，而高度（h）不同时，高宽比（h/a）越大，抗压强度越小。这是由于环箍效应所致。当试件受压时，试件受压面与试件承压板之间的摩擦力，对试件相对于承压板的横向膨胀起着约束作用，该约束有利于强度的提高（图 5-10）。越接近试件的端面，这种约束作用就越大，在距端面大约 $0.866a$ 的范围以外，约束作用才消失。试件破坏后，其上下部分各呈现一个较完整的棱锥体，这种约束作用的结果（图 5-11），称为环箍效应。

③ 表面状态。混凝土试件承压面的状态，也是影响混凝土强度的重要因素。当试件受压面有润滑剂时，试件受压时的环箍效应大大减小，试件将出现直裂破坏（图 5-12），测出的强度值较低。

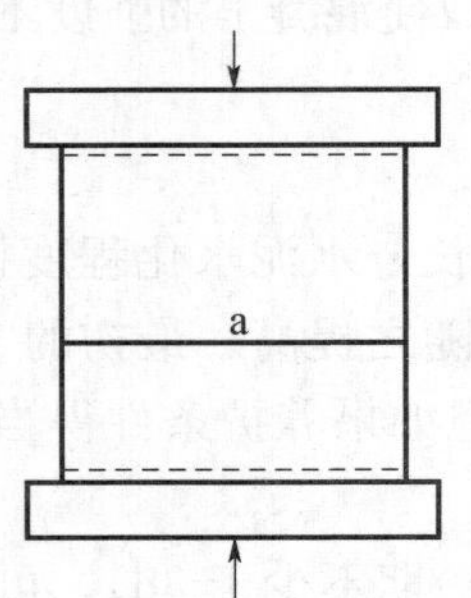

图 5-10 压力机压板对试件的约束作用

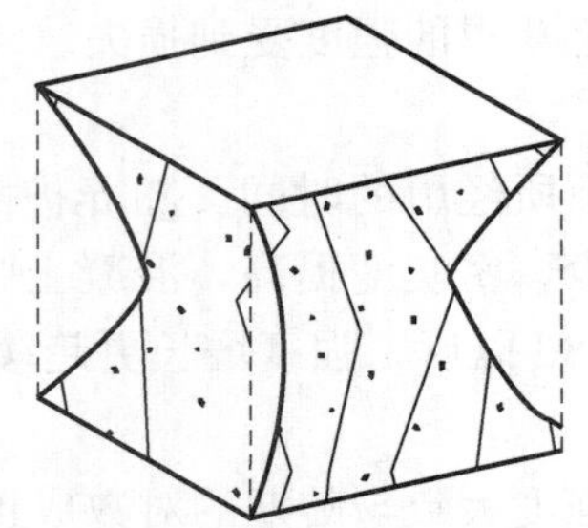

图 5-11 试件破坏后残存的棱锥体图

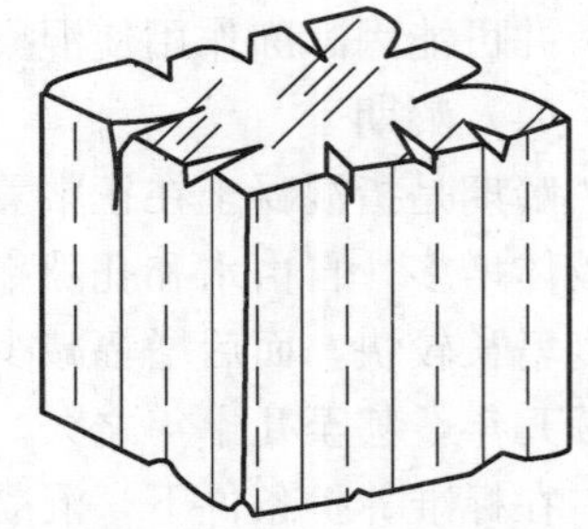

图 5-12 不受压板约束时试件的破坏情况

④ 加荷速度。加荷速度越大，测得的混凝土强度值也越大。当加荷速度超过 1.0MPa/s 时，这种趋势更加显著。因此，我国标准规定，混凝土抗压强度的加荷速度为

0.3～0.8MPa/s，且应连续均匀地进行加荷。

因此，试验时必须严格执行有关标准规定，熟练掌握试验操作技能。

5.2.3 混凝土的变形性能

硬化混凝土会因为各种物理、化学因素或在荷载作用下引起局部或整体的体积变化，即混凝土的变形。如果混凝土处于自由的非约束状态，那么体积变化一般不会产生不利影响。但是实际中混凝土结构受到基础及周围环境的约束时，混凝土的体积变化会在混凝土内引起拉应力，当拉应力超过混凝土自身抗拉强度时，就会引起混凝土的裂缝。

混凝土的开裂主要是由于混凝土中拉应力超过了抗拉强度，或者说是由于拉伸应变达到或超过了极限拉伸值而引起的。硬化后混凝土的变形，按其产生原因可分为非荷载作用下的变形，分为化学收缩、干湿变形和温度变形；包括荷载作用下的弹—塑性变形及在长期荷载作用下的变形——徐变。

1. 非荷载作用下的变形

（1）化学收缩

混凝土在硬化过程中，由于水泥水化而引起的体积变化称为化学变形。普通水泥混凝土中，水泥水化生成物的体积较反应前物质的总体积小，这种体积收缩是由水泥水化反应所产生的固有收缩，亦称为化学减缩。混凝土的这一体积收缩变形是不能恢复的，其收缩量随着混凝土的龄期延长而增加，一般在混凝土成型40d以后逐渐趋向稳定，单化学收缩的收缩率一般很小。混凝土的化学收缩率虽然较小，不会对混凝土结构产生破坏作用，但其收缩过程中可在混凝土内部产生微细裂纹，会影响混凝土的受载性能和耐久性能。

（2）温度变形

混凝土和其他材料一样，也会产生热胀冷缩变形，混凝土因温度变化产生的变形称为温度变形。混凝土的热膨胀系数一般为（0.6～1.5）$\times 10^{-5}$m/℃，即温度每升高或降低1℃，混凝土将产生0.006～0.015mm的变形量。温度变形对大体积混凝土、大面积混凝土、纵长的混凝土结构极为不利。混凝土在硬化初期，水泥水化放出较多的热量，而混凝土是热的不良导体，散热很慢，热量聚集在大体积混凝土内部，使混凝土内部温度升高，但外部混凝土温度则随气温下降，致使内外温差达40～50℃，造成内部膨胀及外部收缩，致使外部混凝土产生很大的拉应力，当混凝土所受拉应力一旦超过混凝土当时的极限抗拉强度，将导致混凝土产生裂缝。因此对大体积混凝土工程而言，应设法降低混凝土的发热量，对纵向较长的混凝土结构及大面积的混凝土工程，应考虑混凝土温度变形所产生的危害，应每隔一段长度设置温度伸缩缝，同时在结构物内部配置温度钢筋。

（3）干湿变形

由于混凝土周围环境湿度的变化，引起混凝土本体湿度的变化而产生变形，表现为湿胀干缩。这是由于混凝土内水分变化引起的。当混凝土在水中硬化时，水泥凝胶体中胶体离子表面的吸附水膜增厚，胶体离子间距离增大，使混凝土产生微小膨胀。当混凝土在干燥空气中硬化时，混凝土中水分逐渐蒸发，水泥石中的毛细孔和水泥凝胶体失去水分，使毛细孔、凝胶孔形成负压，产生收缩力，使混凝土产生收缩。当干缩后的混凝土再遇水时，大部分的干缩变形是可以恢复的，但仍有一部分（占30％～50％）不可恢复。

混凝土的湿胀变形量很小，对结构一般无破坏作用。但干缩变形对混凝土危害较大，

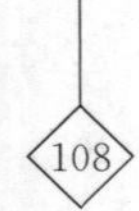

干缩能使混凝土表面产生较大的拉应力而导致开裂，降低混凝土的抗渗、抗冻、抗侵蚀等耐久性能。

一般条件下，混凝土的极限收缩值达（50～90）$\times10^{-5}$mm/mm。在工程设计时，混凝土的线收缩率采用（15～20）$\times10^{-5}$mm/mm，即1m长收缩值为0.15～0.20mm。

可通过以下措施可减少混凝土干缩，以降低干缩变形对混凝土的危害。尽量减少水泥用量；尽量使用大粒径的集料；尽量降低水灰比；加强养护。

2. 荷载作用下的变形

（1）短期荷载作用下的变形

混凝土是一种非均质材料，属于弹塑性体。在外力作用下，既产生弹性变形，又产生塑性变形。因此，混凝土的应力-应变关系是非线性的，在较高的荷载下，这种非线性特征更加明显。混凝土在短期加载的应力-应变曲线如图5-13所示。在图5-13中的应力-应变曲线上，若加荷至应力为σ、应变为ε的A点，然后将荷载逐渐卸去，则卸载时的应力-应变曲线如虚线AC所示。卸载后能恢复的应变是由混凝土的弹性性质引起的，称为弹性应变$\varepsilon_{弹}$；不能恢复的应变，则是由混凝土的塑性性质引起的，称为塑性应变$\varepsilon_{塑}$。应力越高，混凝土的塑性变形越大，应力与应变的弯曲程度越大，即应力与应变的比值越小。混凝土的塑性变形是混凝土内部微裂缝产生、增多、扩展与汇合等的结果。

混凝土的变形模量是反映应力与应变关系的物理量，混凝土应力与应变之间的关系不是直线而是曲线，因此混凝土的变形模量不是定值。混凝土的变形模量有三种表示方法，即原点弹性模量（弹性模量）$E_0=\tan\alpha_0$、割线模量$E_c=\tan\alpha_1$和切线模量$E_h=\tan\alpha_2$，α_0、α_1、α_2见图5-14。

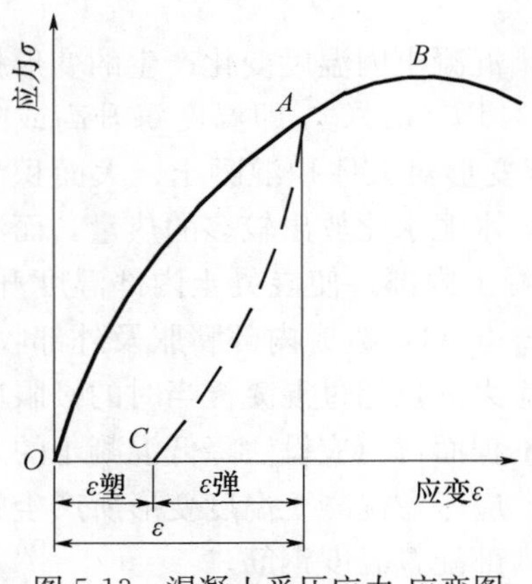

图5-13　混凝土受压应力-应变图

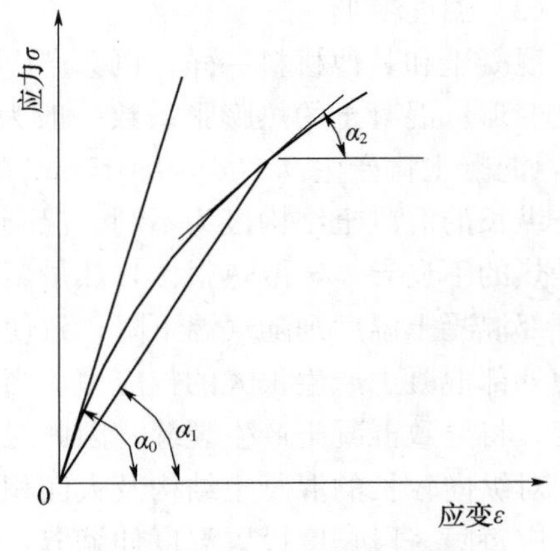

图5-14　α_0、α_1、α_2示意图

在计算钢筋混凝土构件的变形、裂缝以及大体积混凝土的温度应力时，都需要知道混凝土的弹性模量。由于在混凝土的应力-应变曲线上做原点的切线难以达到准确，因此常采用一种按标准方法测得的静力受压弹性模量作为混凝土的弹性模量。《普通混凝土力学性能试验方法标准》（GB/T 50081—2019）规定，采用150mm×150mm×300mm的棱柱体试件，用1/3轴心抗压强度值作为荷载控制值，循环3次加载、卸载后，所得的应力-应变曲线渐趋于稳定的直线，并与初始切线大致平行，这样测出的应力与应变的比值即为混凝土的弹性模量E_c。混凝土的弹性模量E_c在数值上与原点弹性模量E_0接近。

根据试验统计分析，混凝土的强度等级越高，弹性模量也越高，两者存在一定的相关性，但一般不呈线性关系。当混凝土的强度等级由C15增高到C80时，其弹性模量大致由2.20×10^4 MPa增至3.80×10^4 MPa。

（2）长期荷载作用下的变形——徐变

混凝土在长期恒荷载作用下，随时间的延长而沿受力方向增加的变形，称为混凝土的徐变。当混凝土开始加荷时产生瞬时弹性变形，随着荷载持续作用时间的增长，就逐渐产生非弹性变形，即混凝土徐变变形。徐变变形在加载初期增长较快，以后逐渐变慢并逐渐稳定下来。卸荷后，一部分变形瞬时恢复，其值小于在加荷瞬间产生的瞬时变形。在卸荷后的一段时间内变形还会继续恢复，称为徐变恢复。最后残存的不能恢复的变形，称为残余变形。

徐变可消除钢筋混凝土内的应力集中，使应力重新分布，从而使混凝土构件中局部应力得到缓和，对于大体积混凝土则能消除一部分由于温度变形所产生的破坏应力。但徐变使预应力混凝土的预加应力损失（预应力减小），使构件强度降低；同时，还使结构的变形增加，挠度增大。

5.2.4 混凝土的耐久性

混凝土的耐久性是指混凝土在使用条件下抵抗周围各种环境因素长期作用而不破坏的能力。在工程中不仅要求混凝土要具有足够的强度来安全地承受荷载，还要求混凝土要具有与使用环境相适应的耐久性来延长建筑物的使用寿命。混凝土的耐久性是一项综合技术指标，主要包括抗渗性、抗冻性、抗侵蚀性、抗碳化性、碱-集料反应以及混凝土中的钢筋锈蚀等性能。根据混凝土所处的环境不同，耐久性应考虑的因素也不同。如承受压力水作用的混凝土，需要具有一定的抗渗能力；遭受环境水侵蚀作用的混凝土，需要具有与之相适应的抗侵蚀性等。

1. 抗渗性

抗渗性是指混凝土抵抗水、油等液体在压力作用下渗透的性能。抗渗性是混凝土耐久性的一项重要指标，它直接影响混凝土的抗冻性、抗侵蚀性等其他耐久性。因为抗渗性控制着水分渗入的速率，这些水可能含有侵蚀性的化合物，同时控制混凝土受热或受冻时水的移动。抗渗性较差的混凝土，水分容易渗入内部，当有冰冻作用或水中含侵蚀性介质时，混凝土就容易受到冰冻或侵蚀作用而破坏。

混凝土的抗渗性用抗渗等级（P）或渗透系数来表示。目前我国标准采用抗渗等级，抗渗等级是以28d龄期的标准试件，按标准试验方法进行试验时所能承受的最大水压力来确定。《混凝土质量控制标准》（GB 50164—2011）根据混凝土试件在抗渗试验时所能承受的最大水压力，将混凝土的抗渗等级划分为P4、P6、P8、P10、P12、＞P12六个等级，它们相应表示混凝土抗渗试验时一组6个试件中4个试件未出现渗水时的最大水压力。抗渗等级大于等于P6的混凝土称为抗渗混凝土。

混凝土的抗渗性还可用渗透系数来表示。混凝土渗透系数越小，抗渗性越强。

混凝土内部连通的孔隙、毛细管和混凝土浇筑成型时形成的孔洞、蜂窝等，都会引起混凝土渗水。提高混凝土的抗渗性能的措施是提高混凝土的密实度，改善孔隙结构，减少渗透通道。常用的办法有掺用引气型外加剂，减小水灰比，选用适当品种及强度等级的水泥，保证施工质量，特别是注意振捣密实、养护充分等，都对提高抗渗性能有重要作用。

2. 抗冻性

混凝土的抗冻性是指混凝土在水饱和状态下，能经受多次冻融循环作用而不破坏，同时也不严重降低强度的性能。对于严寒地区的混凝土，混凝土抗冻性不足是造成耐久性降低的主要原因。混凝土冻融破坏的机理主要是由于毛细孔中水结冰产生膨胀应力及渗透压力，当这种应力超过混凝土局部抗拉强度时，就可能产生裂缝。在反复冻融作用下，混凝土内部的微细裂缝逐渐增多和扩大，导致混凝土产生疏松剥落，直至破坏。

混凝土的抗冻性用抗冻等级表示，混凝土的抗冻等级分为 F25、F50、F100、F150、F200、F250、F300 七个等级。其中数字表示混凝土能承受的最大冻融循环次数，如 F100 表示混凝土能够承受反复冻融循环次数不小于 100 次。抗冻等级大于等于 F50 的混凝土称为抗冻混凝土。

混凝土的抗冻等级，应根据工程所处环境，按有关规范选择。严寒气候条件、冬季冻融交替次数多、处于水位变化区的外部混凝土，以及钢筋混凝土结构或薄壁结构、受动荷载的结构，均应选用较高抗冻等级的混凝土。

提高混凝土抗冻性的主要措施有：严格控制水灰比，提高混凝土密实度；掺用引气剂、减水剂或引气减水剂，改善孔隙结构；加强早期养护或掺入防冻剂，防止混凝土受冻。

3. 抗侵蚀性

混凝土抗侵蚀性是指混凝土抵抗外界侵蚀性介质破坏的能力。当混凝土所处的环境水有侵蚀性介质时，会对混凝土提出抗侵蚀性的要求。混凝土的抗侵蚀性取决于水泥品种及混凝土的密实度。水泥品种的选择可参照前面第 2 章；密实度越高、连通孔隙越少，外界的侵蚀性介质越不易侵入，混凝土的抗腐蚀性好。

混凝土的抗渗性、抗冻性和抗侵蚀性之间是相互关联的，且均与混凝土的密实程度，即孔隙总量及孔隙结构特征有关。若混凝土内部的孔隙形成相互联通的渗水通道，混凝土的抗渗性差，相应的抗冻性和抗侵蚀性将随之降低。常用的提高性能方法有采用减水剂降低水灰比，提高混凝土密实度；掺加引气剂，在混凝土中形成均匀分布的不连通的微孔；加强养护，杜绝施工缺陷；防止由于离析、泌水而在混凝土内形成孔隙通道等。还可以采用外部保护措施，以隔离侵蚀介质不与混凝土相接触，提高混凝土的抗侵蚀性，如在混凝土表面涂抹密封材料或加盖沥青、塑料等覆盖层。

4. 混凝土的碱-集料反应

当集料中含有活性二氧化硅（如蛋白石、某些燧石、凝灰岩、安山岩等）的岩石颗粒（砂或石子）时，会与水泥中的碱（K_2O 及 Na_2O）发生化学反应（即碱-硅酸反应），使混凝土发生不均匀膨胀，造成裂缝、强度和弹性模量下降等不良现象，从而威胁工程安全。

发生碱集料反应的必要条件是：集料中含有活性成分（含有 SiO_2），并超过一定数量；混凝土中含碱量较高；有水分存在，如果混凝土内没有水分或水分不足，反应就会停止或减小。

防止碱集料反应的措施有：对集料进行检测，不使用含活性 SiO_2 的集料；选用低碱水泥，并控制混凝土总的含碱量；在混凝土中掺入活性掺合料，如粉煤灰、磨细矿渣等，

可抑制碱集料反应的发生或减小其膨胀率；在混凝土中掺入引气剂，使其中含有大量均匀分布的微小气泡，可减少膨胀破坏作用等。

5. 混凝土的碳化

混凝土的碳化是指空气中的二氧化碳及水通过混凝土的裂隙与水泥石中的氢氧化钙反应生成碳酸钙，从而使混凝土的碱度降低的过程。

混凝土的碳化可使混凝土表面的强度适度提高，但对混凝土的有害作用却更为重要，碳化造成的碱度降低可使钢筋混凝土中的钢筋丧失碱性保护作用而发生锈蚀，锈蚀的生成物体积膨胀进一步造成混凝土的微裂。碳化还能引起混凝土的收缩，使碳化层处于受拉应力状态，导致混凝土产生微细裂缝，降低混凝土的抗拉、抗折强度。

采用硅酸盐水泥比采用掺混合材料的硅酸盐水泥的混凝土碱度要高，碳化速度慢，抗碳化能力强；低水灰比的混凝土孔隙率低，二氧化碳不易侵入，故抗碳化能力强；环境的相对湿度在50％～75％时碳化最快，相对湿度小于25％或达到饱和时，碳化会因为水分过少或水分过多堵塞二氧化碳的通道而停止；此外，二氧化碳浓度以及养护条件也是影响混凝土碳化速度及抗碳化能力的原因。对于钢筋混凝土来说，提高其抗碳化能力的措施之一就是提高保护层的厚度。

6. 混凝土的耐磨性

受磨损、磨耗作用的表层混凝土（如受挟沙高速水流冲刷的混凝土及道路路面混凝土等），要求有较高的抗磨性。混凝土的抗磨性不仅与混凝土强度有关，而且与原材料的特性及配合比有关。选用坚硬耐磨的集料、高强度等级的硅酸盐水泥，配制成水泥浆含量较少的高强度混凝土，经振捣密实，并使表面平整光滑，混凝土将获得较高的抗磨性。对于有抗磨要求的混凝土，其强度等级应不低于C30，或者采用真空作业，以提高其耐磨性。对于结构物可能受磨损特别严重的部位，应采用抗磨性较强的材料加以防护。

7. 提高混凝土耐久性的主要措施

混凝土的耐久性主要根据工程特点、环境条件而定。工程上应从材料的质量、配合比设计、施工质量控制等多方面采取措施给以保证。具体可采取以下措施：

① 合理选择水泥品种。水泥品种的选择应与工程结构所处环境条件相适应，详见第2章相关内容。

② 控制混凝土的最大水灰比和最小水泥用量。水灰比的大小直接影响到混凝土的密实性；而保证水泥的用量，也是提高混凝土密实性的前提条件。大量实践证明，耐久性控制的两个有效指标是最大水灰比和最小水泥用量，这两项指标在国家相关规范中都有规定（详见本章配合比设计一节相关内容）。

③ 选用品质良好、级配合理的集料。选用品质良好的集料，是保证混凝土耐久性的重要条件。改善集料的级配，在允许的最大粒径范围内，尽量选用较大粒径的粗集料，可减少集料的空隙率和总表面积，提高混凝土的密实度。另外，近年来研究成果表明，在集料中掺加粒径在砂和水泥之间的超细矿物粉料，可有效改善混凝土的颗粒级配，提高混凝土的耐久性。

④ 改善混凝土的孔隙特征。可采取降低水灰比、掺加减水剂或引气剂等外加剂的措施，来改善混凝土的孔隙结构。这是提高混凝土抗冻性及抗渗性的有力措施。

⑤ 严格控制混凝土施工质量，保证混凝土的均匀、密实。

5.3 混凝土的质量控制与强度评定

5.3.1 混凝土的质量控制

1. 混凝土的质量的波动与控制

混凝土广泛应用于各种土木工程中，受力复杂且会受到各种气候环境的侵蚀。因此，对混凝土进行严格的质量控制是保证工程质量的必要手段。混凝土的生产质量由于受各种因素的作用或影响总是有所波动。引起混凝土质量波动的因素主要有原材料质量的波动、组成材料计量的误差、搅拌时间、振捣条件与时间、养护条件的波动与变化以及试验条件等的变化。

对混凝土质量进行检验与控制的目的是研究混凝土质量（强度等）波动的规律，从而采取措施使混凝土强度的波动值控制在预期的范围内，以便制作出既满足设计要求，又经济合理的混凝土。

混凝土的质量控制，可以分为三个阶段：

① 初步控制。为混凝土的生产控制提供组成材料的有关参数，包括组成材料的质量检验与控制、混凝土配合比的确定等。

② 生产控制。使生产和施工全过程的工序能正常运行，以保证生产的混凝土符合设计要求的质量。它主要包括混凝土组成材料的计量、混凝土拌合物的搅拌、运输、浇注和养护等工序的控制。

③合格控制。它包括对混凝土产品的检验与验收、混凝土强度的合格评定等。

混凝土质量控制与评定的具体要求、方法与过程见《混凝土质量控制标准》(GB 50164—2011)、《混凝土结构工程施工质量验收规范》(GB 50204—2015)、《混凝土强度检验评定标准》(GB/T 50107—2010) 等标准。

2. 混凝土强度波动规律——正态分布

在混凝土生产中，每一种组成材料性能的变异、工艺过程变动及试件制作和试验操作等误差，都会使混凝土强度产生波动，这说明混凝土的强度数据具有波动性。但这种波动是具有某种规律性的，我们可以利用这种规律性，对混凝土质量进行控制和判断。多年来的实践结果证明，同一等级的混凝土，在施工条件基本一致的情况下，用以反映工程质量的混凝土试块强度值，可以看做遵循正态分布曲线。混凝土强度正态分布曲线具有以下特点（图 5-15）。

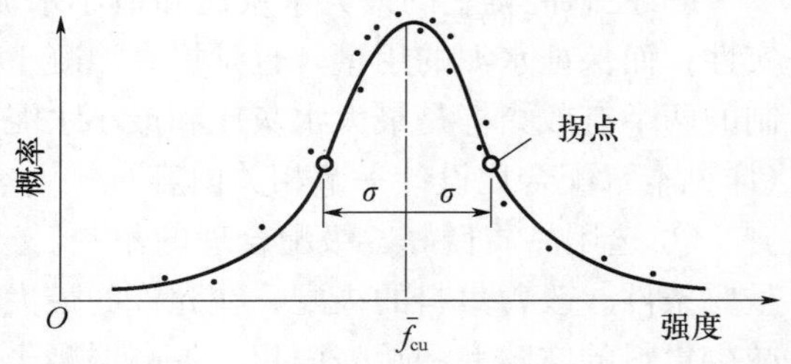

图 5-15 混凝土强度的正态分布曲线

① 曲线呈正态分布，在对称轴两侧曲线上各有一个拐点，拐点距对称轴等距离。

② 曲线高峰为混凝土平均强度$\bar{f}_{cu}$的概率。以平均强度为对称轴，左右两边曲线是对称的。距对称轴越远，出现的概率越小，并逐渐趋近于零，即强度测定值比强度平均值越

低或越高者，其出现的概率就越小，最后逐渐趋近于零。

③ 曲线与横坐标之间围成的面积为概率的总和，等于 100%。

可见，若概率分布曲线形状窄而高，说明强度测定值比较集中，混凝土均匀性较好、质量波动小，施工控制水平高，这时拐点至对称轴的距离小。若曲线宽而矮，则拐点距对称轴远，说明强度离散程度大，施工控制水平低，如图 5-16 所示。

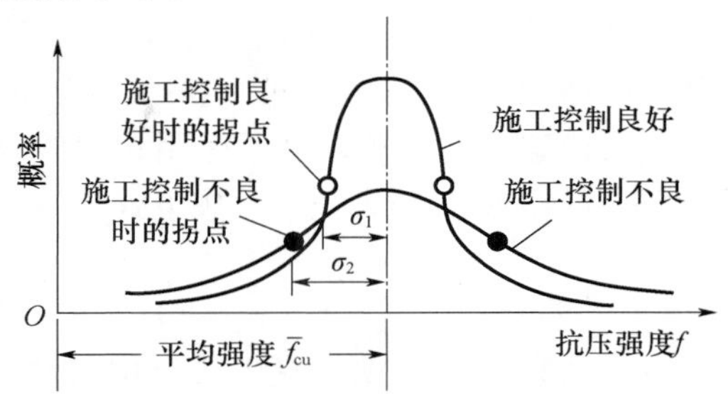

图 5-16 混凝土强度离散性不同的正态分布曲线

3. 混凝土质量评定的数理统计方法

用数理统计方法进行混凝土的强度质量评定，是通过求出正常生产控制条件下混凝土强度的平均值、标准差、变异系数和强度保证率等指标，然后进行综合评定。

（1）混凝土强度平均值 $\bar{f}_{cu}$。

对同一批混凝土，在某一统计期内连续取样制作 n 组试件（每组 3 块），测得各组试件的立方体抗压强度值分别为 $f_{cu,1}$、$f_{cu,2}$、$f_{cu,3}$、…、$f_{cu,n}$，求其算术平均值即得到混凝土强度平均值。混凝土强度平均值 $\bar{f}_{cu}$ 可用下式表示：

$$\bar{f}_{cu} = \frac{1}{n}\sum_{i=1}^{n} f_{cu,i} \tag{5-9}$$

式中 $\bar{f}_{cu}$——混凝土立方体抗压强度平均值，MPa；

n——试验组数；

$f_{cu,i}$——第 i 组试件立方体抗压强度值，MPa。

强度平均值对应于正态分布曲线中的概率密度峰值处的强度值，即曲线的对称轴所在之处。因此，强度平均值仅表示混凝土总体强度的平均值，但并不反映混凝土强度的波动情况。

（2）强度标准差 σ

强度标准差又称均方差，是混凝土强度分布曲线上拐点距对称轴之间的距离。强度标准差 σ 按下式计算：

$$\sigma = \sqrt{\frac{\sum_{i=1}^{n} f_{cu,i}{}^{2} - n\bar{f}_{cu}^{2}}{n-1}} \tag{5-10}$$

式中 n——试件组数；

$\bar{f}_{cu}$——n 组混凝土立方体抗压强度的平均值，MPa；

$f_{cu,i}$——第 i 组试件的立方体抗压强度值，MPa；

σ——混凝土强度的标准差，MPa。

强度标准差 σ 反映了混凝土强度的相对离散程度，即波动情况。σ 越小，强度分布曲线就越窄而高，说明混凝土强度的波动较小，混凝土的均匀性好，施工质量水平高；σ 越大，强度分布曲线就越宽而矮，说明混凝土强度的离散程度越大，混凝土质量越不稳定，施工质量水平低下。

(3) 变异系数 C_v

又称离差系数，在相同生产管理水平下，混凝土的强度标准差会随强度平均值的提高或降低而增大或减小，它反映绝对波动量的大小，有量纲。对平均强度水平不同的混凝土之间质量稳定性的比较，可考虑用相对波动的大小，即以标准差对强度平均值的比率表示，即变异系数 C_v 来表征，可按下式计算：

$$C_v = \frac{\sigma}{\bar{f}_{cu}} \tag{5-11}$$

变异系数 C_v 是说明混凝土质量均匀性的指标。C_v 值越小，说明该混凝土强度质量越稳定，混凝土生产的质量水平越高。

(4) 强度保证率 P

强度保证率 P（%）是指混凝土强度总体分布中，大于设计要求的强度等级标准值（$f_{cu,k}$）的概率 P（%），以混凝土强度正态分布曲线下的阴影部分来表示（图 5-17）。强度正态分布曲线下的面积为概率的总和，等于 100%。低于设计强度等级 $f_{cu,k}$ 的强度所出现的概率为不合格率。

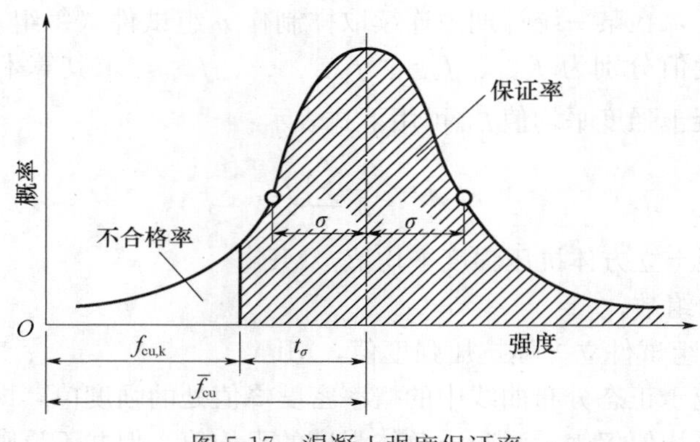

图 5-17　混凝土强度保证率

强度保证率 P（%）的计算方法为：首先根据混凝土设计等级（$f_{cu,k}$）、混凝土强度平均值（$\bar{f}_{cu}$）、标准差（σ）或变异系数（C_v），计算出概率度（t），即：

$$t = \frac{\bar{f}_{cu} - f_{cu,k}}{\sigma} \tag{5-12}$$

或

$$t = \frac{\bar{f}_{cu} - f_{cu,k}}{C_v \cdot f_{cu}} \tag{5-13}$$

则强度保证率 P（%）就可由正态分布曲线方程积分求得，或由数理统计中的表内查到保证率 P 值，如表 5-17 示。

表 5-17　不同 t 值的保证率 P

t	0.00	0.50	0.80	0.84	1.00	1.04	1.20	1.28	1.40	1.50	1.60
P/%	50.0	69.2	78.8	80.0	84.1	85.1	88.5	90.0	91.9	93.5	94.7
t	1.645	1.70	1.75	1.81	1.88	1.96	2.00	2.05	2.33	2.50	3.00
P/%	95	95.5	96.0	96.5	97.0	97.5	97.7	98.0	99.0	99.4	99.87

工程中，P（%）值可根据统计周期内，混凝土试件强度不低于要求强度等级标准值的组数 N_0 与试件总组数 N 之比求得，即：

$$P=\frac{N_0}{N}\times 100\% \tag{5-14}$$

式中 N_0——统计周期内，同期混凝土试件强度大于或等于规定强度等级标准值的组数；

N——统计周期内同批混凝土试件总组数，$N\geqslant 25$。

根据以上数值，可根据标准差 σ 和强度不低于要求强度等级值的概率度 P，按表 5-18 来评定混凝土生产质量水平。

表 5-18 混凝土生产质量水平

<table>
<tr><td colspan="2">生产质量水平</td><td colspan="2">优良</td><td colspan="2">一般</td><td colspan="2">差</td></tr>
<tr><td colspan="2">混凝土强度等级</td><td><C20</td><td>≥C20</td><td><C20</td><td>≥C20</td><td><C20</td><td>≥C20</td></tr>
<tr><td>评定指标</td><td>生产场所</td><td rowspan="2">≤3.0</td><td rowspan="2">≤3.5</td><td rowspan="2">≤4.0</td><td rowspan="2">≤5.0</td><td rowspan="2">>4.0</td><td rowspan="2">>5.0</td></tr>
<tr><td rowspan="2">混凝土强度标准差 σ（MPa）</td><td>商品混凝土厂和预制混凝土构件厂</td></tr>
<tr><td>集中搅拌混凝土的施工现场</td><td>≤3.5</td><td>≤4.0</td><td>≤4.5</td><td>≤5.5</td><td>>4.5</td><td>>5.5</td></tr>
<tr><td>强度等于或大于混凝土强度等级标准值的百分率 P（%）</td><td>商品混凝土厂、预制混凝土构件厂及集中搅拌混凝土的施工现场</td><td colspan="2">≥95</td><td colspan="2">>85</td><td colspan="2">≤85</td></tr>
</table>

（5）混凝土配制强度

根据上述保证率的概念可知，在施工中配制混凝土时，如果所配制的混凝土的强度平均值（$\bar{f}_{cu}$）等于设计强度（$f_{cu,k}$），则由图 5-17 可知，概率度 t 为 0，此时混凝土强度保证率只有 50%，即只有 50%的混凝土强度大于或等于设计强度等级，难以保证工程质量。因此，为了保证工程混凝土具有设计所要求的 95%强度保证率，则在进行混凝土配合比设计时，必须要使混凝土的配制强度大于设计强度。混凝土的配制强度（$f_{cu,0}$）可按下列方法进行计算。

令混凝土的配制强度等于平均强度，即 $f_{cu,0}=\bar{f}_{cu}$，再以此式代入概率度（t）计算式，则得：

$$t=\frac{f_{cu,0}-f_{cu,k}}{\sigma} \tag{5-15}$$

由此得混凝土配制强度的关系式为：

$$f_{cu,0}=f_{cu,k}+t\sigma \tag{5-16}$$

根据《普通混凝土配合比设计规程》（JGJ 55—2011）的规定，混凝土的强度保证率必须达到 95%以上，对应的概率度 $t=1.645$，所以混凝土配制强度可按下式计算：

$$f_{cu,0}=f_{cu,k}+1.645\sigma \tag{5-17}$$

式中 $f_{cu,0}$——混凝土配制强度，MPa；

$f_{cu,k}$——混凝土立方体抗压强度标准值（即混凝土的设计强度等级），MPa；

σ——混凝土强度标准差，MPa。

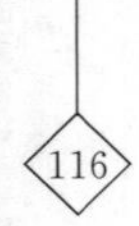

5.3.2 混凝土的强度检验与评价方法

1. 混凝土的取样、试拌、养护和试验

混凝土的取样次数，每100盘，但不超过100m³同配合比的混凝土，取样次数不得少于一次；每一工作班拌制的同配合比的混凝土不足100盘时，其取样次数不得少于一次。预拌混凝土应在预制混凝土厂内按以上规定取样，混凝土运到施工现场后，还应按以上规定批样检验。每批（验收批）混凝土取样应制作的试样总组数应符合不同情况下强度评定所必需的组数，每组的三个试件应在同一盘混凝土内取样制作。若检验结构或构件施工阶段混凝土强度，应根据实际情况决定必需的试件组数。

混凝土试样的制作，养护和试验应符合现行国家标准《普通混凝土力学性能试验方法》的规定。

2. 混凝土的强度评价方法

混凝土强度的检验评定，应根据设计要求和抽样检验原理划分验收批次、确定验收规则。同一验收批次的混凝土应由强度等级相同、龄期相同、生产工艺条件和配合比相同的混凝土组成，进行分批验收。根据《混凝土强度检验评定标准》（GB/T 50107—2010）规定，混凝土强度检验评定方法可采用统计方法和非统计方法两种评定方法。前者适用于大批量、连续生产混凝土的强度检验评定；后者适用于小批量或零星生产混凝土的强度检验评定。

（1）统计方法评定

根据混凝土强度的稳定性，混凝土强度评定的统计方法分为两种。一种是标准差已知的统计法，另一种是标准差未知的统计法。

① 已知标准差方法。连续生产的混凝土，当混凝土的生产条件在较长时间内能保持一致，且同一品种、同一强度等级混凝土的强度变异性保持稳定时，每批混凝土的强度标准差可根据前一时期生产累计的同类混凝土强度数据确定，则每批的强度标准差可按常数考虑。

一个检验批的样本容量应为连续的三组试件，其强度应同时满足下列规定：

$$m_{f_{cu}} \geqslant f_{cu,k} + 0.7\sigma_0 \tag{5-18}$$

$$f_{cu,min} \geqslant f_{cu,k} - 0.7\sigma_0 \tag{5-19}$$

验收批混凝土立方体抗压强度的标准差应按下式计算：

$$\sigma_0 = \sqrt{\frac{\sum_{i=1}^{n} f_{cu,i}^2 - nm_{f_{cu}}^2}{n-1}} \tag{5-20}$$

当混凝土强度等级不高于C20时，其强度的最小值应满足下式要求：

$$f_{cu,min} \geqslant 0.85 f_{cu,k} \tag{5-21}$$

当混凝土强度等级高于C20时，其强度的最小值尚应满足下式要求：

$$f_{cu,min} \geqslant 0.90 f_{cu,k} \tag{5-22}$$

式中 $m_{f_{cu}}$——同一检验批混凝土立方体抗压强度的平均值，MPa；

$f_{cu,k}$——混凝土立方体抗压强度标准值，MPa；

σ_0——检验批混凝土立方体抗压强度的标准差，MPa；当检验批混凝土强度标准

差 σ_0 计算值小于 2.5MPa 时，应取 2.5MPa；

$f_{cu,i}$——前一个检验期内同一品种、同一强度等级的第 i 组混凝土试件的立方体抗压强度代表值，MPa；该检验期不应少于 60d，也不得大于 90d；

$f_{cu,min}$——同一检验批混凝土立方体抗压强度的最小值，MPa；

n——前一检验批内的样本容量，在该期间内样本容量不应少于 45。

② 未知标准差方法。当混凝土生产连续性差，生产条件在较长时间内不能保持一致，且同一品种混凝土强度变异性不能保持一致，或在前一检验期内的同一品种混凝土没有足够的数据用以确定验收批混凝土立方体抗压强度的标准差时，应由不少于 10 组的样本容量组成一个验收批，其强度应同时满足下列要求：

$$m_{f_{cu}} \geqslant f_{cu,k} + \lambda_1 \cdot S_{f_{cu}} \tag{5-23}$$

$$f_{cu,min} \geqslant \lambda_2 f_{cu,k} \tag{5-24}$$

同一检验批混凝土立方体抗压强度的标准差应按下式计算：

$$S_{f_{cu}} = \sqrt{\frac{\sum_{i=1}^{n} f_{cu,i}^2 - n m_{f_{cu}}^2}{n-1}} \tag{5-25}$$

式中 $m_{f_{cu}}$——同一检验批混凝土立方体抗压强度的平均值，MPa；

$f_{cu,k}$——混凝土立方体抗压强度标准值，MPa；

$S_{f_{cu}}$——同一检验批混凝土样本立方体抗压强度的标准差，MPa；当检验批混凝土强度标准差 $S_{f_{cu}}$ 计算值小于 2.5MPa 时，应取 2.5MPa；

λ_1、λ_2——合格评定系数，按表 5-19 取用；

$f_{cu,i}$——本检验期内同一品种、同一强度等级的第 i 组混凝土试件的立方体抗压强度代表值，MPa；该检验期不应少于 60d，也不得大于 90d；

$f_{cu,min}$——同一检验批混凝土立方体抗压强度的最小值，MPa；

n——本检验期内的样本容量。

表 5-19 混凝土强度的合格判定系数

试件组数	10～14	15～19	≥20
λ_1	1.15	1.05	0.95
λ_2	0.90	0.85	0.85

（2）非统计方法评定

对零星生产的预制构件或现场搅拌批量不大的混凝土，其试件组数有限，不具备按统计方法评定混凝土强度的条件。当用于评定的样本容量不足 10 组时，应采用非统计方法评定混凝土强度，其强度应同时满足下列规定：

$$m_{f_{cu}} \geqslant \lambda_3 \cdot f_{cu,k} \tag{5-26}$$

$$f_{cu,min} \geqslant \lambda_4 \cdot f_{cu,k} \tag{5-27}$$

式中 $m_{f_{cu}}$——同一检验批混凝土立方体抗压强度的平均值，MPa；

$f_{cu,k}$——混凝土立方体抗压强度标准值，MPa；

$f_{cu,min}$——同一检验批混凝土立方体抗压强度的最小值，MPa；

λ_3、λ_4——合格评定系数，按表 5-20 取用。

表 5-20　混凝土强度的非统计法合格评定系数

试件组数	<C50	≥C50
λ_3	1.15	1.10
λ_4	0.95	

3. 混凝土强度合格性判断

混凝土强度应分批进行检验评定，当检验结果能满足以上评定强度的公式规定时，则该批混凝土判为合格；当不能满足上述规定时，该批混凝土强度判为不合格。对不合格批混凝土制成的结构或构件，应进行鉴定，对不合格的结构或构件必须及时处理。

当对混凝土试件强度的代表性有怀疑时，可采用从结构或构件中钻取试件的方法或采用非破损检验方法，按有关标准对结构或构件中混凝土的强度进行推定。

结构或构件拆模、出池、出厂、吊装、预应力筋张拉或放张，以及施工期间需短暂负荷时的混凝土强度，应满足设计要求或现行国家标准的有关规定。

5.4　普通水泥混凝土的配合比设计

混凝土的配合比是指混凝土的各组成材料之间的比例关系。普通混凝土的组成材料主要包括水泥、粗集料、细集料和水，随着混凝土技术的发展，外加剂和掺合料的应用日益普遍，其掺量也是混凝土配合比设计时需选定的。因外加剂的型号、掺合料的品种也逐渐增加，故在目前国家标准中，外加剂和掺合料的掺量只作原则规定。

混凝土的配合比一般有两种表示方法。一是用 $1m^3$ 混凝土中水泥、水、细集料、粗集料的实际用量（kg），按顺序表达，如水泥 300kg、水 182kg、砂 680kg、石子 1310kg；另一种是以水泥的质量为 1，砂、石依次以相对质量比及水灰比表达，如前例可表示为 1：2.27：4.37，$W/C=0.61$。

混凝土配合比设计的基本要求有以下四方面：

① 满足结构设计的强度要求。

② 满足施工条件所需的和易性要求。

③ 满足工程所处环境和设计规定的耐久性要求。

④ 满足经济性的要求。

1. 混凝土配合比设计的基本资料

在进行混凝土配合比设计前，需确定和了解的基本资料，即设计的前提条件，主要有以下几个方面：

① 混凝土设计强度等级和强度的标准差。

② 材料的基本情况：包括水泥品种、强度等级、实际强度、密度；砂的种类、表观密度、细度模数、含水率；石子种类、表观密度、含水率；是否掺外加剂，外加剂种类。

③ 混凝土的和易性要求，如坍落度指标。

④ 与耐久性有关的环境条件：如冻融状况、地下水情况等。

⑤ 工程特点及施工工艺：如构件几何尺寸、钢筋的疏密、浇筑振捣的方法等。

2. 混凝土配合比设计基本参数的确定

混凝土的配合比设计，实际上就是单位体积混凝土拌合物中水泥、水、粗集料（石子）、细集料（砂）四种材料用量的确定。

① 水和水泥之间的比例关系，常用水灰比表示。

② 砂和石子间的比例关系，常用砂率表示。

③ 集料与水泥浆之间的比例，采用单位用水量表示。

水灰比、单位用水量和砂率是混凝土配合比设计的三个重要参数，这三个参数与混凝土的各项性能之间有着密切关系。进行混凝土配合比设计就是要正确地确定这三个参数，使混凝土满足各项基本要求。

水灰比的确定主要取决于混凝土的强度和耐久性。从强度角度看，水灰比应小些，水灰比可根据混凝土的强度公式（5-6）来确定。从耐久性角度看，水灰比小些，水泥用量多些，混凝土的密度就高，耐久性则优良，这可通过控制最大水灰比和最小水泥用量来满足（表 5-21）。

表 5-21　混凝土的最大水灰比和最小水泥用量

环境类别	混凝土所处的环境条件	最大水灰比	最小胶凝材料用量 kg/m³		
			素混凝土	钢筋混凝土	预应力混凝土
一	室内干燥环境； 无侵蚀性静水浸没环境	0.60	250	280	300
二 a	室内潮湿环境； 非严寒和非寒冷地区的露天环境； 非严寒和非寒冷地区与无侵蚀性的水或土壤直接接触的环境； 严寒和寒冷地区的冰冻线以下与无侵蚀性的水或土壤直接接触的环境	0.55	280	300	300
二 b	干湿交替环境； 水位频繁变动环境； 严寒和寒冷地区的露天环境； 严寒和寒冷地区冰冻线以上与无侵蚀性的水或土壤直接接触的环境	0.50（0.55）	320		
三 a	严寒和寒冷地区冬季水位变动区环境； 受除冰盐影响环境； 海风环境	0.45（0.50）	330		
三 b	盐渍土环境； 受除冰盐作用环境； 海岸环境	0.40	330		

砂率主要应从满足工作和节约水泥两个方面考虑。在水灰比和水泥用量（即水泥浆量）不变的前提下，砂率应取坍落度最大，而黏聚性和保水性又好的砂率即合理砂率，这可由表 5-22 初步确定，再经试拌调整而定。在和易性满足的情况下，砂率尽可能取小值以达到节约水泥的目的。

表 5-22 混凝土的合理砂率 （%）

水灰比（W/C）	卵石最大粒径（mm）			碎石最大粒径（mm）		
	10	20	40	16	20	40
0.40	26～32	25～31	24～30	30～35	29～34	27～32
0.50	30～35	29～34	28～33	33～38	32～37	30～35
0.60	33～38	32～37	31～36	36～41	35～40	33～38
0.70	36～41	35～40	34～39	39～44	38～43	36～41

注：1. 本表数值系采用中砂时选用的砂率，对细砂或粗砂，可相应地减小或增大砂率；

2. 本表适用于坍落度为 10～60mm 的混凝土，对于坍落度大于 60mm 的混凝土，可在查表的基础上，按坍落度每增大 20mm，砂率增大 1%的幅度予以调整；

3. 坍落度小于 10mm 以及掺有外加剂或掺合料的混凝土，其砂率应经试验确定；

4. 当采用单粒级粗集料配制混凝土时，砂率应适当增大；

5. 对薄壁构件，砂率宜取较大值。

单位用水量在水灰比和水泥用量不变的情况下，实际反映的是水泥浆量与集料用量之间的比例关系。水泥浆量要满足包裹粗、细集料表面并保持足够流动性的要求，但用水量过大，会降低混凝土的耐久性。水灰比在 0.40～0.80 范围内时，根据粗集料的品种、最大粒径，单位用水量可通过表 5-23 和表 5-24 确定。

表 5-23 干硬性混凝土的用水量

拌合物稠度		卵石最大粒径（mm）			碎石最大粒径（mm）		
项目	指标	10	20	40	16	20	40
维勃稠度（s）	16～20	175	160	145	180	170	155
	11～15	180	165	150	185	175	160
	5～10	185	170	155	190	180	165

表 5-24 塑性混凝土的用水量

拌合物稠度		卵石最大粒径（mm）				碎石最大粒径（mm）			
项目	指标	10	20	31.5	40	16	20	31.5	40
坍落度（mm）	10～30	190	170	160	150	200	185	175	165
	35～50	200	180	170	160	210	195	185	175
	55～70	210	190	180	170	220	205	195	185
	75～90	215	195	185	175	230	215	205	195

注：1. 本表用水量采用中砂时的平均取值。采用细砂时，每立方米混凝土用水量可增加 5～10kg；采用粗砂时，则可减少 5～10kg；

2. 掺用外加剂或掺合料时，用水量应相应调整；

3. 水灰比小于 0.4 或大于 0.8 的混凝土及采用特殊成型工艺的混凝土用水量应通过试验确定。

3. 混凝土配合比设计的步骤

混凝土的配合比设计是一个包含计算、试配、调整的复杂过程，大致可分为初步计算配合比、基准配合比、实验室配合比、施工配合比四个设计阶段。如图 5-18 所示。初步配合比主要是依据设计的基本条件，参照理论和大量试验提供的参数进行计算，得到基本满足强度和耐久性要求的配合比；基准配合比是在初步计算配合比的基础上，通过实配、检测，进行工作性的调整，对配合比进行修正；实验室配合比是通过对水灰比的微量调整，在满足设计强度的前提下，确定水泥用量最少的方案，从而进一步调整配合比；而施工配合比是考虑实际砂、石的含水对配合比的影响，对配合比最后的修正，是实际应用的配合比。总之，配合比设计的过程是一逐步满足混凝土的强度、工作性、耐久性、节约水泥等设计目标的过程。

图 5-18　混凝土配合比设计的过程

（1）初步计算配合比

① 确定混凝土的配制强度。当混凝土的设计强度等级小于 C60 时混凝土的配制强度按式（5-28）计算：

$$f_{cu,0}=f_{cu,k}+1.645\sigma \tag{5-28}$$

当混凝土的设计强度等级小于 C60 时混凝土的配制强度按式（5-29）计算

$$f_{cu,0}\geqslant 1.15f_{cu,k} \tag{5-29}$$

式中　$f_{cu,0}$——混凝土配制强度，MPa；

$f_{cu,k}$——混凝土立方体抗压强度标准值，MPa；

σ——混凝土强度标准差，MPa。

其中混凝土强度标准差宜根据同类混凝土统计资料按式（5-30）计算：

$$\sigma=\sqrt{\frac{\sum_{i=1}^{n}f_{cu,i}^{2}-n\mu_{f_{cu}}^{2}}{n-1}} \tag{5-30}$$

式中　$f_{cu,i}$——统计周期内同一品种混凝土第 i 组试件的强度，MPa；

$\mu_{f_{cu}}$——统计周期内同一品种混凝土 n 组试件强度的平均值，MPa；

n——统计周期内同一品种混凝土试件的总组数，$n\geqslant 30$。

并应符合以下规定：

计算时，强度试件组数不应少于 30 组；

当混凝土强度等级为不大于 C30 级，其强度标准差计算值 $\sigma<3.0$MPa 时，取 $\sigma=3.0$MPa；当混凝土强度等级大于 C30 级且小于 C60，其强度标准差计算值 $\sigma<4.0$MPa 时，取 $\sigma=4.0$MPa；

当无统计资料计算混凝土强度标准差时，其值按现行国家标准表 5-25 规定取用。

表 5-25　混凝土 σ 取值

混凝土强度等级	≤C20	C25～C45	C45～C55
σ（MPa）	4.0	5.0	6.0

② 确定水灰比（W/C）。水灰比的选择一方面要考虑混凝土强度的要求，另一方面要考虑混凝土耐久性的要求。当混凝土强度等级小于 C60 时，混凝土水灰比按式（5-31）计算：

$$\frac{W}{C}=\frac{a_{a}\cdot f_{ce}}{f_{cu,0}+a_{a}\cdot a_{b}\cdot f_{ce}} \tag{5-31}$$

式中　a_a, a_b——回归系数；

f_{ce}——水泥 28d 抗压强度实测值，MPa。

a_a, a_b——系数根据工程所使用的水泥、集料通过试验由建立的水灰比与混凝土强度关系式确定。当不具备上述试验统计资料时，其回归系数可按表 5-16 选用。

f_{ce}如无实测值，按以下公式计算：

$$f_{ce} = r_c \cdot f_{ce \cdot g} \tag{5-32}$$

式中　r_c——水泥强度等级值的富余系数，可按实际统计资料确定；

$f_{ce \cdot g}$——水泥强度等级值，MPa。

计算出W/C后，查表 5-21 检查是否符合耐久性的要求。若计算所得的水灰比大于表中规定的最大水灰比，则按最大水灰比取，已满足耐久性要求。

③ 用水量的选择（m_{w0}）。水灰比在 0.40～0.80 范围内的干硬性和塑性混凝土用水量分别按表 5-23 及表 5-24 确定。水灰比小于 0.40 的混凝土以及采用特殊成型工艺的混凝土用水量应通过试验确定。流动性大的混凝土用水量以表 5-24 中坍落度 90mm 的用水量为基础，按坍落度每增大 20mm 用水量增加 5kg，计算出未掺外加剂时混凝土的用水量；掺外加剂混凝土用水量可按式（5-32）式计算：

$$m'_{w0} = m_{w0}(1-\beta) \tag{5-33}$$

式中　m'_{w0}——掺外加剂混凝土每立方米的用水量，kg。

m_{w0}——未掺外加剂混凝土每 m^3 混凝土的用水量，kg。

β——外加剂的减水率，%。

④ 计算每立方米混凝土水泥用量（m_{c0}）。根据每立方米混凝土用水量 m_{w0} 及已确定出的水灰比 $\frac{W}{C}$ 按式（5-34）计算水泥用量：

$$m_{c0} = \frac{m_{w0}}{W/C} \tag{5-34}$$

计算出水泥用量后，按表 5-21 检查是否符合耐久性的要求。水泥用量应满足表中规定的最小水泥用量要求。

⑤ 确定砂率（β_s）。坍落度为 10～60mm 的混凝土砂率可根据粗集料品种及水灰比按表 5-22 选取。坍落度大于 60mm 的混凝土砂率，可经试验确定，也可在表 5-22 基础上，按坍落度每增大 20mm 砂率增大 1%的幅度予以调整。坍落度小于 10mm 的混凝土，其砂率经试验确定。

⑥ 粗集料（m_{g0}）及细集料（m_{c0}）用量的计算。

粗集料（石）和细集料（砂）的用量，可用重量法（又称表观密度法）和体积法来计算。

重量法。根据经验，如果混凝土所用原材料的情况比较稳定，所配制的每立方米混凝土重量将接近一个固定值。假定每立方米混凝土拌合物的重量为 m_{cp}，可按下列公式计算：

$$m_{cp} = m_{c0} + m_{g0} + m_{s0} + m_{w0}$$

$$\beta_s = \frac{m_{s0}}{m_{g0} + m_{s0}} \times 100\% \tag{5-35}$$

式中　m_{c0}——每立方米混凝土的水泥用量，kg；

m_{g0}——每立方米混凝土的粗集料（石）用量，kg；

m_{s0}——每立方米混凝土的细集料（砂）用量，kg；

m_{w0} ——每立方米混凝土的用水量，kg；

β_s ——砂率，%；

m_{cp} ——每立方米混凝土拌合物的假定重量，kg，其值可取 2350～2450kg。

体积法。又称绝对体积法。该种方法是假定混凝土拌合物的体积等于各组成材料的绝对体积和拌合物中所含空气的体积之和，如取混凝土拌合物的体积为 1m³，则可得以下关于 m_{s0}，m_{g0} 的二元方程组：

$$\frac{m_{c0}}{\rho_c} + \frac{m_{g0}}{\rho_g} + \frac{m_{s0}}{\rho_s} + \frac{m_{w0}}{\rho_w} + 0.01\alpha = 1$$

$$\beta_s = \frac{m_{s0}}{m_{g0} + m_{s0}} \times 100\% \tag{5-36}$$

式中 ρ_c ——水泥密度，kg/m^3，可取 2900～3100kg/m^3；

ρ_g ——粗集料（石子）的表观密度，kg/m^3；

ρ_s ——细集料（砂）的表观密度，kg/m^3；

ρ_w ——水的密度，kg/m^3，可取 1000kg/m^3；

α ——混凝土的含气量百分数，在不使用引气型外加剂时，α 可取 1.0。

通过以上六个步骤便可将每立方米混凝土中水泥、水、粗集料（石）和细集料（砂）的用量全部求出，得到混凝土的初步计算配合比（初步满足强度和耐久性要求）为 m_{c0}：m_{w0}：m_{s0}：m_{g0}。

（2）试拌调整，得出基准配合比

① 试拌。混凝土试拌时所用各种原材料，应与实际工程使用的材料相同，粗、细集料的质量均以干燥状态为基准。试拌时所采用的搅拌方法，也应尽量与生产时采用方法相同。每盘混凝土的试拌数量一般应不少于表 5-26 中的建议值。如需进行抗折强度试验，则应根据实际需要计算用量。采用机械搅拌时，其搅拌量应不小于搅拌机额定搅拌量的 1/4。

表 5-26 混凝土试配的最小搅拌量

集料最大粒径	拌合物数量（L）	集料最大粒径	拌合物数量（L）
31.5 及以下	20	40	25

② 校核和易性、调整配合比。按计算出的初步配合比进行试拌，以校核混凝土拌合物的和易性。如试拌得出的拌合物的坍落度（或维勃稠度）不能满足要求，或黏聚性和保水性能不好时，按下列原则进行调整：

a. 当坍落度小于设计要求时，可在保持水灰比不变的情况下，增加用水量和相应的水泥用量（即增加水泥浆）。

b. 当坍落度大于设计要求时，可在保持砂率不变的情况下，增加砂、石用量（相当于减少水泥浆用量）。

c. 如出现含砂不足，黏聚性和保水性不良时可适当增大砂率，反之减小砂率。直到符合要求为止。根据调整后的材料用量计算混凝土强度校核用的基准配合比，即水泥：水：砂：石子$=m_{ca}:m_{wa}:m_{sa}:m_{ga}$。

（3）检验强度，确定试验室配合比

① 制作试件、检验强度。为校核混凝土的强度，至少采用三个不同的配合比，其中

一个为按上述方法得出的基准配合比，另外两个配合比的水灰比值，应较基准配合比分别增加及减少 0.05，其用水量应该与基准配合比相同，砂率值可分别增加和减少 1%。

制作检验混凝土强度的试件时，尚应检验拌合物的坍落度（或维勃稠度）、黏聚性、保水性及测定混凝土的表观密度，并以此结果表征该配合比混凝土拌合物的性能。

为检验混凝土强度，每种配合比至少制作一组（三块）试件，在标准养护 28d 条件下进行抗压强度测试。

② 确定试验室配合比。根据强度试验结果，建立灰水比与混凝土强度的关系，用作图法或内插法选定与混凝土配制强度（$f_{cu,0}$）相对应的灰水比 C/W，按下列步骤确定经混凝土强度检验的各组成材料用量：

a. 确定单位用水量（m_{wb}）：取基准配合比中的用水量，并根据制作强度检验试件时测得的坍落度（或维勃稠度）值加以适当调整。

b. 确定单位水泥用量（m_{cb}）：由单位用水量乘以由强度-灰水比关系定出的、达到试配强度所要求的灰水比计算确定。

c. 确定粗、细集料用量（m_{gb} 和 m_{sb}）：取基准配合比中的砂、石用量，并按 $f_{cu,28}$-C/W 关系曲线选定的水灰比作适当调整后确定。

d. 经试配确定配合比后，按下列步骤进行校正。

按上述方法确定的各组成材料用量按下式计算混凝土的表观密度计算值 $\rho_{c,c}$：

$$\rho_{c,c}=m_{cb}+m_{sb}+m_{gb}+m_{wb} \tag{5-37}$$

按下式计算混凝土配合比校正系数 δ：

$$\delta=\frac{\rho_{c,t}}{\rho_{c,c}} \tag{5-38}$$

式中 $\rho_{c,t}$——混凝土表观密度实测值，kg/m^3；

$\rho_{c,c}$——混凝土表观密度计算值，kg/m^3。

当表观密度实测值与计算值之差的绝对值不超过计算值的 2%时，按前述确定的配合比即为设计配合比；当二者之差超过 2%时，应将配合比中各组成材料用量均乘以校正系数 δ，得到设计配合比。

（4）施工配合比的换算

进行混凝土配合比计算时，其计算公式和有关参数表格中的数值均以干燥状态集料为基准。但现场施工所用砂、石料常含有一定的水分。因此，需对配合比进行修正，设砂的含水率为 $a\%$；石子的含水率为 $b\%$，则施工配合比按下列各式计算：

$$m_c = m_{cb} \tag{5-39}$$

$$m_w = m_{wb} - m_{sb} \cdot a\% - m_{gb} \cdot b\% \tag{5-40}$$

$$m_s = m_{sb}(1 + a\%) \tag{5-41}$$

$$m_g = m_{gb}(1 + b\%) \tag{5-42}$$

式中 m_c、m_w、m_s、m_g——施工配合比中水泥、水、砂、石用量。

设计实例

【4-1】 以抗压强度为指标的设计方法，试设计某工程预应力筋混凝土梁（环境类别为一类）用混凝土配合比。

1. 原始资料

① 已知混凝土设计强度等级为C25，施工要求坍落度为30～50mm，混凝土为机械搅拌合机械振捣，根据施工单位近期同一品种混凝土强度资料，混凝土强度标准差$\sigma=4.5$MPa。

② 采用原材料情况如下。水泥：强度等级32.5的复合硅酸盐水泥，实测28d抗压强度为38.0MPa，密度$\rho_c=3.2g/cm^3$；砂：级配合格，中砂，表观密度$\rho_s=2.65g/cm^3$，碎石：级配合格，最大粒径为20mm，表观密度$\rho_g=2.70g/cm^3$；水：自来水。

③ 根据施工现场实测结果：砂含水率5％，碎石含水率2％。

2. 设计要求

① 按题给资料计算出初步配合比。

② 按初步配合比在实验室进行拌合调整得出试验室配合比。

③ 根据施工现场砂石材料含水率情况，确定施工配合比。

3. 设计步骤

（1）初步配合比

① 确定配制强度（$f_{cu,0}$），MPa。

$$f_{cu,0}=f_{cu,k}+1.645\sigma=25+1.645\times4.5=32.4$$

② 确定水灰比（W/C）。

$$\frac{W}{C}=\frac{\alpha_a f_{ce}}{f_{cu,a}+\alpha_a\alpha_b f_{ce}}=\frac{0.53\times38.0}{32.4+0.53\times0.20\times38.0}=0.55$$

按耐久性校核水灰比：根据混凝土所处环境类别，查表，允许最大水灰比为0.6，按强度计算的水灰比满足耐久性要求，采用0.55。

③ 确定用水量（m_{w0}）。

查表，则$1m^3$混凝土的用水量可选用$m_{w0}=195$kg。

④ 确定水泥用量（m_{c0}），kg。

$$m_{c0}=\frac{m_{w0}}{\left(\frac{W}{C}\right)}=\frac{195}{0.55}=355$$

按耐久性校核单位水泥用量。查表最小水泥用量$280kg/m^3$，采用单位水泥用量为$355kg/m^3$。

⑤ 确定砂率。

由$W/C=0.55$，碎石，最大粒径为20mm，查表，取合理砂率为35％。

⑥ 计算砂石用量（m_{s0}，m_{g0}）。

体积法：

$$\begin{cases}\frac{m_{c0}}{\rho_c}+\frac{m_{w0}}{\rho_w}+\frac{m_{s0}}{\rho_s}+\frac{m_{g0}}{\rho_g}+0.01\alpha=1\\ \frac{m_{s0}}{\rho_{s0}+m_{g0}}=0.35\end{cases}$$

解得：$m_{s0}=633$kg，$m_{g0}=1202$kg。

按体积法计算得初步配合比为$m_{c0}:m_{s0}:m_{g0}:m_{w0}=355:633:1202:195$。

即$1:1.78:3.39$，$W/C=0.55$。

（2）调整工作性，提出基准配合比

① 试配，计算材料用量。

按初步计算配合比，取样 20L，各材料用量为：

水泥 0.020×355＝7.1kg

水 0.020×195＝3.9kg

砂 0.020×633＝12.66kg

石 0.020×1202＝24.04kg

② 测试，和易性为 10mm，应保持水灰比不变的条件下增加水泥浆量，按 5%递增调整，两次调整测得和易性为 40mm，符合要求。

水泥 m_{c0}＝7.1（1＋10%）＝7.81kg

砂 m_{s0}＝12.66kg

石 m_{g0}＝24.04kg

水 m_{w0}＝3.9（1＋10%）＝4.29kg

③ 提出基准配合比。

基准配合比为：m_{ca}：m_{sa}：m_{ga}＝7.81：12.66：24.04＝1：1.62：3.08，W/C＝0.55

（3）设计配合比

① 检验强度。

以基准配合比为基准，再配制两组混凝土，水灰比分别为 0.50 和 0.60，两组配合比中的用水量、砂、石均与基准配合比的相同。经检验，两组配合比为满足和易性需求，将上述三组配合比分别制成标准试件，养护 28 天，测得三组混凝土测定各自抗压强度。绘制强度与灰水比关系曲线如图 5-18 所示。

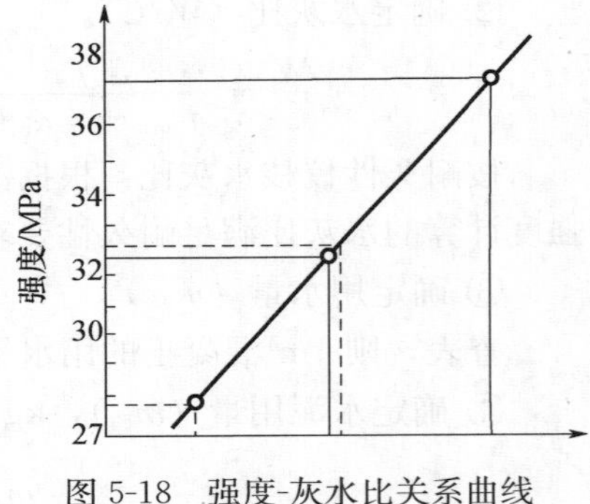

图 5-18　强度-灰水比关系曲线

查得试配强度等级 32.4MPa 所对应的灰水比为 1.75，W/C＝0.57 此时混凝土配合比可按下文步骤确定。

② 混凝土试验室配合比。

按强度验算的结果修正配合比，各种材料的用量如下：

水 195（1＋10%）＝215kg

水泥 215/0.57＝377kg

砂、石材料用量按体积法计算

$$\frac{377}{3200}+\frac{215}{1000}+\frac{m_{sb}}{2650}+\frac{m_{gb}}{2700}+0.01=1$$

$$\frac{m_{sb}}{m_{sb}+m_{gb}}=0.35$$

解得 m_{sb}＝657kg；m_{gb}＝1248kg

测得拌合的表观密度为 $\rho_{c,t}$＝2472kg/m^3，计算表观密度 $\rho_{c,c}$＝377＋215＋657＋1248＝2497kg，修正系数 δ＝2472/2497＝0.99 由于混凝土表观密度实测值与计算值之差的绝对值不超过计算值的 2%，故不需要修正。

因此，试验室配合比为：$m_{cb}:m_{sb}:m_{gb}:m_{wb}=377:657:1202:215$，即 $1:1.74:3.19$，$W/C=0.57$。

（4）施工配合比的确定

$m_c=m_{cb}=377\text{kg}$

$m_s=m_{sb}(1+a\%)=657\times(1+5\%)=689.9\text{kg}$

$m_g=m_{gb}(1+b\%)=1202\times(1+2\%)=1226\text{kg}$

$m_w=m_{wb}-m_{sb}\cdot a\%-m_{gb}\cdot b\%=215-689.9\times5\%-1202\times2\%=156.5\text{kg}$

5.5 路面水泥混凝土

路面是道路的上部结构，通常是由各种坚硬材料分层铺筑于路基之上形成的。路面不仅承受各种大自然因素的作用，还要承受交通荷载的反复作用。因此，路面应具有足够的强度、刚度，以承受车辆高密度荷载的冲击、摩擦以及温、湿度变化引起的内应力；应具有足够的稳定性和耐久性以抵御外界冷热、干湿、冻融和荷载的长期反复作用；此外，路面还应具有足够的平整度，以使车轮与路面之间有足够的附着力和摩擦阻力，利于车辆高速、稳定行驶。

路面所用的材料主要有沥青混凝土和水泥混凝土。路面水泥混凝土是指满足路面摊铺工作性、抗折（弯拉）强度、表面功能、耐久性及经济性等要求的水泥混凝土材料。水泥混凝土制作的路面具有较高的抗压、抗折、抗磨损、抗冲击等力学性能，以及良好的稳定性、耐久性，并且易于铺筑与维修，因而最近十几年得到了迅速发展。水泥混凝土路面按其组成材料不同，又可分为素混凝土路面、钢筋混凝土路面、纤维混凝土路面。

5.5.1 路面水泥混凝土的技术性质

1. 路面水泥混凝土的主要技术指标

路面水泥混凝土与普通混凝土的主要不同之处在于路面水泥混凝土对抗冲击性能和耐磨损性能要求较高。路面水泥混凝土主要技术指标包括标准轴载、使用年限、动载系数、超载系数、当量回弹模量、抗折（弯拉）强度、抗折（弯拉）弹性模量等。这些技术指标是根据不同交通量确定的，表 5-27 为参考指标。

表 5-27 不同交通量混凝土路面技术参数指标

交通量等级	标准轴载（kN）	使用年限（年）	动载系数	超载系数	当量回弹模量（MPa）	抗弯拉强度（MPa）	抗弯拉弹性模量（$\times10^4$MPa）
特重	98	30	1.15	1.20	120	5.0	4.1
重	98	30	1.15	1.15	100	5.0	4.0
中等	98	30	1.20	1.10	80	4.5	3.9
轻	98	30	1.20	1.00	60	4.0	3.9

2. 强度

路面水泥混凝土强度设计有抗弯拉强度、抗弯拉弹性模量、抗弯拉疲劳强度和抗压强度 4 个强度指标。

（1）抗弯拉强度 $f_{tm,k}$

路面水泥混凝土的抗弯拉强度，不得低于表 5-28 中的规定值。当水泥混凝土路面浇筑后，如不需在 28d 后开放交通时，可采用 60d 或 90d 龄期的强度，其强度一般为 28d 龄期强度 1.05 倍和 1.10 倍。

（2）抗弯拉弹性模量 E_0

计算确定水泥混凝土路面板的厚度时，需要混凝土抗弯拉弹性模量 E_0 值，E_0 和 $f_{tm,k}$ 之间的关系，见表 5-28 所示。

表 5-28　路面水泥混凝土抗弯拉弹性模量 E_0 和 $f_{tm,k}$ 之间的关系

抗弯拉强度 $f_{tm,k}$（MPa）	5.5	5.0	4.5	4.0
抗弯拉弹性模量 E_0（$\times10^4$MPa）	4.3	4.1	3.9	3.6

（3）抗弯拉疲劳强度 $f_{tm,p}$

根据路面水泥混凝土的使用年限和设计交通量 N_e，由式（5-43）计算混凝土的抗弯拉疲劳强度

$$f_{tm,p}=(0.94-0.771\lg N_e)\ f_{tm,k} \tag{5-43}$$

式中　$f_{tm,p}$——水泥混凝土路面的抗弯拉疲劳强度，MPa；

N_e——水泥混凝土路面的设计交通量；

$f_{tm,k}$——水泥混凝土路面的抗弯拉强度，MPa。

（4）抗压强度

为了保证路面水泥混凝土的耐久性、耐磨性、抗冻性等性能的要求，除对混凝土抗弯拉强度有规定外，其抗压强度还不得低于 30MPa。

3. 和易性

为保证路面水泥混凝土的施工性质，对混凝土拌合物的和易性也有具体要求。和易性是混凝土拌合物在浇筑、振捣、成形、抹平等过程中的可操作性，它是拌合物流动性、可塑性、稳定性和易密性的综合体现。改善路面水泥混凝土拌合物和易性的常用技术措施包括在保证混凝土强度、耐久性和经济性的前提下，适当调整混合料的材料组成，或掺加适宜外加剂（减水剂等），提高振捣机械效能等。

4. 耐久性

由于路面水泥混凝土长期直接受到行驶车辆的磨损，在寒冷积雪地区又受到防滑链轮胎和带钉轮胎的冲击，同时常年经受风吹日晒、雨水冲刷、冰雪冻融及除冰盐的侵蚀。因此，要求路面水泥混凝土必须具有良好的耐久性。

提高路面水泥混凝土的耐久性，应注意以下几点：

① 合理选择各组成材料的品种，科学地进行路面水泥混凝土的配合比设计；比如集料的选择要符合集料耐久性的有关规定，选择合适水泥品种，保证水泥用量等。

② 对路面水泥混凝土特别注意其早期养护，在有条件时尽可能采用湿养护，并延长其养护时间。

③ 在保证混凝土强度、耐磨性的情况下，掺有引气剂的混凝土的抗冻性优于非引气型混凝土。

5.5.2 路面水泥混凝土的组成材料

路面水泥混凝土的组成材料与普通混凝土基本相同，即由胶凝材料、集料、水、外加剂等组成，但鉴于路面水泥混凝土的受力及使用环境的特殊性，对原材料性能的要求与普通混凝土有一定区别。

1. 水泥

混凝土的性质很大程度上取决于水泥的质量。路面水泥混凝土所使用的水泥，应具有抗弯拉强度高、干缩性小、耐磨性强、抗冻性好等特点，要符合《道路硅酸盐水泥》（GB/T 13693—2017）的规定。用于路面水泥混凝土的水泥中铝酸三钙的含量不宜大于5.0%，铁铝酸四钙的含量不宜低于15%，游离氧化钙含量不大于1%，初凝时间不早于1.5h，终凝时间不迟于10h，根据各交通等级路面水泥各龄期强度不低于表5-29的规定值。与普通硅酸盐水泥相比，用于路面水泥混凝土的水泥具有较高的C_4AF含量，并降低了C_3A的含量，以使路面水泥混凝土具有较高的早期强度、抗弯拉强度、良好的耐磨性、较长的初凝时间和较小的干缩率，以及较强的抗冲击、抗冻和抗硫酸盐侵蚀能力。

水泥品种与强度等级的选择必须综合考虑公路等级、施工工期、铺筑时间、浇筑方法及经济性等因素。一般来说，特重、重交通路面宜采用旋窑道路硅酸盐水泥，也可采用旋窑硅酸盐水泥或普通硅酸盐水泥；中、轻交通的路面可采用矿渣硅酸盐水泥；低温天气施工或有快通要求的路段可采用R型水泥，此外宜采用普通型水泥。水泥除满足表5-29中强度要求外，还应通过混凝土配合比试验，根据其配制抗折（弯拉）强度、耐久性和和易性适宜的水泥品种。

表5-29 各交通等级路面水泥各龄期的抗折强度、抗压强度表

交通等级	特重交通		重交通		中、轻交通	
龄期（d）	3	28	3	28	3	28
抗压强度（MPa），≥	25.5	57.5	22.0	52.5	16.0	42.5
抗折强度（MPa），≥	4.5	7.5	4.0	7.0	3.5	6.5

2. 细集（骨）料

配制路面水泥混凝土所用的细集料应采用质地坚硬、耐久、洁净的天然砂、机制砂或混合砂，并符合《公路水泥混凝土路面施工技术规范》（JTG F30—2014）的规定。

路面和桥面用天然砂宜为中砂，也可使用细度模数为2.0～3.7的砂。高速公路、一级公路、二级公路及有抗（盐）冻要求的三、四级公路混凝土路面使用的砂应不低于Ⅱ级，无抗（盐）冻要求的三、四级公路混凝土路面、碾压混凝土及贫混凝土基层可采用Ⅲ级砂。特重、重交通混凝土路面宜使用河砂，砂的硅质含量不应低于25%。

配制路面水泥混凝土使用机制砂时，不宜使用抗磨性较差的泥岩、页岩、板岩等水成岩类母岩品种生产的机制砂。在河砂资源紧缺的沿海地区，二级及二级以下公路混凝土路面和基层可使用淡化海砂，但淡化海砂带入每立方米混凝土中的含盐量不应大于1.0%，碎贝壳等甲壳类动物残留物含量不应大于1.0%。

3. 粗集（骨）料

配制路面水泥混凝土的粗集料应使用质地坚硬、耐久、洁净的碎石、碎卵石和卵石，

并符合《公路水泥混凝土路面施工技术规范》（JTG F30—2014）的规定。高速公路、一级公路、二级公路及有抗冻（盐）要求的三、四级公路混凝土路面使用的粗集料级别应不低于Ⅱ级，无抗（盐）冻要求的三、四级公路混凝土路面、碾压混凝土及贫混凝土基层可使用Ⅲ级粗集料。有抗（盐）冻要求时，Ⅰ级集料吸水率不应大于1.0%；Ⅱ级集料吸水率不应大于2.0%。

用做路面水泥混凝土的粗集料不得使用不分级的统料，应按最大公称粒径的不同采用2～4个粒级的集料进行掺配。卵石最大公称粒径不宜大于19.0mm；碎卵石最大公称粒径不宜大于26.5mm；碎石最大公称粒径不应大于31.5mm。贫混凝土基层粗集料最大公称粒径不应大于31.5mm；钢纤维混凝土与碾压混凝土粗集料最大公称粒径不宜大于19.0mm。碎卵石或碎石中粒径小于75μm的石粉含量不宜大于1%。

4. 外加剂

在配制路面水泥混凝土时，通常加入一些外加剂以改变路面水泥混凝土的技术性质，常用的外加剂有减水剂、缓凝剂和引气剂三种。

路面水泥混凝土应根据需要选用外加剂，但所选用外加剂的质量应符合《公路水泥混凝土路面施工技术规范》（JTG F30—2014）的规定。由于掺入外加剂会改变混凝土的和易性，同时也改变对制备工艺的要求，因此在正式应用于工程之前，须经过充分试验和实际试用。

5.5.3 路面水泥混凝土配合比设计

路面水泥混凝土配合比设计的任务主要是将组成混凝土的原材料，即粗、细集料，水和水泥的用量，加以合理的配合，使所配制的混凝土满足强度、耐久性以及和易性等技术要求，并尽可能节约水泥，以取得最大的经济效益。

水泥混凝土路面用混凝土配合比设计方法，按我国现行《公路水泥混凝土路面施工技术规范》（JTG F30—2014）的规定，采用抗折（弯拉）强度为设计指标。

普通路面水泥混凝土配合比设计方法如下。

1. 设计要求

路面水泥混凝土配合比设计，应满足施工工作性、抗弯拉强度、耐久性（包括耐磨性）和经济合理的要求。

2. 设计步骤

（1）计算初步配合比

① 确定配制强度。混凝土配制抗弯拉强度的均值按式（5-44）计算：

$$f_c = \frac{f_r}{1-1.04c_v} + ts \tag{5-44}$$

式中 f_c——混凝土配制28d抗弯拉强度的均值，MPa；

f_r——混凝土设计抗弯拉强度标准值，MPa；

s——抗弯拉强度试验样本的标准差，MPa；

t——保证率系数，按表5-30确定；

c_v——抗弯拉强度变异系数，应按统计数据在表5-31的规定范围内取值（在无统计数据时，抗弯拉强度变异系数应按设计取值；如果施工配制抗弯拉强度超出设计给定的抗弯拉强度变异系数上限，则必须改进机械装备和提高施工控制水平）。

表 5-30 保证率系数 t

公路等级	判别概率 p	样本数 n			
		6～8	9～14	15～19	≥20
高速公路	0.05	0.79	0.61	0.45	0.39
一级公路	0.10	0.59	0.46	0.35	0.30
二级公路	0.15	0.46	0.37	0.28	0.24
三级和四级公路	0.20	0.37	0.29	0.22	0.19

表 5-31 各级公路混凝土路面抗弯拉强度变异系数

公路技术等级	高速公路	一级公路		二级公路		三、四级公路
变异水平等级	低	低	中	中	中	高
变异系数允许范围	0.05～0.10		0.10～0.15			0.15～0.20

② 计算水灰比（W/C）。根据粗集料的类型，水灰比可分别按下列统计公式计算。

$$W/C=1.5684/(f_c+1.0097-0.3595f_s)\text{（碎石粉）} \tag{5-45}$$

$$W/C=1.2618/(f_c+1.5492-0.4709f_s)\text{（砾卵石粉）} \tag{5-46}$$

式中 f_s——水泥实测 28d 抗弯拉强度，MPa。

掺用粉煤灰时，应计入超量取代法中代替水泥的那一部分粉煤灰用量（代替砂的超量部分不计入），用水胶比 $W/(C+F)$ 代替水灰比 W/C。水灰比不得超过表 5-32 规定的最大水灰比。

表 5-32 混凝土满足耐久性要求的最大水灰比和最小单位水泥用量

公路等级			高速公路、一级公路	二级公路	三、四级公路
最大水灰（胶）比	无抗冻性要求		0.44	0.46	0.48
	有抗冻性要求		0.42	0.44	0.46
	有抗盐冻性要求		0.40	0.42	0.44
最小单位水泥用量（不掺粉煤灰时）（kg·m^{-3}）	无抗冻性要求	42.5 级	300	300	290
		32.5 级	310	310	305
	有抗冰（盐）冻性要求	42.5 级	320	320	315
		32.5 级	330	330	325
最小单位水泥用量（掺粉煤灰时）（kg·m^{-3}）	无抗冻性要求	42.5 级	260	260	255
		32.5 级	280	270	265
	有抗冰（盐）冻性要求	42.5 级	280	270	265

③ 计算单位用水量（m_{w0}）。混凝土拌合物每立方米的用水量，按下式确定。

对于碎石混凝土：

$$m_{w0}=104.97+0.309S_L+11.27C/W+0.61\beta_s \tag{5-47}$$

对于卵石混凝土：

$$m_{w0}=86.89+3.70S_L+11.24C/W+1.00\beta_s \tag{5-48}$$

式中 m_{w0}——混凝土单位用水量（不掺外加剂和掺和料），kg/m^3；

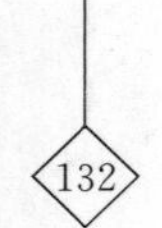

C/W——灰水比；

S_L——混凝土拌合物坍落度，mm；

β_s——砂率，%，参考表 5-33 选定。

表 5-33 砂的细度模数与最优砂率关系

砂细度模数		2.2～2.5	2.5～2.8	2.8～3.1	3.1～3.4	3.4～3.7
砂率 β_s（%）	碎石混凝土	30～34	32～36	34～38	36～40	38～42
	卵石混凝土	28～32	30～34	32～36	34～38	36～40

注：混凝土选用碎卵石，可在碎石与卵石之间内插取值。

掺外加剂的混凝土单位用水量：

$$m_{w,ad}=m_{w0}\ (1-\beta_{ad}) \tag{5-49}$$

式中 β_{ad}——外加剂的减水率，%。

④ 计算单位水泥用量（m_{c0}）。混凝土拌合物每 1m^3 水泥用量，按式（5-50）计算：

$$m_{c0}=m_{w0}/\ (W/C) \tag{5-50}$$

单位水泥用量不得小于表 5-32 中按耐久性要求的最小水泥用量。

⑤ 计算砂石材料单位用量（m_{s0}，m_{g0}）。砂石材料单位用量可按前述绝对体积法或质量法确定。按质量法计算时，混凝土单位质量可取 2400～2450kg/m^3；按体积法计算时，应计入设计含气量。采用超量取代法掺用粉煤灰时，超量部分应代替砂，并折减用砂量。

经计算得到的配合比应验算单位粗集料填充体积率，且不宜小于 70%。要求验算粗集料填充体积率不宜小于 70%的用意在于，振捣密实后的路面混凝土，除了表层 4mm 左右的砂浆外，其下面的混凝土应该振捣成为粗集料的骨架密实结构，而不是粗集料的悬浮结构。因为只有粗集料骨架密实结构的路面混凝土才具有较高犬牙交错的粗集料嵌锁力，从而由粗集料提供更大的路面混凝土弯拉强度值。

本条款参照日本水泥混凝土路面施工技术规范，原要求不是不小于 70%，而是不小于 73%。由于我国建造水泥混凝土路面粗集料品种的多样性和容重、相对密度的多变性，规定粗集料填充体积率不宜小于 70%。实践证明除非是相当多孔的火山凝灰岩等天然轻集料，普通重质集料均能满足粗集料填充体积率不小于 70%的要求。

（2）试拌、调整、提出基准配合比

① 试拌。取施工现场实际材料，配制 0.03m^3 混凝土拌合物。

② 测定工作性。测定坍落度（或维勃稠度），并观察黏聚性和保水性。

③ 调整配比。如流动性不符合要求，应在水灰比不变的情况下，增减水泥浆用量；如黏聚性和保水性不符合要求，应调整砂率。

④ 提出基准配合比。进行基准配合比调整后，提出一个流动性、黏聚性和保水性均符合要求的基准配合比。

（3）强度测定、确定试验室配合比

① 制备抗弯拉强度试件。按基准配合比，增加和减少水灰比 0.03，再计算两组配合比，用三组配合比制备抗弯拉强度试件。

② 抗弯拉强度测定。三组试件在标准条件下经 28d 养护后，按标准方法测定其抗弯拉强度。

③ 确定试验室配合比。根据抗弯拉强度，确定符合和易性和强度要求，并且最经济合理的试验室配合比（或称理论配合比）。

（4）换算工地配合比

根据施工现场材料性质、砂石材料颗粒表面含水率，对理论配合比进行换算，最后得出施工配合比。

设计实例

【5-2】 某高速公路拟采用水泥混凝土路面，试设计路面用混凝土初步配合比。

1. 原材料及各项指标

水泥：52.5 级普通硅酸盐水泥，密度为 $3.1g/cm^3$，实测 28d 胶砂抗折强度为 8.2MPa；

碎石：石灰石，最大粒径 40mm，级配合格，表观密度为 $2.70g/cm^3$；振实密度 $1.701g/cm^3$；

砂：中砂，表观密度为 $2.63g/cm^3$，细度模数为 2.64，其他各项指标均符合技术要求；

水：饮用水。

2. 设计要求

混凝土抗折强度等级为 5.0MPa，施工要求混凝土抗弯拉强度样本的标准差为 0.4MPa（$n=9$），混凝土拌合物坍落度为 30～50mm。

3. 初步配合比设计

（1）确定试配强度

$$f_c = \frac{f_r}{1 - 1.04c_v} + ts = \frac{5}{1 - 1.04 \times 0.075} + 0.61 \times 0.4 = 5.67\text{MPa}$$

（2）计算水灰比

$$W/C = 1.5684/(f_c + 1.0097 - 0.3595 f_s) = 0.42$$

查表得耐久性允许最大水灰比 0.44，故取计算水灰比 0.42。

（3）计算用水量

查表 $W/C=0.42$ 时，$\beta_s=34\%$代入公式：

$$m_{w0} = 104.97 + 0.309S_L + 11.27C/W + 0.61S_p = 143\text{kg/m}^3$$

（4）计算水泥用量

$$m_{c0} = 143 \times \frac{1}{0.42} = 340\text{kg/m}^3$$

查表：耐久性允许最小水泥用量 $300kg/m^3$，故取 $340kg/m^3$。

（5）计算砂石用量

$$\begin{cases} \dfrac{340}{3100} + \dfrac{143}{1000} + \dfrac{m_{s0}}{2630} + \dfrac{m_{g0}}{2700} + 0.01 = 1 \\ \dfrac{m_{s0}}{m_{s0} + m_{g0}} = 0.34 \end{cases}$$

解得：$m_{s0}=671kg/m^3$；$m_{g0}=1302kg/m^3$

验算：碎石的填充体积

$$\frac{m_{g0}}{\rho_{gh}}=\frac{1302}{1701}\times 100\%=74.2\%$$

符合要求。

由此确定路面混凝土的“初步配合比”为：

$$m_{c0}:m_{s0}:m_{g0}:m_{w0}=340:671:1302:143$$

路面混凝土的基准配合比、设计配合比设计内容与普通混凝土方法相同。

5.6 高性能混凝土

1. 高性能混凝土的定义

高性能混凝土是一种具备优良综合性能的新型混凝土，它在具备普通混凝土基本性能的基础上还具备高强度性能、高流动性能、高体积稳定性能、高环保性能和高耐久性能。或者说高性能混凝土是一种新型高技术混凝土，它是在大幅度提高普通混凝土性能的基础上，采用现代混凝土技术，选用优质的混凝土原材料，在严格的质量管理条件下，按照科学的工艺制度制成的高质量混凝土。

2. 高性能混凝土的组成材料

（1）胶凝材料

胶凝材料是高性能混凝土最关键的组分之一，它一般采用高性能水泥。为了获得高性能混凝土的高强度、高流动性和高体积稳定性，高性能水泥在具备常用水泥的一般性能基础上，还应具备以下性能：水泥拌制成浆体时的需水性能低，即水泥的标准稠度用水量低，使混凝土在低水灰比时也能获得较大的流动性，从而保证高性能混凝土的高强度性能和砂浆流动性能；水泥水化时的放热性能低，以避免混凝土在凝结时和硬化早期内部温度过高，与环境之间产生过大温差，从而减少温度应力引起的混凝土原生裂缝，保证混凝土形成时体积稳定性，保证混凝土的高耐久性能。目前，高性能水泥品种有中热硅酸盐水泥、调粒水泥或级配水泥、球状水泥和活化水泥等。中热硅酸盐水泥是指水泥中 C_3A 含量不超过 6%，C_3S 和 C_3A 的总量不超过 58%的硅酸盐水泥。该种水泥的水化放热中等，有利于形成过程中体积的稳定，且该水泥有较高的抵抗硫酸盐侵蚀的能力。

调粒水泥是将水泥颗粒的粒度分布进行调整，获得良好颗粒级配的水泥。它一般由大小不同的硅酸盐熟料颗粒与适量超细粉粒子组成，水泥颗粒大小分布比例适当，水泥颗粒之间能获得密实的填充，在用水量较小时能获得流动性良好的水泥浆，并能改善水泥凝胶结构，使其孔隙孔径减小和分布均匀，还能减少水泥浆的泌水。球状水泥的颗粒粒径约 1～30 μm. 平均粒径小，球形且表面光滑。该种水泥颗粒有较高的流动性和填充性，同时其微粉含量低，水泥粒子总表面积小，拌制水泥浆体时需水量少。活化水泥是将粉状超塑化剂和水泥熟料按适当比例混合磨细制得，其活性比常用水泥大幅度提高，可用于配制超低水灰比的混凝土。

（2）矿物质掺合料

矿物质掺合料是高性能混凝土中不可缺少的组分，一般采用超细矿粉。对大多数超细矿粉而言，其粒子直径在 0.1～10μm，比表面积在 7500cm^2/g 左右，一般含有活性 SiO_2

和活性 Al_2O_3。因此，超细矿粉有很高的活性。掺入混凝土中的超细矿粉主要有以下方面的作用。一是对掺入混凝土中的水泥有改善性能的作用；二是改善水泥浆与集料界面处的黏结性能；三是改善混凝土的拌合物性能。具体来说，超细矿粉起以下作用：

① 改善水泥粒子级配，使水泥颗粒之间获得密实填充。相当于使原来的水泥改性成调粒水泥，减小了原来水泥标准稠度用水量，减小了原来水泥浆的泌水，从而有效地改善混凝土的微孔和毛细孔结构，使混凝土中的微孔和毛细孔的孔径减小且分布均匀，同时也显著减小了混凝土的泌水，减轻了混凝土内分层程度。

② 改善水泥凝胶微观结构强度，提高水泥的黏结性能。混凝土中的水泥水化时，超细矿粉中的活性 SiO_2 和活性 Al_2O_3 会与水泥水化时产生的 CH（氢氧化钙）发生物理化学作用，生成的凝胶体和结晶体能填充原有水泥凝胶结构中凝胶水占据的空间。使水泥凝胶结构更加密实，同时也能加强原有水泥凝胶粒子之间的物理化学吸引力，从而改善水泥凝胶微观结构强度，提高水泥的黏结性能。

③ 掺入混凝土中的超细矿粉与水泥可合二为一，可以被认为是一种组合胶凝材料或称为改性水泥，这种改性水泥与纯水泥相比较，由于超细矿粉中的活性 SiO_2 和活性 Al_2O_3 需待水泥熟料活性矿物与水作用一段时间后，水泥浆中 CH 浓度达到一定程度，才与 CH 发生物理化学作用生成凝胶体和结晶体，因此该种改性水泥的水化放热速度慢且水化放热量小。该种改性水泥用于混凝土中，可以降低混凝土的水化热。减弱混凝土形成过程中的早期温度上升量，降低混凝土形成时的温度应力，减弱温度上升所引起的混凝土干缩加快，减少因温度上升引起的混凝土原生裂缝，从而提高混凝土的耐久性。

④ 由于超细矿粉中的活性矿物与水泥熟料水化时产生的 CH 作用，消耗了部分 CH，并使混凝土中的 C_3AH_6 晶粒减小，分布更加均匀，因此提高了混凝土的抗侵蚀性能。

⑤ 由于超细矿粉中的活性矿物与水泥熟料水化时产生的 CH 作用，在消耗部分 CH 的同时，减少了 CH 在水泥浆与砂石集料界面处的富集与排列倾向，改善了混凝土砂石界面因土木工程材料 CH 富集与定向排列形成的多孔结构，从而提高了混凝土的界面强度。

⑥ 由于超细矿粉的颗粒粒径小，比表面积数值很大，混凝土中掺入超细矿粉后，可以提高混凝土中水泥浆的黏性，并减少水泥浆的泌水，可降低混凝土拌合物在高流动性时固相颗粒的沉降分离倾向，从而改善了混凝土拌合物在高流动性时的黏聚性和可泵性。配制高性能混凝土常用的矿物掺合料有超细矿渣粉、超细粉煤灰、超细硅灰、超细沸石粉等。

（3）粗细集料

粗细集料在高性能混凝土中依然是起骨架作用，其性能对高性能混凝土的物理性能、力学性能、耐久性能等，主要有以下几个方面的影响：

① 粗细集料的强度。由于混凝土承受荷载时，其内部粗细集料各个颗粒界面处的某些点有可能出现应力集中，这些点的实际应力可能会超过粗细集料强度，使集料颗粒发生破坏，集料颗粒失去骨架作用。因此配制混凝土时粗细集料颗粒应有足够强度，一般要求集料颗粒强度高于混凝土强度，但也不应过高，因为强度过高的集料颗粒往往比水泥浆的弹性模量和热膨胀系数大许多，温度变化时，集料颗粒与水泥浆的变形相差大，易使集料与水泥浆黏结界面处开裂。通常细集料颗粒的强度容易满足要求，而粗集料颗粒强度不易满足要求。实验证明，配制高性能混凝土一般控制粗集料的压碎值指标在 10%～15%。

② 粗细集料的表面特征和颗粒形状。粗细集料的表面干净粗糙，因此与胶凝材料的黏结面积大，总的黏结力大，从而提高混凝土的界面强度。粗细集料的颗粒形状在空间长宽厚三个方向的尺寸越接近，即越接近短柱状，在混凝土承受荷载时越不易受折，更利于发挥粗细集料抗压强度高的特性。因此，选择强度高、干净的、短柱状的破碎粗细集料来配制高性能混凝土，易于满足高性能混凝土的高强度要求。一般针状和片状的粗集料含量不宜大于5%。

③ 粗细集料的级配。选择级配好的粗细集料来配制高性能混凝土，易于满足高性能混凝土的高耐久性能和其拌合物在高流动时保持均匀的性能。粗细集料级配好主要有三方面含义：一是指大小颗粒搭配适当，保证高性能混凝土拌合物在快速流动性时拌合物不易分层离析；二是指大小颗粒之间的空隙率低，保证高性能混凝土硬化结构具有高密实性能；三是指颗粒之间的空隙直径小，保证胶凝材料及粉状掺合料在凝结硬化期间产生的收缩均能受到粗细集料的约束，减少胶凝材料及粉状材料凝结硬化期间收缩时产生的混凝土原生裂缝。

④ 粗集料的最大粒径和细集料的细度。粗集料的最大粒径越大，混凝土内分层现象越严重，同时粗集料的总表面积越小，使混凝土中粗集料与砂浆体之间的黏结力减弱。从而影响混凝土的强度。细集料的细度模数过小即颗粒过小，不能有效阻止水泥浆的收缩，增多混凝土中水泥浆的原生裂缝；细集料的细度过大即颗粒过大，混凝土拌合物易泌水，加剧混凝土的内分层现象，降低混凝土的密实性能。因而，配制高性能混凝土时，粗集料最大粒径一般不超过15mm，细集料宜采用中砂。

⑤ 粗细集料的其他方面。粗细集料吸水率不应过大，应有足够的坚固性。不应含有易发生碱集料反应的碱活性成分，否则将影响高性能混凝土的密实度与耐久性。

(4) 混凝土外加剂

由于高性能混凝土的强度高，水灰比小，水泥及矿粉用量大。拌合物黏性大和流动性大等特点，因此混凝土外加剂往往成为高性能混凝土不可缺少的组分。一般高性能混凝土的外加剂常选用以下几种：

① 高效减水剂或塑化剂。高效减水剂或塑化剂的掺入，可大大提高混凝土拌合物的流动性。一般高效减水剂可选用萘系、多羧酸盐系、三聚氰胺系等。

② 黏稠剂。黏稠剂的掺入，可增强粗细集料问的抗分离性，即提高高性能混凝土拌合物的黏聚性。常用的黏稠剂有纤维素类、丙烯酸类、多糖聚合物类等。

③ 缓凝剂。缓凝剂的掺入，可降低混凝土的水化热，减小温度引起的危害。

④ 膨胀剂。膨胀剂的掺入，可降低混凝土的收缩。

3. 高性能混凝土的特点

(1) 高性能混凝土拌合物具有高工作性能

高性能混凝土拌合物的高工作性能的内容包括高流动性、高密实性、高黏聚性和高保水性四个方面。高流动性是指混凝土拌合物自动流平模板空间的能力非常强。混凝土拌合物的流动度非常大。高密实性是指混凝土拌合物流动时内部同相集料大小颗粒之间自动填充颗粒间隙形成密实结构的能力非常强。高黏聚性是指混凝土拌合物液态浆体即水泥和矿物粉料与水形成的浆体，对固相集料颗粒具有较强的黏性。保持拌合物高流动性的同时，固相颗粒与液态浆体之间不出现明显的分层离析。高保水性是指高性能混凝土拌合物在高流动性和混凝土拌合物运输浇筑时泵送压力作用下，具有较强保持水分不从拌合物中泌出的性能。一般高性能混凝土拌合物的坍落度控制在180～220mm，由于其水泥及矿物粉体掺量大，混凝土运输和浇筑时的压力损失大，故混凝土拌合物泵送时需要更高的泵送压力。影响高性能混凝土拌合物工作性的因素主要有：

① 每立方米混凝土拌合物的用水量即混凝土单位用水量。

② 混凝土外加剂，主要是混凝土高效减水剂和增稠剂。

③ 水泥及矿物粉体的品种和粗细。

④ 水泥及矿物粉体与水形成的浆体的黏性及其对集料颗粒之间摩擦性能的影响。一般水灰比控制在0.4以下，浆体与集料体积比控制在35∶65。

（2）高性能混凝土具有高强度性能

高性能混凝土是一种综合性能非常优秀的混凝土，而混凝土的强度性能与混凝土的其他物理性能、力学性能和耐久性能等具有密切的关系，一般混凝土强度高，混凝土结构密实，往往混凝土许多其他性能也相应提高，因此高强度性能是高性能混凝土的基本特征。一般高性能混凝土的强度等级在C60～C120，弹性模量在35000 ～41000MPa。影响混凝土抗压强度的主要因素有：

① 混凝土单位用水量。一般混凝土单位用水量与混凝土抗压强度成反比，强度等级在C60～C120，相应混凝土单位用水量在120～175。

② 水泥实际强度与水胶比。

③ 矿粉掺合料的活性和比表面积。一般矿粉掺合料的活性高，比表面积大，配制的混凝土强度高。

④ 混凝土外加剂，主要是高效减水剂。一般高效减水剂减水率越大，配制混凝土的单位用水量越小，混凝土强度越高。

⑤ 集料的强度、集料的级配、粗集料的最大粒径和集料的形状及表面状态。

⑥ 混凝土的制作工艺如养护、振捣等。

（3）高性能混凝土具有优良的耐久性能

高性能混凝土的结构密实，具有优良的抗渗性、抗冻性、抗碳化性能、抗碱集料反应性、抗硫酸盐侵蚀性和耐磨性等。例如，清华大学研究掺沸石粉60MPa的高性能混凝土的抗渗压力达2.0MPa，有人研究掺加硅粉的水泥石氯离子扩散系数比基准水泥石降低68%～84%，挪威研究120MPa掺硅粉的高性能混凝土的磨耗率仅为60μm/次，这里的每次相当于以63km/h速度行驶带有防滑铁钉轮胎的货车作用。影响高性能混凝土耐久性能的主要因素有：

① 混凝土的水灰比。一般水灰比小，混凝土形成时蒸发的水量小，从而减少了因水分蒸发引起的混凝土原生裂缝，减少了混凝土内部的毛细孔隙数量和孔径。

② 混凝土的水泥和矿物粉料的掺量和性能。一般高性能混凝土的水泥和矿物粉料掺量大，其拌合物不易泌水，保水性好，减少了混凝土的贯通孔隙。矿物粉料的活性，尤其是超细矿粉的活性，改善了混凝土水泥及矿物粉料浆体与集料之间的界面结构，矿物粉料改善了水泥凝胶结构，从而改善了混凝土的微观孔隙。矿物粉料中的活性物质与水泥水化产物作用，消耗了部分CH，减弱了C_3AH_6与硫酸盐作用引起的膨胀开裂，抑制了碱集料反应，提高了混凝土的抗硫酸盐侵蚀能力和抗水侵蚀能力。

③ 集料的级配与集料的最大粒径。一般集料的级配好，集料颗粒之间易填充密实，混凝土拌合物不易分层离析。集料的最大粒径小，减弱集料下方泌水引起的内分层程度，减少了混凝土内部因组成不均匀所引起的缺陷。因而提高了混凝土的密实度，提高了混凝土的耐磨性能和抗炭化性能。

（4）高性能混凝土其他方面的特点

① 高性能混凝土的工作性能非常好，拌合物坍落度为 180～220mm，采用泵送施工，且易制成不需振捣的自密实混凝土，降低劳动强度，缩短工期，利于工厂化生产商品混凝土，容易保证质量。

② 研究资料表明，掺加矿粉的高性能混凝土干燥收缩和混凝土的徐变值均低于基准混凝土，这说明掺矿粉的高性能混凝土在形成过程和使用过程中有更好的体积稳定性。

③ 大量研究表明，高性能混凝土与普通性能混凝土的破坏过程有明显不同，高性能混凝土比普通混凝土脆性大，破坏断面平滑。高性能混凝土本身具有高强度性能，在实际使用中必然承受更大的荷载作用，因此不容忽视其脆性对使用高性能混凝土结构的安全性影响。

④ 高性能混凝土的组成材料、拌合物性能、硬化结构性能等与普通混凝土不同，其配合比设计方面，原来的普通混凝土配合比设计方法和原则已不适用。应从满足高性能混凝土的高强度性能、高耐久性能、高工作性能和经济性能要求出发，通过理论估算和大量实验来摸索建立高性能混凝土配合比的设计理论和方法。在高性能混凝土配合比设计理论和方法未形成时，其配合比应以大量实验为基础，并保证使用方面的安全性和质量可靠性。

⑤ 高性能混凝土的组成材料、拌合物性能、硬化结构性能等与普通混凝土不同，仍沿用普通混凝土的质量评价方法显然是不合适的，应研究一套高性能混凝土质量评价体系，包括混凝土拌合物的评价、混凝土力学性能的评价、混凝土耐久性能的评价、混凝土结构性能的评价、混凝土的验收规范等。

5.7 其他混凝土

5.7.1 轻集料混凝土

用轻粗集料、轻细集料（或普通砂）、水泥、水及外加剂或掺合料配制成的混凝土，其表观密度不大于 1950kg/m^{3}的，称为轻集料混凝土。

轻集料混凝土与普通混凝土的不同之处在于集料中存在着大量的孔隙。由于这些孔隙的存在，赋予它许多优越的性能。

集料中孔隙的存在降低了集料的颗粒密度，从而降低了轻集料混凝土的表观密度，其表观密度一般为 800～1950kg/m^3。做承重结构用的轻集料混凝土，其表观密度约为 1400～1950kg/m^3，比普通混凝土小 20%～30%。

虽然多孔轻集料的强度低于普通集料。但是由于轻集料的孔隙在拌合料拌合时具有吸水作用，造成轻集料颗粒表面的局部低水灰比，增加了集料表面附近水泥石的密实性。同

时，因轻粗集料表面粗糙且具有微孔，提高了集料与水泥石的黏结力。这样在集料周围形成了坚强的水泥石外壳，约束了集料的横向变形，使得集料在混凝土中处于三向受力状态，从而提高了集料的极限强度，使轻集料混凝土的强度与普通混凝土相近。这就是轻集料混凝土轻质高强的原因。轻集料混凝土的强度等级一般可达 15～50 级，最高可达 70 级。由于轻集料被包围在密实性较高的水泥石中，集料表面密实度较高，因此，轻集料混凝土比普通混凝土有较高的抗冻和抗渗能力，与同等级的普通混凝土相比，轻集料混凝土的护筋性并不减低。

多孔轻集料内部的孔隙还使其具有导热系数低、保温性能好的性能。表观密度为 800～1400kg/m^{3}的轻集料混凝土是一种性能良好的墙体材料，其导热系数为 0.23～0.52W/（m·K），与传统墙体材料普通黏土砖相比，不仅强度高、整体性好，而且保温性能良好。用它制作墙体，在同等的保温要求下，可使墙体的厚度减少 40%以上，而墙体自重可减轻一半以上。

轻集料混凝土由于自重轻，弹性模量低，因而抗震性能好，用它建造的建筑物，在地震荷载作用下，所承受的地震力小，振动波的传递速度较慢，且自振周期长，对冲击能量的吸收快，减震效果好，所以抗震性能比普通混凝土好。

轻集料混凝土由于导热系数低，耐火性能好。在高温作用下可保护钢筋不遭受破坏，对于同一耐火等级，轻集料钢筋混凝土板的厚度可以比普通混凝土薄 20%以上。此外，轻集料可由煤矸石、粉煤灰等废渣制得，使工业废渣得到合理利用。

由于轻集料混凝土具有上述一系列优点，其应用范围在工业与民用建筑中日益广泛，不仅可用作围护结构，也可用作承重结构。由于结构自重小，可减少地基荷载，因此特别适用于高层和大跨度结构。例如，1969 年美国就用轻集料混凝土建成了层高 2.8m、52 层的休斯敦广场大厦。

必须指出，轻集料混凝土在应用中也存在某些缺点。例如，其抗压强度虽然与普通混凝土接近，但其抗拉强度和弹性模量较低，因此会产生过大的变形及较大的收缩和徐变等。对于这些缺点，在设计和生产轻集料混凝土时必须加以考虑。

5.7.2 防水混凝土

防水混凝土分为普通防水混凝土和外加剂防水混凝土，例如加气剂防水混凝土、减水剂防水混凝土和膨胀水泥防水混凝土。防水混凝土适用于水池、水塔等储水构筑物及一般性地下建筑，并广泛应用于干湿交替作用或冻融交替作用的工程中，如海港码头、桥墩等建筑中。

1. 普通防水混凝土

普通防水混凝土是以调整配合比的方法来提高自身密度和抗渗性的一种混凝土。它是在普通混凝土的基础上发展起来的。它与普通混凝土的不同之处在于普通混凝土是根据所需的强度进行配制。在普通混凝土中，石子是骨架，砂填充石子的空隙，水泥浆填充细集料空隙并将集料黏结在一起。而普通防水混凝土是根据工程所需的抗渗要求配制的，其中石子的骨架作用减弱，水泥砂浆除满足填充和黏结作用外，还要求能在粗集料周围形成一定厚度良好的砂浆包裹层，以提高混凝土的抗渗性。因此，普通防水混凝土与普通混凝土相比，在配合比选择上有所不同，表现为水灰比限制在 0.6 以内，水泥用量稍高，一般不小于 300kg/m^3；砂率较大，不小于 35%。灰砂比也较高，一般不小于 1∶2.5。

2. 外加剂防水混凝土

外加剂防水混凝土是在混凝土拌合物中掺入少量改善混凝土抗渗性能的有机或无机物，以适应工程防水需要的一系列混凝土。属于有机物的有加气剂、减水剂、三乙醇胺早强防水剂等，属于无机物的有氯化铁防水剂等。

3. 膨胀水泥防水混凝土

用膨胀水泥配制的防水混凝土，称为膨胀水泥。膨胀水泥在水化过程中，形成大量体积增大的钙矾石，产生一定的膨胀，改善了混凝土的孔结构，使总孔隙率减小，毛细孔径减小，提高了混凝土的抗渗性。同时，利用膨胀水泥配制钢筋混凝土，可以充分利用膨胀水泥的膨胀性能，给混凝土造成自应力，使混凝土处于受压状态，提高混凝土的抗裂能力。

膨胀水泥防水混凝土广泛应用于水池、水塔、地下室等要求抗渗的混凝土工程。

5.7.3 流态混凝土

在预制的坍落度为 25～90mm 的基体混凝土中，加入流化剂（即高效减水剂），经过搅拌，使混凝土的坍落度顿时增加至 12～22 cm，能像水一样流动，这种混凝土称为流动性混凝土。

流动性混凝土与普通混凝土相比，其主要特点是，粗集料粒径小，一般粗集料最大粒径不大于 31.5mm，避免混凝土运输过程中堵塞运输管道；砂率大，一般为 35%～45%，避免混凝土运输过程中产生泌浆、离析、泌水，保证混凝土拌合物施工和易性；流动性混凝土坍落度大，一般为 12～22cm，便于泵送运输和浇筑，使混凝土现场施工水平、垂直运输等工序连为一体，提高施工效率和进度；流动性混凝土的质量近似于坍落度为 25～75mm 的塑性混凝土；流动性混凝土水泥用量和用水量较多，为了节约水泥，经常使用普通减水剂和高效减水剂；流动性混凝土的使用有利于推动混凝土生产的商品化程度的提高。目前，许多大中城市已普遍应用流动性混凝土。

5.7.4 无砂大孔混凝土

无砂大孔混凝土就是不含砂的混凝土，它由水泥、粗集料和水拌合而成。粗集料可以是碎石、卵石，也可以是人造集料，如黏土陶粒、粉煤灰陶粒等。由于没有细集料，所以其中存在着大量较大的孔洞，孔洞的大小与粗集料的粒径大致相等。由于这些孔洞的存在，使得无大孔混凝土显示出与一般混凝土不同的特性。

与普通混凝土相比，无砂大孔混凝土具有以下优点：

① 表观密度小，通常在 1400～1900kg/m^3。

② 热传导系数小。

③ 水的毛细现象不显著。

④ 水泥用量少。

⑤ 混凝土侧压力小，可使用各种轻型模板，如钢丝网模板、胶合板模板等。

⑥ 表面存在蜂窝状孔洞，抹面施工方便。

⑦ 由于少用了一种材料（砂子），简化了运输及现场管理。

无砂大孔混凝土可用于6层以下住宅的承重墙体。在6层以上的多层住宅中，通常把无砂大孔混凝土作为框架填充材料使用，即构成无砂大孔混凝土带框墙。

无砂大孔混凝土还可用于地坪、路面、停车场等。由于它有较好的抗毛细作用，所以，在那些地下水位较高的地区，用无砂混凝土作地坪。可使室内保持干燥，还可防止地下水浸入墙体。

如上海同济大学于1982年建成一幢高13层的宿舍楼，采用无砂大孔混凝土带框结构，取得了较好的经济技术效果。我国还生产了一种无砂大孔陶粒混凝土夹层复合外墙板及大楼板，用于住宅建设，也取得了较好的技术经济效果。无砂大孔混凝土将是一种有发展前途的混凝土。

5.7.5 聚合物混凝土

聚合物混凝土分为三类，其生产工艺不同，物理力学性质也有差别，造价和适用范围也不同。

1. 聚合物浸渍混凝土

聚合物浸渍混凝土就是将硬化了的混凝土浸渍在单体中，然后再使其聚合成整体混凝土，以减少其中的孔隙。

聚合物浸渍混凝土由于聚合物充满混凝土中的孔隙和毛细管，显著地改善了混凝土的物理力学性能。一般情况下，聚合物浸渍混凝土的抗压强度约为普通混凝土的3～4倍，抗拉强度约提高3倍，抗弯强度约提高2～3倍，弹性模量约提高1倍，冲击强度提高0.7倍。此外，徐变大大减少，抗冻性、耐酸和耐碱等性能都有很大的改善。

虽然聚合物浸渍混凝土性能优越，但是由于目前造价较高，实际应用不普遍。目前只是利用其耐腐蚀、高强、耐久性好的特性制作一些构件。将来，随着制作工艺的简化和成本的降低可作为防腐和耐压材料，在水下及海洋开发方面也将扩大其应用范围。

2. 聚合物混凝土

聚合物混凝土也称树脂混凝土，是以合成树脂为胶结材料，以砂石为聚集料的混凝土。为了减少树脂的用量，还加有填料粉砂等。它具有强度高、耐化学腐蚀、耐磨、耐水、抗冻性好、易于黏结、电绝缘性好等优点，广泛应用于耐腐蚀的化工结构和高强度的接头。

3. 聚合物水泥混凝土

聚合物水泥混凝土是在普通混凝土拌合物中再加入一种聚合物而制成。将聚合物搅拌在普通混凝土中，聚合物在混凝土内形成薄膜，填充水泥水化物和集料之间的孔隙，与水泥水化物结成一体，故其与普通混凝土相比具有较好的黏结性、耐久性、耐磨性，并且有较高的抗渗性能，减少收缩，提高不透水性、耐腐蚀性和耐冲击性，但是强度提高较少。

聚合物水泥混凝土主要用于地面、路面、桥面和船舶的内外甲板面，尤其是有化学物质的楼地面更为适宜。也可用做衬砌材料，喷射混凝土和新旧混凝土的接头。

5.7.6 纤维混凝土

纤维混凝土是为了改善水泥混凝土的脆性，提高它们的抗拉、抗弯、抗冲击和抗爆等性能而发展起来的一种新型混凝土材料。它是将短而细的分散性纤维，均匀地撒布在混凝土基体中而形成的混凝土。常用的纤维材料有钢纤维、玻璃纤维、聚丙烯纤维等。

纤维混凝土具有良好的韧性、抗疲劳和抗冲击性等优越性能。但是在应用上，还受到一定的限制。例如，施工和易性差。搅拌合振捣时会发生纤维成团和折断等问题。

目前，钢纤维混凝土主要应用于桥面、公路、飞机跑道、采矿和隧道等大体积混凝土工程。此外，用玻璃纤维混凝土、聚丙烯纤维混凝土生产管道、楼板、墙板、桩、楼梯、梁、浮码头、船壳、机架、机座、电线杆等取得了一定的成功经验。

5.7.7 特细砂混凝土

特细砂混凝土是用特细砂代替普通混凝土中的普通砂配制而成的混凝土。在我国各大江河流域和某些地区，如甘肃、新疆及四川等地蕴藏着大量的细度模数在1.5以下的特细砂。利用特细砂来配制特细砂混凝土，具有造价低的优点，且技术指标能够达到一般混凝土的要求。由于特细砂细度模数值低，所以特细砂混凝土与普通混凝土相比，具有低砂率、低流动性、早期易产生收缩裂缝等特点。

案例分析

【5-1】 大体积混凝土裂缝问题。

某铁路大桥工程墩台为圆端型实体墩，桥墩截面尺寸为880cm×220cm，墩身高度10～30m。桥墩表面设置ϕ16钢筋网，桥墩台混凝土强度等级为C30。混凝土工程施工中模板使用大型组合钢模板，混凝土搅拌站自动计量集中拌合，混凝土罐车运输，泵送入模，每次施工高度10m。开始施工后在混凝土浇筑3d后拆模，发现在桥墩直线段上距曲线段50cm左右对称出现4条竖向裂缝，裂缝宽度在0.1～0.2mm左右，深度60cm左右。分析：经对墩身混凝土强度回弹，混凝土三天强度基本达到设计强度等级C30。检测原材料均合格，调查施工过程及新拌混凝土性能均正常。对混凝土及环境温度检测结果如下，混凝土内部温度64℃，混凝土表面温度40℃，环境气温白天为24～34℃，晚上气温在10～20℃之间。

经综合分析，该混凝土表面裂缝主要是混凝土水化热引起温升大，再加上昼夜环境温差大，引起混凝土中心温度到环境气温温度梯度大，混凝土收缩与膨胀引起应力差造成的温度裂缝。

【5-2】 混凝土强度问题。

某预制梁场在认证中进行梁的静载试验时发现承载能力达不到设计要求。后在梁体取芯检测出混凝土强度不足。

分析：调查中查明各种原材料检测合格；试件合格；开盘时按砂石含水率调整了施工配合比；混凝土施工性能目测良好；梁体芯样试件含气量达8%。

该梁强度出现问题的原因有两方面：

(1) 材料换批次后对材料间相互适应性重视不足；

(2) 混凝土开盘检定检验不严格。

知识归纳

本章主要介绍了混凝土原材料及混凝土各项性能指标测定方法、其他混凝土的基本性

能与配制原理、混凝土技术的最新发展动态和未来发展趋势以及特种混凝土；要求掌握混凝土主要组成材料的性能要求及其对混凝土性能的影响；熟练掌握新拌混凝土拌合物的性质、测定和性能调整方法，熟练掌握硬化混凝土的力学性能、变形性能和耐久性及其影响因素，熟练掌握普通混凝土、掺减水剂以及含掺和料混凝土的配合比设计方法。

思考题

1. 什么是水泥混凝土？水泥混凝土有什么特点？

2. 普通水泥混凝土应具备哪些技术性质？

3. 试述新拌合混凝土工作性的含义，影响工作性的主要因素和改善措施有哪些？

4. 试述混凝土立方体抗压强度、立方体抗压强度标准值与强度等级有什么关系？

5. 土木工程用水泥混凝土的耐久性有哪些要求？碱-集料反应对土木工程混凝土有何危害？应如何控制？

6. 影响混凝土强度的因素有哪些？采用哪些措施可以提高混凝土强度？

7. 什么是减水剂？简述减水剂的作用机理和掺入减水剂的技术经济效果。

8. 采用矿渣水泥、卵石和天然砂配制混凝土，水灰比为 0.5，制作 10cm×10cm×10cm 试件三块，在标准养护条件下养护 7d 后，测得破坏荷载分别为 140kN、135kN、142kN。试估算（1）该混凝土 28d 的标准立方体抗压强度。（2）该混凝土采用的矿渣水泥的强度等级。

9. 某办公建筑现浇框架结构梁，混凝土设计强度等级 C25，施工要求坍落度 30～50mm，施工单位无历史统计资料，采用原材料为：普通水泥强度等级为 42.5，$\rho_c=3000\text{kg/m}^3$；中砂 $\rho_s=2600\text{kg/m}^3$，$M_x=2.6$；卵石最大粒径 20mm，$\rho_g=2650\text{kg/m}^3$；自来水。试求初步配合比。

10. 试设计某高速公路路面用水泥混凝土的配合组成。

（一）设计资料

（1）交通量属于特重级，混凝土设计抗弯拉强度 5.0MPa，施工单位混凝土抗弯拉强度样本的标准差为 0.42MPa（$n=15$ 组）。无抗冻性要求。

（2）要求施工坍落度为 10～30mm。

（3）组成材料如下：

① 水泥：52.5 级普通硅酸盐水泥，实测水泥胶砂抗弯拉强度为 8.45MPa，密度 $\rho_c=3100\text{kg/m}^3$.

② 碎石：一级石灰石轧制的碎石，最大粒径为 31.5mm，表观密度为 $\rho_g=2720\text{kg/m}^3$ 振实密度为 1750kg/m^3，现场含水率为 1.0%

③ 砂：洁净的河砂，细度模数 2.62，表观密度 $\rho_s=2650\text{kg/m}^3$，现场含水率为 3.5%。

④ 水：饮用水，符合混凝土拌合用水要求。

（二）设计要求

（1）确定混凝土试配抗弯拉强度。

（2）计算初步配合比。

(3) 通过试拌调整和强度检验，确定试验室配合比。

(4) 根据现场集料含水率换算为施工配合比。

11. 已知某水泥混凝土初步配合比为1∶1.76∶3.41∶0.50，用水量$W=180\text{kg/m}^3$。

求：(1) 一次拌制25L水泥混凝土，每种材料各取多少千克?

(2) 配制出来水泥混凝土密度应是多少？配制强度多少？

(采用42.5普通水泥，碎石$A=0.53$，$B=0.20$，$\gamma_c=1.16$)

12. 已知某水泥混凝土施工配合比1∶2.30∶4.30∶0.54，工地上每拌合一盘混凝土需水泥三包，试计算每拌一盘应备各材料数量多少?

13. 已确定水灰比为0.5，每立方米水泥混凝土用水量为180kg，砂率为33%，水泥混凝土密度假定为2400kg/m³，试求该水泥混凝土的初步配合比。

6 建筑砂浆

内容提要

砂浆又称为无集料混凝土，其性质与混凝土有相似之处。本章应掌握建筑砂浆的分类、用途、技术性能和配合比设计；了解抹面砂浆和其他砂浆的主要品种、性能要求及其配制方法。

建筑砂浆是由无机胶凝材料、细集料、掺合料、外加剂和水按照适当比例配合，硬化后具有一定强度的工程材料。因为没有粗集料掺加，建筑砂浆又被称为无集料的混凝土。在建筑工程中，砂浆起到黏结、传递荷载的作用；在桥梁道路工程中，砂浆用于砌筑桥涵、隧道衬砌等砌体；砂浆还可以用来粉刷和装修墙面、地面及钢筋混凝土柱表面，并且使之具有防水、保温等功能。

按照所用胶凝材料不同，建筑砂浆分为石灰砂浆、水泥砂浆、混合砂浆、石膏砂浆、聚合物砂浆等；按照用途不同可分为砌筑砂浆、抹面砂浆、装饰砂浆和特种砂浆等。按照砂浆的制备方法分为现场拌制砂浆、预拌砂浆及干粉砂浆等。

6.1 建筑砂浆的组成材料

6.1.1 胶凝材料

胶凝材料在砂浆中起到胶结作用，是决定砂浆技术性质的主要组分，砂浆中常用胶凝材料有水泥、石灰、石膏等，应根据砂浆的使用环境和用途来选择胶凝材料的品种。对于干燥环境中使用的砂浆，可选用气硬性胶凝材料；处于潮湿环境或水中使用的砂浆应选用水硬性胶凝材料来配制。通常对砂浆强度要求不高，因此，一般中、低强度等级的水泥就能满足砂浆的强度要求。

水泥是最常用的砂浆胶凝材料，常用的水泥品种有砌筑水泥、普通硅酸盐水泥、矿渣硅酸盐水泥、火山灰硅酸盐水泥等。由于对砂浆的强度要求不高，所以配制砂浆时尽量选用低强度等级的水泥。因水泥混合砂浆中，石灰膏等掺合料的掺加会降低砂浆的强度，所以水泥混合砂浆可选用 42.5 级水泥

为了节约水泥、改善砂浆的和易性，砂浆中常掺入石灰膏配制成混合砂浆，当对砂浆的要求不高时，有时也单独配制石灰砂浆。为了保证砂浆的质量，应将石灰预先消化，并经过陈伏，以消除过火石灰的危害。在满足工程要求的前提下，也可以使用工业废料，例如电石灰膏等。

6.1.2 细集料

砂是建筑砂浆中最为常用的细集料，主要是天然河砂和机制砂。细集料在砂浆中起到骨架和填充作用，对砂浆的技术性质有一定的影响。性能良好的细集料不但可以提高砂浆的和易性，并且可以提高强度并抑制砂浆的收缩开裂。

砂浆用砂，优先选用中砂，一般来说，砂浆层较薄，应对砂的最大粒径加以限制。用于砌筑毛石的砂浆，砂子最大粒径应不超过砂浆层厚度的1/5～1/4；用于砖砌体的砂浆，砂子的最大粒径不大于2.5mm；用于抹面和勾缝的砂浆，应采用细砂，且最大粒径不大于1.2mm以保证砌体的质量。

砂中的含泥量也会影响砂浆的质量，因此规定强度等级在M2.5以上的砌筑砂浆，砂的含泥量不应超过5%，强度等级为M2.5的水泥混合砂浆，砂的含泥量不应超过10%。

6.1.3 掺合料

1. 石灰

砂浆中选用的石灰应该符合有关技术指标的要求。为了消除过火石灰带来的危害，石灰应该先进行消化，熟化时间不得小于7d，磨细的生石灰熟化时间不少于2d。未充分熟化的石灰，起不到改善和易性的作用，不得直接用于砌筑砂浆中。

2. 电石膏

制作电石膏的电石渣需通过孔径不大于3mm×3mm的网过滤并加热至70℃，保持20min没有乙炔气味后方可使用。

3. 粉煤灰

为了改善砂浆的性能并节约水泥，可在拌合砂浆时加入粉煤灰。粉煤灰的品质指标应符合《用于水泥和混凝土中的粉煤灰》（GB/T 1596—2005）的要求。

6.1.4 外加剂

拌制砂浆时，掺入外加剂可以改善砂浆的某些性能。主要有早强剂、引气剂、缓凝剂、速凝剂等。砂浆中掺入外加剂时，应该考虑对砂浆使用性能的影响，并应通过试验确定外加剂的品种和掺量。

6.1.5 水

砂浆拌合用水的技术要求与普通混凝土拌合水相同，水质应符合《混凝土用水标准》（JGJ63—2006）的规定。

6.2 建筑砂浆的技术性质

建筑砂浆的技术性质主要包括新拌砂浆的和易性、硬化后砂浆的强度及硬化后砂浆的耐久性等。

6.2.1 新拌砂浆的和易性

新拌砂浆的和易性，是指其是否便于施工并保证质量的综合性能。可根据流动性和保水性来评定。

砂浆的流动性又称为稠度，可用砂浆稠度仪测定，以沉入度的大小来表示。沉入度即标准圆锥体在砂浆中10s贯入的深度（mm）（见本书第14章）。沉入度越大，砂浆的流动性越好。要依据砌体材料的种类，施工时的天气情况来选择砂浆。通常，多孔、吸水性强的砌体材料，在较高的温度下施工，要选择流动性大一些的砂浆；密实的、不吸水的砌体材料，在较低温度下施工，就可以选择流动性小一些的砂浆。建筑砂浆流动性的选择参见表6-1。

表6-1 建筑砂浆流动性选择（沉入度mm）（JGJ 98—2010）

砌体种类	干燥气候	寒冷气候
砖或多孔砌块砌体	80～100	60～80
普通毛石砌体	40～50	30～40
普通混凝土空心砌体	60～70	50～60
轻集料混凝土砌块	70～90	50～70

保水性是砂浆保存水分的能力，也表示砂浆中各组成材料不易分离的性质。保水性不好的砂浆，其塑性差，储运过程中水分容易分离，砌筑时水分易被砖石吸收，施工较为困难，对砌体质量将会带来不利影响。砂浆的保水性主要取决于集料粒径和细微颗粒的含量。砂浆的保水性用保水率表示。砂浆保水率是用规定范围的新拌砂浆，按规定方法进行吸水处理，吸水处理后砂浆中保留的水的质量与原始水量的质量比百分数即是砂浆保水率，水泥砂浆的保水率不小于80%，水泥混合砂浆的保水率应不小于84%，预拌砌筑砂浆的保水率应不小于88%。

6.2.2 硬化砂浆的技术性能

砂浆硬化后成为砌体的组成材料之一，应能与砖石结合，传递和承受各种外力，使砌体具有必要的整体性和耐久性。因此，砂浆应具有一定的抗压强度、黏结强度、耐久性以及工程所要求的其他技术性质。

1. 砂浆的抗压强度和强度等级

砂浆抗压强度试验采用边长为70.7mm的立方体试件，在规定条件下养护28d后进行强度测定。砂浆按28d抗压强度（MPa）划分以下强度等级：M1.0、M2.5、M5.0、M7.5、M10、M15、M20等，工程上常用的砂浆强度等级为M2.5、M5.0和M7.5，对特别重要的砌体和耐久性要求较高的工程，宜采用M10以上的砂浆。砂浆在砌筑时的实际强度主要取决于所砌筑的基层材料的吸水性，可分为两种情况：

① 基层为不吸水材料时，如致密的石材，影响砂浆强度的因素与混凝土基本相同，主要取决于水泥强度与水灰比，可用式（6-1）表示：

$$f_m=0.29f_{ce}\ (C/W-0.4) \tag{6-1}$$

式中 f_m——砂浆28d抗压强度，MPa；

f_{ce}——水泥实测强度，MPa。

② 基层为吸水材料时，如黏土砖和其他多孔材料，由于基层吸水性强，即使砂浆用水量不同，经基层吸水后保留在砂浆中的水分几乎是相同的。因而，砂浆的强度主要取决于水泥强度和水泥用量，而与用水量无关。强度计算公式见式（6-2）：

$$f_{m}=\alpha \cdot f_{ce} \cdot Q_{c}/1000+\beta \quad (6\text{-}2)$$

式中 Q_c——水泥用量，kg/m^3；

α、β——砂浆的特征系数，其中 $\alpha=3.03$，$\beta=-15.09$。

2. 砂浆的黏结强度

砂浆的黏结强度与抗压强度相关，抗压强度提高，黏结强度也随之提高。此外，砂浆的黏结力也与砖石的表面状态、清洁程度、湿润状况及施工条件等有关。

3. 砂浆的抗冻性

在受冻融影响较多的建筑部位，要求砂浆具有一定的抗冻性，对冻融循环次数有要求的砂浆，经过冻融试验后，质量损失率不得大于5%，抗压强度损失率不得大于25%。

6.3 砌筑砂浆的配合比设计

根据住房和城乡建设部行业标准《砌筑砂浆配合比设计规程》（JGJ 98—2010）的相关规定，砌筑砂浆应该根据工程类别和砌体部位的设计要求来选择砂浆的类别和强度等级，再按照砂浆的强度等级确定其配合比。

1. 水泥混合砂浆的配合比计算

（1）确定砂浆的配制强度

砂浆的配制强度按照以式（6-3）计算：

$$f_{m,0}=Kf_2 \quad (6\text{-}3)$$

式中 $f_{m,0}$——砂浆的试配强度，MPa，精确至0.1MPa；

f_2——砂浆强度等级值，MPa，精确至0.1MPa；

K——系数取值：施工水平优良取1.15，一般取1.20，较差取1.25。

当有统计资料时，应按式（6-4）计算：

$$\sigma=\sqrt{\frac{\sum_{i=1}^{n} f_{m,i}{}^2-n\mu_{f_m}{}^2}{n-1}} \quad (6\text{-}4)$$

式中 $f_{m,i}$——统计周期内同一品种砂浆第 i 组试件的强度，MPa；

μ_{f_m}——统计周期内同一品种砂浆 n 组试件的强度的平均值，MPa；

n——统计周期内同一品种砂浆试件的总组数，$n\geqslant25$。

当不具有近期统计资料时，其砂浆现场强度标准差 σ 可按表6-2取值。

表6-2 砂浆强度标准差 σ 选用值 （MPa）

施工水平	M5.0	M7.5	M10	M15	M20	M25	M30
优良	1.00	1.50	2.00	3.00	4.00	5.00	6.00
一般	1.25	1.88	2.50	3.75	5.00	6.25	7.50
较差	1.50	2.25	3.00	4.50	6.00	7.50	9.00

(2) 计算水泥用量

砂浆中每立方米水泥用量按照式(6-5)计算:

$$Q_c = 1000\ (f_{m,0} - \beta)\ / \alpha \cdot f_{ce} \tag{6-5}$$

式中 f_m——每立方米砂浆的水泥用量,kg,精确至1kg;

$f_{m,0}$——砂浆的试配强度,MPa,精确至0.1MPa;

f_{ce}——水泥的实测强度,MPa,精确至0.1MPa;

α、β——砂浆的特征系数,其中α=3.03,β=−15.09。

在没有水泥的实测强度时,可按式(6-6)计算f_{ce}:

$$f_{ce} = \gamma_c f_{ce,k} \tag{6-6}$$

式中 $f_{ce,k}$——水泥强度等级对应的强度值,MPa;

γ_c——水泥强度等级的富余系数,该值应按实际统计资料确定,无统计资料时,γ_c取1.0。

(3) 水泥混合砂浆掺料的用量确定

水泥混合砂浆中掺合料的用量按照式(6-7)计算:

$$Q_D = Q_A - Q_C \tag{6-7}$$

式中 Q_D——每立方米砂浆中掺合料的用量,精确至$1kg/m^3$;石灰膏、黏土膏使用时的稠度为120±5mm;

Q_A——每立方米砂浆中的胶结料的总量,精确至$1kg/m^3$;可为$350kg/m^3$,若计算出来水泥用量已经超过$350kg/m^3$,则不必使用掺合料;

Q_C——每立方米砂浆中的水泥用量,精确至$1kg/m^3$。

当石灰膏的稠度不是120mm时,其用量应乘以换算系数,其换算系数见表6-3。

表6-3 石灰膏不同稠度时的换算系数

石灰膏稠度(mm)	120	110	100	90	80	70	60	50	40	30
换算系数	1.00	0.99	0.97	0.95	0.93	0.92	0.90	0.88	0.87	0.86

(4) 确定砂的用量和水的用量

砂浆中的砂子用量,应以干燥状态的松散堆积表观密度值作为计算值。砂浆中的用水量根据砂浆稠度要求,根据砂浆稠度等级要求可选用210~310kg。确定用水量时应注意:

① 混合砂浆中的用水量,不包括石灰膏或电石膏中的水。

② 当采用细砂或粗砂时,用水量分别取上限或下线。

③ 稠度小于70mm时,用水量可小于下限。

④ 施工现场气候炎热或干燥季节,可酌量增加水量。

2. 水泥砂浆的配合比选用

根据工程实践和试验,水泥砂浆配合比可直接查表6-4。

表 6-4　每立方米水泥砂浆材料用量

强度等级	水泥用量（kg/m^3）	砂子用量（kg/m^3）	用水量（kg/m^3）
M5.0	200～230	1m³砂子的堆积密度值	270～330
M7.5	230～260		
M10	260～290		
M15	290～330		
M20	340～400		
M25	360～410		
M30	430～480		

注：1. M15 及以下强度等级砂浆，水泥强度等级为 32.5 级，M15 以上强度等级砂浆，水泥强度等级为 42.5 级。
2. 根据施工水平合理选择水泥用量。
3. 当采用细砂或粗砂时，用水量分别取上限或下限。
4. 稠度小于 70mm 时，用水量可小于下限。
5. 施工现场气候炎热或干燥季节，可酌量增加水量。

3. 砂浆配合比试配、调整与确定

砂浆试配时应该采用机械搅拌。水泥砂浆和水泥混合砂浆，搅拌时间不得小于 120s；掺用粉煤灰和外加剂的砂浆，搅拌时间不得小于 180s。

试配时，应该测定拌合物的稠度和分层度，当不能满足要求时，应该调整材料用量，直到符合要求为止，然后确定为试配的砂浆基准配合比。试配时至少应采用三个不同的配合比，其中一个为基准配合比，其他配合比的水泥用量应该按照基准配合比分别增加和减少 10%。在保证稠度、分层度合格的条件下，可将用水量或掺合料做相应调整。

对三个不同配合比进行调整后，应按照《建筑砂浆基本性能试验方法》（JGJ 70—2009）的规定成型试件，测定砂浆强度，并选择符合试配强度要求且水泥用量最低的配合比作为砂浆配合比。

4. 配合比设计计算实例

【例 6-1】　请设计用于砌筑砖墙的水泥石灰混合砂浆的配合比，砂浆等级 M7.5，稠度 70～90mm。原材料的主要参数：强度等级为 32.5 的矿渣硅酸盐水泥；中砂，干燥状态，堆积密度为 1460kg/m³；石灰膏的稠度为 90mm；施工水平一般。

【解】

（1）计算试配强度 $f_{m,0}$

$$f_{m,0}=f_2+0.645\sigma$$

式中　$f_2=7.5$MPa；

$\sigma=1.88$MPa（查表 6-2）

$$f_{m,0}=7.5+0.645\times1.88=8.7\ (\text{MPa})$$

（2）计算水泥用量 Q_C

$$Q_C=1000\ (f_{m,0}-\beta)\ /\alpha\cdot f_{ce}$$

式中　$f_{m,0}=8.7$MPa；

$\alpha=3.03$，$\beta=-15.09$；

$f_{ce}=32.5$ MPa。

$$Q_C=1000\ (8.7+15.09)\ /3.03\times32.5=242\ (\text{kg/m}^3)$$

（3）计算石灰膏用量 Q_D

$$Q_D=Q_A-Q_C$$

式中 $Q_A=320kg/m^3$。

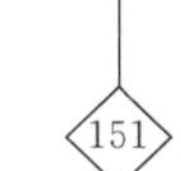

$$Q_D=320-242=78\ (kg/m^3)$$

石灰膏稠度 90mm 换算成 120mm（查表 6-3）：

$$78\times0.95=74\ (kg/m^3)$$

（4）根据砂子堆积密度，砂子用量 Q_S 为 $1460kg/m^3$。

（5）选择用水量 Q_W 为 $290kg/m^3$。

（6）砂浆配合比

水泥：石灰膏：中砂：水＝242：78：1460：290＝1：0.32：6.03：1.20。

6.4 抹面砂浆

所谓抹面砂浆是指粉刷在建筑物或者建筑构件表面的砂浆。主要起到保护基层材料，满足使用要求和装饰作用。对于抹面砂浆，要求既要有良好的和易性，又要有较高的黏结力。按照其功能的不同，可分为普通抹面砂浆、装饰砂浆及具有某些特殊功能的砂浆。

6.4.1 普通抹面砂浆

普通抹面砂浆是建筑工程中普遍使用的砂浆。用于室外时，可以抵抗风、降水等自然因素以及有害物质的侵蚀，保护墙体和建筑物；用于室内时，使得基体表面平整光滑，具有一定的装饰效果。

普通抹面砂浆施工时通常分两层或者三层进行。底层砂浆起初步找平和黏结基底的作用，应有较好的和易性。砖墙底层可用石灰砂浆，混凝土底层可用混合砂浆，板条墙及金属网基层采用麻刀石灰砂浆、纸筋石灰砂浆或混合砂浆。对有防潮和防水要求的结构物，应采用水泥砂浆。在硅酸盐砌块墙面上做砂浆抹面或者粘贴饰面材料时，在墙面上预先刮一层树脂胶、喷水湿润或在砂浆层中夹一层事先固定好的铁丝网，以免以后发生剥落现象。

面层砂浆主要起装修作用，应采用较细的集料，使表面平滑细腻。室内墙面和顶棚通常采用纸筋石灰或麻刀石灰砂浆。面层砂浆所用的石灰必须充分熟化，陈伏时间不少于 1 个月，以防止表面抹灰出现鼓包、爆裂等现象。受雨水作用的外墙、室内受潮和易碰撞的部位，如墙裙、踢脚板、窗台、雨棚等，一般采用 1：2.5 的水泥砂浆抹面。面层砂浆的稠度一般为 100mm。

普通抹面砂浆的流动性及砂子的最大粒径见表 6-5，普通抹面砂浆的配合比，可参考表 6-6。

表 6-5 普通抹面砂浆的流动性及砂子的最大粒径

抹面层	沉入度（mm）	砂子的最大粒径（mm）
面层	70～80	1.2
中层	70～90	2.5
底层	100～120	2.5

表 6-6　普通抹面砂浆参考配合比

材料	体积配合比	应用范围
水泥：砂	1：3～1：2.5	潮湿房间墙裙、地面基层、勒脚
水泥：砂	1：2～1：1.5	地面、天棚、墙面
水泥：砂	1：0.5～1：1	混凝土地面压光
水泥：白石子	1：2～1：1	水磨石
水泥：石膏：砂：锯末	1：1：3：5	吸声粉刷
石灰：水泥：砂	1：0.5：4.5～1：1：5	檐口、勒脚、女儿墙及比较潮湿的部位
石灰：黏土：砂	1：1：4～1：1：8	干燥环境下的墙面
石灰：石膏：砂	1：0.4：2～1：1：3	不潮湿房间的墙及天花板
石灰：石膏：砂	1：2：2～1：2：4	不潮湿房间的线脚及其他装饰工具
石灰膏：麻刀	100：2.5（质量比）	木板条顶棚底层
石灰膏：纸筋	100：3.8（质量比）	较高级的墙面、天棚
石灰膏：麻刀	100：1.5（质量比）	用于板层、天棚面层

6.4.2　防水砂浆

防水砂浆是指具有显著防水、防潮性能的砂浆。砂浆防水层属于刚性防水层，仅适用于不受振动和具有一定刚度的混凝土和砖石砌体工程。

防水砂浆主要有普通水泥防水砂浆、掺防水剂的防水砂浆、膨胀水泥和无收缩水泥防水砂浆三种。普通水泥防水砂浆是由水泥、细集料、掺合料和水拌制成的砂浆；掺防水剂的防水砂浆是在普通水泥砂浆中掺入一定的防水剂制得的防水砂浆。常用的防水剂有氯化物金属盐类、水玻璃类和金属皂类防水剂等；水泥砂浆中加入一定的防水剂，可促使砂浆结构密实，堵塞毛细孔，从而提高砂浆的抗渗能力，是目前工程中应用最广泛的防水砂浆品种。膨胀水泥砂浆和无收缩水泥防水砂浆是采用膨胀水泥和无收缩水泥制作的砂浆，利用此两种水泥制作的砂浆有微膨胀或补偿收缩性能，从而提高砂浆的密实性和抗渗性。

防水砂浆宜选用42.5级以上的普通硅酸盐水泥，级配合格的中砂；防水砂浆的配合比，一般情况下水泥与砂质量比不大于1：2.5，水灰比在0.5～0.55之间。

防水砂浆的防水效果主要取决于施工质量。防水砂浆对施工操作技术要求很高，常用的施工方法主要有：

① 喷射法。利用高压喷枪将砂浆以每秒约100m的高速喷至建筑物表面，砂浆被高压空气强烈压实。各种方法都是以防水抗渗为目的，减少内部联通毛细孔，提高密实度。

② 人工多层抹压法。将砂浆分4～5层抹压，每层厚度约为5mm左右，1、3层可用防水水泥净浆，2、4、5层用防水水泥砂浆。每层在初凝前都要用木抹子压实一遍，最后一层要压光，抹完后应该加强养护，以防止脱水过快造成干裂。

6.4.3　装饰砂浆

装饰砂浆是指粉刷在建筑物内外墙表面，增加建筑物的美观的抹面砂浆。为了提高装饰砂浆的装饰艺术效果，一般面层须选用具有一定颜色的胶凝材料和集料并采用某些特殊的操作工艺。

装饰砂浆的胶凝材料主要采用石膏、石灰、白水泥、彩色水泥等，集料主要采用天然

或人工石英砂，还可采用色泽鲜艳的大理石、花岗石等，有时还可采用玻璃或陶瓷碎粒。在室外抹灰工程中，可掺入颜料拌制。由于室外总会受到风吹日晒、雨淋及大气中有害气体的侵蚀，所以装饰砂浆中采用的颜料应采用耐碱和耐光晒的矿物颜料，以保证砂浆面层的质量、避免褪色。

建筑工程中外墙面的装饰砂浆有如下工艺做法：

1. 拉毛

拉毛是用铁末子或木蟹将罩面灰轻压后顺势拉起，形成一种凹凸质感很强的饰面层。通常使用水泥石灰砂浆或水泥纸筋灰浆，一般用于外墙面及有吸声要求的内墙面和天棚。

2. 水磨石

用普通水泥、白水泥、彩色水泥、彩色石渣或白色大理石碎粒和水按照适当比例做面层，硬化后用机械反复磨平抛光表面而成。水磨石多用于室内外地面的装饰，还可以制成预制件用于楼梯踏步、踢脚板、窗台板、地面板等构件。

3. 水刷石

水刷石是用水泥和石渣拌成的砂浆做面层，在水泥初凝后、终凝前，立即用清水冲刷表面的水泥浆，使石渣表面外露。水刷石用于建筑物的外墙面，具有一定的质感，经久耐用，不需要维护。

4. 干黏石

干黏石是在水泥砂浆的面层表面，把粒径为 5mm 以下的白色或彩色石渣、彩色玻璃、陶瓷碎粒等黏上去，再拍平压实，即为干黏石。干黏石的装饰效果与水刷石相近，避免了喷水冲洗的湿作业，施工效率高，并节约材料和水，且石子表面更洁净、艳丽。干黏石在预制外墙板的生产中有较多应用。

5. 斩假石

斩假石又称剁假石，是以水泥石渣浆或水泥石屑浆做面层抹灰，待硬化后具有一定强度时，用剁斧及各种凿子等，在面层上剁出类似石材的纹理的装饰砂浆。装饰效果与粗面花岗岩相似。斩假石一般多用于室外局部小面积装修，如柱面、勒脚、台阶等。

6. 假面砖

假面砖是将硬化的普通砂浆在表面用刀斧凿刻出线条，或在初凝后的普通砂浆表面用木条、钢片压划出线条，也可用涂料画出线条的装饰砂浆，将墙面装饰成仿砖砌体、仿瓷砖贴面、仿石材贴面等艺术效果。

装饰砂浆还可以采用喷涂、弹涂等工艺方法。装饰砂浆操作方便，施工效率高，与其他墙面、地面装饰比，成本低，耐久性好。

6.5 其他砂浆

1. 绝热砂浆

绝热砂浆又称保温砂浆，是采用水泥、石灰、石膏等胶凝材料与膨胀珍珠岩、膨胀蛭石、陶粒等轻质多孔集料按照一定比例配制的砂浆。常用的有水泥膨胀珍珠岩砂浆、水泥膨胀蛭石砂浆、水泥石灰膨胀蛭石砂浆等。绝热砂浆具有轻质、保温隔热等特性，可用于供热管道隔热层、屋面隔热层、冷库等。

2. 耐酸砂浆

耐酸砂浆使用水玻璃和氟硅酸钠，加入石英砂、花岗石砂、铸石等，并按照适当比例配制的砂浆。耐酸砂浆可用于耐酸地面和耐酸容器的内壁防护层。

3. 吸声砂浆

吸声砂浆是用多孔集料制成的隔热砂浆，工程中用水泥、石膏、砂等可以制成吸声砂浆。在吸声砂浆中掺入玻璃纤维、矿物棉等松软的材料能获得更好的吸声效果。吸声砂浆常用于室内的墙面和顶棚的抹灰。

4. 聚合物砂浆

聚合物砂浆是在水泥砂浆中加入有机聚合物乳液配制而成的砂浆，常用的聚合物乳液有氯丁橡胶乳液、丁苯橡胶乳液、丙烯酸树脂乳液等。聚合物砂浆具有黏结力强、脆性低、耐腐蚀性好等特性，用于修补和防护工程。

5. 防辐射砂浆

防辐射砂浆是在水泥砂浆中加入重晶石粉和重晶石砂配制而成的砂浆，可以有效地防护X射线和γ射线。配制砂浆时加入硼砂、硼酸可制成具有防中子辐射能力的砂浆。通常用于射线防护工程。

案例分析

【6-1】 2014年11月以来，江苏昆山一住宅小区一期工程四幢建筑，属于剪力墙结构高层建筑，建筑面积66000m^2，四幢建筑外墙外保温陆续出现开裂、鼓包及脱落现象，每处空鼓、脱落面积约2～3m^2，严重影响小区居住安全，造成较大的社会影响。该工程竣工不足4年，即出现外墙保温大面积空鼓及脱落，属于典型的质量事故。

分析：经过调查，事故主要原因有以下方面。首先，抗裂砂浆厚度局部偏薄（设计为15mm的抗裂砂浆，实际最薄处仅为2.5mm）；网格未全部压入抗裂砂浆层，造成开裂，雨水直接进入保温层从而引起空鼓，在负风压作用下，空鼓逐渐增大进而开裂，脱落。其次，阳角部位未进行有效地加强处理，阳角处网格布未包角施工，且阳角处网格布无有效搭接，致使空鼓、开裂脱落最先在该部位出现；最后，经过省建筑工程质量检测中心现场抽测，四幢楼的保温系统现场抗拉拔试验力值数据均小于不符合无机轻集料砂浆保温系统技术规程的第6.1.2条的规定。

知识归纳

掌握砂浆的性质，尤其是新拌砂浆的和易性、硬化砂浆的性能等、组成、检测方法及其配比设计方法。了解抹面砂浆和其他砂浆的主要品种性能及配制方法。

思考题

1. 工程上常用的砂浆有哪些？各适用于哪类工程？如何检测砂浆的和易性？砂浆和易性不良，对砌筑和抹灰工程有何影响？

2. 用于不吸水基面和吸水基面的两种砂浆，影响其强度的决定性因素是什么？

3. 某工程需要配制M7.5的水泥石灰混合砂浆来砌筑砖墙，稠度70～90mm。采用中砂，含水率2%，32.5普通硅酸盐水泥，水泥、砂子的堆积密度分别为1200kg/m^{3}和1450kg/m^3，石灰膏的表观密度为1380kg/m^3，石灰膏的稠度为100mm。施工水平优良。试设计该砂浆的配合比。

4. 抹面砂浆通常分几层施工？各层起到什么作用？

5. 试分析比较砌筑砂浆和普通混凝土之间，在技术性能和配合比设计方面有何异同点？

7
建筑钢材

内容摘要

了解铁和钢的概念、钢的分类、钢材的冶炼加工及其对钢材质量的影响；掌握建筑钢材的主要技术性质（力学性质、工艺性能）及其对钢材性能的影响；熟练掌握钢材的抗拉性能、冲击性能、硬度、疲劳强度和冷弯性能，以及钢材的锈蚀和防锈；了解钢材化学成分对钢材性能的影响。

建筑钢材是指用于工程建设领域的各种钢材，包括钢结构中各种型钢（圆钢、角钢、槽钢和工字钢）、钢板、钢筋混凝土中各种规格的钢筋、钢丝和钢绞线。此外，门窗和建筑五金等也包括在内。建筑钢材强度高，能承受一定的弹性变形和塑性变形，具有经受冲击振动荷载和振动荷载的能力。钢材还具有很好的加工性能，可以铸造、锻压、焊接、铆接和切割，便于装配。建筑钢材安全性大，自重较轻，广泛用于大跨度结构、多层及高层建筑、受动力荷载结构、重型工业厂房结构和钢筋混凝土之中，因此建筑钢材是最重要的建筑结构材料之一。

建筑钢材有较高的强度，有良好的塑性和韧性，能承受冲击和振动荷载，易于加工和装配，可以焊接或者铆接，便于装配，因此广泛应用于建筑工程中。钢材的缺点是容易生锈，维护费用大，耐火性差，在高温下将会丧失强度，因此在土木建筑应用中应加以保护。

7.1 钢材的冶炼和分类

7.1.1 钢材的冶炼

铁的冶炼是铁矿石内氧化铁还原成铁的过程，钢和生铁的主要成分都是铁和碳，主要区别在于含碳量不同，钢中含碳量最高不超过 2.11%。生铁是铁矿石、溶剂（石灰石）、燃料（焦炭）在高炉中经过还原反应和造渣反应而得到的一种铁碳合金，其中碳的含量为 2.06%～6.67%，硫和磷等杂质的含量也较高。通常生铁含铁 94%左右，含碳 4%左右，其余为硅、锰、磷、硫等少量元素。生铁可分为炼钢生铁、铸造生铁。炼钢生铁用于生产耐压铸件，占生铁产量的 10%左右。铸造生铁的主要特点是硅含量较高，为 1.25%～4.25%。生铁硬而脆，塑性及韧性差，不易进行焊接、锻造、轧制等加工，所以必须进行冶炼。

而钢材的冶炼是把熔融状态生铁中的杂质进行氧化，将含碳量降低到 2.11%以下，使磷、硫等其他杂质的含量也减少到一定规定数值范围内。

炼钢的基本任务是脱碳、脱磷、脱硫、脱氧，去除有害气体和非金属夹杂物，提高温度和调整成分，可以归纳为“四脱”（脱碳、氧、磷和硫）、“二去”（去气和去夹杂）、“二调整”（调整温度和成分）。常用钢材的含碳量在 1.3%以下，钢的密度为 7.84～7.86kg/cm^3。

钢的冶炼方法主要有氧气转炉法、平炉法和电炉法三种：

① 氧气转炉法。氧气转炉法是以熔融铁水为原料，由炉顶向转炉内吹入高压氧气，能使铁水中硫、磷等有害杂质迅速氧化而被有效除去。其特点是冶炼速度快（每炉需 25～45min），钢质较好且成本较低。常用来生产优质碳素钢和合金钢。目前，氧气转炉法是最主要的一种炼钢方法。

② 平炉法。平炉法是以固体或液态生铁、废钢铁及适量的铁矿石为原料，以煤气或重油为燃料，依靠废钢铁及铁矿石中的氧与杂质起氧化作用而成渣，熔渣浮于表面，使下层液态钢水与空气隔绝，避免了空气中的氧、氯等进入钢中。平炉法冶炼时间长（每炉需 4～12h），有足够的时间调整和控制成分，去除杂质更为彻底，故钢的质量好。可用于炼制优质碳素钢、合金钢及其他有特殊要求的专用钢。缺点是能耗高，成本高。故此法已逐渐被淘汰。

③ 电炉法。电炉法是以废钢铁及生铁为原料，利用电能加热进行高温冶炼。该法熔炼温度高，且温度可自由调节，清除杂质较易，电炉法冶炼出的钢材的质量最好，但成本也最高。主要用于冶炼优质碳素钢及特殊合金钢。

冶炼方法不同对钢材的质量有着很大的影响。目前，主要的炼钢方法是氧气转炉炼钢法，平炉炼钢法已基本淘汰。在铸锭冷却过程中，由于钢内某些元素在铁的液相中溶解度大于固相，这些元素便向凝固较迟的钢锭中心集中，导致化学成分在钢锭中分布不均匀，这种现象称为化学偏析，其中以硫、磷偏析最为严重。偏析会严重降低钢材质量。在冶炼钢的过程中，由于氧化作用部分铁被氧化成 FeO，使钢的质量降低，因而在后期炼钢精炼过程中需在炉内或钢包中加入锰铁、硅铁或铝锭等脱氧剂进行脱氧，脱氧剂与 FeO 反加生成 MnO、SiO_2或 Al_2O_3等氧化物钢渣而被除去。

7.1.2 钢的分类

钢的品种繁多，分类方法也很多。为了便于选用，常从不同角度进行分类如下。

1. 根据冶炼时脱氧程度分类

① 沸腾钢。沸腾钢是指脱氧很不完全的钢。浇铸后在钢液冷却时有大量气体（如 CO）排出引起钢液剧烈沸腾，故称为沸腾钢。沸腾钢致密程度差，杂质和夹杂物多，硫、磷等杂质偏析较严重，故质量较差。沸腾钢只消耗少量的脱氧剂，钢锭的收缩孔减少，成品率较高，生产成本低，多用于一般的建筑工程。

② 镇静钢。镇静钢是指在浇铸时钢液平静地冷却凝固，是脱氧较完全的钢，基本无气泡（如 CO）产生，故称镇静钢。镇静钢含有较少的有害氧化物杂质，而且氮多半是以氮化物的形式存在。镇静钢组织密度大，成分均匀，性能稳定，质量好，可用于承受冲击荷载的重要结构。

③ 特殊镇静钢。特殊镇静钢是指比镇静钢脱氧程度更为完全彻底的钢，质量最好，

适用于特别重要的结构工程。

④ 半镇静钢。半镇静钢是指脱氧程度介于沸腾钢和镇静钢之间的钢。

2. 按化学成分分类

按炼钢过程中是否加入合金元素，可将钢分为碳素钢和合金钢两大类。

① 碳素钢。碳素钢是指钢中除含有一定量的硅（一般含硅量≤0.4%）和锰（一般含锰量≤0.80%）等合金元素外，不含其他合金元素的钢。根据含碳量的高低可分为低碳钢（含碳量≤0.25%）、中碳钢（0.25%＜含碳量≤0.60%）和高碳钢（含碳量＞0.60%）。低碳钢又称软钢，强度低、硬度低而软，常用于制造链条、铆钉、螺栓和轴等。碳素钢包括大部分普通碳素结构钢和一部分优质碳素结构钢，大多不经热处理而直接用于工程结构件，有的经渗碳和其他热处理用于制造耐磨的机械零件。中碳钢有镇静钢、半镇静钢、沸腾钢等多种产品，热加工及切削性能良好，焊接性能较差，塑性和韧性低于低碳钢，可不经热处理，直接使用热轧材、冷拉材，亦可经热处理后使用。其中，淬火、回火处理的中碳钢具有良好的综合力学性能，最高硬度可达到 HRC55（HB538），σ_b 为 600～1100MPa。因此，在中等强度水平的各种用途中，中碳钢得到最广泛的应用，除作为建筑材料外，还大量用于制造各种机械零件。高碳钢常称工具钢，可以淬硬和回火。

锤、撬、棍等由含碳量 0.75%的钢制造；切削工具如钻头、丝攻、铰刀等由含碳量 0.90%～1.00%的钢制造。

② 合金钢。合金钢是指钢中除含有硅和锰作为合金元素或脱氧元素外，还含有其他合金元素（如铬、镍、钼、钛、钒、钢、钨、铝、钴、铌、锆和稀土元素等），有的还含有某些非金属元素（如硼、氮等）的钢。根据钢中合金元素含量的多少，合金钢分为普通低合金钢（合金元素总含量≤3.0%）、低合金钢（合金元素总含量 3.0%～5.0%）、中合金钢（含金元素总含量 5.0%～10%）和高合金钢（合金元素总含量＞10%）。

3. 按冶金质量或有害杂质含量分类

普通钢（含磷量≤0.045%，含硫量≤0.05%）中含杂质元素较多，如碳素结构钢、低合金结构钢等，P 代表磷元素，S 代表硫元素，P 和 S 都是钢中的有害元素，一个导致热脆性，一个导致冷脆性。优质钢（含磷量≤0.035%、含硫量≤0.030%）中含杂质元素较少，如优质碳素结构钢、合金结构钢、碳素工具钢、合金工具钢、弹簧钢、轴承钢等。高级优质钢（含磷量≤0.030%，含硫量≤0.020%）中含杂质元素极少，如合金结构钢和工具钢等。高级优质钢在钢号后面，通常加符号“A”或汉字“高”，以便识别。特级优质钢（含磷量≤0.025%，含硫量≤0.015%）。

4. 按用途分类

按用途钢可大致分为结构钢、工具钢、特殊钢三大类。

① 结构钢。结构钢是目前生产最多、使用最广的钢种，它包括碳素结构钢和合金结构钢，主要用于制造机器和结构的零件及建筑工程用的金属结构等。包括：

建筑及工程用结构钢，简称建造用钢，它是指用于建筑、桥梁、船舶、锅炉或其他工程上制作金属结构件的钢材，这种钢制成构件大多不再进行热处理。如碳素结构钢、低合金钢、钢筋钢等。

机械制造用结构钢，是指用于制造机械设备上结构零件的钢材，大多要进行热处理。这类钢基本上都是优质钢或高级优质钢，主要有优质碳素结构钢、合金结构钢、易切结构

钢、弹簧钢、滚动轴承钢等。

② 工具钢。工具钢一般用于制造各种工具，如碳素工具钢、合金工具钢、高速工具钢等，制成的工具都要进行热处理。如按用途又可分为刃具钢、模具钢、量具钢。

③ 特殊钢。特殊钢是指具有特殊性能的钢，如不锈钢、耐热钢、高电阻合金、耐磨钢、磁钢等。不锈钢的耐腐蚀性能主要与组成有关，如镍是易化元素，在铬钢中加入镍，提高合金在非氧化性介质中的耐腐蚀性能，此外，耐腐蚀性能还与基体组织的均匀程度有关，当形成均匀一致的合金固溶体时，能有效地减少钢在电解溶液中腐蚀速度。

5. 按照钢材的形状分类

按照钢材的形状一般可分为板、型、管和丝四大类。

① 钢板。钢板是一种宽厚比和表面积都很大的扁平钢材。按厚度（b）不同分薄板（$b<3$mm）、中板（3mm$<b\leqslant$20mm）、厚板（20mm$<b\leqslant$50mm 和特厚板 $b>$50mm）。板材包括用于水利水电工程中金属结构、房屋、桥梁及建筑机械的中厚钢板；用于屋面、墙面、楼板等的薄钢板。钢带包括在钢板类内。

② 型钢。型钢品种很多，是一种具有一定截面形状和尺寸的实心长条钢材。按其断面形状不同又分简单和复杂断面两种。前者包括圆钢、方钢、扁钢、六角钢和角钢；后者包括钢轨、工字钢、槽钢、窗框钢和异型钢等。直径在 6.5～9.0mm 的小圆钢称线材。

③ 钢管。钢管是一种中空截面的长条钢材。按其截面形状不同可分圆管、方形管、六角形管和各种异型截面钢管。按加工工艺不同可分无缝钢管和焊管钢管两大类。管材主要用于供水、供气（汽）使用。

④ 钢丝。钢丝是线材的再一次冷加工产品，按形状不同，分圆钢丝、扁形钢丝和三角形钢丝等。除直接使用外，还用于钢筋混凝土和预应力混凝土中。

7.1.3 钢材的编号

1. 碳素结构钢

该类钢的钢号由 Q＋数字＋质量等级符号＋脱氧方法符号组成。屈服点采用汉语拼音的第一个字母 Q、屈服点数值、质量等级符号（A、B、C、D，D 为最高级）及脱氧方法符号（F、b、TZ）四部分组成，“F”表示沸腾钢，“b”表示半镇静钢，Z 表示镇静钢，TZ 表示特殊镇静钢。如 Q235AF，表示屈服点大于 235MPa 的 A 级沸腾钢。目前，镇静钢可不标符号，即 Z 和 TZ 都可不标，如 Q195、Q215A、Q215B、Q235（R、C、D）、Q275 等。表 7-1 给出了碳素结构钢的化学成分

表 7-1　碳素结构钢的化学成分（GB/T 700—2006）

牌号	统一数学代号	等级	厚度（或直径）mm	脱氧方法	化学成分（质量分数）%，不大于				
					C	Si	Mn	P	S
Q195	U11952	—	—	F、Z	0.12	0.30	0.50	0.035	0.040
Q215	U12152	A	—	F、Z	0.15	0.35	1.20	0.045	0.050
	U12155	B							0.045

续表

牌号	统一数学代号	等级	厚度（或直径）mm	脱氧方法	化学成分（质量分数）%，不大于				
					C	Si	Mn	P	S
Q235	U12352	A	—	F、Z	0.022	0.035	1.40	0.045	0.050
	U12355	B			0.20				0.045
	U12358	C		Z	0.17			0.40	0.040
	U12359	D		TZ				0.035	
Q275	U12752	A	—	F、Z	0.24	0.035	1.50	0.045	0.050
	U12755		≤40	Z	0.21			0.045	0.045
			>40		0.22				
	U12758		C	—	Z			0.040	0.040
	U12759		D		TZ			0.035	

注：1. 表中为镇静钢、特殊镇静钢牌号的统一数字，沸腾钢牌号的统一数字代号如下：Q195F-U11950；Q215AF-U12150，Q215BF-U12153；Q235AF-U12350，Q235BF-U12353；Q275AF-U12750。

2. 经需方同意，Q235B的碳含量可不大于0.22%。

工程中应用最广泛的碳素结构钢牌号为Q235，其含碳量为0.14%～0.22%，属低碳钢，由于该牌号钢既具有较高的强度，又具有较好地塑性和韧性，可焊性也好，故能较好地满足一般钢结构和钢筋混凝土结构的用钢要求。Q195、Q215号钢强度低，塑性和韧性较好，易于冷加工，常用作钢钉、铆钉、螺栓及铁丝等。Q215号钢经冷加工后可代替Q235号钢使用。Q275号钢强度较高，但塑性、韧性和可焊性较差，不易焊接和冷加工，可用于轧制钢筋、制作螺栓配件等。

2. 优质碳素结构钢

这类钢的钢号用平均碳含量的两位数字表示，单位为万分之一，如40号钢，表示的是平均碳含量为0.40%的优质钢。

① 钢号开头的两位数字表示钢的碳含量，以平均碳含量的万分之几表示，例如平均碳含量为0.45%的钢，钢号为“45”，它不是顺序号，所以不能读成45号钢。

② 锰含量较高的优质碳素结构钢，应将锰元素标出，例如50Mn。

③ 沸腾钢、半镇静钢及专门用途的优质碳素结构钢应在钢号最后特别标出，例如平均碳含量为0.1%的半镇静钢，其钢号为10b。

优质碳素结构钢中的硫、磷等有害杂质含量更低，且脱氧充分，质量稳定，在建筑工程中常用做重要结构的钢铸件、高强螺栓及预应力锚具，表7-2给出了优质碳素结构钢的化学成分。

表7-2　优质碳素结构钢的化学成分（GT/T699—2015）

序号	统一数字代号	牌号	化学成分（质量分数）/%							
			C	Si	Mn	P	S	Cr	Ni	Cu[a]
						≤				
1	U20082	08[b]	0.05～0.11	0.17～0.37	0.35～0.65	0.035	0.035	0.10	0.30	0.25
2	U20102	10	0.07～0.13	0.17～0.37	0.35～0.65	0.035	0.035	0.15	0.30	0.25
3	U20152	15	0.12～0.18	0.17～0.37	0.35～0.65	0.035	0.035	0.25	0.30	0.25
4	U20202	20	0.17～0.23	0.17～0.37	0.35～0.65	0.035	0.035	0.25	0.30	0.25

续表

序号	统一数字代号	牌号	化学成分（质量分数）/%							
			C	Si	Mn	P	S	Cr	Ni	Cu[a]
						≤				
5	U20252	25	0.22～0.29	0.17～0.37	0.50～0.80	0.035	0.035	0.25	0.30	0.25
6	U20302	30	0.27～0.34	0.17～0.37	0.50～0.80	0.035	0.035	0.25	0.30	0.25
7	U20352	35	0.32～0.39	0.17～0.37	0.50～0.80	0.035	0.035	0.25	0.30	0.25
8	U20402	40	0.37～0.44	0.17～0.37	0.50～0.80	0.035	0.035	0.25	0.30	0.25
9	U20452	45	0.42～0.50	0.17～0.37	0.50～0.80	0.035	0.035	0.25	0.30	0.25
10	U20502	50	0.47～0.55	0.17～0.37	0.50～0.80	0.035	0.035	0.25	0.30	0.25
11	U20552	55	0.52～0.60	0.17～0.37	0.50～0.80	0.035	0.035	0.25	0.30	0.25
12	U20602	60	0.57～0.65	0.17～0.37	0.50～0.80	0.035	0.035	0.25	0.30	0.25
13	U20652	65	0.62～0.70	0.17～0.37	0.50～0.80	0.035	0.035	0.25	0.30	0.25
14	U20702	70	0.67～0.75	0.17～0.37	0.50～0.80	0.035	0.035	0.25	0.30	0.25
15	U20702	75	0.72～0.80	0.17～0.37	0.50～0.80	0.035	0.035	0.25	0.30	0.25
16	U20802	80	0.77～0.85	0.17～0.37	0.50～0.80	0.035	0.035	0.25	0.30	0.25
17	U20852	85	0.82～0.90	0.17～0.37	0.50～0.80	0.035	0.035	0.25	0.30	0.25
18	U21152	15Mn	0.12～0.18	0.17～0.37	0.70～1.00	0.035	0.035	0.25	0.30	0.25
19	U21202	20Mn	0.17～0.23	0.17～0.37	0.70～1.00	0.035	0.035	0.25	0.30	0.25
20	U21252	25Mn	0.22～0.29	0.17～0.37	0.70～1.00	0.035	0.035	0.25	0.30	0.25
21	U21302	30Mn	0.27～0.34	0.17～0.37	0.70～1.00	0.035	0.035	0.25	0.30	0.25
22	U21352	35Mn	0.32～0.39	0.17～0.37	0.70～1.00	0.035	0.035	0.25	0.30	0.25
23	U21402	40Mn	0.37～0.44	0.17～0.37	0.70～1.00	0.035	0.035	0.25	0.30	0.25
24	U21452	45Mn	0.42～0.50	0.17～0.37	0.70～1.00	0.035	0.035	0.25	0.30	0.25
25	U21502	50Mn	0.48～0.56	0.17～0.37	0.70～1.00	0.035	0.035	0.25	0.30	0.25
26	U21602	60Mn	0.57～0.65	0.17～0.37	0.70～1.00	0.035	0.035	0.25	0.30	0.25
27	U21652	65Mn	0.62～0.70	0.17～0.37	0.90～1.20	0.035	0.035	0.25	0.30	0.25
28	U21702	70Mn	0.67～0.75	0.17～0.37	0.90～1.20	0.035	0.035	0.25	0.30	0.25

注：a. 热压力加工用钢铜含量应不大于0.20%；

b. 用铝脱氧的镇静钢，碳、锰含量下限不限，锰含量上限为0.45%，硅含量不大于0.03%，全铝含量为0.020%～0.070%，此时牌号为08Al。

3. 碳素工具钢

钢号冠以“T”，避免与其他钢类相混；钢号中的数字表示碳含量，以平均碳含量的千分之几表示。例如“T8”表示平均碳含量为0.8%；锰含量较高者，在钢号最后标出“Mn”，例如“T8Mn”；高级优质碳素工具钢的磷、硫含量，比一般优质碳素工具钢低，在钢号最后加注字母“A”，以示区别，例如“T8MnA”。

4. 一般工程用铸造碳钢

“ZG”代表铸钢。其后面第一组数字为屈服强度（MPa）；第二组数字为抗拉强度（MPa）。如ZG200～400表示屈服强度为200MPa，抗拉强度为400MPa的铸钢。

5. 合金结构钢

① 钢号开头的两位数字表示钢的碳含量，以平均碳含量的万分之几表示，如40Cr。

② 钢中主要合金元素，除个别微合金元素外，一般以百分之几表示。当平均合金含量<1.5%时，钢号中一般只标出元素符号，而不标明含量，但在特殊情况下易致混淆，在元素符号后亦可标以数字“1”，例如钢号“12CrMoV”和“12Cr1MoV”，前者铬含量为0.4%～0.6%，后者为0.9%～1.2%，其余成分全部相同。当合金元素平均含量≥1.5%、≥2.5%、≥3.5%时，在元素符号后面应标明含量，可相应表示为2、3、4等。例如18Cr2Ni4WA。

③ 钢中的钒V、钛Ti、铝Al、硼B、稀土RE等合金元素，均属微合金元素，虽然含量很低，仍应在钢号中标出。例如20MnVB钢中。钒为0.07%～0.12%，硼为0.001%～0.005%。

④ 高级优质钢应在钢号最后加“A”，以区别于一般优质钢。

⑤ 专门用途的合金结构钢，钢号冠以（或后缀）代表该钢种用途的符号。例如，铆螺专用的30CrMnSi钢，钢号表示为ML30CrMnSi。

⑥ 滚动轴承钢钢号冠以字母“G”，表示滚动轴承钢类；高碳铬轴承钢钢号的碳含量不标出，铬含量以千分之几表示，例如GCr15。渗碳轴承钢的钢号表示方法，基本上和合金结构钢相同。

6. 低合金高强度结构钢

在碳素钢的基础上添加总量小于5%合金元素，使钢材强度高、塑性和低温冲击韧性好、耐锈蚀。钢号的表示方法，基本上和合金结构钢相同。对专业使用低合金高强度钢，应在钢号最后标明。例如，16Mn钢，用于桥梁的专用钢种为“16Mnq”，汽车大梁的专用钢种为“16MnL”，压力容器的专用钢种为“16MnR”。

具有以下特点及用途。由于低合金高强度结构钢中合金元素的结晶强化和固熔强化等作用，该钢材不但具有较高的强度，而且也具有较好的塑性、韧性和可焊性。因此，在钢结构和钢筋混凝土结构中常采用低合金高强度结构钢轧制型钢（角钢、槽钢、工字钢）、钢板、钢管及钢筋来建筑桥梁、高层及大跨度建筑，尤其在承受动荷载和冲击荷载的结构中更为适用。另外，与使用碳素钢相比，可节约钢材20%～30%，而成本不是很高。表7-3和表7-4给出了低合金高强度结构钢的化学成分和钢材的拉伸性能。

表 7-3 低合金高强度结构钢的化学成分(GB1591—2008)

牌号	质量等级	化学成分[a,b](质量分数)/%														
		C	Si	Mn	P	S	Nb	V	Ti	Cr	Ni	Cu	N	Mo	B	Als
					不大于											不小于
Q345	A				0.035	0.035										—
	B	≤0.20			0.035	0.035										
	C		≤0.50	≤1.70	0.030	0.030	0.07	0.15	0.20	0.30	0.50	0.30	0.012	0.10	—	
	D	≤0.18			0.030	0.025										0.015
	E				0.025	0.020										
Q390	A				0.035	0.035										—
	B				0.035	0.035										
	C	≤0.20	≤0.50	≤1.70	0.030	0.030	0.07	0.20	0.20	0.30	0.50	0.30	0.015	0.10	—	
	D				0.030	0.025										0.015
	E				0.025	0.020										
Q420	A				0.035	0.035										—
	B				0.035	0.035										
	C	≤0.20	≤0.50	≤1.70	0.030	0.030	0.07	0.20	0.20	0.30	0.80	0.30	0.015	0.20	—	
	D				0.030	0.025										0.015
	E				0.025	0.020										
Q460	C				0.030	0.030										
	D	≤0.20	≤0.60	≤1.80	0.030	0.025	0.11	0.20	0.20	0.30	0.80	0.55	0.015	0.20	0.004	0.015
	E				0.025	0.020										
Q500	C				0.030	0.030										
	D	≤0.18	≤0.60	≤1.80	0.030	0.025	0.11	0.12	0.20	0.60	0.80	0.55	0.015	0.20	0.004	0.015
	E				0.025	0.020										
Q550	C				0.030	0.030										
	D	≤0.18	≤0.60	≤2.00	0.030	0.025	0.11	0.12	0.20	0.80	0.80	0.80	0.015	0.30	0.004	0.015
	E				0.025	0.020										

续表

牌号	质量等级	化学成分[a,b](质量分数)/%														
		C	Si	Mn	P	S	Nb	V	Ti	Cr	Ni	Cu	N	Mo	B	Als
					不大于											不小于
Q620	C	≤0.18	≤0.60	≤2.00	0.030	0.030	0.11	0.12	0.20	1.00	0.80	0.80	0.015	0.30	0.004	0.015
	D				0.030	0.025										
	E				0.025	0.020										
Q690	C	≤0.18	≤0.60	≤2.00	0.030	0.030	0.11	0.12	0.20	1.00	0.80	0.80	0.015	0.30	0.004	0.015
	D				0.030	0.025										
	E				0.025	0.020										

注:a. 型材及棒材P、S含量可提高0.005%,其中A级铜上限可为0.45%。

b. 当铝化晶数元素组合加入时,20(Nb+V+Ti)≤0.22%,20(Mo+Cr)≤0.30%。

表 7-4 低合金高强度结构钢的拉伸性能(GB1591—2008)

牌号	质量等级	拉伸试验[a,b,c]																					
		以下公称厚度(直径,边长)下屈服强度(R_{eL})/MPa									以下公称厚度(直径,边长)抗拉强度(R_m)/MPa							断后伸长率(A)/% 公称厚度(直径,边长)					
		≤16mm	>16mm~40mm	>40mm~63mm	>63mm~80mm	>80mm~100mm	>100mm~150mm	>150mm~200mm	>200mm~250mm	>250mm~400mm	≤40mm	>40mm~63mm	>63mm~80mm	>80mm~100mm	>100mm~150mm	>150mm~250mm	>250mm~400mm	≤40mm	>40mm~63mm	>63mm~100mm	>100mm~150mm	>150mm~250mm	>250mm~400mm
Q345	A	≥345	≥335	≥325	≥315	≥305	≥285	≥275	≥265	—	470~630	470~630	470~630	470~630	450~600	450~600	—	≥20	≥19	≥19	≥18	≥17	—
	B																						
	C																						
	D									≥265							450~600	≥21	≥20	≥20	≥19	≥28	≥17
	E																						

续表

牌号	质量等级	拉伸试验[a,b,c]																					
		以下公称厚度（直径，边长）下屈服强度（R_{eL}）/MPa									以下公称厚度（直径，边长）抗拉强度（R_m）/MPa							断后伸长率（A）/% 公称厚度（直径，边长）					
		≤16mm	>16mm～40mm	>40mm～63mm	>63mm～80mm	>80mm～100mm	>100mm～150mm	>150mm～200mm	>200mm～250mm	>250mm～400mm	≤40mm	>40mm～63mm	>63mm～80mm	>80mm～100mm	>100mm～150mm	>150mm～250mm	>250mm～400mm	≤40mm	>40mm～63mm	>63mm～100mm	>100mm～150mm	>150mm～250mm	>250mm～400mm
Q390	A	≥390	≥370	≥350	≥330	≥330	≥310	—	—	—	490～650	490～650	490～650	490～650	470～620	—	—	≥20	≥19	≥19	≥18	—	—
	B																						
	C																						
	D																						
	E																						
Q420	A	≥420	≥400	≥380	≥360	≥350	≥340	—	—	—	520～680	520～680	520～680	520～680	500～650	—	—	≥19	≥18	≥18	≥18	—	—
	B																						
	C																						
	D																						
	E																						
Q460	C	≥460	≥440	≥420	≥400	≥400	≥380	—	—	—	550～720	550～720	550～720	550～720	530～700	—	—	≥17	≥16	≥16	≥16	—	—
	D																						
	E																						
Q500	C	≥500	≥480	≥470	≥450	≥440	—	—	—	—	610～770	600～760	590～750	540～730	—	—	—	≥17	≥17	≥17	—	—	—
	D																						
	E																						
Q550	C	≥550	≥530	≥520	≥500	≥490	—	—	—	—	670～830	620～810	600～790	590～780	—	—	—	≥16	≥16	≥16	—	—	—
	D																						
	E																						

续表

牌号	质量等级	拉伸试验[a,b,c]																					
		以下公称厚度（直径，边长）下屈服强度（R_{aL}）/MPa									以下公称厚度（直径，边长）抗拉强度（R_m）/MPa							断后伸长率（A）/%					
																		公称厚度（直径，边长）					
		≤16mm	>16mm～40mm	>40mm～63mm	>63mm～80mm	>80mm～100mm	>100mm～150mm	>150mm～200mm	>200mm～250mm	>250mm～400mm	≤40mm	>40mm～63mm	>63mm～80mm	>80mm～100mm	>100mm～150mm	>150mm～250mm	>250mm～400mm	≤40mm	>40mm～63mm	>63mm～100mm	>100mm～150mm	>150mm～250mm	>250mm～400mm
Q620	C																						
	D	≥620	≥600	≥590	≥570	—	—	—	—	—	710～880	690～880	670～850	—	—	—	—	≥15	≥15	≥15	—	—	—
	E																						
Q690	C																						
	D	≥690	≥670	≥660	≥640	—	—	—	—	—	770～940	750～920	730～900	—	—	—	—	≥14	≥14	≥14	—	—	—
	E																						

注：a. 当屈服不明显时，可测量 $R_{pa,e}$ 代替下屈服强度。

b. 宽度不小于 600mm 扁平材，拉伸试验取横向试样；宽度小于 600mm 的扁平材、型材及棒材取纵向试样，断后伸长率最小值相应提高 1%（绝对值）。

c. 厚度>250～40mm 的数值适用于扁平材。

7. 合金工具钢

① 合金工具钢钢号的平均碳含量≥1.0%时，不标出碳含量；当平均碳含量<1.0%时，以千分之几表示。例如 Cr12、CrWMn、9SiCr、3Cr2W8V。

② 钢中合金元素含量的表示方法，基本上与合金结构钢相同。但对铬含量较低的合金工具钢钢号，其铬含量以千分之几表示，并在表示含量的数字前加“0”，以便把它和一般元素含量按百分之几表示的方法区别开来。例如 Cr06。

③ 高速工具钢的钢号一般不标出碳含量，只标出各种合金元素平均含量的百分之几。例如钨系高速钢的钢号表示为“W18Cr4V”。钢号冠以字母“C”者，表示其碳含量高于未冠“C”的通用钢号。

8. 特殊性能钢

① 钢号中碳含量以千分之几表示。例如“2Cr13”钢的平均碳含量为 0.2%；若钢中含碳量≤0.03%或≤0.08%者，钢号前分别冠以“00”及“0”表示之，例如 00Cr17Ni14Mo2、0Cr18Ni9 等。

② 对钢中主要合金元素以百分之几表示，而钛、铌、锆、氮等则按上述合金结构钢对微合金元素的表示方法标出。

7.1.4 化学成分对钢材性能的影响

钢材的化学成分主要是指碳、硅、锰、硫、磷等，在不同情况下往往还需考虑氧、氮及各种合金元素。它们的含量决定了钢材的质量和性能，尤其是某些元素为有害杂质（如磷、硫等），在冶炼时应通过控制和调节限制其含量，以保证钢的质量。下面就一些元素在钢中的作用和影响做简要介绍。

① 碳。土木工程用钢材含碳量不大于 0.8%。在此范围内，随着钢中碳含量的提高，强度和硬度相应提高，而塑性和韧性则相应降低，碳还可显著降低钢材的可焊性，增加钢的冷脆性和时效敏感性，降低抗大气锈蚀性。

② 硅。当硅在钢中的含量较低（小于 1%）时，可提高钢材的强度，对塑性和韧性影响不明显。

③ 锰。锰是我国低合金钢的主加合金元素，锰含量一般在 1%～2%范围内，它的作用主要是提高强度，锰还能削减硫和氧引起的热脆性，改善钢材的热加工性质。

④ 硫。硫对钢的性能会造成不良影响，钢中硫含量高会影响钢的热加工性能，即造成钢的“热脆”性。此外，硫还会明显降低钢的焊接性能，引起高温龟裂，并在金属焊缝中产生许多气孔，从而降低焊缝的强度。硫含量超过 0.06%时，会显著降低钢的耐蚀性。硫是连铸坯中偏析最为严重的元素，从而增加连铸坯内产生裂纹的倾向。硫除了对钢材的热加工性能、焊接性能、抗腐蚀性能有比较大的影响外，对力学性能也有一定影响，主要表现为钢材横向的强度、延展性、冲击韧性等显著降低，钢材抗 HIC（氢腐蚀）性能显著降低。

⑤ 磷。对于绝大多数钢种来说，磷是有害元素。钢中磷含量高会引起钢的“冷脆”，即从高温降到 0℃以下，钢的塑件和冲击韧性降低，并使钢的焊接性能和冷弯性能变差。磷是降低钢表面张力的元素，易析出聚集在晶界处，随着磷含量的增加，钢液的表面张力降低显著，从而降低钢的抗热裂纹性能，所以脱磷是炼钢过程的重要任务。但在特定的条

件下可利用磷对钢性能的改变，如炮弹钢加入磷元素，钢的脆性可使炮弹爆炸时碎片增多；易切钢中加磷是利用其降低钢塑性的特点，以提高钢的切削性能搞；耐蚀钢中加入磷元素是利用其对钢的强化和耐腐蚀性能；低硅高磷硅钢片的发展则是利用磷具有提高钢的磁导率的特性。

⑥ 氧。氧为有害元素。钢中氧含量向还会产生皮下气泡、疏松等缺陷，并加剧硫的热脆作用。在钢的凝固过程中，氧以氧化物的形式大量析出，这样会降低钢的塑性、冲击韧性等加工性能。氧在固态钢中的溶解度很小，主要以氧化物夹杂物的形式存在，而非金属夹杂物是钢的主要破坏源，对钢材的疲劳强度、加工性能、延性、韧性、焊接性能、抗HIC性能、耐腐蚀性能等均有显著的不良影响。

⑦ 氮。氮对钢材性质的影响与碳、磷相似，使钢材的强度提高，塑性特别是韧性显著下降。氮可加剧钢材的时效敏感性和冷脆性，降低可焊性。在有铝、铌、钒等的配合下，氮可 作为低合金钢的合金元素使用。

⑧ 钛。钛是强脱氧剂。它能显著提高强度，改善韧性和可焊性，减少时效倾向，是常用的合金元素。

⑨ 钒。钒是强的碳化物和氮化物形成的元素，能有效提高强度，并能减少时效倾向，但增加焊接时的淬硬倾向。

⑩ 铬。铬能显著提高强度、硬度和耐磨性，但同时降低塑性和韧性。铬又能提高钢的抗氧化性和耐腐蚀性，因而是不锈钢、耐热钢的重要合金元素。

⑪ 钼。碳化作用剂，可防止钢材变脆，在高温时保持钢材的强度，出现在很多钢材中。

⑫ 镍。镍能提高钢的强度，而又保持良好的塑性和韧性。镍对酸碱有较高的耐腐蚀能力，在高温下有防锈和耐热能力。

⑬ 钨。钨可增强抗磨损性。钨和适当比例的铬或锰可混合用于制造高速钢。钨与碳形成碳化钨有很高的硬度和耐磨性。

7.2 钢材的技术性能

钢材的技术性能主要包括力学性能（抗拉性能、抗冲击性能、耐疲劳性能及硬度等）和工艺性能（冷弯性能和可焊接性能等）两个方面。

7.2.1 力学性能

1. 抗拉性能

抗拉性能是建筑钢材最重要的技术性能。其技术指标包括拉力试验测定的屈服点、抗拉强度和伸长率。低碳钢（软钢）受拉的应力-应变图能够较好地解释这些重要的技术指标，低碳钢从受拉到拉断经历了下列四个阶段（图 7-1）。

① 弹性阶段（Oa）。在 Oa 范围内，随着荷载的增加，应力和应变成比例增加。如卸去荷载，则恢复原状，这种性质称为弹性，在此范围内的变形，称为弹性变形。a 点所对应的应力称为弹性极限 σ_p。在此范围内，应力与应变的比值为一常量，该比值即为弹性

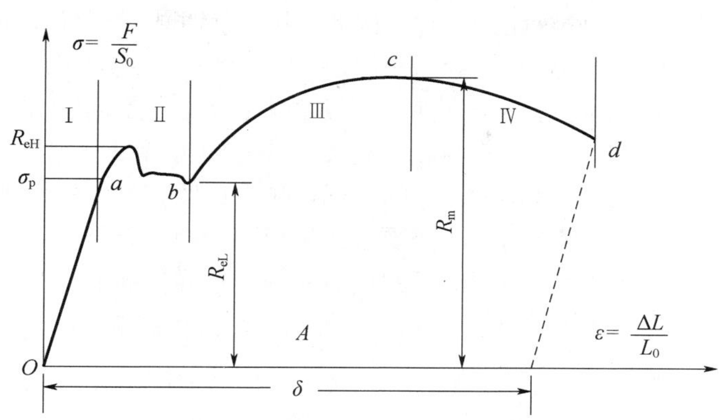

图 7-1 低碳钢受拉时的应力-应变图

模量 E（$E=\sigma_p/\varepsilon$）。弹性模量反映了钢材的刚度，是钢材在受力条件下计算结构变形的重要指标。

② 屈服阶段（ab）。该阶段应力与应变不能成比例变化。应力超过 σ_p 后，即开始产生塑性变形。应力到达到 R_{eH}之后，成为一条波动的曲线，应力增加很小，而应变变形急剧增加，应力则在不大的范围内波动，直到 b 点止。R_{eH}点是上屈服强度，R_{eL}点是下屈服强度，通常 R_{eL}称为屈服极限，当应力到达 R_{eH}点时，钢材抵抗外力能力下降，发生“屈服“现象。R_{eL}是屈服阶段应力波动的次低值，它表示钢材在工作状态允许达到的应力值，即在 R_{eL}之前，钢材不会发生较大的塑性变形。屈服强度是结构设计中钢材强度取值的依据。

③ 强化阶段（bc）。过 b 点后，抵抗塑性变形的能力又重新提高，变形发展速度比较快，随着应力的提高而增加。对应于最高点 c 的应力，称为抗拉强度，用 R_m 表示，$R_m=F_m/S_0$（F_m为 c 点时荷载，S_0为试件受力截面面积）。抗拉强度不能直接利用，但下屈服强度和抗拉强度的比值 R_{eL}/R_m（即屈强比）反映了钢材的安全可靠程度和利用率。屈强比越小，反映钢材在应力超过屈服强度工作时的可靠性越大，即延缓结构损坏过程的潜力越大，材料不易发生危险的脆性断裂，因而结构越安全。但屈强比过小时，材料强度的有效利用率低，造成浪费。一般碳素钢屈强比为 0.6～0.65，低合金结构钢为 0.65～0.75、合金结构钢为 0.84～0.86。对于在外力作用下屈服现象不明显的硬钢类。应该指出，中碳钢与高碳钢（硬钢）拉伸时的应力-应变曲线与低碳钢是完全不同的。其特点是抗拉强度高，塑性变形小，无明显的屈服平台。这类钢材难以测定其屈服点，故规范规定以产生残余变形达到试件原始标距长度的 0.2%时所对应的应力值作为硬钢的屈服强度，称为条件屈服点，用 $\sigma_{0.2}$表示。

④颈缩阶段（cd）。过 c 点，材料抵抗变形的能力明显降低。在 cd 范围内，应变迅速增加，而应力下降，变形不再均匀，变形迅速发展，在有杂质或缺陷处，断面急剧缩小——颈缩，直到断裂。将拉断的钢材拼合后，测出标距部分的长度，按式（7-1）计算断后伸长率 δ：

$$\delta=\frac{L_1-L_0}{L_0}\times 100\% \tag{7-1}$$

式中 L_0——试件原始标距长度，mm；

L_1——试件拉断后标距部分的长度，mm。

由于伸长率的大小受试件标距的影响，因此，国家标准规定试件拉伸长度的标距长度为 $L_0=5d_0$ 和 $L_0=10d_0$（d_0 为试件直径），伸长率以 δ_5 和 δ_{10} 分别表示。由于在塑性变形时颈缩处的伸长较大，故当原始标距与试件的直径之比越大，则颈缩处伸长中的比重越小，因而计算的伸长率会小些。同一种钢材，δ_5 应大于 δ_{10}。伸长率是钢材发生断裂时所能承受的永久变形的能力，也是衡量钢材塑性的指标，越大说明钢材的塑性越好。

塑性是指钢材在受力破坏之前可以经受永久变形的能力，以断面收缩率 ψ 表示。断面收缩率是试件断裂后，缩颈处横断面面积的最大缩减量占横截面的百分率。在工程中钢材的塑性指标通常用伸长率和断面收缩率表示。常用低碳钢的塑性指标平均值为 $\delta=15\%\sim30\%$，$\psi=60\%$。

2. 抗冲击性能

抗冲击性能是指钢材抵抗冲击荷载而不被破坏的能力。钢材的抗冲击性能是用标准试件（中部有“V”形或“U”形缺口），在摆锤式冲击试验机下进行冲击弯曲试验后确定(图 7-2)。试件缺口处受冲击破坏后，以缺口底部单位面积上所消耗的功，即为抗冲击性能指标，用冲击韧性值 α_k（J/cm^2）表示。α_k 越大，表示冲断试件时消耗的功越多，钢材的抗冲击性能越好。

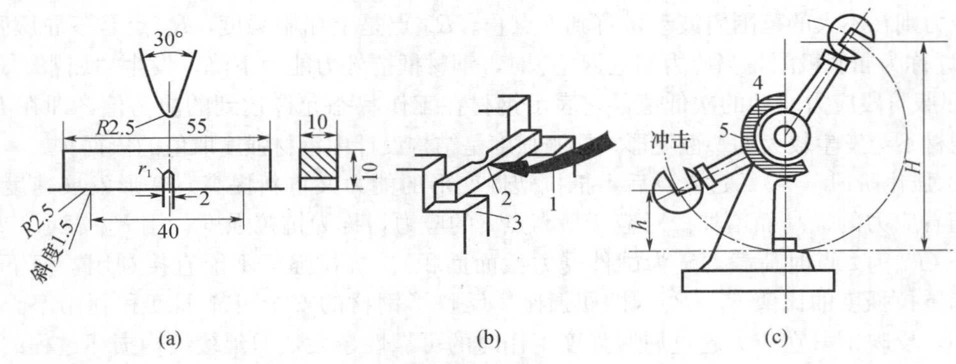

图 7-2　抗冲击性能试验示意图

(a) 试件尺寸；(b) 试验装置；(c) 试验机

1—摆锤；2—试件；3—台座；4—刻度盘；5—指针

钢板进行冲击试验，能较全面地反映出材料的性质。钢材的抗冲击性能对钢的化学成分、组织状态、冶炼和轧制质量，以及温度和时效等都较敏感。

影响钢材抗冲击性能的因素：

① 化学成分与组织状态对抗冲击性能的影响。当钢材内硫、磷的含量高，且存在化学偏析和非金属夹杂物及焊接形成的微裂纹时，都会使抗冲击性能显著降低。

② 时间对抗冲击性能的影响。抗冲击性能还将随时间的延长而下降，这种现象称为时效。通常完成时效的过程可达数十年，但钢材如经冷加工或使用中经受振动和反复荷载的影响，时效可迅速发展。因时效导致钢材性能改变的程度称时效敏感性。时效敏感性越大的钢材，经过时效后抗冲击性能的降低就越显著。为了保证安全，对于承受动荷载的重要结构，应当选用时效敏感性小的钢材。

③ 环境温度对抗冲击性能的影响。环境温度对钢材的冲击功影响也很大。试验表明，

抗冲击性能随温度的降低而下降，开始时下降缓和，达到一定温度范围时，突然显著下降而呈脆性，这种性质称为钢材的冷脆性，此时温度称为脆性临界温度。它的数值越低，钢材的低温抗冲击性能越好。所以在负温下使用的结构，应当选用脆性临界温度较使用温度低的钢材。

④ 轧制与焊接质量对抗冲击性能的影响。试验时沿轧制方向取样比沿垂直于轧制方向取样的值高。焊接件中形成的热裂纹及晶体组织的不均匀分布也导致抗冲击性能值显著降低。

3. 耐疲劳性能

钢材在交变荷载作用下，应力在远低于屈服强度的情况下突然破坏，这种破坏称为疲劳破坏。钢材疲劳破坏的应力指标用疲劳强度（或称疲劳极限）来表示，它是指试件在交变荷载的作用下，不发生疲劳破坏的最大应力值。钢材的疲劳破坏一般是由拉应力引起的，首先在局部开始形成细小断裂，由于反复作用，随后由于微裂纹尖端的应力集中而使其逐渐扩大，直至突然发生瞬时疲劳断裂。从断口可明显分辨出疲劳裂纹扩展区和残留部分的瞬时断裂区。

疲劳破坏是在低应力状态下突然发生的，所以危害极大，往往造成灾难性的事故。钢材耐疲劳强度与内部组织、成分偏析及各种缺陷相关。同时钢材表面质量、截面变化和受腐蚀程度等都影响其耐疲劳性能。

4. 硬度

指钢材抵抗另一更硬物压入其表面的能力。一般来说，硬度高，耐磨性好，但脆性亦大。测定硬度的方法有布氏法、洛氏法和维氏法，常用布氏法和洛氏法。

布氏硬度试验法示意图见图 7-3，测定原理是利用直径为 D（mm）的淬火钢球，以 P（N）的荷载将其压入试件表面，经规定的持续时间后卸除荷载，即得到直径为 d（mm）的压痕，以压痕表面积 F（mm）除荷载 P，所得的应力值即为试件的布氏硬度值 HB，见式（7-2）和式（7-3）。

$$HB=\frac{P}{F}=\frac{P}{\pi Dh} \tag{7-2}$$

其中，压痕深度 $h=\frac{D}{2}-\frac{1}{2}\sqrt{D^2-d^2}$

所以，

$$HB=\frac{2P}{\pi D\left(D-\sqrt{D^2-d^2}\right)} \tag{7-3}$$

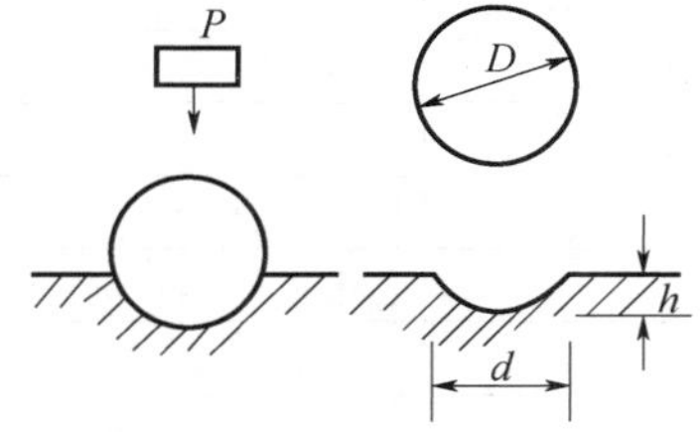

图 7-3　布氏硬度试验示意图

洛氏法测定的原理与布氏法相似，但系根据压头压入试件的深度来表示硬度值。布氏硬度法比较准确，但压痕较大，不宜用于成品检验；洛氏硬度法的压痕小，常用于判断工件的热处理效果。

7.2.2 工艺性能

钢材的工艺性能指钢材承受各种冷热加工的能力，包括铸造性、切削加工性、焊接性、可锻性、冲压性、冷弯性、热处理工艺性等。对土木工程用钢材而言，只涉及可焊接性能和冷弯性能。

1. 可焊接性能

焊接是把两块金属局部加热，并使其接缝部分迅速呈熔融或半熔融状态，从而牢固地连接起来。它是钢结构的主要连接形式。焊接性能是指在一定的焊接工艺条件下，在焊缝及其附近过热区不产生裂纹及硬脆倾向，焊接后在焊缝处的性质与母材性质一致的程度。焊接后钢材的力学性能，特别是强度不低于原有钢材的强度。在焊接中，由于高温作用和焊接后急剧冷却作用，焊缝及附近的过热区将发生晶体组织及结构变化，产生局部变形及内应力，使焊缝周围的钢材产生硬脆倾向，降低了焊接的质量。可焊性良好的钢材，焊缝处性质应与母材尽可能相同，焊接才牢固可靠。影响钢材可焊性的主要因素是化学成分及含量、冶炼质量及冷加工等。如碳的质量分数小于 0.25% 的碳素钢具有良好的可焊性；碳的质量分数超过 0.3%，可焊性变差。硫、磷及气体杂质会使可焊性降低，加入过多的合金元素，也将降低可焊性。其中，硫产生热脆性，使焊缝处产生硬脆及热裂纹。

2. 冷弯性能

冷弯性能是指钢材在常温下承受静力弯曲变形的能力，是钢材的重要工艺性能。冷弯性能是通过试件被弯曲的角度 90°或 180°及弯心直径 d 与试件厚度（a）的比值（d/a）未确定，见图 7-4。试件弯曲处的外表面无裂断、裂缝或起层，即认为冷弯性能合格。弯曲角度 α 越大，d/a 越小，说明试件冷弯性能越好。表 7-5 给出了碳素结构钢的冷弯性能。从这个表可以看出，碳素结构钢随着牌号的增大，其含碳量增加，强度提高，塑性和韧性降低，冷弯性能逐渐变差。冷弯性的意义是钢材处于不利变形条件下的塑性可揭示钢材内部组织是否均匀，是否存在内应力和夹杂物等缺陷。

表 7-5 碳素结构钢的冷弯性能（GB/T 700—2006）

牌号	试样方向	冷弯 180°	
		钢材厚度或直径（mm）	
		≤60	>60～100
		弯芯直径 d	
Q195	纵	0	
	横	0.5a	
Q215	纵	0.5a	1.5a
	横	a	2a
Q235	纵	a	2a
	横	1.5a	2.5a
Q275	纵	1.5a	2.5a
	横	2a	3a

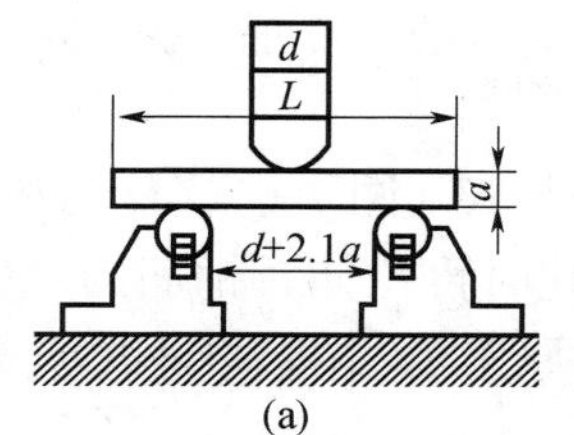

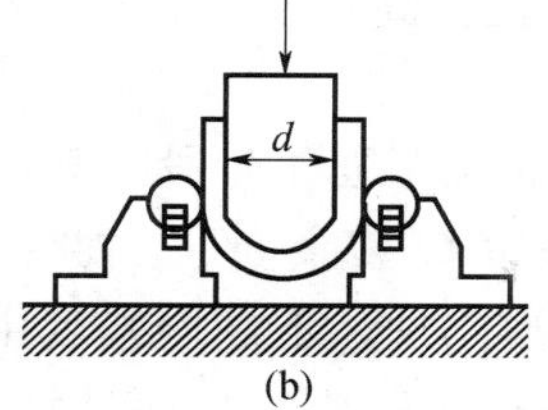

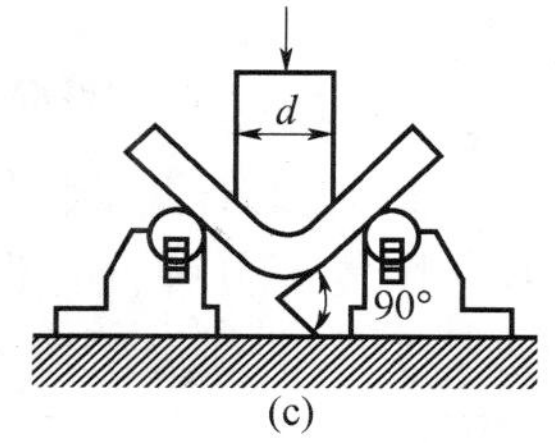

图 7-4 试件冷弯示意图

（a）装好的试件；（b）弯曲 180°；（c）冷弯 90°

拉伸强度及弯曲试验性能指标应符合表 7-6 中各项要求。

表 7-6 拉伸强度及弯曲试验性能指标

钢筋类别		公称直径（mm）	屈服强度（MPa）	抗拉强度（MPa）	伸长率（%）		冷弯
低碳钢热轧圆盘条	Q215	—	≥215	≥375	≥27	$d=0$	冷弯 180°无裂纹 d=弯心直径 a=试样直径
	Q235	—	≥235	≥410	≥23	$d=0.5a$	
钢筋混凝土用热轧光圆钢筋		8～20	≥235	≥370	≥23	$d=a$	
钢筋混凝土用热轧带肋钢筋	HRB335	6～25 28～50	≥335	≥490	≥16	$d=3a$ $d=4a$	
	HRB400	6～25 28～50	≥400	≥570	≥14	$d=4a$ $d=5a$	
	HRB500	6～25 28～50	≥500	≥630	≥12	$d=6a$ $d=7a$	
冷轧带肋钢筋	CRB550	—	—	≥550	≥8	$d=3a$	冷弯 180°无裂纹
	CRB650	—	—	≥650	反复弯曲 4 次，无裂纹 注：$a=4$ 时，弯心半径=10； $a=5$ 时，弯心半径=15 $a=6$ 时，弯心半径=15		
	CRB800	—	—	≥800			
	CRB970	—	—	≥970			
	CRB1170	—	—	≥1170			
冷轧扭钢筋	—	—	—	≥580	≥4.5	$d=3a$	冷弯 180° 无裂纹
冷拔螺旋钢筋	LX550	—	—	≥550	≥8	$d=3a$	冷弯 180° 无裂纹
	LX650	—	—	≥650	≥4	$d=4a$	
	LX800	—	—	≥800	≥4	$d=5a$	

3. 钢材的冷加工和时效处理

大部分钢材加工都是通过压力加工，使被加工的钢（坯、锭等）产生塑性变形。根据钢材加工温度不同分为冷加工和热加工两种。

冷加工（冷作强、冷加工强化）指钢材在常温下进行冷拉、冷拔、冷扎等随之产生一定塑性变形，引起强度和硬度的提高，而塑性、韧性及弹性模量降低的现象。产生冷加工强化的原因是，钢材在冷加工时晶格缺陷增多，晶格畸变，对位错运动的阻力增大，因而屈服强度提高，塑性和韧性降低。由于塑性变形中产生内应力，故冷加工后钢材的弹性模量会有所下降。工地或预制厂钢筋混凝土施工中常利用这一原理，对钢筋或低碳钢盘条按一定制度进行冷加工处理，从而达到提高强度和节约钢材的目的。冷加工方式有冷拉、冷拔、冷轧、冷扭、刻痕等。

① 冷拉。冷拉加工就是将钢筋拉至强化阶段的某一点 K（图 7-5），然后松弛应力，钢筋则沿 KO' 恢复部分弹性，保留 OO' 残余变形。如果此时再拉伸，钢筋的应力与应变沿 $O'K$ 发展，原来的屈服阶段不再出现，下屈服强度由原来的 B 提高到 K 点附近。再继续张拉，则曲线沿（略高于）KCD 发展至 D 而破坏。可见，钢材通过冷拉，其屈服点提高而抗拉强度基本不变，塑性和韧性相应降低。如果第一次冷拉后，不立即张拉，而是松弛应力经时效处理后，再继续张拉，此时钢材的应力应变曲线沿 $K_1C_1D_1$ 发展，下屈服强度进一步提高到 K_1（提高 20%左右），抗拉强度也明显提高，其塑性和韧性进一步降低。

② 冷拔。冷拔是预制构件厂经常采用的另一种冷加工方法。将热轧圆盘条通过硬质合金拔丝模孔，进行强力拉拔，使其伸长变细。每次冷拔断面缩小应在 10%以下，可经多次拉拔。钢筋在冷拔过程中，不仅受拉伸，同时还受到周围模具的挤压，因而冷拔的作用比冷拉更为强烈。经冷拔后的钢材表面光洁度增高，屈服强度可提高 40%～60%，但由于塑性大大降低，因而具有硬钢的性质。

③ 冷轧。冷轧是将圆钢在轧钢机上轧成断面按一定规律变化的钢筋，可提高其强度和与混凝土间的握裹力。钢筋在冷轧时，纵向与横向同时产生变形，因而能较好地保持塑性和内部结构的均匀性。

④ 时效处理。时效是指钢材在冷加工后长时间的搁置中，会自发地呈现出强度和硬度的提高，而塑性和韧性逐渐降低的现象。将经过冷加工的钢筋，于常温下存放 15～20d（自然时效，适合用于低强度钢筋），或加热到 100～200℃并保持一定时间（人工时效，适合于高强钢筋），此过程称为时效处理（强化），见图 7-5。将钢筋冷拉至强化阶段 K 点然后卸荷，则产生塑性变形，若立即受拉，钢筋的应力-应变曲线将沿 $O'KCD$ 发展至破坏。

时效处理作用可使 σ_s 进一步提高，σ_b 略有提高；塑性、韧性进一步降低；由于时效过程中内应力削减，故弹性模量可基本恢复。

冷拉仅能提高钢筋的抗拉强度，不能提高抗压强度；冷拔可同时提高钢筋的抗拉强度和抗压强度；钢筋经冷加工后，力学性能发生显著变化；强度提高，塑性降低，由软钢变成硬钢。

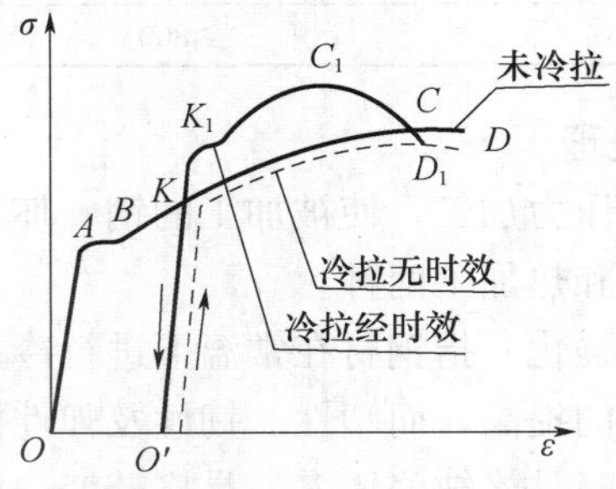

图 7-5　低碳钢受冷拉及时效前后应力-应变图的变化

4. 钢材的热处理

改善钢铁材料性能的途径包括合金化和热处理。钢材的合金化是指通过在钢中加入合金元素，调整钢的化学成分，从而获得优良的性能。钢材的热处理是将钢材在固态范围内放在一定的介质中加热到适宜的温度，并在此温度中保持一定时间后，又以不同速度冷却的一种工艺方法。与其他加工工艺相比，热处理一般不改变工件形状和整体的化学成分，而是通过改变工件内部的显微组织，或改变工件表面的化学成分，赋予或改善工件使用性能，从而获得人们所需求的机械力学性能的过程。其特点是改善工件的内在质量，而这一般不是肉眼所能看到的。热处理的作用：改善钢（工件）的力学性能或工艺性能，充分发挥钢的性能潜力，提高工件质量，延长工件寿命。

热处理工艺一般包括加热、保温、冷却三个过程，有时只有加热和冷却两个过程。这些过程互相衔接，不可间断。加热温度是热处理工艺的重要工艺参数之一，选择和控制加热温度，是保证热处理质量的主要问题。加热温度随被处理的金属材料和热处理的目的不同而不同，但一般都是加热到相变温度以上，以获得需要的组织。另外转变需要一定的时间，因此当金属工件表面达到要求的加热温度时，还须在此温度保持一定时间，使内外温度一致，使显微组织转变完全，这段时间称为保温时间。冷却也是热处理工艺过程中不可缺少的步骤，冷却方法因工艺不同而不同，主要是控制冷却速度。

按加热、冷却方式及钢的组织、性能不同将热处理分为普通热处理、表面热处理和特殊热处理。普通热处理包括淬火、回火、退火和正火；表面热处理包括表面淬火（如激光热处理、火焰淬火和感应加热热处理等）、化学热处理（如渗碳、氮化、碳氮共渗等）、特殊热处理（如形变、真空和控制气氛等）。

① 退火。退火是指将金属缓慢加热到一定温度，保持足够时间，然后以适宜速度冷却（通常是缓慢冷却，有时是控制冷却）的一种金属热处理工艺。退火的目的在于改善或消除钢铁在铸造、锻压、轧制和焊接过程中所造成的各种组织缺陷以及残余应力，防止工件变形、开裂；软化工件以便进行切削加工；细化晶粒，改善组织以提高工件的机械性能；为最终热处理（淬火、回火）作好组织准备。

② 正火。正火是退火的一种变态或特例，两者仅冷却速度不同，正火是在空气中冷却。正火的主要目的是细化晶粒、消除组织缺陷等。与退火相比，正火后钢的硬度、强度较高，而塑性减小。

③ 淬火。淬火是指将金属工件加热到某一适当温度并保持一段时间，随即浸入淬冷介质中快速冷却的金属热处理工艺。常用的淬冷介质有盐水、水、矿物油、空气等。淬火可以提高金属工件的硬度及耐磨性，因而广泛用于各种工、模、量具及要求表面耐磨的零件（如齿轮、轧辊、渗碳零件等）。通过淬火与不同温度的回火配合，可以大幅度提高金属的强度、韧性及疲劳强度，并可获得这些性能之间的配合（综合机械性能）以满足不同的使用要求。另外，淬火还可使一些特殊性能的钢获得一定的物理化学性能，如淬火使永磁钢增强其铁磁性、不锈钢提高其耐蚀性等。淬火工艺主要用于钢件。

④ 回火。回火又称配火，是金属热处理工艺的一种。将经过淬火的工件重新加热到临界温度以下的适当温度，保温一段时间后在空气或水、油等介质中冷却的金属热处理。或将淬火后的合金工件加热到适当温度，保温若干时间，然后缓慢或快速冷却。一般用以减低或消除淬火钢件中的内应力，或降低其硬度和强度，以提高其延性或韧性。根据不同

的要求可采用低温回火、中温回火或高温回火。通常随着回火温度的升高，硬度和强度降低，延性或韧性逐渐增高。

此外，为了获得一定的强度和韧性，把淬火和高温回火结合起来的工艺，称为调质。某些合金淬火形成过饱和固溶体后，将其置于室温或稍高的适当温度下保持较长时间，以提高合金的硬度、强度或电性磁性等。这样的热处理工艺称为时效处理。把压力加工形变与热处理有效而紧密地结合起来，使工件获得很好的强度、韧性配合的方法称为形变热处理；在负压气氛或真空中进行的热处理称为真空热处理，它不仅能使工件不氧化，不脱碳，保持处理后工件表面光洁，提高工件的性能，还可以通入渗剂进行化学热处理。化学热处理是通过改变工件表层化学成分、组织和性能的金属热处理工艺。化学热处理与表面热处理不同之处是后者改变了工件表层的化学成分。化学热处理是将工件放在含碳、氮或其他合金元素的介质（气体、液体、固体）中加热，保温较长时间，从而使工件表层渗入碳、氮、硼和铬等元素。渗入元素后，有时还要进行其他热处理工艺如淬火及回火。化学热处理的主要方法有渗碳、渗氮、渗金属、复合渗等。

7.3 钢材的腐蚀、防护和防火

7.3.1 钢材的腐蚀

广义的腐蚀指材料与环境间发生的化学或电化学作用而导致材料功能受到损伤的现象。狭义的腐蚀是指金属与环境间的物理——化学相互作用，使金属性能发生变化，导致金属的功能受到损伤的现象。

腐蚀的类型有湿腐蚀和干腐蚀。湿腐蚀指金属在有水分存在下的腐蚀；干腐蚀则指在无液态水分存在下的干气体中的腐蚀。由于大气中普遍含有水，化工生产中也经常处理各种水溶液，因此湿腐蚀是最常见的，但高温操作时干腐蚀造成的危害也不容忽视。

钢材在使用中经常与环境中的介质接触，由于环境介质的作用，其中的铁与介质产生化学反应，逐步被破坏，导致钢材腐蚀，亦可称为锈蚀。钢材锈蚀不仅使截面积减小，性能降低甚至报废，而且因腐蚀产生锈坑，可造成应力集中，加速结构破坏。尤其在冲击荷载、循环交变荷载作用下，将产生锈蚀疲劳现象，使钢材的疲劳强度大为降低，甚至出现脆性断裂。钢材受腐蚀的原因很多，可根据其与环境介质的作用分为化学腐蚀和电化学腐蚀两类。

1. 化学腐蚀

化学腐蚀指钢材与由非电解质溶液或各种干燥介质（如氧气、二氧化碳、二氧化硫和水等）直接发生化学作用的腐蚀，无电流产生，生成疏松的氧化物而引起的腐蚀。这种腐蚀多数是氧化作用，在钢材的表面形成疏松的氧化物，在干燥的环境下进展很缓慢，但在温度和湿度较高的条件下，这种腐蚀进展很快，主要的化学反应式如下：

$$Fe+O_2 \longrightarrow FeO，Fe_2O_3，Fe_3O_4$$

$$Fe+CO_2 \longrightarrow FeO，Fe_3O_4+CO$$

$$Fe+H_2O \longrightarrow FeO，Fe_3O_4+H_2$$

2. 电化学腐蚀

电化学腐蚀即湿腐蚀，是指钢材与介质间氧化还原反应而产生的腐蚀，其特点产生电流。如钢材与电解质溶液接触而产生电流，形成微电池而引起的锈蚀；不同金属接触处产生的腐蚀等。其原因为钢材内部不同组织的电极电位不同，处于电解质溶液中，形成微原电池。金属在溶液中失去电子，变成带正电的离子，这是一个氧化过程即阳极过程。与此同时在接触水溶液的金属表面，电子有大量机会被溶液中的某种物质中和，中和电子的过程是还原过程，即阴极过程。常见的阴极过程有氧被还原、氢气释放、氧化剂被还原和贵金属沉积等。碳素钢中包含铁素体、渗碳体组分，由于这些成分的电极电位不同，钢的表面层在电解质溶液中以铁素体为阳极，以渗碳体为阴极的微电池。含微量盐的水与钢铁的电极电位差达到0.20V，作为阳极的钢铁就会发生腐蚀。在阳极，铁失去电子成为Fe^{2+}进入水膜；在阴极，溶于水膜中的氧被还原生成OH^-；随后两者结合生成不溶于水的$Fe(OH)_2$，并进一步氧化成为疏松易剥落的红棕色铁锈$Fe(OH)_3$。由于铁素体基体的逐渐锈蚀，钢组织中的渗碳体露出来的越来越多，形成的微电池数目也越来越多，钢材的腐蚀速度越加迅速。

钢材在大气中的腐蚀，实际上是化学腐蚀和电化学腐蚀同时作用所致，但以电化学腐蚀为主。

3. 腐蚀的形态

腐蚀的形态包括均匀腐蚀和局部腐蚀。在化工生产中，后者的危害更严重。

① 均匀腐蚀。腐蚀发生在金属表面的全部或大部，也称全面腐蚀。多数情况下，金属表面会生成保护性的腐蚀产物膜，使腐蚀变慢。有些金属（如钢铁）在盐酸中不产生膜而迅速溶解。通常用平均腐蚀率（即材料厚度每年损失若干毫米）作为衡量均匀腐蚀的程度，也作为选材的原则，一般年腐蚀率小于1～1.5mm，可认为合用（有合理的使用寿命）。

② 局部腐蚀。腐蚀只发生在金属表面的局部。其危害性比均匀腐蚀严重得多，它约占化工机械腐蚀破坏总数的70%，而且可能是突发性和灾难性的，会引起爆炸、火灾等事故。

7.3.2 钢材的防护

影响钢材腐蚀的主要因素有湿度、氧，介质中的酸、碱、盐，钢材的化学成分及表面状况等，其中有材质的原因，也有使用环境和接触介质的原因。因此，防腐蚀的方法也有所侧重。目前所采用的防腐蚀方法主要有如下三种：

1. 采用耐候钢

耐候钢即耐大气腐蚀钢。耐候钢是在碳素钢和低合金钢中加入少量的铜、铬、镍等合金元素而制成的。这种钢在大气作用下，能在表面形成一种致密的防腐保护层，起到耐腐蚀作用，同时保持钢材具有良好的焊接性能。耐候钢的强度级别与常用碳素钢和低合金钢一致，技术指标也相近，但其耐腐蚀能力却高出数倍。

2. 金属覆盖

用耐腐蚀性能好的金属，以电镀或喷镀的方法覆盖在钢材的表面，提高钢材的耐腐蚀能力。如镀锌、镀铬、镀铜和镀镍等。

3. 非金属覆盖

在钢材表面用非金属材料作为保护膜，与环境介质隔离，如搪瓷和塑料等。防止钢结构腐蚀用得最多的方法是表面涂刷油漆。底漆要求有比较好的附着力和防锈蚀能力，常用红丹防锈底漆、环氧富锌漆和铁红环氧底漆等。面漆是为了防止底漆老化，且有较好的外观色彩，因此面漆要求有比较好的耐候性、耐湿性和耐热性，且化学稳定性较好，光敏感性较弱，不易粉化和龟裂，常用面漆有灰铅漆、醇酸磁漆和酚醛磁漆等。

7.3.3 钢材的防火

钢是不燃性材料，但这并不表明钢材能够抵抗火灾。耐火试验与火灾案例调查表明，以失去支持能力为标准，无保护层时钢柱和钢屋架的耐火极限只有 0.25h，而裸露钢梁的耐火极限仅为 0.15h。温度在 200℃以内，可以认为钢材的性能基本不变；超过 300℃以后，弹性模量、屈服点和极限强度均开始显著下降，应变急剧增大；到达 600℃时已失去承载能力。所以，没有防火保护层的钢结构是不耐火的。钢结构防火保护通常是采用绝热或吸热材料，阻隔火焰和热量，推迟钢结构的升温速率，防火方法以包覆法为主，即以防火涂料、不燃性板材或混凝土和砂浆将钢构件包裹起来。

7.4 土木工程用钢的品种和选用

土木工程工程使用的钢材主要由碳素结构钢、低合金高强度结构钢、优质碳素结构钢和合金结构钢等加工而成。

7.4.1 土木工程工程用钢材的主要品种

1. 碳素结构钢

按国家标准《碳素结构钢》（GB/T 700—2006）生产的钢材共有 Q195、Q215、Q235、Q255 和 Q275 种品牌，板材厚度不大于 16mm 的钢材强度适中，塑性、韧性均较好。各个牌号钢材又根据化学成分和冲击韧性的不同划分为 A、B、C、D 共四个质量等级，按字母顺序由 A 到 D，表示质量等级由低到高。除 A 级外，其他三个级别的含碳量均在 0.20%以下，焊接性能也很好。因此，规范将 Q235 牌号的钢材选为承重结构用钢。Q235 钢的化学成分和脱氧方法、拉伸和冲击试验以及冷弯试验结果均应符合规定。

碳素结构钢适用于一般结构和工程。构件可进行焊接、铆接和栓接。钢结构用碳素结构钢的选用大致根据下列原则，以冶炼方法和脱氧程度来区分钢材品质，选用时应根据结构的工作条件、承受荷载的类型（动荷载、静荷载）、受荷方式（直接受荷、间接受荷）、结构的连接方式（焊接、非焊接）和使用温度等因素综合考虑，对各种不同情况下使用的钢结构用钢都有一定的要求。

碳素结构钢力学性能稳定、塑性好，在各种加工过程中敏感性较小（如轧制、加热或迅速冷却），构件在焊接、超载、受冲击和温度应力等不利的情况下能保证安全。碳素结构钢冶炼方便，成本较低，在土木工程的应用中占了相当大的比例。

2. 低合金高强度结构钢

按国家标准《低合金高强度结构钢》（GB/T 1591—2008）生产的钢材共有 Q295、Q345、Q390、Q420 和 Q460 等五种牌号，板材厚度主要依靠添加少量几种合金元素来达到，合金元素的总量低于 5%，故称为低合金高强度钢。其中 Q345、Q390 和 Q420 按化学成分和冲击韧性各划分为 A、B、C、D、E 共五个质量等级，字母顺序越靠后的钢材质量越高。这三种牌号的钢材均有较高的强度和较好的塑性、韧性、焊接性能，被规范选为承重结构用钢。这三种低合金高强度钢的牌号命名与碳素结构钢类似，只是前者的 A、B 级为镇静钢，C、D、E 级为特种镇静钢，故可不加脱氧方法的符号。这三种牌号钢材的化学成分和拉伸、冲击、冷弯试验结果应符合规定。

低合金高强度结构钢除强度高之外，还有良好的塑性和韧性，硬度高、耐磨性好、耐腐蚀性能强、耐低温性能好。一般情况下，它的含碳质量分数≤0.2%，具有较好的可焊性。冶炼碳素钢的设备可用来冶炼低合金高强度结构钢，故冶炼方便、成本低。

采用低合金高强度结构钢，在相同使用条件下，可比碳素结构钢节省用钢 20%～25%，对减轻结构自重有利，使用寿命增加，经久耐用。

低合金高强度结构钢主要用于轧制各种型钢、钢板、钢管及钢筋，广泛用于钢结构和钢筋混凝土结构，特别适用于各种重型结构、高层建筑、大型网结构和大跨度结构等。

3. 优质碳素结构钢

优质碳素结构钢与碳素结构钢的主要区别在于钢中含杂质元素较少，磷、硫等有害元素的含量均不大于 0.035%，其他缺陷的限制也较严格，具有较好的综合性能。按照国家标准《优质碳素结构钢技术条件》（GB/T 699—2015）生产的钢材共有两大类，一类为普通含锰量的钢，另一类为较高含锰量的钢，两类钢的钢号均用两位数字表示，它表示钢中的平均含碳量的万分数，前者数字后不加 Mn，后者数字后加 Mn，如 45 号钢，表示平均含碳量为 0.45%的优质碳素钢；45Mn 号钢，则表示同样含碳量、但锰含量也较高的优质碳素钢。可按不热处理和热处理（正火、淬火、回火）状态交货，用做压力加工用钢（热压力加工、顶锻及冷拔坯料）和切削加工用钢。由于价格较高，钢结构中使用较少，仅用经热处理的优质碳素结构钢、冷拔高强钢丝制作高强螺栓、自攻螺钉等。

4. 合金结构钢

合金结构钢含有 Si 和 Mn，生产过程中对硫、磷等有害杂质控制严格，质量稳定。合金结构钢与碳素结构钢相比，具有较高的强度和较好的综合性能，即具有良好的塑性、韧性、可焊性、耐低温性、耐腐蚀性、耐磨性、耐疲劳性等性能，有利于节省用钢和增加结构使用寿命。合金结构钢主要用于轧制各种型钢（角钢、槽钢、工字钢）、钢板、钢管、铆钉、螺栓、螺帽及钢筋，特别是用于各种重型结构、大跨度结构、高层结构等，其技术经济效果更为显著。

5. 其他建筑用钢

在某些情况下，要采用一些有别于上述牌号的钢材，其材质应符合国家的相关标准。例如，当焊接承重结构为防止钢材的层状撕裂而采用 Z 向钢时，应符合《厚度方向性能钢板》（GB/T 5313—2010）的规定；处于外露环境对耐腐蚀有特殊要求或在腐蚀性气、固态介质作用下的承重结构采用耐候钢时，应满足《焊接结构用耐候钢》（GB/T 4172—2010）的规定；当在钢结构中采用铸钢件时，应满足《一般工程用铸造碳钢件》（GB/T

11352—2009）的规定等。

7.4.2 钢结构用钢材

钢结构用钢材主要为热轧成型的钢板和型钢，以及冷加工成型的冷轧薄钢板和冷弯薄壁型钢等。为了减少制作工作量和降低造价，钢结构的设计和制作者应对钢材的规格有较全面的了解。

1. 钢板

钢板有厚钢板、薄钢板、扁钢（或带钢）之分。厚钢板常用做大型梁、柱等实腹式构件的翼缘和腹板，以及节点板等；薄钢板主要用来制造冷弯薄壁型钢；扁钢可用作焊接组合梁、柱的翼缘板、各种连接板、加劲肋等，钢板截面的表示方法为在符号“－”后加“宽度×厚度”，如－200×20 等。钢板的供应规格如下：

厚钢板：厚度 4.5～60mm，宽度 600～3000mm，长度 4～12m；

薄钢板：厚度 0.35～4mm，宽度 500～1500mm，长度 0.5～4m；

扁钢：厚度 4～60mm，宽度 12～200mm，长度 3～9m。

2. 热轧型钢

常用的有角钢、工字钢、槽钢等，如图 7-6 所示。

角钢分为等边（又称等肢）的和不等边（又称不等肢）的两种，主要用来制作桁架等格构式结构的杆件和支撑等连接的杆件。角钢型号的表示方法为在符号“L”后加“长边宽×短边宽×厚度”（对不等边角钢，如 L125×80×8），或加“边长×厚度”（对等边角钢，如 L125×8）。目前我国生产的角钢最大边长为 200mm，角钢的供应长度一般为4～19m。

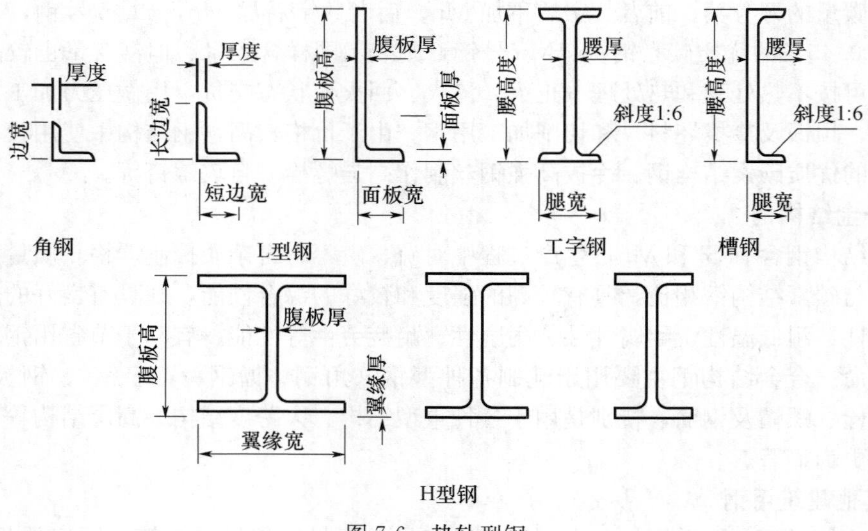

图 7-6 热轧型钢

工字钢有普通工字钢、轻型工字钢和 H 型钢三种。普通工字钢和轻型工字钢两个主轴方向的惯性矩相差较大，不宜单独用作受压构件，而宜用作腹板平面内受弯的构件，或由工字钢和其他型钢组成的组合构件或格构式构件。宽翼缘 H 型钢平面内外的回转半径较接近，可单独用作受压构件。

普通工字钢的型号用符号“I”后加截面高度的厘米数来表示，20号以上的工字钢，又按腹板的厚度不同，分为a、b或a、b、c等类别，例如I20a表示高度为200mm，腹板厚度为a类的工字钢。轻型工字钢的翼缘要比普通工字钢的翼缘宽而薄，回转半径较大。普通工字钢的型号为10～63号，轻型工字钢为10～70号，供应长度均为5～19m。

H型钢与普通工字钢相比，其翼缘板的内外表面平行，便于与其他构件连接。H型钢的基本类型可分为宽翼缘（HW）、中翼缘（HM）及窄翼缘（HN）三类。还可剖分成T型钢供应，代号分别为TW、TM、TN。H型钢和相应的T型钢的型号分别为代号后加“高度H×宽度B×腹板厚度t_1×翼缘厚度t_2”，例如HW400×400×13×21和TW200×400×13×21等。宽翼缘和中翼缘H型钢可用于钢柱等受压构件，窄翼缘H型钢则适用于钢梁等受弯构件。目前国内生产的最大型号H型钢为HN700×300×13×24。供货长度可与生产厂家协商，长度大于24m的H型钢不成捆交货。

槽钢有普通槽钢和轻型槽钢二种。适于作檩条等双向受弯的构件，也可用其组成组合或格构式构件。槽钢的型号与工字钢相似，例如，32a指截面高度320mm，腹板较薄的槽钢。目前国内生产的最大型号为，40c，供货长度为5～19m。

钢管有无缝钢管和焊接钢管两种。由于回转半径较大，常用作桁架、网架、网壳等平面和空间格构式结构的杆件；在钢管混凝土柱中也有广泛的应用。型号可用代号“D”后加“外径d×壁厚t”表示，如D180×8等。国产热轧无缝钢管的最大外径可达630mm。供货长度为3～12m。焊接钢管的外径可以做得更大，一般由施工单位卷制。

3. 冷弯薄壁型钢

采用1.5～6mm厚的钢板经冷弯和辊压成型的型材（图7-7），和采用0.4～1.6mm的薄钢板经辊压成型的压型钢板，其截面形式和尺寸均可按受力特点合理设计，能充分利用钢材的强度、节约钢材，在国内外轻钢建筑结构中被广泛地应用。近年来，冷弯高频焊接圆管和方、矩形管的生产和应用在国内有了很大的进展，冷弯型钢的壁厚已达12.5mm（部分生产厂的可达22mm，国外为25.4mm）。

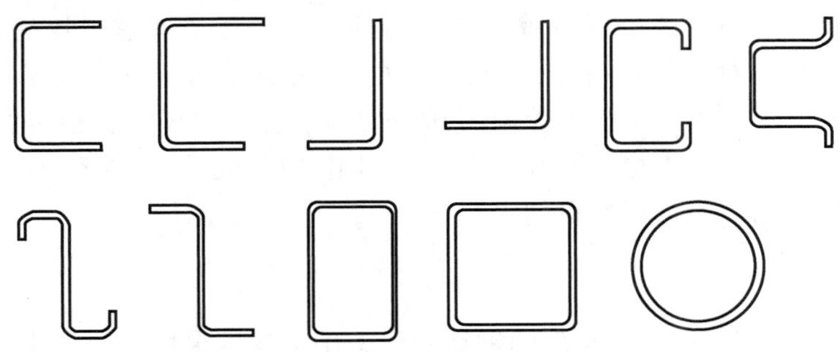

图7-7　冷弯薄壁型钢

7.4.3　钢材的选择

钢材的选用既要确保结构物的安全可靠，又要经济合理，必须慎重对待。为了保证承重结构的承载能力，防止在一定条件下出现脆性破坏，应根据结构的重要性、荷载特征、

连接方法、工作环境、应力状态和钢材厚度等因素综合考虑，选用合适牌号和质量等级的钢材。选择钢材时考虑的因素有：

① 结构的重要性。重型工业建筑结构、大跨度结构、高层或超高层的民用建筑结构或构筑物等重要结构，应考虑选用质量好的钢材，对一般工业与民用建筑结构，可按工作性质分别选用普通质量的钢材。

② 荷载情况。直接承受动力荷载的结构和强烈地震区的结构，应选用综合性能良好的钢材；一般承受静力荷载的结构则可选用价格较低的 Q235 钢。

③ 连接方法。焊接过程会产生焊接变形、焊接应力以及其他焊接缺陷，存在导致结构产生裂缝或脆性断裂的危险。因此，焊接结构对材质的要求应严格一些。

④ 结构所处的温度和环境。钢材处于低温时容易冷脆，因此在低温条件下工作的结构，尤其是焊接结构，应选用具有良好抗低温脆断性能的镇静钢。此外，露天结构的钢材容易产生时效，有害介质作用的钢材容易腐蚀、疲劳和断裂，也应加以区别地选择不同材质。

⑤ 钢材厚度。薄钢材辊轧次数多，轧制的压缩比大，厚度大的钢材压缩比小，所以厚度大的钢材不但强度较小，而且塑性、冲击韧性和焊接性能也较差。因此，厚度大的焊接结构应采用材质较好的钢材。

一般而言，对于直接承受动力荷载的构件和结构（如吊车梁、工作平台梁或直接承受车辆荷载的栈桥构件等）、重要的构件或结构（如桁架、屋面楼面大梁、框架横梁及其他受拉力较大的类似结构和构件等）、采用焊接连接的结构、以及处于低温下工作的结构，应采用质量较高的钢材。对承受静力荷载的受拉及受弯的重要焊接构件和结构，宜选用较薄的型钢和板材构成；当选用的型材或板材的厚度较大时，宜采用质量较高的钢材，以防钢材中较大的残余拉应力和缺陷等与外力共同作用形成三向拉应力场，引起脆性破坏。承重结构采用的钢材应具有抗拉强度、伸长率、屈服强度和硫、磷含量的合格保证，对焊接结构应具有含碳量的合格保证。焊接承重结构以及重要的非焊接承重结构采用的钢材，还应具有冷弯试验的合格保证。此外，为了简化订货，选择钢材时要尽量统一规格，减少钢材牌号和型材的种类，还要考虑市场的供应情况和制造厂的工艺可能性。对于某些拼接组合结构（如焊接组合梁、桁架等）可以选用两种不同牌号的钢材。受力大、由强度控制的部分（如组合梁的翼缘、桁架的弦杆等），用强度高的钢材；受力小、由稳定控制的部分（如组合梁的腹板、桁架的腹杆等），用强度低的钢材，可达到经济合理的目的。

案例分析

【7-1】 钢结构屋架坍塌。某厂的钢结构屋架用中碳钢焊接而成，使用一段时间后，屋架坍塌，请分析事故原因。

分析：首先是因为钢材的选用不当，中碳钢的塑性和韧性比低碳钢差；且其焊接性能较差，焊接时钢材局部温度高，形成了热影响区，其塑性及韧性下降较多，较易产生裂纹。建筑上常用的主要钢种是普通碳素钢中的低碳钢和合金钢中的低合金高强度结构钢。

【7-2】 建于 1973 年的纽约世界贸易中心原为美国纽约的地标之一，占地 6.5 万平

方米，世界贸易中心由两座并立的塔式摩天楼、4 幢 7 层办公楼和 1 幢 22 层的旅馆组成。其中，最明显的是 117 层的摩天楼［417 米（北塔）、415 米（南塔）］。在 2001 年 9 月 11 日恐怖袭击中坍塌，2753 人随之而去

分析：2001 年 9 月 11 日早晨，四架美国国内民航航班被劫持，其中两架撞击位于纽约曼哈顿的世界贸易中心。08 时 46 分 40 秒，美国航空公司 11 次航班（一架满载燃料的波音 767 飞机）以大约每小时 490 英里的速度撞向世界贸易中心北楼，撞击位置为大楼北侧 94 至 98 层之间。大楼立即失火，而飞机上的燃料倾倒进大楼，更加剧火势，整幢大楼结构遭到毁坏。被撞击楼层以下的人员开始疏散。但所有的 3 道楼梯都被撞坏，因此被撞击楼层以上的人员无法逃离。09 时 02 分 54 秒，美国联合航空 175 次航班（另一架满载燃油的波音 767 飞机）以大约每小时 590 英里的时速冲入世界贸易中心南楼 78 至 84 层处，并引起巨大爆炸。飞机的部分残骸从大楼东侧与北侧穿出。但还有 1 个楼梯间完好无损，因此少数在撞击点以上的人员仍可生还。

世界贸易中心是由日裔美籍建筑设计师山崎实（雅马萨奇）所设计，建造时挖出了 90 多万立方米的泥土和岩石，用了 20 多万吨钢材、32 万多立方米的混凝土，澳大利亚还专门为修建它设计制造了 8 台起重机，为穿越这“立起来的城”，200 多部电梯和 70 多座自动扶梯不停工作，电梯的速度最高达每秒钟 8 米。事后据他生前的助手说，因为参考过去帝国大厦曾经受到美国空军轰炸机误撞事件的影响，在设计过程当中已经考虑到需要使大楼结构足以抵御大型飞机的直接撞击。

报道分析认为大楼的倒塌并不是因为飞机的直接冲撞，而主要由火灾和防火问题引起的。火灾：飞机内满载的航空煤油倾泻进入大楼引起的大火所释放出巨大热量（由航空燃料产生的熊熊烈火，在几秒钟内就能使温度升到 1000℃至 1200℃之间），所产生的热量使双子塔外露的钢材受到严重损害，高温致使大厦承重的钢结构骨架软化；同时大火隔断了被撞击楼层的上下联系，并使得一些地板开始垮塌，而这些由沉重水泥混凝土构成的地板非常沉重，一旦倒塌砸向另一层时，就发生“多米诺骨牌效应”，层层相砸，最终导致世贸中心大楼的坍塌。防火问题：在测试双子塔的废钢材时，发现虽然钢材的每一部分都有保护层，但在钢材上几乎找不到一块完整的防火材料。这说明撞击造成的强大气流吹走了钢构件上所有的防火材料，防火材料已经不起作用了。

知识归纳

本章主要介绍了铁和钢的概念、钢的分类、钢的冶炼加工及钢材化学成分（包括有益和杂质元素）对钢材质量的影响；建筑钢材的主要技术性质（力学性质、工艺性能）及其对钢材性能的影响；钢材的抗拉性能、冲击性能、硬度、疲劳强度和钢材的热处理和冷加工及其对钢材性能的影响；并介绍了钢的锈蚀和防锈，以及钢材选择考虑的因素。

思考题

1. 谈谈钢材的主要加工方法。
2. 钢的主要冶炼方法有哪些？各有什么特点？

3. 碳素结构钢中，若含有较多的磷、硫或者氮、氧及锰、硅等元素时，对钢性能的主要影响有哪些？

4. 冷加工和时效处理对钢材件能有何影响，为什么？

5. 钢材的热处理？热处理包括哪几个过程？

6. 何谓钢材普通热处理的退火、正火、淬火、回火？

7. 钢结构中主要采用哪些钢材？

8. 试述钢材锈蚀的原因，如何防止钢结构和钢筋混凝土中配筋的锈蚀？

9. 选择钢材时考虑的主要因素有哪些？

10. 影响钢材冲击韧性的因素？

8 建筑石材

内容摘要

石材是古老的建筑材料之一。世界上许多古老的建筑，如埃及的金字塔、河北隋代的赵州永济桥等都是由石材建造的。天然石材是采自地壳的天然岩石，经过切割、破碎等物理加工得到的土木工程材料，天然石材质地坚硬，抗压强度高，外观朴实，性能稳定，经久耐用。但是天然石材自重大，脆性大，加工和建造需要花费较长的时间。现代社会，石材除了在少数必要的部位作为结构材料之外，通常被加工成薄片状的贴面材料，用于建筑物墙体和地面的表面装饰装修，满足人们对建筑物的美观要求。随着现代化开采与加工技术的进步，石材在建筑装饰中的应用越来越广泛。

8.1 天然岩石的分类

岩石是由各种不同地质作用所形成的天然矿物构成的集合体，组成岩石的矿物称为造岩矿物。矿物是在地壳中受各种不同地质作用所形成的具有一定化学组成和物理性质的单质或化合物。目前已经发现的矿物有3300多种，绝大多数是固态无机物。其中由单一矿物组成的岩石叫做单成岩，由两种或者多种矿物组成的岩石称为复成岩。单成岩的性质取决于其矿物组成及结构。而复成岩的性质则由矿物的相对含量及结构构造来决定。岩石根据其地质条件分为岩浆岩、沉积岩和变质岩三大类。

1. 岩浆岩

岩浆岩又称为火成岩，是地壳深处的熔融岩浆上升到地表附近或者喷出地表时，由于热量散失逐渐冷凝而成。比较常见的有玄武岩、花岗岩、安山岩等。按照岩浆发生冷凝的地点分为侵入岩和喷出岩。在地表以下冷凝的称为侵入岩，喷出地表之后冷凝的称为喷出岩。

岩浆岩按照结晶程度分为全晶质结构、半晶质结构和非晶质结构。全晶质结构中矿物为结晶体，矿物颗粒比较粗大，肉眼可以辨别，这些是侵入岩的结构特征。半晶质结构中矿物部分结晶，它是由于岩浆冷却较快，部分来不及冷凝为玻璃质，常见于喷出岩。非晶质结构中矿物全部为玻璃质，几乎不含结晶体，多是岩浆喷出地表迅速冷却而成的岩石。

2. 沉积岩

沉积岩又称为水成岩，是由岩石经风化、破碎后，在水流、山峰或者冰川作用下搬

运、堆积、再经过胶结、压密等成岩作用而成的岩石。比较常见的有石灰岩、砂岩、页岩等。沉积岩的主要特征是具有层理性，反映了不同地质年代含有的大量次生矿物，如黏土矿物、碳酸盐类和硫酸盐类。按照成岩作用的性质，沉积岩的成因可分为碎屑沉积、化学沉积和生物沉积三类。

沉积岩具有碎屑结构、泥质结构、化学结构与生物结构。碎屑结构是由碎屑物质被胶结而成的岩石结构；泥质结构是由极细小的碎屑和黏土矿物积聚而成的岩石结构，其结构质地较弱，但比较均匀；化学结构是通过化学溶液沉淀结晶而成的岩石结构；生物结构是由生物遗体或者碎片相互堆聚所构成的结构。

3. 变质岩

变质岩是岩浆岩或沉积岩在地质条件发生剧烈变化时，在高温、高压或者其他因素作用下，经过变质作用后形成的岩石。比较常见的有大理岩、片麻岩等。变质岩结构与岩浆岩相似，主要结构形式有变晶结构、变余结构等。变晶结构是由重结晶作用形成的，是变质岩中最常见的结构。根据变晶矿物颗粒的相对大小可分为等粒变晶结构、不等粒变晶结构和斑状变晶结构。变余结构是原岩在变质作用时，重结晶不完全，残留着部分原岩的结构，它也是变质岩的最大特征之一。

8.2 天然岩石的技术性质

工程中使用天然石材时，要根据用途、使用部位等考虑其技术性质。天然岩石的物理性质包括表观密度、吸水性、耐水性、抗冻性、耐热性和导热性；力学性质包括抗压强度、冲击韧性、硬度、耐磨性等。用做装饰材料的石材，主要考虑其加工性、磨光性、抗钻性等。板材制品则主要检测形状尺寸的偏差范围和表面质量，以保证装饰材料的要求。

8.2.1 岩石的物理性质

1. 表观密度

石材的表观密度与矿物组成和孔隙率有关。致密的石材，如花岗岩、大理岩等，其表观密度接近于密度，一般为2500～3100kg/m^3。而孔隙率较大的石材，如火山凝灰岩、浮石等，其表观密度远小于密度，为500～1700kg/m^3。因此，表观密度的大小间接地反映了石材内部结构的密实性和坚硬程度。同种石材，其表观密度越大，石材越坚硬，其抗压强度越高，耐久性越好。

按照表观密度的大小，将石材分为重石和轻石两类。表观密度小于1800kg/m^{3}时，称为轻石，多用作有轻质保温要求的墙体材料；表观密度大于或者等于1800kg/m^{3}时，称为重石，主要用作基础、贴面、地面、桥梁及水工构筑物等结构物中要求有较高强度的材料。

2. 吸水性

岩石吸水性的大小主要取决于内部孔隙率及孔隙特征，因此也是反映石材内部结构致密性和密实程度的物理性能指标。深成岩以及一些变质岩的孔隙率很小，因而吸水性也很低，例如花岗岩的吸水率通常小于0.5%。沉积岩由于形成条件的不同，密实程度也有所不同，内部孔隙率与孔隙特征的变化也很大，因而吸水率波动也很大。通常吸水率小于1.5%的岩石称为低吸水性岩石；吸水率介于1.5%～3.0%的称为中吸水性岩石，吸水率大于3.0%的岩石称为高吸水性岩石。

石材的吸水性对强度和耐久性有很大影响。石材吸水后，内部结构减弱，降低矿物颗粒之间的黏结力，从而使石材的强度降低。同时，吸水性还会影响其导热性、抗冻性等其他性质。

3. 耐水性

耐久性是指石材在吸水饱和状态下的抗压强度与干燥状态的强度之比。石材的耐水性用软化系数来衡量。当岩石中含有较多的黏土或易溶物时，软化系数较小，耐水性较差。软化系数大于0.90的石材称为高耐水石材；软化系数在0.70～0.90之间的称为中耐水石材；软化系数在0.60～0.70之间的称为低耐水石材。软化系数小于0.80的石材，不能用于重要建筑。

4. 耐热性

石材的耐热性主要取决于石材的化学成分和矿物组成。含有石膏的石材，温度超过100℃开始破坏；含有碳酸镁的石材，温度高于625℃时会发生破坏；含有碳酸钙的石材，温度达到827℃时结构才开始破坏；而由石英组成的石材，如花岗岩等，当温度超过700℃时，由于石英受热膨胀，强度会立即消失。

5. 抗冻性

石材的抗冻性是用冻融循环次数表示的。石材在吸水饱和状态下，经反复冻融循环，若无贯穿裂缝，且质量损失不超过5%，强度损失不超过25%，则认为抗冻性合格。其允许的冻融循环次数就是抗冻等级。

石材的抗冻能力主要与其吸水性、矿物组成及冻结情况等有关。通常，吸水率越低，抗冻性越好。不同地区和不同部位使用石材时，应考虑其抗冻性要求。石材的抗冻等级分为七个等级：5、10、15、25、50、100、200。

6. 导热性

石材的导热性主要与石材的致密程度和结构状态有关。相同成分的石材，玻璃态比结晶态的导热系数小；孔隙率较高且具有封闭孔隙的石材则导热性差。轻质石材的导热系数在0.23～0.70W/（m·K）之间，而重质石材的导热系数可达2.91～3.49W/（m·K）。具有封闭孔隙的石材，其导热系数较小。

7. 抗风化性

大气、水、冰、化学因素等造成岩石开裂或者剥落的过程，称为岩石的风化。孔隙率的大小对风化有很大影响。当岩石内含有较多的黄铁矿、云母时，风化速度快，此外由方解石、白云石组成的岩石在酸性气体环境中也易风化。防风化的措施主要有磨光石材表面，防止表面积水，采用有机硅喷涂表面；对碳酸盐类石材可采用氟硅酸镁溶液处理石材表面。

8.2.2 岩石的力学性质

1. 抗压强度

石材的抗压强度主要取决于矿石的矿物组成、结构与构造特征、胶结物质的种类与均

匀性等。用于砌体结构的石材抗压强度采用边长为70mm的立方体试件进行测试，并以三个试件破坏强度的平均值表示。石材的强度等级是由抗压强度值来划分的，根据《砌体结构设计规范》（GB 50003—2011）的规定，石材的强度可分为MU100、MU80、MU60、MU50、MU40、MU30、MU20七个等级。当试件采用的是非标准尺寸时，可按表8-1进行换算。

表8-1 砌体结构石材强度等级的换算系数

立方体边长（mm）	200	150	100	70	50
换算系数	1.43	1.28	1.14	1.00	0.86

2. 硬度

石材的硬度主要与其组成矿物的硬度和构造有关，其硬度多以摩氏硬度或肖氏硬度表示。抗压强度越高，其硬度越高；硬度越高，其耐磨性和抗刻划性越好，但表面加工更困难

3. 冲击韧性

石材的冲击韧性取决于矿物组成与结构。通常，晶体结构的岩石比非晶体结构的岩石韧性好。石英岩、硅质砂岩脆性较高而表现出更差的韧性。含暗色矿物多的辉长岩、辉绿岩等具有相对较好的韧性。

4. 耐磨性

石材的耐磨性与其组成矿物的硬度、结构构造、石材的抗压强度等因素有关。石材的组成矿物越坚硬、结构越致密、抗压强度越高，其耐磨性越好。其耐磨性用单位面积磨耗量来表示。对于可能遭受磨损作用的场所，如地面、路面等，应采用高耐磨性的石材。

8.2.3 岩石的工艺性质

1. 加工性

岩石的加工性是指对岩石进行劈解、破碎、凿磨等加工工艺的难易程度。通常强度、硬度、韧性较高的石材多不易加工；质脆而粗糙、有颗粒交错结构、含有层状或片状解理构造以及风化较严重的岩石，其加工性能更差，很难加工成规则石材。

2. 磨光性

石材的磨光性是指岩石能够研磨成光滑表面的性质。致密、均匀、细粒的岩石，一般都有良好的磨光性，可以磨成光滑亮洁的表面。疏松多孔、有鳞片状构造的岩石，磨光性不好。

3. 抗钻性

石材的抗钻性是指岩石钻孔难易程度的性质。影响抗钻性的因素很复杂，一般与岩石的强度、硬度等有关系。

8.2.4 岩石的放射性质

岩石的放射性主要来源于地壳岩石中所含的天然放射性核素。岩石中广泛存在的天然放射性核素主要有铀、钍、镭等长寿命放射性同位素。这些放射性核素放射产生的γ射线

和氡气，对人体造成外照射危害和内照射危害。研究表明，大理石放射性水平较低，一般红色品种的花岗岩放射性指标都偏高，并且颜色越红紫，放射性指标越高。

根据《建筑材料放射性核素限量》（GB 6566—2010）规定，装修材料按照放射水平大小划分为A、B、C三类：

A类：I_{Ra}≤1.00，I_r≤1.30；产销与使用范围不受限制。

B类：I_{Ra}≤1.30，I_r≤1.90；不可用于Ⅰ类民用建筑的内饰面，但可用于Ⅰ类民用建筑的外饰面及其他建筑物的内外饰面。其中Ⅰ类民用建筑规定为住宅、医院、幼儿园、老年公寓和学校。其他民用建筑一律划归为Ⅱ类民用建筑。

C类：不满足A、B类要求而满足I_r≤2.80，只可用于建筑物的外饰面及室外其他用途。I_r>2.80的天然石材只可用于碑石、海堤、桥墩等其他用途。

注：I_{Ra}—内照射指数；I_r—外照射指数。

8.3 工程砌筑石材

8.3.1 天然砌筑石材

1. 常用天然砌筑石材的分类

石材是最古老的土木工程材料之一，世界上许多古建筑都是由石材砌筑而成的，不少古石建筑至今仍保存完好。土木建筑工程在选择石材时，应该根据建筑物的类型、使用要求和环境条件，再结合地方资源进行综合考虑，使所用的石材满足适用、经济、美观的要求。

砌筑石材广泛用于砌墙和造桥，砌筑用石材按加工后的外形规则程度分为料石和毛石。

（1）毛石

毛石又称片石或块石，是由爆破直接得到的石块。按表面平整程度分为乱毛石和平毛石两类。

① 乱毛石。乱毛石是形状不规则的毛石，一般在一个方向的尺寸达300～400mm，质量为20～30kg，强度大于10MPa，软化系数不应小于0.75。

② 平毛石。平毛石是乱毛石略经加工而成的石块，形状较整齐，表面粗糙，其中部厚度不应小于200mm。毛石常用于砌筑基础、勒脚、墙身、堤坝、挡土墙等。

（2）料石

料石又称条石，由人工或机械开采，形状较规则并略加凿琢而成的六面体石块。按照表面加工的平整程度可以分为以下四种：

① 毛料石。一般不加工或仅稍加修整，外形大致为方形的石块。其厚度不小于200mm，长度常为厚度的1.5～3倍，叠砌面凹凸深度不应大于25mm。

② 粗料石。外形较方正，截面的宽度、高度不应小于200mm，而且不小于长度的0.25倍，叠砌面凹凸深度不应大于20mm。

③ 半细料石。外形方正，规格尺寸同粗料石，但叠砌面凹凸深度不应大于15mm。

④ 细料石。经过细加工，外形规则，规格尺寸同粗料石，其叠砌面凹凸深度不应大于10mm。制作为长方形的称作条石，长宽高大致相等的称方料石，楔形的称为拱石。

料石常用于砌筑墙身、地坪、踏步、拱和纪念碑等；形状复杂的料石制品可用作柱头、柱基、窗台板、栏杆和其他装饰等。

(3) 石板

石板指的是对采石场所得的荒料经过人工凿开或者锯解而成的板材，厚度为10～30mm，长度和宽度一般为300～100mm。一般采用花岗石或者大理石。按照板材的表面加工程度分为：

① 粗面板材。粗面板材其表面平整粗糙，具有较规则的加工条纹。品种有剁斧板、锤击板、烧毛板等。粗面板材多用于室内外墙、柱面、台阶等部位。

② 细面板材。细面板材为表面平整、光滑的板材。

③ 镜面板材。镜面板材是指表面平整、具有镜面光泽的板材。镜面板材多用于室内饰面及门面装饰、家具的台面等。

2. 工程砌筑石材的性质和技术要求

(1) 力学性质

砌筑石材的力学性能主要是考虑其抗压强度。砌筑石材的强度等级以边长70mm立方体为标准试块的抗压强度表示，抗压强度取三个试块破坏强度的平均值。天然石材的强度等级分为MU100、MU80、MU60、MU50、MU40、MU30、MU20共七个等级。

天然石材抗压强度的大小取决于岩石的矿物成分、结晶粗细、胶结物质的种类和均匀性，以及荷载和解理方向等因素。从岩石结构角度考虑，具有结晶结构的天然石料，其强度比玻璃质高，细粒结晶比中粒或粗粒结晶的强度高，等粒结晶的比斑状的强度高，结构疏松多孔的天然石料，强度远逊于构造均匀致密的石料。具有层理、片状构造的石料，其垂直于层理、片理方向的强度较平行于层理、片理的高。砌筑石材的力学性质除了考虑抗压强度外，根据工程需要，还应考虑它的抗剪强度、冲击韧性等。

(2) 耐久性

石材的耐久性主要包括抗冻性、抗风化性、耐水性、耐火性和耐酸性等。

① 抗冻性。石材的抗冻性主要取决于矿物成分、晶粒大小和分布均匀性、天然胶结物的胶结性质、孔隙率及吸水性等性质。石材应根据使用条件选择相应的抗冻性指标。

② 抗风化性。石材的风化是指大气、水、冰、化学因素等造成岩石开裂或剥落。岩石的抗风化能力的强弱与其矿物组成、结构和构造状态有关。岩石上所有的裂缝都能被水侵入，致使其逐渐崩解破坏。岩石的防风化措施主要有磨光石材以防止表面积水；采用有机硅涂覆表面；对碳酸盐类石材可采用氟硅酸镁溶液处理石材的表面。

③ 耐水性。石材的耐水性按其软化系数分为高、中、低三个等级。其中软化系数大于0.9的岩石称为高耐水石材；软化系数为0.7～0.9的称为中等耐水石材；软化系数在0.6～0.7的称为低耐水石材。其中软化系数低于0.6的石材一般不允许用于重要建筑。

8.3.2 人工砌筑石材

1. 人造石材的性能

人造石材是以水泥、不饱和聚酯树脂等材料作为胶结料，配以天然大理石或方解石、白云石、玻璃粉等无机粉料，加上适量的阻燃剂、颜料等，经过混合、瓷铸、振动压缩、挤压等方法成型固化而成。

① 物理性能。用不同的胶结料和工艺方法制得的人造石材，其物理力学性能不完全相同。

② 装饰性。人造石材模仿天然花岗岩、大理石的表面纹理特点设计而成，具有天然石材的花纹和质感，美观大方，具有很好的装饰性。

③ 可加工性。人造石材具有良好的可加工性。可用加工天然石材的常用方法对其实施锯、切、钻孔等。易加工的特性对人造石材的安装和使用十分有利。

④ 环保特性。人造石材本身不直接消耗原生的自然资源、不破坏自然资源，而是利用天然石材开矿时产生的大量的难以处理的废石料资源，其生产方式是环保型的。人造石材的生产过程中不需要高温聚合，所以不会排放大量的废气。

2. 人造石材的类型

根据人造石材使用胶结料的种类，可以将其分为四类：

① 水泥型人造石材。水泥型人造石材是以白色水泥、彩色水泥、硅酸盐水泥、铝酸盐水泥等各种水泥为胶结材料，砂、碎石料为粗细集料，经配制、搅拌、加压蒸养、磨光抛光后制成的人造石材。配制过程中，混入色料，可制成彩色水泥石。水泥型石材的生产取材方便、价格低廉，但是装饰性较差。

② 烧结型人造石材。烧结型人造石材是将长石、石英、辉绿石、方解石等粉料和赤铁矿粉，以及一定量的高岭土共同混合，制备坯料，用半干法成型，再在窑炉中以1000℃左右的高温焙烧而成。装饰性好、性能稳定，但是造价高、能耗大。

③ 聚酯型人造石材。聚酯型人造石材是以不饱和聚酯树脂为胶结料，与大理碎石、石英砂、方解石、石粉和其他无机填料按照一定比例配合，再加入催化剂、固化剂、颜料等外加剂，经过搅拌、固化成型、脱模烘干、表面抛光等工序加工而成。此种人造石材光泽好、颜色鲜艳、可加工性强、装饰效果好。聚酯型人造石材多用于室内装饰，可用于宾馆、商店、公共土木工程等。

④ 复合型人造石材。复合型人造石材是由无机胶结料和有机胶结料共同组合而成。其制作工艺是先用水泥、石粉等制成水泥砂浆坯体，再将坯体浸于有机单体中，使其在一定条件下聚合而成。复合型人造石材制品的造价较低，但是受温差影响后聚酯面容易产生开裂或者剥落。

案例分析

【8-1】 东北一项大型墓碑石施工工程，春天雪融化后墓碑所用的石材底部表面失去光泽，表层产生锈斑、粗糙、麻点、腐蚀脱落，已经严重影响到石材美观，该项工程因此停工。

对腐蚀脱落的石材碎屑进行主要化学成分分析，并与石材主要成分比较，其结果是石材碎屑中氯（Cl）含量为4.5%，而石材的氯（Cl）含量为0.08%。显而易见其罪魁祸首是氯（Cl），氯化钠（NaCl）、氯化钙（$CaCl_2$）都含有氯（Cl）。原来因东北初冬时节气温骤降，施工时混凝土中掺加了早强防冻剂，早强防冻剂的主要化学成分是氯化钙。

早强防冻剂产品虽在使用说明中提到具有防冻、降低冰点、能够缩短混凝土自然养护时间，提高混凝土的抗冻性、抗渗性的特点，可大幅度提高早期强度，中后期强度持续增长，是冬季施工常用的外加剂产品。它可降低混凝土冬季施工成本，缩短工期，经济效益显著。但在施工中若使用不当，如加入比例不合适，温度不适宜，未采用保护措施等等，这些都会使得砂浆层的腐蚀气体通过毛细管样的水通道或潮湿空气侵入石材，使石材表面失去光泽、起砂变色，出现麻点、开裂剥落的现象。因此，冬季石材施工时应注意合理使用防冻剂。

在冬季北方石材施工时应注意以下几点：遵照《混凝土外加剂应用技术规范》的要求施工；及时掌握气温变化，连续10d室外平均气温低于5℃或当日最低气温低于−3℃时，应当采取有效技术措施，例如用塑料布和草帘覆盖；冬期砌筑前应清除冰霜、污物，不得使用遭水浸和受冻后的细砂和石材；砂浆使用时的温度不应低于5℃。在一定时期内采用蓄热法，若掺外加剂仍达不到要求时，应采取搭棚保温或其他养护方法；除了要考虑影响施工的主要因素外，还应注意水泥品种、工期的限制以及综合经济效益，科学地组织施工，才能保证工程质量。

知识归纳

了解岩石的分类，了解岩石的物理性质、力学性质及工艺性质。掌握工程砌筑石材的性质和技术要求。

思考题

1. 石材有哪些主要的技术性质？影响石材抗压强度的主要因素有哪些？
2. 按照地质条件，岩石分为哪几类？请举例说明。
3. 选择石材应该注意些什么？
4. 人造石材有哪些？

9 沥青及沥青混合料

内容摘要

本章主要内容包括沥青混合料，石油沥青的基本组成和性质，沥青混合料的组成、结构、技术性能及技术标准，矿质混合料以及沥青混合料的配合比设计等。本章的重点和难点是矿质混合料和沥青混合料的配合比设计。

沥青是一种由许多不同分子量的碳氢化合物及其他非金属（氧、硫、氮等）衍生物组成的在常温下呈黑色或黑褐色固体、半固体或液体状态的复杂混合物。它能溶于苯或二硫化碳等有机溶剂中。沥青是一种防水防潮和防腐的有机胶凝材料。

9.1 石油沥青与煤沥青

沥青按来源不同可分为地沥青和焦油沥青两大类。地沥青有石油沥青与天然沥青；焦油沥青主要有煤沥青与页岩沥青，此外还有木沥青、泥炭沥青等。土木工程中主要使用石油沥青和煤沥青，以及以沥青为原料通过加入表面活性物质而得到的乳化沥青等。

沥青按来源分类如下：

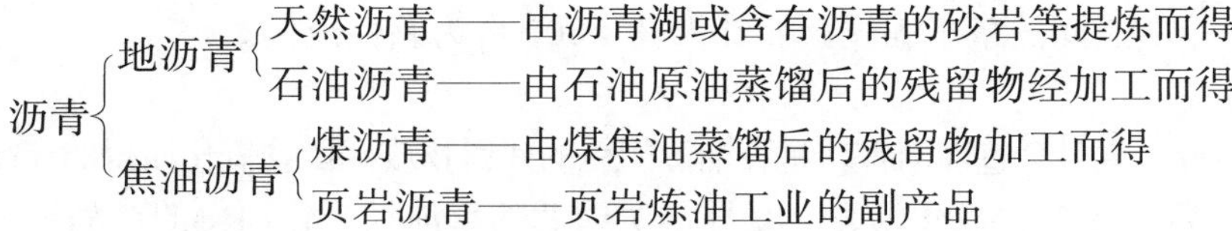

9.1.1 石油沥青

1. 石油沥青的分类

石油沥青根据分类方法的不同有不同的分类结果，各种分类方法都有各自的特点和使用价值。

（1）按原油的成分分类

① 石蜡基沥青。也称多蜡沥青。它是由含大量烷烃成分的石蜡基原油提炼而得。这种沥青因原油中含有大量烷烃，沥青中含蜡量一般大于5%，有的高达10%以上。蜡在常温下往往以结晶体存在，降低了沥青的黏结性；表现为软化点高、针入度小、延度低，但抗老化性能较好，如果用丙烷脱蜡，仍然可得到延度较好的沥青。

② 环烷基沥青。也称沥青基沥青。由沥青基石油提炼而得的沥青。它含有较多的环

烷烃和芳香烃，所以此种沥青的芳香性高，含蜡量一般小于 2%，沥青的黏结性和塑性均较高。目前我国所产的环烷基沥青较少。

③ 中间基沥青。也称混合基沥青。中间基沥青是由蜡质介于石蜡基原油和环烷基原油之间的原油提炼而得。所含烃类成分和沥青的性质一般均介于石蜡基沥青和环烷基沥青之间。

我国石油油田分布广，但国产石油多属石蜡基和中间基原油，其所得沥青也属于石蜡基沥青和中间基沥青。

(2) 按加工方法分类

① 直馏沥青。也称残留沥青。用直馏的方法将石油在不同沸点温度（汽油、煤油、柴油）分馏之后，最后残留的黑色液体状产品，符合沥青标准的，称为直馏沥青；不符合沥青标准的，针入度大于 300 的，含蜡量大的称为渣油。在一般情况下，低稠度原油生产的直馏沥青，其温度稳定性差，还需要进行氧化处理才能达到黏稠石油沥青的性能指标。

② 氧化沥青。将常压或减压重油，或低稠直馏沥青在 250～300℃高温下吹入空气，经过数小时氧化可获得常温下为半固态或固态状的沥青。氧化沥青具有良好的温度稳定性。在道路工程中使用的沥青，氧化程度不能太大，故又称为半氧化沥青。

③ 溶剂沥青。这种沥青是对含蜡量较高的重油采用溶剂萃取工艺，提炼出润滑油原料后所余的残渣。在溶剂萃取过程中，一些石蜡成分溶解在萃取溶剂中随之被拔出，因此，溶剂沥青中石蜡成分相对减少，其性质较石蜡基原油生产的渣油或氧化沥青有很大的改善。

④ 裂化沥青。在炼油过程中，为增加出油率，对蒸馏后的重油在隔绝空气和高温下进行热裂化，使碳链较长的烃分子转化为碳链较短的汽油、煤油等。裂化后所得到的裂化残渣，称为裂化沥青。裂化沥青具有硬度大、软化点高、延度小、没有足够的黏度和温度稳定性等特点，因此不能直接用于道路上。

(3) 按沥青在常温下的稠度分类

根据用途的不同，要求石油沥青具有不同的稠度，一般可以分为黏稠沥青和液体沥青两大类。黏稠沥青在常温下为半固态或固态。如按针入度分级时，针入度＜40 为固体沥青，针入度在 40～300 之间的呈半固体，而针入度＞300 者为黏性液体。

(4) 按用途分类

① 道路石油沥青。主要含直馏沥青，是石油蒸馏后的残留物或残留物氧化而得的产品。

② 建筑石油沥青。主要含氧化沥青，是原油蒸馏后的重油经氧化而得的产品。

③ 普通石油沥青。主要含石蜡基沥青，它一般不能直接使用，要掺配或调和后才能使用。

液体沥青在常温下多呈黏性液体或液体状态，根据凝结速度的不同，可按标准黏度划分为慢凝液体沥青、中凝液体沥青和快凝液体沥青三种类型。在生产应用中，常在黏稠沥青中掺入一定比例的溶剂，配制成稠度很低的液体沥青，称为稀释沥青。

2. 石油沥青的化学组成和结构

(1) 石油沥青的化学组分

石油沥青是由多种碳氢化合物及其非金属（氧、硫、氨）衍生物组成的混合物，主要组分为碳（占 80%～87%）、氢（占 10%～15%），其余为氧、硫、氮（约占 3%以下）等非金属元素，此外还含有微量金属元素。

石油沥青的化学组成非常复杂，通常难以直接确定化学成分及含量与石油沥青工程性质间的关系。为了反映石油沥青组成与其性能之间的关系，常将其化学成分和物理性质相近且具有某些共同特征的部分，划分为一个化学成分组，并对其进行组分分析，以研究这些组分与工程性质之间的关系。

我国现行的《公路工程沥青及沥青混合料试验规程》（JTGE20—2011）中规定采用的是三组分分析法或四组分分析法。

① 三组分分析法。石油沥青的三组分分析法是将石油沥青分为油分、树脂和沥青质三个组分。因我国富产石蜡基和中间基沥青，在油分中往往含有蜡，故在分析时还应将石蜡分离。因为这种方法兼用了选择性溶解和选择性吸附的方法，所以又称为溶解-吸附法。该方法分析流程是用正庚烷沉淀沥青质，即将溶于正庚烷中的可溶性成分用硅胶吸附，装于抽提仪中抽提油蜡，再用苯与乙醇的混合液抽提胶质。最后将抽出的油蜡用甲乙酮（丁酮）-苯混合液为脱蜡溶剂，在－20℃的条件下，冷冻过滤分离油分、蜡。三组分分析法对各组分进行区别的性状见表 9-1。

表 9-1　石油沥青三组分分析法的各组分性状

性状	外观特征	平均分子量	含量	碳氢比（原子比）	物理化学特性
油分	淡黄色透明液体	200～700	45%～60%	0.5～0.7	溶于大部分有机溶剂，具有光学活性，常发现有荧光
树脂	红褐色黏稠半固体	800～3000	15%～30%	0.7～0.8	温度敏感性强，熔点低于 100℃
沥青质	深褐色固体微粒	1000～5000	5%～30%	0.8～1.0	加热不熔化而碳化

不同组分对石油沥青性能的影响不同。油分赋予沥青流动性，其含量的多少直接影响沥青的柔软性、抗裂性及施工难度，在一定条件下油分可以转化为树脂甚至沥青质。

树脂能使沥青具有良好的塑性和黏结性，树脂又分为中性树脂和酸性树脂。中性树脂使沥青具有一定的塑性、可流动性和黏结性，随含量增加，沥青的黏聚性能和延伸性能增加。沥青树脂中还含有少量的酸性树脂，它是沥青中活性最强的组分，能改善沥青对矿质材料的浸润性，特别是提高了与碱性岩石的黏附性，增加了沥青的可乳化性。

沥青质则决定着沥青的黏结力、黏度和温度稳定性，以及沥青的硬度和软化点等。随沥青质含量增加，沥青的黏度和黏结力增大，硬度和温度稳定性提高。

石油沥青三组分分析法的组分界线明确，不同组分间的相对含量可在一定程度上反映沥青的工程性能；但采用该方法分析石油沥青时分析流程复杂，所需时间长。

② 四组分分析法。四组分分析法是将石油沥青分离为沥青质（At）、饱和分（S）、芳香分（Ar）和胶质（R）四种组分，并分别研究不同组分的特性及其对沥青工程性质的影响。

四组分分析法是将沥青试样先用正庚烷沉淀“沥青质（At）”，再将可溶分（即软沥青质）吸附于氧化铝谱柱上，先用正庚烷冲洗，所得的组分称为“饱和分（S）”；继用甲苯冲洗，所得的组分称为“芳香分（Ar）”；最后用甲苯-乙醇冲洗，所得组分称为“胶质（R）”。各组分性状见表 9-2。

表 9-2　石油沥青四组分分析法的各组分性状

组分 \ 性状	外观特征	平均比重	平均分子量	主要化学结构
饱和分	无色液体	0.89	625	烷烃、环烷烃
芳香分	黄色至红色液体	0.99	730	芳香烃、含 S 衍生物
胶质	棕色黏稠液体	1.09	970	多环结构，含 S，O，N 衍生物
沥青质	深褐色至黑色固体	1.15	3400	缩合环结构，含 S，O，N 衍生物

沥青质是不溶于正庚烷而溶于苯（或甲苯）的黑色或棕色的无定形固体，除含有碳和氢外还有一些氮、硫、氧。沥青质含量对沥青的流变特性影响很大。增加沥青质含量，能生产出较硬、针入度较小和软化点较高的沥青，黏度也较大。

胶质是深棕色固体或半固体，极性很强，是沥青质的扩散剂或胶溶剂。其溶于正庚烷，主要由碳和氢组成，并含有少量的氧、硫和氮。胶质赋予沥青可塑性、流动性和黏结性，并能改善沥青的脆裂性和提高延度。其化学性质不稳定，易于氧化转变为沥青质。胶质在沥青中的比例在一定程度上决定了沥青的胶体结构类型。

芳香分是由沥青中分子量较低的环烷芳香化合物组成的，它是胶溶沥青质的分散介质。芳香分是呈深棕色的黏稠液体，由非极性碳链组成，其中非饱和环体系占优势，对其他高分子烃类具有很强的溶解能力。

饱和分是由直链烃和支链烃所组成的，是一种非极性稠状油类，呈稻草色或白色。其成分包括有蜡质及非蜡质的饱和物，饱和分对温度较为敏感。

芳香分和饱和分都可作为油分，在沥青中起着润滑和柔软作用，使胶质-沥青质软化（塑化），使沥青胶体体系保持稳定。油分含量越多，沥青软化点越低，针入度越大，稠度越低。

在沥青四组分中，各组分相对含量的多少决定了沥青的性能。若饱和分适量，且芳香分含量较高时，沥青通常表现为较强的可塑性与稳定性；当饱和分含量较高时，沥青抵抗变形的能力就较差，虽然具有较高的可塑性，但在某些环境条件下稳定性较差；随着沥青中胶质和沥青质的增加，沥青的稳定性越来越好，但其施工时的可塑性却越来越差。

③ 沥青含蜡量。沥青的含蜡量对沥青性能的影响，是沥青性能研究的一个重要课题。特别在我国富产石蜡基原油的情况下，更为关注。石蜡对沥青性能的影响，现有研究认为沥青中蜡的存在，在高温时会使沥青容易软化，导致沥青高温稳定性降低，出现车辙或流淌；相反，在低温时会使沥青变得脆硬，导致低温抗裂性降低；此外，蜡会使沥青与集料的黏附性降低，在有水的条件下，会使路面产生剥落现象，造成路面破坏；更严重的是，含蜡沥青会使沥青路面的抗滑性降低，增加制动距离，影响路面的通行能力和行车安全。对于沥青含蜡量的限制，由于世界各国测定方法不同，限制值也不一致，其范围为2%～4%。道路施工规范要求石油沥青技术满足A级沥青含蜡量（蒸馏法）不大于2.2%、B级沥青不大于3.0%、C级沥青不大于4.5%的规定要求。

（2）沥青的胶体结构

沥青的工程性质，不仅取决于它的化学组分，而且与其胶体结构的类型有着密切联系。石油沥青的胶体结构是影响其性能的另一重要原因。

现代胶体理论认为，大多数沥青属于胶体体系，它是以固态超细微粒的沥青质为分散相，通常是若干沥青质聚集在一起，吸附了极性较强的半固态胶质形成“胶团”。由于胶溶剂-胶质的胶溶作用，而使胶团胶溶、分散于液态的芳香分与饱和分组成的分散介质中，形成稳定的胶体。在沥青中，分子量很高的沥青质不能直接胶溶于分子量很低的芳香分和饱和分的介质中，特别是饱和分为胶凝剂，它会阻碍沥青质的胶溶。沥青之所以能形成稳定的胶体，是因为强极性的沥青质吸附了极性较强的胶质，胶质中极性最强的部分吸附在沥青质表面，然后逐步向外扩散，极性逐渐减小，芳香度也逐渐减弱，距离沥青质越远，则极性越小，直至与芳香分接近，再到几乎没有极性的饱和分。这样，在沥青胶体结构中，从沥青质到胶质，再从芳香分到饱和分，它们的极性是逐步递减的，没有明显的分界线。

① 溶胶型结构。石油沥青的性质随各组分数量比例的不同而变化。当油分和树脂较多时，胶团外膜较厚，胶团之间相对运动较自由，这种胶体结构的石油沥青，称为溶胶型石油沥青。其特点是流动性和塑性较好，开裂后自行愈合能力较强；而对温度敏感性强，即对温度的稳定性较差，温度过高会流淌。

② 凝胶型结构。当油分和树脂含量较少时，胶团外膜较薄，胶团相互靠近聚集，吸引力增大，胶团间相互移动比较困难。这种胶体结构的石油沥青称为凝胶型石油沥青。其特点是弹性和黏性较高，温度敏感性较小，开裂后自行愈合能力较差，流动性和塑性较低。在工程性能上，高温稳定性较好，但低温变形能力较差。通常，深度氧化的沥青多属于凝胶型沥青。

③ 溶-凝胶型结构。当沥青质没有凝胶型石油沥青含量多，而胶团间靠得又较近，相互间有一定的吸引力时，形成一种介于溶胶型和凝胶型二者之间的结构，称为溶-凝胶型结构。溶-凝胶型结构石油沥青的性质也介于溶胶型和凝胶型二者之间。其特点是高温时具有较低的感温性，低温时又具有较强的变形能力。修筑现代高等级沥青路面使用的沥青，都属于这一类胶体结构的沥青。

溶胶型、凝胶型及溶-凝胶型结构的石油沥青示意图如图 9-1 所示。

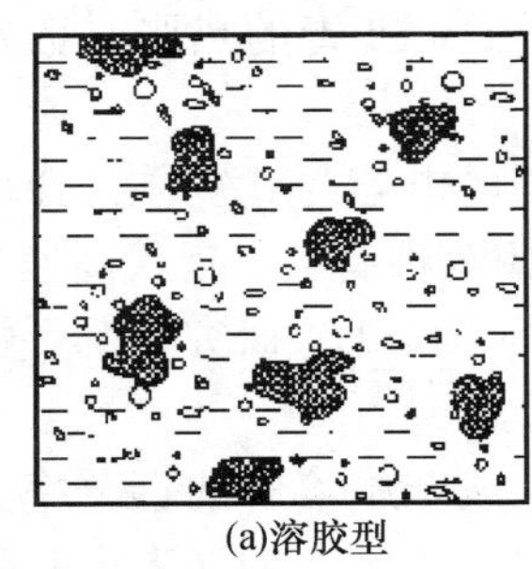
(a)溶胶型

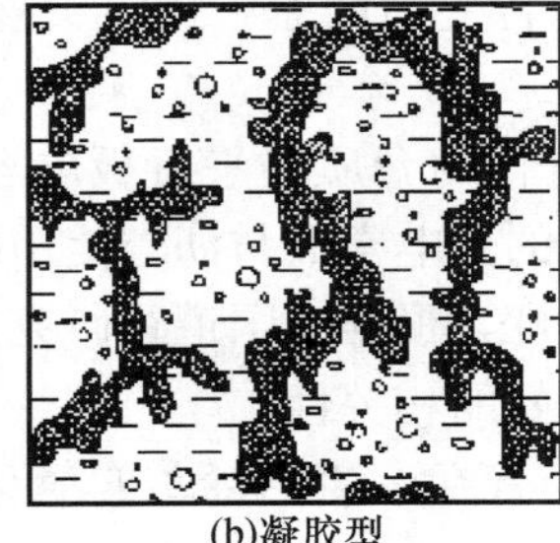
(b)凝胶型

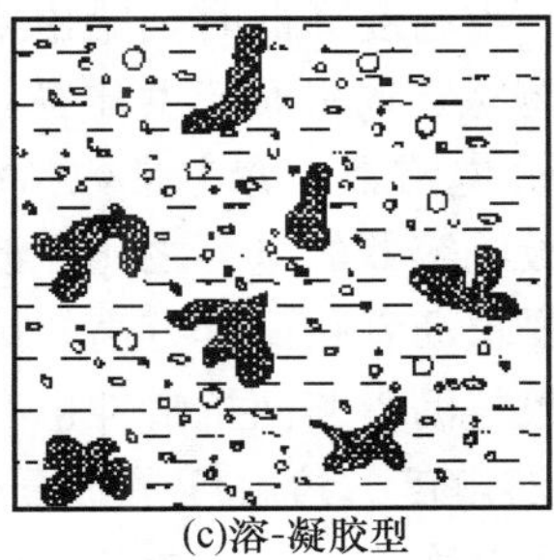
(c)溶-凝胶型

图 9-1 石油沥青胶体结构类型示意图

我国富含石蜡基石油沥青，蜡对沥青胶体结构是有影响的。蜡组分在沥青胶体结构中，可溶于分散介质芳香分和饱和分中，在高温时，它的黏度很低，会降低分散介质的黏度，使沥青胶体结构向溶胶方向发展；在低温时，它能结晶析出，形成网络结构，使沥青胶体结构向凝胶方向发展。

沥青的胶体结构与其路用性能有着密切的关系。为工程使用方便，通常采用针入度指数法将胶体结构划分为不同的类型，见表 9-3。

表 9-3 沥青的针入度指数和胶体结构类型

沥青针入度指数 PI	沥青胶体结构类型
＜－2	溶胶型
－2～＋2	溶凝胶型
＞＋2	凝胶型

3. 石油沥青的技术性质及测试方法

（1）防水性

石油沥青是憎水性材料。本身构造致密，与矿物材料表面有很好的黏结力，能紧密黏附于矿物材料表面；同时它还具有一定的塑性，能适应材料或构件的变形。所以石油沥青具有良好的防水性，广泛用做土木工程的防潮、防水材料。

（2）物理特征常数

① 密度。沥青密度是指在规定温度条件下，单位体积的质量，单位是 kg/m^3 或 g/cm^3。我国现行试验规程《公路工程沥青及沥青混合料试验规程》（JTG E20—2011）中规定温度为 15℃和 25℃。也可以用相对密度来表示。相对密度是指在规定温度下，沥青质量与同体积水质量之比。通常黏稠沥青的相对密度在 0.96～1.04 范围内波动。沥青的密度在一定程度上可反映沥青各组分的比例及其排列的紧密程度。沥青中含蜡量较高，则相对密度较小；含硫量大、沥青质含量高则相对密度较大。沥青密度是在沥青质量与体积之间相互换算以及沥青混合料配合比设计中必不可少的重要参数，也是沥青使用、贮存、运输、销售过程中不可或缺的参数。我国富产石蜡基沥青，其特征为含硫量低、含蜡量高、沥青质含量少，所以密度常在 1.0 以下。

② 热胀系数。温度上升时，沥青的体积会发生膨胀。沥青在温度上升 1℃时的长度或体积的变化，分别称为线胀系数或体胀系数，统称热胀系数。沥青路面的开裂，与沥青混合料的热胀系数有关。沥青混合料的热胀系数，主要取决于沥青的热力学性质。特别是含蜡沥青，当温度降低时，蜡由液态转变为固态，比容突然增大，沥青的热胀系数发生突变，因而易导致路面产生开裂。

③ 介电常数。介电常数指沥青作为介质时平行板电容器的电容与真空作为介质时相同平行板电容器的电容之比。沥青的介电常数与沥青使用的耐久性有关。现代高速交通的发展，要求沥青路面具有高的抗滑性，根据英国道路研究所（TRRL）研究认为，沥青的介电常数与沥青路面抗滑性也有很好的相关性。

④ 溶解度。溶解度是指石油沥青在三氯乙烯、四氯化碳或苯中溶解的百分率。不溶解的物质会降低石油沥青的性能（如黏性等），因而溶解度可以表示石油沥青中有效物质含量。

（3）黏滞性

沥青的黏滞性是反映沥青材料内部阻碍其相对流动的一种特性，是技术性质中与沥青路面力学行为联系最为密切的一种性质。在现代交通条件下，为防止路面出现车辙，沥青黏度的选择是首要考虑的参数。沥青的黏滞性通常用黏度表示，黏度是现代沥青等级（标号）划分的主要依据。

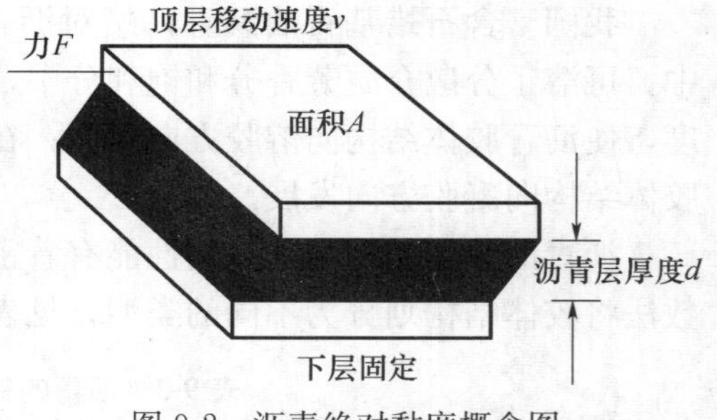

图 9-2 沥青绝对黏度概念图

如果采用一种剪切变形的模型来描述沥青在沥青混合料中的应用，可取一对互相平行的平面，在两平面之间分布有一沥青薄膜，薄膜与平面的吸附力远大于薄膜内部胶团之间的作用力。当下层平面固定，外力作用于顶层表面发生位移时（图 9-2）按牛顿定律可得到式（9-1）：

$$F=\eta A\frac{v}{d} \tag{9-1}$$

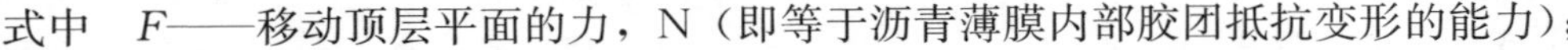

式中 F——移动顶层平面的力，N（即等于沥青薄膜内部胶团抵抗变形的能力）；

A——沥青薄膜层的面积，cm^2；

v——顶层位移的速度，m/s；

d——沥青薄膜的厚度，cm；

η——反映沥青黏滞性的系数，即绝对黏度，Pa·s。

由式（9-1）得知，当相邻接触面积大小和沥青薄膜厚度一定时，欲使相邻平面以速度 v 发生位移所用的外力与沥青黏度成正比。

当令，$\tau=F/A$、$\gamma=v/d$ 时，可将式（9-1）改写为：

$$\eta=\frac{\tau}{\gamma} \tag{9-2}$$

沥青绝对黏度的测定方法，根据我国现行试验规程《公路工程沥青及沥青混合料试验规程》（JTG E20－2011）规定，沥青运动黏度采用毛细管法；沥青动力黏度采用真空减压毛细管法。

① 毛细管法。是测定沥青运动黏度的一种方法。该法是测定沥青试样在严格控温条件下，于规定温度（黏稠石油沥青为135℃、液体石油沥青为60℃），通过坎-芬式逆流毛细管黏度计（图9-3）（亦可采用其他符合规程要求的黏度计），流经规定体积所需的时间，按下式计算运动黏度：

$$V_T=ct \tag{9-3}$$

式中 V_T——在温度 T 测定的运动黏度，mm^2/s；

c——黏度计标定常数，mm^2/s；

t——流经时间，s。

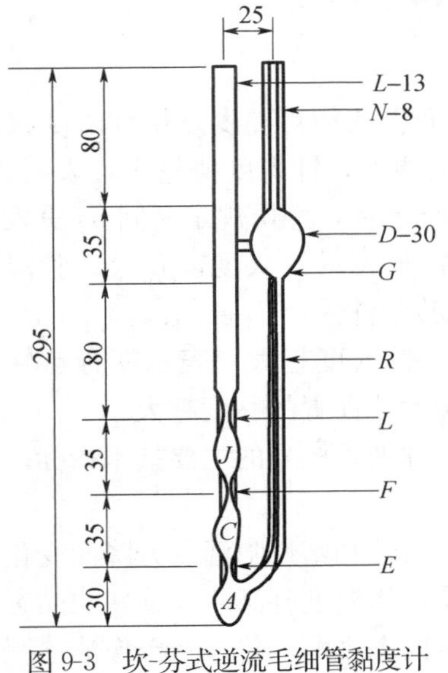

图9-3 坎-芬式逆流毛细管黏度计

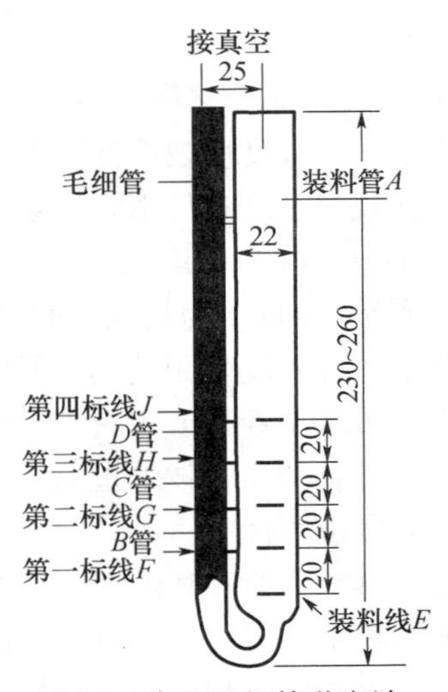

图9-4 真空毛细管黏度计

② 真空减压毛细管法。是测定沥青动力黏度的一种方法。该法是沥青试样在严密控

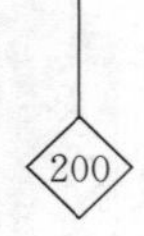

制的真空装置内，保持一定的温度（通常为60℃），通过规定型号的毛细管黏度计（通常采用的有美国沥青学会式，即AI式，如图9-4），流经规定的体积，所需要的时间（以s计）。按下式计算动力黏度：

$$\eta_T = kt \tag{9-4}$$

式中 η_T——在温度T℃测定的动力黏度Pa·s；

k——黏度计常数，Pa·s/s；

t——流经规定体积时间，s。

③ 石油沥青标准黏度计试验，标准黏度计试验是测定液体沥青、煤沥青和乳化沥青等黏度通常采用的方法。该试验方法是将液态的沥青材料在标准黏度计中（如图9-5），于规定的温度条件下（20℃、25℃、30℃或60℃），通过规定孔径（3mm、5mm或10mm）的流出孔，测定流出50mL体积沥青所需要的时间，以秒（s）计，常用符号$C_{T,d}$表示。T为测试温度，d为流孔直径。在相同温度和流孔直径的条件下，流出的时间越长，表示沥青黏度越大。

我国液体沥青是采用黏度来划分技术等级的。

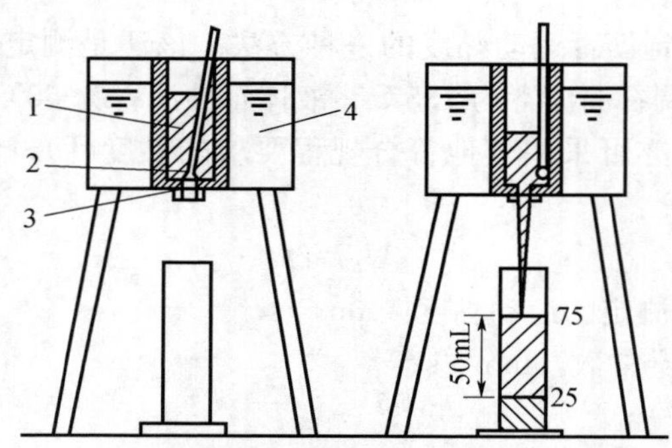

图9-5 标准黏度计测定液体沥青示意图

1—沥青试样；2—活动球赛；3—流孔；4—水

④ 针入度，对于黏稠（固态、半固态）石油沥青的相对黏度是用针入度仪测定的针入度值表示。针入度反映石油沥青抵抗剪切变形的能力，针入度值越小，表明黏度越大。针入度是在规定温度条件下，以规定重量100g的标准针，经历规定时间5s贯入试样中的深度，以1/10mm为一度表示，记作$P_{T,m,t}$，其中P表示针入度，T为试验温度（℃），m为试针质量（g），t为贯入时间（s）。常用的试验条件为，$P_{25℃,100g,5s}$。

实质上，针入度是测定沥青稠度的一种指标。针入度越大，表示沥青越软，稠度越小；反之，表示沥青稠度越大。一般说来，稠度越大，沥青的黏度越大。

我国现行黏稠沥青技术指标，针入度是划分石油沥青标号的主要技术指标。

（4）温度敏感性

温度敏感性（简称感温性）是指石油沥青的黏滞性和塑性随温度升降而变化的性能。

石油沥青中含有大量高分子非晶态热塑性物质，当温度升高时，这些非晶态热塑性物质之间就会逐渐发生相对滑动，使沥青由固态或半固态逐渐软化，乃至像液体一样发生黏性流动，从而呈现所谓的“黏流态”。当温度降低时，沥青又逐渐由黏流态凝固为半固态或固态（又称“高弹态”）。随着温度的进一步降低时，低温下的沥青会变得像玻璃一样又

硬又脆（亦称“玻璃态”）。这种变化的快慢反映出沥青的黏滞性和塑性随温度的升降而变化的特性，即沥青的温度敏感性。

变化程度小，则沥青温度敏感性小，反之则温度敏感性大。为保证沥青的物理力学性能在工程使用中具有良好的稳定性，通常期望它具有在温度升高时不易流淌，而温度降低时又不硬脆开裂的性能。因此，在工程中应尽可能采用温度敏感性小的沥青。

沥青的感温性是采用“黏度”随“温度”而变化的行为（黏-温关系）来表达。常用的评价指标是软化点和针入度指数。

① 软化点。软化点是反映沥青达到某种物理状态时的条件温度。我国现行试验方法是采用环球法测软化点。该法是将沥青试样注于内径为 18.9mm 的铜环中，环上置一直径 9.53mm，重 3.5g 的钢球，在规定的加热速度（5℃/min）下进行加热，沥青试样逐渐软化，直至在钢球荷重作用下，使沥青产生 25.4mm 垂度时的温度，称为软化点。

根据已有研究认为，沥青在软化点时的黏度约为 1200Pa·s，或相当于针入度值为 800（0.1mm）。据此，可以认为软化点是一种人为的“等黏温度”。由此可见，针入度是在规定温度下测定沥青的条件黏度，而软化点则是沥青达到条件黏度时的温度，所以软化点既是反映沥青材料热稳定性的一个指标，也是沥青黏度的一种量度。

② 针入度指数。软化点是沥青性能随着温度变化过程中重要的标志点。但它是人为确定的温度标志点，单凭软化点这一性质，来反映沥青性能随温度变化的规律并不全面。目前用来反映沥青温度敏感性的常用指标为针入度指数 PI。

针入度指数（简称 PI）是基于以下基本事实的：根据大量试验结果，沥青针入度值的对数（$\lg P$）与温度（T）具有线性关系：

$$\lg P = A \cdot T + K \tag{9-5}$$

式中 A——针入度-温度感应性系数，可由针入度和软化点确定，即直线的斜率；

K——回归系数，即直线的截距（常数）。

A 表征沥青针入度（$\lg P$）随温度（T）的变化率，其数值越大，表明温度变化时，沥青的针入度变化得越大，沥青的温度敏感性越大。

为了计算 A 值，可以根据已知 25℃时的针入度值 $P_{(25℃,100g,5s)}$，和软化点 $T_{R\&B}$，并假设软化点时的针入度值为 800，可绘出针入度—温度感应性系数关系图，如图9-6所示，并建立针入度-温度感应性系数 A 的基本公式，式（9-6）：

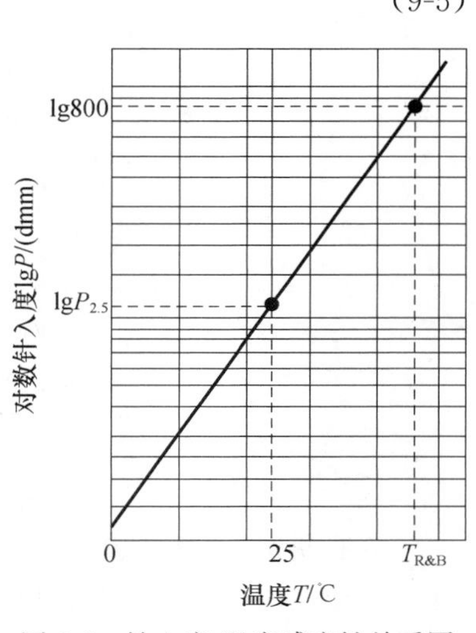

图 9-6　针入度-温度感应性关系图

$$A = \frac{\lg 800 - \lg P_{25℃,100g,5s}}{T_{R\&B} - 25} \tag{9-6}$$

式中 $P_{25℃,100g,5s}$——在 25℃，100g，5s 的条件下测定的针入度值，0.1mm；

$T_{R\&B}$——环球法测定的软化点，℃。

按式（9-6）计算得到的 A 值均为小数，为使用方便起见，改用针入度指数（PI）表示，按式（9-7）计算：

$$PI=\frac{30}{1+50A}-10=\frac{30}{1+50\left(\frac{\lg 800-\lg P_{25℃,100g,5s}}{T_{R\&B}-25}\right)}-10 \tag{9-7}$$

由式（9-7）得知，沥青的针入度指数范围是−10～20；针入度指数是根据一定温度变化范围内，沥青性能的变化来计算出的。因此，利用针入度指数来反映沥青性能随温度的变化规律更为准确；针入度指数（PI）值越大，表示沥青的温度敏感性越低。针入度指数的计算公式是以沥青在软化点时的针入度为800（0.1mm）为前提的。实际上，沥青在软化点温度时的针入度波动于600～1000（0.1mm）之间，特别是含蜡量高的沥青，其波动范围更宽。因此，我国现行标准中规定，针入度指数是利用15℃、25℃和30℃的针入度回归得到的。

针入度指数PI值可以采用公式计算，也可以采用诺模图法获得。沥青针入度指数PI诺模图如图9-7所示。

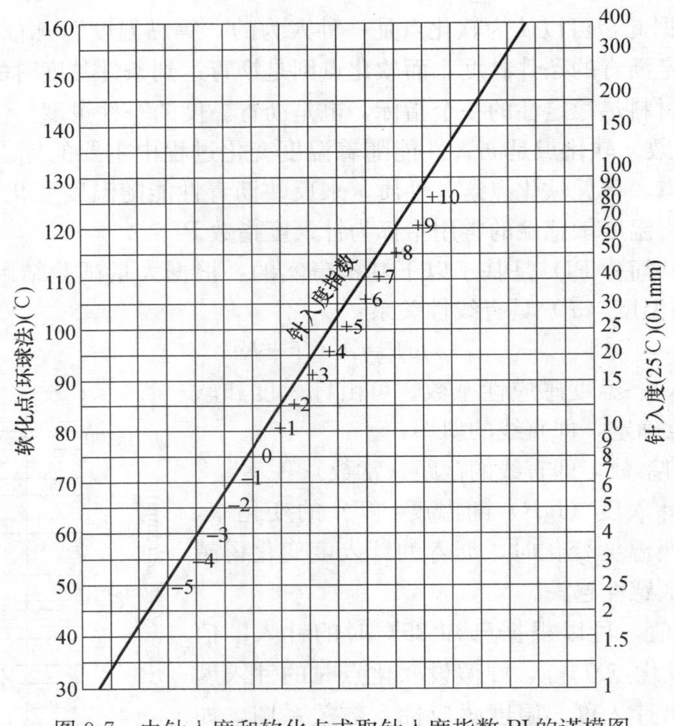

图9-7 由针入度和软化点求取针入度指数PI的诺模图

石油沥青温度敏感性与沥青质含量和蜡含量密切相关。沥青质增多，温度敏感性降低。工程上往往用加入滑石粉、石灰石粉或其他矿物填料的方法来减小沥青的温度敏感性。沥青含蜡量多时，其温度敏感性大。

（5）延展性

延展性也常称为石油沥青的塑性，是指石油沥青在外力作用时产生变形而不破坏（裂缝或断开），除去外力后，则仍保持变形后形状的性质。它反映的是沥青受力时所能承受的塑性变形的能力，通常用延度表示。沥青延度采用延度仪测试，是把沥青试样制成“∞”字形

标准试件（中间最小截面积 1cm^2）在规定速度和规定温度下拉断时延伸的长度，以 cm 为单位表示。延度值越大，塑性越好，沥青的柔韧性越好，沥青的抗裂性也越好。

石油沥青的延度与其组分有关。石油沥青中树脂含量较多，而其他组分含量又适当时，则沥青延展性较大。当沥青化学组分不协调，胶体结构不均匀，含蜡量增加时，都会使沥青的延度相对降低。

（6）脆性

沥青材料在低温下，受到瞬时荷载的作用时，常表现为脆性破坏。沥青脆性的测定极其复杂，弗拉斯脆点作为反映沥青低温脆性的指标被不少国家采用。弗拉斯脆点的试验方法是将沥青试样 0.4g 在一个标准的金属片上涂成薄层，将此金属片置于有冷却设备的脆点仪内，摇动脆点仪曲柄，能使涂有沥青薄层的金属片产生弯曲。随着制冷设备中制冷剂温度以 1℃/min 的速度降低，沥青薄层的温度亦随之降低，当降低至某一温度时，沥青薄层在规定弯曲条件下产生脆断时的温度即为沥青的脆点。一般认为，沥青脆点越低，低温抗裂性越好。有研究表明，许多含蜡量较高的沥青弗拉斯脆点虽低，但冬季开裂情况严重，因此实测的弗拉斯脆点不能表征含蜡量较高沥青的低温性能。

在工程实际应用中，要求沥青具有较高的软化点和较低的脆点，否则容易发生沥青材料夏季流淌或冬季脆裂等现象。

（7）加热稳定性

沥青在加热或长时间加热的过程中，会发生轻质馏分挥发、氧化、裂化、聚合等一系列物理及化学变化，使沥青的化学组成及性质相应地发生变化。这种性质称为沥青加热稳定性。

为了解沥青材料在路面施工及使用过程的耐久性，规范《公路工程沥青及沥青混合料试验规程》（JTG E20—2011）规定，要对沥青材料进行加热质量损失和加热后残渣性质的试验。对道路石油沥青采用薄膜加热试验（TFOT）或旋转薄膜烘箱试验（RTFOT）后，测定质量变化、25℃残留针入度比及 10℃或 15℃的残留延度。

① 沥青薄膜加热试验（TFOT）。该法是将 50g 沥青试样装入盛样皿内，使沥青成为厚约 3.2mm 的沥青薄膜。沥青薄膜在（163±1)℃的标准薄膜加热烘箱（图 9-8）中加热 5h 后，取出冷却，测定其质量损失，并按规定的方法测定残留物的针入度、延度等技术指标。

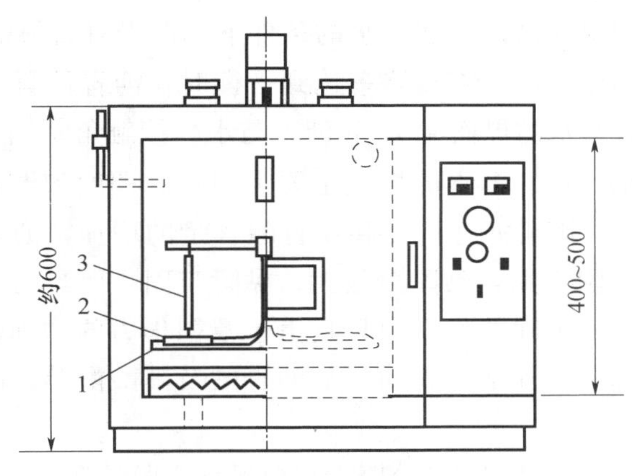

图 9-8　沥青薄膜加热烘箱

1—转盘；2—试样；3—温度计

② 旋转薄膜烘箱试验（RTFOT）。该法（图 9-9）是将沥青试样在垂直方向旋转，沥青膜较薄，并通过鼓入热空气，以加速老化，使试验时间缩短为 75min，其试验结果精度较高。

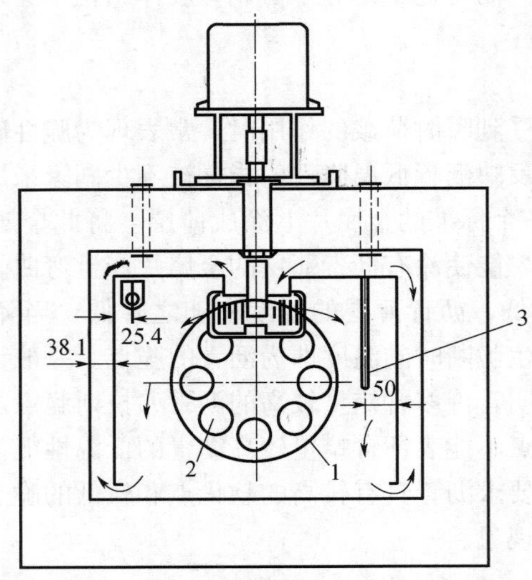

图 9-9 沥青旋转薄膜加热烘箱

1—垂直旋转盘；2—盛样瓶插孔；3—试验温度计

(8) 黏附性

黏附性是沥青材料的主要功能之一，沥青在沥青混合料中以薄膜的形式裹覆在集料颗粒表面，并将松散的矿质集料黏结为一个整体。沥青与集料的黏附性直接影响沥青路面的使用质量和耐久性，所以黏附性是评价沥青技术性能的一个重要指标。沥青裹覆集料后的抗水性（即抗剥性）不仅与沥青的性质有密切关系，而且亦与集料性质有关。

① 黏附机理。沥青与集料的黏附作用，是一个复杂的物理化学过程。目前，对黏附机理有多种解释。润湿理论认为在有水的条件下，沥青对石料的黏附性，可用沥青-水-石料三相体系来讨论。沥青-水-石体系达到平衡时，沥青欲置换水而黏附于石料的表面，主要取决于沥青与水的界面能 γ_{wa} 和沥青与水的接触角 θ。在确定的石料条件下，γ_{wa} 和 θ 均取决于沥青的性质。沥青的性质主要为沥青的稠度和沥青中极性物质的含量（如沥青酸及其酸酐等）。随着沥青稠度和沥青酸含量的增加，沥青与碱性集料接触时就会产生很强的化学吸附作用，黏附力很大，黏附牢固。而当沥青与酸性集料接触时则较难产生化学吸附，分子间的作用力只是由于范德华力的物理吸附，这比化学吸附力要小得多，因此沥青中表面活性物质（如沥青酸及其酸酐等）的存在及含量与吸附性有重要的关系。

② 评价方法。我国现行试验法《公路工程沥青及沥青混合料试验规程》（JTG E20—2011）规定，沥青与集料的黏附性试验，根据沥青混合料中集料的最大粒径决定，大于

13.2mm 者采用水煮法；小于（或等于）13.2mm 者采用水浸法。水煮法是选取粒径为 13.2～19mm 形状接近正立方体的规则集料 5 个，经沥青裹覆后，在蒸馏水中沸煮 3min，按沥青膜剥落面积百分率分为五个等级来评价沥青与集料的黏附性。水浸法是选取 9.5～13.2mm 的集料 100g 与 5.5g 的沥青在规定温度条件下拌合，配制成沥青-集料混合料，冷却后浸入 80℃的蒸馏水中保持 30min，然后按剥落面积百分率来评定沥青与集料的黏附性。黏附性等级共分五个等级（表 9-4），最好为 5 级，最差为 1 级。

表 9-4　沥青与集料的黏附性等级

试验后石料表面上沥青膜剥落情况	黏附性等级
沥青膜完全保存，剥落面积百分率接近于零	5
沥青膜少部为水所移动，厚度不均匀，剥落面积百分率小于 10%	4
沥青膜局部明显为水所移动，但还基本留在石料表面上，剥落面积百分率少于 30%	3
沥青膜大部分为水所移动，局部保留在石料表面上，剥落面积百分率大于 30%	2
沥青膜完全为水所移动，石料基本裸露，沥青完全浮于水面上	1

（9）大气稳定性

大气稳定性是指石油沥青在热、阳光、氧气和潮湿等因素的长期综合作用下抵抗老化的性能。

石油沥青在贮运、加工、使用过程中，由于长时间暴露于空气、阳光下，受温度变化、光、氧气及潮湿等因素的综合作用，会发生一系列的蒸发、脱氧、缩合、氧化等物理与化学变化。这些变化使得沥青含氧官能团增多，小分子量的组分将被氧化、挥发或发生聚合、缩合等化学反应而变成大分子组分。其结果使得沥青组分中油分逐渐减少，沥青质和沥青碳等脆性成分增加，表现为沥青的流动性和塑性降低，针入度变小，延度降低，软化点升高，黏附性变差，容易发生脆裂。这种变化称为石油沥青的老化。石油沥青的老化是一个不可逆的过程，并决定了沥青的使用寿命。

沥青抗老化性是反映大气稳定性的主要指标，其评定方法是利用沥青试样在加热蒸发前后的“蒸发损失百分率”、“蒸发后针入度比”或“老化后延度”来评定。即先测定沥青试样的质量及针入度，然后将试样置于 163℃烘箱中加热蒸发 5h，待冷却后再测定其质量和针入度，计算出蒸发损失的质量占原质量的百分率即为“蒸发损失率”，蒸发后针入度与原针入度之比即为“蒸发后针入度比”，同时再测定蒸发后的延度。石油沥青经蒸发后的质量损失百分率越小，蒸发后针入度比和延度越大，表明其抗老化性能越强，大气稳定性越好。

（10）施工安全性

沥青材料在使用时必须加热，当加热至一定温度时，沥青材料中挥发的油分蒸汽与周围空气组成混合气体，此混合气体遇火焰则发生闪火。若继续加热，油分蒸汽的饱和度增加，由于此种蒸汽与空气组成的混合气体遇火焰极易燃烧，易发生火灾。沥青加热时与火焰接触发生闪火和燃烧的最低温度，即所谓闪点和燃点。

闪点和燃点是保证沥青加热质量和施工安全的一项重要指标。我国现行行业标准规定，对黏稠石油沥青采用克利夫兰开口杯法，简称COC法测定闪、燃点。对液体石油沥青，采用泰格式开口杯法，简称TOC法测定闪、燃点。

石油沥青燃点与闪点的区别是沥青温度达到燃点时，其混合气体与火焰接触时的持续燃烧时间可超过5s以上。通常，石油沥青的燃点比闪点高约10℃。

闪点和燃点的高低反映了沥青可能引起火灾或爆炸的安全性差别，它直接关系到石油沥青运输、贮存和加热使用等方面的安全性。

(11) 含水量

沥青几乎不溶于水，具有良好的防水性能。但沥青材料不是绝对不溶水分的，纯沥青在水中的溶解度约在0.001～0.019之间。

如沥青含有水分，施工中挥发太慢，影响施工速度，所以要求沥青中含水量不宜过多。在加热过程中，如水分过多，易产生“溢锅”现象，引起火灾，使材料损失。所以在融化沥青时应加快搅拌速度，促进水分蒸发，控制加热温度。

(12) 劲度模量

劲度模量也称刚度模量，是表征沥青黏性和弹性联合效应的指标。大多数沥青在变形时呈现黏-弹性。在低温瞬时荷载作用下，以弹性变形为主；反之，以黏性变形为主。

范·德·波尔在论述黏-弹性材料（沥青）的抗变形能力时，采用荷载作用时间 t 和温度 T 作为应力 σ 与应变 ε 之比来表示黏弹性沥青抵抗变形的性能。劲度模量 s_b（简称劲度）由式（9-8）表示：

$$s_b=\left(\frac{\sigma}{\varepsilon}\right)_{t,T} \tag{9-8}$$

沥青的劲度 s_b 与温度 T、荷载作用时间 t 和沥青流变类型（针入度指数PI）等参数有关，如式（9-9）：

$$s_b=f(T, t, \mathrm{PI}) \tag{9-9}$$

式中 T——欲求劲度时的路面温度与沥青软化点之差值，℃；

t——荷载作用时间，s；

PI——针入度指数。

按上述关系，范·德·波尔等根据荷重作用时间或频率、路面温度差、沥青的胶体结构类型等绘制成可以用于实际工程的劲度模量诺模图，如图9-10所示。

4. 石油沥青的技术要求与选用

石油沥青按用途分为建筑石油沥青、道路石油沥青和普通石油沥青。土木工程中使用的主要是建筑石油沥青和道路石油沥青。目前我国对建筑石油沥青执行《建筑石油沥青》(GB/T 494—2010)，而道路石油沥青则按其性能及应用道路的等级执行《公路沥青路面施工技术规范》(JTG F40—2004) 的相关规定。

(1) 建筑石油沥青的技术要求与选用

建筑石油沥青按针入度指标划分为40号、30号和10号三个标号，见表9-5。

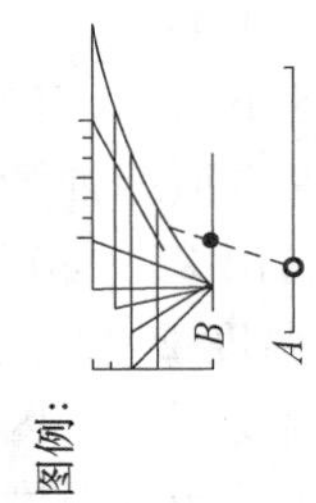

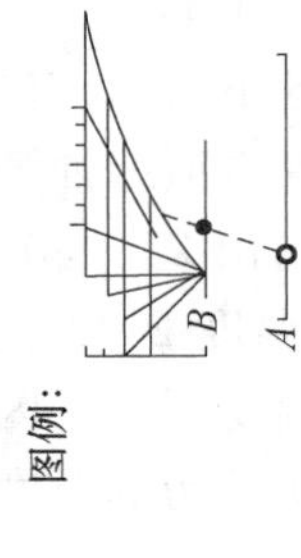

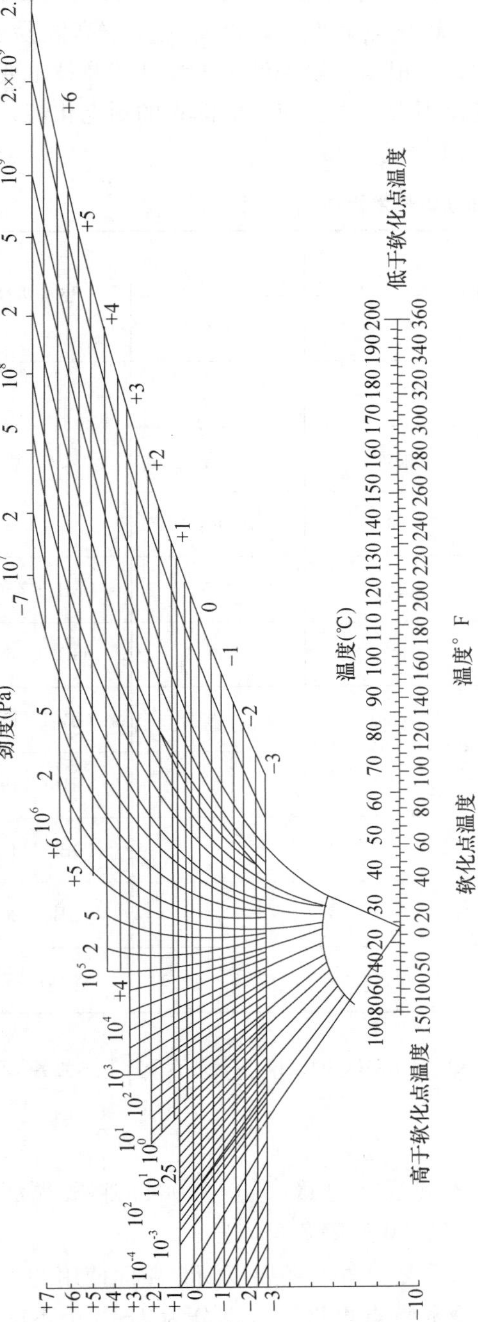

图9-10 沥青劲度模量诺模图

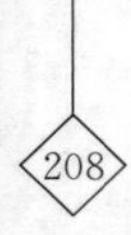

建筑石油沥青针入度较小（黏性较大），软化点较高（耐热性较好），但延伸度较小（塑性较差），主要用于屋面及地下防水、沟槽防水与防腐、管道防腐蚀等工程，还可用于制作油纸、油毡、防水涂料和沥青嵌缝油膏。在屋面防水工程中，一般同一地区的沥青屋面的表面温度比当地最高气温高出25～30℃。为避免夏季流淌，用于屋面沥青材料的软化点应当高于本地区屋面最高温度20℃以上。软化点偏低时，沥青在夏季高温易流淌；软化点过高时，沥青在冬季低温易开裂。因此，应根据气候条件、工程环境及技术要求选用。在地下防水工程中，沥青所经历的温度变化不大，主要应考虑沥青的耐老化性，宜选用软化点较低的沥青材料，如40号或60号、100号沥青。

表9-5　建筑石油沥青技术标准

项目		质量指标			试验方法
		10号	30号	40号	
针入度（25℃，100g，5s），0.1mm		10～25	26～35	36～50	GB/T 4509
针入度（46℃，100g，5s），0.1mm		报告[a]	报告[a]	报告[a]	
针入度（0℃，200g，5s），0.1mm	≥	3	6	6	
延度（25℃，5cm/min）cm	≥	1.5	2.5	3.5	GB/T 4508
软化点（环球法）℃	≥	95	75	60	GB/T 4507
溶解度（三氯乙烯），%	≥	99.0			GB/T 11148
蒸发后质量变化（163℃，5h），%	≤	1			GB/T 11964
蒸发后针入度比[b]，%	≥	65			GB/T 4509
闪点（开口杯法），℃	≥	260			GB/T 267
脆点，℃		报告			GB/T 4510

注：a. 报告应为实测值。

b. 测定蒸发损失后样品的25℃针入度与原25℃针入度之比乘以100后，所得的百分比，称为蒸发后针入度比。

（2）道路石油沥青的技术要求与选用

我国交通行业标准《公路沥青路面施工技术规范》（JTG F40—2004）将黏稠沥青分为160号、130号、110号、90号、70号、50号、30号等7个标号。

道路石油沥青等级划分除了根据针入度的大小划分外，还要以沥青路面使用的气候条件为依据，在同一气候分区内根据道路等级和交通特点再将沥青划分为1～3个不同的针入度等级；同时，按照技术指标将沥青分为A、B、C三个等级，分别适用于不同范围工程，由A至C，质量级别逐渐降低。各个沥青等级的适用范围应符合《公路沥青路面施工技术规范》(JTG F40—2004)的规定，见表 9-6。

表 9-6　道路石油沥青的适用范围（JTGF40—2004）

沥青等级	适用范围
A 级沥青	各个等级公路，适用于任何场合和层次
B 级沥青	高速公路、一级公路下面层及以下层次，二级及二级以下公路的各个层次 用作改性沥青、乳化沥青、改性乳化沥青、稀释沥青的基质沥青
C 级沥青	三级及三级以下公路的各个层次

气候条件是决定沥青使用性能的最关键的因素。采用工程所在地最近 30 年内年最热月份平均最高气温的平均值，作为反映沥青路面在高温和重载条件下出现车辙等流动变形的气候因子，并作为气候分区的一级指标。按照设计高温指标，一级区划分为三个区。采用工程所在地最近 30 年内的极端最低气温，作为反映沥青路面由于温度收缩产生裂缝的气候因子，并作为气候分区的二级指标。按照设计低温指标，二级区划分为四个区，如表 9-7 所示。沥青路面温度分区由高温和低温组合而成，第一个数字代表高温分区，第二个数字代表低温分区，数字越小表示气候因素越严苛。如 1-1 夏炎热冬严寒、1-2 夏炎热冬寒、1-3 夏炎热冬冷、1-4 夏炎热冬温、2-1 夏热冬严寒等。分属不同气候分区的地域，对相同标号与等级沥青的性能指标的要求不同。

道路石油沥青的质量应符合表 9-8 规定的技术要求。

表 9-7　沥青路面使用性能气候分区

气候分区指标		气候分区			
按照高温指标	高温气候区	1	2	3	
	气候区名称	夏炎热区	夏热区	夏凉区	
	最热月平均最高气温/℃	＞30	20～30	＜20	
按照低温指标	低温气候区	1	2	3	4
	气候区名称	冬严寒区	冬寒区	冬冷区	冬温区
	极端最低气温/℃	＜－37．0	－37．0～－21．5	－21．5～－9．0	＞－9．0
按照设计雨量指标	雨量气候区	1	2	3	4
	气候区名称	潮湿区	湿润区	半干区	干旱区
	年降雨量（mm）	＞1000	1000～500	500～250	＜250

表 9-8　道路石油沥青技术要求(JTG F40—2004)

指标	单位	等级	沥青标号																
			160 号④	130 号④	110 号			90 号					70 号③					50 号③	30 号④
针入度(25℃,100g,5s)	0.1mm		140～200	120～140	100～120			80～100					60～80					40～60	20～40
适用的气候分区			注④	注④	2-1	2-2	3-2	1-1	1-2	1-3	2-2	2-3	1-3	1-4	2-2	2-3	2-4	1-4	注④
针入度指数 PI①②		A	−1.5～+1.0																
		B	−1.8～+1.0																
软化点　(不小于)	℃	A	38	40	43			45			44		46		45			49	55
		B	36	39	42			43			42		44		43			46	53
		C	35	37	41			42					43					45	50
60℃动力黏度②(不小于)	Pa·s	A	—	60	120			160			140		180		160			200	260
10℃延度②(不小于)	cm	A	50	50	40			45	30	20	30	20	20	15	25	20	15	15	10
		B	30	30	30			30	20	15	20	15	15	10	20	15	10	10	8
15℃延度(不小于)	cm	AB	100															80	50
		C	80	80	60			50					40					30	20
蜡含量(蒸馏法)(不大于)	%	A	2.2																
		B	3.0																
		C	4.5																
闪点(不小于)	℃		230					245					260						
溶解度(不小于)	%		99.5																
密度(15℃)	g/cm³		实测记录																
TFOT 或 RTFOT 后⑤																			
质量变化(不大于)	%		±0.8																
残留针入度比(不小于)	%	A	48	54	55			57					61					63	65
		B	45	50	52			54					58					60	62
		C	40	45	48			50					54					58	60

续表

指标	单位	等级	沥青标号						
			160 号④	130 号④	110 号	90 号	70 号③	50 号③	30 号④
残余延度 10℃（不小于）	cm	A	12	12	8	6	6	4	—
		B	10	10	8	6	4	2	—
残余延度 15℃（不小于）	cm	C	40	35	30	20	15	10	—

注：① 用于仲裁试验求取 PI 值时的 5 个温度的针入度关系的相关系数不得小于 0.997。

② 经建设部门同意，表中 PI 值、60℃动力黏度、10℃延度可作为选择性指标，也可不作为施工质量检验标准。

③ 70 号沥青可根据需要要求供应商提供针入度范围为 60～70 或 70～80 的沥青，50 号沥青可根据需要要求供应商提供针入度范围为 40～50 或 50～60 的沥青。

④ 30 号沥青仅适用于沥青稳定基层，130 号与 160 号除寒冷地区可直接在中低级公路上直接应用外，通常用作乳化沥青、稀释沥青、改性沥青的基质沥青。

⑤ 老化试验以 TFOT 为准，也可以 RTFOT 代替。

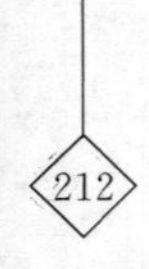

沥青路面采用的沥青标号，宜按照公路等级、气候条件、交通条件、路面类型及在结构层中的层位及受力特点、施工方法等，结合当地的使用经验，经技术论证后确定。对高速公路、一级公路，夏季温度高、高温持续时间长、重载交通、山区及丘陵区上坡路段、服务区、停车场等行车速度慢的路段，尤其是汽车荷载剪应力大的层次，宜采用稠度大、60℃动力黏度大的沥青，也可提高高温气候分区的温度水平选用沥青等级；对冬季寒冷的地区或交通量小的公路、旅游公路宜选用稠度小、低温延度大的沥青；对温度日温差、年温差大的地区宜选用针入度指数大的沥青。当高温要求与低温要求发生矛盾时应优先考虑满足高温性能的要求。

9.1.2 煤沥青

煤沥青是炼油厂或煤气厂的副产品。烟煤在干馏过程中的挥发物质，经冷却而成的黑色黏性液体称为煤焦油，煤焦油经分馏加工提取轻油、中油、重油、蒽油以后，所得残渣即为煤沥青，也称煤焦油沥青或柏油。

1. 煤沥青的基本组成

由于煤沥青是由复杂化合物组成的混合物，分离为单体组分十分困难，故目前煤沥青化学组分的研究与石油沥青方法相同，也是采用选择性溶解等方法，将煤沥青分离为游离碳、油分、软树脂和硬树脂四个部分。

① 游离碳又称自由碳，是高分子有机化合物的固态碳质微粒，不溶于有机溶剂，加热不熔，但高温分解。煤沥青的游离碳含量增加，可提高其黏度和温度稳定性。但随着游离碳含量增加，其低温脆性也增加。

② 油分为液态碳氢化合物，与其他组分相比，是结构最简单的物质。

③ 树脂为环形含氧的碳氢化合物，分为硬树脂和软树脂。硬树脂，类似石油沥青中的沥青质；软树脂，赤褐色黏塑性物，溶于氯仿，类似石油沥青中的树脂。

煤沥青和石油沥青相似，也是复杂的胶体分散系。游离碳和硬树脂组成的胶体微粒为分散相，油分为分散介质，而软树脂为保护物质，它吸附于固态分散胶粒周围，逐渐向外扩散，并溶解于油分中，使分散系形成稳定的胶体物质。

2. 煤沥青的技术要求与选用

煤沥青是将煤焦油进行蒸馏，蒸去水分和所有的轻油及部分中油、重油和蒽油后所得的残渣。根据蒸馏程度不同煤沥青分为低温沥青、中温沥青和高温沥青。建筑上所采用的煤沥青多为黏稠或半固体的低温沥青。

（1）煤沥青的技术性质

① 黏度。表示煤沥青的稠度，煤沥青组分中油分含量减少、固态树脂及游离碳量增加时，则煤沥青的黏度增高。煤沥青的黏度测定方法与液体沥青相同，亦是用道路沥青标准黏度计测定。

② 蒸馏试验馏分含量及残渣性质。煤沥青中含有各沸点的油分，这些油分的蒸发将影响沥青的性质。因而煤沥青的起始黏滞度并不能完全表达其在使用过程中黏结性的特征。为了预估煤沥青在路面中使用过程的性质变化，在测定其起始黏滞度的同时，还必须测定煤沥青在各温度阶段所含馏分及其蒸馏后残留物的性质。

煤沥青蒸馏试验是测定试样受热时，在规定温度范围内蒸出的馏分含量，以质量百分

率表示。除非特殊需要，各馏分蒸馏的标准切换温度为170℃、270℃、300℃。

馏分含量的规定控制了煤沥青由于蒸发而发生老化，残渣性质试验保证了煤沥青残渣具有适宜的黏结性与温度稳定性。

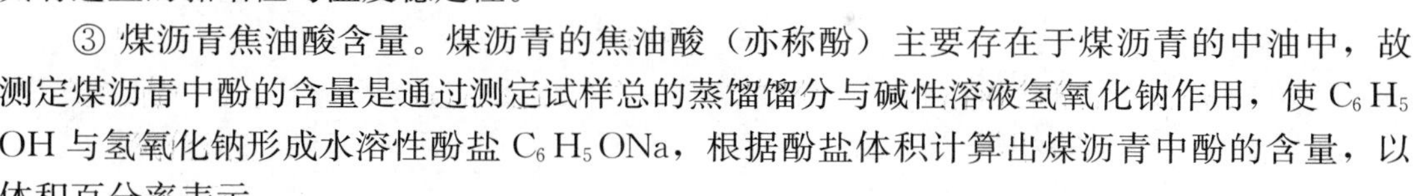

③ 煤沥青焦油酸含量。煤沥青的焦油酸（亦称酚）主要存在于煤沥青的中油中，故测定煤沥青中酚的含量是通过测定试样总的蒸馏馏分与碱性溶液氢氧化钠作用，使 C_6H_5OH 与氢氧化钠形成水溶性酚盐 C_6H_5ONa，根据酚盐体积计算出煤沥青中酚的含量，以体积百分率表示。

焦油酸溶解于水，易导致路面强度降低，同时它有毒。因此对其在沥青中的含量必须加以限制。

④ 含萘量。煤沥青中的萘在低温时易结晶析出，使煤沥青产生假黏度而失去塑性，同时常温下易升华，并促使“老化”加速，降低煤沥青的技术性质。此外，萘有毒，故对其含量加以限制。煤沥青的萘含量是取酚含量测定后的无酚中油，在低温下使萘结晶，然后与油分离而获得“粗萘”。萘含量即以粗萘占沥青的质量百分率表示。

⑤ 甲苯不溶物。煤沥青中甲苯不溶物的含量，是试样在规定的甲苯溶剂中不溶物（游离碳）的含量，用质量百分率表示。

⑥ 含水量。与石油沥青一样，在煤沥青中含有过量的水分会使煤沥青在加热时发生许多困难，甚至导致材料质量的劣化和火灾。

（2）煤沥青的技术标准

根据煤沥青在工程中应用要求的不同，按照稠度可划分为软煤沥青（液体、半固体的）和硬煤沥青（固体的）两大类。道路工程主要应用软煤沥青。用于道路的软煤沥青又按其黏度和有关技术性质分为九个标号，其技术要求应符合《公路沥青路面施工技术规范》(JTG F40—2004) 中道路用煤沥青技术要求。

（3）煤沥青在技术性质上与石油沥青的差异。

与石油沥青相比，由于两者的成分不同，煤沥青具有如下性能特点。

① 由固态或黏稠态转变为黏流态（或液态）的温度间隔较小，夏天易软化流淌，冬季易脆裂，温度敏感性较大。

② 含挥发性成分和化学稳定性差的成分较多，在阳光、热、氧气等环境长期综合作用下，煤沥青的组成变化较大，易硬脆，故大气稳定性较差。

③ 含有较多的游离碳，塑性较差，容易因变形而开裂。

④ 因含有蒽、酚等，故有毒性和臭味，防腐能力较好，适用于木材的防腐处理，施工时应注意防毒。

⑤ 因含表面活性物质较多，与矿物颗粒表面的黏附力较好。

煤沥青的抗腐蚀性能较好，适用于地下防水工程及防腐工程，还可以浸渍油毡。煤沥青质量比石油沥青差，多用于较次要的工程。

9.1.3 沥青的掺配

施工中，若缺乏所需牌号的沥青或采用一种沥青不能满足配制沥青所要求的软化点时，可用两种或三种沥青进行掺配。掺配时要注意遵循同源原则，即同属石油沥青或同属煤沥青（或焦油沥青）时才可掺配。不同沥青掺配比例应由试验确定，两种沥青的掺配比例也可用下式估算：

$$Q_1=\frac{T_2-T}{T_2-T_1}\times 100\% \tag{9-10}$$

$$Q_2=100\%-Q_1$$

式中 Q_1——较软沥青用量，%；

Q_2——较硬沥青用量，%；

T——掺配后的沥青软化点，℃；

T_1——较软沥青软化点，℃；

T_2——较硬沥青软化点，℃。

如用三种沥青时，可先算出两种沥青的配比，再与第三种沥青进行配比计算，然后再试配，即根据估算的掺配比例与其邻近的比例（±5%）进行试配，测定掺配后沥青的软化点，然后绘制“掺配比-软化点”曲线，即可从曲线上确定所要求的比例。同样可采用针入度指标按上法进行估算及试配。

不同产源的沥青（如石油沥青和煤沥青），由于其化学组成、胶体结构差别较大，其掺配问题比较复杂。大量的试验研究表明，在软煤沥青中掺入20%以下的石油沥青，可提高煤沥青的大气稳定性和低温柔性；在石油沥青中掺入25%以下的软煤沥青，可提高石油沥青与矿质材料的黏结力。这样掺配所得的沥青称为混合沥青。由于混合沥青的两种原料是难溶的，掺配不当会发生结构破坏和沉淀变质现象，因此，掺配时选用的材料、掺配比例均应通过试验确定。

9.2 改性沥青

现代土木工程对石油沥青性能要求越来越高。无论是作为防水材料，还是路面胶结材料，都要求石油沥青必须具有更好的使用性能与耐久性。屋面防水工程的沥青材料不仅要求有较好的耐高温性，还要求有更好的抗老化性能与抗低温脆断能力；用作路面胶结材料的沥青不仅要求有较好的抗高温能力，还应有较高的抗变形能力、抗低温开裂能力、抗老化能力和较强的黏附性。但仅靠现有石油沥青的性质已难以满足这些要求，因此要对现有沥青的性能进行改进，才能满足现代土木工程的技术要求，这些经过性能改进的沥青称为改性沥青。

对石油沥青改性的方法通常是采用适当加工工艺，在石油沥青中掺入人工合成的有机或无机材料，使其熔融或分散于石油沥青之中，从而获得技术性能更好的石油沥青混合物，所添加的改性材料则称为改性剂。

1. 改性沥青的分类及其特性

(1) 氧化沥青

氧化改性是在250～300℃高温下，向残留沥青或渣油中吹入空气，通过氧化作用和聚合作用，使沥青分子变大，提高沥青的黏度和软化点，从而改善沥青的性能。工程中使用的道路石油沥青、建筑石油沥青均为氧化沥青。

(2) 橡胶改性沥青

橡胶是沥青的重要改性材料，它和沥青有较好的混溶性，并能使沥青具有橡胶的很多优点，如高温变形性小，低温柔性好。由于橡胶的品种不同，掺入的方法也有所不同，从而使得各种橡胶改性沥青的性能也有差异。

目前使用最普遍的是SBS橡胶，SBS是丁苯橡胶的一种。将丁二烯与苯乙烯嵌段共聚，形成具有苯乙烯（S）-丁二烯（B）-苯乙烯（S）的结构，得到的是一种热塑性的弹性体，简称SBS。其在常温下具有橡胶的弹性，高温下又能像橡胶那样熔融流动，成为可塑性材料。SBS能使沥青的性能大大改善，表现为低温柔性改善，冷脆点降至－40℃；热稳定性提高，耐热度达90～100℃，弹性好、延伸率大，延度可达2000％；耐候性好。SBS改性沥青是目前最成功和用量最大的一种改性沥青，在国内外已得到普遍使用，主要用途是SBS改性沥青防水卷材。

其他用于沥青改性的橡胶还有氯丁橡胶、丁基橡胶、再生橡胶等。氯丁橡胶改性沥青可使其气密性、低温柔性、耐化学腐蚀性、耐光性、耐臭氧性、耐候性和耐燃烧性得到大大改善。丁基橡胶改性沥青具有优异的耐分解性，并有较好的低温抗裂性和耐热性能，多用于道路路面工程和制作密封材料、涂料等。

（3）树脂改性沥青

用树脂改性石油沥青，可以改进沥青的耐寒性、耐热性、黏结性和不透气性。由于石油沥青中含芳香性化合物很少，故树脂和石油沥青的相容性较差，而且可用的树脂品种也较少，常用的树脂有古马隆树脂、聚乙烯、乙烯-醋酸乙烯共聚物（EVA）、无规聚丙烯APP、环氧树脂（EP）、聚氨酯（PV）等。

（4）橡胶和树脂改性沥青

橡胶和树脂同时用于改善沥青的性质，使沥青同时具有橡胶和树脂的特性。树脂比橡胶便宜，橡胶和树脂又有较好的混溶性，故效果较好。橡胶、树脂和沥青在加热熔融状态下，沥青与高分子聚合物之间发生相互浸入和扩散，沥青分子填充在聚合物大分子的间隙内，同时聚合物分子的某些链节扩散进入沥青分子中，形成凝聚的网状混合结构，可以得到较优良的性能。配制时，采用的原材料品种、配比、制作工艺不同，可以得到很多性能各异的产品，主要有卷材、片材、密封材料、防水涂料等。

（5）矿物填充料改性沥青

为了提高沥青的黏结能力和耐热性，降低沥青的温度敏感性，经常要加入一定数量的矿物填充料。常用的矿物填充料大多是粉状的和纤维状的，主要有滑石粉、石灰石粉、硅藻土和石棉等。矿物改性沥青的机理为，沥青中掺加矿物填充料后，由于沥青对矿物填充料有良好的润湿和吸附作用，在矿物颗粒表面形成一层稳定、牢固的沥青薄膜，带有沥青薄膜的矿物颗粒具有良好的黏性和耐热性。矿物填充料的掺入量要适当，以形成恰当的沥青薄膜层。

2. 改性沥青技术标准

我国聚合物改性沥青性能评价方法基本沿用了道路石油沥青标准体系，参考国外的有关标准，增加了一些评价聚合物性能的指标，如弹性恢复、黏韧性和离析（软化点差）等技术指标。首先根据聚合物的种类将改性沥青分为Ⅰ、Ⅱ、Ⅲ类，每一类又按针入度大小分为若干个标号。Ⅰ类、Ⅲ类分别分为A、B、C和D四个标号，Ⅱ类分为A、B和C三个标号，以适应不同的气候条件。同一类型，由A到D表示改性沥青针入度减小，黏度增加，即高温性能提高，但低温性能降低。改性沥青的等级划分以改性沥青的针入度为主要依据，技术要求见相关规范。

9.3 沥青防水材料

9.3.1 沥青基制品

1. 冷底子油

冷底子油是用建筑石油沥青加入汽油、煤油、苯等溶剂（稀释剂）溶合，或用软化点为50～70℃的煤沥青加入苯溶合而配成的沥青涂料。在常温下它一般用于防水工程的底层，故名冷底子油。冷底子油流动性能好，便于喷涂。施工时将冷底子油涂刷在混凝土砂浆或木材等基面后，能很快渗透进基层表面的毛细孔隙中，待溶剂挥发后，便与基层牢固结合，并使基层具有憎水性，为黏结同类防水材料创造了有利条件。若在这种冷底子油层上面涂沥青胶粘贴卷材时，可使防水层与基层粘贴牢固。

冷底子油常用30%～40%的石油沥青和60%～70%的溶剂（汽油或煤油）混合而成，施工时随用随配。首先将沥青加热至108～200℃，脱水后冷却至130～140℃，并加入溶剂量10%的煤油，待温度降至约70℃时，再加入余下的溶剂搅拌均匀为止。贮存时应采用密闭容器，以防溶剂挥发。

2. 沥青胶

沥青胶是由沥青材料加入矿质填充料均匀混合制成的。填充料主要有粉状的，如滑石粉、石灰石粉、普通水泥和白云石等；还有纤维状的，如石棉粉、木屑粉等，或用二者的混合物。填充料的加入量一般为10%～30%，由试验确定，可以提高沥青胶的黏结性、耐热性和大气稳定性，增加韧性，降低低温脆性，节省沥青用量；用作填充料的矿粉颗粒越细，其表面积越大，改变沥青性能的作用越明显，一般粉料的细度控制在0.075mm筛上的筛余量不大于15%。沥青胶主要用于粘贴各层石油沥青油毡、涂刷面层油、嵌缝、接头、补漏以及做防水层的底层等，它与水泥砂浆或混凝土都具有良好的黏结性。

沥青胶的技术性能，要符合耐热度、柔韧度和黏结力三项要求，见表9-9。

沥青胶的配制和使用方法分为热用和冷用两种。热用沥青胶（热沥青玛瑞脂），是将70%～90%的沥青加热至180～200℃，使其脱水后，与10%～30%干燥填料加热混合均匀后，热用施工；冷用沥青胶（冷沥青玛瑞脂）是将40%～50%的沥青熔化脱水后，缓慢加入25%～30%的溶剂，再掺入10%～30%的填料，混合均匀制成，在常温下施工。冷用沥青胶比热用沥青胶施工方便，涂层薄，节省沥青，但耗费溶剂。

表9-9 沥青胶的质量要求

标号 指标名称	S-60	S-65	S-70	S-75	S-80	S-85
耐热度	用2mm厚的沥青玛瑞脂黏合两张沥青油纸，在不低于下列温度（℃）中，在1∶1坡度上停放5h的玛瑞脂不应流淌，油纸不应滑动					
	60	65	70	75	80	85

续表

指标名称 \ 标号	S-60	S-65	S-70	S-75	S-80	S-85
柔韧度	涂在沥青油纸上的 2mm 厚的沥青玛琋脂层，在 18℃±2℃时，围绕下列直径（mm）的圆棒，用 2s 的时间以均衡速度弯成半周，沥青玛琋脂不应有裂纹					
	10	15	15	20	25	30
黏结力	将两张用沥青胶粘贴在一起的油纸慢慢地一次撕开，从油纸和沥青玛琋脂的黏结面的任何一面的撕开部分，应不大于粘贴面积的 1/2					

9.3.2 沥青及改性沥青防水卷材

沥青防水卷材是建筑工程中使用量较大的柔性防水材料。按照制造方法有浸渍卷材和辊压卷材之分。凡用厚纸和玻璃布、石棉布、棉麻织品等胎料浸渍石油沥青（或煤沥青）制成的卷状材料，称为浸渍卷材（有胎的）。将石棉粉、橡胶粉、石灰石粉等掺入沥青材料中，经混炼、压延制成的卷状材料称为辊压卷材（无胎的）。

1. 石油沥青防水卷材

（1）石油沥青纸胎油毡和油纸

用低软化点沥青浸渍原纸而成的制品称为油纸；用高软化点沥青涂敷油纸的两面，再撒一层滑石粉或云母片而成的制品称为油毡。按所用沥青品种分为石油沥青油纸、石油沥青油毡和煤沥青油毡三种，油纸和油毡的牌号依纸胎（原纸）每平方米面积质量（克）来划分。按《石油沥青纸胎油毡》（GB/T 326—2007）的规定，油毡分为 200 号、350 号和 500 号三个牌号；按物理性能分为合格品、一等品和优等品三个等级。GB/T 326—2007 对油纸、油毡的尺寸、每卷质量、外观要求及抗拉强度、柔韧性、耐热性和不透水性等均有明确规定。

各种油纸多用作建筑防潮及包装，也可作多层防水层的下层。200 号油毡适用于简易建筑防水、临时性建筑防水、建筑防潮及包装等；350 号、500 号油毡适用于多层防水层的各层或面层。使用时应注意石油沥青油毡（或油纸）必须用石油沥青胶粘贴；煤沥青油毡则需要用煤沥青胶粘贴。

油纸和油毡储运时应竖直堆放，堆高不宜超过两层，应避免日光直射或雨水浸湿。

（2）沥青玻璃布油毡

用石油沥青浸涂玻璃纤维织布的两面，并撒以粉状防粘材料所制成的沥青防水卷材称沥青玻璃布油毡。其特点是抗拉强度高于 500 号纸胎油毡，柔韧性好，耐腐蚀性强，耐久性高于普通油毡一倍以上。主要用于地下防水层、防腐层、屋面防水层及金属管道（热管道除外）防腐保护层等。

2. 聚合物改性沥青防水卷材

聚合物改性沥青防水卷材是以合成高分子聚合物改性沥青为涂盖层，纤维织物或纤维毡为胎体，粉状、粒状、片状或薄膜材料为覆面材料制成的防水卷材。

改性沥青防水卷材改善了普通沥青防水卷材温度稳定性差、延伸率小等缺点，具有高温不流淌、低温不脆裂、拉伸强度较高、延伸率较大等特点。我国常用的改性沥青防水卷

材有弹性体改性沥青防水卷材、塑性体改性沥青防水卷材、改性沥青聚乙烯胎防水卷材、自粘橡胶沥青防水卷材、自粘聚合物改性沥青聚氨酯防水卷材等，其中弹性体或塑性体改性沥青防水卷材是推荐使用的产品。

(1) SBS 改性沥青柔性油毡

SBS 改性沥青柔性油毡属弹性体沥青防水卷材中的一种，它是以聚酯纤维无纺布为胎体，以 SBS 改性石油沥青浸渍涂盖层，以树脂薄膜为防粘隔离层或油毡表面带有砂粒的防水材料。

SBS 改性沥青柔性油毡具有良好的不透水性和低温柔性，同时还具有抗拉强度高、延伸率大、耐腐蚀、耐热及耐老化等优点。它的价格低，施工方便，可以冷作粘贴，也可以热熔铺贴，是一种技术经济效果较好的中档防水材料。SBS 卷材适用于工业与民用建筑的屋面及地下、卫生间等的防水、防潮，以及游泳池、隧道、蓄水池等防水工程，尤其适用于寒冷地区和结构变形频繁的建筑物防水。

(2) APP 改性沥青油毡

APP 改性沥青油毡属塑性体沥青防水卷材中的一种，它是以无规聚丙烯（APP）改性石油沥青涂覆玻璃纤维无纺布，撒布滑石粉或用聚乙烯薄膜制得的防水卷材。与 SBS 改性沥青防水卷材相比，APP 改性沥青防水卷材具有更高的耐热性和耐紫外线性能，在 130℃高温下不流淌；但低温柔韧性较差，在低温下它容易变得硬脆，因而不适合于寒冷地区使用。APP 改性沥青防水卷材除了与 SBS 改性沥青防水卷材的适用范围基本一致外，尤其适用于高温或有强烈太阳辐射地区的建筑物防水。

(3) 铝箔塑胶油毡

铝箔塑胶油毡是以聚酯纤维无纺布为胎体，以高分子聚合物改性石油沥青浸渍涂盖层，以树脂薄膜为底面防粘隔离层，以银白色软质铝箔为表面反光保护层加工制成的防水材料。

铝箔塑胶油毡对阳光的反射率高，具有一定的抗拉强度和延伸率，弹性好，低温柔性好，在−20～80℃温度范围内适应性较强，并且价格较低。

(4) 沥青再生胶油毡

将废橡胶粉掺入石油沥青中，经过高温脱硫为再生胶，再掺入填料经炼胶机混炼，然后经压延而成的防水卷材称为再生胶油毡。它是一种不用原纸作基层的无胎油毡。其特点是质地均匀，延伸大，低温柔性好，耐腐蚀性强，耐水性及耐热稳定性良好。沥青再生胶油毡是一种中档的新型防水材料，主要用于屋面或地下作接缝或满堂铺设的防水层，尤其适用于水工、桥梁、地下建筑等基层沉降较大或沉降不均匀的建筑物变形缝处的防水。

3. 沥青基防水涂料

沥青基防水涂料是以石油沥青或改性沥青经乳化或高温加热成黏稠状的液态材料，喷涂在建筑防水工程表面，使其表面与水隔绝，起到防水防潮的作用，是一种柔性的防水材料。防水涂料同样需要具有耐水性、耐候性、耐酸碱性、优良的延伸性能和施工可操作性。

沥青基防水涂料一般分为溶剂型涂料和水乳型涂料。溶剂型涂料由于含有甲苯等有机溶剂，易燃、有毒，而且价格较高，用量已越来越少。

4. 高聚物改性沥青防水涂料

高聚物改性沥青防水涂料具有良好的防水抗渗能力，耐变形，有弹性，低温不开裂，高温不流淌，黏附力强，使用寿命长，已逐渐代替沥青基涂料。主要适用于Ⅱ级、Ⅲ级和Ⅳ级防水等级的建筑屋面、地面、卫生间防水、混凝土地下室防水等。目前常用的改性沥青防水涂料有再生橡胶改性沥青防水涂料、氯丁胶乳沥青防水涂料、氯丁橡胶改性沥青防水涂料、SBS 改性沥青防水涂料等。

（1）再生橡胶改性沥青防水涂料

再生橡胶改性沥青防水涂料又分为溶剂型和水乳型。

溶剂型再生橡胶改性沥青防水涂料是以再生橡胶为改性剂，汽油为溶剂，再添加其他填料（滑石粉、碳酸钙等）经加热搅拌而成。该产品改善了沥青防水涂料的柔韧性和耐久性。原材料来源广泛，生产工艺简单，成本低。但由于以汽油为溶剂，虽然固化速度快，但生产、储存和运输时都要特别注意防火、通风及环境保护，而且需多次涂刷才能形成较厚的涂膜。溶剂型再生橡胶改性沥青防水涂料在常温和低温下都能施工，适用于建筑物的屋面、地下室、水池、冷库、涵洞、桥梁的防水和防潮。

如果用水代替汽油，就形成了水乳型再生橡胶改性沥青防水涂料。它具有水乳型防水涂料的优点，无溶剂型防水涂料的缺点（易燃、污染环境），但固化速度稍慢，储存稳定性差一些。水乳型再生橡胶改性沥青防水涂料可在潮湿但无积水的基层上施工，适用于建筑混凝土基层、屋面及地下混凝土防潮、防水。

（2）氯丁胶乳沥青防水涂料

氯丁胶乳沥青防水涂料是以氯丁橡胶和石油沥青为主要原料，选用阳离子乳化剂和其他助剂，经软化乳化而制备的一种水溶性防水涂料。这种涂料的特点是成膜性好，强度高，耐热性能优良，低温柔性好，延伸性能好，能充分适应基层变化。该产品耐臭氧、耐老化、耐腐蚀、不透水，是一种安全的防水涂料。适用于各种形状的屋面防水、地下室防水、补漏、防腐蚀，也可用于沼气池提高抗渗性和气密性。

（3）氯丁橡胶改性沥青防水涂料

氯丁橡胶改性沥青防水涂料是把小片的丁基橡胶加到溶剂中搅拌成浓溶液，同时将沥青加热脱水熔化成液体状沥青，再把两种液体按比例混合搅拌均匀而成。氯丁橡胶改性沥青防水涂料具有优异的耐分解性，并具有良好的低温抗裂性和耐热性。若溶剂采用汽油（或甲苯），可制成溶剂型氯丁橡胶改性沥青防水涂料；若以水代替汽油（或甲苯），则可制成水乳型氯丁橡胶改性沥青防水涂料，成本相应降低，且不燃、不爆、无毒、操作安全。氯丁橡胶改性沥青防水涂料适用于各类建筑物的屋面、室内地面、地下室、水箱、涵洞等的防水和防潮，也可在渗漏的卷材或刚性防水层上进行防水修补施工。

（4）SBS 改性沥青防水涂料

SBS 改性沥青防水涂料是以 SBS（苯乙烯-丁二烯-苯乙烯）改性沥青加表面活性剂及少量其他树脂等制成的水乳型弹性防水涂料。SBS 改性沥青防水涂料具有良好的低温柔性、抗裂性、黏结性、耐老化性和防水性，可采用冷施工，操作方便、安全可靠、无毒、不污染环境，适用于复杂基层的防水工程，如厕浴间、厨房、地下室水池等的防水、防潮。

9.4 沥青混合料

9.4.1 沥青混合料的定义和分类

1. 沥青混合料的定义

按国家现行标准《公路沥青路面施工技术规范》(JTG F40—2004)有关定义和分类，沥青混合料是指由矿料与沥青结合料拌合而成的混合料总称。其中沥青结合料是指在沥青混合料中起胶结作用的沥青类材料（含添加的外掺剂、改性剂等）的总称。

沥青混合料是一种黏弹塑性材料，具有一定的力学性能，铺筑路面平整无接缝，减振吸声；路面有一定的粗糙度，色黑不耀眼，行车舒适安全。此外，它还具有施工方便，能及时开放交通，便于分期修建和再生利用的优点，所以沥青混合料是现代高等级道路的主要路面材料。

2. 沥青混合料的分类

沥青混合料的分类方法取决于矿质混合料的级配、集料的最大粒径、压实空隙率和沥青品种等。

(1) 按矿质混合料的级配类型分类

① 连续级配沥青混合料。沥青混合料中的矿料是按连续级配原则设计的，即从大到小的各级粒径都有，且按比例相互搭配组成。

② 间断级配沥青混合料。连续级配沥青混合料的矿料中缺少一个或几个档次粒径而形成的沥青混合料。

(2) 按矿质混合料的级配组成及空隙率大小分类

① 密级配沥青混合料。按连续密级配原理设计，各种粒径颗粒的矿料与沥青结合料拌合而成。如设计空隙率较小（针对不同交通及气候情况、层位可作适当调整）的密实式沥青混凝土混合料（以 AC 表示）；设计空隙率 3%～6%的密级配沥青稳定碎石混合料（以 ATB 表示）。按关键性筛孔通过率的不同又可分为细型、粗型密级配沥青混合料等。粗集料嵌挤作用较好的沥青混合料也称嵌挤密实型沥青混合料。

② 半开级配沥青混合料。由适当比例的粗集料、细集料及少量填料（或不加填料）与沥青结合料拌合而成，经马歇尔标准击实成型试件的剩余空隙率在 6%～12%的半开式沥青碎石混合料，也称沥青碎石混合料（以 AM 表示）。

③ 开级配沥青混合料。矿料级配主要由粗集料嵌挤而成，细集料及填料较少，经高黏度沥青结合料黏结而成的，设计孔隙率大于 18%的混合料。典型的如排水式沥青磨耗层混合料，(以 OGFC 表示)；排水式沥青稳定碎石基层，(以 ATPB 表示)。

(3) 按照矿料的最大粒径分类

根据《公路工程集料试验规程》(JTG E42—2005) 的定义，集料的最大粒径是指通过百分率为 100%的最小标准筛筛孔尺寸；集料的公称最大粒径是指全部通过或允许少量不通过（一般容许筛余量不超过 10%）的最小一级标准筛筛孔尺寸，通常比最大粒径小一个粒级。例如，某种集料在 26.5mm 筛孔的通过率为 100%，在 19mm 筛孔上的筛余量

小于 10%，则此集料的最大粒径为 26.5mm，而公称最大粒径为 19mm。

根据集料的公称最大粒径，沥青混合料分为特粗式、粗粒式、中粒式、细粒式和砂粒式，与之对应的集料粒径尺寸见表 9-10。

表 9-10　热拌沥青混合料类型

沥青混合料类型	公称最大粒径尺寸（mm）	最大粒径尺寸（mm）	连续密级配		半开级配	开级配		间断级配
			沥青混凝土混合料	沥青稳定碎石	沥青碎石混合料	排水式沥青磨耗层	排水式沥青稳定碎石	沥青玛蹄脂碎石混合料
砂粒式	4.75	9.5	AC-5	—	AM-5	—	—	—
细粒式	9.5	13.2	AC-10	—	AM-10	OGFC-10	—	SMA-10
	13.2	16.0	AC-13	—	AM-13	OGFC-13	—	SMA-13
中粒式	16.0	19.0	AC-16	—	AM-16	OGFC-16	—	SMA-16
	19.0	26.5	AC-20	—	AM—20	—	—	SMA-20
粗粒式	26.5	31.5	AC-25	ATB-25	—	—	ATPB-30	—
	31.5	37.5	—	ATB-30	—	—	ATPB-20	—
特粗式	37.5	53.0	—	ATB-40	—	—	ATPB-40	—
设计空隙率（%）	—	—	3～6	3～6	6～12	>18	>18	3～4

（4）按沥青混合料的拌合及铺筑温度分类

① 热拌热铺沥青混合料。是经人工组配的矿质混合料与黏稠沥青在专门设备中加热拌合而成，用保温运输工具运送至施工现场，并在热态下进行摊铺和压实的混合料，简称“热拌沥青混合料”。

② 常温沥青混合料。是以乳化沥青或稀释沥青与矿料在常温状态下拌制、铺筑的混合料。

9.4.2　热拌沥青混合料

热拌沥青混合料是沥青混合料中最典型的品种，本节主要详述它的组成结构、技术性质、组成材料和设计方法。

1. 沥青混合料的组成结构

（1）沥青混合料的结构组成理论

沥青混合料的组成结构有两种相互对立的理论：表面理论和胶浆理论。

① 表面理论。按传统的理解，沥青混合料是由粗集料、细集料和填料经人工组配成密实的级配矿质骨架，此矿质骨架由稠度较稀的沥青混合料分布其表面，从而将它们胶结成为一个具有强度的整体。

② 胶浆理论。近代某些研究从胶浆理论出发，认为沥青混合料是一种多级空间网状结构的分散系。它是以粗集料为分散相而分散在沥青砂浆介质中的一种粗分散系；同样，沥青砂浆是以细集料为分散相而分散在沥青胶浆介质中的一种细分散系；而胶浆又是以填料为分散相而分散在高稠度的沥青介质中的一种微分散系。

这三级分散系以沥青胶浆最为重要，它的组成结构决定沥青混合料的高温稳定性和低温变形能力。目前这一理论比较集中于研究填料（矿粉）的矿物成分、填料的级配（以

0.080mm 为最大粒径）以及沥青与填料内表面的交互作用等因素对于混合料性能的影响等。同时这一理论的研究比较强调采用高稠度的沥青和大沥青用量，以及采用间断级配的矿质混合料（图 9-11）。

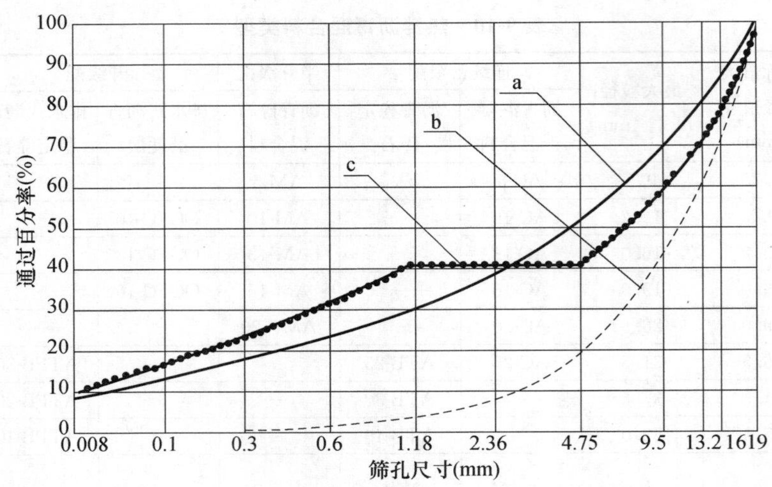

图 9-11　三种类型矿质混合料级配曲线

a—连续型密级配；b—连续型开级配；c—间断型密级配

（2）沥青混合料的结构组成形式

沥青混合料根据其粗、细集料的比例不同，其结构组成有三种形式：悬浮密实结构、骨架空隙结构和骨架密实结构。

① 悬浮密实结构［图 9-12（a）］。采用连续型密级配的沥青混合料（图 9-11 中曲线 a），由于细集料的数量较多，矿质材料由大到小形成连续型密实混合料，粗集料被细集料挤开。因此，粗集料以悬浮状态位于细集料之间。这种结构的沥青混合料的密实度较高，但各级集料均被次级集料所隔开，不能直接形成骨架，而是悬浮于次级集料和沥青胶浆之间，这种结构的特点是黏结力较高，内摩阻力较小，混合料耐久性好，但稳定性较差。

② 骨架空隙结构［图 9-12（b）］。连续型开级配的沥青混合料（图 9-11 中曲线 b），由于细集料的数量较少，粗集料之间不仅紧密相连，而且有较多的空隙。这种结构的沥青混合料的内摩阻力起重要作用，黏结力较小。因此，沥青混合料受沥青材料的变化影响较小，稳定性较好，但耐久性较差。当沥青路面采用这种形式的沥青混合料时，沥青面层下必须做下封层。

③ 骨架密实结构［图 9-12（c）］。间断型密级配的沥青混合料（图 9-11 中曲线 c），是上面两种结构形式的有机组合。它既有一定数量的粗集料形成骨架结构，又有足够的细集料填充到粗集料之间的空隙中去，因此，这种结构的沥青混合料其特点是黏聚力与内摩阻力均较高，密实度、强度和稳定性都比较好。耐久性好，但施工和易性差。目前，这种结构形式的沥青混合料路面还用的比较少，处于研究阶段。

（3）沥青混合料的强度形成原理

沥青混合料在路面结构中产生破坏的情况，主要是在高温时由于抗剪强度不足或塑性变形过剩而产生推挤等现象以及低温时抗拉强度不足或变形能力较差而产生裂缝现象。目

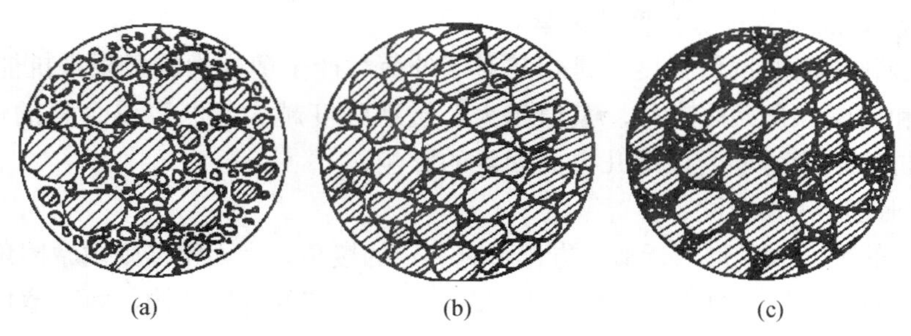

图 9-12 沥青混合料的典型组成结构
（a）悬浮密实结构；（b）骨架空隙结构；（c）骨架密实结构

前沥青混合料强度和稳定性理论，主要是要求沥青混合料在高温时必须具有一定的抗剪强度和抵抗变形的能力。

为了防止沥青路面产生高温剪切破坏，我国城市道路沥青路面设计方法中，对沥青路面抗剪强度验算，要求在沥青路面面层破裂面上可能产生的应力 τ_{α} 不大于沥青混合料的容许剪应力 τ_{R}，即 $\tau_{\alpha} \leqslant \tau_{R}$。而沥青混合料的容许剪应力 τ_{R} 取决于沥青混合料的抗剪强度 τ，即：

$$\tau_{R} = \frac{\tau}{k_2} \tag{9-11}$$

式中 k_2——系数（即沥青混合料容许应力与实际强度的比值）。

沥青混合料的抗剪强度 τ，可通过三轴试验方法应用摩尔-库仑包络线方程（图9-13）按式（9-12）求得，即：

$$\tau = c + \sigma \tan\varphi \tag{9-12}$$

式中 τ——沥青混合料的抗剪强度，MPa；

σ——试验时的正应力，MPa；

c——沥青混合料的黏结力，MPa；

φ——沥青混合料的内摩擦角，rad。

由式（9-12）可知，沥青混合料的抗剪强度主要取决于黏结力 c 和内摩擦角 φ 两个参数，即 $\tau = f\ (c,\ \varphi)$。

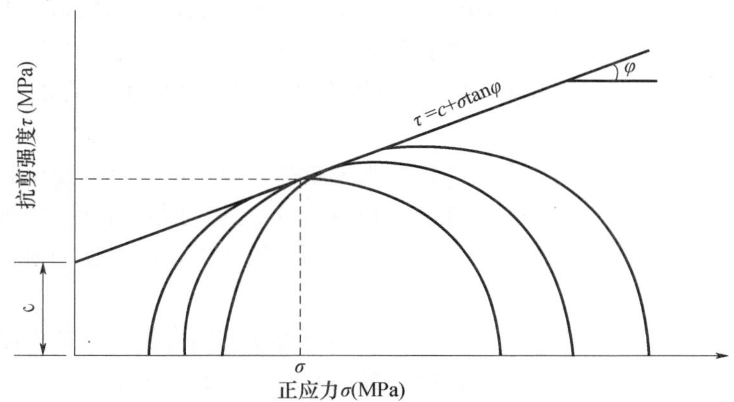

图 9-13 沥青混合料三轴试验确定 c，φ 值的摩尔-库仑图

2. 影响沥青混合料抗剪强度的因素

沥青混合料路面的抗剪强度，是指其对于外荷载产生剪应力的极限抵抗能力，主要取决于黏结力和内摩擦角两个参数。其值越大，抗剪强度越大，沥青混合料的性能越稳定。沥青混合料抗剪强度主要受以下几方面因素的影响。

（1）矿料的形状和级配

矿质集料的尺寸大，形状近似正方体，有一定的棱角，表面粗糙则内摩擦角较大。连续型开级配的矿质混合料，粗集料的数量比较多，形成一定的骨架结构，内摩擦角也就大。粒料的级配、形状、大小和表面特征等对沥青混合料内摩擦角均会产生影响（表 9-11）。在保证颗粒棱角形状、表面粗糙度、良好的级配以及适当的空隙率的前提下，颗粒的粒径越大，内摩擦角越大。因此，增大集料的粒径是提高内摩擦角和抗剪强度的有效途径。

表 9-11　矿质混合料的级配对沥青混合料的黏结力和内摩擦角的影响

沥青混合料级配类型	三轴试验结果	
	内摩擦角	黏结力（MPa）
某粗粒式沥青混凝土	45°55′	0.076
某细粒式沥青混凝土	35°45′30″	0.197
某砂粒式沥青混凝土	33°19′30″	0.227

（2）沥青的性质及用量

沥青混合料经受剪切作用时，既有矿料颗粒间相互位移和错位阻力，又有颗粒表面裹覆的沥青膜间的黏滞阻力。因而，沥青混合料的抗剪强度不仅和粒料的级配有关，而且和沥青的黏结力及用量有关。沥青的黏结力既把矿料胶结成为一个整体，又有利于发挥矿料的嵌挤作用，构成沥青混合料的抗剪强度。沥青的黏度是影响黏结力的重要因素。

在沥青用量很少时，沥青不足以形成结构沥青的薄膜来黏结矿料颗粒。随着沥青用量的增加，结构沥青逐渐形成，沥青更为完满地包裹在矿料表面，使沥青与矿料间的黏附力随着沥青的用量增加而增加。当沥青用量足以形成薄膜并充分黏附矿料颗粒表面时，沥青胶浆具有最优的黏结力。随后，如沥青用量继续增加，由于沥青用量过多，逐渐将矿料颗粒推开，在颗粒间形成未与矿料交互作用的“自由沥青”，则沥青胶浆的黏结力随着自由沥青的增加而降低。当沥青用量增加至某一用量后，沥青混合料的黏结力主要取决于自由沥青，所以抗剪强度几乎不变。随着沥青用量的增加，沥青不仅起着黏结剂的作用，而且起着润滑剂的作用，降低了粗集料的相互密排作用，因而降低了沥青混合料的内摩擦角（图 9-14）。

采用沥青的黏度越大，则混合料的抗剪强度越高。改性沥青可以使矿料界面上的极性吸附和化学吸附的量增大。同时，改性剂微粒通过自身的界面层与沥青吸附膜的扩散层的交叠，增大了结构沥青的交叠面积，减少了自由沥青的比例，所以使用改性沥青可以提高界面黏结力。

沥青用量不仅影响沥青混合料的黏结力，同时也影响沥青混合料的内摩擦角。通常当沥青薄膜达最佳厚度（亦即主要以结构沥青黏结）时，具有最大的黏结力；随着沥青用量的增加，沥青混合料的内摩擦角逐渐降低。

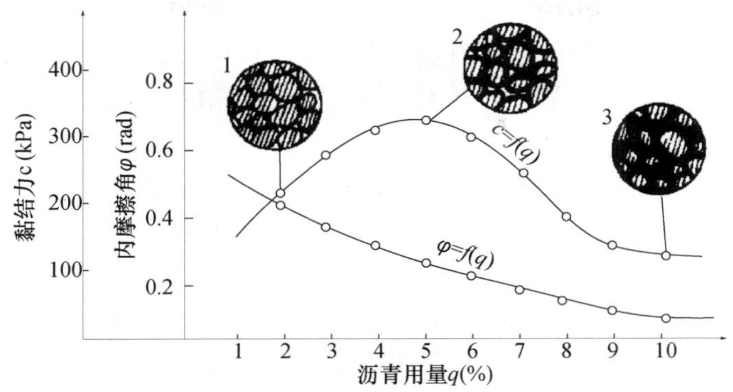

图 9-14 不同沥青用量时的沥青混合料结构和 c，φ 值变化示意图

1—沥青用量不足；2—沥青用量适中；3—沥青用量过多

(3) 矿料表面性质的影响

在沥青混合料中，对沥青与矿料交互作用的物理-化学过程，多年来许多研究者做了大量工作，但仍然认为还是一个有待深入研究的重要课题。П. A. 列宾捷尔等研究认为，沥青与矿料交互作用后，沥青在矿料表面产生化学组分的重新排列，在矿料表面形成一层厚度为 δ_0 扩散溶剂化膜［图 9-15 (a)］，在此膜之内的沥青为“结构沥青”，其黏度较高，具有较强的黏结力；此膜厚度以外的沥青为“自由沥青”，黏结力降低。如果矿粉颗粒之间接触处是由结构沥青膜所联结［图 9-15 (b)］，这样促成沥青具有更高的黏度和更大的扩散溶化膜的接触面积，因而可以获得更大的黏结力。其黏结力为 $\lg\eta_a$，反之，如颗粒之间接触处是自由沥青所联结［图 9-15 (c)］，其黏结力为 $\lg\eta_b$，则具有较小的黏结力，即 $\lg\eta_b < \lg\eta_a$。

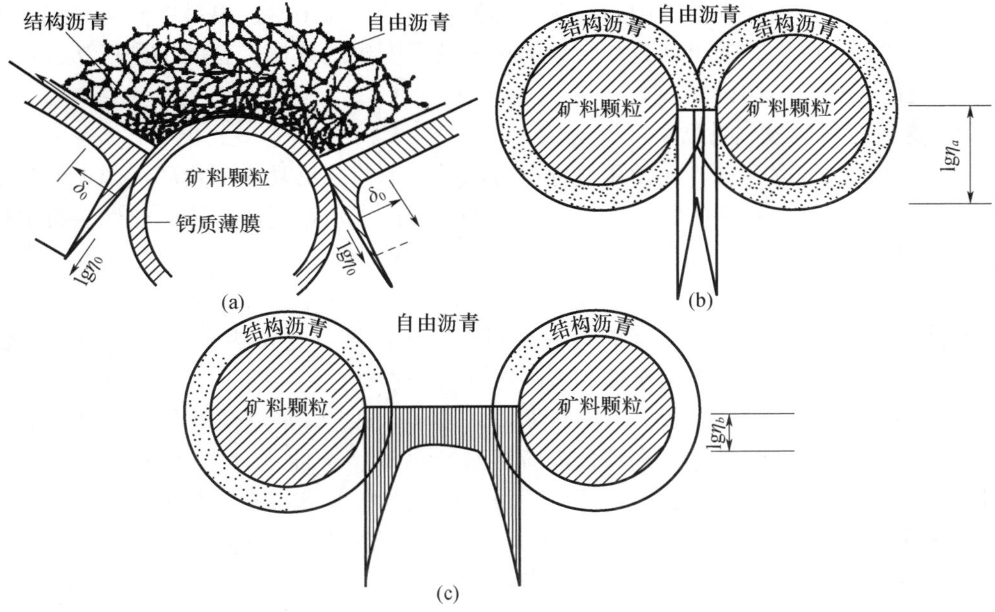

图 9-15 沥青与矿粉交互作用的结构示意图

(a) 沥青与矿粉交互作用形成结构沥青；(b) 矿粉颗粒之间为结构沥青联结；

(c) 矿粉颗粒之间为自由沥青联结

沥青与矿料表面的相互作用对沥青混合料的黏结力和内摩擦角有重要的影响，矿料与沥青的成分不同会产生不同的效果，石油沥青与碱性石料（如石灰石）将产生较多的结构沥青，有较好的黏附性，而与酸性石料则产生较少的结构沥青，其黏附性较差。

（4）矿料比面的影响

结构沥青形成的主要原因是矿料与沥青的交互作用，引起沥青化学组分在矿料表面的重分布，所以在相同沥青用量的条件下，与沥青产生交互作用的矿料表面积越大，则形成的沥青膜越薄，结构沥青所占比例越大，沥青混合料的黏结力也越高。通常在工程应用上，以单位质量集料的总表面积来表示表面积的大小，称为“比表面积”（简称“比面”）。矿料越细，比表面积越大，形成的沥青吸附膜越薄。在沥青混合料中矿料用量虽只占7%左右，而其表面积却占矿质混合料的总表面积的80%以上，所以矿料的性质和用量对沥青混合料的抗剪强度影响很大。为增加沥青与矿料物理-化学的表面作用，在沥青混合料配料时，必须含有适量的矿料。提高矿料细度可增加矿料比表面积，所以对矿料细度也有一定的要求。希望小于0.075mm粒径的含量不要过少，但是小于0.005mm部分的含量不宜过多，否则将使沥青混合料结成团块，不易施工。

（5）温度和剪切速率的影响

沥青混合料是一种黏弹塑性材料，其黏结力受温度和应力作用时间影响很大。随温度的升高和剪切速率的增大，沥青混合料的黏结力减小，抗剪强度降低。夏季高温天气，高速公路连续重载、渠化交通或易急刹车转弯路口路段，使得沥青混合料的黏结力变小，抗剪强度降低。要注意，这种情况是对沥青混合料剪切作用最不利的温度荷载组合方式，沥青混合料也最容易出现塑性流动变形或形成车辙。

由于沥青混合料组成结构的颗粒性及其力学特性方面所表现出的黏弹塑性性质，因此，影响沥青混合料内在参数的因素很多，如沥青的品质与用量、集料性质与级配、压实度、温度、加载速度等。通过沥青混合料的构成及强度机理分析，有助于进行沥青路面的材料组成设计和路面结构设计。

3. 沥青混合料的技术性质

对于道路用沥青混合料，在使用过程中将承受车辆荷载反复作用及环境因素的长期影响，沥青混合料应具有足够的高温稳定性、低温抗裂性、水稳定性、抗老化性、抗滑性等技术性能，以保证沥青路面优良的服务性能，经久耐用。

（1）高温稳定性

沥青混合料高温稳定性，是指沥青混合料在夏季高温（通常为60℃）条件下，经行车荷载长期重复作用后，不产生车辙和波浪等病害的性能。

《公路沥青路面施工技术规范》(JTG F40—2004）规定，采用马歇尔稳定度试验（包括稳定度、流值、马歇尔模数）来评价沥青混合料高温稳定性；对高速公路、一级公路、城市快速路、主干路用沥青混合料，还应通过车辙试验检验其抗车辙能力。

① 马歇尔稳定度试验。马歇尔稳定度试验方法由布鲁斯·马歇尔（Bruce Marshall）提出，迄今已半个多世纪。经过许多研究者的改进，目前普遍测定马歇尔稳定度（MS）、流值（FL）和马歇尔模数（T）三项指标。稳定度是指标准尺寸试件在规定温度和加荷速度下，在马歇尔仪中最大的破坏荷载（kN）；流值是达到最大破坏荷重时试件的垂直变形（以0.1mm计），如表9-12所示；马歇尔模数为稳定度除以流值的商，即

$$T=\frac{MS\times 10}{FL} \tag{9-13}$$

式中 T——马歇尔模数，kN/mm；

MS——马歇尔稳定度，kN；

FL——流值，0.1mm。

表 9-12 密级配沥青混凝土混合料马歇尔试验技术标准

<table>
<tr><td colspan="2" rowspan="3">试验指标</td><td rowspan="3">单位</td><td colspan="4">高速公路、一级公路</td><td rowspan="3">其他等级公路</td><td rowspan="3">人行道路</td></tr>
<tr><td colspan="2">夏炎热区（1-1、1-2、1-3、1-4 区）</td><td colspan="2">夏热区及夏凉区（2-1、2-2、2-3、2-4、3-2）</td></tr>
<tr><td>中轻交通</td><td>重载交通</td><td>中轻交通</td><td>重载交通</td></tr>
<tr><td colspan="2">击实次数（双面）</td><td>次</td><td colspan="4">75</td><td>50</td><td>50</td></tr>
<tr><td colspan="2">试件尺寸</td><td>mm</td><td colspan="6">ϕ101.6mm×63.5mm</td></tr>
<tr><td rowspan="2">空隙率 VV</td><td>深约 90mm 以内</td><td>%</td><td>3～5</td><td>4～6</td><td>2～4</td><td>3～5</td><td>3～6</td><td>2～4</td></tr>
<tr><td>深约 90mm 以下</td><td>%</td><td colspan="2">3～6</td><td>2～4</td><td>3～6</td><td>3～6</td><td>—</td></tr>
<tr><td colspan="2">稳定度 MS ≥</td><td>kN</td><td colspan="4">8</td><td>5</td><td>3</td></tr>
<tr><td colspan="2">流值 FL</td><td>mm</td><td>2～4</td><td>1.5～4</td><td>2～4.5</td><td>2～4</td><td>2～4.5</td><td>2～5</td></tr>
<tr><td rowspan="7">矿料间隙率 VMA（%）≥</td><td rowspan="2">设计空隙率（%）</td><td colspan="7">相应于下一公称最大粒径（mm）的最小 VMA 及 VFA 技术要求（%）</td></tr>
<tr><td colspan="2">26.5</td><td>19</td><td>16</td><td>13.2</td><td>9.5</td><td>4.75</td></tr>
<tr><td>2</td><td colspan="2">10</td><td>11</td><td>11.5</td><td>12</td><td>13</td><td>15</td></tr>
<tr><td>3</td><td colspan="2">11</td><td>12</td><td>12.5</td><td>13</td><td>14</td><td>16</td></tr>
<tr><td>4</td><td colspan="2">12</td><td>13</td><td>13.5</td><td>14</td><td>15</td><td>17</td></tr>
<tr><td>5</td><td colspan="2">13</td><td>14</td><td>14.5</td><td>15</td><td>16</td><td>18</td></tr>
<tr><td>6</td><td colspan="2">14</td><td>15</td><td>15.5</td><td>16</td><td>17</td><td>19</td></tr>
<tr><td colspan="2">沥青饱和度 VFA（%）</td><td colspan="2">55～70</td><td colspan="3">65～75</td><td colspan="2">70～85</td></tr>
</table>

注：1. 对空隙率大于 5%的夏炎热区重载交通路段，施工时至少提高压实度 1 个百分点。

2. 当设计的空隙率不是整数时，由内插确定要求的 VMA 最小值。

3. 对改性沥青混合料，马歇尔试验的流值可适当放宽。

4. 本表适用于公称最大粒径≤26.5mm 的密级配沥青混凝土混合料。

② 车辙试验。车辙试验的方法，首先由英国道路研究所（TRRL）提出，后来经过了许多国家道路工作者的研究改进。目前的方法是用标准成型方法，首先制成 300mm×300mm×50mm 的沥青混合料试件，在 60℃的温度条件下，以一定荷载的轮子以 42±1 次/min 的频率在同一轨迹上作一定时间的反复行走，形成一定的车辙深度，然后计算试件变形 1mm 所需试验车轮行走次数，即为动稳定度。

$$DS=\frac{(t_2-t_1)\times 42}{d_2-d_1}c_1c_2 \tag{9-14}$$

式中 DS——沥青混合料动稳定度，次/mm；

d_1、d_2——时间 t_1、t_2的变形量 mm；

42——每分钟行走次数，次/min；

c_1、c_2——试验机或试样修正系数。

沥青混合料的动稳定度应符合表 9-13 的要求。对于交通流量特别大，超载车辆特别多的运煤专线、厂矿道路，可以通过提高气候分区等级来提高对动稳定度的要求。对于轻型交通为主的旅游区道路，可以根据情况适当降低要求。

表 9-13　沥青混合料车辙试验动稳定度技术要求

气候条件与技术指标	相应下列气候分区所要求的动稳定度 DS（次/mm）								
7 月平均最高温度（℃）及气候分区	>30/夏炎热区				20～30/夏热区				<20/夏凉区
	1-1	1-2	1-3	1-4	2-1	2-2	2-3	2-4	3-2
普通沥青混合料≥	800		1000		600	800			600
改性沥青混合料≥	2400		2800		2000	2400			1800

注：1. 如果八月平均最高气温高于七月时，应使用八月平均最高气温。

2. 在特殊情况下，如钢桥面铺装、重载车和超载车多或纵坡较大的长距离上坡路段，设计部门或工程建设单位可以提高动稳定度的要求。

3. 为满足炎热地区及重载车要求，确定的设计沥青用量小于试验的最佳沥青用量时，可适当增加碾压轮的线荷载进行试验，但必须保证施工时加强碾压达到提高的压实度要求。

（2）低温抗裂性

从低温抗裂性能的要求出发，沥青混合料在低温时应具有良好的应力松弛性能，有较低的劲度和较大的变形适应能力，在降温收缩过程中不产生大的应力积聚，在行车荷载和其他因素的反复作用下不至于产生疲劳开裂。

使用稠度较低（针入度较大）及温度敏感性较小的沥青，可提高沥青混合料的低温抗裂性能。沥青材料的老化会使沥青变脆，低温极限破坏应变变小，易产生开裂。为了提高沥青混合料的低温抗裂性能，应选用抗老化能力较强的沥青。往沥青中掺加橡胶类聚合物，对提高沥青混合料的低温抗裂性能具有较为明显的效果。

为了提高沥青路面低温抗裂性，应对沥青混合料进行低温弯曲试验，试验温度－10℃，加载速率 50mm/min，沥青混合料的破坏应变应满足表 9-14 的要求。

表 9-14　沥青混合料低温弯曲试验破坏应变技术要求

气候条件与技术指标	相应于下列气候分区所要求的破坏应变（μm）								
年极端最低气温（℃）及气候分区	<－37.0（冬严寒区）		－37.0～－21.5（冬寒区）			－21.5～－9.0（冬冷区）		>－9.0（冬温区）	
	1-1	2-1	1-2	2-2	3-2	1-3	2-3	1-4	2-4
普通沥青混合料，不小于	2600		2300			2000			
改性沥青混合料，不小于	3000		2800			2500			

（3）耐久性

沥青混合料的耐久性是指其在外界各种因素（如阳光、空气、水、车辆荷载等）的长期作用下保持原有的性质而不破坏的性能。主要包括抗老化性、水稳定性、抗疲劳性等。

1）抗老化性

沥青混合料在使用过程中，受到空气中氧、水、紫外线等介质的作用，促使沥青发生诸多复杂的物理化学变化，逐渐老化或硬化，致使沥青混合料变脆易裂，从而导致沥青路面出现各种裂纹或裂缝。

沥青混合料老化取决于沥青的老化程度，与外界环境因素和压实空隙率有关。在气候温暖、日照时间较长的地区，沥青的老化速率快，而在气温较低、日照时间短的地区，沥青的老化速率相对较慢。沥青混合料的空隙率越大，环境介质对沥青的作用就越强烈，其老化程度也越高。因此从耐老化角度考虑，应增加沥青用量，降低沥青混合料的空隙率，以防止水分渗入并减少阳光对沥青材料的老化作用。

2）水稳定性

沥青混合料的水稳定性不足表现为，由于水或水汽的作用，促使沥青从集料颗粒表面剥离，降低沥青混合料的黏结强度，松散的集料颗粒被滚动的车轮带走，在路表形成独立的大小不等的坑槽，即沥青路面的水损害，是沥青路面早起破坏的主要类型之一。其表现形式主要有网裂、唧浆、松散及坑槽。沥青混合料水稳定性差不仅导致路表功能的降低，而且直接影响路面的耐久性和使用寿命。目前我国规范中评价沥青混合料水稳定性的方法主要有沥青与集料的黏附性试验、浸水试验和冻融劈裂试验。

① 沥青与集料的黏附性试验。将沥青裹覆在矿料表面，浸入水中，根据矿料表面沥青的剥落程度，判定沥青与集料的黏附性，其中水煮法和静态水浸法是目前道路工程中常用的方法。采用水煮法和静态水浸法评价沥青与集料的黏附性等级时人为因素的影响较大。此外，一些满足了黏附性等级要求的沥青混合料在使用时仍有可能发生水损害，试验结果存在着一定的局限性。

② 浸水试验。浸水试验是根据浸水前后沥青混合料物理、力学性能的降低程度来表征其水稳定性的一类试验，常用的方法有浸水马歇尔试验、浸水车辙试验、浸水劈裂强度试验和浸水抗压强度试验等。在浸水条件下，由于沥青与集料之间黏附性的降低，最终表现为沥青混合料整体力学强度损失，以浸水前后的马歇尔稳定度、车辙深度比值、劈裂强度比值和抗压强度比值的大小评价沥青混合料的水稳定性。

③ 冻融劈裂试验。冻融劈裂试验名义上为冻融试验，但其真正含义是检验沥青混合料的水稳定性，试验结果与实际情况较为吻合，是目前使用较为广泛的试验。《公路工程沥青及沥青混合料试验规程》（JTGE 20—2011）的方法，在冻融劈裂试验中，将沥青混合料试件分为两组，一组试件用于测定常规状态下的劈裂强度，另一组试件首先进行真空饱水，然后置于－18℃条件下冷冻 16h，再在 60℃水中浸泡 24h，最后进行劈裂强度测试。冻融劈裂强度比计算公式如下：

$$\mathrm{TSR}=\frac{\sigma_2}{\sigma_1}\times 100\% \tag{9-15}$$

式中 TSR——沥青混合料试件的冻融劈裂强度比，%；

σ_1——试件在常规条件下的劈裂强度，MPa；

σ_2——试件经一次冻融循环后在规定条件下的劈裂强度，MPa。

沥青混合料水稳定性技术要求见表 9-15。

表 9-15 沥青混合料水稳定性技术要求

年降雨量（mm）		>1000	1000～500	500～250	<250
		1. 潮湿区	2. 湿润区	3. 半干区	4. 干旱区
浸水马歇尔试验的残留稳定度（%）≥	普通沥青混合料	80	80	75	75
	改性沥青混合料	85	85	80	80
冻融劈裂试验的残留强度比（%）≥	普通沥青混合料	75	75	70	70
	改性沥青混合料	80	80	75	75

3）抗疲劳性

沥青混合料的抗疲劳性能与沥青混合料中的沥青含量、沥青体积百分率关系密切。空隙率小的沥青混合料，无论是抗疲劳性能、水稳定性、抗老化性能都比较好。沥青用量不足，沥青膜变薄，沥青混合料的延伸能力降低，脆性增加，且沥青混合料的空隙率增大，都容易使沥青混合料在反复荷载作用下造成破坏。

（4）抗滑性

沥青路面应具有足够的抗滑能力，以保证在路面潮湿时，车辆能够高速安全行使，而且在外界因素的作用下其抗滑能力不致很快降低。沥青路面的粗糙度与矿料的微表面性质、混合料的级配组成，以及沥青用量等因素有关。为保证沥青路面的粗糙度不致很快降低，最主要是选择硬质有棱角的石料。同时抗滑性对沥青用量相当敏感，当沥青用量超过最佳沥青用量0.5%时，就会导致抗滑系数的明显降低。

随着现代高速公路的发展，对沥青混合料路面的抗滑性提出更高的要求。我国现行标准对抗滑层集料提出了磨光值、道端磨耗值和冲击值三项指标。

（5）施工和易性

要保证室内配料在现场施工条件下顺利进行施工，沥青混合料除了应具备前述的技术要求外，还应具备适宜的施工和易性。影响沥青混合料施工和易性的因素很多，如当地气温、施工条件及混合料性质等。

就沥青混合料性质而言，影响沥青混合料施工和易性的主要因素是矿料级配。粗细集料的颗粒大小相距过大，缺乏中间粒径，混合料容易离析；细料太少，沥青层不易均匀地分布在粗颗粒表面；细料过多，则拌合困难。生产上对沥青混合料的和易性一般凭经验来判定。

4. 沥青混合料的组成材料

沥青混合料的组成材料包括沥青和矿料。矿料包括粗集料、细集料和填料。

（1）沥青

沥青是沥青混合料的主要组成材料之一。沥青在混合料压实过程中犹如润滑剂，将各种矿料组成的稳定骨架胶结在一起，经压实后形成的沥青混凝土具有一定的强度和所需的多种优良品质。沥青的质量对沥青混合料的品质有很大影响，沥青面层的低温裂缝和温度疲劳裂缝，以及在高温条件下的车辙深度、推挤、雍包等永久性变形都与沥青有很大的关系。沥青路面所用沥青等级应根据气候条件、沥青混合料类型、道路类型、交通性质、路面类型、施工方法以及当地使用经验等，经技术论证后确定。所选用的沥青质量应符合现行规范对沥青质量要求的相关规定。

（2）粗集料

热拌沥青混合料用的粗集料包括碎石、破碎砾石、钢渣、矿渣等。高速公路和一级公路不得使用筛选砾石和矿渣。粗集料应洁净、干燥、表面粗糙，质量应符合表9-16的规定。高速公路和一级公路对粗集料磨光值和集料与沥青的黏附性要符合表9-17要求，以确保路面不出现磨光和剥落。若黏附性不符合要求时，可在集料中掺入消石灰、水泥或石灰水处理或掺加耐水耐热和长期性能好的抗剥落剂。

（3）细集料

沥青路面的细集料包括天然砂、机制砂和石屑。它们应洁净干燥、无杂质并有适当颗

粒级配，并且与沥青具有良好的黏结力。对于高等级公路的面层或抗滑表层，石屑的用量不宜超过砂的用量，采用花岗岩、石英岩等酸性石料轧制的砂或石屑，因与沥青的黏结性较差，不宜用于高等级公路。细集料的质量要求见表 9-18。天然砂、机制砂和石屑的规格要求见表 9-19 和表 9-20。

表 9-16 沥青混合料用粗集料质量技术要求

指标		单位	高速公路及一级公路		其他等级公路	试验方法
			表面层	其他层次		
石料压碎值	≤	%	26	28	30	T0316
洛杉矶磨耗损失	≤	%	28	30	35	T0317
表观相对密度	≥	—	2.60	2.5	2.45	T0304
吸水率	≤	%	2.0	3.0	3.0	T0304
坚固性	≤	%	12	12	—	T0314
针片状颗粒含量（混合料）	≤	%	15	18	20	T0312
其中粒径大于 9.5mm	≤	%	12	15	—	
其中粒径小于 9.5mm	≤	%	18	20	—	
水洗法<0.075mm 颗粒含量	≤	%	1	1	1	T0310
软石含量	≤	%	3	5	5	T0320

表 9-17 粗集料与沥青的黏附性、磨光值的技术要求

雨量气候区	1（潮湿区）	2（湿润区）	3（半干区）	4（干旱区）
年降雨量（mm）	> 1000	1000～500	500～250	< 250
粗集料的磨光值 PSV ≥ 高速公路、一级公路表面层	42	40	38	36
粗集料与沥青的黏附性 ≥ 高速公路、一级公路表面层	5	4	4	3
高速公路、一级公路的其他层次及其他等级公路的各个层次	4	4	3	3

表 9-18 沥青混合料用细集料质量技术要求

指标		高速公路、一级公路、城市快速路、主干路	其他公路与城市道路
视密度（g/cm^3）	≥	2.5	2.45
坚固性（>0.3mm）（%）	≥	12	—
砂当量（%）	≥	60	50
水洗法（<0.075mm）（%）	≤	3	5

表 9-19 沥青面层的天然砂规格

分类	筛孔尺寸	粗砂	中砂	细砂
通过各筛孔的质量百分率（%）	9.5	100	100	100
	7.75	90～100	90～100	90～100
	2.36	65～95	75～90	85～100
	1.18	35～65	50～90	75～100
	0.6	15～30	30～60	60～84
	0.3	5～20	8～30	15～45
	0.15	0～10	0～10	0～10
	0.075	0～5	0～5	0～5
细度模数（M_X）		3.7～3.1	3.0～2.3	2.2～1.6

表 9-20　沥青混合料用机制砂或石屑规格

规格	公称粒径（mm）	通过百分率（方孔筛 mm）（%）							
		9.5	4.75	2.36	1.18	0.6	0.3	0.15	0.075
S15	0～5	100	90～100	60～90	40～75	20～55	7～40	2～20	0～10
S16	0～3		100	80～100	50～80	25～60	8～45	0～25	0～15

（4）矿料

沥青混合料必须采用石灰岩或岩浆岩中强碱性岩石等憎水性石料经磨细得到的矿料，原石料中的泥土杂质应除净。矿料应干燥、洁净，质量符合表 9-21 要求。

表 9-21　沥青混合料用矿料质量要求（JTG F40—2004）

项目		高速公路、一级公路	其他等级公路
表观密度（t/m^3）	≥	2.50	2.45
含水率（%）	≤	1	1
粒度范围（%） ＜0.6mm ＜0.15mm ＜0.075mm		 100 90～100 75～100	 100 90～100 70～100
外观		无团粒结块	—
亲水系数		＜1	
塑性指数（%）		＜4	
加热安定性		实测记录	

9.4.3　沥青混合料配合比设计

沥青混合料的配合比设计就是确定混合料各组成部分的最佳比例，其主要内容是矿质混合料级配的设计和最佳沥青用量的确定。包括目标配合比（实验室配合比）设计、生产配合比设计和试拌试铺配合比调整三个阶段。沥青混合料的设计方法主要有马歇尔设计法、体积设计法、superpave 法等，其中马歇尔法是我国目前规范指定的设计法。本节着重介绍马歇尔设计法用于分析热拌沥青混合料组成设计的具体过程。

热拌沥青混合料的实验室配合比（目标配合比）设计宜按规范规定方法步骤进行。

1. 目标配合比（实验室配合比）设计

矿质混合料级配设计的目的是选配一个具有足够密实度并且具有较大内摩阻力的矿质混合料。可以根据已有的级配理论计算出所需要的矿质混合料的级配范围。

（1）矿质混合料的级配理论

① 最大密度曲线理论（富勒理论）。富勒在大量试验基础上提出的一种理想曲线（图 9-16）。该理论认为“矿质混合料的颗粒级配曲线越接近抛物线，则其密度越大”。根据上述理论，当矿物混合料的级配曲线为抛物线时，最大密度理想曲线集料各级粒径 d 与通过百分率 P 可表示为式（9-16）：

$$P^2 = kd \tag{9-16}$$

式中 d——矿质混合料各级颗粒粒径，mm；

P——各级颗粒粒径集料的通过百分率，%；

k——统计参数，常数。

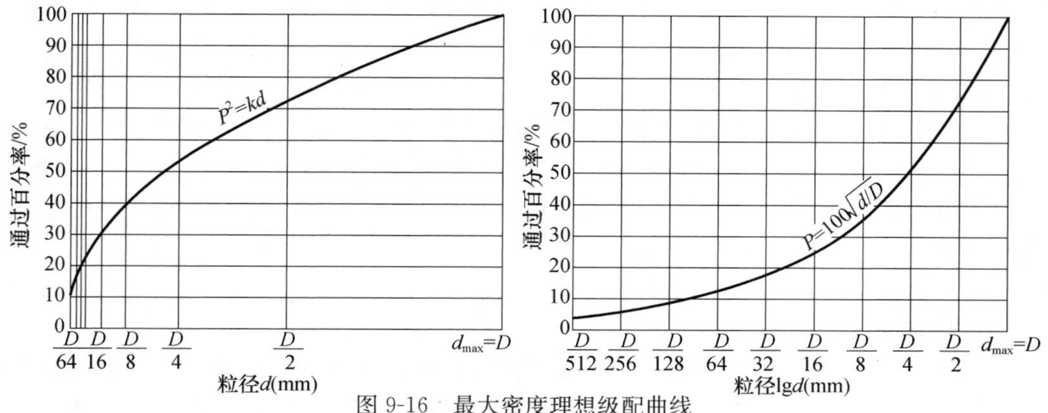

图 9-16 最大密度理想级配曲线

当颗粒粒径 d 的等于最大粒径 D 时，通过百分率 $P=100\%$，即 $d=D$ 时，$P=100\%$。得：

$$k = 100^2 \times \frac{1}{D} \tag{9-17}$$

当希望能够求任一级颗粒粒径 d 的通过百分率 P 时，可将式（9-17）代入式（9-16），得：

$$P = 100 \times \sqrt{\frac{d}{D}} \tag{9-18}$$

式中 d——矿质混合料各级颗粒粒径，mm；

D——矿质混合料的最大粒径，mm；

P——各级颗粒粒径集料的通过百分率，%。

式（9-18）就是最大密度理想级配曲线的级配组成计算公式。根据这个公式，可以计算出矿质混合料最大密度时各级粒径的通过量。

②最大密度曲线 n 次幂公式。最大密度曲线是一种理想的、密实度最大的级配曲线。在实际应用中，矿质混合料的级配曲线应该允许在一定的范围内波动，为此，泰波在式（9-18）的基础上进行了修正，给出级配曲线范围的计算公式（9-19）：

$$P = 100 \cdot \left(\frac{d}{D}\right)^n \tag{9-19}$$

式中 P、d、D——意义同前；

n——级配指数。

在工程实践中，集料的最大理论密度曲线为级配指数 $n=0.45$ 的级配曲线，常用矿质混合料的级配指数一般在 0.3～0.7 之间。

（2）矿质混合料的组成设计方法

矿质混合料的组成设计方法主要采用试算法，基本原理是设有集中矿质集料，欲配制

某种一定级配要求的混合料。在决定各组成集料在混合料中的比例时，先假定混合料中某种粒径的颗粒是由某一种对该粒径占优势的集料所组成，而其他各种集料不含这种粒径。如此，根据各个主要粒径去试算各种集料在混合料中的大致比例。如果比例不合适，则稍加调整，这样逐步渐进，最终达到符合混合料级配要求的各集料配合比例。

设有A、B、C三种集料，欲配制成级配为M的矿质混合料，求出A、B、C集料在混合料中的比例，即为配合比。

按题意进行下列两点假设。

设A、B、C三种集料在混合料M中的用量比例分别为X、Y、Z，则：

$$X+Y+Z=100 \tag{9-20}$$

又设混合料M中某一级粒径（i）要求的含量为M（i），A、B、C三种集料中该粒径的含量分别为$\alpha_{A(i)}$、$\alpha_{B(i)}$、$\alpha_{C(i)}$。则：

$$\alpha_{A(i)} \cdot X+\alpha_{B(i)} \cdot Y+\alpha_{C(i)} \cdot Z=\alpha_{M(i)} \tag{9-21}$$

计算步骤如下：

① 计算A集料在矿质混合料中的用量比例。首先，找出A集料占优势含量的某一粒径，如粒径i（mm），而忽略B、C集料在此粒径的含量，即B集料和C集料该粒径的含量$\alpha_{B(i)}$和$\alpha_{C(i)}$均等于零。

A集料在混合料中的用量：

$$X=\frac{\alpha_{M(i)}}{\alpha_{A(i)}} \cdot 100 \tag{9-22}$$

② 计算B集料在矿质混合料中的用量比例。由前式得出B集料在矿质混合料中的用量：

$$Y=100-(X+Z) \tag{9-23}$$

③ 计算C集料在矿质混合料中的用量比例。原理同前，设C集料的优势粒径为j（mm），则A集料和B集料在该粒径的含量$\alpha_{A(j)}$和$\alpha_{B(j)}$均等于零。

C集料在混合料中的用量：

$$Z=\frac{\alpha_{M(j)}}{\alpha_{C(j)}} \cdot 100 \tag{9-24}$$

④ 校核调整。按以上计算的配合比计算合成级配，如不在要求的级配范围内，应调整。重新计算和复核配合比，经几次调整，直到符合要求为止。

如经计算确不能满足级配要求时，可掺加某些单粒级集料，或调换其他原始集料。

【例9-1】 试计算细粒式AC-13沥青混凝土的矿质混合料配合比。

（1）已知条件

现有碎石、石屑和矿粉三种矿质集料，筛分试验结果列于表9-22中第2～4列。

规定的AC-13型沥青混凝土级配范围列于表9-22中第5列。

（2）计算要求

按试算法确定碎石、石屑和矿粉在矿质混合料中所占的比例。

校核矿质混合料合成级配计算结果是否符合规范要求的级配范围。

表 9-22 集料的分计筛余和矿质混合料规定的级配范围

筛孔尺寸 d_i（mm）	各档集料的筛分析试验结果			设计级配范围及中值			
	碎石分计筛余 $\alpha_{A(i)}$（%）	石屑分计筛余 $\alpha_{B(i)}$（%）	矿粉分计筛余 $\alpha_{C(i)}$（%）	通过百分率范围 $P_{(i)}$（%）	通过百分率中值 $P_{M(i)}$（%）	累计筛余中值 $A_{M(i)}$（%）	分计筛余中值 $\alpha_{M(i)}$（%）
1	2	3	4	5	6	7	8
13.2	0.8	—	—	95～100	97.5	2.5	2.5
9.5	43.6	—	—	70～88	79	21	18.5
4.75	49.9	—	—	48～68	58	42	21
2.36	4.4	25.0	—	36～53	44.5	55.5	13.5
1.18	1.3	22.6	—	24～41	32.5	67.5	12
0.6	—	15.8	—	18～30	24	76	8.5
0.3	—	16.1	—	17～22	19.5	80.5	4.5
0.15	—	8.9	4	8～16	12	88	7.5
0.075	—	11.1	10.7	4～8	6	94	6
<0.075	—	0.5	85.3	—	0	100	6

【解Ⅰ】

（1）准备工作

将矿质混合料设计范围由通过百分率转换为分计筛余百分率。首先计算表 9-22 中矿质混合料级配范围的通过百分率中值，然后转换为累计筛余百分率，再计算为各筛孔的分计筛余百分率，计算结果列于表 9-22 第 6～8 列。

（2）计算碎石在矿质混合料中的用量 X

分析表 9-22 中各档集料的筛分结果可知，碎石中占优势含量粒径为 4.75mm。故计算碎石用量时，假设混合料中 4.75mm 粒径全部由碎石提供，即 $\alpha_{A(4.75)}$ 和 $\alpha_{C(4.75)}$ 均等于 0。由式（9-25）可得：

$$X=\frac{\alpha_{M(4.75)}}{\alpha_{A(4.75)}}\times 100=\frac{21.0}{49.9}\times 100=42.1 \qquad (9\text{-}25)$$

（3）计算矿粉在矿质混合料中的用量 Z

根据表 9-22，矿粉中<0.075mm 的颗粒占优势，此时假设 $\alpha_{A(<0.075)}$ 和 $\alpha_{B(<0.075)}$ 均等于零，将 $\alpha_{M(<0.075)}=6\%$，$\alpha_{C(<0.075)}=85.3\%$，代入式（9-26）可得：

（4）计算石屑在混合料中的用量 Y

$$Z=\frac{\alpha_{M(j)}}{\alpha_{C(j)}}\cdot 100=\frac{6.0}{85.3}\times 100=7.0 \qquad (9\text{-}26)$$

将已求得的 $X=42.1$，$Z=7$ 代入式（9-27）可得：

$$Y=100-(X+Z)=100-(42.1+7.0)=50.9 \qquad (9\text{-}27)$$

（5）合成级配的计算与校核

根据以上计算，矿质混合料中各种集料的比例为碎石：石屑：矿粉＝X：Y：Z＝42.1：50.9：7.0，依次计算各档集料占矿质混合料的百分率，见表 9-23 中第 2～10 列，然后计算矿质混合料的合成级配，结果列于表 9-23 的第 11～13 列，将矿质混合料的通过百分率（表 9-23 中第 13 列）与要求级配范围相比较可知，该合成级配符合设计级配范围的要求。

表 9-23　矿质混合料组成计算校核表

筛孔尺寸 d_i (mm)	碎石级配（%）			石屑级配（%）			矿粉级配（%）			矿质混合料合成级配			设计级配范围 $P_{(i)}$（%）
	碎石分计筛余 $\alpha_{A(i)}$（%）	采用百分率 X	占混合料百分率 $\alpha_{A(i)}X$	石屑分计筛余 $\alpha_{B(i)}$（%）	采用百分率 Y	占混合料百分率 $\alpha_{B(i)}Y$	矿粉分计筛余 $\alpha_{C(i)}$（%）	采用百分率 Z	占混合料百分率 $\alpha_{C(i)}Z$	分计筛余 $\alpha_{M(i)}$（%）	累计筛余 $A_{M(i)}$（%）	通过百分率 $P_{(i)}$（%）	
1	2	3	4	5	6	7	8	9	10	11	12	13	14
13.2	0.8		0.3	—			—			0.3	0.3	99.7	95～100
9.5	43.6		18.4	—			—			18.4	18.7	81.3	70～88
4.75	49.9	×42.1	21.0	—			—			21	39.7	60.3	48～68
2.36	4.4		1.9	25.0		12.7	—			14.6	54.3	45.7	36～53
1.18	1.3		0.5	22.6		11.5	—			12.1	66.3	33.7	24～41
0.6	—			15.8		8.0	—			8.0	74.4	25.6	18～30
0.3	—			16.1	×50.9	8.2	—			8.2	82.6	17.4	17～22
0.15	—			8.9		4.5	4		0.3	4.8	87.4	12.6	8～16
0.075	—			11.1		5.6	10.7	×7.0	0.7	6.4	93.8	6.2	4～8
＜0.075	—			0.5		0.3	85.3		6.0	6.2	100.0	0.0	—
合计	100		42.1	100		50.9	100		7.0	100			

【解Ⅱ】

通常级配曲线图采用半对数坐标图绘制，所绘出的级配范围中值为一抛物线。图解法中，为使要求级配中值呈一直线，采用纵坐标的通过量（P_i）为算术坐标，而横坐标的粒径采用 $(d/D)^n$ 表示，则绘出的级配曲线中值为直线。如图 9-17 所示。

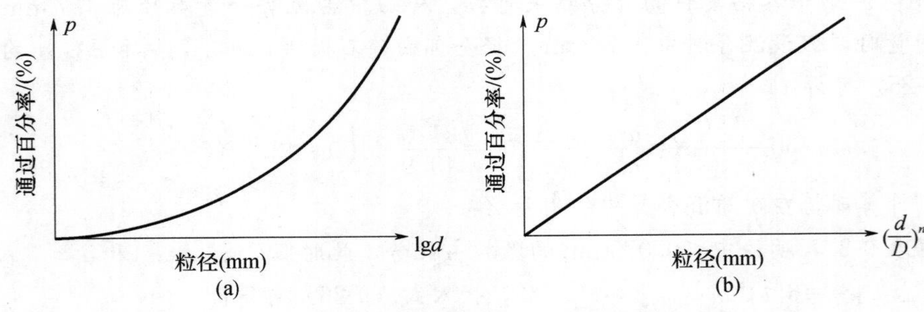

图 9-17　图解法级配曲线坐标图

图解法设计步骤如下：

（1）绘制级配曲线坐标图

在设计说明书上按规定尺寸绘一方形图框，通常纵坐标通过量取 10cm，横坐标筛孔尺寸（或粒径）取 15cm；连接对角线 OO' 作为要求的级配曲线中值。将要求的级配中值的各筛孔通过百分率标于纵坐标上，从纵坐标引水平线与对角线相交，再从交点作竖直线与横坐标相交，其交点即为各相应筛孔尺寸的位置（图 9-18）。

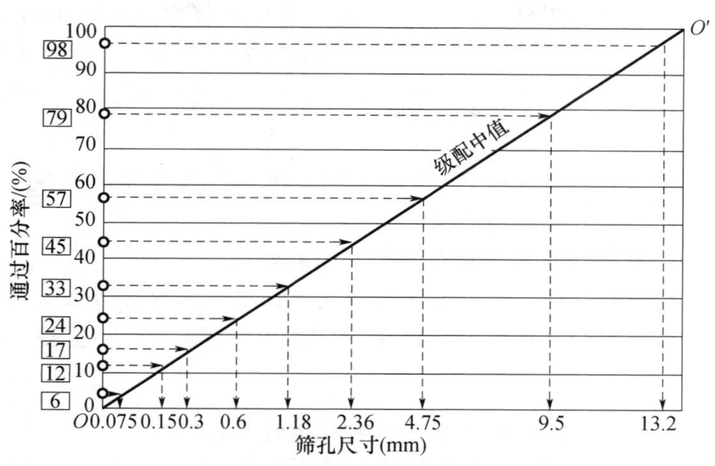

图 9-18　图解法用级配曲线坐标图

(2) 确定各种集料含量

将各种集料的通过量绘于级配曲线坐标图上。因为实际集料的相邻级配曲线并不是像计算原理所述的那样均为首尾相接。可能有下列三种情况（图 9-19）。根据各集料之间的关系，分别按下述方法确定各种集料含量。

两相邻级配曲线重叠。如集料 A 的级配曲线的下部与集料 B 的级配曲线的上部搭接时，在两级配曲线之间引一根垂直于横坐标的直线（即 $a=a'$）AA'与对角线 OO'交于点 M，通过 M 作一水平线与纵坐标交于 P 点。$O'P$ 即为集料 A 的含量；

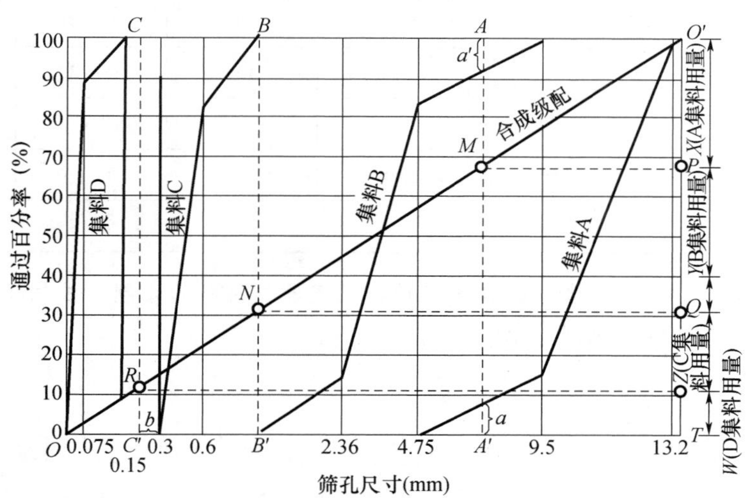

图 9-19　组成集料级配曲线和要求合成级配

两相邻级配曲线相接。如集料 B 的级配曲线末端位于集料 C 的级配曲线首端，正好在同一竖直线上时，将前一集料曲线末端与后一集料曲线首端作竖直线相连，竖直线 BB'与对角线 OO'相交于点 N。通过 N 作一水平线与纵坐标交于 Q 点，PQ 即为集料 B 的含量。

两相邻级配曲线相离如集料C的集配曲线末端与集料D的级配曲线首端，在水平方向彼此离开一段距离时，作一竖直线平分相离开的距离（即$b=b'$），竖直线CC'与对角线OO'相交于点R，通过R作一水平线与纵坐标交于S点，QS即为C集料的含量。剩余ST即为集料D的含量。

按图解所得的各种集料含量，校核计算所得合成级配是否符合要求，如不能符合要求（超出级配范围），应调整各集料的含量。

【例9-2】 采用图解法设计某矿质混合料的配合比。

已知条件：根据设计资料，所铺筑道路为高速公路，沥青路面上面层，结构层设计厚度4cm，选用矿质混合料的级配范围见表9-24。该混合料采用四档集料，各档集料的筛分试验结果见表9-24。

表9-24 矿质集料级配与设计级配范围表

筛孔尺寸 d_i（mm）	各档集料相应各筛孔的通过百分率（%）				设计级配范围 $P_{M(i)}$（%）	设计级配范围中值 $P_{M(i)}$（%）
	集料A	集料B	集料C	集料D		
16.0	100	100	100	100	100	100
13.2	93	100	100	100	95～100	98
9.5	17	100	100	100	70～88	79
4.75	0	84	100	100	48～68	57
2.36	—	14	92	100	36～53	45
1.18	—	8	82	100	24～41	33
0.6	—	4	42	100	18～30	24
0.3	—	0	21	100	12～22	17
0.15	—	—	11	96	8～16	12
0.075	—	—	4	87	4～8	6

采用图解法进行矿质混合料配合比设计，确定各档集料的比例，校核矿质混合料的合成级配是否符合设计级配范围要求。

【解】

（1）绘制图解法用图

计算设计级配范围中值，列入表9-24中。绘制图解法用图9-20。根据表9-24中设计级配范围中值数据，确定各筛孔尺寸在横坐标上的位置。然后将各档集料与矿粉的级配曲线绘制于图9-20中。

（2）确定各档集料用量

在集料A与集料B级配曲线相重叠部分作一垂线AA'，使垂线截取这两条级配曲线的总坐标值相等（$a=a'$）。垂线AA'与对角线OO'有一交点M，过M引一水平线，与纵坐标交于P点，OP的长度$x=31\%$，即为集料A的用量。

同理，求出集料B的用量$y=30\%$，集料C用量$z=31\%$，矿粉D的用量$w=8\%$。

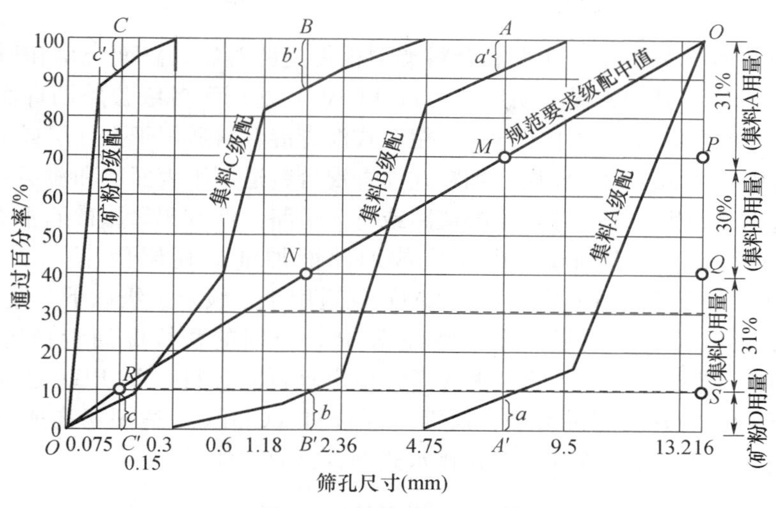

图 9-20　例 9-2 图解法用图

（3）配合比校核调整

按照集料 A：集料 B：集料 C：矿粉 D=31%：30%：31%：8%的比例，计算矿质混合料的合成级配，结果列于表 9-25。由表 9-25 可以看出，合成级配在筛孔 0.075mm 的通过百分率为 8.2%，超出了设计级配范围（4%～8%）的要求，需要对各集料的比例进行调整。通过试算，采用减少集料 B、增加集料 C 并减少矿粉 D 用量的方法来调整配合比。

经调整后的配合比为加料 A 的用量 $x=31\%$；集料 B 的用量 $y=26\%$；集料 C 用量 $z=37\%$；矿粉 D 的用量 $w=6\%$。配合比调整后，矿质混合料的合成级配见表 9-25 中括号内的数值，可以看出，合成级配曲线完全在设计要求的级配范围之内，并且接近中值。因此，本例题配合比设计结果为：A 的用量 $x=31\%$；集料 B 的用量 $y=26\%$；集料 C 用量 $z=37\%$；矿粉 D 的用量 $w=6\%$

表 9-25　矿质混合料合成级配校核用表

材料名称		下列筛孔（mm）的通过分率（%）									
		16.0	13.2	9.5	4.75	2.36	1.18	0.6	0.3	0.15	0.075
各种矿料在混合料中的级配	集料 A31% (31%)	31.0 (31.0)	28.8 (28.8)	5.3 (5.3)	0 (0)						
	集料 B30% (26%)	30.0 (26.0)	30.0 (26.0)	25.2 (21.8)	4.2 (3.6)	1.4 (2.1)					
	集料 C31% (37%)	31.0 (37.0)	31.0 (37.0)	31.0 (37.0)	31.0 (37.0)	28.5 (34.0)	25.4 (30.3)	13.0 (15.5)	6.5 (7.8)	3.4 (4.1)	1.2 (1.5)
	矿粉 D8% (6%)	8.0 (6.0)	8.0 (6.0)	8.0 (6.0)	8.0 (6.0)	8.0 (6.0)	8.0 (6.0)	8.0 (6.0)	8.0 (6.0)	7.9 (5.8)	7.0 (5.2)
矿质混合料的合成级配		100 (100)	97.8 (97.8)	74.3 (74.3)	64.2 (64.2)	40.7 (43.6)	35.8 (38.4)	22.2 (22.6)	14.5 (13.8)	11.3 (9.9)	8.2 (6.7)
设计级配范围		100	95～100	70～88	48～68	36～53	24～41	18～30	12～22	8～16	4～8

为了应用已有的研究成果和实践经验，通常采用推荐的矿质混合料级配范围。按以下

步骤来确定：

① 确定沥青混合料类型。沥青混合料类型根据道路等级、路面类型和所处的结构层位，按表 9-26 选定。其中密级配沥青混合料（DAC）适用于各级公路沥青面层的任何层次。一般特粗式沥青混合料适用于基层，粗粒式沥青混合料适用于下面层或基层，中粒式沥青混合料适用于中面层和表面层，细粒式沥青混合料适用于表面层和薄层罩面。砂粒式沥青混合料适用于非机动车道路，旅游道路或行人道路。沥青玛瑅脂碎石混合料（SMA）适用于铺筑新建公路的表面层、中面层或旧路面加铺磨耗层使用 。设计空隙率为6%～12%的半开级配沥青碎石混合料（AM）仅适用于三级及三级以下公路、乡村公路，此时表面应设置致密的上封层。设计空隙率 3%～8%的密级配沥青稳定碎石混合料（ATB）和设计空隙率大于 18%的排水式沥青稳定碎石混合料（ATPB）适用于基层。设计空隙率大于 18%的开级配抗滑磨耗层沥青混合料（OGFC）适用于高速行车、多雨潮湿、不易被尘土污染、非冰冻地区铺筑排水式沥青路面磨耗层。

表 9-26　沥青混合料类型

结构层次	高速公路、一级公路、城市快速路、主干路		其他等级公路		一般城市道路及其他道路工程	
	三层式沥青混凝土路面	两层式沥青混凝土路面	沥青混凝土路面	沥青碎石路面	沥青混凝土路面	沥青碎石路面
上面层	AC-13 AC-16	AC-13 AC-16	AC-13 AC-16	AC-13	AC-5 AC-10 AC-13	AM-5 AM-10
中面层	AC-20 AC-25	— —	— —	— —	— —	— —
下面层	AC-25 AC-30	AC-20 AC-30	AC-20 AC-25 AC-35	AM-25 AM-30	AC-20 AC-25	AC-25 AM-30 AM-40

② 确定矿料的最大粒径。沥青混合料的公称最大粒径（D）与路面结构层最小厚度（h）间的比例将影响路面的使用性能。研究表明：随 h/D 增大，路面耐疲劳性能提高，但车辙量增大；相反，h/D 减少，车辙量也减少，但路面耐疲劳性能降低，特别是 $h/D<2$ 时，路面的疲劳耐久性急剧下降。对上面层 $h/D=3$，中面层及下面层 $h/D=2.5\sim3$ 时，路面具有较好的耐久性和可压实性。如对于结构层厚度为 4cm 的路面上面层，应选择最大公称粒径为 13mm 的细粒式沥青混凝土；对于结构层厚度为 6cm 的路面中面层，应选择最大公称粒径为 19mm 的中粒式沥青混凝土；对于结构层厚度为 7cm 的路面下面层，应选择最大公称粒径为 26.5mm 的粗粒式沥青混凝土。只有控制了路面结构层厚度与矿料公称最大粒径之比，混合料才能拌合均匀，压实时易于达到要求的密实度和平整度，保证施工质量。

③确定矿质混合料的级配范围。根据已确定的沥青混合料类型，按照推荐的矿质混合料级配范围表（表 9-27），即可确定所需的级配范围。

表 9-27 沥青混合料矿料及沥青用量范围

级配类型			通过下列筛孔(方孔筛)/mm 的质量百分率(%)													沥青用量(%)
			31.5	26.5	19.0	16.0	13.2	9.5	4.75	2.36	1.18	0.6	0.3	0.15	0.075	
密级配沥青混凝土	粗粒	AC-25	100	90～100	75～90	65～83	57～76	45～65	24～52	16～42	12～33	8～24	5～17	4～13	3～7	3.0～5.0
	中粒	AC-20		100	90～100	78～92	62～80	50～72	26～56	16～44	12～33	8～24	5～17	4～13	3～7	3.5～5.5
	细粒	AC-16			100	90～100	76～92	60～80	34～62	20～48	13～36	9～26	7～18	5～14	4～8	3.5～5.5
	砂粒	AC-13				100	90～100	68～85	38～68	24～50	15～38	10～28	7～20	5～15	4～8	4.5～6.5
		AC-10					100	90～100	45～75	30～58	20～44	13～32	9～23	6～16	4～8	5.0～7.0
		AC-5						100	90～100	55～75	35～55	20～40	12～18	7～18	5～10	6.0～8.0
半开级配沥青碎石	中粒	AM-20		100	90～100	60～85	50～75	40～65	15～40	5～22	2～16	1～12	0～10	0～8	0～5	3.0～4.5
		AM-16			100	90～100	60～85	45～68	18～40	6～25	3～18	1～14	0～10	0～8	0～5	3.0～4.5
	细粒	AM-13				100	90～100	50～80	20～45	8～28	4～20	2～16	0～10	0～8	0～6	3.0～4.5
		AM-10					100	90～100	35～65	10～35	5～22	2～16	0～12	0～9	0～6	3.0～4.5
沥青玛碲脂碎石混合料	中粒式	SMA-20		100	90～100	72～92	62～82	40～55	18～30	13～22	12～20	10～16	9～14	8～13	8～12	
		SMA-16			100	90～100	65～85	45～65	20～32	15～24	14～22	12～18	10～15	9～14	8～12	
	细粒式	SMA-13				100	90～100	50～75	20～34	15～26	14～24	12～20	10～16	9～15	8～12	
		SMA-10					100	90～100	28～60	20～32	14～26	12～22	10～18	9～16	8～13	

(3) 矿质混合料配合比计算

① 测定组成材料的原始数据。根据现场取样，对粗集料、细集料和矿粉进行筛分试验。按筛分结果分别绘出各组成材料的筛分曲线，同时测出各组成材料的相对密度，供计算物理常数备用。

② 计算组成材料的配合比。根据各组成材料的筛分试验资料，采用图解法或试算法，计算符合要求级配范围时的各组成材料用量比例。

③ 调整配合比。计算得的合成级配应根据下列要求作必要的调整。

通常情况下，合成级配曲线宜尽量接近推荐级配范围中限，尤其应使 0.075mm、2.36mm 及 4.75mm 筛孔的通过量尽量接近级配范围中限。

根据公路等级和施工设备的控制水平、混合料类型确定设计级配范围上限和下限的差值，设计级配范围上下限差值必须小于规范级配范围的差值，通常情况下对 4.75mm 和 2.36mm 通过率的范围差值宜小于 12%。

确定设计级配范围时应特别重视实践经验，通过对条件大体相当工程的使用情况进行调查研究，证明选择的级配范围符合工程需要。

对夏季温度较高、高温持续时间长，但冬季不太寒冷的地区，或者重载路段，应重点考虑抗车辙能力的需要，减小 4.75mm 及 2.36mm 的通过率，选用较高的设计空隙率。当采用密级配沥青混合料时，宜选用粗型密级配沥青混合料。

对冬季温度较低、且低温持续时间长的北方地区，或者非重载路段，应在保证抗车辙能力的前提下，充分考虑提高低温抗裂性能，适当增大 4.75mm 及 2.36mm 的通过率，选用较小设计空隙率。当采用密级配沥青混合料时，宜选用细型密级配沥青混合料。

对我国许多地区，夏季温度炎热、高温持续时间长，冬季又十分寒冷，年温差特别大，且属于重载路段的工程，高温要求和低温要求发生严重矛盾时，应以提高高温抗车辙能力为主，兼顾提高低温抗裂性能的需要，在减小 4.75mm 及 2.36mm 的通过率的同时，适当增加 0.075mm 通过率，使规范级配范围成型，并取中等或偏高水平的设计空隙率。

在潮湿区、湿润区等雨水、冰雪融化对路面有严重威胁的地区，在考虑抗车辙能力的同时还应重视水密性的需要，防止水损害破坏，宜适当减小设计空隙率，但应保持良好的雨天抗滑性能。对干旱地区的混合料，受水的影响很小，对水密性及抗滑性能的要求可放宽。

对等级较高的公路，沥青层厚度较厚时，可采用较粗的级配范围；反之，对等级较低的公路，沥青层厚度较薄时，宜采用较细的级配范围。

对重点考虑高温抗车辙能力、设计空隙率较大的混合料，细集料宜采用机制砂，或较多的石屑；对更需要低温抗裂性能、较小设计空隙率的混合料，宜采用较多的天然砂作细集料。

确定沥青混合料设计级配范围时应考虑不同层位的功能需要。表面层应综合考虑满足高温抗车辙能力、低温抗裂性能、抗滑的需要。对沥青层较厚的三层式面层，中面层应重点考虑高温抗车辙能力，底面层重点考虑抗疲劳开裂性能、水密性等。当沥青层较薄时，表面层以下各层都应在满足水密性能的同时，提高高温抗车辙能力，并满足抗疲劳开裂性能。

对高速公路、一级公路、城市快速路、主干路等交通量大、车辆载重大的道路，宜偏

向级配范围的下限（粗）；对一般道路、中小交通量和人行道路等宜偏向级配范围的上限（细）。

合成的级配曲线应接近连续或合理的间断级配，不得有过多的锯齿形交错。当经过再三调整，仍有两个以上的筛孔超过级配范围时，必须对原材料进行调整或更换原材料重新设计。

2. 确定混合料的最佳沥青用量

可以通过各种理论计算方法求出沥青混合料的最佳沥青用量。但由于实际材料性质的差异，按理论公式计算得到的最佳沥青用量仍然要通过试验修正。目前常用马歇尔法确定沥青用量。利用该法确定沥青最佳用量时按下列步骤进行：

（1）制备试样

按确定的矿质混合料配合比确定各矿料的用量。根据以往工程的实践经验，估计适宜的沥青用量（或油石比）。

以估计沥青用量为中值，以 0.5%间隔上下变化沥青用量制备马歇尔试件，试件数不少于 5 组。

（2）测定物理、力学指标

在规定试验温度和试验时间内用马歇尔仪测试试样的稳定度和流值，同时计算毛体积密度、理论密度、空隙率、饱和度和矿料间隙率。

① 毛体积密度。沥青混合料的压实试件密度，可以采用水中重法（测定试件的表观密度）、表干法、体积法或封蜡法（测定试件的毛体积密度）等方法测定。表干法适用于测定吸水率不大于 2%的各种沥青混合料试件。蜡封法适用于测定吸水率大于 2%的沥青混凝土或沥青碎石混合料试件的毛体积相对密度或毛体积密度。水中重法适用于测定几乎不吸水的密实沥青混合料试件的表观相对密度或表观密度（在美国的方法中，没有水中重法）。以表干法为例，按式（9-28）计算毛体积相对密度，按式（9-29）计算毛体积密度。

$$\gamma_f=\frac{m_a}{m_f-m_w} \tag{9-28}$$

$$\rho_f=\frac{m_a}{m_f-m_w}\rho_w \tag{9-29}$$

式中 γ_f——用表干法测定的试件毛体积相对密度；

ρ_f——用表干法测定的试件毛体积密度；

m_a——干燥试件的空气中质量，g；

m_w——试件的水中质量，g；

m_f——试件的表干质量，g；

ρ_w——常温水的密度，约等于 $1g/cm^3$。

②沥青混合料的最大理论相对密度。沥青混合料试件的理论密度，是指压实沥青混合料试件全部为矿料（包括矿料内部孔隙）和沥青所组成（空隙率为零）的最大密度。可以采用真空法测定或按式（9-30）、式（9-31）计算：

$$\gamma_t=\frac{100+P_a}{\dfrac{100}{\gamma_{se}}+\dfrac{P_a}{\gamma_b}} \tag{9-30}$$

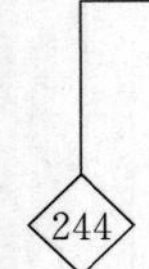

$$\gamma_t = \frac{100}{\frac{P_s}{\gamma_{se}} + \frac{P_b}{\gamma_b}} \quad (9\text{-}31)$$

试件的理论最大密度按下式计算：

$$\rho_t = \gamma_t \times \rho_w \quad (9\text{-}32)$$

式中 γ_t——理论最大相对密度；

P_a——油石比（沥青与矿料的质量比），%；

P_b——沥青含量（沥青质量占沥青混合料总质量的百分率），%；

P_s——沥青混合料中的矿质混合料含量；

γ_{se}——矿质混合料的有效相对密度，按式（9-33）计算

γ_b——沥青的相对密度（25℃）。

$$\gamma_{se} = C\gamma_{sa} + (1-C) \times \gamma_{sb} \quad (9\text{-}33)$$

式中 C——合成矿料的沥青吸收系数，可按矿料的合成吸率按式（9-34）计算；

γ_{sb}——矿质混合料的合成毛体积相对密度，按式（9-36）计算；

γ_{sa}——矿质混合料的合成表观相对密度，按式（9-37）计算。

$$C = 0.033w_x^2 - 0.2936w_x + 0.9339 \quad (9\text{-}34)$$

式中 w_x——合成矿料的吸水率，$w_x = \left(\frac{1}{\gamma_{sb}} - \frac{1}{\gamma_{sa}}\right) \times 100\%$ (9-35)

$$\gamma_{sb} = \frac{100}{\frac{P_1}{\gamma_1} + \frac{P_2}{\gamma_2} + \cdots + \frac{P_n}{\gamma_n}} \quad (9\text{-}36)$$

式中 P_1、P_2、…、P_n——各种矿料成分的配合比，其和为100；

γ_1、γ_2、…、γ_n——各种矿料相应的毛体积相对密度。

$$\gamma_{sa} = \frac{100}{\frac{P_1}{\gamma'_1} + \frac{P_2}{\gamma'_2} + \cdots + \frac{P_n}{\gamma'_n}} \quad (9\text{-}37)$$

式中 P_1、P_2、…、P_n——各种矿料成分的配合比，其和为100；

γ'_1、γ'_2、…、γ'_n——各种矿料相应的表观相对密度。

③空隙率。压实沥青混合料试件的空隙率根据其毛体积相对密度和理论最大相对密度按下式计算：

$$VV = \left(1 - \frac{\gamma_f}{\gamma_t}\right) \times 100 \quad (9\text{-}38)$$

式中 VV——试件空隙率，%；

其余符号意义同前。

④矿料间隙率。压实沥青混合料试件内矿料部分以外体积占试件总体积的百分率，称为矿料间隙率（Voids in the mineral aggregate，简称 VMA）。按下式计算：

$$VMA = \left(1 - \frac{\gamma_f}{\gamma_{sb}} \times P_s\right) \times 100 \quad (9\text{-}39)$$

式中 VMA——矿料间隙率，%；

其余符号意义同前。

⑤有效沥青饱和度（简称 VFA）。压实沥青混合料中，扣除被集料吸收的沥青以外的有效沥青结合料部分的体积在矿料间隙率中所占百分率，按下式计算：

$$VFA = \frac{VMA - VV}{VMA} \times 100 \quad (9\text{-}40)$$

式中　VFA——试件的有效沥青饱和度，%；

VMA、VV——意义同前。

（3）测定力学指标

采用马歇尔试验方法进行配合比设计时，通过马歇尔试验测定马歇尔稳定度、流值和马歇尔模数力学指标。

（4）马歇尔试验结果分析

① 以沥青用量（或油石比）为横坐标，毛体积密度、稳定度、空隙率、流值、矿料间隙率、沥青饱和度为纵坐标，将试验结果绘制成沥青用量（或油石比）与物理、力学指标关系图，如图 9-21 所示。

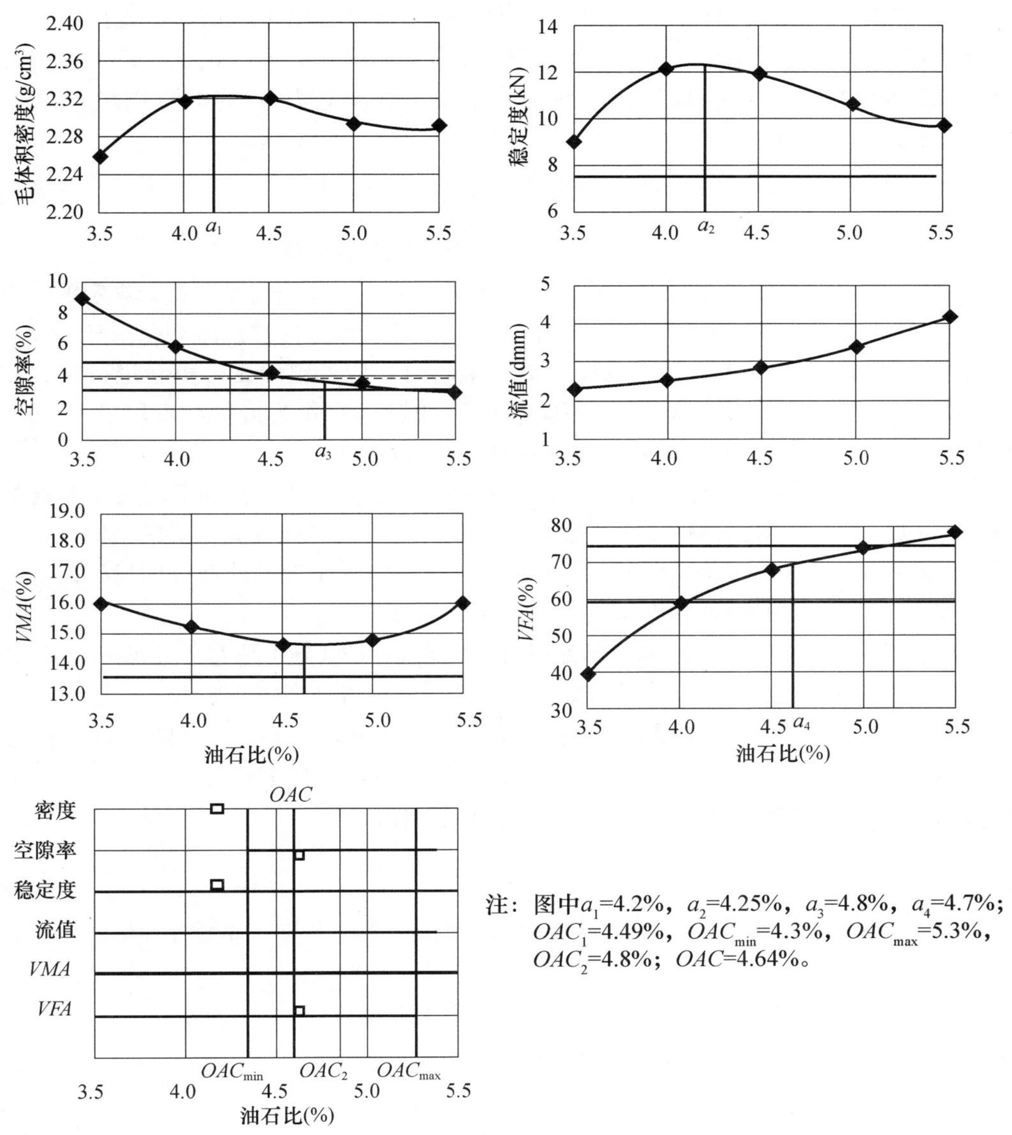

图 9-21　沥青用量与各项指标关系

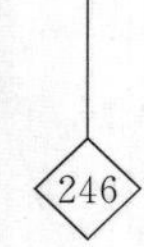

② 从图 9-21 求取相应于密度最大值、稳定度最大值、目标空隙率（或中值）、沥青饱和度范围中值的沥青用量 a_1、a_2、a_3、a_4，由下式计算它们的平均值作为最佳沥青用量的初始值 OAC_1。

$$OAC_1=\frac{(a_1+a_2+a_3+a_4)}{4} \tag{9-41}$$

如果选择试验的沥青用量范围未能涵盖沥青饱和度的要求范围，可按式（9-42）求 OAC_1。

$$OAC_1=\frac{(a_1+a_2+a_3)}{3} \tag{9-42}$$

③ 如果在所选择的沥青用量范围内，密度或稳定度没有出现峰值，可直接以目标空隙率所对应的沥青用量 a_3 作为 OAC_1，但 OAC_1 必须介于 OAC_{min}～OAC_{max} 的范围内。

④ 求取各项指标均符合沥青混合料技术标准（不含 VMA）的沥青用量 OAC_{min}～OAC_{max}，其中值为 OAC_2。

$$OAC_2=\frac{(OAC_{min}+OAC_{max})}{2} \tag{9-43}$$

通常情况下，取 OAC_1 和 OAC_2 的平均值作为最佳沥青用量 OAC。

按最佳沥青用量初始值在图中求取相应的各项指标值，检查其是否符合规定的马歇尔设计配合比技术要求，同时检验 VMA 是否符合要求。如能符合时，由 OAC_1 和 OAC_2 以及实践经验综合确定沥青最佳用量 OAC。如不能符合，应调整级配，重新进行配合比设计，直至各项指标均能符合要求为止。但由 OAC_2 单独确定作为最佳沥青用量 OAC，且混合料空隙率接近要求范围的中值或目标空隙率时，也可使用。

⑤ 根据气候条件和交通特性调整最佳沥青用量。对热区道路以及车辆渠化交通的高速公路、一级公路、山区公路的长大坡度路段，预计有可能造成较大车辙的情况时，可以在设计空隙率符合要求的范围内将 OAC 减小 0.1%～0.5%作为设计沥青用量，以适当提高设计空隙率。但施工时应加强碾压，提高压实度标准。

对寒区道路以及一般道路，最佳沥青用量可以在 OAC 基础上增加 0.1%～0.3%，但不宜大于 OAC_2 的 0.3%。以适当减小设计空隙率，但不得降低压实要求。

⑥ 检验最佳沥青用量时的粉胶比和有效沥青膜厚度。沥青混合料的粉胶比按式(9-44)计算，且其值宜符合 0.6～1.6 的要求。对常用的公称最大粒径为 13.2～19mm 的密级配沥青混合料，粉胶比宜控制在 0.8～1.2 的范围内。

$$FB=\frac{P_{0.075}}{P_{be}} \tag{9-44}$$

式中 FB——粉胶比，沥青混合料的矿料中 0.075mm 通过率与有效沥青含量的比值，无量纲；

$P_{0.075}$——沥青混合料中 0.075mm 通过率（水洗法），%；

P_{be}——沥青混合料中的有效沥青含量，%。

$$P_{be}=P_b-\frac{P_{ba}}{100}\times P_s \tag{9-45}$$

式中 P_b——沥青混合料中的沥青用量，%；

P_s——沥青混合料中的矿质混合料含量，$P_s=100-P_b$，%；

P_{ba}——沥青混合料中被矿料吸收的沥青结合料比例，%。按式 9-46 计算：

$$P_{ba}=\frac{\gamma_{se}-\gamma_{b}}{\gamma_{se}\times\gamma_{sb}}\times\gamma_{b}\times100 \tag{9-46}$$

式中 γ_{se}——矿质混合料的有效相对密度；

γ_{sb}——矿质混合料的合成毛体积相对密度；

γ_{b}——沥青的相对密度（25℃）。

按现行规范《公路沥青路面施工技术规范》（JTG F40—2004）规定的方法估算沥青混合料的有效沥青膜厚度。

（5）水稳定性检验

按最佳沥青用量制作马歇尔试件，进行浸水马歇尔试验（或真空饱水马歇尔试验），检验其残留稳定度是否合格（技术要求见表 9-15）。如不符合要求，应重新进行配合比设计，或者采用掺加抗剥落剂的方法来提高水稳定性。

残留稳定度试验方法是标准试件在规定温度下浸水 48h（或经真空饱水后，再浸水 48h），测定其浸水残留稳定度，按下式计算：

$$MS_0=\frac{MS_1}{MS}\times100\% \tag{9-47}$$

式中 MS_0——试件浸水（或真空饱水）残留稳定度，kN；

MS_1——试件浸水 48h（或经真空饱水后浸水 48h）后的稳定度，kN。

（6）抗车辙能力检验

按最佳沥青用量制作车辙试验试件，在 60℃条件下用车辙试验机检验其动稳定度。稳定度技术要求见表 9-12，如不符合上述要求，应对矿料级配或沥青用量进行调整，重新进行配合比设计。

当沥青最佳用量 OAC 与两个初始值 OAC_1 和 OAC_2 相差甚大时，宜将 OAC 与 OAC_1 或 OAC_2 分别制作试件进行车辙试验。根据试验结果对 OAC 作适当调整，如不符合要求，应重新进行配合比设计。

（7）低温抗裂性能检验

对改性沥青混合料，应按最佳沥青用量 OAC 用轮辗机线型试件，在－10℃条件下用 50mm/min 的加载速率进行低温弯曲试验，检验其破坏应变是否符合规范要求（表 9-14）。当不符合要求时，应对矿料级配或沥青用量进行调整，必要时更换改性沥青品种重新进行配合比设计。但对 *SMA* 混合料，开级配沥青混合料，可不进行低温弯曲试验。

（8）钢渣活性检验

对粗集料或细集料使用钢渣的沥青混合料进行马歇尔试验时，应增加 3 个试件，将试件在 60℃水浴中浸泡 48h，然后取出冷却至室温，观察有无裂缝或鼓包，测量试件体积，其增大量不得超过 1%。达不到要求钢渣不得使用。

经过以上配合比设计试验及配合比设计检验，各项指标均符合要求的沥青混合料可作为设计的标准混合料。当设计指标达不到要求，应调整级配重新设计。当配合比检验指标不能达到要求时，应重新进行配合比设计，必要时更换集料或采用改性沥青等措施。

3. 生产配合比设计

目标配合比确定后，应利用实际施工的拌合机进行试拌以确定生产配合比。试验前，

应先根据级配类型选择振动筛筛号，使几个热料仓的材料大致相差不多，并与冷料仓筛号大致对应。最大筛孔应保证使超粒径料排出，使最大粒径筛孔通过量符合设计范围要求。试验时，按目标配合比设计的冷料比例上料、烘干、筛分，然后在热料仓取样筛分，与目标配合比设计一样进行矿料级配计算，得出不同料仓矿粉用量比例，按此比例进行马歇尔试验。油石比可取目标配合比得出的最佳油石比及其±0.3%三档试验，并得到生产配合比的最佳油石比，供试拌试铺用。

4. 试拌试铺配合比调整

此阶段即生产配合比验证阶段。施工单位进行试拌试铺时，应报告监理部门和业主，工程指挥部会同设计、监理、施工人员一起进行鉴别。拌合机按照生产配合比结果进行试拌，在场人员根据试拌出的混合料对其级配和油石比发表意见。如有不同意见，应当适当调整，再进行观察，力求意见一致。然后用此混合料在试铺段上试铺，进一步观察摊铺、碾压过程和成型混合料的表面状况，判断混合料的级配和油石比。如不满意也应适当调整，重新试拌试铺，直至满意为止。同时，实验室密切配合现场施工，在拌合厂或摊铺现场采集沥青混合料试样，进行马歇尔试验、车辙试验、浸水马歇尔试验及抽提试验等，再次检验混合料实际级配和油石比及混合料的高温稳定性和水稳定性。同时按照规范规定的试铺段铺筑要求进行其他试验。当全部满足要求时，便可进入正常生产阶段。

根据标准配合比及质量管理要求中各筛孔的允许波动范围，制订工程施工用的级配控制范围，用以检验和控制沥青混合料的施工质量。

经设计确定的标准配合比在施工过程中不得随意变更。生产过程中，应加强日常跟踪检测，严格控制进场材料的质量和拌合料的配合比例，如遇进场材料变化并经检测沥青混合料的矿料级配，马歇尔技术指标不符合要求时，应及时调整配合比，使沥青混合料的质量符合要求并保持相对稳定，必要时重新进行配合比设计。

【例 9-3】 某高等级公路沥青路面中面层用沥青混合料配合比设计。

(1) 设计资料

设计某高速公路沥青路面中面层用沥青混合料，中面层结构设计厚度为 6cm。

气候条件。7 月份平均最高气温 32℃，年极端最低气温−6.5℃，年降雨量 1500mm。

沥青结合料采用 SBS 改性沥青，相对密度为 1.038，经检验各项技术性能均符合要求。粗集料、细集料均为石灰岩。集料分为四档，按工程粒径由大到小编号，分别为 1 号料（10～25mm）、2 号料（5～10mm）、3 号料（3～5mm）和四号料（0～3mm）。各档集料与矿粉的主要技术指标见表 9-28，筛分试验结果见表 9-29。

表 9-28 集料和矿粉的密度和吸水率

集料编号	表观相对密度	毛体积相对密度	吸水率（%）
1 号	2.754	2.725	0.40
2 号	2.74	2.714	0.45
3 号	2.702	2.691	0.56
4 号	2.705	2.651	1.69
矿粉	2.710	—	—

表 9-29 各档集料和矿粉的筛分结果

集料编号	下列筛孔（mm）的通过百分率（%）											
	26.5	19	16	13.2	9.5	4.75	2.36	1.18	0.6	0.3	0.15	0.075
1号	100	83.9	40.6	8.7	0.9	0.4	0	0	0	0	0	0
2号	100	100	100	92.9	27.7	1.3	0.7	0	0	0	0	0
3号	100	100	100	100	100	82.5	1.0	0.3	0	0	0	0
4号	100	100	100	100	100	99.7	76.8	44.0	28.1	15.3	10.7	8.0
矿粉	100	100	100	100	100	100	100	100	100	100	99.8	95.7

（2）设计要求

按以上资料确定沥青混合料类型，进行矿质混合料配合比设计。确定最佳沥青用量。根据高速公路用沥青混合料要求，检验沥青混合料的水稳定性和抗车辙能力。

【解】

步骤1：确定沥青混合料的类型以及矿质混合料的级配范围。

根据设计资料，所铺筑道路为高速公路，沥青路面中面层，结构层设计厚度6cm，选用AC-20型沥青混合料，满足结构厚度不小于矿料最大公称粒径2.5～3.0倍的要求。相应的设计级配范围查表9-27确定。

步骤2：矿质混合料配合比设计。

（1）拟定初试配合比

根据设计级配范围，设计了三组初选配合比，见表9-30。三个试配混合料级配组成、设计级配范围上、下限如图9-22所示。

表 9-30 三组矿质混合料的配合比

初始混合料编号	下列集料用量（%）				矿粉（%）	合成表观相对密度 γ_{sa}	合成毛体积相对密度 γ_{sb}	有效相对密度 γ_{se}
	1号	2号	3号	4号				
1	31	25	15	25	4	2.729	2.698	2.722
2	25	23	17	32	3	2.725	2.692	2.718
3	20	20	18	39	3	2.721	2.687	2.714

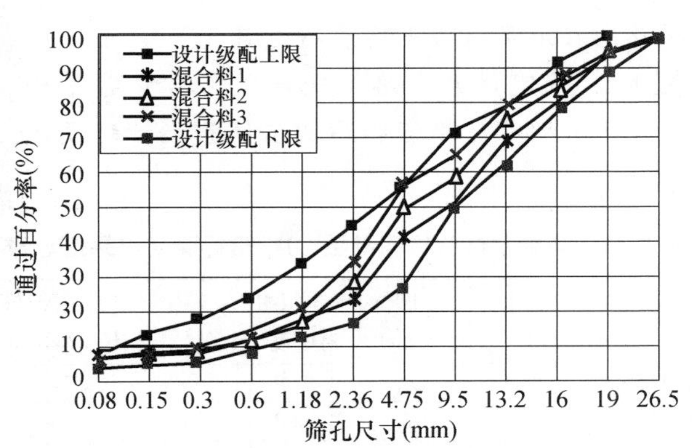

图 9-22 初试配合比下矿质混合料级配组成曲线

（2）矿料设计配合比的确定

根据使用经验，初估沥青用量4.3%，按照表9-30中混合料的初试配合比进行备料。

然后在标准条件下，成型马歇尔试件，测试试件的毛体积密度。表 9-31 给出了试件的最大理论相对密度、毛体积相对密度、空隙率、矿料间隙率和沥青饱和度，试件的最大理论相对密度由计算法确定。根据道路等级和沥青混合料的类型，查表 9-12，确定沥青混合料马歇尔试件体积参数指标的技术要求，见表 9-31 中的最后一行。

由表 9-31 可见，试配混合料 2 和混合料 3 试件的空隙率与矿料间隙率偏大，且沥青饱和度偏小。混合料 1 的空隙率、矿料间隙率均接近设计要求。因此，设计配合比选择试配混合料 1，各档集料的比例为：1 号料：2 号料：3 号料：4 号料：矿粉＝31：25：15：25：4。矿料的有效相对密度 γ_{se}为 2.722，合成毛体积相对密度 γ_{sb}为 2.698。

表 9-31　三种级配沥青混合料的压实试验结果汇总

混合料编号	最大理论相对密度	毛体积相对密度	空隙率 *VV*（%）	矿料间隙率 *VMA*（%）	沥青饱和度 *VFA*（%）
1	2.544	2.438	4.2	13.5	67.4
2	2.544	2.409	5.2	14.4	62.9
3	2.538	2.398	5.5	14.6	61.5
设计要求			4～6	≥13	65～75

步骤 3：最佳沥青用量的确定

（1）试件成型

根据初拟沥青用量的试验结果，AC-20 型沥青混合料的最佳沥青用量可能在 4.5%左右，根据规范的要求，采用 0.5%间隔变化，分别以沥青用量 3.5%、4.0%、4.5%、5.0%、5.5%拌制 5 组沥青混合料。按表 9-12 规定，采用马歇尔击实仪每面各击实 75 次成型 5 组试件。

（2）试件物理力学指标的测定

根据沥青混合料材料组成，计算各沥青用量下试件的最大理论密度。采用表干法测定试件在空气中的质量和表干质量，计算试件的空隙率、矿料间隙率和沥青饱和度指标。在 60℃温度下，测定各组试件的马歇尔稳定度和流值。试件的体积参数、稳定度和流值的结果见表 9-32。

根据设计资料，道路所在地 7 月份平均最高气温 32℃，年极端最低气温－6.5℃，年降雨量 1500mm。查表 9-7，确定该沥青路面气候分区属于夏炎冬温潮湿区 1-4-1。由表 9-12确定此沥青混合料试件体积参数指标和马歇尔试验指标的设计要求，见表 9-32 中的最后一行。

表 9-32　马歇尔试验体积参数-力学指标测定结果汇总表

试件组号	沥青用量（%）	最大理论相对密度	空气中质量（g）	水中质量（g）	表干质量（g）	毛体积相对密度	空隙率（%）	矿料间隙率（%）	沥青饱和度（%）	稳定度（kN）	流值（0.1mm）
A1	3.5	2.576	1159.3	670	1165.9	2.338	9.2	17.1	46.0	7.8	21
A2	4.0	2.556	1187.3	695.4	1192.5	2.388	6.6	15.8	58.4	8.6	25
A3	4.5	2.537	1213.9	718.5	1217.5	2.433	4.1	14.7	72.0	8.7	32
A4	5.0	2.518	1225.7	724.3	1229.5	2.426	3.6	15.3	76.3	8.1	37
A5	5.5	2.499	1250.2	735.5	1253.3	2.414	3.4	16.2	79.1	7.0	44
技术要求							3～5	≥13	65～75	≥8	15～40

（3）绘制沥青混合料试件物理-力学指标与沥青用量的关系图

根据表 9-32 中的数据，绘制沥青用量与毛体积密度、空隙率、沥青饱和度、马歇尔稳定性和流值等指标的关系曲线图，如图 9-23 所示。

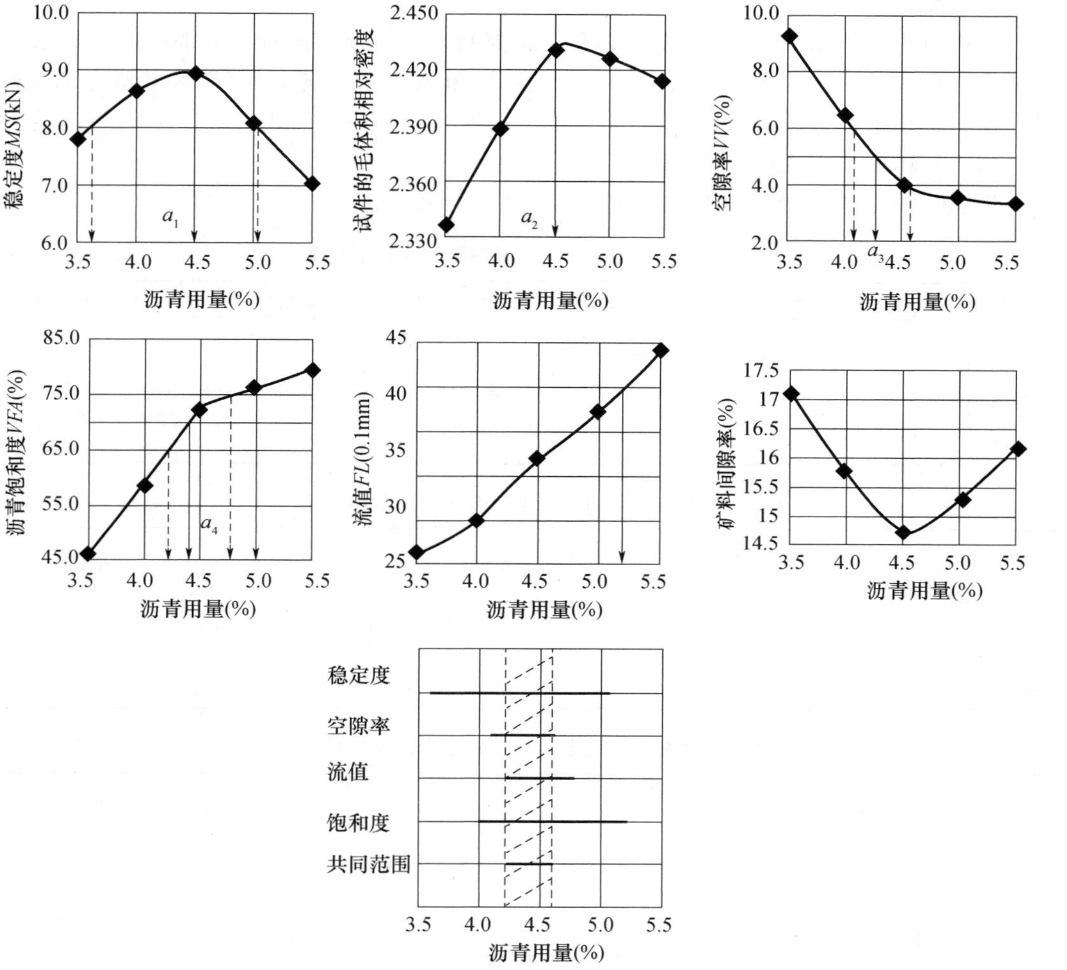

图 9-23　沥青用量与体积参数及马歇尔试验指标的关系曲线

（4）最佳沥青用量确定

① 确定最佳沥青用量初始值 OAC_1。由图 9-23 得，与马歇尔稳定度最大值对应的沥青用量 a_1＝4.5％，对应于试件按毛体积相对密度最大值的沥青用量 a_2＝4.5％，对应于规定空隙率范围中值的沥青用量 a_3＝4.25％，对应于沥青饱和度中值的沥青用量 a_4＝4.35％，求取 a_1、a_2、a_3 和 a_4 的算术平均值，得最佳沥青用量初始值：

$$OAC_1 = (4.5\% + 4.5\% + 4.25\% + 4.35\%)/4 \approx 4.4\%$$

② 确定最佳沥青用量初始值 OAC_2。确定各项指标均符合沥青混合料技术标准要求的沥青用量范围，见图 9-23 中阴影部分，其中 OAC_{min}＝4.25％，OAC_{max}＝4.6％

$$OAC_2 = (4.25\% + 4.6\%)/2 = 4.425\%$$

③ 综合确定最佳沥青用量 OAC。一般条件下，以 OAC_1 和 OAC_2 的平均值作为最佳沥

青用量，即 OAC=4.41%。

道路所在地区属于夏炎冬温潮湿区 1-4-1，夏季气候炎热，考虑在高速公路上渠化交通对沥青路面的作用，预计有可能出现车辙，故取最佳沥青用量 OAC=4.4%。

（5）配合比检验

采用沥青用量 4.4%制备沥青混合料，按照规定方法分别进行沥青混合料的冻融劈裂强度试验和车辙试验，试验结果分别列于表 9-33 和表 9-34。满足 1-4-1 区对沥青混合料水稳定性和抗车辙能力的要求。

（6）目标配合比设计结果汇总

将 AC-20 混合料的目标配合比设计结果汇总于表 9-35

表 9-33　AC-20 混合料冻融劈裂试验结果

试件编号	冻融后劈裂强度 σ_2（MPa）	常规劈裂强度 σ_1（MPa）	冻融劈裂强度比 TSR（%）	1-4-1 区要求值
试件 1	0.89	0.87	87.5	≥75
试件 2	0.74	0.78		
试件 3	0.76	0.97		
试件 4	0.75	0.96		

表 9-34　AC-20 混合料车辙试验结果

试件编号	45min 车辙深度（mm）	60min 车辙深度（mm）	动稳定度（次/mm）	动稳定度均值（次/mm）	1-4-1 区要求值
试件 1	2.442	2.579	4598	4226	≥2800
试件 2	3.583	3.741	3987		
试件 3	2.441	2.595	4091		

表 9-35　AC-20 混合料的目标配合比设计结果汇总

矿料配合比	集料编号	1 号	2 号	3 号	4 号	矿粉
	配合比（%）	31	25	15	25	4
最佳沥青用量（%）		4.4%				
时间体积参数	空隙率（%）	4.2				
	矿料间隙率（%）	14.8				
	沥青饱和度（%）	70.2				
动稳定度（次/mm）		4226				
冻融劈裂强度比 TSR（%）		87.5				

案例分析

【9-1】　配合比设计不当引起的工程事故。

南京市某市政道路交叉口，使用沥青路面，不久后即出现大面积车辙现象。

分析：该工程所用采用密级配沥青混合料施工，由于施工配合比设计不当，沥青混合料强度及高温稳定性明显不足，造成车辙现象明显。

【9-2】　配合比设计及原材料不合格引起的质量事故。

甬台温高速段，上面层采用 4cm 后中粒式沥青混凝土（AC-16Ⅰ），下面层采用 5cm 后粗粒式沥青混凝土（AC-25Ⅰ），投入使用后不久出现了大量的坑洞、车辙、雍包、龟

裂、沉陷等质量病害。

分析：主要原因为路面结构设计不合理，沥青混凝混合料配合比设计不合理，集料级配差，水泥掺量过高，施工不规范，加上超载等原因共同造成的。

知识归纳

本章要求掌握沥青材料的基本组成、工程性质及测试方法，沥青混合料的组成、结构、技术性能、技术标准，矿质混合料及其沥青混合料的配合比设计方法；了解沥青的改性和掺配、其他沥青和新型沥青混合料。

思考题

1. 如何改善石油沥青的稠度、黏结力、变形、耐热性等性质？并说明改善措施的原因。

2. 某工程需石油沥青40t. 要求软化点为75℃。现有60号和10号石油沥青，测得它们的软化点分别为49℃和96℃，问这两种牌号的石油沥青如何掺配？

3. 石油沥青为什么会老化？如何延缓其老化？

4. 沥青混合料按组成结构可为哪三类？各种类型的沥青混合料各有什么特点？

5. 影响沥青混合料强度的因素有哪些？

6. 沥青混合料应具备的主要技术性质是什么？如何评价？

7. 马歇尔稳定度试验的指标有哪些？如何控制沥青混合料的技术性质？

8. 简述沥青混凝土混合料配合比设计步骤。

9. 三种矿料筛分结果及混合料级配范围如下表所列，用矩形图解法来求沥青混合料AC-16型矿料的初步配合比。

材料名称	筛孔尺寸（mm）通过率（%）					
	19	9.5	2.36	0.6	0.3	0.074
碎石	100	45	20	0	—	—
石屑	100	100	30	20	10	0
矿粉	100	100	100	100	100	84
级配范围	95～100	70～80	35～50	18～30	13～21	4～9

10. 用试算法确定各种矿质集料的配合比，将设计后混合料的组成级配填入下表中判定是否符合级配范围要求（参见下表，计算结果取小数点后1位有效数字）。

原材料		筛孔尺寸（mm）							
		4.75	2.36	1.18	0.6	0.3	0.15	0.075	<0.075
各种矿料累计筛余（%）	粗砂	0	(42)	77	95	100	100	100	
	细砂			0	5	55	75	100	
	矿粉						0	20	80
设计矿质混合料级配									
标准级配范围		0～5	15～35	35～55	70～48	63～83	72～89	88～92	8～12
标准中值		2.5	25	45	41	73	80.5	90	10

10
墙体与屋面材料

内容提要

我国传统的墙体材料和屋面材料在建筑材料中所占的比重较大，传统建筑大多采用黏土烧制的砖和瓦，统称为烧土制品，素有秦砖汉瓦之称。但是，近年来随着现代建筑的发展，这些传统材料已经无法满足要求，而且砖瓦自重大，生产能耗高；需要耗用大量的农田，影响农业生产和生态环境。因此，大力利用地方性资源和工业废料，开发生产轻质、高强、大尺寸、耐久、多功能、节能的新型墙体材料和屋面材料已经迫在眉睫。

墙体材料主要有砖、砌块和板材三类。用于屋面的材料主要为各种材质的瓦和板材。

10.1 砌墙砖

砌墙砖是指以黏土、工业废料或其他地方资源为主要原料，以不同工艺制造、用于砌筑承重和非承重墙体的墙砖。长期以来，我国建筑墙体材料一直是以黏土砖为主，但是黏土砖自重大，体积小，能耗高并且需要耗用大量的耕地黏土，影响农业生产，破坏生态环境。所以我国提出了一系列限制使用黏土砖并支持鼓励新型墙体材料发展的政策。使得各种新型墙体材料不断涌现，逐步取代传统的黏土制品。

按照孔洞率，可将砖分为以下几种。实心砖，无孔洞或者孔洞率小于15%。尺寸为240mm×115mm×53mm的实心砖称为普通砖，又称为标准砖；多孔砖，孔洞率不小于15%，孔的尺寸小而数量多；空心砖，孔洞率不小于15%，孔的尺寸大而数量少。按照制造工艺，可将砖分为烧结砖、蒸养砖、蒸压砖和免烧砖。烧结砖，是经焙烧制成的砖；蒸养砖，经常压蒸汽养护硬化而成的砖，如蒸养粉煤灰砖；蒸压砖，是经高压蒸汽养护硬化而成的砖，如蒸压灰砂砖；免烧砖，是自然养护而成的砖，如非烧结黏土砖。

10.1.1 烧结普通砖

烧结普通砖是以黏土、煤矸石、页岩、粉煤灰等为主要原料，经成型、焙烧而制成的块体材料。烧结普通砖按照所用原料可分为烧结黏土砖、烧结煤矸石砖、烧结粉煤灰砖和烧结页岩砖等品种。其中烧结黏土砖是我国传统建筑物中最常用的墙体材料。与天然石材相比，黏土砖强度较低，吸水率大，耐久性差。但是，烧结黏土砖具有透气性和热稳定性，因多孔还具有良好的保温性，同时黏土砖尺寸规则为三维尺寸互为倍数，便于砌筑施工和工建造工艺中的线条设计，可以获得不同线条的外观效果，是集承重、保温、装饰功

能于一体的传统墙体材料。但是黏土砖的生产要破坏大量耕地，为了保护宝贵的土地资源，走可持续发展之路，有关部门已经明令禁止使用实心黏土砖。而以煤矸石、粉煤灰等工业废渣为原料的烧结普通砖的开发和应用将越来越受到重视。

1. 烧结黏土砖的生产

生产普通黏土砖的原料为易熔黏土，从颗粒组成来看，以砂质黏土或砂土最为适宜。为了节约燃料，可将煤渣等可燃性工业废料掺入黏土原料中，用此法焙烧的砖称为内燃砖，我国各地普遍采用这种烧砖法。

普通黏土砖是在隧道窑或轮窑中焙烧而成的，窑内为氧化环境，砖坯在氧化环境中烧成出窑后，再将制得红砖浇水闷窑，使窑内形成还原环境，促使砖内的红色高价氧化铁还原成青灰色的低价氧化铁，制得青砖。青砖耐久性较高，但是生产效率低，燃料耗量大。

普通黏土砖焙烧温度应该适当，否则会出现欠火砖或过火砖。欠火砖是焙烧温度低，火候不足的砖，其特征是黄皮黑心，声哑，强度低，耐久性差。过火砖是焙烧温度过高的砖，其特征是颜色较深，声音清脆，强度与耐久性均高，但是导热系数较大，而且产品多弯曲变形。

2. 烧结黏土砖的技术性质

(1) 尺寸偏差

为了保证砌筑质量，要求砖的尺寸偏差必须符合《烧结普通砖》(GB/T 5101—2003)的规定。烧结黏土砖根据 20 块试样的公称尺寸检验结果，分为优等品、一等品和合格品。各质量等级砖的尺寸偏差应符合表 10-1 的规定。否则，为不合格品。

表 10-1　烧结黏土砖的尺寸允许偏差　(mm)

公称尺寸	优等品		一等品		合格品	
	样本平均偏差	样本极差	样本平均偏差	样本极差	样本平均偏差	样本极差
长度 240	±2.0	≤6	±2.5	≤7	±3.0	≤8
宽度 115	±1.5	≤5	±2.0	≤6	±2.5	≤7
厚度 53	±1.5	≤4	±1.6	≤5	±2.0	≤6

(2) 外观质量

砖的外观质量包括，两条面高度差、弯曲、杂质突出高度、缺棱掉角、裂纹长度、完整面和颜色等项内容。

(3) 强度等级

普通烧结砖根据抗压强度分为五个等级 MU30、MU25、MU20、MU15 和 MU10，抽取 10 块砖试样进行抗压强度试验，加荷速度为 5kN/s±0.5kN/s。试验后计算出 10 块砖的抗压强度平均值，并分别按照下式计算标准差、变异系数和强度标准值。根据试验和计算结果按照表 10-2 确定烧结普通砖的强度等级。

$$s=\sqrt{\frac{1}{9}\sum_{i=1}^{10}(f_i-\bar{f})^2} \tag{10-1}$$

$$\delta=\frac{s}{\bar{f}} \tag{10-2}$$

$$f_k=\bar{f}-1.8s \tag{10-3}$$

式中 f_i——单块砖样的抗压强度测定值，MPa；

$\bar{f}$——10 块砖样的抗压强度平均值，MPa；

s——强度标准差值，MPa；

f_k——烧结普通砖抗压强度标准值，MPa；

δ——砖强度变异系数。

表 10-2 烧结普通砖强度等级 (MPa)

强度等级	抗压强度平均值 $\bar{f}$	变异系数 $\delta \leqslant 0.21$	变异系数 $\delta > 0.21$
		强度标准值 f_k	单块最小抗压强度 f_{min}
MU30	≥30.0	≥22.0	≥25.0
MU25	≥25.0	≥18.0	≥22.0
MU20	≥20.0	≥14.0	≥16.0
MU15	≥15.0	≥10.0	≥12.0
MU10	≥10.0	≥6.5	≥7.5

(4) 泛霜

泛霜是指黏土原料中的可溶性盐类（如硫酸钠等），随着砖内水分蒸发而在砖表面产生的盐析现象，一般为絮团状斑点的白色粉末，影响建筑的美观。轻微泛霜会对清水砖墙建筑外观产生较大影响，中等程度泛霜的砖用于建筑中潮湿部位，7～8 年后因盐析结晶膨胀将使砖砌体表面产生粉化剥落，在干燥环境使用约 10 年以后也将开始剥落。严重泛霜对建筑结构的破坏性更大。《烧结普通砖》(GB/T 5101—2003) 规定，优等品无泛霜现象，一等品不允许出现中等泛霜，合格品不允许出现严重泛霜。

(5) 石灰爆裂

当生产黏土砖的原料中含有石灰石时，焙烧时石灰石会煅烧成生石灰留在砖内，这时的生石灰为过火生石灰，砖吸水后生石灰消化产生体积膨胀，导致砖发生膨裂破坏，这种现象称为石灰爆裂。

石灰爆裂严重影响烧结砖的质量，并降低砌体强度。所以标准中规定，优等品砖不允许出现最大破坏尺寸大于 2mm 的爆裂区域；最大破坏尺寸大于 2mm 且小于等于 10mm 的爆裂区域，每组砖样不得多于 15 处，其中大于 10mm 的不得多于 7 处。

(6) 抗风化性能

烧结普通砖的抗风化性是指能抵抗干湿变形、冻融变化等气候作用的性能。它是烧结普通砖的重要耐久性之一。对砖的抗风化性要求应根据各地区风化程度不同而定。烧结普通砖的抗风化性通常以其抗冻性、吸水率及饱和系数等指标判别。饱和系数是指砖在常温下浸水 24h 后的吸水率与 5h 的煮沸吸水率之比。

(7) 质量等级

尺寸偏差和抗风化性能合格的砖，根据外观质量、泛霜和石灰爆裂三项指标，划分为优等品 (A)、一等品 (B) 与合格品 (C) 三个产品等级。

3. 烧结普通砖的应用

烧结普通砖是传统的墙体材料，主要用于砌筑建筑的内外墙、柱、拱、烟囱和窑炉。

烧结普通砖在应用时，应充分发挥其强度、耐久性和隔热性能均较高的特点。优等品可用于清水墙和墙体装饰；一等品、合格品可用于混水墙，中等泛霜的砖就不能用于处于潮湿环境中的工程部位。

值得指出的是，由于烧结普通砖能耗高，烧砖毁田，污染环境，因此我国对实心黏土砖的生产、使用有所限制，并最终被淘汰，代之以空心砖、工业废渣砖、砌块及轻质板材等。

10.1.2 烧结多孔砖和烧结空心砖

用多孔砖和空心砖代替实心砖可以使建筑物自重减重 1/3 左右，节约黏土 20%～30%，节省燃料 10%～20%，且烧成率高，造价降低 20%，施工效率提高 40%，并能改善砖的绝热和隔声性能。在相同的热工性能要求下，用空心砖砌筑的墙体厚度可减半砖左右。所以，推广使用多孔砖、空心砖也是加快我国墙体材料改革，促进墙体材料工业技术进步的措施之一。

1. 烧结多孔砖

烧结多孔砖是指砖内孔洞率大于等于 25%，砖内孔洞内径不大于 22mm，孔多而小的烧结砖，常用于建筑物承重部位。多孔砖的常用尺寸为 190mm×190mm×90mm（M 型）和 240mm×115mm×90mm（P 型）两种规格。烧结多孔砖的外形如图 10-1 所示。

烧结多孔砖的孔洞多与承压面垂直，它的单孔尺寸小，孔洞分布合理，非孔洞部分砖体较密实，具有较高的强度。根据国家标准《烧结多孔砖》（GB 13544—2000）的规定，烧结多孔砖按 10 块砖样的抗压强度标准值可划分为 MU30、MU25、MU20、MU15、MU10 五个强度等级。依据尺寸偏差、外观质量、孔型及孔洞排数、泛霜、石灰爆裂等指标，多孔砖划分为优等品（A）、一等品（B）与合格品（C）三个产品等级。每个产品等级的尺寸偏差指标应该满足表 10-3 的规定。此外国家标准还对泛霜、石灰爆裂、外观质量及缺陷等指标作出了规定，并要求优等品和一等品烧结多孔砖的孔洞必须采用交错排列的矩形孔或矩形条孔。

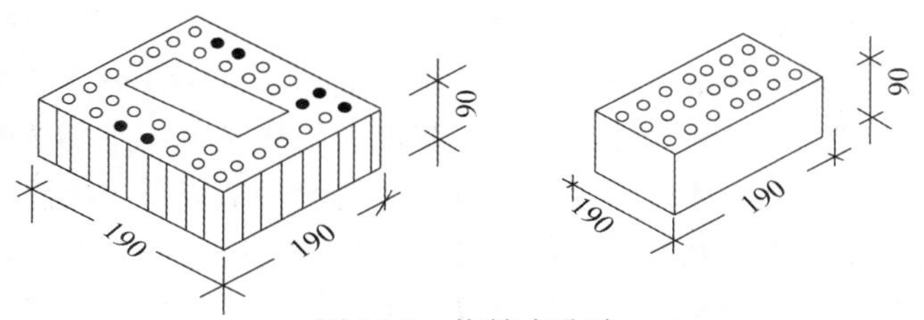

图 10-1 烧结多孔砖

表 10-3 烧结多孔砖产品尺寸允许偏差 (mm)

尺寸	优等品		合格品		一等品	
	样本平均偏差≤	样本极差≤	样本平均偏差≤	样本极差≤	样本平均偏差≤	样本极差≤
290、240	±2.0	6	±2.5	7	±3.0	8
190、180、175、140、115	±1.5	5	±2.0	6	±2.5	7
90	±1.5	4	±1.7	5	±2.0	6

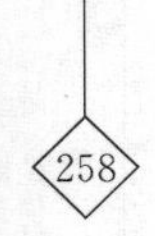

由于烧结多孔砖具有较高的强度，故常用于各种承重墙体结构的砌筑。主要用于六层以下建筑物的承重墙体。又由于该种砖具有一定的隔热保温性能，故又可用于部分地区建筑物的外墙砌筑。M 型砖符合建筑模数，使设计规范化、系列化，可以提高施工速度、节约砂浆。P 型砖便于与普通砖配套使用。烧结多孔砖的产品表示为“名称、品种、规格、强度等级、标准编号”，如“烧结多孔砖 M290×175×90 15B GB13544”表示该砖为烧结煤矸石多孔砖，品种为 M 型，规格尺寸为 290mm×175mm×90mm，强度等级为 MU15 的一等品砖，符合国标 GB13544 的要求。

2. 烧结空心砖

烧结空心砖是以黏土、页岩、煤矸石、粉煤灰及其他废料为主原料，经过焙烧而成的孔洞率大于或等于 35%的砖。孔洞尺寸大而数量少，平行于大面和条面，一般用于砌筑非承重的墙体结构。如图 10-2 所示。

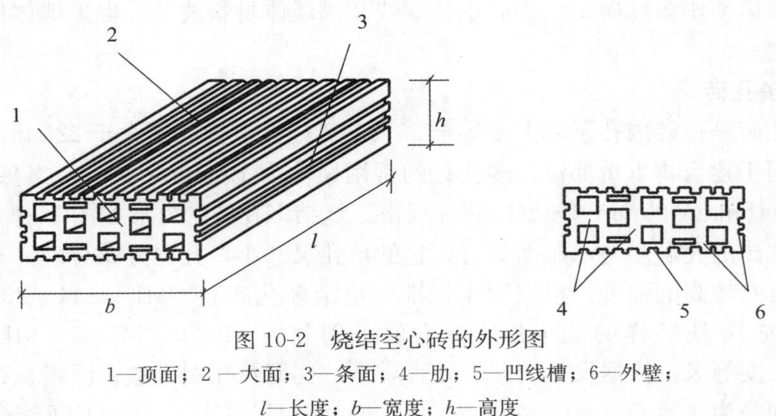

图 10-2　烧结空心砖的外形图

1—顶面；2 —大面；3—条面；4—肋；5—凹线槽；6—外壁；

l—长度；*b*—宽度；*h*—高度

空心砖的长度、宽度、高度有两个系列 290mm、190mm、90mm 与 240mm、180mm、115mm。若长度、宽度、高度有一项或一项以上分别大于 365mm、240mm 或者 115mm，则称为烧结空心砌块。砖或砌块的壁厚应大于 10mm，肋厚应大于 7mm。

生产烧结空心砖需要对所用原料精心处理，通常利用对辊破碎机或轮碾使原料得以充分破碎和均化。制坯时采用真空挤泥机对原料硬塑成型，以保证坯体的结构致密和坯体强度，并获得稳定准确的外形尺寸和较高的产品强度。焙烧是生产空心砖的关键环节，在烧结过程中，随着温度的升高，坯体中水分蒸发与矿物熔融造成了内部孔隙率的增加和体积收缩，在持续高温下，液相熔融物回流进入各固体颗粒的缝隙中，并将其黏结。由于熔融物的填充与黏结，使得砖体的孔隙率显著下降，形成了密实连续内部结构，强度也相应增大。此时，若温度继续升高，则坯体将软化变形，直至熔融。因此，在焙烧时应控制坯体至部分熔融，即烧结。

若将煤渣、粉煤灰等工业废料，掺入制坯黏土燃料中，作为内燃料，当砖焙烧到一定温度时，内燃料在坯体内也进行燃烧，这样烧成的砖称为内燃砖。内燃砖比外燃砖节省了大量能源和原料黏土，强度也有所提高，导热系数低，还处理了大量工业废渣，是一种比较好的制砖方法。值得推广。

(1) 强度等级和密度级别

根据国家标准的规定，烧结空心砖可划分为 MU5、MU3、MU2 三个不同的强度等

级和 800、900、1000 三个密度级别。分别见表 10-4 和表 10-5。强度等级的大小是根据每批砖中具有代表性的样品 10 块，分别对 5 块大面抗压和 5 块条面抗压试验所测得的强度值进行评定来确定的。密度级别是依据抽取 5 块样品所测得的表观密度平均值来确定的。每个密度级别根据孔洞特征与排数、尺寸偏差、外观质量、强度等级和物理性能，划分为优等品（A）、一等品（B）与合格品（C）三个产品等级。

表 10-4　烧结空心砖密度级别的划分

密度级别	五块砖的平均密度值（kg/m^3）
800	≤800
900	801～900
1000	901～1100

表 10-5　烧结空心砖的强度等级

产品等级	强度等级	大面抗压强度（MPa）		条面抗压强度（MPa）	
		平均值≥	单块最小值≥	平均值≥	单块最小值≥
优等品	5.0	5.0	3.7	3.4	2.3
一等品	3.0	3.0	2.2	2.2	1.4
合格品	2.0	2.0	1.4	1.6	0.9

（2）外观质量与尺寸偏差

在空心砖的烧结过程中，可能由于材料不均匀、所制得的砖坯变形尺寸过大，干燥工艺不合理，焙烧不当或装运码放不当等原因，造成砖体的各种外观缺陷或尺寸偏差。国家标准对烧结空心砖的质量指标作了具体要求。

（3）质量缺陷与耐久性

烧结空心砖的耐久性常以其抗冻性、吸水率等指标来表示，一般要求烧结空心砖应有足够的抗冻性。经过规定的冻融循环试验后，对于优等品不允许出现裂纹、分层、掉皮、缺棱掉角等损坏现象；一等品与合格品只允许出现轻微的裂纹，不允许出现其他损坏现象。由于烧结空心砖耐久性的好坏与其内部结构、质量缺陷等有关，为保证耐久性，对于严重风化地区所使用的空心砖应进行冻融试验。烧结空心砖的原料容易取得、工艺简单、生产成本低、施工方便，但也存在着强度较低，隔热性能差，因此还不能在承重墙体结构中使用，在外墙中使用也不能满足保温节能指标要求。因此，它多用于建造非承重的内隔墙或室外围墙等工程中。

10.1.3　蒸压蒸养砖

蒸养砖属于硅酸盐制品，是以石灰和硅质材料与水拌合，经成型、蒸养或蒸压而制得的砖。生产这类砖，可以大量利用工业废料，减少环境污染，且不需占用农田，可常年稳定生产，不受气候与季节影响，故这种砖是我国当前砖生产的又一发展方向。蒸养砖的主要产品有灰砂砖、粉煤灰砖及炉渣砖等。蒸养砖属于水硬性材料，即在潮湿环境中使用，强度会有所提高。

1. 蒸压灰砂砖

蒸压灰砂砖是用石灰和天然砂，经混合搅拌、陈化（使生石灰充分熟化）、轮碾、加压成型、蒸压养护制得的块体材料。灰砂砖呈灰白色，如掺入耐碱燃料，可制成各种颜

色。灰砂砖组织均匀密实，尺寸偏差小，外形光洁整齐，表观密度 1800～1900kg/m³，导热系数为 0.61W/（m·K）。蒸压灰砂砖具有足够的抗冻性，可抵抗 15 次以上的冻融循环，但在使用中应注意防止抗冻性的降低。

根据国家标准《蒸压灰砂砖》（GB 11945—1999）的规定，按照抗压和抗折强度分为 25、20、15 和 10 四个强度等级。根据尺寸偏差和外观质量分为优等品（A）、一等品（B）与合格品（C）三个产品等级。

灰砂砖的耐水性良好，灰砂砖在长期潮湿环境中强度变化不大，但抗流水冲刷的能力较弱，不宜用于受到流水冲刷的地方，在长期高温作用下，灰砂砖中的氢氧化钙和水化硅酸钙会脱水，石英会分解，故不宜用于长期受热高于 200℃ 的地方；急冷急热或有酸性介质侵蚀的地方也应避免使用。

2. 蒸压粉煤灰砖

蒸压粉煤灰砖是以粉煤灰和石灰为主要原料，掺加适量石膏和炉渣，加水混合拌成坯料，经陈化、轮碾、加压成型，再经常压或高压蒸汽养护制成的。

蒸压粉煤灰砖的抗冻性要求为，砖样经 15 次冻融循环后，其中条面上的破坏面积大于 25cm²，或顶面上的破坏面积大于 20cm² 的砖样，不得多于一块。根据部颁标准《蒸压粉煤灰砖》（JC 239—2014）的规定，粉煤灰砖按照抗压和抗折强度分为 MU10、MU15、MU20 和 MU30 四个强度等级。

粉煤灰砖的适用范围如下：

① 可用于一般工业与民用建筑的墙体和基础。

② 在易受冻融和干湿交替作用的工程部位必须使用一等砖，用于易受冻融作用的工程部位时，要进行抗冻性试验，并用水泥砂浆抹面，或在设计上采取其他适当措施，以提高结构的耐久性。

③ 用粉煤灰砖砌筑的建筑物，应适当增设圈梁及伸缩缝，或采取其他措施，以避免或减小缩裂缝的产生。

④ 受冷热交替作用或有酸性侵蚀的工程部位，不得使用粉煤灰砖。

3. 炉渣砖

炉渣砖是以煤燃烧后的残渣为主要原料，配以一定数量的石灰和少量石膏，加水搅拌、经陈化、轮碾、成型和蒸汽养护制成。

炉渣砖的抗冻性要求为，将吸水饱和的砖，经 15 次冻融循环后，单块砖的最大体积损失不超过 2%，或试件抗压强度平均值的降低不超过 25%，即为合格。炉渣砖的使用需注意以下事项。由于蒸养炉渣砖的初期吸水速度较慢，故与砂浆的黏结性能差，在施工时应根据气候条件和砖的不同湿度及时调整砂浆的稠度。此外，应注意控制砌筑速度，尤其雨季施工时。当砌筑到一定高度后，要有适当间隔时间，以避免砌体游动而影响施工质量。对经常受干湿交替及冻融作用的工程部位，最好使用高强度等级的炉渣砖，或采取水泥砂浆抹面等措施。

灰砂砖、粉煤灰砖及炉渣砖的规格尺寸均与普通黏土砖相同，可代替黏土砖用于一般工业与民用建筑的墙体和基础，其原材料主要是工业废渣，可节省土地资源，减少环境污染，是很有发展前途的砌体结构材料。但是这些砌墙砖收缩性很大且易开裂，且应用历史较短，因此还需要进一步研究更适用于这类砖的墙体结构和砌筑方法。

10.2 砌　　块

砌块是用于砌筑的人造板材，是一种新型的节能墙体材料，按照用途分为承重用实心砌块或空心砌块，彩色、壁裂混凝土装饰砌块，多功能砌块和地面砌块四大类。按照所用原材料分为混凝土小型砌块、人造集料混凝土砌块、复合砌块等种类，其中以混凝土空心小型砌块产量最大，应用最广。由于砌块的制作原料可以使用炉渣、粉煤灰、煤矸石等工业废渣，可以节省大量的土地资源和能源，是代替黏土砖的理想砌筑材料，因而成为我国建筑改革墙体材料的一个重要的途径。

10.2.1 普通混凝土小型空心砌块

混凝土砌块在19世纪末起源于美国，经历了手工成型、机械成型、自动振动成型等阶段。混凝土砌块有空心和实心之分，并且有多种块型，在世界各国得到广泛应用，许多发达国家已经普及了砌块的使用。

普通混凝土小型空心砌块是由水泥、粗集料、细集料加水搅拌，装模、振动（或者加压振动或冲压）成型，并经养护而成。粗、细集料可用普通碎石或卵石、砂子，也可用轻集料（如陶粒、煤渣、煤矸石、火山渣、浮石等）及轻砂。其成型方法有手工成型和机械成型两种方法，可制成中、小型砌块，用于承重或非承重的墙体工程中。

目前，我国各地生产的小型砌块中，产量最多的是普通混凝土小型砌块，占砌块全部产量的70%，天然轻集料或人造轻集料小型砌块、工业废渣小型砌块占25%左右。还有一些特种用途的小型砌块，例如饰面砌块、铺地砌块、护坑砌块、保温砌块、吸音砌块和花格砌块等。

1. 普通混凝土小型砌块的规格

混凝土砌块的块形主要有标准块、半块、一端开口块、圈梁块、开口圈梁块、过梁块、壁柱块和独立柱块等。尺寸规格较多，主要有390mm×190mm×190mm、290mm×190mm×190mm、190mm×190mm×190mm。砌块外壁应不小于30mm，最小肋厚应不小于25mm，砌块空心率大于25%。砌块的孔洞一般竖向设置，多为单排孔，也有双排孔和三排孔。孔洞有全贯通的，在孔洞中配置钢筋；用在地震区建造构造柱（芯柱），多数孔洞为半封顶和全封顶的，便于砌筑时铺设砂浆，但这种砌块若要在孔洞中配置竖向钢筋，砌筑时需将该孔洞封顶薄板凿去。砌块各部位名称见图10-3。

2. 普通混凝土小型砌块的强度等级

根据国家标准《普通混凝土小型砌块》（GB 8239—2014）的规定，混凝土小型砌块按照抗压强度见表10-6，每种砌块所能承受的抗压强度见表10-7。

表10-6　砌块的强度等级

砌块种类	承重砌块（L）	非承重砌块（N）
空心砌块（H）	7.5、10.0、15.0、20.0、25.0	5.0、7.5、10.0
实心砌块（S）	15.0、20.0、25.0、30.0、35.0、40.0	10.0、15.0、20.0

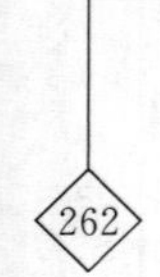

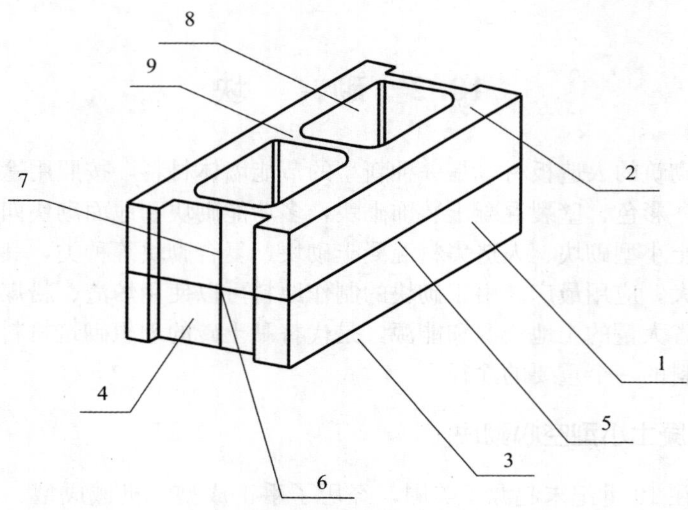

图 10-3　混凝土空心砌块

1—条面；2—座浆面；3—铺浆面；4—顶面；5—长度；
6—宽度；7—高度；8—壁；9—肋

表 10-7　普通混凝土小型空心砌块的强度等级

强度等级	抗压强度	
	平均值不小于（MPa）	单块最小值不小于（MPa）
MU5.0	5.0	4.0
MU7.5	7.5	6.0
MU10.0	10.0	8.0
MU15.0	15.0	12.0
MU20.0	20.0	16.0
MU25.0	25.0	20.0
MU30.0	30.0	24.0
MU35.0	35.0	28.0
MU40.0	40.0	32.0

3. 普通混凝土小型砌块其他技术要求

L 类砌块吸水率应不大于 10%；N 类砌块的吸水率应不大于 14%。L 类砌块线性系数应不小于 0.85；软化系数应不小于 0.85；放射性应符合 GB 6566 的规定，抗冻性符合表 10-8 的规定。

表 10-8　普通小型砌块的抗冻性

使用条件	抗冻指标	质量损失率	强度损失率
夏热冬暖地区	D15	平均值≤5% 单块最大值≤10%	平均值≤20% 单块最大值≤30%
夏热冬冷地区	D25		
寒冷地区	D35		
严寒地区	D50		

普通混凝土小型空心砌块质轻、生产简便、施工速度快、造价低，可用于低层和中层建筑的内墙和外墙。在砌筑时一般不宜浇水，但是在气候特别干燥炎热时，可在砌筑前稍喷水湿润。砌筑时尽量采用主规格砌块，并应先清除砌块表面污物和砌块孔洞的底部毛边。砌筑灰缝宽度应控制在 8～12mm 之间。所埋设的拉结钢筋或网片，必须设置在砂浆层中。承重墙不得用砌块和砖混合砌筑。

10.2.2 蒸压加气混凝土砌块

蒸压加气混凝土砌块是以钙质材料和硅质材料以及加气剂、少量调节剂，经配料、搅拌、浇筑成型、切割和蒸压养护而成的多孔轻质块体材料。

蒸压加气混凝土砌块表观密度小，仅为红砖的 1/3～1/2 左右；隔热保温性能好，其隔热保温性能是红砖的 5 倍多，可有效降低能耗；可加工性好，可钉、锯、钻孔、镂槽；隔音性能好，加气混凝土是多孔结构，其隔音能力为，120mm 厚墙隔音 45 分贝，180mm 厚墙 53 隔音分贝，240mm 厚墙隔音 58 分贝，完全可满足分户墙的隔音要求；耐热和耐火性能好，在受热 700℃以下不会损失强度，耐火性如下，厚度 75mm 时为 2.5 小时，厚度 150mm 时为 5.7 小时，厚度 200mm 时为 8 小时；施工效率高，比红砖高 80%～150%，节约砂浆。但是，在南方潮湿的环境下使用时比较容易引起干缩裂缝，需采取其他一些附加措施予以保证。

1. 砌块的尺寸规格

砌块公称尺寸为的长度 *L* 为 600mm，宽度 *B* 有 100、125、150、200、250、300 及 120、180、240（mm），高度 *H* 有 200、250、300（mm）等多种规格。

2. 砌块的抗压强度和体积密度等级

（1）砌块的强度等级

加气混凝土砌块是加气混凝土经切割而成的块体材料，按照国家标准《蒸压加气混凝土砌块》（GB 11968—2006）要求，根据强度分级有 A1.0、A2.0、A2.5、A3.5、A5.0、A7.5、A10 等七个级别，各等级的立方体抗压强度值不得小于表 10-9 的规定。

表 10-9 加气混凝土砌块的抗压强度

强度级别	立方体抗压强度（MPa）	
	平均值不小于	单块最小值不小于
A1.0	1.0	0.8
A2.0	2.0	1.6
A2.5	2.5	2.0
A3.5	3.5	2.8
A5.0	5.0	4.0
A7.5	7.5	6.0
A10.0	10.0	8.0

（2）砌块的体积密度等级

按照砌块的干体积密度，划分为 B03、B04、B05、B06、B07、B08 等六个级别，各个级别的密度值应符合表 10-10 的规定。

表 10-10　加气混凝土砌块的干体积密度

体积密度级别		B03	B04	B05	B06	B07	B08
体积密度	优等品（A）≤	300	400	500	600	700	800
	一等品（B）≤	330	430	530	360	730	830
	合格品（C）≤	350	450	550	650	750	850

3. 砌块的强度等级

按照尺寸偏差、外观质量、密度范围、抗压强度等性能指标分为优等品（A）、一等品（B）、合格品（C）三个等级。各级的体积密度和相应的强度应符合表 10-11 的规定。

表 10-11　加气混凝土砌块的强度等级

体积密度级别		B03	B04	B05	B06	B07	B08
强度等级	优等品（A）	A1.0	A2.0	A3.5	A5.0	A7.5	A10.0
	一等品（B）			A3.5	A5.0	A7.5	A10.0
	合格品（C）			A2.5	A2.5	A5.0	A7.5

蒸压加气混凝土砌块具有较高的强度、抗冻性及较低的导热系数，是良好的墙体材料和保温隔热材料。多用于高层建筑物非承重的内外墙，也可用于一般建筑物的承重墙，还可用于屋面保温，但不能用于建筑物基础和处于浸水、高湿和有化学侵蚀的环境，也不能用于表面温度高于 80℃的承重结构部位。

10.2.3　轻集料混凝土小型空心砌块

轻集料混凝土小型空心砌块是指以水泥、轻集料、水为主要原料，经搅拌、成型、养护而成的一种轻质砌块。轻集料混凝土小型空心砌块具有自重轻、保温性能好、抗震性能好、防火及隔音效果好等特点。广泛应用于砌筑结构的内外墙，尤其是对保温隔热性能要求比较高的墙体。按照所用轻集料的不同，可分为，陶粒混凝土小砌块、火山渣混凝土小砌块及煤渣混凝土小砌块等三种。

根据国家标准《轻集料混凝土小型空心砌块》（GB/T15229—2011）的规定，混凝土小型空心砌块根据抗压强度分为 MU2.5、MU3.5、MU5.0、MU7.5、MU10.0 五个等级；按其尺寸偏差和外观质量分为优等品、一等品和合格品。

我国自 20 世纪 70 年代末开始利用浮石、火山渣、煤渣等研制并批量生产轻集料混凝土小砌块。轻骨料混凝土小砌块的品种和应用发展很快，并以其轻质高强、保温隔热性能好和抗震性能好的特点，广泛用于墙体保温、结构承重等。

10.3　屋 面 材 料

最常见的屋面材料是瓦，主要起到防水防渗的作用。目前经常使用的除了黏土瓦和混凝土瓦外，还有水泥瓦、金属波形瓦、泡沫玻璃保温板等

1. 黏土瓦

黏土瓦是以黏土、页岩为主要原料，经成型、干燥、焙烧而成。生产黏土瓦的原料应

杂质少、塑性好。成型方式有模压成型或挤压成型。生产工艺和烧结普通砖相同（图 10-4）。

根据标准《烧结瓦》（GB/T 21149—2007），平瓦的规格尺寸在 400mm×240mm～360mm×220mm 之间。平瓦分为优等品、一等品和合格品三个质量等级。

黏土瓦质量大、质脆、易破损，所以在运输和使用过程中应该注意横立堆垛，垛高不得超过五层。

图 10-4　黏土瓦

2. 混凝土瓦

混凝土瓦是以水泥、砂或无机的硬质细集料为主要原料，经配料混合、加水搅拌、机械滚压或人工揉压成型、养护而成。

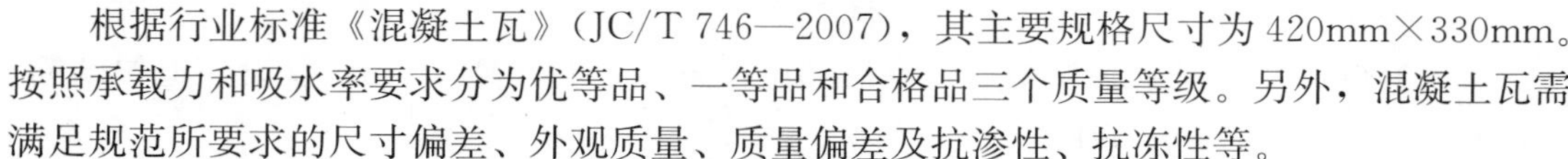

根据行业标准《混凝土瓦》（JC/T 746—2007），其主要规格尺寸为 420mm×330mm。按照承载力和吸水率要求分为优等品、一等品和合格品三个质量等级。另外，混凝土瓦需满足规范所要求的尺寸偏差、外观质量、质量偏差及抗渗性、抗冻性等。

混凝土瓦可用来代替黏土瓦，其耐久性好、成本低，但是重量较黏土瓦大。在配料中加入颜料，可制彩色混凝土瓦。

3. 铁丝网水泥大波瓦

铁丝网水泥大波瓦是用普通水泥和砂加水混合后浇模，中间放置一层冷拔低碳钢丝网，成型后经养护而成。尺寸为 1700mm×830mm×14mm，质量较大，适用于工厂散热车间，仓库及临时性建筑的屋面或维护结构。

4. 金属波形瓦

金属波形瓦是以铝合金板、薄钢板或镀锌铁板等轧制而成。还有用薄钢板轧成瓦楞状，再涂以搪瓷釉，经高温烧制而成的搪瓷瓦楞板。金属波形瓦质量轻、强度高、耐腐蚀、光反射好、适用于屋面和墙面等（图 10-5）。

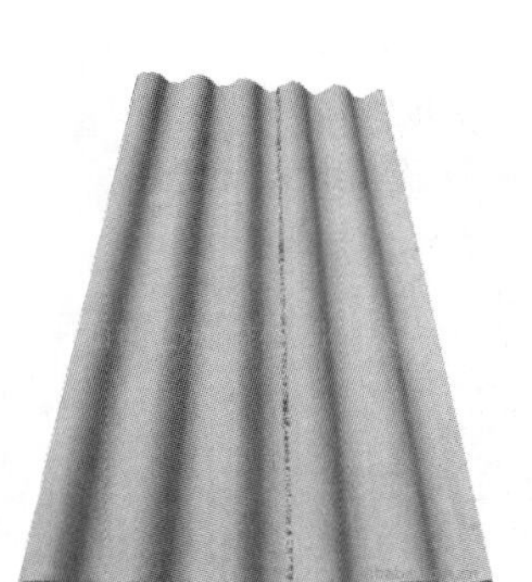

图 10-5　金属波形瓦

5. 泡沫玻璃保温板

泡沫玻璃保温板具有重量轻、导热系数小、吸水率小、不燃烧、不霉变、强度高、耐腐蚀、无毒、物理化学性能稳定等优点，所以广泛用于石油、化工、地下工程，具有隔热、保温、保冷、吸音的功能，还可以用于民用建筑外墙和屋顶的隔热保温（图 10-6）。

案例分析

图 10-6　泡沫玻璃保温板

【10-1】　某写字楼，9 层，框架结构，建筑面积 4000m^2，外墙维护全部采用混凝土空心小型砌块砌筑，交付使用后，出现“热、裂、漏”质量缺陷。

分析：(1) 外围护结构没有采用三排孔砌块，难以降低热辐射影响。

(2) 使用了部分没有达到养护期的砌块，露天存放在施工现场，被雨淋。

(3) 没有采用反砌法，砌体砂浆硬化后，因墙面不平整，锤击或挠动砌块。

(4) 外贴饰面砖打底灰没有采用防水砂浆。

(5) 有的部位漏设水平拉结筋，有的部位设置了，墙体高 3.0m，仅设一道拉结筋，达不到增强砌体抗拉强度的目的。

知识归纳

了解烧结空心砖和多孔砖的性能及用途，了解蒸压蒸养砖的分类，掌握混凝土小型空心砌块的性能和特点。理解蒸压加气混凝土砌块的分类及性能。了解屋面材料的特点。

思考题

1. 烧结普通砖的优缺点是什么？

2. 烧结普通砖的技术性质有哪些？砖的抗风化性是以什么指标作判据的？

3. 简述我国墙体材料改革的重大意义和发展方向。据你所知，有哪些材料可以代替烧结普通砖作墙体材料？

4. 某普通烧结砖做试验，10 块砖的抗压强度值分别为 14.2、21.1、19.5、22.9、13.3、18.8、18.5、18.3、19.8、19.8MPa，试确定砖的强度等级。

5. 何谓烧结普通砖的泛霜和石灰爆裂？它们对建筑物有什么危害？

6. 建筑砌块分哪几种？其等级是如何评定的？

7. 加气混凝土砌块有何特点？它是如何分类的？

8. 墙用砌块与普通黏土砖相比有哪些优点？

9. 蒸压加气混凝土砌块不能用于什么部位？

11 聚合物材料

内容摘要

本章主要内容包括塑料的组成及其特性，常用建筑塑料及其制品的特性及应用；涂料的组成及分类，工程中常用外墙涂料及内墙涂料的特性及应用；常用的建筑防水材料特性及常见防水材料应用；建筑密封材料及黏结剂的组成、特性以及工程常用的密封材料和黏结剂；橡胶材料和合成纤维的特性及常见橡胶与合成纤维的应用；土工合成材料的特性及常见土工合成材料的应用。

聚合物材料是指由许多相同的、简单结构的单元通过共价键重复连接而形成的高分子量化合物，聚合物材料通常也称高分子材料。高分子材料相对于传统材料如水泥、玻璃、陶瓷和钢铁而言是后起的材料，但其发展速度及应用的广泛性却大大超过了传统材料。可以说高分子材料已不再是传统材料的代用品，已成为工业、农业、国防和科技等领域的重要材料。

11.1 合成高分子材料概述

合成高分子是指用结构和相对分子质量已知的单体为原料，经过一定的聚合反应得到的聚合物，其分子量一般在 10^4～10^7之间，甚至更大。高聚物中所含链节的数目 n 称为“聚合度”，高聚物的聚合度一般为 10^3～10^7。合成高分子材料有许多优良的性能，比如密度小、比强度大、弹性高、电绝缘性能好、耐腐蚀、装饰性能好等。合成高分子材料在土木工程领域主要有塑料、橡胶、化学纤维、建筑胶和涂料等。

11.1.1 高分子材料的分类

从不同角度对合成高分子材料可有不同的分类方法。

1. 按性能和用途分类

根据材料的性能和用途，可将聚合物材料分成塑料、纤维、橡胶三大类，此外还有涂料、胶粘剂等。

① 塑料。在一定条件下具有流动性、可塑性，并能加工成型，当恢复平常条件时（如除压和降温）仍保持加工时形状的高分子材料称为塑料。

② 纤维。具备或保持其本身长度大于直径 1000 倍以上而具有一定强度的线状或丝状高分子材料称为纤维。

③ 橡胶。在室温下具有高弹性的高分子材料称为橡胶。在外力作用下，橡胶能产生很大的形变，外力除去后又能迅速恢复原状。

塑料、纤维和橡胶三大类聚合物之间并没有严格的界限。有的高分子材料可以用作纤维，也可以用作塑料，如聚氯乙烯是典型的塑料，又可做成纤维即氯纶，又如尼龙既可以用作纤维又可用作工程塑料；橡胶在较低温度下也可作塑料使用。

2. 按高分子主链结构分类

① 碳链高分子。主链上全由碳原子组成的高分子化合物。大部分烯类和二烯类聚合物属于此类，如聚氯乙烯、聚丁二烯、聚苯乙烯等。

② 杂链高分子。主链上除碳原子外，还有氧、氮、硫等其他元素的高分子化合物。如聚甲醛、聚酰胺、聚酯等。

③ 元素有机高分子。大分子主链中没有碳原子，而由硅、氧、氮、铝、钛、硼等元素组成，侧基为有机基团，如甲基、乙基、乙烯基、芳基等。如有机硅树脂、有机硼聚合物、聚钛氧烷等。

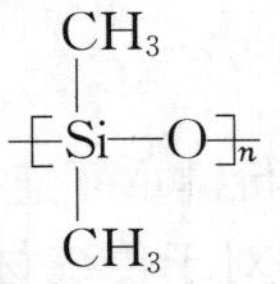

$$\left[\mathrm{Si}(CH_3)_2-O\right]_n \qquad \left[\underset{R}{B}-O-\underset{R}{\overset{O}{\overset{\|}{P}}}-O\right]_n \qquad \left[\mathrm{Ti}(CH_3)_2-O\right]_n$$

有机硅树脂 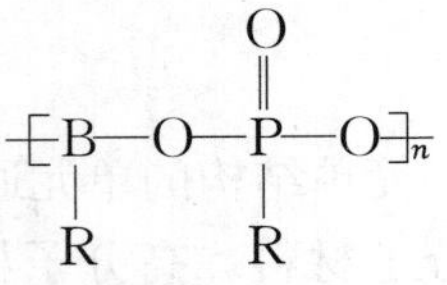　　有机硼聚合物 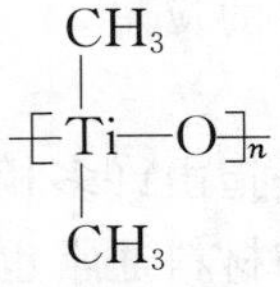　　聚钛氧烷

④无机高分子。聚合物的主链及侧链均无碳原子，如聚氯化磷氰、聚氯化硅氧烷等。

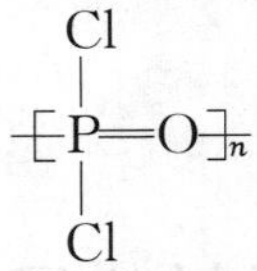

$$\left[\mathrm{P}(Cl)_2=O\right]_n \qquad \left[\mathrm{Si}(Cl)_2=O\right]_n$$

聚氯化磷氰 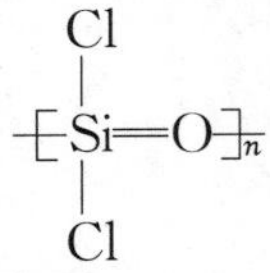　　聚氧化硅氧烷

3. 按高聚物的热性分类

① 热塑性高聚物。加热时可软化，冷却后又硬化成形，且材料的基本结构和性能不改变。一般烯类高聚物都属于此类。

② 热固性高聚物。受热时发生化学变化并固化成形，成形后再受热不会软化变形。属于此类的高聚物有酚醛树脂、环氧树脂等。

正是由于高分子化合物在分子结构、凝聚态结构及分子运动形式上的复杂性、多重性，使高分子材料具有多种多样的品种和性能，用途十分广泛。

11.1.2　高分子材料的合成方法及命名

1. 高分子材料的合成方法

高分子的合成是把低分子化合物（单体）聚合起来形成高分子化合物的过程，或是形成高聚物的过程称为聚合反应。

① 加聚反应。在光、热、压力或引发剂的作用下，低分子化合物中的双键打开，并由单键连接形成大分子的反应，如乙烯生成聚乙烯。

$$n\underset{\text{乙烯}}{CH_2=CH_2} \longrightarrow \underset{\text{聚乙烯}}{\left[CH_2-CH_2\right]_n}$$

② 缩聚反应。缩聚反应是含有两个以上官能团的单体，通过官能团间的反应生成聚合物的反应。缩聚反应与加聚反应不同，其聚合物分子链增长过程是逐步反应的，同时伴有低分子副产物如水、氨、甲醇等的生成。如甲醛和苯酚反应生成酚醛树脂和水。

$$n\,H-\overset{\displaystyle O}{\overset{\|}{C}}-H + n\,C_6H_5OH \xrightarrow{\text{催化剂}} -\!\!\left[C_6H_3(OH)-CH_2\right]_n\!\!- + nH_2O$$

甲醛　　苯酚　　酚醛树脂

加聚反应生成的共聚物和缩聚反应生成的共缩聚物统称为共聚物。

2. 高分子材料的命名

高分子材料的命名方法很多，下面介绍几种常见的命名方法。

（1）习惯命名

① 天然高分子材料都有专门的名称，如纤维素、淀粉、木质素、多糖、蛋白质等。

② 按照原料单体的名称，在它的前面冠以“聚”字来命名。如：

单体 $CH_2=CH-CH_3$（丙烯）　　$CH_2=CH-Cl$（氯乙烯）

聚合物 $-\!\!\left[CH_2-CH(CH_3)\right]_n\!\!-$（聚丙烯）　　$-\!\!\left[CH-CH(Cl)\right]_n\!\!-$（聚氯乙烯）

部分缩聚物也可按此方法来命名。如：

$HOOC-C_6H_4-COOH$（对苯二甲酸）
$HOCH_2CH_2OH$（乙二酚）

$$-\!\!\left[\overset{\displaystyle O}{\overset{\|}{C}}-C_6H_4-\overset{\displaystyle O}{\overset{\|}{C}}-OCH_2CH_2O\right]_n\!\!-$$

聚对苯二甲酸乙二醇酯

有些缩聚物在原料后面附以树脂来命名。如：

C_6H_5OH（苯酚）、CH_2O（甲醛）→ 酚醛树脂

$H_2N-\overset{\displaystyle O}{\overset{\|}{C}}-NH_2$（尿素）、$CH_2O$（甲醛）→ 脲醛树脂

这些产物类似天然树脂，可统称为合成树脂。“树脂”是一技术术语，指未加助剂的聚合物粉料、粒料等物料。此法虽然简单，但也易造成混乱。

（2）按结构来命名

① 聚酯。大分子主链上含有酯键 $-\overset{\displaystyle O}{\overset{\|}{C}}-O-$ 的一大类高聚物。例如聚对苯二甲酸乙二醇酯、醇酸树脂等。

② 聚醚。指大分子链上含—O—醚键的一大类聚合物。例如聚甲醛、聚环氧乙烷。

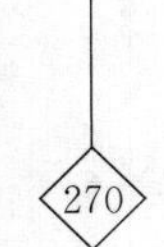

③ 聚酰胺。大分子链上具有酰胺键 $-\overset{\overset{\displaystyle O}{\|}}{C}-NH-$ 的一大类聚合物。例如聚乙二酰乙二胺、聚癸二酰乙二胺等。

④ 其他的结构命名。还有一些大分子主链中含有—SO_2—的聚合物，称为聚砜；大分子主链中含有－NH—CO—NH—的聚合物可以称为聚脲。

(3) 商品名称法

大多数纤维和橡胶，常用聚合物的商品名称来命名。

如我国习惯以“纶”字作为合成纤维商品的后缀字。如锦纶（尼龙-66）、腈纶（聚丙烯腈）、氯纶（聚氯乙烯）、丙纶（聚丙烯）、涤纶（聚对苯二甲酸乙二酯）等。

11.2 建筑塑料

建筑塑料是指用于建筑工程中的各种塑料及其制品，即指利用高分子材料的特性，以高分子材料为主要成分，添加各种改性剂及助剂，为适合建筑工程各部位的特点和要求而生产的一类新兴建筑材料。

11.2.1 建筑塑料的分类

塑料的分类体系比较复杂，各种分类方法也有所交叉，按常规分类主要有以下三种。按使用特性分类；按理化特性分类；按加工方法分类。

1. 按使用特性分类

根据各种塑料不同的使用特性，通常将塑料分为通用塑料、工程塑料和特种塑料三种类型。

① 通用塑料。一般是指产量大、用途广、成型性好、价格便宜的塑料，如聚乙烯、聚丙烯、酚醛等。

② 工程塑料。工程塑料是指被用做工业零件或外壳材料的工业用塑料，是强度、耐冲击性、耐热性、硬度及抗老化性均优的塑料。如ABS、尼龙等。

③ 特种塑料。一般是指具有特种功能，可用于航空、航天等特殊应用领域的塑料。增强塑料和泡沫塑料具有高强度、高缓冲性等特殊性能。如氟塑料和有机硅等。

2. 按理化特性分类

依据塑料不同的理化特性，可以将塑料分为热固性塑料和热塑料性塑料两类。

① 热固性塑料。热固性塑料是指在受热或其他条件下能固化或具有不溶（熔）特性的塑料，如酚醛塑料、环氧塑料等。

② 热塑性塑料。热塑性塑料是指在特定温度范围内能反复加热软化和冷却硬化的塑料，如聚乙烯、聚四氟乙烯等。

3. 按加工方法分类

根据各种塑料不同的成型方法，可以分为膜压、层压、注射、挤出、吹塑、浇铸塑料和反应注射塑料等多种类型。

11.2.2 建筑塑料的特点

建筑塑料不仅能大量替代钢材和木材，而且具有某些传统建筑材料无法比拟的优异性

能。其优点如下：

① 密度低、比强度高。密度一般在0.9～2.2g/cm³之间，泡沫塑料的密度可以低至0.1g/cm³以下，塑料的低密度特性对于高层建筑来说是有利的。表11-1是金属与塑料强度、密度与比强度的比较。

表11-1 金属与塑料强度、密度与比强度

材料	密度（g/cm³）	拉伸强度（MPa）	比强度（拉伸强度/密度）
高强度合金钢	7.85	1280	163
铝合金	2.8	410～450	146～161
尼龙	1.14	441～800	387～702
酚醛木质层压板	1.4	350	250
定向聚偏二氯乙烯	1.7	700	412

② 耐化学腐蚀性好。塑料有很好的抵抗酸、碱、盐侵蚀的能力，特别适合化学工业的建筑用材。

③ 耐水性强。高分子建筑材料一般吸水率和透气性很低，对环境水的渗透有很好的抵抗作用，对防水防潮有利。

④ 减震、隔热和吸声功能强。高分子建筑材料密度小，可以起到减少振动并降噪的作用。高分子材料的导热性很低，是良好的隔热保温材料，保温隔热性能优于木质和金属制品。

⑤ 优良的加工性能。高分子材料成型温度、压力容易控制，适合不同规模的机械化生产。其可塑性强，可制成各种形状的产品。高分子材料生产能耗小（约为钢材的1/5～1/2；铝材的1/10～1/3）、原料来源广，因而材料成本低。

⑥ 电绝缘性好。高分子材料介电损耗小，是较好的绝缘材料。广泛用于电线、电缆、控制开关、电器设备等。

⑦ 装饰性好。高分子材料成型加工方便、工序简单，可以通过电镀、烫金、印刷和压花等方法制备出各种质感和颜色的产品，具有灵活、丰富的装饰性。

同时塑料也有以下缺点。建筑塑料的热膨胀系数大、弹性模量低、易老化、耐热性差，燃烧时会产生有毒烟雾。在选用时应扬长避短，特别要注意防火安全。

11.2.3 建筑塑料的组成

建筑塑料是以合成树脂为基本材料，再按一定比例加入填料、增塑剂、固化剂、着色剂及其他助剂等，经加工而成的材料。

1. 合成树脂

合成树脂是塑料组成材料中的基本组分，占40%～100%，在塑料中主要起胶结作用，它不仅自身可凝结，还能将其他材料牢固地胶结在一起。

合成树脂又分为热塑性树脂和热固性树脂。

热塑性树脂是具有受热软化、冷却硬化的性能，而且不起化学反应，无论加热和冷却重复进行多少次，均能保持这种性能。典型的热塑性树脂如聚烯烃、氟树脂、聚酰胺、聚酯、聚碳酸酯、聚甲醛、ABS树脂、SAN或AS树脂等。其主要缺点有强度、硬度、耐热性、尺寸精度较低，热膨胀系数较大，力学性能受温度影响较大，蠕变、冷流、耐负荷变形较大等。

热固性树脂加热后产生化学变化，逐渐硬化成型，再受热也不软化，也不能熔化。热固性树脂其分子为体型结构，它包括大部分的缩合树脂。热固性树脂的优点是耐热性高，受压不易变形。其缺点是机械性能较差。热固性树脂有酚醛、环氧、氨基、不饱和聚酯以及硅醚树脂等。

2. 填料

填料又称填充剂。填充剂一般是粉末状的物质，而且对聚合物都呈惰性。配制塑料时加入填充剂可以改善塑料的成型加工性能，提高制品的某些性能，赋予塑料新的性能和降低成本。常用的填料有碳酸钙、黏土、滑石粉、石棉、云母等。

3. 增塑剂

增塑剂是添加到树脂中可增加塑料塑性，使之易加工，赋予制品柔软性的化工产品，也是迄今为止使用量最大的助剂种类。

增塑剂是具有一定极性的有机化合物，与聚合物混合时，升高温度使聚合物分子热运动变得激烈，于是链间的作用力削弱，分子间距离扩大，减弱了分子间范德华力的作用，使大分子链易移动，从而降低了聚合物的熔融温度，使之易于成型加工。

4. 稳定剂

稳定剂是能够防止或抑制聚合物在成型加工和使用过程中，由于热、氧、光的作用而引起分解或变色的物质。根据作用不同可分为热稳定剂、光稳定剂、抗氧剂等三类。

5. 固化剂

固化剂也叫硬化剂或熟化剂。能在线型分子间起架桥作用从而使多个线型分子相互键合交联成网络结构的物质，促进或调节聚合物分子链间共价键或离子键的形成。固化剂在不同行业中有不同叫法。例如，在橡胶行业习惯称为“硫化剂”；在塑料行业称为“固化剂”“熟化剂”“硬化剂”；在胶粘剂或涂料行业称为“固化剂”“硬化剂”等。固化剂按用途可分为常温固化剂和加热固化剂。

6. 着色剂

塑料用着色剂是能使塑料着色的一种助剂，主要有颜料和染料两种。颜料是一种不溶的，以不连续的细小颗粒分散于整个树脂中而使之上色的着色剂，包括有机物和无机物两类。染料则是可溶解于树脂中的着色剂，它们是有机化合物，比无机化合物鲜艳、牢固和透亮。

11.2.4 常用建筑塑料

1. 聚氯乙烯塑料（PVC）

聚氯乙烯塑料是由氯乙烯单体聚合而成的，属热塑性塑料。其化学稳定性、抗老化性能好，但耐热性差，通常的使用温度为60～80℃以下。根据增塑剂的掺量不同，可制得软、硬两种聚氯乙烯塑料。

① 软聚氯乙烯塑料。很柔软，有一定的弹性，可以做地面材料和装饰材料，也可以作为门窗框及制成止水带，用于防水工程的变形缝处。

② 硬聚氯乙烯塑料。有较高的机械性能和良好的耐腐蚀性能、耐油性和抗老化性，易焊接，可进行黏结加工。多用做百叶窗、各种板材、楼梯扶手、波形瓦、门窗框、地板

砖、给排水管。

2. 聚甲基丙烯酸甲酯（PMMA）

聚甲基丙烯酸甲酯又称有机玻璃，是透光率最高的一种塑料（可达 92%），因此可代替玻璃，而且不易破碎，但其表面硬度比无机玻璃差，容易划伤。如果在树脂中加入颜料、稳定剂和填充料，可加工成各种色彩鲜艳、表面光洁的制品。

有机玻璃机械强度较高、耐腐蚀性、耐气候性、抗寒性和绝缘性均较好，成型加工方便。缺点是质脆，不耐磨、价格较贵，可用来制作室内隔墙板、天窗、装饰板及广告牌等。

3. 玻璃钢（FRP）

玻璃钢亦称作纤维强化塑料，一般指用玻璃纤维增强不饱和聚酯、环氧树脂与酚醛树脂基体，以玻璃纤维或其制品作增强材料的增强塑料。玻璃钢具有质轻，比强度高，耐高温，耐腐蚀，电绝缘性能好，回收利用少，易于加工等优点。但是玻璃钢的弹性模量低，长期耐温性差，层间剪切强度低。一般玻璃钢多用于制造各种装饰板、门窗框、通风道、落水管、浴盆及耐酸防护层等。

4. 聚苯乙烯（PS）

聚苯乙烯是指由苯乙烯单体经自由基缩聚反应合成的聚合物。聚苯乙烯具有优良的绝热、绝缘和透明性，吸水率极低，防潮和防渗透性能极佳，轻质、高硬度，但质脆，低温易开裂。主要用作隔热材料，在建筑中可用来制造管道、模板、异型板材。

5. ABS 塑料

ABS 是丙烯腈、丁二烯和苯乙烯的三元共聚物，A 代表丙烯腈，B 代表丁二烯，S 代表苯乙烯。ABS 外观为不透明呈象牙色粒料，其制品五颜六色，并具有高光泽度。ABS 有优良的力学性能，其冲击强度极好，可以在极低的温度下使用；耐磨性优良，尺寸稳定性好；热变形温度为 93～118℃，制品经退火处理后还可提高 10℃左右；在－40℃时仍能表现出一定的韧性，可在－40～100℃的温度范围内使用；易于成型和机械加工，耐化学腐蚀；易燃、耐候性差。主要用作装饰板及室内装饰配件和日用品等，其发泡制品可代替木材制作家具。

6. 聚丙烯（PP）

聚丙烯是由丙烯聚合而制得的一种热塑性树脂。聚丙烯通常为半透明无色固体，无臭无毒。熔点高达 167℃，耐热，密度 0.90g/cm^3，是最轻的通用塑料；耐腐蚀，抗张强度 30MPa，强度、刚性和透明性都比聚乙烯好。缺点是耐低温冲击性差，较易老化，可分别通过改性和添加抗氧剂予以克服。

聚丙烯中加入混凝土或砂浆中可大大改善混凝土的阻裂抗渗性能，以及抗冲击及抗震能力。可以广泛地应用于地下工程防水、工业民用建筑工程的屋面、墙体、地坪、水池、地下室以及道路和桥梁工程中。是砂浆、混凝土工程抗裂、防渗、耐磨、保温的新型理想材料。

7. 酚醛树脂（PF）

酚醛树脂俗称电木胶，以这种树脂为主要原料的压塑粉称电木粉。酚醛树脂含有极性羟基，故它在熔融或溶解状态下，对纤维材料胶合能力很强。以纸、棉布、木片、玻璃布等为填料可以制成强度很高的层压塑料。由于苯酚易氧化，酚醛树脂的颜色较深，因此制

品大都为暗色。

酚醛树脂常用的填料有纸浆、木粉、布屑、玻璃纤维和石棉等，填料不同，酚醛树脂性能亦不同。树脂在建筑中被大量用来生产胶合板、纸质装饰层压板等。

8. 环氧树脂（EP）

环氧树脂是由二酚基丙烷（双酚 A）及环氧氯丙烷在氢氧化钠催化作用下缩合而成。本身不会硬化，必须加入固化剂，经室温放置或加热处理后，才能成为不溶（熔）的固体。固化剂常用乙烯多胺邻苯二甲酸酐。

由于环氧树脂分子中含有羟基、醚键和环氧基等极性基团，因此其突出的性能是与各种材料有很强的黏结力，能够牢固地黏结钢筋、混凝土、木材、陶瓷、玻璃和塑料等。经固化的环氧树脂具有良好的机械性能、电化性能、耐化学性能。

9. 不饱和聚酯树脂（UP）

不饱和聚酯树脂是一种分子中含有不饱和双键的线型聚酯，分子质量较低，一般为黏性液体或低熔点固体。不饱和聚酯树脂的优点是工艺性能良好，具有多功能性。其缺点是固化时收缩率较大，加工时单体易挥发，劳动条件较差。

不饱和聚酯树脂主要用来生产复合材料制品和制造各种非增强的模塑制品。如卫生洁具、人造大理石、塑料涂布地板等。

10. 聚氨酯树脂（PU）

聚氨酯树脂是由含有异氰酸酯基的多异氰酸酯预聚物与含有羟基的聚醚或聚酯反应生成的一类聚合物。

聚氨酯树脂广泛用作生产硬质、半硬质、软质泡沫塑料、塑料、弹性体、人造革、涂料和胶粘剂等，其中用于隔热的泡沫塑料用量最大，其次是用于生产涂料。

11.3 建筑防水材料

防止雨水、地下水、工业和民用的给排水、腐蚀性液体以及空气中的湿气、蒸气等侵入建筑物的材料统称为防水材料。建筑物防水处理的部位主要有屋面、墙面、地面和地下室等。屋面防水要求见表 11-2。

表 11-2 屋面防水等级

防水等级	Ⅰ	Ⅱ	Ⅲ	Ⅳ
建筑物类别	特别重要或对防水有特殊要求的建筑	重要建筑和高层建筑	一般的建筑	非永久性建筑
防水层合理使用年限	25 年	15 年	10 年	5 年
设防要求	三道或三道以上防水设防	二道防水设防	一道防水设防	一道防水设防

防水材料根据材料的特性可分为柔性防水材料和刚性防水材料。按材质分可分为沥青类防水材料、改性沥青类防水材料、高分子类防水材料。按外形状可分为防水卷材、防水涂料、密封材料（密封膏或密封胶条）。

高分子防水材料是一种典型的新型建筑材料。它轻质、高强度、多功能，尤其是橡胶

防水卷材已成为橡胶工业中发展速度最快的一种产品。

11.3.1 合成高分子防水卷材

合成高分子防水卷材是以合成橡胶、合成树脂或两者的共混体为基础，加入适量的助剂和填充料，经过特定工序制成的防水卷材。

合成高分子防水卷材具有强度高、延伸率大、弹性高、高低温特性好，防水性能优异等特点，而且彻底改变了沥青基防水卷材施工条件差、污染环境等缺点。目前多应用于高级宾馆、大厦、游泳池、厂房等要求有良好防水性的屋面、地下等防水工程。

根据主体材料的不同，高分子防水卷材分为橡胶型防水卷材、塑料型防水卷材及橡塑共混型防水卷材。

1. 三元乙丙橡胶（EPDM）防水卷材

三元乙丙橡胶（EPDM）防水卷材是防水材料家族中最为成功的防水材料之一，由于其弹性、强度、耐老化、耐腐蚀、低温柔性、施工等综合性能优越，世界各国都将其视为高性能防水材料的代表，十分重视。

三元乙丙橡胶和丁基橡胶在各种橡胶材料中耐老化性能最优，日光、紫外线对其物理力学性能及外观几乎没有影响。由于没有双键，EPDM 表现出非常良好的耐臭氧性，几乎不发生龟裂。EPDM 比其他橡胶具有优越的热稳定性，适用温度范围广；EPDM 防水卷材耐蒸汽性良好，在 200℃左右，其物理性能也几乎不变；有比较强的耐溶剂性和耐酸碱性，因此，EPDM 防水卷材可以广泛地用于防腐领域；EPDM 密度小，作为防水卷材可以减轻屋顶结构的负荷。EPDM 防水卷材采用单层冷粘法施工，操作工艺简便。与传统石油沥青油毡用热玛琋脂黏结法相比，减少了环境污染、加快了施工进度、改善了劳动条件。

三元乙丙橡胶（EPDM）防水卷材最适用于工业与民用建筑屋面工程的外露防水层，并适用于受震动易变形建筑工程的防水，也适用于刚性保护层或倒置式屋面以及地下室、水渠、贮水池、游泳池、隧道地铁和市政工程的防水。与其他防水材料联合使用组成二道、三道或三道以上的复合防水层，常用于防水等级为Ⅰ、Ⅱ级的屋面、地下室或屋顶、楼层游泳池、喷水池的防水工程。

2. 橡胶型氯化聚乙烯防水卷材

橡胶型氯化聚乙烯防水卷材以含氯量为 30%～40%的氯化聚乙烯树脂（热塑性弹性体）为主要原料，加入适量的助剂、硫化剂等配合剂，通常还加入某种合成橡胶改性，采用橡胶加工工艺，经过塑炼、混炼、压延、硫化等工序加工制成的硫化型（橡胶型）防水卷材。

橡胶型氯化聚乙烯防水卷材具有橡胶型防水卷材的通性，强度大、伸长率高、弹性好、耐撕裂；而且其中的双键被氯化饱和，使结构稳定，耐日光、耐臭氧老化、耐酸碱、耐寒、耐暑、使用寿命长，并有自熄和难燃性，能配成各种颜色，有很好的装饰性。

3. 塑料型氯化聚乙烯防水卷材

塑料型氯化聚乙烯防水卷材是以含氯量为 30%～40%的氯化聚乙烯树脂为主要原料，掺入适量的稳定剂、颜料等化学助剂和一定量的填充材料，采用塑料的加工工艺，经过捏合、塑炼、压延、卷曲、检验、分卷、包装等工序加工制成的弹塑性防水卷材。

塑料型氯化聚乙烯防水卷材耐老化性能强、使用寿命长。氯化聚乙烯分子结构呈饱和状态，使其具有良好的耐候性、耐臭氧和耐油、耐化学腐蚀及阻燃性能，具有热塑性弹性体特性，既具有合成树脂的热塑性，还具有橡胶状弹性体特性，可用热风焊施工且不污染环境。

塑料型氯化聚乙烯防水卷材适用于屋面单层外露防水；也适用于有保护层的屋面、地下室或蓄水池等工程防水。

4. 聚氯乙烯防水卷材

聚氯乙烯防水卷材以聚氯乙烯树脂为主原料，加入增塑剂、稳定剂、耐老化剂、填料，经捏合、混炼、造粒、压延（或挤出）、检验、卷取、包装等工序制成。

聚氯乙烯防水卷材防水效果好，抗拉强度高。聚氯乙烯防水卷材的抗拉强度是氯化聚乙烯防水卷材拉伸强度的两倍，抗裂性能高，防水、抗渗效果好，使用寿命长。断裂伸长率是纸胎油毡的300倍以上，对基层伸缩和开裂变形的适应性较强。聚氯乙烯防水卷材的使用温度范围在－40～90℃之间，高低温性能良好。聚氯乙烯防水卷材施工操作简便，不污染环境。

11.3.2　合成高分子防水涂料

合成高分子防水涂料是以合成橡胶或合成树脂为主要成膜物质，再加入其他添加剂制成的单组分或双组分防水涂料。

1. 聚氨酯防水涂料

聚氨酯防水涂料有单组分和双组分两大类。单组分为湿固化型、溶剂型和水性之分；双组分为反应固化型，通常甲组分为聚氨酯（异氰酸酯基化合物与多元醇或聚醚聚合而成），乙组分为固化剂（胺类或羟基化合物或煤焦油）。按比例配合搅拌均匀后，甲组分和乙组分发生化学反应，由液态固化为固态，体积收缩，容易形成较厚的防水涂膜。

聚氨酯防水涂料具有很好的弹性、延伸性、抗拉强度、耐老化、耐腐蚀、耐高低温，黏结性好，是防水涂料中的高档产品。

聚氨酯防水涂料的施工方便，质量好，但有一定的毒性和可燃性，施工时应有良好的通风和防火设施。

聚氨酯防水涂料最适宜用在结构复杂、狭窄和易变形的部位，如厕浴间、厨房、隧道、走廊、游泳池等防水及屋面工程和地下室工程的复合防水。

2. 硅橡胶防水涂料

硅橡胶防水涂料是以硅橡胶乳液及其他乳液的复合物为主要基料与各种助剂配制而成的乳液型防水涂料。该涂料兼有涂膜防水和渗透性防水涂料两者的优良性能，具有良好的防水性、渗透性、成膜性、弹性、黏结性和耐高低温性等优点。它适应基层变形的能力强，可渗入基底，与基底牢固黏结，成膜速度快，可在潮湿基层上施工，而且无毒、无味、不燃、安全可靠、可配成各种颜色。冷施工，易修补，可涂刷、喷涂或滚涂。

硅橡胶防水涂料适用于地下工程及贮水构筑物、卫生间、屋面等防水、防渗及渗漏修补工程。

3. PVC 防水涂料

PVC 防水涂料亦称 PVC 防水冷胶料，是以多种化工原料混炼而成。它具有优良的弹性，延伸率较大，能牢固地与基层黏结成一体，其抗老化性优于热施工塑料油膏和沥青油毡。

PVC防水涂料可用于工业与民用建筑屋面、楼地面、地下工程的防水、防渗、防潮；水利工程的渡槽、储水池、蓄水屋面、水沟、天沟等的防水、防腐等；建筑物的伸缩缝、钢筋混凝土屋面板缝、水落管接口处等的嵌缝、防水、止水；粘贴耐酸瓷砖及化工车间屋面、地面的防腐蚀工程。

4. 丙烯酸弹性防水涂料

丙烯酸弹性防水涂料是以丙烯酸为主料，配以助剂、填料等优质材料复合而成的一种水乳型、不含有机溶剂、无毒、无味、无污染的单组分建筑防水涂料。

丙烯酸弹性防水涂料可用于潮湿或干燥混凝土、砖石、木材、石膏板、泡沫板等基面直接涂刷施工；适用于新旧建筑物及构筑物的屋面、墙面、室内、卫生间等防水工程；也适用于非长期浸水环境下的地下工程、隧道、桥梁等防水工程。

5. 聚合物水泥防水涂料

聚合物水泥防水涂料也称JS复合防水涂料，由有机液体料（如聚丙烯酸酯、聚醋酸乙烯乳液及各种添加剂组成）和无机粉料（如高铝、高铁水泥、石英粉及各种添加剂组成）复合而成的双组分防水涂料，是一种既具有弹性又具有耐久性的新型环保型建筑防水涂料。涂覆后可形成高强坚韧的防水涂膜，并可以根据需要配成各种彩色涂层。

JS防水涂料广泛应用于厕浴、厨房间、建筑物外墙、坡瓦屋面、地下工程和储液池的防水。

11.3.3 建筑防水密封材料

建筑防水密封材料也称建筑防水油膏，是指能承受建筑物接缝位移以达到气密、水密的目的，而嵌入结构接缝中的定型和非定型的材料。

建筑防水密封材料品种繁多，可分为不定型和定型密封材料两大类，前者指膏糊状材料，如PVC油膏、PVC胶泥、沥青油膏、丙烯酸、氯丁、丁基密封腻子、氯磺化聚乙烯、聚硫、硅酮、聚氨酯等，后者指根据工程要求制成的带、条、垫状的密封材料，如止水带、止水条、防水垫、遇水自膨胀橡胶等。

建筑密封材料具有良好的黏结性、抗下垂性、不渗水透气，易于施工。还要求具有良好的弹塑性，能长期经受被粘贴构件的伸缩和振动，在接缝发生变化时不断裂、剥落。要有良好的耐老化性能，不受热和紫外线的影响，长期保持密封所需要的黏结性和内聚力等。

1. 橡胶沥青油膏

橡胶沥青油膏以石油沥青为基料，加入橡胶改性材料和填充料等经混合加工而成，是一种弹塑性冷施工防水嵌缝密封材料，是目前我国产量最大的品种。

橡胶沥青油膏具有防水防潮性能良好、黏结性好、延伸率高、耐高低温性能好、老化缓慢的特点。

橡胶沥青油膏适用各种混凝土屋面、墙板及地下工程的接缝密封等。

2. 聚氯乙烯胶泥

聚氯乙烯胶泥是以煤焦油为基料，聚氯乙烯为改性材料，掺入一定量的增塑剂、稳定

剂和填料，在130～140℃下塑化而形成的热施工嵌缝材料，是目前屋面防水嵌缝中适用较为广泛的密封材料。

聚氯乙烯胶泥具有生产工艺简单，原材料来源广，施工方便，具有良好耐热、黏结、弹塑性和防水性及较好的耐寒、耐腐蚀和耐老化性等特点。

聚氯乙烯胶泥适用各种工业厂房和民用建筑的屋面防水嵌缝，以及受酸碱腐蚀的屋面防水，也可用于地下管道的密封和卫生间等。

3. 有机硅建筑密封膏

有机硅建筑密封膏是以有机硅橡胶为基料配制成的一类高弹性高档密封膏。分为双组分和单组分两种，单组分应用较多。

有机硅建筑密封膏具有优良的耐热、耐寒、耐老化及耐紫外线等耐候性能；与各种基材有良好的黏结力，并且具有良好的伸缩耐疲劳性能，防水、防潮、抗震、气密、水密性能好等特点。

有机硅建筑密封膏单组分型主要用来悬挂玻璃、铺贴瓷砖、橱窗玻璃装配等。双组分型可用于错动较大的板材接缝及钢筋混凝土等预制构件的建筑接缝的密封。

4. 聚硫橡胶密封材料

聚硫橡胶密封材料以液态聚硫橡胶为基料、金属过氧化物为固化剂，加入增塑剂、增韧剂、填充剂及着色剂等配制而成，是目前世界应用最广、使用最成熟的一类弹性密封材料。

聚硫橡胶密封材料弹性高，能适应各种变形和振动，黏结强度好，抗拉强度高，延伸率大，直角撕裂强度大，并且它还具有优异的耐候性，极佳的气密性和水密性，良好的耐油、耐溶剂、耐氧化、耐湿热和耐低温性能，对各种基材均有良好的黏结性能。

聚硫橡胶密封材料适用于混凝土墙板、屋面板、楼板、地下室等部位的接缝密封及金属幕墙、金属门窗框四周、中空玻璃的防水、防尘密封等。

5. 聚氨酯弹性密封膏

聚氨酯弹性密封膏由多异氰酸酯与聚醚通过加成反应制成预聚体后，加入固化剂、助剂等在常温下交联固化而成的一类高弹性建筑密封膏。其性能比其他溶剂型和水乳型密封膏优良，可用于防水要求中等和偏高的工程。

聚氨酯弹性密封膏弹性好、弹性模量低、延伸率大、抗疲劳、抗老化、化学稳定性好，与木材、金属、玻璃、塑料有很强的黏结力，而且有优异的低温柔性。与聚硫、硅酮等弹性密封材料相比，其价格较低。

聚氨酯弹性密封膏适用于装配式建筑的屋面板、外墙板的接缝密封；混凝土建筑物的沉降缝、伸缩缝的密封；阳台、窗框、卫生间等部位接缝的防水密封；给排水管道、蓄水池、道路桥梁、机场跑道等工程的接缝密封与渗漏修补，也可用于玻璃、金属材料的嵌缝。

6. 水乳型丙烯酸密封膏

水乳型丙烯酸密封膏是以丙烯酸酯乳液为黏结剂，掺入少量表面活性剂、增塑剂、改性剂、填料、颜料经搅拌研磨而成。

水乳型丙烯酸密封膏具有良好的黏结性能、弹性和低温柔韧性能，无溶剂污染、无毒、不燃，可在潮湿的基层上施工，操作方便，具有优异的耐候性和耐紫外线老化性能。

水乳型丙烯酸密封膏适用于外墙伸缩缝、屋面板缝、石膏板缝、给排水管道与楼屋面接缝等处密封。水乳型丙烯酸酯密封膏可在潮湿的基层表面上施工，但因其耐水性不是很好，故不宜用于长期浸泡在水中的工程，如水池、坝堤等，此外其抗疲劳性也较差，所以不宜用于频繁受震动的工程，如机场跑道、桥梁等。

11.4 建筑涂料与胶粘剂

11.4.1 建筑涂料

将天然油漆用作建筑物表面装饰，在我国已有几千年的历史。但由于天然树脂和油漆的资源有限，因此建筑涂料的发展一直受到限制。自20世纪50年代以来，随着石油化工工业的发展，各种合成树脂和溶剂、助剂的相继出现，以及大规模投入生产，作为涂覆于建筑物表面的装饰材料，再也不是仅靠天然树脂和油漆了。20世纪60年代以后相继研制出以人工合成树脂和人工合成稀释剂为主，甚至以水为稀释剂的乳液型涂膜材料。油漆这一使用了几千年的词已不能代表其确切的含义，故改称为涂料。但习惯上仍将溶剂型涂料称为油漆，而把乳液型涂料称作乳胶漆。

涂覆于建筑物或建筑构件表面，并能与建筑物或建筑构件表面材料很好地粘连，形成完整保护膜的材料称为建筑涂料。建筑涂料的主要作用是装饰建筑物，保护主体建筑材料，提高其耐久性，改善居住条件或提供某些特殊功能，如防霉变、防火、防水等功能。它具有色彩丰富、质感逼真、施工方便等特点。采用建筑涂料来装饰和保护建筑物是最简便、最经济的方式。

1. 建筑涂料的分类

我国目前建筑涂料还没有统一的分类方法，习惯上常用三种方法分类。

(1) 按主要成膜物质的性质分类

建筑涂料可分为有机涂料、无机涂料和有机-无机复合涂料三大类。

(2) 按涂膜的厚度或质地分类

建筑涂料可分为表面平整光滑的平面涂料和有特殊装饰质感的非平面类涂料。

(3) 按在建筑物上的使用部位分类

建筑涂料可以分为外墙涂料、内墙涂料、地面涂料和顶棚涂料等。

2. 建筑涂料的组成

建筑涂料按涂料中各组分所起的作用，一般可分为主要成膜物质、次要成膜物质、稀释剂和助剂四类。

(1) 主要成膜物质

主要成膜物质包括胶粘剂、基料和固化剂，其作用是将涂料中的其他组分黏结成一个整体，并能牢固地附着在基层的表面，形成连续均匀的坚韧保护膜。根据建筑涂料所处的工作环境，主要成膜物质应具有较好的耐碱性、较好的耐水性、较高的化学稳定性、良好的耐候性以及能常温固化成膜等特点。同时要求材料来源广、资源丰富、价格便宜。

涂料中的主要成膜物质品种有各种合成树脂、天然树脂和植物油料。目前我国建筑涂料所用的成膜物质主要以合成树脂为主。如聚乙烯醇系缩聚物、聚醋酸乙烯及其共聚物、丙烯酸酯及其共聚物、氯乙烯-偏氯乙烯共聚物、环氧树脂、聚氨酯树脂等。此外，还有氯化橡胶、水玻璃、硅溶胶等无机胶结材料。天然树脂有松香、虫胶、沥青等。植物油料有干性油、半干性油和不干性油。

（2）次要成膜物质

次要成膜物质是指涂料中所用的颜料和填料，它们也是涂膜的组成部分，其作用是使涂膜呈现颜色和遮盖力，增加涂膜硬度，防止紫外线的穿透，提高涂膜的抗老化性和耐候性。次要成膜物质不能离开主要成膜物质而单独组成涂膜。

① 颜料。颜料在涂料中除赋予涂膜以色彩外，还起到使涂膜具有一定的遮盖力及提高膜层机械强度、减少膜层收缩、提高抗老化性等作用。

建筑涂料中的颜料主要用无机矿物颜料，有机染料使用较少。常用的品种见表 11-3。

表 11-3　常用着色颜料的品种

颜色	物质
黄	氧化铁黄\［$FeO(OH).nH_2O$\］
蓝	群青\［$Na_6Al_4Si_6S_4O_{20}$\］
绿	氧化铁绿、氧化铬绿
白	二氧化钛、氧化锌、锌钡白、硅灰石粉
黑	炭黑、氧化铁黑
棕	氧化铁棕

② 填料。填料的主要作用在于改善涂料的涂膜性能，降低生产成本。填料主要是一些碱土金属盐、硅酸盐和镁、铝的金属盐等，如重晶石粉、碳酸钙、滑石粉、云母粉、瓷土、石英砂等，多为白色粉末状的天然材料或工业副产品。

③ 稀释剂。稀释剂又称溶剂，是一种能溶解油料、树脂，又易于挥发，能使树脂成膜的有机物质，是溶剂性涂料的一个重要组成部分。它将油料、树脂稀释，并能把颜料和填料均匀分散，调节涂料的黏度，使涂料便于涂刷、喷涂，在基体材料表面形成连续薄层。溶剂还可增加涂料的渗透力，改善涂料和基体材料的黏结能力，节约涂料用量等。

常用的稀释剂有松香水、酒精、200 号溶剂汽油、苯、二甲苯和丙醇等，这些有机溶剂都容易挥发有机物质，对人体有一定影响。而乳胶性涂料，是借助具有表面活化的乳化剂，以水为稀释剂，不采用有机溶剂。

④ 辅助材料。为了改善涂料的性能，诸如涂膜的干燥时间、柔韧性、抗氧化、抗紫外线作用及耐老化性能等，通常在涂料中加入一些辅助材料。辅助材料又称助剂，它们的掺量很少，但种类很多，且作用显著，是改善涂料使用性能不可忽视的重要方面。常用的辅助材料有增塑剂、催干剂、固化剂、抗氧剂、紫外线吸收剂、防霉剂、乳化剂以及特种涂料中的阻燃剂、防虫剂、芳香剂等。

3. 常用建筑涂料

（1）外墙涂料

主要功能是装饰和保护建筑物的外墙面，使建筑物外貌整洁美观，从而达到美化城市环境的目的。建筑外墙涂料的主要类型及品种：

① 聚氨酯系外墙涂料。聚氨酯系外墙涂料是以聚氨酯树脂或聚氨酯与其他树脂的复

合物为主要成膜物质，加入溶剂、颜料、填料和助剂等，经研磨而成的涂料。

聚氨酯系外墙涂料具有近似橡胶弹性的性质，对基层的裂缝有很好的适应性；具有极好的耐水、耐碱、耐酸等性能；一般为双组分或多组分涂料，施工时需按规定比例现场调配；表面光洁度好，呈瓷状质感，耐候性、耐污性好，但价格较贵。

② 丙烯酸系外墙涂料。丙烯酸酯外墙涂料是以热塑性丙烯酸酯合成树脂为主要成膜物质，加入溶剂、颜料、填料和助剂等，经研磨而成的一种挥发型溶剂涂料。丙烯酸系外墙涂料具有无刺激性气味，耐候性良好，耐碱性好，且对墙面有较好的渗透作用，涂膜坚韧、附着力强；使用不受限制，即使是在零度以下的严寒季节，也能干燥成膜；施工方便，可刷、可滚、可喷等特点。缺点是对基层的要求高（含水率不得大于8%），且易燃、有毒，在施工时应注意采取适当的保护措施。

丙烯酸外墙涂料适用于民用、工业、高层建筑及高级宾馆内外装饰，也适用于钢结构、木结构的装饰防护。

（2）内墙涂料

内墙涂料是指既起装饰作用，又能保护室内墙面的一类涂料。为达到良好的装饰效果，要求内墙涂料应色彩丰富，质地平滑细腻，并具有良好的透气、耐碱、耐水、耐粉化、耐污染等性能。此外，还应便于涂刷、容易维修等。内墙涂料可分为以下几种：

① 合成树脂乳液内墙涂料（乳胶漆）。合成树脂乳液内墙涂料是以合成树脂乳液为基料（成膜材料）的薄型内墙涂料。它以水代替了传统油漆中的溶剂，安全无毒，对环境不产生污染，保色性、透气性好，且容易施工，一般用于室内墙面装饰。目前，常用的品种有聚醋酸乙烯乳液内墙涂料、乙丙乳液内墙涂料、苯丙乳液内墙涂料等。

a. 聚醋酸乙烯乳胶漆

聚醋酸乙烯乳胶漆是在聚醋酸乙烯乳液中加入适量的颜料、填料和其他助剂后，经加工而成的一种乳液涂料。聚醋酸乙烯乳胶漆由于用水作为分散剂，所以它无毒、不燃，它的涂膜细腻平滑、色彩鲜艳、透气性好，价格较低，这种涂料的耐水性、耐碱性和耐候性比其他共聚乳液差，比较适合内墙的装饰，不宜用作外墙的装饰。

b. 乙丙乳胶漆

乙丙乳胶漆是以乙丙共聚乳液为主要成膜物质，掺入适量的颜料、填料和辅助材料后，经过研磨或分散后配置而成的半光或有光内墙涂料。乙丙乳胶漆的耐碱性、耐水性和耐候性要优于聚醋酸乙烯乳胶漆，属中高档内外墙装饰涂料。乙丙乳胶漆的施工温度应大于10℃，涂刷面积为$4m^2/kg$。

c. 苯丙乳胶漆

由苯乙烯和丙烯酸酯类的单体、乳化剂等，通过乳液的聚合反应得到苯丙共聚乳液，以该乳液为主要成膜物质，加入颜料、填料和助剂等原材料制得的涂料称为苯丙乳胶漆。苯丙乳胶漆具有丙烯酸酯类的高耐光性、耐候性、漆膜不泛黄的特点，它的耐碱性、耐水性、耐擦洗性较好。苯丙乳胶漆的膜层外观细腻、色泽鲜艳、质感好，与水泥基层的附着力好，适用于内外墙面的装饰。

② 水溶性内墙涂料。水溶性内墙涂料是以水溶性化合物为基料，加入一定量的填料、颜料和助剂，经过研磨、分散后而制成的。这种涂料属于低档涂料，用于一般民用建筑室内墙面装饰。目前，常用的水溶性内墙涂料有106内墙涂料（聚乙烯醇水玻璃内墙涂料）、

803 内墙涂料（聚乙烯醇缩甲醛内墙涂料）等。

a. 聚乙烯醇水玻璃涂料（106 内墙涂料）

聚乙烯醇水玻璃涂料又称106涂料，它是以聚乙烯醇树脂的水溶液和水玻璃为主要成膜物质，加入一定量的颜料和少量助剂，再经过搅拌、研磨而成。涂料中的颜料品种主要是钛白粉（TiO_2）、立德粉（$ZnS \cdot BaSO_4$）、氧化铁红（Fe_2O_3）和铬绿（Cr_2O_3）等，填料品种则有碳酸钙（$CaCO_3$）、滑石粉（$3MgO \cdot 4SiO_2 \cdot H_2O$）等。另外常在涂料中加入少量的表面活性剂、快速渗透剂等。

聚乙烯醇水玻璃涂料是使用较早的一种内墙涂料，这种涂料具有原材料资源丰富、价格低、生产工艺简单、不燃、无毒、施工方便、膜层光滑平整、装饰性好的特点，但膜层的耐擦洗性能较差、易产生起粉脱落现象。它能在稍潮湿的墙面上施工，与墙面有一定的黏结力。

b. 聚乙烯醇缩甲醛涂料（803 内墙涂料）

聚乙烯醇缩甲醛涂料是以聚乙烯醇与甲醛不完全缩合反应生成的聚乙烯醇半缩醛水溶液为胶结料，加入颜料、填料及其他助剂，经混合、搅拌、研磨、过滤等工序制成的一种涂料，俗称803内墙涂料。其生产工艺与聚乙烯醇水玻璃涂料相似，生产成本基本相当，耐水性、耐擦洗性略优于106，是106涂料的改进产品。

聚乙烯醇缩甲醛涂料具有无毒、无味、干燥快、遮盖力强、涂层光洁，在冬季较低温度下不易冻结、涂刷方便、装饰性好、耐擦洗性好、对墙面有较好的附着力、能在稍潮湿的基层施工。

c. 改性聚乙烯醇系内墙涂料

聚乙烯醇水玻璃或聚乙烯醇缩甲醛涂料，总的来说其耐洗刷性不高，难以满足内墙装饰的功能要求。改性后的聚乙烯醇系内墙涂料，其耐擦洗性可提高到500～1000次以上。改性的方法是提高基料的耐水性即采用活性填料提高涂膜的耐水洗性。

③ 多彩花纹内墙涂料。多彩花纹内墙涂料又称多彩内墙涂料，它是由分散介质（水相）和分散相（涂料相）组成。多彩内墙涂料是一种水包油型的内墙涂料。

多彩内墙涂料具有涂层色泽优雅、富有立体感、装饰效果好的特点，涂膜质地较厚，弹性、整体性、耐久性好，耐油、耐水、耐腐、耐洗刷也较好。适用于建筑物内墙和顶棚的混凝土、砂浆、石膏板、木材、钢、铝等多种基面。

④ 其他内墙涂料

a. 溶剂型内墙涂料

溶剂型内墙涂料与溶剂型外墙涂料基本相同。由于其透气性较差，容易结露，且有溶剂污染，故较少用于住宅内墙。但其光洁度好，易于冲洗，耐久性好，可用于厅堂、走廊等处。溶剂型内墙涂料主要品种有丙烯酸酯墙面涂料、聚氨酯墙面涂料等。

b. 纤维涂料

纤维涂料又称锦壁涂料，是由植物纤维配制而成的，可采用涂抹施工，形成2～3mm厚的饰面层。纤维质内墙涂料的涂层具有立体感强、质感丰富、阻燃、防霉变、吸声效果好等特性，涂层表面的耐污染性和耐水性较差。纤维质内墙涂料可用于多功能厅、歌舞厅和酒吧等场所的墙面装饰。

c. 仿瓷涂料

仿瓷涂料又称瓷釉涂料，是以多种高分子化合物为基料，配以各种助剂、颜料和无机填料，经加工而成的一种光泽涂料。仿瓷涂料涂膜具有耐磨、耐沸水、耐化学品、耐冲击、耐老化及硬度高的特点，涂层丰满细腻坚硬、光亮，酷似陶瓷、搪瓷。可用于公共建筑内墙、厨房、卫生间和浴室等处，还可用于电器、机械及家具的外表涂饰。

d. 仿绒涂料

仿绒涂料不含纤维，是由树脂乳液和不同色彩聚合物微粒配制的涂料。其涂层富有弹性，色彩图案丰富，有一种类似于织物的绒面效果，给人以柔和、高雅的感觉。适用于内墙装饰，也可用于室外，特别适合于局部装饰。

e. 彩砂涂料

彩砂涂料是由合成树脂乳液、彩色石英砂、着色颜料及助剂等物质组成。该涂料无毒、不燃、附着力强，保色性及耐候性好，耐水、耐酸碱腐蚀，色彩丰富，表面有较强的立体感，适用于各种场所的室内外墙面装饰。有时在石英砂中掺加带金属光泽的某些填料，可使涂膜质感强烈，有金属光亮感。

11.4.2 胶粘剂

胶粘剂又称黏合剂、黏结剂，是一种具有优良黏合性能的物质。它能在两种物体表面之间形成薄膜，使之黏结在一起，其形态通常为液态和膏状。

1. 胶粘机理

胶粘剂所以能牢固黏结两个相同或不相同材料，是由于它们具有粘合力。粘合力大小取决于胶粘剂与被粘物之间的黏附力和胶粘剂本身的内聚力。

一般认为黏结力主要来源于以下几个方面：

① 机械黏结力。胶粘剂涂敷在材料的表面后，能渗入材料表面的凹陷处和表面的孔隙内，胶粘剂在固化后如同镶嵌在材料内部。正是靠这种机械锚固力将材料黏结在一起。

② 物理吸附力。胶粘剂分子和材料分子间存在的物理吸附力，即范德华力将材料黏结。

③ 化学键力。某些胶粘剂分子与材料分子间能发生化学反应，即在胶粘剂与材料间存在有化学键力，是化学键力将材料黏结为一个整体。

2. 胶粘剂的组成

胶粘剂一般多为有机合成材料，通常是由黏结料、固化剂、增塑剂、稀释剂及填充剂等原料经配制而成。胶粘剂的黏结性能主要取决于黏结物质的特性。

（1）黏结料

黏结料也称黏结物质，是胶粘剂中的主要成分，它对胶粘剂的性能，如胶结强度、耐热性、韧性、耐介质性等起重要作用。胶粘剂中的黏结物质通常是由一种或几种高聚物混合而成，主要起黏结两种物件的作用。要求有良好的黏附性与湿润性。

一般建筑工程中常用的黏结物质有热固性树脂、热塑性树脂、合成橡胶类等。

（2）固化剂和促进剂

固化剂是胶粘剂中最主要的配合材料，它直接或者通过催化剂与主体聚合物反应，固化结果是把固化剂分子引进树脂中，使分子间距离、形态、热稳定性、化学稳定性等都发生了明显的变化，使树脂由热塑型转变为网状结构。促进剂是一种主要的配合剂，它可以缩短固化时间、降低固化温度。常用的有胺类或酸酐类固化剂等。

（3）增塑剂和增韧剂

增塑剂一般为低黏度、高沸点的物质，如邻苯二甲酸二丁酯、邻苯二甲酸二辛酯、亚磷酸三苯酯等，因而能增加树脂的流动性，有利于浸润、扩散与吸附，能改善胶粘剂的弹性和耐寒性。增韧剂是一种带有能与主体聚合物起反应的官能团的化合物，在胶粘剂中成为固化体系的一部分，从而改变胶粘剂的剪切强度、剥离强度、低温性能与柔韧性。

（4）稀释剂

稀释剂也称溶剂，主要对胶粘剂起稀释分散、降低黏度的作用，使其便于施工，并能增加胶粘剂与被胶粘材料的浸润能力，以及延长胶粘剂的使用寿命。

常用的有机溶剂有丙酮、甲乙酮、乙酸乙酯、苯、甲苯、酒精等。

（5）填充剂

填充剂也称填料，一般在胶粘剂中不与其他组分发生化学反应。其作用是增加胶粘剂的稠度，降低膨胀系数，减少收缩性，提高胶结层的抗冲击韧性和机械强度。

常用的填充剂有金属及金属氧化物的粉末、玻璃、石棉纤维制品以及其他植物纤维等，如石棉粉、铝粉、磁性铁粉、石英粉、滑石粉及其他矿粉等无机材料。

3. 胶粘剂的分类

按固化条件可分为室温固化胶粘剂、低温固化胶粘剂、高温固化胶粘剂、光敏固化胶粘剂、电子束固化胶粘剂等。

按性质可将胶粘剂分为有机胶粘剂和无机胶粘剂两大类，其中有机类中又可再分为人工合成有机类和天然有机类。

按状态可以分为溶液类胶粘剂、乳液类胶粘剂、膏糊类胶粘剂、膜状类胶粘剂和固体类胶粘剂等。

按用途分为结构型胶粘剂、非结构型胶粘剂、特种胶粘剂。

4. 影响胶结强度的因素

影响胶结强度的因素有很多，最主要的有胶粘剂的选择、被黏结材料的性质、胶粘剂对被粘物表面的浸润性（或称湿润性）、黏结工艺及环境条件等。

（1）胶粘剂的选择

选择合适的胶粘剂是影响胶结强度的关键因素。胶粘剂和待胶接的材料（即被粘物）应该是相容的。除了适合的基本强度之外，胶粘剂还必须有足够的耐久性。当胶接件接头暴露在不利的使用环境中，胶粘剂还应具有一定的承载能力。

（2）被粘物的性质

被粘物的性质主要指被粘物的组成、结构及表面状况等。通常情况下，非极性被粘物采用极性胶粘剂，极性被粘物采用非极性胶粘剂，黏结强度都不会太高。被粘物的表面状况也直接影响黏附力，因此要求被粘物表面应清洁、干燥、无锈蚀、无漆皮、应有一定的粗糙度等；对于耐热性差或热敏被粘物，应选用室温固化的胶粘剂。

（3）胶粘剂对被粘物表面的浸润性

胶结的首要条件是胶粘剂均匀分布在被粘物上，因此，胶粘剂完全浸润被粘物是获得理想的胶结强度的先决条件。

（4）黏结工艺

胶粘剂工艺上要求表面清洗要干净、胶层要匀薄、晾置时间要充分，固化要完全等。

（5）环境因素和接头形式

环境空气湿度大，胶层内的稀释剂不易挥发，容易产生气泡。空气中灰尘大、气温低时会降低胶结强度。黏结接头形式很多，接头设计的合理与否对胶结强度的影响很大，良好的胶结接头应搭接长度适当、宽度大、厚度适中，尽可能避免胶层承受弯曲和剥离作用。

5. 常用胶粘剂

（1）不饱和聚酯树脂胶粘剂

不饱和聚酯树脂一般是由不饱和二元酸、饱和二元酸和二元醇缩聚而成的线型聚合物，在树脂分子中同时含有重复的不饱和双键和酯键。

不饱和聚酯树脂胶粘剂的接缝耐久性和环境适应性较好；工艺性能优良，可以在室温下固化，常压下成型，工艺性能灵活，特别适合大型和现场制造玻璃钢制品；固化后树脂综合性能好，力学性能指标略低于环氧树脂，但优于酚醛树脂。耐腐蚀性，电性能和阻燃性可以通过选择适当牌号的树脂来满足要求，树脂颜色浅，可以制成透明制品；品种多，适应广泛，价格较低；固化时收缩率较大，使用时须加入填料或玻璃纤维；贮存期限短，长期接触对身体健康不利。

不饱和聚酯树脂胶粘剂主要用于制造玻璃钢，也可黏结陶瓷、玻璃钢、金属、木材、人造大理石和混凝土。

（2）环氧树脂胶粘剂

环氧树脂胶粘剂（俗称“万能胶”）品种很多，目前产量最大、使用最广的为双酚A醚型环氧树脂（国内牌号为E型），是以二酚基丙烷和环氧烷在碱性条件下缩聚而成，再加入适量的固化剂，在一定条件下，固化成网状结构的固化物并将两种被粘物体牢牢黏结为一整体。

环氧树脂胶粘剂耐酸耐碱性均好，且可在低温、常温、高温下固化，且固化时收缩小；固化后产物具有良好的耐腐蚀性、电绝缘性、耐水性、耐油性等；和其他高分子材料及填料的混溶性好，便于改性；由于含有极活泼的环氧基和多种极性基，黏结力强，在黏结混凝土方面，其性能远远超过其他胶粘剂，广泛用于混凝土结构裂缝的修补和混凝土结构的补强与加固。常用环氧树脂胶粘剂品种及特点如表11-4所示。

表 11-4　常用环氧树脂胶粘剂品种及特点

型号	名称	特点
AH-03	大理石黏结剂	耐水、耐候、方便
EE-1	高效耐水建筑胶	耐热、不怕潮湿
EE-2	室外用界面黏合剂	耐候、耐水、耐久
WH-1	万能胶	耐热、耐油、耐水、耐腐蚀
YJ-Ⅰ～Ⅳ	建筑黏结剂	耐水、耐湿热、耐腐蚀
601	建筑装修黏结剂	黏结力强，耐湿、耐腐蚀
621F	黏结剂	无毒、无味、耐水、耐湿热
6202	建筑胶粘剂	黏结力好，耐腐蚀
4115	建筑胶粘剂	黏结力好，耐湿，耐污
	装饰美胶粘剂	初黏结力强，胶膜柔韧
	地板胶粘剂	黏结力强，耐水，耐油污

(3) 聚乙烯醇缩甲醛胶粘剂（107 胶）

聚乙烯醇缩甲醛胶粘剂又称“107 胶”，是以聚乙烯醇与甲醛在酸性介质中进行缩合反应而制得的一种透明水溶液。无臭、无味、无毒，有良好的黏结性能，黏结强度可达 0.9MPa。它在常温下能长期储存，但在低温状态下易发生冻胶。

聚乙烯醇缩甲醛胶除了可用于壁纸、墙布的裱糊外，还可作为室内外墙面、地面涂料的配置材料。在普通水泥砂浆内加入 107 胶后，能增加砂浆与基层的黏结力。但聚乙烯醇缩甲醛胶粘剂耐水性及耐老化性很差。2001 年，由于 107 胶中甲醛含量严重超标，国家已将其列入被淘汰的建材产品名单中，在家庭装修中禁止使用。

(4) 聚醋酸乙烯酯胶粘剂（乳白胶）

聚醋酸乙烯酯胶粘剂一般是以醋酸乙烯为主要原料，过硫酸铵为引发剂，在 80℃左右温度下将醋酸乙烯单体聚合而制得一种乳白色黏稠液体，是一种用途十分广泛的胶粘剂。根据要求和用途区分为强力乳白胶（RF701）、乳白胶Ⅰ型（RF601）、乳白胶Ⅱ型（RF642）等型号。

聚醋酸乙烯酯胶粘剂对各种极性材料有较高的黏附力，但耐热性、对溶剂作用的稳定性及耐水性较差，只能作为室温下使用的非结构胶，如用于黏结玻璃、陶瓷、混凝土、纤维织物、木材、塑料层压板、聚苯乙烯板、聚氯乙烯板及塑料地板。

(5) 酚醛树脂胶粘剂

酚醛树脂是酚与醛在酸或碱催化剂的存在下反应所生成的树脂。该树脂既可作胶粘剂，也可作其他材料。

酚醛树脂胶粘剂具有耐热性好，黏结强度高，耐老化性好，电绝缘性优良，价廉易用等优点。广泛用于木材加工，皮革和橡胶制品的黏结。

(6) 氯丁橡胶（CR）胶粘剂

氯丁橡胶胶粘剂简称氯丁胶，是以氯丁橡胶为基料，另加入其他树脂、增稠剂、填料等配制而成。氯丁橡胶胶粘剂有溶剂型，乳液型和无溶剂液体型，溶剂型又分为混配型和接枝型。混配型包括纯 CR 胶粘剂和含填料的 CR 胶粘剂，以及树脂改性的 CR 胶粘剂。接枝型是氯丁橡胶与甲基丙烯酸甲酯等单体溶液接枝共聚的胶粘剂。目前仍以溶剂型氯丁橡胶胶粘剂使用最多，应采取措施减少毒害污染，符合环保要求。

氯丁橡胶胶粘剂可室温冷固化，初黏力很大，强度建立迅速，黏结强度较高，综合性能优良，用途极其广泛，能够黏结橡胶、皮革、织物、造革、塑料、木材、纸品、玻璃、陶瓷、混凝土、金属等多种材料。因此，氯丁橡胶胶粘剂也有“万能胶”之称。建筑上常用于在水泥混凝土或水泥砂浆的表面上粘贴塑料或橡胶制品等。

(7) 丁腈橡胶（NBR）胶粘剂

丁腈橡胶（NBR）胶粘剂是丁二烯和丙烯腈的共聚产物。丁腈橡胶（NBR）胶粘剂耐油性好，同时，在极性溶剂中的溶解性提高，热稳定性提高，拉伸强度增加与酚醛树脂等极性高分子材料的亲和性增加，降低了增塑剂在胶中的迁移性，皮膜变硬，黏着性下降，耐寒性降低，抗透气性和抗水性能提高。

丁腈橡胶胶粘剂可用于金属-金属、橡胶-金属、木材-木材、皮革-皮革、橡胶-橡胶等多方面材料的黏合。更适于柔软的或热膨胀系数相差悬殊的材料之间的黏结（如黏结聚氯乙烯板材、聚氯乙烯泡沫塑料等）。

11.5 合成橡胶与合成纤维

11.5.1 合成橡胶

合成橡胶是由人工合成的具有可逆变形的高弹性聚合物，也称合成弹性体。世界上通用的七大基本胶种中，我国除异戊橡胶外均能生产。目前国内生产的主要合成橡胶产品是丁苯橡胶（SBR）、丁二烯橡胶（BR）、氯丁橡胶（CR）、丁腈橡胶（NBR）、乙丙橡胶（EPDM）和丁基橡胶（HR）等基本合成橡胶，以及苯乙烯类热塑性丁苯橡胶（SBCS），还生产多种合成胶乳及特种橡胶。合成橡胶一般在性能上不如天然橡胶全面，但它具有高弹性、绝缘性、气密性、耐油、耐高温或低温等性能，因而广泛应用于各种轮胎、管材、垫片、密封件、滚筒等材料的制备。

1. 丁苯橡胶（SBR）

丁苯橡胶（SBR）是最大的通用合成橡胶品种，也是最早实现工业化生产的橡胶之一。它是丁二烯与苯乙烯的无规共聚物。根据单体配比、聚合温度、乳化剂种类、转换率高低、防老剂种类和填充剂成分的不同，SBR 有 500 多种的产品，并呈现出不同的性能。例如，我国有 SBR-10，SBR-30，SBR-50 等牌号，其中，10、30、50 代表苯乙烯在单体总重量中的百分数。苯乙烯的含量越多，SBR 的耐溶性越高，弹性越低，可塑性、耐磨性和硬度会不断提高。

SBR 的物理机械性能、加工性能及制品的使用性能接近于天然橡胶，其耐磨、耐热、耐老化及硫化速度较天然橡胶更为优良，而且可与天然橡胶及多种合成橡胶并用，除被广泛用于轮胎、胶带、胶管、电线电缆及各种橡胶制品的生产领域外，还被用于生产建筑胶、建筑密封胶、密封胶、防水卷材专用胶，以及改性沥青等工程领域。

2. 聚丁二烯橡胶（BR）

聚丁二烯橡胶是以 1，3-丁二烯为单体聚合而得到的一种通用合成橡胶，在合成橡胶中，聚丁二烯橡胶的产量和消耗量仅次于丁苯橡胶，居第二位。按分子结构可分为顺式聚丁二烯和反式聚丁二烯。

BR 与天然橡胶相比，具有良好的弹性、耐磨性、耐低温性和耐老化性，但是它的可加工性不如天然橡胶，且容易产生撕裂。可以通过与其他种类橡胶的共混改善 BR 的这一缺陷。可用于橡胶弹簧、减震橡胶垫。

3. 氯丁橡胶（CR）

CR 又称氯丁二烯橡胶，是由 2-氯-1，3-丁二烯以乳液聚合法制备而成。氯丁橡胶的品种和牌号较多，是合成橡胶中牌号最多的一个胶种。

CR 具有良好的物理机械性能，耐油、耐溶剂、耐老化、耐燃、耐日光、耐臭氧，耐酸碱。其主要缺点是耐寒性和贮存稳定性较差。根据它的特性，CR 主要用来制备电线电缆、传动带、运输带、耐油胶板、耐油胶管、密封材料等橡胶制品，在工程中主要用于桥梁承载衬垫、高层建筑承载衬垫、屋顶防水遮雨板，也可配制涂料及胶粘剂。

4. 丁腈橡胶（NBR）

丁腈橡胶是由丁二烯与丙烯腈共聚而成的，是耐油（尤其是烷烃油）、耐老化性能较好的合成橡胶。丙烯腈含量越多，耐油性越好，但耐寒性则相应下降。NBR 具有优良的耐油性，并且具有耐磨性和气密性。丁腈橡胶的缺点是不耐臭氧及芳香族、卤代烃、酮及酯类溶剂，不宜做绝缘材料。

NBR 主要用于制作耐油制品，如耐油管、胶带、橡胶隔膜和大型油囊等，常用于制作各类耐油模压制品，如 O 形圈、油封、皮碗、膜片、活门、波纹管等，也用于制作胶板和耐磨零件。另外，还可以用它作为 PVC，PF 等树脂的改性剂。

5. 乙丙橡胶

乙丙橡胶包括以单烯烃乙烯、丙烯共聚成的二元乙丙橡胶，以及以乙烯、丙烯及少量非共轭双烯为单体共聚而制得三元乙丙橡胶。二元乙丙橡胶分子主链上，乙烯和丙烯单体呈无规则排列，失去了聚乙烯或聚丙烯结构的规整性，从而成为弹性体；而三元乙丙橡胶二烯烃位于侧链上，因此三元乙丙橡胶不但可以用硫黄硫化，同时还保持了二元乙丙橡胶的各种特性。在乙丙橡胶商品牌号中，二元乙丙橡胶只占总数的 10%左右，三元乙丙橡胶占 90%左右。

因三元乙丙橡胶分子主链为饱和结构而呈现出卓越的耐候性、耐臭氧、电绝缘性、低压缩永久变形、高强度和高伸长率等宝贵性能，其应用极为广泛，消耗量逐年增加。三元乙丙橡胶主要用作汽车制造行业中的汽车密封条、散热器软管、火花塞护套、空调软管、胶垫、胶管等，以及建筑行业中的塑胶运动场、防水卷材、房屋门窗密封条、玻璃幕墙密封、卫生设备和管道密封件等。

6. 丁基橡胶（HR）

丁基橡胶是由异丁烯与少量异戊二烯共聚而成，并利用氯甲烷作稀释剂，三氯化铝作催化剂。根据产品不饱和度的等级要求，异戊二烯的用量一般为异丁烯用量的 1.5%～4.5%，转化率为 60%～90%。

丁基橡胶具有良好的化学稳定性和热稳定性，最突出的是气密性和水密性。它对空气的透过率仅为天然橡胶的 1/7，丁苯橡胶的 1/5，而对蒸汽的透过率则为天然橡胶的 1/200，丁苯橡胶的 1/140。因此主要用于制造蒸汽管、水坝底层以及垫圈等各种橡胶制品。

11.5.2 合成纤维

合成纤维是以小分子的有机化合物为原料经加聚反应或缩聚反应合成的线型有机高分子化合物，再经纺丝成形和后处理而制得的化学纤维。与天然纤维和人造纤维相比，合成纤维的原料是由人工合成方法制得的，生产不受自然条件的限制。

世界合成纤维工业从 1938 年杜邦公司工业化生产锦纶开始，其间，涤纶、腈纶、丙纶、维纶、氨纶及一些高性能合成纤维相继工业化，开创了合成纤维的新时代。

合成纤维有多种分类方法。按主链结构可以分为碳链合成纤维和杂链合成纤维。碳链合成纤维包括聚丙烯纤维（丙纶）、聚丙烯腈纤维（腈纶）、聚乙烯醇缩甲醛纤维（维尼纶）；杂链合成纤维包括聚酰胺纤维（锦纶）、聚对苯二甲酸乙二醇酯纤维（涤纶）等。

按其用途可以分为民用纤维和产业纤维。民用纤维主要用于制备衣料等生活用品，要

求合成纤维应具有舒适性、阻燃性、实用性、耐久性、保温性等；产业用纤维，要求其应具有耐高温、高强、高模量和节能等特性。

合成纤维品种繁多，但从性能、应用范围和技术成熟程度方面看，真正工业化的合成纤维主要是聚酰胺纤维、聚酯纤维和聚丙烯腈纤维三类。

1. 聚酰胺纤维（锦纶、尼龙、耐纶）

聚酰胺纤维是用主链上含有酰胺键的高分子聚合物纺制而成的合成纤维。包括脂肪族聚酰胺纤维、含有脂肪环的脂肪族聚酰胺纤维、含芳香环的脂肪族聚酰胺纤维。聚酰胺纤维的主要品种是尼龙 66 和尼龙 6。尼龙 66 熔点 255～260℃，软化点约 220℃，尼龙 6 熔点 215～220℃，软化点约 180℃。两者的比重相同，而且其他性质也都类似，如强度高，回弹性好，耐磨性在纺织纤维中最高，耐多次变形性和耐疲劳性接近于涤纶，且高于其他化学纤维，有良好的吸湿性，可以用酸性染料和其他染料直接染色。尼龙 66 和尼龙 6 的主要缺点是耐光和耐热性能较差，初始模量较低。可以通过添加耐光剂和热稳定剂改善尼龙 66 和尼龙 6 的耐光和耐热性能。聚酰胺纤维除了可以用来制备衣物等生活用品外，还可以用来制造地毯、装饰布等家居产品，以及帘子线、传动带、软管、绳索、渔网等工业产品。

2. 聚酯纤维（涤纶，俗称“的确良”）

聚酯纤维由有机二元酸和二元醇缩聚而成的聚酯经纺丝所得的合成纤维，是当前合成纤维的第一大品种，目前主要品种是聚对苯二甲酸乙二醇酯纤维。在我国聚酯纤维的商品名称为“涤纶”，俗称“的确良”。涤纶有优良的耐皱性、弹性和尺寸稳定性，有良好的电绝缘性能，耐日光，耐摩擦，不霉不蛀，有较好的耐化学试剂性能，能耐弱酸及弱碱。在室温下，有一定的耐酸能力，耐强碱性较差。涤纶的染色性能较差，一般须在高温或有载体存在的条件下用分散性染料染色。涤纶具有许多优良的纺织性能和使用性能，用途广泛，可以纯纺织造，也可与棉、毛、丝、麻等天然纤维和其他化学纤维混纺交织。涤纶在建筑等工程领域中可作为电绝缘材料、运输带、绳索、室内装饰物和地毯等。

3. 聚丙烯腈纤维（腈纶、奥伦、开司米纶）

聚丙烯腈纤维是由单体丙烯腈经自由基聚合反应，经过纺丝处理而成的合成纤维。聚丙烯腈纤维的强度并不高，耐磨性和抗疲劳性也较差。但其具有较强的耐候性和耐日晒性，在室外放置 18 个月后还能保持原有强度的 77%。另外，它对化学试剂具有良好的耐蚀性，特别是无机酸、漂白粉、过氧化氢及一般的有机试剂。

聚丙烯腈纤维广泛用来代替羊毛，或与羊毛混纺制成毛织物等，可代替部分羊毛制作毛毯和地毯等织物，还可作为室外织物，如滑雪外衣、船帆、军用帆布、帐篷等。

4. 其他纤维

① 聚丙烯纤维。中国商品名为“丙纶”，国外称“帕纶”、“梅克丽纶”等。近年来发展速度也很快，产量仅次于涤纶、锦纶和腈纶，是合成纤维第四大品种。

② 聚乙烯醇纤维。中国商品名为“维纶”，国外商品名有“维尼纶”、“维纳纶”等。聚乙烯醇纤维于 1950 年投入工业化生产，目前世界产量在合成纤维中占第五位。

③ 聚氯乙烯纤维。中国商品名为“氯纶”，国外商品名有“天美纶”、“罗维尔”等。

④ 特种合成纤维。特种合成纤维具有独特的性能，产量较小，但起着重要的作用。特种合成纤维品种很多，按其性能可分为耐高温纤维、耐腐蚀纤维、阻燃纤维、弹性纤

维、吸湿性纤维等。

合成纤维应用广泛，除作纺织工业原料外，还大量用于航空航天、交通、汽车、船舶、国防、化工及建筑工程等各部门。在建筑工程中，合成纤维织物（包括纺织品及无纺织物）可用作装饰材料、吸声材料及土工织物。常用的有聚酰胺纤维、聚酯纤维、聚氯乙烯纤维及聚丙烯和聚丙烯腈纤维等。

用合成纤维进行增强组分可制成复合材料制品，用尼龙、氯纶、丙纶、涤纶及腈纶等纤维与热固性树脂结合所制成的复合材料制品，可作简易屋面板、遮阳板等；与橡胶材料结合可制成复合材料产品（如轮胎、传送带、运输带等），还可制成电绝缘材料及防护材料等。

建筑工程中，将合成纤维作为水泥混凝土及砂浆的增强或改性材料。常用的合成纤维有改性聚丙烯短纤维及碳纤维。

改性聚丙烯短纤维物理力学性能较好，成本低，大量用作水泥混凝土或砂浆的防裂材料，商品名称为“改性丙纶短纤维”。在纤维混凝土中，改性丙纶短纤维掺入量以0.7～1.5kg/m^{3}为宜。常规掺量为0.9kg/m^{3}时，混凝土强度不变，弹性模量略有降低，极限拉伸和抗冲击性能可提高10%，并显著减少了混凝土干缩，混凝土早期裂缝发生概率可减少70%～75%，28d龄期裂缝发生概率可减少60%～65%，并使混凝土抗渗、抗冻性能明显提高。改性丙纶短纤维是提高水泥混凝土及砂浆抗裂性的优良材料。

碳纤维分为碳素纤维和石墨纤维两种。碳素纤维含碳量为80%～95%，石墨纤维含碳量在99%以上。碳素纤维可耐1000℃高温，石墨纤维可耐3000℃高温。它们都具有高强度、高弹性模量、高化学稳定性及良好的导电、导热性等优越性能，是配制高性能复合材料的优良增强材料。它可与金属、陶瓷、合成树脂等多种基体材料组成复合材料，用于航空航天、化工机械、耐磨机械以及军事工业等许多方面。用碳纤维配制碳纤维混凝土，具有高强度、高抗裂性、高耐磨性及高抗冲击韧性等优越性能，在机场跑道等工程中应用获得很好效果。由于碳纤维成本较高，应用上受到一定限制。

11.6 土工合成材料

土工合成材料是在土木工程方面应用的合成材料的总称。作为一种土木工程材料，它是以人工合成的聚合物（如塑料、化纤、合成橡胶等）为原料，制成各种类型的产品，置于土体内部、表面或各种土体之间，对土体起隔离、排渗、反滤和加固的作用。其基本特点包括：重量轻、强度高、抗腐蚀性优良、耐磨性好、施工简易等。其所具备的基本功能为：加固、排水、防护、分离、防渗和过滤。

随着土工合成材料的不断完善和发展，其已经成为与钢材、水泥和木材齐名的“第四种工程材料”，并广泛应用于各项工程领域。根据《土工合成材料应用技术规范》，可以将土工合成材料分为土工织物、土工膜、土工特种材料和土工复合材料等类型。

1. 土工织物

土工织物的制造过程，是首先把聚合物原料加工成丝、短纤维、纱或条带，然后再制成平面结构的土工织物。土工织物按制造方法可分为有纺（织造）土工织物和无纺（非织造）土工织物。有纺土工织物由两组平行的呈正交或斜交的经线和纬线交织而成（图 11-1）。无纺土工织物是把纤维进行定向的或随意的排列，再经过加工而成（图 11-2）。按照联结纤维的方法不同，可分为化学（黏结剂）联结、热力联结和机械联结三种联结方式。

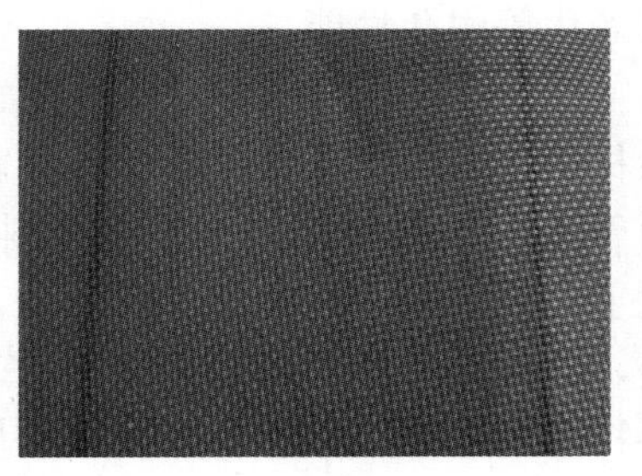
图 11-1　有纺土工布

图 11-2　无纺土工布

土工织物突出的优点是重量轻，整体连续性好（可做成较大面积的整体），施工方便，抗拉强度较高，耐腐蚀和抗微生物侵蚀性好。缺点是未经改性处理时，其抗紫外线能力低，如暴露在室外，受紫外线直接照射容易老化，但如不直接暴露，则抗老化及耐久性能仍较高。

2. 土工膜

土工膜一般可分为沥青和聚合物（合成高聚物）两大类。目前含沥青的土工膜主要是复合型的（含编织型或无纺型的土工织物），沥青作为浸润黏结剂。另外，聚合物土工膜可根据不同的主材料分为塑性土工膜、弹性土工膜和组合型土工膜（图 11-3）。

大量工程实践表明，土工膜的防透水性很好，弹性和适应变形的能力很强，能适用于不同的施工条件和工作应力，具有良好的耐老化能力，处于水下和土中的土工膜的耐久性尤为突出。

图 11-3　土工膜

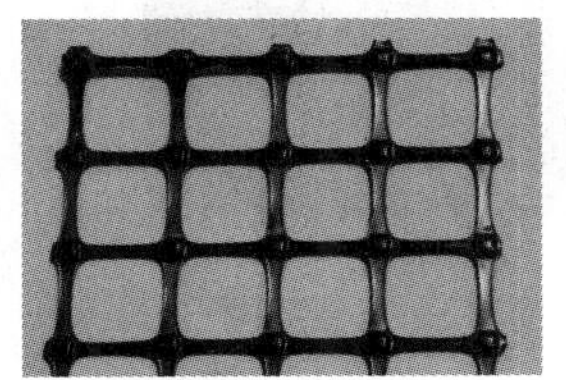
图 11-4　土工格栅

3. 土工格栅

土工格栅是一种主要的土工合成材料，与其他土工合成材料相比，它具有独特的性能与功效。土工格栅常用作加筋土结构的筋材或复合材料的筋材等，如图 11-4。土工格栅分为塑料类和玻璃纤维类两种类型。

（1）塑料类

塑料类土工格栅是经过拉伸形成的具有方形或矩形的聚合物网材，按其制造时拉伸方向的不同可分为单向拉伸和双向拉伸两种。它是在经挤压制出的聚合物板材（原料多为聚丙烯或高密度聚乙烯）上冲孔，然后在加热条件下进行定向拉伸。单向拉伸格栅只沿板材长度方向拉伸制成，而双向拉伸格栅则是继续将单向拉伸的格栅再在与其长度垂直的方向拉伸制成。

在制造土工格栅时，聚合物的高分子会随加热延伸过程而重新排列定向，这样就加强了分子链间的联结力，达到了提高强度的目的。如果在土工格栅中加入炭黑等抗老化材料，可使其具有较好的耐酸、耐碱、耐腐蚀和抗老化等耐久性能。

（2）玻璃纤维类

玻璃纤维类土工格栅是以高强度玻璃纤维为材质，有时配合自黏感压胶和表面沥青浸渍处理，使格栅和沥青路面紧密结合成一体。由于土工格栅网格增加了土石料的互锁力，使得它们之间的摩擦系数显著增大，并显著增大了格栅与土体间的摩擦咬合力，因此它是一种很好的加筋材料。同时土工格栅是一种质轻，且具有一定柔性的平面网材，易于现场裁剪和连接，也可重叠搭接，施工简便，不需要特殊的施工机械和专业技术人员。

4. 土工特种材料

（1）土工膜袋

土工膜袋是一种由双层聚合化纤织物制成的连续（或单独）袋状材料，利用高压泵把混凝土或砂浆灌入膜袋中，形成板状或其他形状结构，常用于护坡或其他地基处理工程。膜袋根据其材质和加工工艺的不同，分为机制和简易膜袋两大类。机制膜袋按其有无反滤排水点和充胀后的形状又可分为反滤排水点膜袋、无反滤排水点膜袋、无排水点混凝土膜袋、铰链块型膜。

（2）土工网

土工网是由合成材料条带、粗股条编织或合成树脂压制而成的具有较大孔眼、刚度较大的网状土工合成材料。图 11-5 给出了三维土工网的图像。土工网主要用于软基加固垫层、坡面防护、植草以及用作制造组合土工材料的基材。

图 11-5　三维土工网

图 11-6　聚苯乙烯泡沫塑料板

（3）土工网垫和土工格室

土工网垫和土工格室都是用合成材料特制的三维结构。前者多为长丝结合而成的三维透水聚合物网垫，后者是由土工织物、土工格栅或土工膜、条带聚合物构成的蜂窝状或网格状三维结构，常用作防冲蚀和保土工程，刚度大、侧限能力高的土工格室多用于地基加筋垫层、路基基床或道床中。

（4）聚苯乙烯泡沫塑料

聚苯乙烯泡沫塑料是近年来发展起来的超轻型土工合成材料。它是在聚苯乙烯中添加发泡剂，用所规定的密度预先进行发泡，再把发泡的颗粒放在筒仓中干燥后填充到模具内加热形成的（图 11-6）。聚苯乙烯泡沫塑料具有质量轻、耐热、抗压性能好、吸水率低、自立性好等优点，常用作铁路路基的填料。

5. 土工复合材料

土工织物、土工膜、土工格栅和某些特种土工合成材料，将其两种或两种以上的材料互相组合起来就成为土工复合材料。土工复合材料可将不同材料的性质结合起来，更好地满足具体工程的需要，能起到多种功能的作用。如复合土工膜，就是将土工膜和土工织物按一定要求制成的一种土工织物组合物。其中，土工膜主要用来防渗，土工织物起加筋、排水和增加土工膜与土面之间摩擦力的作用。又如土工复合排水材料，它是以无纺土工织物和土工网、土工膜或不同形状的土工合成材料芯材组成的排水材料，用于软基排水固结处理、路基纵横排水、建筑地下排水管道、集水井、支挡建筑物的墙后排水、隧道排水、堤坝排水设施等。路基工程中常用的塑料排水板就是一种土工复合排水材料。

国外大量用于道路的土工复合材料是玻纤聚酯防裂布和经编复合增强防裂布。能延长道路的使用寿命，从而极大地降低修复与养护的成本。从长远经济利益来考虑，国内应该积极开发和应用土工复合材料。

案例分析

【11-1】 外墙乳胶漆事故。

安徽怀宁春季园大酒店外墙乳胶漆施工，建筑面积14000m^2，于2004年12月进行施工，乳胶涂料施工完成10d后，漆膜脱粉，7d后下了一场雨，漆膜大面积起泡、脱落，腻子也有相当一部分掉落。天晴10d后，部分漆膜开裂。乳胶涂料底漆和面漆均由上海一家公司提供，腻子由施工方自配。配比是：30% 白水泥：30%“双飞粉”：40% 市售801胶水。

分析：通过对底漆、面漆性能测试，质量没有问题，腻子耐水性也不错。主要原因是施工当时室外气温在−5℃以下，乳胶涂料在这么低的温度下不能很好成膜，甚至部分被冻破乳，漆膜没有应有的机械强度。接着一场雨，漆膜耐水性肯定不够；另一方面，剥开漆膜，发现腻子批刮得很厚，据了解，腻子批刮6h后上的漆，在这么低的温度下，这么厚的腻子无法干燥彻底。以上两种原因造成了漆膜起泡、脱落。漆膜开裂是因为施工时乳胶涂料在未稀释的情况下，采用滚涂，一次性滚涂太厚，漆膜干燥收缩时开裂。经现场检验，部分腻子脱落的水泥墙面有油脂性物质，在水泥墙面处理时未加注意。

补救措施：铲去已脱落的腻子和漆膜，待室外温度高于5℃后，用洗洁精洗去墙面油脂性物质，再用腻子补平，涂两底两面。

【11-2】 塑料管道事故。

某公寓楼工程共33层，给水系统采用PP-R管道系统。该系统采用型号为PPRϕ75的管材，冷水系统高区供水压力为13公斤左右。公寓于2005年投入使用，至2010年陆续发生十多起冷水爆管事故。爆管漏水事故导致财务部、电话机房、电梯设备等不同程度的损失，影响了公寓的正常使用，给业主造成了相当大的损失。

分析：现场勘查发现，管道爆裂的形式为脆性开裂，且沿轴向延伸长度较长，基本都在1米左右，同时发现管材的标示不清，无基本的规格标示。经综合现场发现的问题，以及系统的运行情况，分析为管材材质问题，选取相应试样送检。后发现该PPR管材没有使用符合国家标准要求的无规共聚聚丙烯材料，而是使用某低密度聚乙烯与嵌段共聚聚丙烯原料共混使用。在内部长时间承受相对较高的压力时，发生脆性破坏。

知识归纳

通过本章的学习，学生应掌握塑料的定义、基本组成、分类、特点及其作用；理解以高分子化合物为基础的塑料建材，以及常用建筑涂料；熟悉建筑涂料的主要性能特点及其应用；熟悉常见建筑材料及其黏结剂的性能及其应用；熟悉常见的合成橡胶及其合成纤维的性能特点及其应用；熟悉常见的防水材料性能及其应用；熟悉常见土工合成材料的性能及其应用。能正确地根据实际选用合适的合成高分子材料，能通过对比来理解不同种类的高分子材料的性能及应用。

思考题

1. 简述塑料的基本组成及塑料的特性。
2. 简述热塑性树脂和热固性树脂的定义及性能特点。
3. 简述聚氯乙烯塑料在性能和用途上的特点。
4. 简述玻璃钢的组成、性质与用途。
5. 简述胶粘剂的胶粘机理，环氧树脂胶粘剂的基本组成及其作用。
6. 简述三元乙丙防水卷材及聚氯乙烯防水卷材的特性。
7. 常用建筑密封材料的主要品种有哪些？简要说明各自的特性。
8. 什么是合成纤维？最主要的三种合成纤维是什么。
9. 土工合成材料的主要类型是什么？其主要应用领域有哪些。

12 装饰材料

内容提要

本章主要介绍了装饰材料的概念、分类和基本要求，以及常用建筑装饰材料、建筑涂料、饰面石材、壁纸、织物类装饰材料、皮革类装饰材料和金属装饰材料等，重点掌握常用装饰材料的特点和用途。

在土木工程中，装饰材料是指铺设或涂刷在建筑物表面起装饰效果的材料，装饰材料除了起装饰作用以满足人们的精神需要以外，还起着保护建筑物主体结构、提高建筑物耐久性及改善建筑的采光、吸声隔声、保温隔热、防火等使用功能的作用。它一般不承重，但对建筑物的外观、使用性能及耐久性等均具有重要影响。常用的建筑装饰材料有玻璃制品、建筑陶瓷、建筑涂料、饰面石材、壁纸、织物类装饰材料、皮革类装饰材料以及室内配套设施等。

建筑装饰材料的品种繁多，一般按如下两种方法分类。一种是按化学成分的不同，装饰材料可分为金属材料、非金属材料和复合材料三大类；另一种是根据装饰部位的不同，把装饰材料分为外墙装饰材料、内墙装饰材料、地面装饰材料和顶棚装饰材料四大类，见表 12-1。

表 12-1　建筑装饰材料按装饰部位分类

外墙装饰材料	包括外墙、阳台、台阶、雨篷等建筑物全部外露部位装饰用材料	天然花岗岩、陶瓷装饰制品、玻璃制品、地面涂料、金属制品、装饰混凝土、装饰砂浆
内墙装饰材料	包括内墙面、墙裙、踢脚线、隔断、花架等内部构造所用的装饰材料	壁纸、墙布、内墙涂料、装饰织物、塑料饰面板、大理石人造石板、内墙釉面砖、人造板材、玻璃制品、隔热吸声装饰板
地面装饰材料	指地面、楼面、楼梯等结构的装饰材料	地毯、地面涂料、天然石材、人造石材、陶瓷地砖、木地板、塑料地板
顶棚装饰材料	指室内及顶棚装饰材料	石膏板、矿棉装饰吸声板、珍珠岩装饰吸声板、玻璃棉装饰吸声板、钙塑泡沫装饰吸声板、聚苯乙烯泡沫塑料吸声板、纤维板、涂料

12.1　装饰材料的基本要求

建筑装饰材料的基本要求除了颜色、光泽、透明度、表面组织以及形状尺寸等美感方面外，还应根据不同的装饰目的和部位，具有一定的环保性、强度、硬度、防火性、阻燃

性、耐水性、抗冻性、耐污染性、耐腐蚀性等特性。对不同使用部位的建筑装饰材料，其具体要求如下：

1. 外墙装饰材料

外墙装饰材料应使建筑物的色彩与周围环境协调统一，同时起到保护墙体结构、延长构件使用寿命的作用。

2. 内墙装饰材料

内墙装饰材料应保护墙体和保证室内的使用条件，创造一个舒适、美观、整洁的工作和生活环境。内墙装饰的另一功能是具有反射声波、吸声、隔音等作用。由于人与内墙面的距离较近，所以质感要细腻逼真。

3. 地面装饰材料

地面装饰材料的目的是保护基底材料，并达到装饰功能。最主要的性能指标是具有良好的耐磨性。

4. 顶棚装饰材料

顶棚是内墙的一部分，因此顶棚装饰材料宜选用色彩浅淡、柔和的色调，不宜采用浓艳的色调，还应与灯饰相协调。

为了加强对室内装饰装修材料污染的控制，保障人民群众的身体健康和人身安全，国家制定了 GB6566—2010《建筑材料的放射性核素限量》以及对室内装饰装修材料有害物质限量等 10 项国家标准，并于 2011 年正式实施。

12.2 常用建筑装饰材料

12.2.1 建筑陶瓷

凡以黏土、长石、石英为基本原料，经配料、制坯、干燥、焙烧制得的成品，统称为陶瓷制品。用于建筑工程的陶瓷制品，则称为建筑陶瓷。建筑陶瓷具有强度高、性能稳定、耐腐蚀性好、耐磨、防水、防火、易清洗以及装饰性好等优点。

从产品种类来说，陶瓷是陶器与瓷器两大类产品的总称。陶器通常有一定的吸水率，断面粗糙无光，不透明，敲之声音粗哑，有的无釉，有的施釉。瓷器的坯体致密，基本上不吸水，有半透明性，通常都施有釉层。介于陶器与瓷器之间的一类产品，国外称为炻器，也有的称为半瓷。炻器和陶器的区别在于陶器坯体是多孔的，而炻器坯体的孔隙率很低，其坯体致密，达到了烧结程度，吸水率通常小于 2%。炻器与瓷器的区别主要是炻器坯体多数带有颜色且无半透明性。

建筑陶瓷品种繁多，其品种主要有釉面砖、外墙面砖、地面砖、陶瓷锦砖、卫生陶瓷等。

1. 釉面内墙砖

釉面内墙砖又称内墙砖、釉面砖、瓷砖、瓷片，是用一次烧成工艺制成，适用于建筑物室内装饰的薄型精陶瓷品。它由多孔坯体和表面釉层两部分组成。表面釉层花色很多，除白色釉面砖外，还有彩色、图案、浮雕、斑点釉面砖等。常用的规格有 108mm ×

108mm，152mm×152mm，200mm×200mm，200mm×300mm，300mm×300mm；厚度一般为5～10mm。

釉面内墙砖色泽柔和典雅，朴实大方，主要用于厨房、卫生间、浴室、实验室、医院等室内墙面、台面等。但不宜用于室外，因其多孔坯体层和表面釉层的吸水率、膨胀率相差较大，在室外受到日晒雨淋及温度变化时，易开裂或剥落。

2. 彩色釉面墙地砖

彩色釉面墙地砖与釉面砖原料基本相同，但生产工艺为二次烧成，即高温素烧，低温釉烧，其质地为炻质。

彩色釉面墙地砖有16种规格尺寸。用于外墙面的常见规格有150mm×75mm、200mm×100mm等，用于地面的常见规格有300mm×300mm、400mm×400mm，其厚度在8～12mm之间，比釉面内墙砖厚，其表面质量要求缺釉、斑点、裂纹、磕碰等缺陷的数量和明显程度应符合相关指标规定。根据表面质量，产品分为优等品、一级品和合格品。

彩色釉面墙地砖吸水率小，强度高，耐磨，抗冻性好，化学性能稳定，用于外墙铺贴，也用于铺地。其质量标准与釉面内墙砖相比，增加了抗冻性、耐磨性和抗化学腐蚀性等指标。

3. 陶瓷锦砖

陶瓷锦砖俗称马赛克，是由各种颜色、多种几何形状的小块瓷片（长边一般不大于50mm）铺贴在牛皮纸上形成色彩丰富、图案繁多的装饰砖，故又称纸皮砖。所形成的一张张产品称为“联”。联的边长有284mm、295mm、305mm和325mm四种。

陶瓷锦砖的尺寸一般为18.5mm×18.5mm、39mm×39mm、39mm×18.5mm及边长为25mm的六角形等，厚度一般为5mm，可配成各种颜色，其基本形状有正方形、长方形、六边形等。

陶瓷锦砖质地坚实、色泽图案多样、吸水率小、耐酸、耐碱、耐磨、耐水、耐压、耐冲击、易清洗、防滑。陶瓷锦砖色泽美观稳定，可拼出风景、动物、花草及各种图案。陶瓷锦砖在室内装饰中，可用于浴厕、厨房、阳台、客厅、起居室等处的地面，也可用于墙面。在工业及公共建筑装饰工程中，陶瓷锦砖也被广泛用于内墙、地面和外墙。

4. 卫生陶瓷

卫生陶瓷是由瓷土烧制的细炻质制品。常用的卫生陶瓷制品有浴盆（浴缸）、大便器、小便器、洗面池、水箱、洗涤槽等。

通常，虽然卫生陶瓷产品的内部结构并非致密，但其表面却致密光滑，具有良好的外观。其主要技术特点是表面光洁、吸水率小、强度较高、耐酸碱腐蚀能力强、耐冲刷和擦洗能力强。除了上述指标外，还应要求外形和尺寸偏差、色泽均匀度、白度等外观质量，以及满足使用功能要求的技术构造指标。

5. 琉璃制品

琉璃制品是用难熔黏土为主要原料制成坯泥，制坯成型后经干燥、素烧，施琉璃彩釉、釉烧制成，属精陶质制品。颜色有金、黄、绿、蓝、青等。品种分为三类，瓦类（板瓦、滴水瓦、筒瓦、沟头）、脊类、饰件类（吻、博古、兽）。

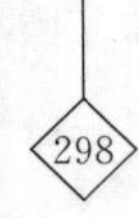

琉璃制品的特点是质地细腻致密、表面光滑、不易沾污、坚实耐久、色彩绚丽、造型古朴，富有我国传统的民族特色，主要用于具有民族风格的房屋以及建造园林中的亭、台、楼、阁。

12.2.2　装饰玻璃制品

玻璃是一种无定形的硅酸盐制品，没有固定的熔点，是物理和力学性能上表现为各向同性的均质材料，其组成比较复杂，主要化学成分是 SiO_2（70%左右）、Na_2O（15%左右）、CaO（10%左右）和少量的 MgO、Al_2O_3、K_2O 等。引入 SiO_2 的原料主要有石英砂、砂岩、石英岩，引入 Na_2O 的原料是纯碱（Na_2CO_3），引入 CaO 的原料为石灰石、方解石、白垩等。大多数玻璃都是由以上矿物原料和化工原料经高温熔融，然后急剧冷却而形成的。在形成过程中，如加入某些辅助原料（如助熔剂、着色剂等），可以改善玻璃的某些性能；如加入某些特殊物料或经过特殊加工，还可以得到具有特殊功能的特种玻璃。

玻璃是典型的脆性材料，在急冷急热或在冲击荷载作用下极易破碎。普通玻璃导热系数较大，绝热效果不好。但玻璃具有透明、坚硬、耐热、耐腐蚀及电学和光学方面的优良性能，能够用多种成型和加工方法制成各种形状和大小的制品，可以通过调整化学组成改变其性质，以适应不同的使用要求。

建筑中使用的玻璃制品种类很多，其中最主要有平板玻璃、饰面玻璃、安全玻璃、功能玻璃和玻璃砖等。

1. 平板玻璃

平板玻璃是建筑玻璃中用量最大的一类，主要利用其透光透视特性，用作建筑物的门窗、橱窗及屏风等装饰。主要包括普通平板玻璃、浮法玻璃和磨砂玻璃。

(1) 普通平板玻璃

凡用石英砂岩、硅砂、钾长石、纯碱、芒硝等原料，按一定比例配制，经熔窑高温熔融，通过垂直引上或平拉、延压等方法生产出来的无色、透明的平板玻璃，统称为普通平板玻璃，又称白片玻璃或净片玻璃。

普通平板玻璃的厚度分为 2mm、3mm、4mm、5mm 四种，其规格一般由生产厂自定或供需双方协商，形状应为矩形，尺寸一般不小于 600mm×400mm，最大尺寸可达 3000mm×2400mm。按外观质量分为特选品、一等品和二等品（表 12-2）。普通平板玻璃不允许有裂口，尺寸偏差、弯曲度等也应满足规范要求。此外，玻璃表面不允许有擦不掉的白雾状或棕黄色的附着物，可见光透射比不得低于表 12-3 的规定。

普通平板玻璃透光透视，其可见光透射比大于 84%，并具有一定的机械强度，但性脆、抗冲击性差。此外，它还具有太阳光总透射比高、遮蔽系数大（约 1.0）、紫外线透射比低等特性。普通平板玻璃的外观质量相对较差，特别是所含的波筋使物象产生畸变。但普通平板玻璃的价格相对较低，且可切割，因而普通平板玻璃主要用于普通建筑工程的门窗等。也可作为钢化玻璃、夹丝玻璃、中空玻璃、磨光玻璃、防火玻璃、光栅玻璃等的原片玻璃。

表 12-2 普通平板玻璃外观等级标准

缺陷种类	说明	指标		
		特选品	一等品	二等品
波筋（包括波纹辊子花）	允许看出波筋的最大角度	30°	45° 50mm 边：60°	60° 100mm 边：90°
气泡	长度 1mm 以下的	集中的不允许	集中的不允许	不限
	长度大于 1mm 的，每 $1m^2$ 面积允许个数	≤6mm：6 个	≤8mm：8 个 8～10mm：2 个	≤10mm：10 个 10～20mm：2 个
划伤	宽度 0.1mm 以下的，每 $1m^2$ 面积允许条数	长度≤50mm：4 条	长度≤100mm：4 条	不限
	宽度＞0.1mm 的，每 $1m^2$ 面积允许条数	不许有	宽 0.1～0.4mm 长＜100mm：1 条	宽 0.1～0.8mm 长＜100mm：2 条
砂粒	非破坏性的，直径 0.5～2mm，每 $1m^2$ 面积允许个数	不许有	3 个	10 个
疙瘩	非破坏性的透明疙瘩，波及范围直径不超过 3mm，每 $1m^2$ 面积允许个数	不许有	1	3
线道	—	不许有	30mm 边部允许有宽 0.5mm 以下的 1 条	宽 0.5mm 以下的 2 条

表 12-3 普通平板玻璃的可见光透射比要求

厚度（mm）	2	3	4	5
可见光透射比（%），≥	88	87	86	84

（2）浮法玻璃

浮法玻璃即高级平板玻璃，由于其生产方法不同于普通平板玻璃，是采用玻璃液浮在金属液上的“浮法”制成，所以叫做浮法玻璃。

浮法玻璃的厚度分为 3mm、4mm、5mm、6mm、8mm、10mm、12mm 七类，其形状为矩形，尺寸一般不小于 1000mm×1200mm，不大于 2500mm×3000mm。按等级分为优等品、一级品和合格品三等。

浮法玻璃的表面平滑，光学畸变小，物象质量高，其他性能与普通平板玻璃相同，但强度稍低，价格较高。浮法玻璃良好的表面平整度和光学均一性，避免了普通平板玻璃易产生光学畸变的缺陷，适用于高级建筑的门窗、橱窗、指挥塔窗、夹层玻璃原片、中空玻璃原片、制镜玻璃、有机玻璃模具以及汽车、火车、船舶的风窗玻璃等。

（3）磨砂玻璃

磨砂玻璃又称毛玻璃，是用普通平板玻璃、磨光玻璃、浮法玻璃经机械喷砂，手工研磨（磨砂）或氢氟酸溶蚀（化学腐蚀）等方法将表面处理成均匀毛面制成的。由于毛玻璃

表面粗糙，使透过光线产生漫射，造成透光不透视，使室内光线不眩目、不刺眼。一般用于卫生间、浴室、办公室等的门窗及隔断，也可用作黑板及灯罩等。

2. 饰面玻璃

用作建筑装饰的玻璃，统称为饰面玻璃，主要品种有彩色玻璃、花纹玻璃、磨光玻璃、釉面玻璃、镜面玻璃和水晶玻璃等。

(1) 彩色玻璃

彩色玻璃又称颜色玻璃，是通过化学热分解法，真空溅射法，溶胶、凝胶法及涂塑法等工艺在玻璃表面形成彩色膜层的玻璃，分透明、不透明和半透明（乳浊）三种。

透明彩色玻璃是在玻璃原料中加入一定量的金属氧化物作着色剂，使玻璃带有各种颜色，有离子着色、金属胶体着色和硫硒化合物着色三种着色机理。透明彩色玻璃具有很好的装饰效果。

不透明彩色玻璃是在平板玻璃的表面喷涂色釉后热处理固色而成，具有耐腐蚀、抗冲刷、易清洗等优良性能。

半透明彩色玻璃又称乳浊玻璃，是在玻璃原料中加入乳浊剂，经过热处理而制成的。半透明彩色玻璃透光不透视，可以制成各种颜色的饰面砖或饰面板。

透明和半透明彩色玻璃常用于建筑内外墙、隔断、门窗以及对光线有特殊要求的部位。不透明彩色玻璃主要用于建筑内外墙面的装饰，可拼成不同的图案，表面光洁、明亮或漫射无光，具有独特的装饰效果。

(2) 花纹玻璃

花纹玻璃按加工方法可分为压花玻璃、喷花玻璃和刻花玻璃三种。

压花玻璃又称滚花玻璃，用压延法生产的平板玻璃，在玻璃硬化前经过刻有花纹的滚筒，使玻璃单面或两面压有花纹图案。由于花纹凸凹不平，使光线散射失去透视性，降低光透射比（光透射比为60%～70%），同时，其花纹图案多样，具有良好的装饰效果。

喷花玻璃则是在平板玻璃表面贴上花纹图案，抹以护面层，并经喷砂处理而成。

刻花玻璃是由平板玻璃经涂漆、雕刻、围蜡、酸蚀、研磨等工序制作而成，色彩更丰富，可实现不同风格的装饰效果。

花纹玻璃常用于办公室、会议室、浴室以及公共场所的门窗和各种室内隔断。

(3) 磨光玻璃

磨光玻璃又称镜面玻璃，是用普通平板玻璃经过机械磨光、抛光而成的透明玻璃。对玻璃表面进行磨光是为了消除玻璃表面不平而引起的筋缕或波纹缺陷，从而使透过玻璃的物象不变形。一般情况下，玻璃表面要磨掉0.5～1.0mm才能消除表面的不平整，因此磨光玻璃只能用厚玻璃加工，厚度一般为5～6mm。小规模生产，多采用单面研磨与抛光；大规模生产可进行单面或双面连续研磨与抛光。

磨光玻璃具有表面平整光滑且有光泽、物象透过不变形、透光率大（≥84%）等特点。因此，主要用于大型高级建筑的门窗采光、橱窗或制镜。该种玻璃的缺点是加工费时且不经济，自出现浮法生产工艺后，它的用量已大大减少。

3. 安全玻璃

安全玻璃是指具有良好安全性能的玻璃。主要特性是力学强度高，抗冲击能力好。被

击碎时，碎块不会飞溅伤人，并兼有防火的功能。主要包括钢化玻璃、夹层玻璃和夹丝玻璃。

（1）钢化玻璃

钢化玻璃是安全玻璃的一种，其生产工艺有两种，一种是将玻璃加热到接近玻璃软化温度（600～650℃）后迅速冷却的物理方法，又称淬火法；另一种是将待处理的玻璃浸入钾盐溶液中，使玻璃表面的钠离子扩散到溶液中，而溶液中的钾离子则填充进玻璃表面钠离子的位置，这种方法即化学法，又称离子交换法。

钢化玻璃具有弹性好、抗冲击强度高（是普通平板玻璃的 4～5 倍）、抗弯强度高（是普通平板玻璃的 3 倍左右）、热稳定性好以及光洁、透明等特点。在遇超强冲击破坏时，碎片呈分散细小颗粒状，无尖锐棱角，因此不致伤人。

钢化玻璃能以薄代厚，减轻建筑物的重量，延长玻璃的使用寿命，满足现代建筑结构轻体、高强的要求，适用于建筑门窗、幕墙、船舶车辆、仪器仪表、家具、装饰等。

（2）夹层玻璃

夹层玻璃是以两片或两片以上的普通平板、磨光、浮法、钢化、吸热或其他玻璃作为原片，中间夹以透明塑料衬片，经热压黏合而成。夹层玻璃的衬片多用聚乙烯醇缩丁醛等塑料胶片。当玻璃受剧烈震动或撞击时，由于衬片的黏合作用，玻璃仅呈现裂纹，而不落碎片。

夹层玻璃具有防弹、防震、防爆性能。适用于有特殊安全要求的门窗、隔墙、工业厂房的天窗和某些水下工程。

4. 功能玻璃

功能玻璃是指具有吸热或反射热、吸收或反射紫外线、光控或电控变色等特性，兼备采光、调制光线，防止噪声，增加装饰效果，改善居住环境，调节热量进入或散失，节约空调能源及降低建筑物自重等多种功能的玻璃制品。多应用于高级建筑物的门窗、橱窗等的装饰，在玻璃幕墙中也多采用功能玻璃。主要品种有吸热玻璃、热反射玻璃、防紫外线玻璃、光致变色玻璃、中空玻璃等。

（1）吸热玻璃

吸热玻璃是既能吸收大量红外辐射能，又能保持良好透光率的平板玻璃。其生产方法分为本体着色法和表面喷涂法两种。吸热玻璃除常用的茶色、灰色、蓝色外，还有绿色、古铜色、青铜色、金色、粉红色等，因而除具有良好的吸热功能外还具有良好的装饰性。它广泛应用于现代建筑物的门窗和外墙，以及用作车、船的挡风玻璃等，起到采光、隔热、防眩等作用。

（2）热反射玻璃

热反射玻璃又称镀膜玻璃，分复合和普通透明两种，具有良好的遮光性和隔热性能。由于这种玻璃表面涂敷金属或金属氧化物薄膜，有的透光率是 45%～65%（对于可见光），有的甚至在 20%～80%之间变动，透光率低，可以达到遮光及降低室内温度的目的。但这种玻璃和普通玻璃一样是透明的。

5. 玻璃砖

玻璃砖是块状玻璃的统称，主要包括玻璃空心砖、玻璃马赛克和泡沫玻璃砖。其中，玻璃空心砖一般是由两块压铸成凹形的玻璃经熔接或胶接而成的整块空心砖。砖面可为光

滑平面，也可在内、外压铸多种花纹。砖内腔可为空气，也可填充玻璃棉等。玻璃空心砖绝热、隔声、光线柔和优美，可用来砌筑透光墙壁、隔断、门厅、通道等。

12.2.3 建筑涂料

建筑涂料是指涂敷于物体表面，能与物体黏结在一起，并能形成连续性涂膜，从而对物体起到装饰、保护或使物体具有某种特殊功能的材料。涂料的组成可分为基料、颜料与填料、溶剂和助剂。

1. 基料

基料又称主要成膜物、胶粘剂或固着剂，主要由油料或树脂组成，是涂料中的主要成膜物质，在涂料中起到成膜及黏结填料和颜料的作用，使涂料在干燥或固化后能形成连续的涂层（又称涂膜）。

2. 颜料与填料

颜料与填料也是构成涂膜的组成部分，又称为次要成膜物质，但它不能脱离主要成膜物而单独成膜。其主要用于着色和改善涂膜性能，增强涂膜的装饰和保护作用，也可降低涂料成本。

3. 溶剂

溶剂主要作用是使成膜基料分散而形成黏稠液体，它本身不构成涂层，但在涂料制造和施工过程中都不可缺少。水也是一种溶剂，用于水溶性涂料和乳液型涂料。

4. 助剂

助剂是为进一步改善或增加涂料的某些性能，而加入的少量物质（如催干剂、流平剂、增塑剂等），掺量一般为百分之几至万分之几，但效果显著。助剂也属于辅助成膜物质。

涂料的品种很多，按基料类别可分为有机涂料、无机涂料和有机-无几复合涂料三大类；按在建筑物上使用部位的不同可分为外墙涂料、内墙涂料、顶棚涂料、地面涂料、屋面防水涂料等；按建筑装饰涂料的特殊功能可分为防火涂料、防水涂料、防腐涂料和保温涂料等。常用建筑涂料主要组成、性质和应用见表12-4。

表 12-4 常用建筑涂料

品　种	主要成分	主要性质	主要应用
聚乙烯醇水玻璃内墙涂料	聚乙烯醇、水玻璃等	无毒、无味、耐燃、价格低廉，但耐水擦洗性差	广泛应用与住宅及一般公用建筑的内墙面、顶棚等
聚醋酸乙烯乳液涂料	醋酸乙烯-丙烯酸酯乳液等	无毒、涂膜细腻、色彩艳丽、装饰效果良好、价格适中，但耐水性、耐候性差	住宅、一般建筑的内墙与顶棚等
醋酸乙烯-丙烯酸酯有光乳液涂料	醋酸乙烯-丙烯酸酯乳液等	耐水性、耐候性及耐碱性较好，且有光泽，属于中高档内墙涂料	住宅、办公室、会议室等的内墙、顶棚
多彩涂料	两种以上的合成树脂等	色彩丰富、图案多样、生动活泼，且有良好的耐水性、耐油性、耐刷洗性，对基层适应性强，属于高等内墙涂料	住宅、宾馆、饭店、商店、办公室、会议室等的内墙、顶棚

续表

品　种	主要成分	主要性质	主要应用
苯乙烯-丙烯酸酯乳液涂料	苯乙烯-丙烯酸酯乳液等	具有良好的耐水性、耐候性，且外观细腻、色彩艳丽，属于中高档涂料	办公楼、宾馆、商店等的外墙面
丙烯酸酯系外墙涂料	丙烯酸酯等	具有良好的耐水性、耐候性和耐高低温性，色彩多样，属于中高档涂料	办公楼、宾馆、商店等的外墙面
聚氨酯系外墙涂料	聚氨酯树脂等	具有优良的耐水性、耐候性和耐高低温性及一定的弹性和抗伸缩疲劳性，涂膜呈瓷质感，耐污性好，属于高档涂料	宾馆、办公楼、商店等的外墙面
合成树脂乳液砂壁状涂料	合成树脂乳液、彩色细集料等	属于粗面厚质涂料，涂层具有丰富的色彩和质感，保色性和耐久性高，属于中高档涂料	宾馆、办公楼、商店等的外墙面

12.2.4 饰面石材

天然石材资源丰富、结构致密、强度高、耐水、耐磨、装饰性好、耐久性好，主要用于装饰等级要求高的工程中。建筑装饰用的天然石材主要有装饰板材和园林石材。

1. 装饰板材

常用的装饰板材有大理石和花岗石两类。

大理石是大理岩的俗称，又称云石，属变质岩，是由石灰岩或白云岩变质而成。主要矿物成分为方解石、白云石。大理石的主要化学成分为碳酸盐，当大理石长期受到雨水冲刷，特别是受酸性雨水冲刷时，可能使大理石表面的某些物质被侵蚀，从而失去原貌和光泽，影响装饰效果，因此大理石板材一般不宜用于室外装饰。大理石板材主要用于大型建筑或装饰要求等级高的建筑，如商店、宾馆、酒店、会议厅等的室内墙面、柱面、台面及地面。大理石也常加工成栏杆、浮雕等装饰部件。

花岗石是花岗岩的俗称，有时也称麻石，属深成火成岩。其主要矿物组成为长石、石英和少量云母等。主要化学成分为 SiO_2，约占 65%～75%。通常有灰、白、黄、红、粉红、纯墨等多种颜色，具有很高的装饰性。

花岗石的优点是结构致密，抗压强度高；材质坚硬，耐磨性强；孔隙率小，吸水率极低，耐冻性强；以及化学稳定性好，抗风化能力强等。缺点是自重大、质脆、耐火性差以及某些花岗岩含有微量放射性元素（不宜用于室内）等。

2. 园林石材

我国造园艺术历史悠久，源远流长，早在周文王时期就有营建宫苑的记载，到清代，皇家苑园无论在数量或规模上都远远超过历代，为造园史上最兴旺发达的时期。清代以来公认的四大园林名石即太湖石、英石、灵璧石及黄蜡石。

其中太湖石在我国江南园林中应用最多。天然太湖石为溶蚀的石灰岩。主要产地为江苏省太湖东山、西山一带。因长期受湖水冲刷，岩石受腐蚀作用易形成玲珑的洞眼，有青、灰、白、黄等颜色。太湖石可呈现刚、柔、玲透、浑厚、顽拙的姿态，飞舞跌宕、形

状万千。可以独立装饰，也可以联族装饰，还可以用于建造假山或石碑，是我国园林中独具特色的装饰物，起到衬托和分割空间的艺术效果。

12.2.5 壁纸

壁纸又名墙布，是以纸为基材，以聚氯乙烯塑料、纤维等为面层，经压延或涂布以及印刷、轧花或发泡等工艺制成的一种墙体装饰材料。

根据面层的材质不同，壁纸可分为普通胶面壁纸、发泡胶面壁纸、纸面壁纸、针织壁纸、金属壁纸、玻璃纤维壁纸以及用黄麻等为饰面的天然纤维壁纸等。其中聚氯乙烯胶面壁纸（PVC塑料壁纸）因花色多样、价格适宜、耐刮擦性能好等优点因而应用最为广泛，目前其产销量约占全部壁纸产量的80%以上。不过，聚氯乙烯胶面壁纸在生产加工过程中由于原材料、工艺配方等原因而可能残留铅、钡、氯乙烯、甲醛等有毒物质，因此为保障消费者身体健康，国家颁布实施了《室内装饰装修材料壁纸中有害物质限量》等10项室内装饰装修材料有害物质限量强制性国家标准，见表12-5。

表12-5 壁纸中有害物质限量值

有害物质	限量值（mg/kg）
钡	≤1000
镉	≤25
铬	≤60
铅	≤90
砷	≤8
汞	≤20
硒	≤165
锑	≤20
氯乙烯单体	≤1.0
甲醛	≤120

目前在我国，壁纸用于室内装修中的普及率很低，不到1%（欧美一些发达国家普及率已达到50%），以宾馆饭店为主，家庭用量相对较少。

12.2.6 织物类装饰材料

织物类装饰材料是利用织物对建筑物进行覆盖装饰的薄质材料。它多具有触感柔软、舒适的特殊性能，主要用于建筑物室内装饰。目前工程中较常用的装饰织物主要有墙壁布、地毯、壁挂、窗帘等。这些织物在色彩、质地、柔软度、弹性等方面的优点可使装饰获得其他材料所不能达到的效果。有些织物类装饰材料还具有保温、隔音、防潮等作用。

织物的制作可分为纺织、编织、簇绒、无纺等不同的工艺。根据装饰织物的材质不同可分为羊毛类、棉纱类、化纤类、塑料类、混纺类、剑麻类、矿纤类等。各种服装纺织面料也可作为墙面贴布或悬挂装饰织物，如各种化纤装饰布、棉纺装饰布、锦缎、丝绒、毛呢等材料。其中，锦缎、丝绒、毛呢等织物属高级墙面装饰织物。就墙面装饰效果而言，

织物独特的质感和触感是其他任何材料所不能相比的。由于织物的纤维不同、织造方式和处理工艺不同，所生产的质感效果也不同，因而给人的美感也有所不同。如丝绒、锦缎色彩华丽、质感温暖、格调高雅，显示出富贵、豪华的特色；而粗毛料、仿毛化纤织物和麻类编织物粗实厚重，具有温暖感，还能从纹理上显示出厚实、古朴等特色。

12.2.7 皮革类装饰材料

皮革类装饰材料有两种，一种是真皮类装饰材料，一种是人造皮革类装饰材料。

真皮的种类很多，主要有猪皮、牛皮（包括黄牛皮、水牛皮、牦牛皮、犏牛皮）、羊皮（包括绵羊皮和山羊皮）、马科真皮（包括马皮、驴皮、骡皮和骆驼皮）、蛇皮、鳄鱼皮以及其他各类鱼皮等。真皮又因产地、年龄以及加工工艺不同又有不同的分类方法，其中根据加工工艺有软皮和硬皮之分，有带毛皮和不带毛皮两种。装饰工程中常用的软包真皮主要是不带毛皮的软皮，颜色和质感也多种多样。真皮类装饰材料具有柔软细腻、触感舒服、装饰雅致、耐磨损、易清洁、透气性好、保温隔热、吸声隔音等优点，由于其价格昂贵，常被用作高级宾馆、会议室、居室等墙面、门等的镶包。

人造皮革类装饰材料颜色多样、质感细腻、色泽美观，比真皮经济，其性能在有些方面甚至超过真皮，其用途与真皮相同，有时可以起到以假乱真的地步。人造皮革又以原材料不同分为再生革、合成革和人造革等多种产品。常用仿羊皮人造革制作软包、吸声门等。

总之，皮革类装饰材料具有柔软、消音、温暖和耐磨等特点，但对墙体湿度要求较高，需防止霉变。它适用于幼儿园、练功房等要求防止碰撞的房间，也可用于电话间、录音室等声学要求较高的房间，还可以用于小餐厅和会客室等，使环境更高雅，用于客厅、起居室等可使环境更舒适。

12.2.8 金属装饰材料

金属装饰材料是指采用金属或镀金属的复合材料作为建筑装饰材料，在国内外日趋增多，这是因为金属材料具有独特的色泽，装饰效果庄重华贵，经久耐用且可使建筑的自重得以减轻。

目前生产的金属装饰材料主要有铝合金和不锈钢及彩色钢板，如各种铝合金异型材制品、不锈钢装饰板和彩色压型钢板等。

1. 铝合金

纯铝强度和硬度都较低，为了提高其实用价值，常在铝中加入适量的铜、镁、锰、锌等元素来组成铝合金。特点是加入铝合金元素后，其机械性能明显提高，并仍能保持铝固有的特性，同时在大气条件下的耐腐蚀性能提高，强度可接近碳素结构钢，重量为钢材的1/3，比强度是钢的几倍。铝合金的线膨胀系数约为钢的两倍，但因其弹性模量小，约为钢的1/3，由温度变化因其的内应力不大。就铝合金来说，弹性模量较低，所以刚度和承受弯曲的能力较小。

铝合金广泛用于建筑工程结构和建筑装饰，除了可直接制作门、窗等异型制品外，还可以做成装饰板材。铝板表面可以进行防腐、轧花、涂装、印刷等二次加工。此外，塑料铝合金复合板材可用作建筑物内部装饰材料。

2. 不锈钢

不锈钢是指在钢的冶炼过程中，加入铬、镍等元素，形成以铬元素为主要元素的合金钢。普通钢材在常温下或者在潮湿环境中易发生化学腐蚀或者电化学腐蚀，而不锈钢克服了这个缺点，提高了钢材的耐腐性，合金钢中铬的含量越高，钢材的抗腐蚀性越好。不锈钢之所以耐腐蚀，主要原因是铬的性质比铁活泼。不锈钢中，铬首先与环境中的氧结合，生成一层与钢基体牢固结合的致密氧化膜层，称为钝化膜。它能使铬合金钢得到保护，不致锈蚀。

不锈钢材料有装饰板材和各种管材、异型材和连接件等。表面经过加工处理，即可高度抛光发亮，也可无光泽，可作为非承重的纯装饰品，也可做承重材料，作为建筑装饰材料，室内外都可以使用。不锈钢通常用来做屋面、幕墙、门、窗、内外墙饰面、栏杆扶手等室内外装饰。是目前发展迅速的一种高档建筑装饰材料。

3. 彩色压型钢板

彩色压型钢板是以镀锌钢板为基材，经成型机轧制，并涂以各种防腐耐蚀涂层与装饰涂层而制成。彩色钢板的生产工艺有静电喷漆、涂料涂覆和薄膜层压三种方法。

目前建筑上使用最多的是彩色压型钢板，此种钢板重量轻、抗震性好，色彩鲜艳、施工方便等特点，广泛用于工业厂房和公共建筑的屋面和墙面。

4. 复合板材

用于装饰的复合板材主要有塑料复合金属板、隔热夹芯板和复合隔热板等。

塑料复合金属板是在镀锌钢板或铝板等金属板上用涂布法或贴膜法复合一层0.2～0.4mm厚的软质或硬质塑料薄膜而成的复合板材。不仅可以用于室内墙面装饰板材和屋面板，还可用于制作家具及各种防腐制品。

隔热夹芯板是用高强黏合剂把内外两层彩色钢板与聚苯乙烯泡沫板加压加热黏结固化而成的。复合隔热板的内外两层均为镀锌钢板，表面涂以硅酮聚酯胶，中芯注入聚氨酯泡沫塑料作为隔热材料。

隔热夹芯板和复合隔热板都可用于隔墙，使隔墙一次完成，可广泛用于高层建筑和写字楼。

12.2.9　室内配套设施

在现代装饰工程中，除了装饰材料外，还需要一些相应的室内配套设施。如厨房设备、卫生洁具、装饰灯具和空气调节设备等。

1. 厨房设备

厨房设备是现代宾馆、饭店和民用住宅建筑中不可缺少的室内配套设施，而排油烟机又是现代厨房必不可少的设备之一。排油烟机又称吸油烟机，其主要功能有两个，一是把厨房里产生的废气、油烟等有毒气体进行油、烟分离，把气体排放到大气中，将有害的费油暂时储存起来，而后定期处理。二是抽出散发大量热量的热空气，使厨房的空气产生对流，增加新鲜空气，降低厨房温度，减少厨房内的有害气体。排油烟机的种类很多，以外形不同，可分为罩壳型、深罩型、平罩型；按所用电机种类不同可分为单头和双头两种；从体型上又可分为连体式和分体式；如按罩面尺寸来分，种类更多。有些排油烟机烟道部分做成柜式，里面可存放物品，有些罩壳上做成平台式，上面可以搁置东西等。现代的排

油烟机正向多功能、大功率、低噪声、安装简单、使用方便、造型艺术化等方面发展。

2. 卫生洁具

卫生洁具已由过去传统的陶瓷、铸铁搪瓷制品和一般的金属配件，发展到目前国内外相继推出的玻璃钢、人造大理石（玛瑙）、塑料、不锈钢等新材料制品。卫生洁具主要有大便器、小便器、洗面池、浴缸和五金配件。

大便器按使用方式分为坐式和蹲式两种；按冲刷排污方式可分为冲落式和虹吸式两大类。目前，国内外有多种节水消声便器，如设有两种不同冲洗水量的大便器等。小便器分为壁挂式、斗式和落地式三种。洗面池形式比较多，可归纳为挂式、立柱式和台式三种。中高档卫生间多使用立柱式和台式。浴缸也称浴盆，种类繁多、用料各异。现代浴缸除满足洗浴外，有的还能以水定向喷入的方式，对人体起按摩作用，即旋涡浴缸。五金配件主要包括进水阀、冲洗阀、落水头、接水管、淋浴器以及各种水龙头等。五金配件已由一般的镀铬零件，发展到采用高级镶嵌装饰性金属镀层的高档产品，力争卫生洁具具有节能、消音和节水的优质功能。

3. 装饰灯具

装饰灯具与普通灯具有所不同，除了有照明要求之外，还要在装潢中起到装饰点缀作用。因此，装饰灯具的造价也往往比普通灯具高得多。装饰灯具按使用的场所不同可分为室内装饰灯具与室外装饰灯具。室内灯具有吊灯、吸顶灯、槽灯、发光顶棚、壁灯、浴室灯、落地灯、台灯、室内功能灯等。室外灯具分为室外壁灯、门前座灯、路灯、园林灯、庭院灯、广告灯、探照灯、建筑化照明等。

4. 空气调节设备

空气调节设备即空调，它的作用是使室内空间在任何条件下，通过人工的方法，将温度、湿度、洁净度以及气流速度控制在指定的范围之内，以达到人体舒适或工业生产的要求。

空气调节设备一般根据其设置情况（即空气处理设备的放置情况）可以分为三类，即集中式空调系统（如中央空调系统）、半集中式空调系统（如风机盘管式空调系统及诱导式空调系统）和全分散式系统（如我们经常使用的窗式空调器和柜式空调器）。

空调设备的发展前景：随着能源的紧张和环境保护的呼声，人们将更加乐意于选择节能和环保的空调和更注重于家居空间的小型设备。当然，人们更不会放弃舒适性这一亘古不变的追求。从舒适性方面来讲，家用中央空调将以其较高的舒适度和并不算高昂的价格成为人们未来的首选。而节能性的除湿蒸发冷却空调系统，以其较高的 COP 值将在未来得到广泛应用。

工程案例

【12-1】 1996 年 11 月 20 日，丙市某歌舞厅发生特大火灾伤亡事故。此歌舞厅由王某个人承包，经过市某区公安分局核准定员为 140 人。歌舞厅在 1996 年 6 月重新装修时，使用了大量的易燃装饰材料，装修完毕后并没有向文化、消防部门申请验收便开始营业。此后虽然经过文化、公安部门检查督促，经营者仍未整改，消除安全隐患。1996 年 11 月 20 日下午，吴某吸烟导致沙发起火，进而火势蔓延，火势把歌舞厅墙壁悬挂的装饰布点燃，火势迅速扩大。事故导致 233 人死亡，4 人重伤，16 人轻伤，直接经济损失 128 万元。

事故直接原因：吴某点烟引燃沙发，未能及时扑灭大火。

间接原因：歌舞厅严重超员，（核定 140 人，事故发生时有 299 人）。歌舞厅使用大量可燃物装修。并在重新装修时，使用了大量易燃装饰材料。在装修完毕后没有没有向文化、消防部门申请验收便开始营业。

知识归纳

了解装饰材料的基本要求，了解常用装饰材料如建筑陶瓷、建筑涂料、壁纸、装饰玻璃制品等特点及应用。

思考题

1. 对室内外地面装饰材料的要求是否相同？为什么？适用于室外地面的装饰材料主要有哪些？

2. 建筑工程中常用的装饰材料有哪些？各有什么特点？

3. 什么是不锈钢？不锈钢耐腐蚀的原理是什么？

4. 建筑陶瓷有哪些种类？各用于什么场合？

5. 选择涂料时应该考虑哪些因素？

13 建筑功能材料

内容摘要

本章主要概述了吸声材料、隔声材料、保温隔热材料、防水材料，以及它们的分类、作用机理和性能，并说明了相关材料的用途和选择。

13.1 吸声材料

随着工业生产、交通运输的迅猛发展，城市人口急剧增长，噪声源也越来越多，所产生的噪声也越来越强，造成人类生活环境噪声污染的日益严重，为此人类正在积极寻求解决之道。人们需要一些可以控制噪声及噪声危害的新型材料。建筑吸声与隔声材料是节约能源、降低环境污染、提高建筑使用质量非常重要的一种材料。

13.1.1 吸声材料及分类

声音起源于物体的振动，声波具有能量，简称声能。当声波入射到室内某一构件（如墙、板等）时，一部分声能被反射，一部分被吸收，一部分穿透到另一空间。当声波遇到材料表面时，大多数材料都具有一定的吸声作用，材料吸声性能的优劣常用吸声系数表示。材料的吸声性能除与材料本身性质、厚度及材料表面状况（有无空气层及空气层的厚度）有关外，还与声波的入射角及频率有关。因此，吸声系数用声音从各个方向入射的平均值表示，并应指出是对某一频率的吸收。同一材料，对高、中、低不同频率的吸声系数不同。为了全面反映材料的吸声性能，规定取125Hz、250 Hz、500 Hz、1000Hz、2000Hz、4000Hz六个频率的吸声系数来表示材料的吸声特性。任何材料对声音都能吸收，只是吸收程度有很大的不同。通常认为上述六个频率的平均吸声系数大于0.2的材料为吸声材料。

吸声材料是指多细孔、柔软的材料，当声音透过孔洞时，在吸声材料中多次反射，声能衰减，从而达到吸声的功能。

吸声材料按其物理性能和吸声方式可分为多孔性吸声材料、共振吸声结构和特殊吸声结构三大类。多孔性吸声材料主要是纤维质和开孔型结构材料；共振吸声结构主要是吸声的柔性材料、膜状材料、板状材料和穿孔板；特殊吸声结构主要是空间吸声体和吸声尖劈等。

13.1.2 多孔吸声材料

多孔吸声材料内部具有大量互相连通的微孔或间隙，并与材料表面相通，孔隙细小且在材料内部均匀分布，具有通气性。吸声机理是当声波入射到材料表面时，一部分在材料表面

反射，另一部分则透入到材料内部向前传播，在传播过程中，引起孔隙中的空气运动，与孔壁发生摩擦，由于黏滞性和热传导效应，将声能转变为热能耗散掉。多孔吸声材料是目前应用最广泛的材料，主要有有机纤维材料（如玻璃棉、岩棉等），无机纤维材料（如植物纤维、木质纤维等），泡沫材料（如泡沫塑料、泡沫混凝土等）和吸声建筑材料（如微孔吸声砖）四大类。值得注意的是，粗糙表面（如拉毛水泥）或内部多泡减震隔热材料非吸声材料。

多孔吸声材料的吸声性能与材料本身的特性，如流阻、孔隙率等有关。在实际应用中，多孔材料的厚度、密度、材料层与刚性面之间的空气层、护面层（多应用于多孔疏松材料）等都对它的吸声性能有影响。简述如下：

（1）背后条件的影响

大部分吸声材料都是固定在龙骨上，多孔材料的背后空气层相当于加大了材料的有效厚度，所以它的吸声性能一般随空气厚度增加而提高，特别是改善对低频的吸收，它比增加材料的厚度来提高低频的吸收节省很多材料。一般当材料背后的空气层厚度为入射声波1/4 波长的奇数倍时，吸声系数最大；当材料背后的空气层厚度为入射声波 1/2 波长的整数倍时，吸声系数最小。利用这个原理，根据设计的要求，通过调整材料背后空气层厚度的办法，可改善吸声特性。

（2）流阻

材料的透气性可以用“流阻”这一物理参数来表示。流阻是空气质点通过材料孔隙间的阻力。在稳定的气态状态下，吸声材料的压力梯度与气流在材料中的流速之比，定义为材料的流阻。

（3）密度

严格地说，密度并不与吸声系数相对应，但在实际工程中，测定材料的流阻、孔隙率有困难时，一般通过密度加以控制。同一纤维材料，当厚度不变时，密度增大，孔隙率减小，比流阻率增大，能使低频吸声效果有所提高，但高频吸声性能却可能下降。因此，在一定条件下，材料密度存在一个最佳值，因为密度过大或过小都会对材料的吸声性能产生不利影响。

（4）孔隙率

虽然有些吸声材料与保温隔热材料都为多孔性材料，如聚苯、聚乙烯、闭孔聚氨酯等，但在材料的孔隙特征上有着完全不同的要求。保温隔热材料要求具有封闭的互不连通的气孔。多孔吸声材料都具有很大的孔隙率，一般在 70%以上，多数达 90%左右。密实材料孔隙率低，吸声性能较差。而多孔材料吸声的必要条件是材料有大量孔隙；孔隙之间互相连通；孔隙深入材料内部。吸声材料的表面孔洞和开口连通孔隙越多，吸声效果越好。当材料吸湿或表面喷涂油漆、孔隙充水或堵塞，会大大降低吸声材料的吸声效果。

（5）厚度

多孔材料一般随着厚度的增加而提高其低频的吸声效果，对高频影响则不显著。但材料厚度增加到一定程度后，吸声效果的提高就不明显了，因此存在一个适宜的厚度。

（6）温度和湿度的影响

温度对材料的吸声性能影响并不是很显著，湿度的影响主要是改变入射声波的波长，使材料的吸声系数产生相应的改变。

（7）材料表面装饰处理的影响

大多数多孔材料由于本身的强度、维护、建筑装修以及为了改善材料吸声性能的要求，在使用时常常需要进行表面装饰处理。装饰方法大致有钻孔、开槽、粉刷、油漆等。钻孔、开槽的材料，增加了材料暴露在声波中的面积，即增加了有效吸声表面面积，同时声波也易进入材料深处，因此提高了材料的吸声性能。在多孔材料表面粉刷或涂漆会堵塞材料里外空气的通路，因此多孔材料的吸声性能大大降低。

凡是符合多孔吸声材料构造特征的，都可以当成多孔吸声材料来利用。目前，市场上有呈松散状的超细玻璃棉、玻璃棉、矿棉、海草；已经加工成毡状或板状的材料，如玻璃棉毡、半穿孔吸声装饰纤维板、软质木纤维板；另外还有微吸声砖、矿渣膨胀珍珠岩吸声砖、泡沫玻璃吸声粉刷等。

13.1.3 共振吸声材料

多孔吸声材料对低频声吸收性能比较差，因此往往用共振吸声原理来解决低频声的吸收。共振吸声结构一般分为空腔共振吸声结构和薄板或薄膜共振吸声结构两种。

空腔共振吸声结构的吸声原理可以用赫姆霍兹共振器来说明，如图 13-1。当孔的深度和孔径比声波波长小得多时，孔径中空气柱的弹性变形很小，可以看成是质量块来处理。封闭空腔的体积比孔径大得多，起着充气弹簧的作用，整个系统类似弹簧振子。当外界入射声波频率和系统固有频率相等时，孔径中的空气柱体由于共振产生剧烈运动，在振动过程中，由于克服摩擦阻力而消耗声能。这种共振器的特点是具有很强的频率选择性，它在共振频率附近的吸声系数很大，而对离共振频率较远的频率的声波吸收很小，因此这种单个的共振器很少单独使用。如果要吸收的是单一频率，单个共振器是有用的，这多用于剧院以调整和改善低频的吸收。为了充分发挥每个共振器的作用，在布置上它们之间应保持一定距离。为了获得较宽频率带的吸声性能，常采用组合共振吸声结构或穿孔板组合共振吸收结构。柔性材料、膜状材料、板状材料和穿孔板在声波的作用下发生共振作用，使得声能转变为机械能而被吸收。其中柔性材料和穿孔材料以吸收中频声波为主，膜状材料以吸收低中频声波为主，而板状材料以吸收低频声波为主。

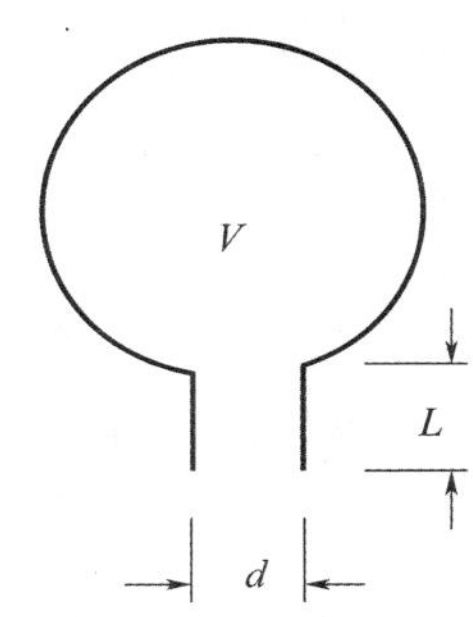

图 13-1　赫姆霍兹共振器示意图

皮革、人造革、塑料薄膜等材料具有不透气性、柔软、受张拉时有弹性等特性，将其固定在框架上，背后留有一定的空气层，即构成薄膜共振吸声结构。建筑中常用胶合板、薄木板、硬质纤维板、石膏板、石棉水泥板或金属板等，把它们固定在墙或顶棚的龙骨上，并在背后留有空气层，构成薄板振动吸声结构。土木工程中常用的薄板振动吸声结构的共振频率在 80～300Hz 之间，在此共振频率附近的吸声系数最大，为 0.2～0.5，而在其他共振频率附近的吸声系数就较低。

13.1.4 特殊吸声结构

特殊吸声结构包括空间吸声体、强吸声结构、柔性吸声结构、帘幕等吸声结构。以空间吸声体为例说明其结构和吸声机理。

空间吸声体是一种悬挂于室内的吸声结构，它并不是什么新的吸声结构，可以说是共振吸声结构和多孔吸声材料的组合。它与一般吸声结构的区别在于不是与顶棚、墙体等壁

面组成吸声结构，而是自成体系。空间吸声体最大的优点就在于它可预先制作，既便于安装也便于维修，特别适用于那些已建成房屋的声学处理。空间吸声体可以说是共振吸声结构和多孔吸声材料的组合，所以，对声波的吸收同时包括这两个方面。由于是共振吸声结构和多孔吸声材料的组合，因此它有很宽的吸声频带，不仅能吸收高频，对低频吸收也非常好。空间吸声体由于有效吸声面积比投影面积大得多，故按投影面积计算其吸声系数可大于1。空间吸声体的吸声效果除与本身构成的材料和形式有关外，还与它在空间摆放的位置、间距、数目有关。

13.1.5 吸声机理

根据能量守恒定律，若单位时间内入射到构件上的总声能为 E_0，反射的声能为 E_γ，构件吸收声能为 E_α，透过构件的声能为 E_τ，则：

$$E_0=E_\gamma+E_\alpha+E_\tau \tag{13-1}$$

透射系数：$\tau=\dfrac{E_\tau}{E_0}$

反射系数：$\gamma=\dfrac{E_\gamma}{E_0}$

吸声系数：$\alpha=1-\gamma=1-\dfrac{E_\gamma}{E_0}=\dfrac{E_\alpha+E_\tau}{E_0}$

吸声系数定义为材料吸收的声能与入射到材料上的总声能之比。当 $\alpha=0$ 时，无吸声。当 $\alpha=1$ 时，完全吸收，无声能反射。

13.1.6 吸声材料的选用原则

为了保持室内良好的音响效果，减少噪声，改善声波的传播，应适当选用和安装吸声材料，注意如下要求：

① 要使吸声材料充分发挥作用，应将其安装在最容易接触声波和反射次数最多的表面上，而不应把它集中在天花板或某一面的墙壁上，并应比较均匀地分布在室内各表面上。

② 多孔吸声材料往往易于吸湿，安装时应考虑到湿胀干缩的影响。

③ 选用的吸声材料应不易虫蛀、腐朽，且不易燃烧。

④ 应尽可能选用吸声系数较高的材料，以便节约材料用量，降低成本。

⑤ 材料的吸声带宽，良好的耐久性。

13.2 隔声材料

隔声材料是指在声音传播的过程中，能够阻挡声音穿透，达到阻止噪声传播目的的材料。几乎所有的材料都具有隔声作用，隔声量遵循质量定律原则（隔声材料的单位面密度越大，隔声量就越大），面密度与隔声量成正比关系。隔声材料在物理上有一定弹性，当声波入射时便激发振动在隔层内传播。声波在房屋建筑中的传播途径有三种：空气，通过孔洞、缝隙传入；透射，围护结构振动（作为二次声源）传播；撞击和机械振动。因此，隔绝的声音包括空气声（由于空气振动）和固体声（由于固体撞击或振动）。

构成隔声结构的材料大致可分为以下几类：密实板，如混凝土板、钢板、木板和塑料板等；多孔板，如玻璃棉、矿渣棉、泡沫塑料和毛毡等；减振板，如阻尼板、橡胶板和软木板等。

在工程中常用构件的隔声量 R（单位 dB）来表示构件对空气声的隔绝能力，它与透射系数 τ 的关系见式（13-2）：

$$R=10\lg\left(\frac{1}{\tau}\right) \tag{13-2}$$

常见构件对空气声的隔声量见图 13-2。

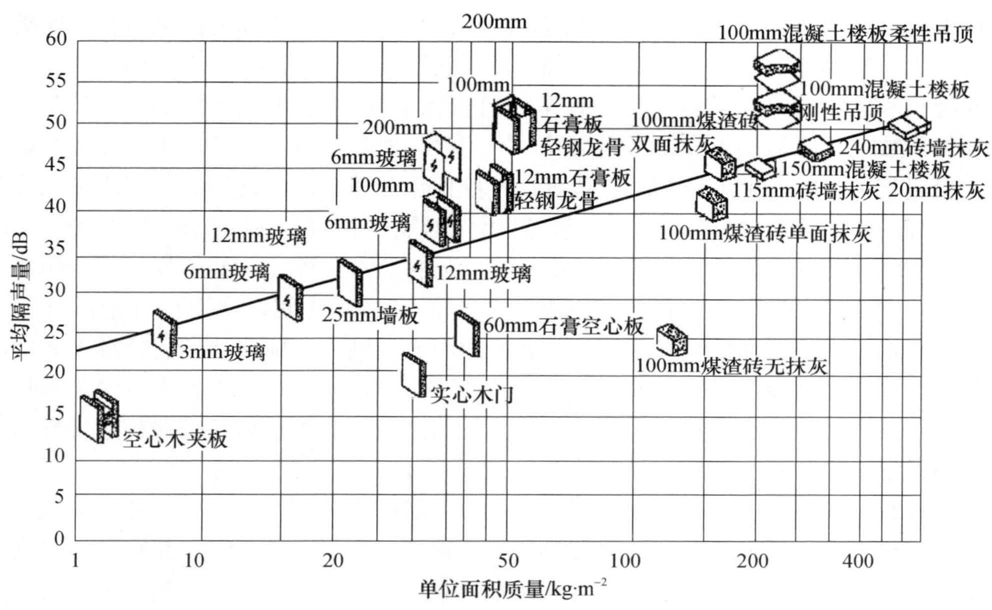

图 13-2 常见构件对空气声的隔声量

固体声是靠固体结构振动传播的，有两种基本途径：由于受到撞击，结构物产生振动，然后直接向邻室辐射声能；声波沿与受撞击结构物相连的构件向远处空间传播。所以固体声的传递和防止办法和空气声有相当大的区别。增加楼板的厚度或质量会对空气声隔绝有所帮助，但对主要的小高频范围改善很小。这主要是由于声波在固体中传播速度很快，衰减很小。相反，多孔材料如毡、毯、软木、玻璃等，隔绝空气声效果虽然很差，但对防止固体声的传播，是较有效的隔绝材料。

13.3 保温隔热材料

13.3.1 保温隔热材料

保温隔热材料是保温、保冷、隔热材料的总称，是指防止建筑物和暖气设备（如暖气管道等）的热量散失，或隔绝外界热量的传入（如冷藏库等）而选用的材料。衡量材料保温隔热材料性能优劣的指标主要是导热系数。导热系数越小，则通过材料传递的热量越少，其保温隔热性能越好。采用导热系数表示隔热性能的好坏，导热系数小的材料称为保温隔热材料（隔热材料或保温材料）。传统保温隔热材料，如玻璃纤维、石棉、岩棉、硅酸盐等；新型保温隔热材料，如气凝胶毡、真空板等。它们用于建筑围护或者热工设备，阻抗热流传递，既包括保温材料，也包括保冷材料。保温隔热材料一方面满足了建筑空间或热工设备的热环境，另一方面也节约了能源。因此，有些国家将保温隔热材料看成是继煤炭、石油、天然气、核能之后的“第五大能源”。

保温隔热材料的特点是轻质、疏松、多孔、或为纤维状。按其成分不同可以分为有机材料和无机材料两大类。热力设备及管道保温用的材料多为无机保温隔热材料。此类材料具有不腐烂、不燃烧、耐高温等特点，如石棉、硅藻土、珍珠岩、气凝胶毡、玻璃纤维、泡沫混凝土和硅酸钙等。低温保冷工程多用有机保温隔热材料，此类材料具有表观密度小、导热系数低、原料来源广、不耐高温、吸湿时易腐烂等特点，如软木、聚苯乙烯泡沫塑料、聚氨基甲酸酯、牛毛毡和羊毛毡等。按照保温隔热材料的使用温度限度可以分为高温用、中温用和低温用保温隔热三种：高温用保温隔热材料，使用温度可在700℃以上，这类纤维质材料有硅酸铝纤维和硅纤维等；多孔质材料有硅藻土、蛭石加石棉和耐热黏合剂等制品。中温用保温隔热材料，使用温度在100～700℃之间，中温用纤维质材料有气凝胶毡、石棉、矿渣棉和玻璃纤维等；多孔质材料有硅酸钙、膨胀珍珠岩、蛭石和泡沫混凝土等。低温用保温隔热材料，使用温度在100℃以下的保冷工程中，按照保温隔热材料形状不同可分为松散粉末状、纤维状、粒状、瓦状和砖等几种材料。按照构造可分为多孔材料、热反射材料和真空材料三类。

多孔材料利用材料本身所含的孔隙隔热，因为空隙内的空气或惰性气体的导热系数很低，如泡沫材料、纤维材料等；热反射材料具有很高的反射系数，能将热量反射出去，如金、银、镍、铝箔或镀金属的聚酯、聚酰亚胺薄膜等。真空保温隔热材料是利用材料的内部真空达到阻隔对流来隔热。航空航天工业对所用隔热材料的质量和体积要求较为苛刻，往往还要求它兼有隔声、减振、防腐蚀等性能。各种飞行器对隔热材料的需要不尽相同，飞机座舱和驾驶舱内常用泡沫塑料、超细玻璃棉、高硅氧棉、真空隔热板来隔热。导弹头部用的隔热材料早期是酚醛泡沫塑料，随着耐温性较好的聚氨酯泡沫塑料的应用，又将单一的隔热材料发展为夹层结构。导弹仪器舱的隔热方式是在舱体外蒙皮上涂一层数毫米厚的发泡涂料，在常温下作为防腐蚀涂层，当气动加热达到200°C以上时，便均匀发泡而起隔热作用。人造地球卫星是在高温、低温交变的环境中运动，须使用高反射性能的多层隔热材料，一般是由几十层镀铝薄膜、镀铝聚酯薄膜、镀铝聚酰亚胺薄膜组成。另外，表面隔热瓦的研制成功解决了航天飞机的隔热问题，同时也标志着隔热材料发展的更高水平。

热传递在建筑物热量交换中表现为三种方式：传导热＋对流热＜25％，辐射热＞75％。夏天瓦屋面温度升高后，大量辐射热进入室内导致温度持续上升，工作与生活环境极不舒服。Dike铝箔卷材的太阳辐射吸收系数（法向全辐射放射率）0.07，放射热量很少。被广泛应用于屋面与墙体的隔热保温。热能传播路线（不加隔热膜）：太阳—红外线磁波—热能撞击瓦片使温度升高—瓦片成为热源放射出热能—热能撞击现浇屋面使温度升高—现浇屋面成为热源放射出热能—室内环境温度持续升高。热能传播路线（加隔热膜）：太阳—红外线磁波—热能撞击瓦片使温度升高—瓦片成为热源放射出热能—热能撞击铝箔使表面温度升高—铝箔放射率极低，放射少量热能—室内保持舒适的环境温度。

13.3.2 导热系数和保温隔热材料的选用

导热系数λ定义为单位截面、长度的材料在单位温差下和单位时间内直接传导的热量计算式（13-3）。

$$\lambda=\frac{Qd}{At\ (t_2-t_1)} \tag{13-3}$$

式中 Q——总的传热量，J；

λ——材料的导热系数，W/（m·k）；

d——壁体的厚度，m；

t_2，t_1——平壁的内表面和外表面的温度，℃；

A——热流通过的单位截面积，mm^2。

通常把导热系数较低的材料称为保温隔热材料，我国国家标准规定，凡平均温度不高于350℃时导热系数不大于0.12W/(m·K）的材料称为保温材料，而把导热系数在0.05 W/(m·K)以下的材料称为高效保温材料。通常情况下，导热系数不大于0.23W/(m·K)的材料称为保温隔热材料。

导热系数是衡量保温隔热材料性能的主要指标，不同物质导热系数各不相同，相同物质的导热系数与其结构、密度、湿度、温度、压力等因素有关。同一物质的含水率低、温度较低时，导热系数较小。一般来说，固体的热导率比液体的大，而液体的又要比气体的大。这种差异很大程度上是由于这两种状态分子间距不同所导致的。现在工程计算上用的系数值都是由专门试验测定出来的。

导热系数的影响因素：

1. 材料的湿度

材料吸湿受潮后，其导热系数增大，这在多孔材料最为明显。这是由于水的导热系数远大于密闭空气的导热系数，因此保温隔热材料应特别注意防水防潮。

2. 表观密度与孔隙特征

表观密度小的材料，因其孔隙率大，导热系数小。在孔隙率相同时，孔隙尺寸越大，导热系数越大，连通孔隙的比封闭孔隙的导热系数大。对于纤维状材料，当纤维之间压实至某一表观密度时，其导热系数最小，该表观密度称为最佳表观密度。当纤维材料的表观密度小于最佳表观密度时，其导热系数反而增大，这是孔隙增大且相互连通导致空气对流造成。

3. 材料的组成及微观结构

不同的材料其导热系数是不同的。一般来说，不同状态的物质导热系数相差很大，对于向一种材料，其微观结构不同，导热系数也有很大的差异，对于保温隔热材料来说，由于孔隙率大，气体（空气）对导热系数的影响起主要作用。

4. 热流方向

对于各向异性的材料，如木材等纤维质的材料，当热流平行于纤维方向时，热流受阻小，故导热系数大。热流垂直于纤维方向时，热流受阻大，故导热系数小。

5. 温度

材料的导热系数随温度的升高而增大。温度升高时，材料固体分子的热运动增强，同

时材料孔隙中空气的导热和孔壁间的辐射作用也有所增加。其中，当温度在 0～50℃范围内时并不显著，只有对处于高温或负温下的材料，才要考虑温度的影响。

上述各项因素中以表观密度和湿度的影响最大。

表 13-1 给出了常见材料的导热系数。

表 13-1　常见材料的导热系数　　[W/(m·K)]

材料名称	导热系数（W/m·K）	材料名称	导热系数（W/m·K）	材料名称	导热系数（W/m·K）
Si	150	ABS	0.25	导热硅胶垫	0.8～3
SiO_2	7.6	PA	0.25	水蒸气	0.023
SiC	490	PC	0.2	水	0.7
GaAs	46	PMMA	0.14～0.2	硫酸 5%～25%	0.47～0.5
GaP	77	PP	0.21～0.26	木材（纵向）	0.38
LTCC	2	PP+25%玻纤	0.25	木材（横向）	0.14～0.17
AIN	150	软质 PVC	0.14	普通黏土砖	0.8
Al_2O_3 蓝宝石	45	硬质 PVC	0.17	耐火砖	1.06
Kovar	17.3	PS	0.08	水泥沙	0.9～1.28
钻石	2300	LDPE	0.33	瓷砖	1.99
金	317	HDPE	0.5	石棉	0.15～0.37
银	429	橡胶	0.19～0.26	花岗岩	2.6～3.6
纯铝	237	PU	0.25	石油	0.14
纯铜	401	纯硅胶	0.35	沥青	0.7
纯锌	112	中密度硅胶	0.17	纸板	0.06～0.14
纯钛	14.63	低密度硅胶	0.12	铸铁	42～90
纯锡	64	玻璃	0.5～1.0	不锈钢	17
纯铅	35	玻璃钢	0.4	铸铝	138～147
纯镍	90	泡沫	0.045	Al　6061	160
钢	36～54	FR4	0.2	Al　6063	201
黄铜	70～183	环氧树脂	0.2～2.2	Al　7075	130
青铜	32～153	石蜡	0.12		

在实际应用中，由于保温隔热材料的强度较低，因此，除了能单独承重的少数材料外，在围护结构中，经常把保温隔热层与承重结构材料层复合使用。如建筑外墙的保温层通常做在内侧，以免受大气的侵蚀，但应选用不易破碎的材料，如软木板、木丝板等；如果外墙为砖砌空心墙或混凝土空心制品，保温隔热材料可填充于墙体的空隙内，此时可采用散粒材料，如矿渣、膨胀珍珠岩等。屋顶保温层则以放在屋面板上为宜，这样可以防止钢筋混凝土屋面板由于冬夏温差引起裂缝，同时保温层上须加做效果良好的防水层。总之，在选用保温材料时，需要根据建筑物的用途、围护结构的构造、施工难易、材料来源和经济成本等综合考虑。对于一些特殊建筑物，还必须考虑保温隔热材料的使用温度条

件、不燃性、化学稳定性及耐久性等因素。

13.4 防水材料

防水材料是防水工程的物质基础，是防止建筑物与构建物被雨水、地下水等水分渗透或侵入的重要组成材料。它是建筑物的一项重要功能，关系到建筑物的使用价值、使用条件及卫生条件，影响到人们的生产活动、生活质量，对保证工程质量具有重要的作用。防水材料的优劣对防水工程的影响极大，因此必须从防水材料着手来研究防水的问题。防水材料的主要作用是防潮、防漏、防渗，避免水和盐分对建筑物的侵蚀，保护建筑构件。

13.4.1 防水卷材

沥青防水卷材是以沥青（石油沥青或煤焦油、煤沥青）为主要防水材料，以原纸、织物、纤维毡、塑料薄膜、金属箔等为胎基（载体），用不同矿物粉料或塑料薄膜等作隔离材料制成的一种具有宽度和厚度并可卷曲的片状防水材料，通常称之为油毡。胎基是油毡的骨架，使卷材具有一定的形状、强度和韧性，从而保证了在施工中的铺设性和防水层的抗裂性，对卷材的防水效果有直接影响。沥青防水卷材由于卷材质量轻、价格低廉、防水性能良好、施工方便、能适应一定的温度变化和基层伸缩变形，在工业与民用建筑的防水工程中得到了广泛应用。防水卷材占整个建筑防水材料的80%左右。目前主要包括传统的沥青防水卷材、高聚物改性沥青防水卷材和合成高分子材料三大类，后两类卷材的综合性能优越，是目前国内大力推广使用的新型防水卷材。

1. 沥青防水卷材

以原纸、纤维织物及纤维毡等胎体材料浸涂沥青，表面撒布粉状、粒状或片状材料制成可卷曲的片状防水材料统称为沥青防水卷材。沥青防水材料最具有代表性的是石油沥青纸胎油毡及油纸。油毡按物理力学性质可分为合格、一等品和优等品三个等级。

石油沥青纸胎油毡的缺点是耐久性差、易腐烂及抗拉强度低等。近年来，通过对油毡胎体材料的改进，开发出了玻璃布胎沥青油毡、黄麻胎毡沥青油毡及铝箔胎沥青油毡等品种。这些胎体沥青具有以下优点，抗拉强度高、柔韧性好、吸水率小，抗裂性和耐久性均有很大提高。沥青防水卷材还包括新型优质氧化沥青卷材。

石油沥青油纸（简称油纸）是用低软化点石油沥青浸渍原纸（生产油毡的专用纸，主要成分为棉纤维，外加20%～30%的废纸）而成的一种无涂盖层的防水卷材。主要用于多层（粘贴式）防水层下层、隔蒸汽层、防潮层等。

2. 高聚物改性沥青防水卷材

高聚物改性沥青防水卷材是以合成高分子聚合物改性沥青为涂盖层，纤维织物或纤维毡为胎体，粉状、粒状、片状或薄膜材料为覆盖材料制成的可卷曲片状防水材料。它克服了传统沥青卷材温度稳定性差、延伸率低的不足，具有高温不流淌、低温不脆裂、拉伸强度较高、延伸率较大等优异性能。高聚物改性沥青防水卷材可分橡胶型、塑料型和橡塑混合型三类。

SBS 橡胶改性沥青防水卷材是采用玻纤毡、聚酯毡为胎体，苯乙烯-丁二烯-苯乙烯（SBS）热塑性弹性体作改性剂，涂盖在经沥青浸渍后的胎体两面，上表面撒布矿物质粒、片料或覆盖聚乙烯膜，下表面撒布细砂或覆盖聚乙烯膜所制成的新型中、高档防水卷材，是弹性体橡胶改性沥青防水卷材中的代表性品种。最大的特点是低温柔韧性能好，同时也具有较好的耐高温性、较高的弹性及延伸率（延伸率可达 150%）、较理想的耐疲劳性。广泛用于各类建筑防水、防潮工程，尤其适用于寒冷地区和结构变形频繁的建筑物防水。

APP 改性沥青防水卷材是用无规聚丙烯（APP）改性沥青浸渍胎基（玻纤或聚酯胎），以砂粒或聚乙烯薄膜为防粘隔离层的防水卷材，属塑性体沥青防水卷材中的一种。APP 改性沥青卷材的性能与 SBS 改性沥青性接近，具有优良的综合性质，尤其是耐热性能好，130℃的高温下不流淌、耐紫外线能力比其他改性沥青卷材均强，所以非常适宜用于高温地区或阳光辐射强烈地区。广泛用于各式屋面、地下室、游泳池、桥梁、隧道等建筑工程的防水防潮。

再生橡胶改性沥青防水卷材是用废旧橡胶粉作改性剂，掺入石油沥青中，再加入适量的助剂，经混炼、压延、硫化而成的无胎体防水卷材。特点是自重轻，延伸性、耐腐蚀性均较普通油毡好，且价格低廉。适用于屋面或地下接缝等防水工程，尤其适用于基层沉降较大或沉降不均匀的建筑物变形缝处的防水。

焦油沥青耐低温防水卷材是用焦油沥青为基料，聚氯乙烯或旧聚氯乙烯或其他树脂，加上适量的助剂，经共熔、辊炼及压延而成的无胎体防水卷材。由于改性剂的加入，卷材的耐老化及防水性能都得到提高。焦油沥青耐低温防水卷材采用冷施工，其施工性能良好，不仅能在高温下施工，也能在−10℃的条件下施工，特别适用于多雨地区施工。

铝箔橡胶改性沥青防水卷材是以橡胶和聚氯乙烯复合改性石油沥青作为浸渍涂盖材料，聚酯毡、麻布或玻纤维毡为胎体，聚乙烯膜为底面隔离材料，软质银白色铝箔为表面保护层的防水材料。其特点是具有弹塑混合型改性沥青防水卷材的一切优点，很好的水密性、气密性、耐候性和阳光反射性，能降低室内温度，耐老化能力增强，耐高低温性能好，且强度、延伸率及弹塑性较好。铝箔橡胶改性沥青防水卷材适用于工业与民用建筑层面的单层外露防水层，也可用于管道及桥梁防水等。

3. 合成高分子防水卷材

合成高分子卷材是以合成橡胶、合成树脂或两者的共混体为基料，加入适量的化学助剂和填料，经混炼、压延或挤出等工序加工而成的可卷曲的片状防水材料。其抗拉强度、延伸性、耐高低温性、耐腐蚀、耐老化及防水性都很优良，是值得推广的高档防水卷材。多用于要求有良好防水性能的屋面、地下防水工程。

三元乙丙橡胶防水卷材是以三元乙丙橡胶为主体原料，掺入适量的丁基橡胶、硫化剂、软化剂、补强剂等，经密炼、拉片、过滤、压延或挤出成型、硫化等工序加工而成。其耐老化性能优异，使用寿命一般长达 40 余年，弹性和拉伸性能极佳，拉伸强度可达 7MPa 以上，断裂伸长率可大于 450%，因此，对基层伸缩变形或开裂的适应性强，耐高低温性能优良，−45℃左右不脆裂，耐热温度达 160℃，既能在低温条件下进行施工作业，又能在严寒或酷热的条件中长期使用。

聚氯乙烯（PVC）防水卷材是以聚氯乙烯树脂为主要原料，并加入一定量的改性剂、增塑性等助剂和填充剂，经混炼、造粒、挤出压延、冷却及分卷包装等工序制成的柔性防水卷材。其特点是具有抗渗性能好、抗撕裂强度高、低温柔性较好的特点。PVC 卷材的综合防水性能略差，但其原料丰富，价格较为便宜。适用于新建或修缮工程的屋面防水，也可用于水池、地下室、堤坝、水渠等防水抗渗工程。

氯化聚乙烯-橡胶共混防水卷材是以氯化聚乙烯树脂和合成橡胶共混物为主体，加入适量的硫化剂、促进剂、稳定剂、软化剂和填充料等，经过素炼、混炼、过滤、压延或挤出成型、硫化、分卷包装等工序制成的防水卷材。具有优异的耐老化性、高弹性、高延伸性及优异的耐低温性，对地基沉降，混凝土收缩的适应强。氯化聚乙烯-橡胶共混防水卷材可用于各种建材的屋面、地下及地下蓄水池及冰库等工程，尤其宜用于很冷地区和变形较大的防水工程以及单层外露防水工程。

BAC 高分子卷材是由高分子片材（HDPE、LDPE、EVA、PEPP）、自粘橡胶、隔离膜复合而成，并根据工程需要可生产 BAC 高分子双面自粘卷材和 BAC 高分子单面自粘防水卷材，其中，BAC 高分子单面自粘防水卷材可根据需要在高分子片材上复合织物加强。BAC 高分子卷材集高分子防水卷材和自粘卷材优点于一身，大大提高了抗穿刺、耐候性、自愈性、耐高低温等性能，物理性能更优异，化学性能更稳定。该卷材能与混凝土粘为一体（长期浸水环境下依然密不可分），有效控制了窜水现象，真正实现了防水卷材与防水主体（自防水混凝土结构层）融为一体的目标。该卷材搭接方式灵活，可根据工程实际情况，选择冷自粘的“胶新胶”方式或“焊接高分子卷材及双面自粘胶带封口”方式，能与后浇筑混凝土黏结，解决了地下室底板、侧墙、隧道等“外防内贴”难题。该卷材采用独特的施工工艺和防水机理，刚柔结合形成了刚性防水和柔性防水的优势互补，防水效果更可靠；基面要求低，节省工期，潮湿甚至未找平基面均可施工，无须底涂及预处理，施工自由度高，不受天气影响，可大大节约工期；安全环保，施工过程无需溶剂、燃料，避免了环境污染和消防隐患，节约了能源。适用于暗挖隧道、“外防内贴”外墙的防水。

氯磺化聚乙烯防水卷材是以氯磺化聚乙烯橡胶为主，加入适量的软化剂、交联剂、填料、着色剂后，经混炼、压延或挤出、硫化等工序加工而成的弹性防水卷材。氯磺化聚乙烯防水卷材的耐臭氧、耐老化、耐酸碱等性能突出，且拉伸强度高、耐高低温性好、断裂伸长率高，对防水基层伸缩和开裂变形的适应性强，使用寿命为 15 年以上，属于中高档防水卷材，特别适宜用于有腐蚀介质影响的部位防水与防腐处理等。

13.4.2 防水涂料

防水涂料是将在高温下呈黏稠液体状态的物质，涂布在基体表面，经溶剂或水分挥发，或各组分间的化学变化，形成具有一定弹性的连续薄膜，使基层表面与水隔绝，并能抵抗一定的水压力，从而起到防水和防潮作用。

防水涂料的品种很多，各品种之间的性能差异很大，但无论何种防水涂料，要满足防水工程的要求，必须具备以下的性能：

① 固体含量。固体含量是指防水涂料中所含固体比例。由于涂料涂刷后其中的固体成分形成涂膜，因此，固体含量多少与成膜厚度及涂膜质量密切相关。

② 耐热度。耐热度是指防水涂料成膜后的防水薄膜在高温下不发生软化变形、不流淌的性能。它反映防水涂膜的耐高温性能。

③ 柔性。柔性是指防水涂料成膜后的膜层在低温下保持柔韧的性能。它反映防水涂

料在低温下的施工和使用性能。

④ 不透水性。不透水性是指防水涂膜在一定水压（静水压或动水压）和一定时间内不出现渗漏的性能，是防水涂料满足防水功能要求的主要质量指标。

⑤ 延伸性。延伸性是指防水涂膜适应基层变形的能力。防水涂料成膜后必须具有一定的延伸性，以适应由于温差、干湿等因素造成的基层变形，保证防水效果。

防水涂料的使用应考虑建筑的特点、环境条件和使用条件等因素，结合防水涂料的特点和性能指标选择。防水涂料质量检验项目主要有延伸或断裂延伸率、固体含量、柔性、不透水性和耐热水度。

1. 沥青类防水涂料

冷底子油是用建筑石油沥青加入汽油、煤油、轻柴油等溶剂，或用软化点50～70℃的煤沥青加入苯溶合而配成的沥青涂料。由于施工后形成的涂膜很薄，一般不单独使用，往往用作沥青类卷材施工时打底的基层处理剂，故称冷底子油。冷底子油黏度小，具有良好的流动性。涂刷混凝土、砂浆等表面后能很快渗入基底，溶剂挥发后沥青颗粒则留在基底的微孔中，使基底表面憎水并具有黏结性，为黏结同类防水材料创造有利条件。

2. 沥青玛瑞脂

沥青玛瑞脂是用沥青材料加入粉状或纤维状的填充料均匀混合而成的。按溶剂及胶粘工艺不同可分为热熔沥青玛瑞脂和冷玛瑞脂两种。热熔沥青玛瑞脂（热用沥青胶）的配制通常是将沥青加热至150～200℃，脱水后与20%～30%的干燥粉状或纤维状填充料（如滑石粉、石灰石粉、白云粉、石棉屑、木纤维等）热拌而成，热用施工。填料的作用是提高沥青的耐热性、增加韧性、降低低温脆性，因此用玛瑞脂粘贴油毡比纯沥青效果好。冷玛瑞脂（冷用沥青胶）是将40%～50%的沥青熔化脱水后，缓慢加入25%～30%的填料，混合均匀制成，在常温下施工。它的浸透力强，采用冷玛瑞脂粘贴油毡，不一定要涂刷冷底子油，它具有施工方便、减少环境污染等优点。目前应用已逐渐扩大。

3. 水乳型沥青防水涂料

水乳型沥青防水涂料即水性沥青防水涂料，是以乳化沥青为基料的防水涂料，是借助于乳化剂作用，在机械强力搅拌下，将熔化的沥青微粒均匀地分散于溶剂中，使其形成稳定的悬浮体。这类涂料对沥青基本上没有改性或改性作用不大。主要有石灰乳化沥青、膨润土沥青乳液和水性石棉沥青防水涂料等，主要用于地下室和卫生间防水等。

13.4.3 建筑密封材料

建筑密封材料是指具备防止液体、气体、固体的侵入，并起到水密、气密作用的材料，可提高建筑物整体的防水、抗渗性能。对于工程中出现的施工缝、构件连接缝、变形缝等各种接缝，必须填充具有一定的弹性、黏结性、能够使接缝保持水密、气密性能的材料，即建筑密封材料。建筑密封材料分为具有一定形状和尺寸的定形密封材料（如止水条、止水带等），以及各种膏糊状的不定形密封材料（如腻子、胶泥、各类密封膏等）。

密封材料必须满足以下基本要求：具有优良的黏结性、施工性及抗下垂性；具有良好的弹塑性和一定的随动性；具有较好的耐候性及耐水性能。

建筑密封材料按其形态可分为定形密封材料和非定形密封材料两大类：定形密封材料是指具有一定形状和尺寸的密封材料；非定形密封材料通常是黏稠状的材料。建筑密封材

料构成类型分为溶剂型、乳液型、化学反应型；按性能分为弹性密封材料和塑性密封材料；按使用时的组分分为单组分密封材料和多组分密封材料；按组成材料分为改性沥青密封材料和合成高分子密封材料。防水密封材料按其形态分类，如图 13-3 所示。

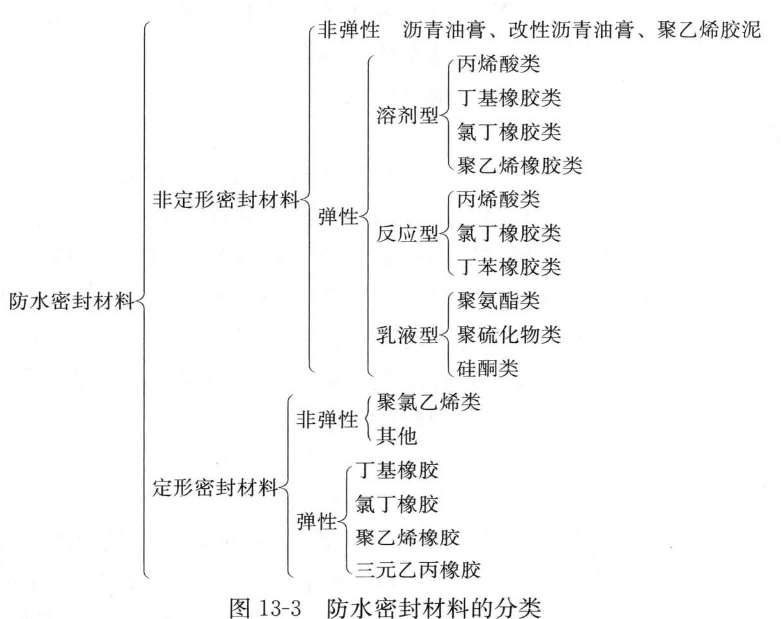

图 13-3 防水密封材料的分类

1. 非定形密封材料

非定形密封材料是现场成形的密封材料，多数以橡胶、树脂、合成材料为基料制成，它填充于缝隙中起到密封作用。

建筑防水沥青嵌缝油膏（简称油膏）是以石油沥青为基料，加入改性材料及填充料混合制成的冷用膏状材料。此类密封材料价格较低，以塑性性能为主，具有一定的延伸性和耐久性，但弹性差。其性能指标应符合 JC/T207—2011《建筑防水沥青嵌缝油膏》。主要用于各种混凝土屋面板、墙板等建筑构件节点的防水密封。使用沥青油膏嵌缝时，缝内应洁净干燥，先涂刷冷底子油，待冷底子油干燥后即填注油膏。

聚氯乙烯建筑防水接缝材料是以聚氯乙烯树脂为基料，加以适量的改性材料及其他添加剂配制而成的（简称 PVC 接缝材料）。按施工工艺可分为热塑型（通常指 PVC 胶泥）和热熔型（通常指塑料油膏）两类。聚氯乙烯建筑防水接缝材料具有良好的弹性、延伸性及耐老化性，与混凝土基面有较好的黏结性，能适应屋面振动、沉降、伸缩等引起的变形要求。

聚氨酯建筑密封膏是以异氰酸基（—NCO）为基料和含有活性氢化物的固化剂组成的一种双组分反应型弹性密封材料。这种密封膏能够在常温下固化，并有着优异的弹性性能、耐热耐寒性能和耐久性，与混凝土、木材、金属、塑料等多种材料有着很好的黏结力。

聚硫建筑密封膏是由液态聚硫橡胶为基料配制而成在常温下能够自硫化交联的密封膏。其性能应符合《聚硫建筑密封膏》（JC 483—2006）的要求。这种密封材料能形成类

似于橡胶的高弹性密封口，能承受持续和明显的循环位移，使用温度范围宽，在－40～90℃的温度范围内能保持它的各项性能指标，与金属与非金属材质均具有良好的黏结力，在震动及温度变化下保持良好的气密性和防水性，且耐油、耐溶剂、耐久性好。

硅酮建筑密封膏是以聚硅氧烷为主要成分的单组分和双组分室温固化型弹性建筑密封材料。硅酮建筑密封膏属高档密封膏，具有优异的耐热、耐寒性和耐候性能，与各种材料有着较好的黏结性，耐伸缩疲劳性强，耐水性好。

2. 定形密封防水材料

定形密封防水材料是具有一定形状，并起到密封作用的防水元件，一般分为弹性和非弹性，主要适用于建筑工程的特殊部位，如构件接缝、建筑沉降缝、施工缝、伸缩缝、门窗框接缝等。它根据工程要求而制成的各种带、条、垫状的密封衬垫材料，如各种断面密封圈、旋转轴唇型密封圈、O型橡胶密封圈、胶碗、垫片等，应用于建筑领域的还有止水带、建筑密封垫、遇水自膨胀橡皮圈等。建筑定形密封防水材料要求具有良好的水密性、气密性和耐久性，具有良好的强度，具有耐热、耐低温、耐腐蚀的性能；要求制作尺寸精度高，不至于在构件振动、变形等工程中脆断、脱落。

13.4.4 刚性防水材料

刚性防水材料是指以水泥、砂石为原材料，或掺入少量外加剂、高分子聚合物等材料，通过调整配合比，抑制或减少孔隙率，改变孔隙特征，增加各原材料界面间密实性，配制成具有一定抗渗透能力的水泥砂浆混凝土类防水材料。刚性防水是相对防水卷材、防水涂料等柔性防水材料而言的防水形式，主要包括防水砂浆和防水混凝土。刚性防水层所用的主要原材料有水泥、砂石、外加剂等。

刚性防水材料具有以下几方面特点：

① 材料易得、造价低廉、施工简便，且易于查找渗漏水源，便于进行修补，综合经济效果较好；一般为无机材料，不燃烧、无毒、无异味、有透气性。

② 抗冻、抗老化性能好，能满足耐久性要求，其耐久年限最少20年。

③ 有较高的压缩强度、拉伸强度及一定的抗渗能力，是一种既防水又兼作承重围护结构的多功能材料。

13.4.5 堵漏止水材料

堵漏止水材料是指能在短时间内迅速凝结从而防止水渗出的一类防水材料。常用的堵漏止水材料可以分为无机防水堵漏材料、化工防水堵漏灌浆材料和水泥系列灌浆堵漏材料。

无机防水堵漏材料种类繁多，主要包括防水宝、防水灵和快速堵漏剂等。快凝快硬型无机堵漏止水材料。质量百分比由以下原料组成。铝酸盐水泥14%～18%、无水石膏4%～8%、普通硅酸盐水泥20%～28%、纯碱6%～10%、生石灰粉2%～5%、硫酸铝1%～3%、纤维素0.3%～0.7%和石英砂35%～45%，以上组分的含量百分比总和为100%。

化工防水堵漏灌浆材料是将配制成的浆液，用压浆设备将浆液压入渗漏水的缝隙或孔洞中，使其扩散、胶凝、反应、固化、膨胀，从而达到止水的目的，包括环氧糠醛浆料、氰凝灌浆料、甲凝灌浆料、丙凝灌浆料等。

水泥系列灌浆料是以水泥为主要材料，掺入水玻璃、石膏粉、缓凝剂、减水剂、早强剂等，加水搅拌而成的灌浆料。水泥系列灌浆料材料来源广，价格低，灌浆工艺简单，但很难潜入细小的裂缝中。水泥系列灌浆堵漏材料主要包括水泥灌浆料、水泥水玻璃灌浆材料、水泥加石膏堵漏材料和堵漏灵等。

13.4.6 防水材料的选用

防水材料的选用应严格按有关规范进行，根据不同部位的防水工程、环境条件和使用要求，选择防水材料，以确保耐用年限。防水工程施工时的环境温度、结构形式、技术可行性、经济合理性也同样影响防水材料的选材。下面按建筑功能不同、工程环境不同、工程部位不同和工程条件不同选材的要求为例说明。

1. 按建筑功能不同选材

① 上人屋面。由于上人屋面在防水层上还要做贴铺地砖等处理，对防水层有保护作用，防水层不直接暴露在外，因此可选用耐紫外线老化性稍差的，但延伸性、防水性、抗拉强度等性能很好的材料。如聚氨酯类防水涂料、玻纤胎沥青油毡、聚氯乙烯防水卷材等。非上人屋面，防水层可直接暴露，可选用页岩片粗矿物粒料，或铝箔覆面的卷材，防水层表面不需做保护层。

② 种植屋面。为了绿化屋面，在屋面上要种植花草，因此对上下防水层要求具有较好的防水性之外，还需要耐腐性好、耐穿刺、能防止植物根的穿透等性能。宜选用柔性复合材料，APP 或 SBS 改性沥青卷材，也可在刚性防水表面加防水涂层的多道防水设防。

③ 有振动的工业厂房屋面。对大型预制混凝土屋面，除设计结构的考虑外，首先要选用延伸性好的、强度大、厚度为 1.5mm 以上的高分子防水片材，如三元乙丙片材、共混卷材、4mm 或 3mm 以上的聚酯胎改性沥青卷材，不应选用玻纤胎沥青卷材、玻璃布为加筋的氯化聚乙烯卷材。

2. 按工程环境不同选材

① 降雨量。在南方多雨地区宜选用耐水性强的材料，如玻纤胎、聚酯胎沥青卷材、高分子片材并配套用耐水性强的黏结剂，或厚质沥青防水涂料等。而在北方雨少的地区，则可选用纸胎沥青毡七层法、冷沥青涂料，以及性能稍差的高分子片材等。

② 环境温度。我国南北方夏季、冬季温度差别很大，若在南方高温地区选用改性沥青卷材时，宜选用耐热度高的 APP 改性沥青、塑性体沥青卷材；而在北方低温寒冷地区，宜选用低温性能好的 SBS 改性的弹性体沥青卷材。选用其他材料时，也应考虑耐热性和低温性，如密封膏，在高温地区选用 8010 型，而在寒冷地区可选用 7020 型。

③ 水位、水质。在水位较高的地下工程，防水层长期泡水，宜选用能热熔施工的改性沥青防水卷材，或耐水性强的、可在潮湿基层施工的聚氨酯类防水涂料，或用复合防水涂料。不要采用乳化型防水涂料。对水质差的含酸、含碱水质，应选用较厚的沥青防水卷材或耐腐蚀性好的高分子片材，如 4mm 厚的沥青卷材、三元乙丙片材等。

3. 按工程部位不同选材

① 屋面。屋面长期暴露，阳光、雪雨直接侵蚀，严冬酷暑温度变化大，昼夜之间屋面板会发生伸缩，因此应选用耐老化性能好的，且有一定延伸性和耐热度高的材料。如矿物粒面、聚酯胎改性沥青卷材、三元乙丙片材或沥青油毡等。

② 地下。根据地下工程长期处于潮湿状态又难维修、但温差变化小等特点，需采用刚柔结合的多道设防，除刚性防水添加剂外，还应选用耐霉烂、耐腐蚀性好的、使用寿命长的柔性材料，在垫层上做防水时，还应选用耐穿刺性的材料，如厚度为 3mm 或 4mm 的玻纤、聚酯胎改性沥青卷材、玻璃布油毡等；当使用高分子防水基材时必须选用耐水性好的黏结剂，基材的厚度应不小于 1.5mm；选用防水涂料时应选用成膜块的，不产生再乳化的材料，如聚氨酯、硅橡胶防水涂料等，其厚度应不小于 2.5mm。

③ 厕浴间。厕浴间一般面积不大、阴阳角多，而且各种穿楼板管道多，卷材、片材施工困难，宜选用防水涂料、涂层可形成整体的无缝涂膜，不受基面凹凸形状的影响，如JS复合防水涂料、氯丁胶乳沥青涂料、聚氨酯防水涂料等。对穿楼板的管道，可选用密封膏或遇水膨胀橡胶条处理。

4. 按工程条件不同选材

① 工程等级。对有特殊要求的一级和二级建筑，应选用高聚物改性沥青或合成高分子片材，对三、四级一般建筑或非永久性建筑，也可采用沥青纸胎油毡。等级高的建筑不但要选用高档次的材料，而且要选用高等级的优等品、一等品；一般建筑可选用中低档的合格品。

② 斜屋面。斜屋面排水性好，可选用各种颜色的油毡瓦。油毡瓦不仅具有良好的防水性，还可对建筑产生装饰作用。陶瓦坡屋面，须加一道柔性防水层。

③ 倒置屋面。是指防水层在下、保温层在上的屋面做法，防水层可得到保温层的保护，不受光、温度、风雨的侵蚀。但倒置屋面一旦发生渗漏，修补困难，因此，对防水材料要求严格，不宜做刚柔结合，而适合用柔性复合材料。由于防水材料长期处于潮湿状态的环境，不宜选用胶粘结合的材料，应选用热熔型改性沥青卷材或合成高分子涂料，如聚氨酯防水涂料、硅橡胶防水涂料等。

案例分析

【13-1】 某喷泉地下蓄水池防水失败案例。

某喷泉地下蓄水池地下埋深约 2m，建成试运行期间，发现该蓄水池渗水严重，水位每天下降 15cm 左右。为查找渗漏原因，业主邀请设计、土建、防水方面的专家，并召集原设计、施工、安装、监理等单位，共同进行论证。该蓄水池由一家园林设计单位设计：防水等级为一级，底板为 300mm 厚防水混凝土，池壁为 200mm 厚防水混凝土，抗渗等级为 S6，混凝土外池壁先涂刷水泥基渗透结晶型防水涂料一道，再外贴 SBS 防水卷材一道。实际施工中，施工单位为了赶工期，冒雨浇筑混凝土，混凝土外观质量存在严重缺陷，并且省去了水泥基渗透结晶型防水涂料这道防水层。

分析：(1) 在本工程中，池体处于地下，既要防止池外的水渗入池内，又要防止池内的水渗出池内，应做内外防水层。而实际工程中，只在池体外壁设计了防水层，违背了蓄水池防水设计原则。

(2) SBS 防水卷材作为柔性防水材料，只能用于迎水面防水，不得用于背水面防水。本工程中，没有设计内防水层，对于蓄水池内的水而言，SBS 防水层属背水面防水，违背了 SBS 防水卷材的使用原则。

(3) 浇筑混凝土时，如遇降雨，为保证混凝土配合比的准确性和浇筑质量，应停止施

工，并覆盖保护尚未凝固的混凝土。本工程中，为赶工期，冒雨浇筑混凝土，致使浇筑的混凝土表面存在凹凸不平等严重缺陷，内在质量也很难保证，池体渗漏在所难免。

（4）池体浇筑完毕，应在池体内壁涂刷水泥基渗透结晶型防水涂料，封闭混凝土中毛细孔、细微裂纹，达到辅助提高混凝土池体防水性能的目的。在本工程中，随意取消了这道防水层，使防水等级由一级降低为二级。

维修方案与效果：

（1）把池体内表面清理干净，充分润湿但无明水，分两次粉刷 20mm 厚的防水砂浆，每次 10mm 厚。

（2）防水砂浆凝固后，在其表面分两次粉刷 12mm 厚的聚合物砂浆，每次粉刷 6～8mm 厚，聚合物乳液选用丙烯酸乳液；聚合物砂浆初凝后，充分养护。

（3）增加上述两道防水层后，喷泉池达到了一级防水设防的要求，处理后的喷泉池不渗不漏。

知识归纳

掌握建筑吸声材料、隔声材料、保温隔热材料、防水材料的概念、性能和应用，以及选择相关材料考虑的因素。

思考题

1. 什么是吸声材料？选用吸声材料的基本要求有哪些？
2. 什么是隔声材料？隔绝空气声与隔绝固体声的作用原理有何不同？
3. 什么是保温隔热材料？影响保温隔热材料导热性的主要因素有哪些？
4. 为满足防水要求，防水材料应具有哪些技术性能？
5. 与传统的沥青防水材料相比较，合成高分子防水卷材有什么突出优点？
6. 试述防水涂料的特点？
7. 防水密封材料有哪些性能要求？
8. 刚性防水材料与防水卷材和防水涂料相比有哪些优缺点？

14 土木工程材料试验

土木工程材料试验须知

土木工程材料是一门实践性较强的课程，土木工程材料试验是本课程的重要教学环节。学习土木工程材料试验的目的：一是熟悉、验证和巩固所学的理论知识，增加感性认识；二是了解所使用的仪器设备，掌握所学土木工程材料的试验方法；三是进行科学研究的基本训练，培养分析问题和解决问题的能力。因此，进行试验时，要求严格按照试验方法，一丝不苟，认真完成每个试验项目。

1. 学生试验守则

（1）学生必须按照教学计划规定的时间到实验室上课，不得迟到、早退。

（2）进入实验室必须遵守实验室的一切规章制度及操作规程。必须保持安静，不准吸烟，不准随地吐痰和乱扔纸屑杂物。

（3）不能动用与本试验无关的仪器设备和室内其他设施。

（4）学生试验前要做好预习，认真阅读试验指导书，明确试验目的，对试验材料的性质及技术要求有一定程度的了解，撰写预习报告，并接受指导教师的提问和检查。

（5）一切准备就绪后，须经指导教师同意，方可动用仪器设备进行试验。

（6）在试验过程中，要尽可能地独立操作，细心观察，认真记录数据，密切观察试验中出现的各种现象，以此作为分析试验结果的依据。要以探索的精神，发挥自己的学识，提出独立见解，又要以科学的态度严肃认真地对待每一个试验项目，绝不允许任意涂改试验数据，故意与预期结果相吻合。试验数据必须按有关规定进行处理，在此基础上对结果做出实事求是的论证。

（7）在试验过程中，要严格按照操作规程操作，注意人身、设备安全，听从指导教师安排。

（8）试验中出现事故要保持镇静，要及时采取措施（如切断电源、气源等）防止事故扩大，并注意保护现场，及时向指导教师报告。

（9）试验结束后，要将使用的仪器设备交实验室工作人员检查，清扫现场，经指导教师同意后，方可离开。

（10）凡损坏仪器设备、工具和器皿者，应主动说明原因，写出损坏情况报告，接受检查，由指导教师和实验室工作人员酌情处理并报上级主管部门。

（11）违反操作规程或擅自动用其他仪器设备造成损坏者，由事故人写出书面检查，视认识程度和情节轻重按制度赔偿部分或全部损失。

2. 试验记录与数据处理规则

(1) 试验时，一人为主操作者，其他人员协助。主操作者可轮换，同组人员应互相督促，对试验现象及数据共同判别辨认，互相提醒。

(2) 试验数据传送应采用复诵法，即主操作者诵读数据后，记录者应复诵无误后予以记录，以防听错、记错。

(3) 试验记录必须使用深蓝色或黑色钢笔，不得使用圆珠笔或铅笔。

(4) 记录文字应正确、工整、清晰，不能潦草和模糊。

(5) 试验记录内容应真实准确，不得随意更改，不准涂改、贴改、描改及删减等。如填写有错，只能杠改，即将作废的文字、数据用水平实线划去，然后在杠改处旁边写上正确的内容。

(6) 试验记录中所有栏目应填写完全，无该栏记录的空白栏应用斜线划去，因故无记录的空白栏目应在其内以括号注明原因。

(7) 试验记录必须采用国家法定计量单位。

(8) 与试验有关的异常现象、突发情况等应予以记录。

(9) 同组人员应互相督促，做好试验记录的填写工作，严禁伪造数据，不准弄虚作假。

(10) 数据运算按有效数字法则进行，对平行试验所得数据应采取平均值。

(11) 为了保证结果的代表性、可靠性及精度，必须对试验数据的准确性、离散性及精度做出判断，并做出合理的取舍。

(12) 对试验中明显不合理的数据，需认真分析研究，找出原因，在有条件时应进行一定的补充试验，以便对可疑数据进行取舍或改正。

(13) 认真核查数据的合理性，可参考类似工程项目或类似试样在相同条件下的试验，考虑条件指标之间的互相联系。

(14) 试验数据的有效位数，应与技术要求和试验检测系统的准确度相适应。

试验一　土木工程材料基本物理性质试验

一、密度试验

1. 试验的目的与要求

通过试验掌握材料的密度、表观密度、孔隙率、吸水率等概念，以及材料的强度与材料孔隙率的大小及孔隙特征的关系，验证水对材料力学性能的影响。密度是材料的物理常数，借助于它可确定材料的种类。试验以普通黏土砖或石材为例（石材立方体 50mm×50mm×50mm，或圆柱体直径 d、高度 h 均为 50mm）。

2. 主要仪器设备

李氏瓶（分度值 0.1mL）、天平（感量 0.01g）、筛子（孔径 0.2mm 或 900 孔/cm^2）、烘箱、干燥器、温度计等。

3. 试验步骤

(1) 试样准备。将试样磨细后，称取试样约 400g，用筛子筛分，除去筛余物后置于烘箱内，在 (105±5)℃温度条件下烘干至恒重，然后放入干燥器中冷却至室温备用。

(2) 在李氏瓶中注入不与试样起反应的液体至突颈下部刻度零线处，记下刻度数 V_1（精确至 0.05mm³）。将李氏瓶放在恒温水槽中 30min，试验过程中水温为 20℃（图 14-1）。

(3) 用天平称取 60～90g 试样 m_1（精确至 0.01g）。用小勺和漏斗将试样徐徐送入李氏瓶内（不能大量倾倒，那样会妨碍李氏瓶中的空气排出并使咽喉部位堵塞），直至液面上升到接近 20mL 的刻度。称剩下的试样质量 m_2，计算送入李氏瓶中试样的质量 $m=m_1-m_2$。

(4) 用瓶内的液体将黏附在瓶颈和瓶壁上的试样洗入瓶内液体中，反复摇动李氏瓶，将液体中的气泡排出，记下第二次液面刻度 V_2（精确至 0.05mm³），将注入试样后的李氏瓶中液面的读数减去未注前的读数，得出试样的绝对体积 $V=V_2-V_1$。

(5) 按式 (14-1) 计算密度 ρ（精确至 0.01g/cm³）：

$$\rho=\frac{m}{V}=\frac{m_1-m_2}{V_1-V_2} \tag{14-1}$$

式中 ρ——材料的密度，g/cm³；

m——李氏瓶中试样的质量，g；

V——李氏瓶中试样的体积，cm³。

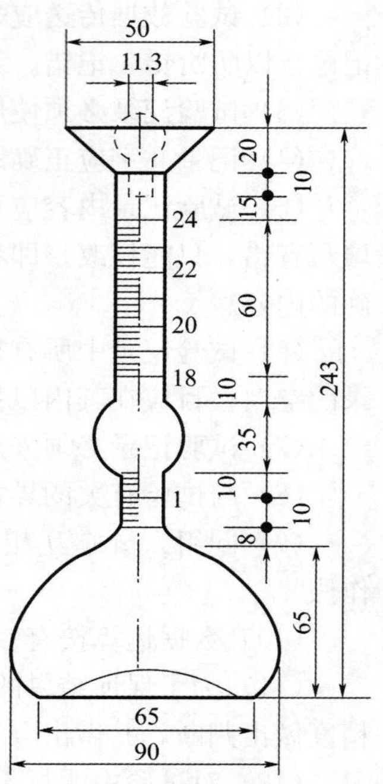

图 14-1 李氏瓶示意图

注意：材料实际密度的测试应该采用两个平行试样进行，并按照两个试样的算术平均值作为最后结果。如果两个试样结果之差超过 0.02g/cm³，则应重新测试。

4. 记录和结果

密度试验结果记录见表 14-1。

表 14-1 密度试验结果

试验次数	装入瓶内试样质量 (g)			试样体积 (cm³)			密度 (g/cm³)	
	初始质量	剩余质量	比重瓶中试样质量	瓶中液面初始读数 V_1	加试样后液面读数 V_2	试样体积 V_2-V_1	试验值	平均值
1								
2								

5. 误差分析

(1) 读数误差，在李氏瓶读数时，仰视俯视凹液面最低处的误差，“俯大仰小”，还有天平读数、温度计读数时难以避免的误差。

(2) 试验条件控制的误差，包括李氏瓶的温度，还有试样在漏斗中可能有一定的残留，李氏瓶壁上可能会附着有气泡。

(3) 环境湿度会使测试样质量时环境难以确保绝对干燥。

二、表观密度试验

1. 试验的目的与要求

表观密度是计算材料孔隙率和确定材料体积及结构自重的必要数据。表观密度可用来估计材料的某些性质（如导热系数、强度等）；通过表观密度试验，了解表观密度的含义，并熟悉一些基本材料表观密度的测试方法。

2. 主要仪器设备

游标卡尺（精度 0.1mm），天平（称量 500g，感量 0.01g），烘箱，干燥器，试件加工设备等。

3. 试验步骤

（1）试样准备。将试件加工成规则几何形状的试件（3 个）后放入烘箱内，以（100±5)℃的温度烘干至恒重。用游标卡尺测量其尺寸（每边测量 3 次取平均值，精确到 0.01cm），并计算其体积 V_0（cm^3）。然后再用天平称其质量 m（精确到 0.01g）。

（2）计算试件表观密度

① 如试件为立方体或长方体，则每边应在上、中、下三个位置分别测量，求其平均值，然后再按式（14-2）计算体积：

$$V_0=\frac{a_1+a_2+a_3}{3}\times\frac{b_1+b_2+b_3}{3}\times\frac{c_1+c_2+c_3}{3} \tag{14-2}$$

式中 a、b、c 分别为试件的长、宽、高。

② 如试件为圆柱体，则在圆柱上、下两平行切面以及试件腰部，按两个互相垂直的方向测量其直径，求 6 次测量的直径平均值 d，再在互相垂直的两直径与圆周交界的 4 点上量其高度，求 4 次测量的平均值 h，最后按式（14-3）求其体积 V_0：

$$V_0=\frac{\pi d^2}{4}\times h \tag{14-3}$$

③ 组织均匀的石料，其体积密度应为三个试件测量结果的平均值；组织不均匀的石料，应记录最大值和最小值。表观密度按式（14-4）计算（计算至小数点后第 2 位）：

$$\rho_0=\frac{m}{V_0} \tag{14-4}$$

式中 m——试样质量，g；

V_0——试样体积，cm^3。

4. 记录和结果

表观密度试验结果见表 14-2 和表 14-3。

表 14-2　表观密度试验结果（立方体）

试件编号	试件质量（g）	试件尺寸（cm）			试件体积 V_0（cm^3）	表观密度 ρ_0（g/cm^3）	
		长	宽	高		试验值	平均值
1							
2							
3							

注：按规定，试样表观密度取 3 块试样的算术平均值作为评定结果。

表 14-3　表观密度试验结果（圆柱体）

试件编号	试件质量（g）	试件的直径和高度（cm）	试件尺寸（cm）			试件体积 V_0（cm^3）	表观密度 ρ_0（g/cm^3）	
			上	中	下		试验值	平均值
1		d						
		h						
2		d						
		h						
3		d						
		h						

注：按规定，试样表观密度取 3 块试样的算术平均值作为评定结果。

5. 误差分析

（1）不能消除器材因温度、气压等因素造成的影响，即系统误差。

（2）测量过程中的不同估读数值也会影响最后的结果，引起误差。

三、吸水率试验

1. 试验的目的与要求

通过吸水率试验，了解吸水率的含义，并熟悉一些基本材料吸水率的测量方法。

2. 主要仪器设备

天平（感量 0.01g）、烘箱、石料加工设备、容器等。

3. 试验步骤

（1）将石料加工成直径和高均为 50mm 的圆柱体或边长为 50mm 的立方体试件；如采用不规则试件，其边长不少于 40～60mm，每组试件至少 3 个，石质组织不均匀者，每组试件不少于 5 个。用毛刷将试件洗涤干净并编号。

（2）将试件置于烘箱中，以（100±5）℃的温度烘干至恒重。在干燥器中冷却至室温后用天平称其质量 m_1（g），精确至 0.01g（下同）。

（3）将试件放在盛水容器中，在容器底部可放些垫条如玻璃管或玻璃杆使试件底面与盆底不至紧贴，使水能够自由进入。

（4）加水至试件高度的 1/4 处；以后每隔 2h 分别加水至高度的 1/2 和 3/4 处；6h 后将水加至高出试件顶面 20mm 以上，并再放置 48h 让其自由吸水。这样逐次加水能使试件孔隙中的空气逐渐逸出。

（5）取出试件，用湿纱布擦去表面水分，立即称其质量 m_2（g）。

4. 记录和结果

按式（14-5）计算吸水率 W_x（精确至 0.01%）：

$$W_x=\frac{m_2-m_1}{m_1}\times 100\% \tag{14-5}$$

式中　W_x——石料吸水率，%；

m_1——烘干至恒重时试件的质量，g；

m_2——吸水至恒重时试件的质量，g。

组织均匀的试件，取3个试件试验结果的平均值作为测定值；组织不均匀的，取5个试件试验结果的平均值作为测定值。

试验结果记录见表14-4。

表14-4 数据记录

项目	第一次	第二次	第三次	第四次	第五次
m_1					
m_2					
W_x					

5. 误差分析

(1) 温度应控制在105℃，若温度过低，试件将烘干不充分，使吸水率偏小；若温度过高，会破坏石材的组织结构，使组织失去水分，使吸水率偏高。

(2) 用湿纱布擦去表面水分时，由于表面对水会有吸附作用，较难控制表面水分。在多个试件中，各个试件的吸附程度不同，会产生误差，使各组结果有波动。

四、软化系数试验

1. 试验的目的与要求

通过软化系数试验，了解软化系数的含义，并熟悉一些基本材料软化系数的测量方法。

2. 主要仪器设备

游标卡尺（精度0.1mm），烘箱，压力机（600kN）。

3. 方法步骤

(1) 将一组试样放置在105～110℃烘箱中烘至干燥；另一组试样浸入水中至饱水状态。

(2) 用游标卡尺量取各试样受压面积 A（mm^2）。

(3) 将试样放置在压力机上压至破坏，记录破坏荷载 P（kN）并计算出各试样抗压强度（MPa）：$f=\frac{P}{A}$（精确至0.1MPa）。

4. 记录和结果

软化系数 K 可按式（14-6）计算：

$$K=\frac{\overline{f}_{饱水}}{\overline{f}_{干}} \tag{14-6}$$

式中 $\overline{f}_{饱水}$——饱水试件平均抗压强度，MPa；

$\overline{f}_{干}$——干燥试件平均抗压强度，MPa。

试验记录见表14-5。

表 14-5 试验记录及结果

试件状态	试件编号	试件尺寸（cm）		受压面积（mm^2）	破坏荷载（kN）	抗压强度（MPa）	
		长	宽			试验值	平均值
干燥试样	1						
	2						
	3						
	4						
	5						
饱水试样	1						
	2						
	3						
	4						
	5						
软化系数 $K=$							

试验思考题

1. 为什么测试材料密度时试样要磨成细粉？
2. 从材料的构造说明材料的密度和表观密度的区别。
3. 软化系数反映材料的何种性能？

试验二 水泥试验

一、水泥比表面积试验（勃氏法）

1. 试验的目的及依据

用来评定硅酸盐水泥、普通硅酸盐水泥的细度。本试验依据为《水泥比表面积测定方法 勃氏法》（GB/T 8074—2008）。

2. 主要仪器设备

（1）Blaine 透气仪。如图 14-2、图 14-3 所示，由透气圆筒、压力计、抽气装置等组成。

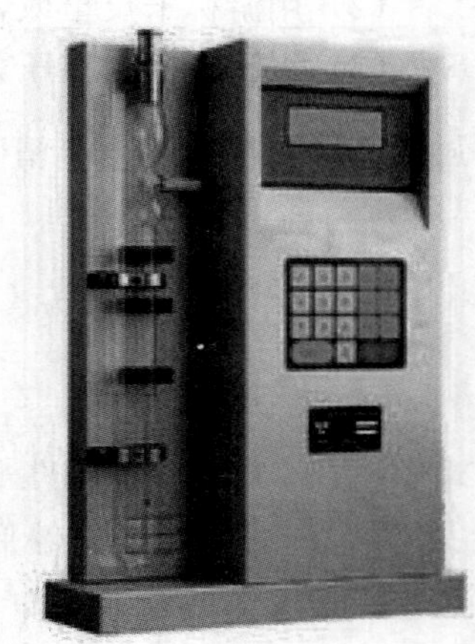
图 14-2 Blaine 透气仪

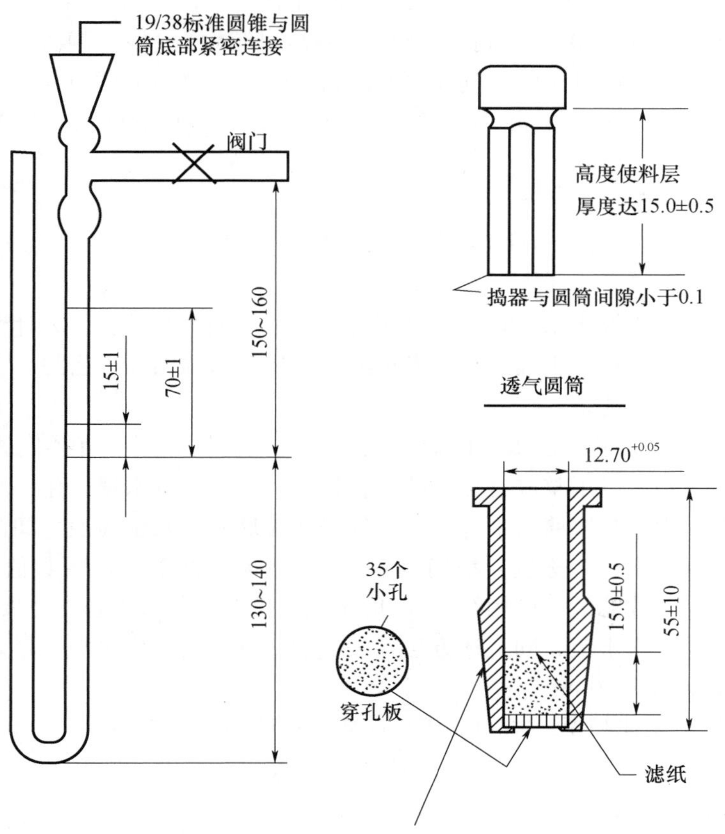

图 14-3 Blaine 透气仪结构及主要尺寸图

① 透气圆筒。内径为（12.70±0.05）mm，由不锈钢制成。

② 穿孔板。由不锈钢或其他不受腐蚀的金属制成，在其面上，等距离打有 35 个直径 1mm 的小孔。

③ 捣器。用不锈钢制成，捣器的顶部有一个支持环，当捣器放入圆筒时，支持环与圆筒上口边接触，这时捣器底面与穿孔圆板之间的距离为（15.0±0.5）mm。

④ 压力计。U 形压力计尺寸如图 14-3 所示，由外径为 9mm，具有标准厚度的玻璃管制成。压力计一个臂的顶端有一锥形磨口与透气圆筒紧密连接，在连接透气圆筒的压力计臂上刻有环形线。从压力计底部往上 280～300mm 处有一个出口管，管上装有一个阀门，连接抽气装置。

⑤ 抽气装置。用小型电磁泵，也可用抽气球。

（2）滤纸。采用符合国家标准的中速定量滤纸。

（3）分析天平。分度值为 1mg。

（4）计时秒表。精确读到 0.5s。

3. 试验步骤

（1）试样准备

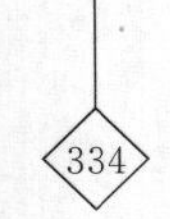

① 将在（110±5)℃下烘干并在干燥器中冷却到室温的标准试样，倒入100mL的密闭瓶内，用力摇动2min，将结块成团的试样振碎，使试样松散。静置2min后，打开瓶盖，轻轻搅拌，使在松散过程中落到表面的细粉，分布到整个试样中。

② 水泥试样应先通过0.9mm方孔筛，再在（110±5)℃下烘干，并在干燥器中冷却至室温。

（2）测定水泥密度

按《水泥密度测定方法》(GB/T 208—2014）测定水泥密度。

（3）漏气检查

将透气圆筒上口用橡皮塞塞紧，接到压力计上。用抽气装置从压力计臂中抽出部分气体，然后关闭阀门，观察是否漏气。如发现漏气，用活塞油脂加以密封。

（4）试料层体积的测定

① 水银排代法。将两片滤纸沿圆筒壁放入透气圆筒内，用一直径比透气圆筒略小的细长棒往下按，直到滤纸平整放在金属的穿孔板上。然后装满水银，用一小块薄玻璃板轻压水银表面，使水银面与圆筒口平齐，并须保证在玻璃板和水银表面之间没有气泡或孔洞存在。从圆筒中倒出水银，称量，精确至0.05g。重复几次测定，到数值基本不变为止。然后从圆筒中取出一片滤纸，试用约3.3g的水泥，按照试料层准备方法要求压实水泥层。再在圆筒上部空间注入水银，同上述方法除去气泡、压平、倒出水泥称量，重复几次，直到水银称量值相差小于50mg为止。

② 圆筒内试料层体积V按式（14-7）计算。精确到0.005cm^3。

$$V=(P_1-P_2)/\rho_{水银} \tag{14-7}$$

式中 V——试料层体积，cm^3；

P_1——未装水泥时，充满圆筒的水银质量，g；

P_2——装水泥后，充满圆筒的水银质量，g；

$\rho_{水银}$——试验温度下水银的密度，g/cm^3（见附表）。

③ 试料层体积的测定，至少应进行两次。每次应单独压实，取两次数值相差不超过0.005cm^{3}的取平均值，并记录测定过程中圆筒附近的温度。每隔一季度至半年应重新校正试料层体积。

（5）确定试样量

校正试验用的标准试样量和被测定水泥的质量，应达到在制备的试料层中的空隙率，计算式为：

$$W=\rho V(1-\varepsilon) \tag{14-8}$$

式中 W——需要的试样量，g；

ρ——试样密度，g/cm^3；

V——试料层体积，cm^3；

ε——试料层空隙率。

注：空隙率是指试料层中孔隙的容积与试料层总的容积之比，P·Ⅰ、P·Ⅱ型水泥的空隙率采用0.500±0.005，其他水泥或粉料的空隙率选用0.530±0.005。如有些粉料按上式算出的试样量在圆筒中

容纳不下或经捣实后未能充满圆筒的有效体积，则允许适当地改变空隙率。

（6）试料层制备

将穿孔板放入透气圆筒的突缘上，用一根直径比圆筒略小的细棒把一片滤纸送到穿孔板上，边缘压紧。称取确定的水泥量，精确到 0.001g，倒入圆筒。轻敲圆筒的边，使水泥层表面平坦。再放入一片滤纸，用捣器均匀捣实试料直至捣器的支持环紧紧接触圆筒顶边并旋转两周，再慢慢捣实。

（7）透气试验

① 把装有试料层的透气圆筒连接到压力计上，要保证紧密连接不致漏，并不振动所制备的试料层。

② 打开微型电磁泵慢慢从压力计臂中抽出空气，直到压力计内液面上升到扩大部下端时关闭阀门。当压力计内液体的凹液面下降到第一个刻线时开始计时，当液体的凹液面下降到第二条刻线时停止计时，记录液面从第一条刻度线到第二条刻度线所需的时间。以秒记录，并记下试验时的温度（℃）。

4. 结果计算

（1）当被测试样的密度、试料层中空隙率与标准试样相同，试验时温差≤3℃时，可按式（14-9）计算：

$$S=\frac{S_s\sqrt{T}}{\sqrt{T_s}} \tag{14-9}$$

如试验时温差大于±3℃时，则按式（14-10）计算：

$$S=\frac{S_s\sqrt{T}\sqrt{\eta_s}}{\sqrt{T_s}\sqrt{\eta}} \tag{14-10}$$

式中 S——被测试样的比表面积，cm^2/g；

S_s——标准试样的比表面积，cm^2/g；

T——被测试样试验时，压力计中液面降落测得的时间，s；

T_s——标准试样试验时，压力计中液面降落测得的时间，s；

η——被测试样试验温度下的空气黏度，Pa·s（见附表）；

η_s——标准试样试验温度下的空气黏度，Pa·s（见附表）。

（2）当被测试样的试料层中空隙率与标准试样试料层中空隙率不同，试验时温差≤±3℃时，可按式（14-11）计算：

$$S=\frac{S_s\sqrt{T}(1-\varepsilon_s)\sqrt{\varepsilon^3}}{\sqrt{T_s}(1-\varepsilon)\sqrt{\varepsilon_s^3}} \tag{14-11}$$

如试验时温差大于±3℃时，则按式（14-12）计算。

$$S=\frac{S_s\sqrt{T}(1-\varepsilon_s)\sqrt{\varepsilon^3}\sqrt{\eta_s}}{\sqrt{T_s}(1-\varepsilon)\sqrt{\varepsilon_s^3}\sqrt{\eta}} \tag{14-12}$$

式中 ε——被测试样试料层中的空隙率；

ε_s——标准试样试料层中的空隙率。

（3）当被测试样的密度和空隙率均与标准试样不同，试验时温差≤±3℃时，可按式（14-13）计算：

$$S=\frac{S_s\sqrt{T}\ (1-\varepsilon_s)\ \sqrt{\varepsilon^3}\rho_s}{\sqrt{T_s}\ (1-\varepsilon)\ \sqrt{\varepsilon_s^3}\rho} \tag{14-13}$$

如试验时温度相差大于±3℃时，则按式（14-14）计算：

$$S=\frac{S_s\sqrt{T}\ (1-\varepsilon_s)\ \sqrt{\varepsilon^3}\rho_s\sqrt{\eta_s}}{\sqrt{T_s}\ (1-\varepsilon)\ \sqrt{\varepsilon_s^3}\rho\sqrt{\eta}} \tag{14-14}$$

式中 ρ——被测试样的密度，g/cm³；

ρ_s——标准试样的密度，g/cm³。

（4）水泥比表面积应由两次透气试验结果的平均值确定。如两次试验结果相差 2%以上时，应重新试验。计算应精确至 10cm²/g。

（5）以 cm²/g 为单位算得的比表面积值换算为 m²/kg 单位时，需乘以系数 0.1。

附表：

表 A_1 在不同温度下水银密度、空气黏度 η 和 $\sqrt{\eta}$

室温℃	水银密度 g/cm³	空气黏度 η（Pa·s）	$\sqrt{\eta}$
8	13.58	0.0001749	0.01322
10	13.57	0.0001759	0.01326
12	13.57	0.0001768	0.01330
14	13.56	0.0001778	0.01333
16	13.56	0.0001788	0.01337
18	13.55	0.0001798	0.01341
20	13.55	0.0001808	0.01345
22	13.54	0.0001818	0.01348
24	13.54	0.0001828	0.01352
26	13.53	0.0001837	0.01355
28	13.53	0.0001847	0.01359
30	13.52	0.0001857	0.01363
32	13.52	0.0001867	0.01366
34	13.51	0.0001876	0.01370

表 A_2 水泥层空隙率

水泥层空隙率 ε	$\sqrt{\varepsilon^3}$	水泥层空隙率 ε	$\sqrt{\varepsilon^3}$
0.495	0.348	0.502	0.356
0.496	0.349	0.503	0.357
0.497	0.350	0.504	0.358
0.498	0.351	0.505	0.359
0.499	0.352	0.506	0.360
0.500	0.354	0.507	0.361
0.501	0.355	0.508	0.362

续表

水泥层空隙率 ε	$\sqrt{\varepsilon^3}$	水泥层空隙率 ε	$\sqrt{\varepsilon^3}$
0.509	0.363	0.550	0.408
0.510	0.364	0.555	0.413
0.515	0.369	0.560	0.419
0.520	0.374	0.565	0.425
0.525	0.380	0.570	0.430
0.530	0.386	0.575	0.436
0.535	0.391	0.580	0.442
0.540	0.397	0.590	0.453
0.545	0.402	0.600	0.465

表 A_3　T—空气流过时间（s）$\sqrt{T}$—式中应用的因素

T	$\sqrt{T}$	T	$\sqrt{T}$	T	$\sqrt{T}$	T	$\sqrt{T}$	T	$\sqrt{T}$	T	$\sqrt{T}$
26	5.10	44	6.63	62	7.87	80	8.94	98	9.90	165	12，85
27	5.20	45	6.71	63	7.94	81	9.00	99	9.95	170	13.04
28	5.29	46	6.78	64	8.00	82	9.06	100	10.00	175	13.23
29	5.39	47	6.86	65	8.06	83	9.11	102	10.10	180	13.42
30	5.48	48	6.93	66	8.12	84	9.17	104	10.20	185	13.60
31	5.57	49	7.00	67	8.19	85	9.22	106	10.30	190	13.78
32	5.66	50	7.07	68	8.25	86	9.27	108	10.39	195	13.96
33	5.74	51	7.14	69	8.31	87	9.33	110	10.49	200	14.14
34	5.83	52	7.21	70	8.37	88	9.38	115	10.72	210	14.49
35	5.92	53	7.28	71	8.43	89	9.43	120	10.95	220	14.83
36	6.00	54	7.35	72	8.49	90	9.49	125	11.18	230	15.17
37	6.08	55	7.42	73	8.54	91	9.54	130	11.40	240	15.49
38	6.16	56	7.48	74	8.60	92	9.59	135	11.62	250	15.81
39	6.24	57	7.55	75	8.66	93	9.64	140	11.83	260	16.12
40	6.32	58	7.62	76	8.72	94	9.70	145	12.04	270	16.43
41	6.40	59	7.68	77	8.77	95	9.75	150	12.25	280	16.73
42	6.48	60	7.75	78	8.83	96	9.80	155	12.45	290	17.03
43	6.56	61	7.81	79	8.89	97	9.85	160	12.65	300	17.32

二、水泥标准稠度用水量试验

1. 试验的目的及依据

为测定水泥凝结时间及安定性时制备标准稠度的水泥净浆确定加水量。本试验按

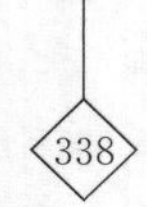

《水泥标准稠度用水量、凝结时间、安定性检验方法》(GB/T 1346—2001)进行，标准稠度用水量有调整水量法和固定水量法两种测定方法。当发生争议时，以调整水量法为准。

2. 主要仪器设备

(1) 水泥净浆搅拌机(图 14-4)。由搅拌锅、搅拌叶片组成。

(2) 标准法维卡仪。如图 14-5、图 14-6 所示，标准稠度测定用试杆，由有效长度(50±1) mm、直径为(10±0.05) mm 的圆柱形耐腐蚀金属制成。测定凝结时间时取下试杆，用试针代替试杆。试针为由钢制成的圆柱体，其有效长度初凝针(50±1) mm、终凝针(30±1) mm、直径为(1.13±0.05) mm。滑动部分的总质量为(300±1) g。与试杆、试针连接的滑动杆表面应光滑，能靠重力自由下落，不得有紧涩和晃动现象。

图 14-4　水泥净浆搅拌机

图 14-5　水泥维卡仪

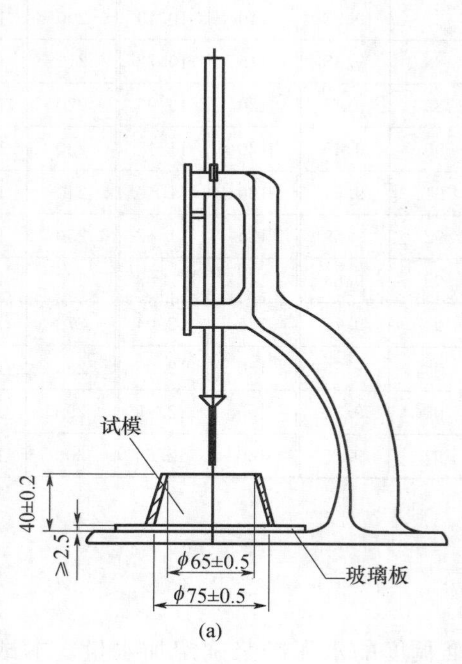

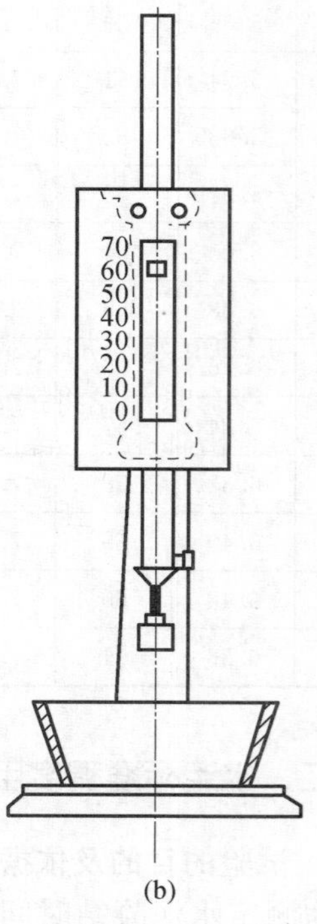

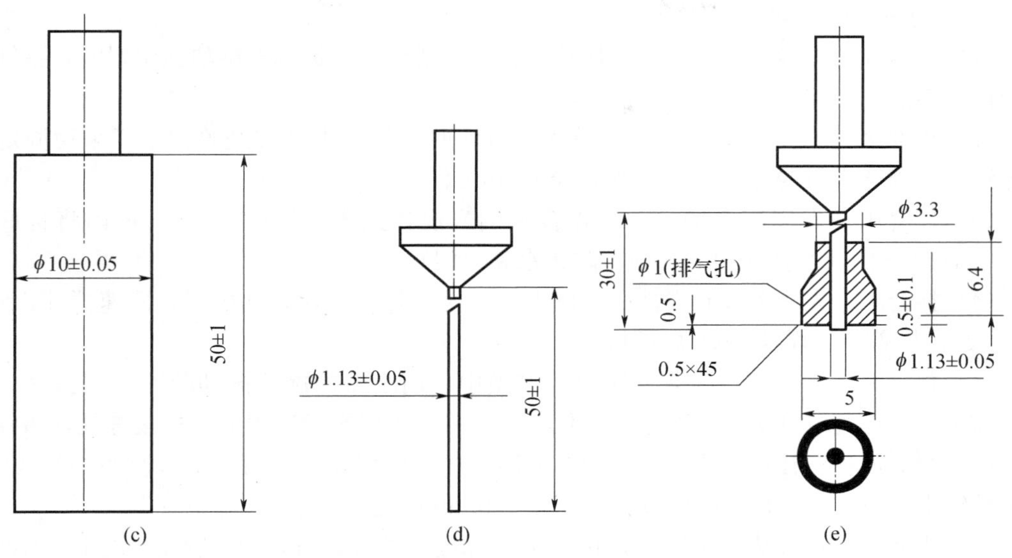

图 14-6 测定水泥标准稠度和凝结时间维卡仪主要部件构造图

(a) 初凝时间测定用立式试模的侧视图；(b) 终凝时间测定用反转试模的前视图；

(c) 标准稠度试杆；(d) 初凝用试针；(e) 终凝用试计

(3) 代用法维卡仪。滑动部分的总质量为 300±2g，金属空心试锥锥底直径 40mm，高 50mm，装净浆用锥模上部内径 60mm，锥高 75mm。

(4) 量水器，最小刻度 0.1mL，精度 1%。

(5) 天平，最大称量不小于 1000g，分度值不大于 1g。

(6) 水泥净浆试模。盛装水泥的试模应有耐腐蚀的性能，由足够硬度的金属制成，形状为截顶圆锥体，每只试模应配备一块厚度不小于 2.5mm、大于试模底面的平板玻璃底板。

3. 标准法试验步骤

(1) 首先将维卡仪调整到试杆接触玻璃板，指针对准零点。

(2) 称取水泥试样 500g，拌合水量按经验。

(3) 用湿布擦拭搅拌锅和搅拌叶片，将拌合水倒入搅拌锅内，然后在 5～10s 内小心将称好的 500g 水泥加入水中，防止水和水泥溅出。

(4) 拌合时，先将锅放到搅拌机的锅座上，升至搅拌位置。启动搅拌机进行搅拌，低速搅拌 120s，停拌 15s，同时将叶片和锅壁上的水泥浆刮入锅中，接着高速搅拌 120s 后停机。

(5) 拌合结束后，立即将拌制好的水泥净浆装入已置于玻璃底板上的试模中，用小刀插捣，轻轻振动数次，使气泡排出，刮去多余的净浆，抹平后迅速将试模和底板移到维卡仪上，并将其中心定在试杆下，降低试杆直至与水泥净浆表面接触，拧紧螺丝 1～2s 后，突然放松，使试杆垂直自由地沉入水泥净浆中，使试杆停止沉入或释放试杆 30s 时记录试杆距底板之间的距离，整个操作应在搅拌后 1.5min 内完成。

(6) 以试杆沉入净浆并距底板 (6±1) mm 的水泥净浆为标准稠度净浆。其拌合水量为该水泥的标准稠度用水量 (P)，以水泥质量的百分比计。按式 (14-15) 计算：

$$P=\frac{\text{拌合用水量}}{\text{水泥用量}}\times 100\% \tag{14-15}$$

4. 代用法试验步骤

(1) 试验前必须检查测定仪的金属棒能否自由滑动，试锥降至锥顶面位置时，指针应对准标尺零点，搅拌机应运转正常。

(2) 称取水泥试样 500g，采用调整水量方法时，拌合水量按经验找水；采用固定水量方法时，拌合水量为 142.5mL，精确至 0.5mL。

(3) 拌合用具先用湿布擦抹，将拌合水倒入搅拌锅内，然后在 5～10s 内将称好的 500g 水泥试样倒入搅拌锅内的水中，防止水和水泥溅出。

(4) 拌合时，先将锅放到搅拌机锅座上，升至搅拌位置，开动机器，慢速搅拌 120s，停拌 15s，接着快速搅拌 120s 后停机。

(5) 拌合完毕，立即将净浆一次装入锥模中，用小刀插捣并振动数次，刮去多余净浆，抹平后，迅速放到试锥下面的固定位置上。将试锥降至净浆表面，拧紧螺丝，指针对零，然后突然放松，让试锥垂直自由地沉入净浆中，到停止下沉时（下沉时间约为 30s），记录试锥下沉深度 S。整个操作应在搅拌后 1.5min 内完成。

(6) 用调整水量方法测定时，以试锥下沉深度（28±2）mm 时的拌合水量为标准稠度用水量（%），以占水泥质量百分数计（精确至 0.1%）。

$$P=\frac{A}{500}\times 100\% \tag{14-16}$$

式中　A——拌合用水量，mL。

如超出范围，须另称试样，调整水量，重新试验，直至达到（28±2）mm 时为止。

(7) 用固定水量法测定时，根据测得的试锥下沉深度 S（单位：mm)，可按以下经验公式计算标准稠度用水量。

$$P(\%)=33.4-0.185S \tag{14-17}$$

当试锥下沉深度小于 13mm 时，应用调整水量方法测定。

三、水泥净浆凝结时间试验

1. 试验的目的及依据

测定水泥净浆的凝结时间，以评定水泥的性能指标。本试验按《水泥标准稠度用水量、凝结时间、安定性检验方法》(GB/T1346—2001) 进行。

2. 主要仪器设备

(1) 标准维卡仪。与测定标准稠度用水量时的测定仪相同，只是将试锥换成试针，装水泥净浆的锥模换成圆模。

(2) 水泥净浆搅拌机。

(3) 人工拌合圆形钵及拌合铲等。

(4) 量水器。最小刻度 0.1mL，精度 1%。

(5) 天平。最大称量不小于 1000g，分度值不大于 1g。

3. 试验步骤与结果

(1) 测定前，将圆模放在玻璃板上（在圆模内侧及玻璃板上稍稍涂上一薄层机油），在滑动杆下端安装好初凝试针并调整仪器使试针接触玻璃板时，指针对准标尺的零点。

(2) 以标准稠度用水量，用 500g 水泥拌制水泥净浆，记录开始加水的时刻为凝结时间的起始时刻。将拌制好的标准稠度净浆，一次装入圆模，振动数次后刮平，然后放入养护箱内。

（3）初凝时间的测定。试件在养护箱养护至加水后30min时进行第一次测定。测定时从养护箱中取出圆模放在试针下，使试针与净浆面接触，拧紧螺丝，然后突然放松，试针自由沉入净浆，观察试针停止下沉或释放30s时指针的读数。当试针沉入至底板（4±1）mm时，为水泥达到初凝状态，由水泥全部加入水中至初凝状态的时间为水泥的初凝时间（min）。

在最初测定时应轻轻扶持试针的滑棒，使之徐徐下降，以防止试针撞弯。但初凝时间仍必须以自由降落的指针读数为准。

（4）终凝时间的测定。在完成初凝时间测定后，立即将试模连同浆体以平移的方法从玻璃板上取下，翻转180°，试模直径大端朝上，小端朝下放在玻璃板上，再放入养护箱继续养护，临近终凝时间时每隔15min测定一次，当试针沉入试体0.5mm时，即环形附近开始不能在试体上留下痕迹时，认为水泥达到终凝状态。由水泥全部加入水中至终凝状态的时间为水泥的终凝时间（min）。

（5）测定时应注意，临近初凝时，每隔5min测试1次；临近终凝时，每隔15min测试1次。到达初凝或终凝状态时应立即复测一次，且两次结果必须相同。每次测试不得让试针落入原针孔内，且试针贯入的位置至少要距圆模内壁10mm。每次测试完毕，须将盛有净浆的圆模放入养护箱，并将试针擦净。

初凝测试完成后，将滑动杆下端的试针更换为终凝试针继续进行终凝试验。终凝测试时，放入养护箱内养护、测试。整个测试过程中，圆模不应受震动。

（6）自加水时起，至试针沉入净浆中距底板3～5mm时所需时间为初凝时间；至试针沉入净浆中0.5mm时所需时间为终凝时间。用分（min）来表示。

四、水泥体积安定性试验

1. 试验的目的及依据

检验游离氧化钙（CaO）的危害性以评价水泥的安定性。实验依据为《水泥标准稠度用水量、凝结时间、安定性检验方法》（GB/T1346—2001）。沸煮法又可以分为标准法（雷氏法）和代用法（饼法）两种，有争议时以标准法为准。

2. 主要仪器设备

雷氏夹膨胀值测量仪（图14-7）、雷氏夹（图14-8）、沸煮箱（篦板与箱底受热部位的距离不得小于20mm）（图14-9）、水泥净浆搅拌机、标准养护箱、直尺、小刀等。

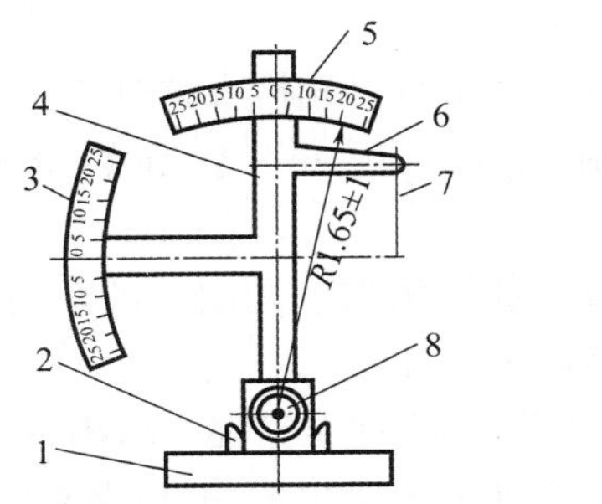

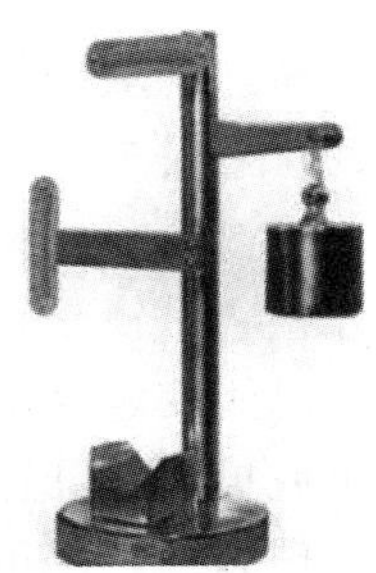

图14-7 雷氏夹膨胀值测定仪

1—底座；2—模子座；3—测弹性标尺；4—立柱；5—测膨胀值标尺；6—悬臂；7—悬丝；8—弹簧顶扭

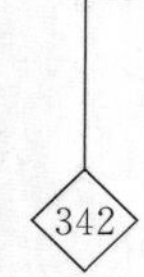

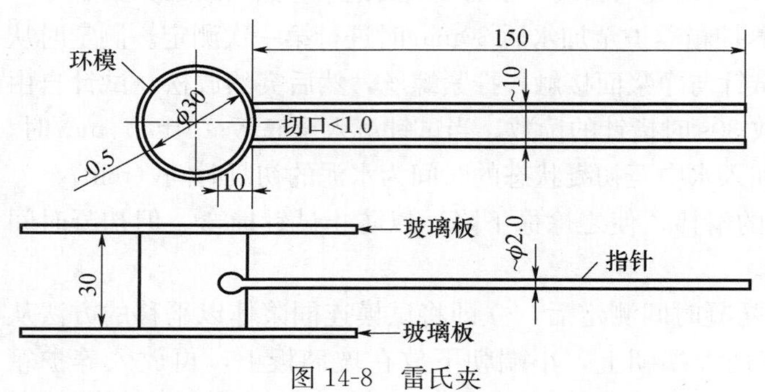

图 14-8　雷氏夹

图 14-9　沸煮箱

3. 标准法（雷氏法）

（1）每个雷氏夹配备质量为 75～85g 玻璃板两块，一垫一盖，每组成型 2 个试件。先将雷氏夹与玻璃板表面涂上一薄层机油。

（2）将预先准备好的雷氏夹放在已涂油的玻璃板上，并立即将已制备好的标准稠度水泥净浆一次装满雷氏夹，装入净浆时一只手轻扶雷氏夹，另一只手用小刀插捣 15 次左右后抹平，并盖上涂油的玻璃板。随即将成型好的试件移至养护箱内，养护 24±2h。

（3）除去玻璃板，取下试件，测雷氏夹指针尖端间的距离 A，精确至 0.5mm，接着将试件放在沸煮箱内水中的篦板上，指针朝上，然后在（30±5）min 内加热至沸腾，并恒沸（180±5）min。

（4）煮沸结束后，立即放掉沸煮箱中的热水，打开箱盖，待箱体冷却至室温，取出雷氏夹试件，用膨胀值测定仪测量试件指针尖端的距离 C，精确至 0.5mm，

（5）计算雷氏夹膨胀值 $C-A$。当两个试件煮后膨胀值 $C-A$ 的平均值不大于 5.0mm 时，即认为该水泥安全性合格。当两个试件的 $C-A$ 值相差超过 5.0mm 时，应用同一品种水泥重做一次试验。再如此，则认为该水泥安定性不合格。

4. 代用法（饼法）

（1）从拌制好的标准稠度净浆中取出约 150g，分成两等份，使之呈球形，放在涂有少许机油的玻璃板上，轻轻振动玻璃板并用湿布擦过的小刀由边缘向中央抹动，做成直径为 70～80mm，中心厚约 10mm，边缘渐薄，表面光滑的两个试饼，连同玻璃板放入标准养护箱内养护（24±2）h。

（2）将养护好的试饼，从玻璃板上取下并编号，先检查试饼，在无缺陷的情况下将试饼放在沸煮箱内水中的篦板上，然后在（30±5）min 内加热至沸，并恒沸（180±5）min。

用饼法时应注意先检查试饼是否完整，如已龟裂、翘曲、甚至崩溃等，要检查原因，确证无外因时，该试饼已属安定性不合格，不必沸煮。

（3）煮毕，将热水放掉，打开箱盖，使箱体冷却至室温。取出试饼进行判别。

（4）目测试饼未发现裂缝，用钢直尺检查也未发生弯曲（用钢直尺和试饼底部紧靠，以两者间不透光为不弯曲）的试饼为安定性合格；否则为不合格。当两个试饼的判断结果有矛盾时，该水泥的安定性为不合格。

五、水泥胶砂强度试验（ISO 法）

1. 试验的目的及依据

试验水泥各龄期强度，以确定强度等级；或已知强度等级，检验其强度是否满足国标规定的各龄期强度数值。

本试验方法的依据是《水泥胶砂强度检验方法（ISO 法）》（GB/T 17671—1999）。

2. 主要仪器设备

（1）行星式水泥胶砂搅拌机（图 14-10）。搅拌叶片既绕自身轴线作顺时针自转，又沿搅拌锅周边作逆时针公转。

（2）胶砂振实台（图 14-11）。振幅为（15±0.3）mm，振动频率为 60 次/（60±2）s。

（3）胶砂振动台是胶砂振实台的代用设备，振动台的全波振幅为（0.75±0.02）mm，振动频率为 2800～3000 次/min。

（4）胶砂试模。可装拆的三联模（图 14-12），模内腔尺寸为 40mm×40mm×160mm，附有下料漏斗或播料器。

（5）下料漏斗、刮平直尺。

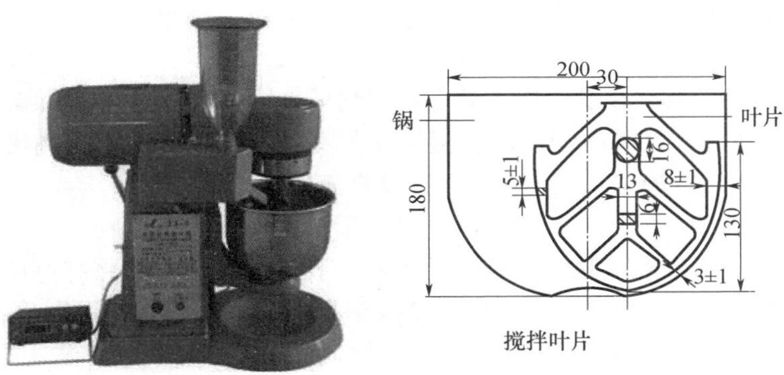

图 14-10　水泥胶砂搅拌机及搅拌叶片

（6）抗压试验机和抗压夹具。抗压试验机的量程为 200～300kN，示值相对误差不超过±1%；抗压夹具应符合《水泥抗压夹具》（JC/T 683—2005）要求，试件受压面积为 40mm×40mm。

（7）抗折强度试验机。一般采用双杠杆式电动抗折试验机（图 14-13），也可采用性能符合标准要求的专用试验机。

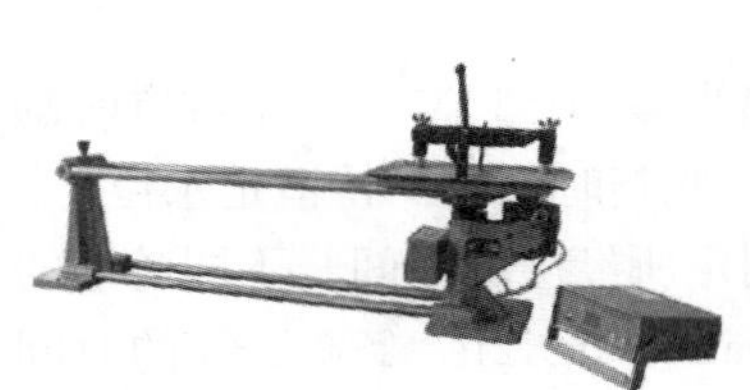

图 14-11　水泥胶砂振实台

图 14-12　三联试模

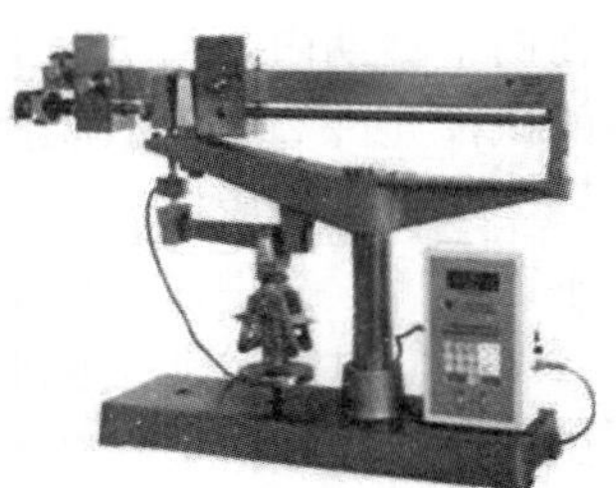

图 14-13　抗折试验机

3. 试件制备

（1）试验前，将试模擦净，模板四周与底座的接触面上应涂黄油，紧密装配，防止漏浆。内壁均匀刷一层薄机油。搅拌锅、叶片和下料漏斗等用湿布擦干净（更换水泥品种时，必须用湿布擦干净）。

（2）试验采用的灰砂比为 1∶3，水灰比为 0.5。一锅胶砂成型三条试件的材料用量为水泥（450±2）g；ISO 标准砂（1350±5）g；拌合水（225±1）mL。

配料中规定称量用天平精度为±1g，量水器精度±1mL。

（3）胶砂搅拌时先将水加入锅内，再加入水泥，把锅放在固定架上，上升至固定位置。立即开动机器，低速搅拌 30s 后，在第二个 30s 开始的同时均匀加入标准砂，30s 内加完，高速再拌 30s。接着停拌 90s，在刚停的 15s 内用橡皮刮具将叶片和锅壁上的胶砂刮至拌和锅中间。最后高速搅拌 60s。各个搅拌阶段，时间误差应在±1s 以内。

4. 试件成型

（1）用振实台成型

① 胶砂制备后立即进行成型。把空试模和模套固定在振实台上，用勺子将搅拌好的胶砂分两层装入试模。装第一层时，每个槽内约放 300g 胶砂，把大播料器垂直架在模套顶部，沿每个模槽来回一次将料层播平，接着振实 60 次；再装入第二层胶砂，用小播料器播平，再振实 60 次。

② 振实完毕后，移走模套，取下试模，用刮平直尺以近似 90°的角度，架在试模的一端，沿试模长度方向，以横向锯割动作慢慢向另一端移动，一次刮去高出试模多余的胶砂。最后用同一刮尺以近似水平的角度将试模表面抹平。

（2）用振动台成型

① 将试模和下料漏斗卡紧在振动台的中心。胶砂制备后立即将拌好的全部胶砂均匀地装入下料漏斗内。启动振动台，胶砂通过漏斗流入试模的下料时间为 20～40s（下料时间以漏斗三格中的两格出现空洞时为准），振动（120±5）s 停机。

下料时间如大于 20～40s，须调整漏斗下料口宽度或用小刀划动胶砂以加速下料。

② 振动完毕后，自振动台取下试模，移去下料漏斗，抹平试模表面。

5. 试件养护

（1）将成型好的试模放入标准养护箱内养护，在温度为（20±1)℃、相对湿度不低于 90%的条件下养护 20～24h 之后脱模。对于龄期为 24h 的应在破型前 20min 内脱模，并用湿布覆盖至试验开始。

（2）将试件从养护箱中取出，用防水墨汁进行编号，编号时应将每只模中 3 条试件编在两个龄期内，同时编上成型和测试日期。然后脱模，脱模时应防止损伤试件。硬化较慢的试件允许 24h 以后脱模，但须记录脱模时间。

（3）试件脱模后立即水平或竖直放入水槽中养护。水温为（20±1)℃，水平放置时刮平面朝上，试件之间应留有空隙，水面至少高出试件 5mm，并随时加水保持恒定水位。

（4）试件龄期是从水泥加水搅拌开始时算起，至强度测定所经历的时间。不同龄期的试件，必须相应地在 24h±15min，48h±30min，72h±45min，7d±2h，28d±8h 的时间内进行强度试验。到龄期的试件应在强度试验前 15min 从水中取出，擦去试件表面沉积物，并用湿布覆盖至试验开始。

6. 强度试验

（1）水泥抗折强度试验

① 将抗折试验机夹具的圆柱表面清理干净，并调整杠杆处于平衡状态。

② 用湿布擦去试件表面的水分和砂粒，将试件放入夹具内，使试件成型时的侧面与夹具的圆柱面接触。调整夹具，使杠杆在试件折断时尽可能接近平衡位置。试件在夹具中的受力状态见图 14-14。

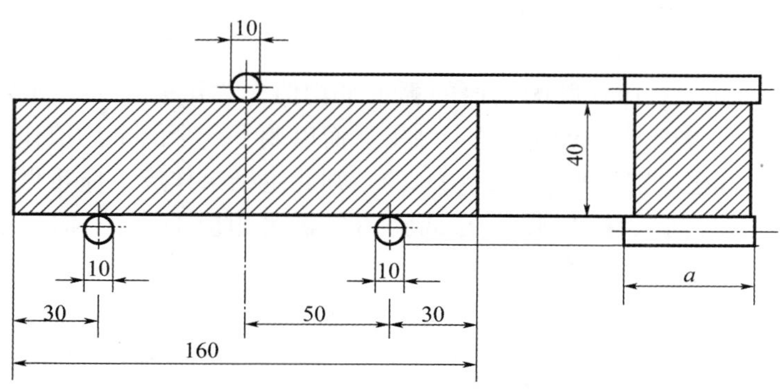

图 14-14 抗折强度测定加荷图

③ 以（50±10）N/s 的速度进行加荷，直到试件折断，记录破坏荷载。

④ 保持两个半截棱柱体处于潮湿状态，直至抗压试验开始。

⑤ 按式（14-18）计算每条试件的抗折强度（精确至 0.1MPa）：

$$R_f=\frac{1.5F_f l}{b^3} \tag{14-18}$$

式中 F_f——折断时施加于棱柱体中部的荷载，N；

l——支撑圆柱之间的距离，mm；

b——棱柱体正方形截面的边长，mm。

⑥ 取 3 条棱柱体试件抗折强度测定值的算术平均值作为试验结果（精确至 0.1MPa）。当 3 个测定值中仅有 1 个超出平均值的±10%时，应予剔除，再以其余 2 个测定值的平均数作为试验结果；如果 3 个测定值中有 2 个超出平均值的±10%时，则以剩下的一个测定值作为抗折强度结果，若三个测定值全部超过平均值的±10%时而无法计算强度时，必须重新检验。

（2）水泥抗压强度试验

① 立即在抗折后的 6 个断块（应保持潮湿状态）的侧面上进行抗压试验。抗压试验须用抗压夹具（图 14-15），使试件受压面积为 40mm×40mm。试验前，应将试件受压面与抗压夹具清理干净，试件的底面应紧靠夹具上的定位销，断块露出上压板外的部分应不少

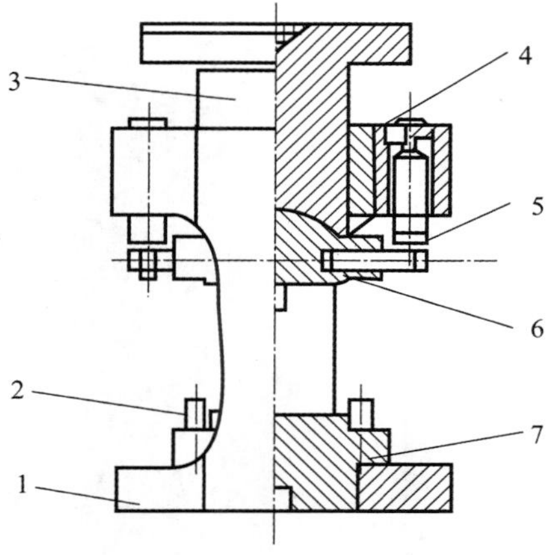

图 14-15 抗压夹具

1—框架；2—定位销；3—传压柱；4—衬套；5—吊簧；6—上压板；7—下压板

于 10mm。

② 在整个加荷过程中，夹具应位于压力机承压板中心，以（2.4±0.2）kN/s 的速率均匀地加荷至破坏，记录破坏荷载 P（kN）。

③ 按式（14-19）计算每块试件的抗压强度 $f_{压}$（精确至 0.1MPa）。

$$R_c=\frac{F}{A} \tag{14-19}$$

式中 F——破坏时的最大荷载，N；

A——受压面积，mm^2。

④ 每组试件以 6 个抗压强度测定值的算术平均值作为试验结果。如果 6 个测定值中有 1 个超出平均值的±10%，应剔除这个结果，而以剩下 5 个的平均值作为试验结果。如果 5 个测定值中再有超过它们平均数±10%的，则此组结果作废，应重做。

根据上述测得的抗折、抗压强度的试验结果，按相应的水泥标准确定其水泥强度等级。

六、砂的筛分试验

1. 试验的目的及依据

通过试验，计算砂的细度模数来确定砂的粗细程度和评定砂颗粒级配的优劣。本试验依据《建筑用砂》（GB/T 14684—2011）。

2. 主要仪器设备

（1）方孔筛（图 14-16）。包括孔为 9.50，4.75，2.36，1.18，0.60，0.30，0.15mm 的方孔筛，以及筛底和筛盖各 1 只。

（2）天平。称量 1kg，感量 1g。

（3）摇筛机（图 14-17）。

（4）烘箱。能使温度控制在（105±5）℃。

（5）浅盘和硬、软毛刷等。

图 14-16 标准套筛

图 14-17 摇筛机

3. 试样制备

在缩分前，应先将试样通过 9.50mm 的筛，并算出筛余百分率。然后，将试样在潮湿状态下充分拌匀，用四分法缩分至每份不少于 550g 的试样 2 份。在（105±5)℃的温度下烘干至恒重，冷却至室温后待用。

4. 试验步骤

（1）称取烘干试样 500g，置于 4.75mm 的筛中，将套筛装入摇筛机，摇筛 10min。

（2）取出套筛，再按筛孔大小顺序，在清洁的浅盘上逐个进行手筛，直到每分钟的筛出量不超过试样总质量的 0.1%时为止。

（3）通过的颗粒并入下一号筛，并和下一号筛中的试样一起过筛。依次顺序进行，直到各号筛全部筛完为止。

（4）如试样含泥量超过 5%，则应先用水洗，然后烘干至恒重，再进行筛分。

（5）试样在各号筛上的筛余量，均不得超过 G。否则应将该筛余试样分成 2 份。再次进行筛分，并以其筛余量之和作为各筛的筛余量。

$$G=\frac{A\times\sqrt{d}}{200} \tag{14-20}$$

式中 G——在各号筛上的最大筛余量，g；

A——筛面面积，mm^2；

d——筛孔尺寸，mm。

（6）称量各筛筛余试样的质量（精确至 1g)。所有筛的分计筛余质量和底盘中剩余质量的总和，与筛分前的试样总质量相比，相差不得超过 1%。

5. 结果计算

（1）分计筛余百分率

各号筛上的筛余量除以试样总质量的百分率（精确到 0.1%）。

（2）累计筛余百分率

该号筛上的分计筛余百分率与大于该号筛的各号筛上的分计筛余百分率之和（精确至 0.1%）。

（3）根据式（14-21）计算细度模数 M_x，精确至 0.01。

$$M_x=\frac{(A_2+A_3+A_4+A_5+A_6)-5A_1}{100-A_1} \tag{14-21}$$

A_1、A_2、A_3、A_4、A_5、A_6 分别为 4.75，2.36，1.18，0.60，0.30，0.15mm 各筛上的累计筛余百分率。

（4）筛分试验应采用两个试样进行，并以其试验结果的算术平均值作为测定值。如 2 次试验所得的细度模数之差大于 0.20，须重新进行试验。

七、砂的表观密度试验

1. 试验的目的及依据

本试验测定砂的表观密度，即其单位体积（包括内部封闭孔隙与实体体积之和）的质量，以评定砂的质量。试验依据为《建筑用砂》(GB/T 14684—2011)。

2. 主要仪器设备

（1）天平。称量 1kg，感量 1g。

（2）容量瓶。500mL。

（3）干燥器、浅盘、铝制料勺、温度计等。

3. 试样制备

将缩分至 660g 左右的试样在温度为（105±5）℃的烘箱中烘干至恒量，并在干燥器内冷却至室温。

4. 试验步骤

（1）称取烘干的试样 300g（m_0），装入盛有半瓶冷开水的容量瓶中。

（2）摇转容量瓶，使试样在水中充分搅动以排出气泡，塞紧瓶塞，静置 24h 左右。然后，用滴管添水，使水面与瓶颈刻度线平齐，再塞紧瓶塞，擦干瓶外水珠，称其质量 m_1。

（3）倒出瓶中的水和试样，将瓶的内外表面洗净，再向瓶内注入与第 2 步水温相差不超过 2℃的冷开水至瓶颈刻度线。塞紧瓶塞，擦干瓶外水分，称其质量 m_2。

注：在砂的表观密度试验过程中，应测量并控制水的温度。试验的各项称量可以在 15～25℃的温度范围内进行，但从试样加水静置的最后 2h 起直到试验结束，温度相差不应超过 2℃。

5. 结果计算

结果按式（14-22）计算，精确 0.01g/cm³：

$$\rho_0=\frac{m_0}{m_0-(m_1-m_2)}\times\rho_水 \tag{14-22}$$

式中 ρ_0——砂子的表观密度，g/cm³；

$\rho_水$——水的密度，g/cm³。

以 2 次试验的算术平均值作为测定值，如 2 次结果之差值大于 0.02g/cm³ 时，应重新取样进行试验。

八、砂的堆积密度与空隙率试验

1. 试验的目的及依据

测定砂的堆积密度及空隙率，为计算混凝土中砂浆用量和砂浆中的水泥净浆用量提供依据。试验依据为《建筑用砂》（GB/T14684—2011）。

2. 主要仪器设备

（1）天平。称量 10kg，感量 1g。

（2）容量筒。金属制，圆柱形，内径为 108mm，净高为 109mm，筒壁厚 2mm，容积为 1L。

（3）标准漏斗。如图 14-18 所示。

（4）烘箱。能使温度控制在（105±5）℃。

（5）方孔筛。孔径为 4.75mm。

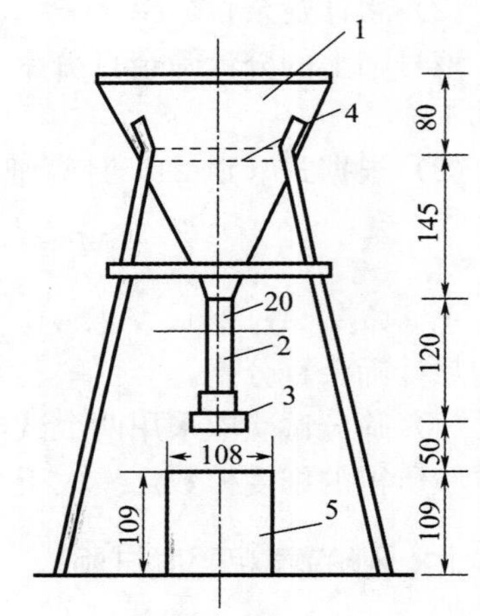

图 14-18　标准漏斗

1—漏斗；2—20mm 管子；3—活动门；4—筛子；5—金属量筒

3. 试样制备

用干净盘装试样约 3L，在温度为（105±5）℃的烘箱中烘干至恒重，取出并冷却至室温，筛除大于 4.75mm 的颗粒，分成大致相等的 2 份备用。

注：试样烘干后如有结块，应在试验前先予捏碎。

4. 试验步骤

（1）松散堆积密度

称容量筒质量 m_1，将筒置于不受振动的桌上浅盘中。取试样一份，用漏斗或铝制料勺，将它徐徐装入容量筒，漏斗出料口或料勺距容量筒筒口不应该超过 5cm，直至试样装满并超过容量筒筒口。然后，用直尺将多余的试样沿筒口中心线向两个相反方向刮平，称其质量 m_2，精确到 1g。

（2）紧密堆积密度

取试样一份，分两层装入容量筒。装完一层后，在筒底垫放一根直径为 10mm 的钢筋，将筒按住，左右交替颠击各 25 次。然后，再装入第二层，第二层装满后用同样方法颠实（但筒底所垫钢筋的方向应与第一层放置方向垂直）。两层装完并颠实后，加料直至试样超出容量筒筒口，用直尺将多余的试样沿筒口中心线向两个相反方向刮平，称其质量 m_2，精确到 1g。

5. 结果计算

（1）堆积密度

松散堆积密度及紧密堆积密度，按式（14-23）计算，精确至 10kg/m³：

$$\rho'=\frac{m_2-m_1}{V'}\times 1000 \tag{14-23}$$

式中 m_1——容量筒的质量，kg；

m_2——容量筒和砂的质量，kg；

V'——容量筒容积，L。

以两次试验结果的算术平均值作为测定值，精确至 10kg/m³，如 2 次结果之差值大于 20kg/m³ 时，应重新取样进行试验。

容量筒容积的校正方法：以温度为（20±5）℃的饮用水装满容量筒，用玻璃板沿筒口滑移，使紧贴水面，擦干筒外壁水分，称其质量，用式（14-24）计算筒的容积 V。

$$V=m_2-m_1 \tag{14-24}$$

式中 m_1——容量筒和玻璃板质量，kg；

m_2——容量筒、玻璃板和水的质量，kg。

（2）空隙率

空隙率按式（14-25）计算，精确到 1%，取两次平均值。

$$P=\left(1-\frac{\rho_1}{\rho_2}\right)\times 100\% \tag{14-25}$$

式中 ρ_1——砂的松散或紧密密度，kg/m³；

ρ_2——砂的表观密度，kg/m³。

九、砂的含泥量试验

1. 试验的目的及依据

测定砂中粒径小于 0.075mm 的尘屑、淤泥和黏土的总含量，以评价砂的质量。试验依据为《建筑用砂》（GB/T 14684—2011）。

2. 主要仪器设备

(1) 天平。称量1kg，感量0.1g。

(2) 烘箱。能使温度控制在(105±5)℃。

(3) 筛。孔径为0.075mm及1.18mm的方孔筛各一个。

(4) 洗砂用的筒及烘干用的浅盘等

3. 试样制备

将试样在潮湿状态下用四分法缩分至1100g，置于温度为(105±5)℃的烘箱中烘干至恒量，冷却至室温后，立即称取500g的试样两份，精确到0.1g。

4. 试验步骤

(1) 取烘干的试样一份置于容器中，并注入饮用水，使水面高出砂面约15cm，充分拌混均匀后，浸泡2h。用手在水中淘洗试样，使尘屑、淤泥和黏土与砂粒分离，并使之悬浮或溶于水中。缓缓地将浑浊液倒入1.18mm及0.075mm的套筛(1.18mm筛放置在上面)中，滤去小于0.075mm的颗粒。试验前，筛子两面应先用水润湿。在整个试验过程中应注意避免砂粒丢失。

(2) 再次加水于筒中，重复上述过程，直至筒内洗出的水清澈为止。

(3) 用水淋洗剩余在筛上的细粒。并将0.075mm筛放在水中(使水面略高出筛中砂粒的上表面)来回摇动，以充分洗除小于0.075mm的颗粒。然后，将两只筛上剩余的颗粒和筒中已经洗净的试样一并装入浅盘，置于温度为(105±5)℃的烘箱中烘干至恒质量。取出，冷却至室温后称量试样的质量。

5. 结果计算

砂的含泥量Q_0按式(14-26)计算，精确至0.1%。

$$Q_0=\frac{m_0-m_1}{m_0}\times 100\% \tag{14-26}$$

式中 m_0——试验前的烘干试样质量，g；

m_1——试验后的烘干试样质量，g。

以两个试样试验结果的算术平均值作为测定值。两次结果的差值超过0.5%时，应重新取样进行试验。

十、碎石或卵石的颗粒级配试验

1. 试验的目的及依据

测定碎石或卵石的颗粒级配为混凝土配合比设计提供依据。试验依据为《建筑用卵石、碎石》(GB/T 14685—2011)。

2. 主要仪器设备

(1) 方孔筛。孔径为2.36mm，4.75mm，9.50mm，16.0mm，19.0mm，26.5mm，31.5mm，37.5mm，53.0mm，63.0mm，75.0mm及90.0mm筛各一只，附有筛底和筛盖。

(2) 天平。称量10kg，感量1g。

(3) 烘箱。能使温度控制在(105±5)℃。

(4) 摇筛机、搪瓷量杯、毛刷等。

3. 试验步骤

（1）用四分法把试样缩分到略大于试验所用的质量，烘干或风干后备用。按标准规定称取试样。

（2）将套筛放于摇筛机上，摇10min，取下套筛，按筛孔大小顺序再逐个手筛，直至每分钟的通过量不超过试样总量的0.1%。

（3）每号筛上筛余层的厚度应大于试样的最大粒径值，如果超过此值，应将该号筛上的筛余分为2份，再次进行筛分。

4. 试验结果

（1）由各筛上的筛余量除以试样总质量，计算得出该号筛的分计筛余百分率（精确至0.1%）。

（2）每号筛计算得出的筛余百分率与大于该筛筛号的各筛分计筛余百分率相加，计算得出其累计筛余百分率（精确至1.0%）。

（3）根据各筛的累计筛余百分率评定该试样的颗粒级配。

十一、碎石或卵石的表观密度试验

1. 试验的目的及依据

测定碎石或卵石的表观密度，即其单位体积（包括内部封闭孔隙与实体积之和）的烘干量，评价其质量，并为混凝土配合比设计提供数据。试验依据为《建筑用卵石、碎石》(GB/T 14685—2011)。

2. 主要仪器设备

（1）天平。称量5kg，感量5g，其型号及尺寸应能允许在臂上悬挂盛试样的吊篮，并在水中称量。

注：也可用托盘天平改装。

（2）吊篮。直径和高度均为150mm，由孔径为1～2mm筛网或钻有2～3mm孔洞的耐锈蚀金属板制成。

（3）盛水容器。有溢流孔。

（4）烘箱。能使温度控制在（105±5)℃。

（5）方孔筛。孔径为4.75mm。

（6）温度计。0～100℃。

（7）带盖容器、浅盘、刷子和毛巾等。

3. 试样制备

先筛去4.75mm以下的试样颗粒，并缩分至表14-6所规定的质量，刷洗干净后分成2份备用。

表14-6　表观密度试验所需的试样最少质量

最大粒径（mm）	9.5	16.0	19.5	31.5	37.5	63.0	75.0
试样质量不少于（kg）	2.0	2.0	2.0	3.0	4.0	6.0	6.0

4. 试验步骤

（1）取试样1份装入吊篮，并浸入盛水的容器中，水面至少高出试样50mm。

（2）浸水24h，移放到称量用的盛水容器中，并用上下升降吊篮的方法排除气泡。

(3) 测定水温后，用天平称出吊篮及试样在水中的质量 m_2。测量时，盛水容器中水面的高度由容器的溢流孔控制。

(4) 提起吊篮，将试样置于浅盘中，放入烘箱中烘干至恒量。取出来放在带盖的容器中，冷却至室温后称量 m_0。

(5) 称量吊篮在同样温度的水中的质量（m_1）。称量时，盛水容器的水面高度仍应由溢流口控制。

5. 结果计算

表观密度按式（14-27）计算，精确至 0.01g/cm³。

$$\rho_t=\frac{m_0}{m_0+m_1-m_2}-\alpha_t \tag{14-27}$$

式中 m_0——试样的烘干量，g；

m_1——吊篮在水中的质量，g；

m_2——吊篮及试样在水中的质量，g；

α_t——考虑称量时的水温对水密度影响的修正系数（表 14-7）。

以 2 次试验结果的算术平均值作为测定值，如两次结果之差值大于 0.02g/cm³ 时，应重新取样进行试验。对颗粒质量不均匀的试样，如两次试验结果之差值超过规定，可取 4 次测定结果的算术平均值作为测定值。

表 14-7 不同水温下碎石或卵石的表观密度温度修正系数

水温（℃）	15	16	17	18	19	20	21	22	23	24	25
α_t	0.002	0.003	0.003	0.004	0.004	0.005	0.005	0.006	0.006	0.007	0.008

十二、碎石或卵石的堆积密度试验

1. 试验的目的及依据

测定碎石或卵石单位堆积体积的质量，为混凝土配合比设计提供数据。试验依据为《建筑用卵石、碎石》(GB/T14685—2011)。

2. 主要仪器设备

(1) 磅秤。称量 50kg 或 100kg，感量 50g。

(2) 台秤。称量 10kg，感量 10g。

(3) 容量筒。金属制，其规格见表 14-8。

(4) 烘箱。能使温度控制在（105±5)℃。

(5) 垫棒。直径 16mm，长 600mm 的圆钢。

表 14-8 容量筒的规格要求

碎石或卵石的最大粒径（mm）	容量筒容积（L）	容量筒规格（mm）		筒壁厚度（mm）
		内径	净高	
9.5，16，19.5	10	208	294	2
31.5，37.5	20	294	294	3
63，75	30	360	294	4

注：测定最大粒径为 31.5，40，63，80mm 试样的紧密堆积密度时，可分别采用 10L 与 20L 容积的容量筒。

3. 试样制备

用四分法把试样缩分到略大于试验所用的质量，烘干或风干后备用。按标准规定称取试样。

4. 试验步骤

（1）松散堆积密度

称容量筒质量 m_3，取试样 1 份置于平整干净的地板上，用平头铁锹铲起试样，使石子自由落入容量筒内。此时，从铁锹的齐口至容量筒上口的距离应保持为 50mm 左右。装满容量筒并除去凸出筒口表面的颗粒，并以合适的颗粒填入凹陷空隙，使表面稍凸起部分和凹陷部分的体积大致相等。称取试样和容量筒总质量 m_2。

（2）紧密堆积密度

称容量筒质量 m_3，取试样 1 份分 3 层装入容量筒。装完 1 层后，在筒底垫放 1 根直径为 16mm 的钢筋，将筒按住，左右交替颠击地面各 25 下；然后装入第 2 层，第 2 层装满后，用同样方法颠实；最后再装入第 3 层。如法颠实，待 3 层试样填完毕后，加料直到试样超出容量筒筒口，用钢尺沿筒口边缘刮下高出筒口的颗粒，用合适的颗粒填平凹处，使表面稍凸起部分和凹陷部分的体积大致相等，称取试样和容量筒总重 m_2。

5. 结果计算

（1）堆积密度（松散堆积密度或紧密堆积密度）按式（14-28）计算，精确至 10kg/m^3。

$$\rho'=\frac{m_2-m_3}{V}\times 1000 \tag{14-28}$$

式中　m_2——容量筒与试样的质量，kg；

m_3——容量筒的总质量，kg；

V——容量筒的容积，L。

以 2 次试验结果的算术平均值作为测定值。

容量筒容积的校正方法：以（20±5）℃的饮用水装满容量筒，擦干筒外壁水分后称质量。用式（14-29）计算筒的容积 V（L）。

$$V=m_2-m_1 \tag{14-29}$$

式中　m_2——容量筒质量，kg；

m_1——容量筒和水总质量，kg。

（2）空隙率 P 按式（14-30）计算，精确至 1%。

$$P=\left(1-\frac{\rho'_{\mathrm{0G}}}{\rho'_{\mathrm{G}}}\right)\times 100\% \tag{14-30}$$

式中　ρ'_{0G}——碎石或卵石的松散（紧密）堆积密度，kg/m^3；

ρ'_{G}——碎石和卵石的表观密度，kg/m^3。

十三、压碎指标值试验

1. 试验的目的及依据

本试验方法适用于建筑用碎石、卵石的压碎指标值的测定，评价石子的强度。试验依据为《建筑用卵石、碎石》（GB/T 14685—2011）。

2. 主要仪器设备

(1) 压力试验机。量程300kN，示值相对误差2%。

(2) 压碎指标测定仪（图14-19）。

(3) 天平。称量1kg，感量1g。

(4) 天平。称量10kg，感量10g。

(5) 受压试模。

(6) 方孔筛。孔径分别为2.36mm，9.50mm，19.0mm的筛各1只。

图14-19　压碎指标测定仪

(7) 垫棒。直径10mm，长500mm圆钢。

3. 试验步骤

(1) 按前述规定取样，风干后筛除大于19.0mm及小于9.50mm的颗粒，并去除针、片状颗粒，分为大致相等的3份备用。

(2) 称取试样3000g，精确至1g。将试样分2层装入圆模（置于底盘上）内，每装完1层试样后，在底盘下面垫放一直径为10mm的圆钢。将筒按住，左右交替颠击地面各25次，2层颠实后，平整模内试样表面，盖上压头。

注：当试样中粒径在9.50～19.0mm之间的颗粒不足时，允许将粒径大于19.0mm的颗粒破碎成此范围内的颗粒，用作压碎指标值试验。

当圆模装不下3000g试样时，以装至距圆模上口10mm为准。

(3) 把装有试样的模子置于压力机上，开动压力试验机，按1kN/s的速度均匀加荷至200kN并持荷5s，然后卸荷。取下压头，倒出试样，过孔径为2.36mm的筛，称取筛余物。

4. 结果计算

压碎指标值按式（14-31）计算，精确至0.1%。

$$Q_e=\frac{m_1-m_2}{m_1}\times 100\% \tag{14-31}$$

式中　Q_e——压碎指标值，%；

m_1——试样的质量，g；

m_2——压碎试验后筛余的试样质量，g。

压碎指标值取3次试验结果的算术平均值，精确至1%

试验三　混凝土拌合物性能试验

一、试验室拌合方法

1. 试验的目的及依据

(1) 通过混凝土的试拌确定配合比。

(2) 对混凝土拌合物性能进行试验。

(3) 制作混凝土的各种试件。

试验依据为《普通混凝土拌合物性能试验方法标准》(GB/T50080—2016)。

2. 一般规定

(1) 在拌合混凝土时，拌合场所温度宜保持在 (20±5)℃，对所拌制的混凝土拌合物应避免阳光直射和风吹。

(2) 用以拌制混凝土的各种材料温度应与拌合场所温度相同，应避免阳光的直射。

(3) 所用材料应一次备齐，并翻拌均匀，水泥如有结块，需用 0.9mm 的筛将结块筛除，并仔细搅拌均匀装袋待用。

(4) 砂、石集料均以饱和面干质量为准，若含有水分，应做饱和面干含水率试验。

(5) 材料用量以质量计，称量准确，水泥 (混合料)、水和外加剂为±0.5%；集料为±1%。

(6) 拌制混凝土所用各项用具 (如搅拌机、拌合钢板和铁铲等) 应预先用水湿润。

3. 主要仪器设备

(1) 搅拌机 (图 14-20)。容积为 50～100L，转速为 18～22r/min。

(2) 台秤。称量为 100kg，感量 50g。

(3) 天平。1000g，感量 0.5g。

(4) 天平。5000g，感量 1g。

(5) 拌合钢板。尺寸不宜小于 1.5m×2.0m；厚度不小于 3mm。

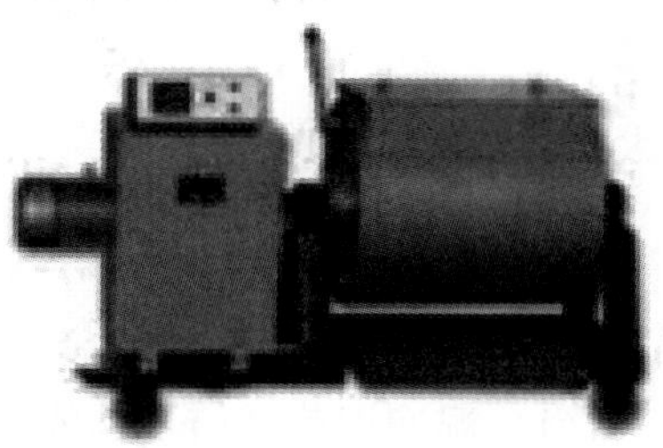

图 14-20　混凝土搅拌机

4. 试验步骤

(1) 人工拌合

① 在拌合前先将钢板、铁铲等工具洗刷干净并保持湿润。

② 将称好的砂、水泥倒在钢板上，并用铁铲翻拌至颜色均匀，再放入称好的粗骨料与之拌合，至少翻拌 3 次，然后堆成锥形。

③ 将中间扒开一凹坑，加入拌合用水 (外加剂一般随水一同加入)，小心拌合，至少翻拌 6 次，每翻拌 1 次后，应用铁铲在全部物面上压切 1 次，拌合时间从加水完毕时算起，在 3.5min 内完毕。

(2) 机械拌合

① 在机械拌合混凝土时，应在拌合混凝土前预先搅拌适量的混凝土进行挂浆 (与正式配合比相同)，避免在正式拌合时水泥浆的损失，挂浆所多余的混凝土倒在拌合钢板上，使钢板也粘有一层砂浆。

② 将称好的石子、水泥、砂按顺序倒入搅拌机内先拌合几转，然后将需用的水倒入搅拌机内一起拌合 1.5～2min。

③ 将拌合好的拌合物倒在拌合钢板上，并刮出粘在搅拌机的拌合物，人工翻拌 2～3 次，使之均匀。

注：采用机械拌合时，一次拌合量不宜少于搅拌机容积 20%。

二、坍落度法测定混凝土拌合物的稠度

1. 试验的目的及依据

测定混凝土拌合物坍落度与坍落扩展度，用以评定混凝土拌合物的流动性及和易性。主要适用于集料为最大粒径不大于 40mm、坍落度不小于 10mm 的塑性混凝土拌合物。试验依据为《普通混凝土拌合物性能试验方法标准》(GB/T 50080—2016)。

2. 主要仪器设备

坍落度筒（图 14-21）由厚度为 1.5mm 的薄钢板制成的圆锥形筒，其内壁应光滑，无凸凹部位，底面及顶面应互相平行，并与锥体的轴线相垂直。

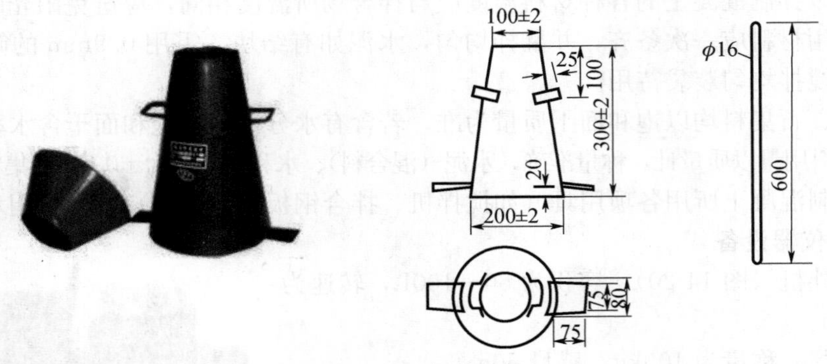

图 14-21 坍落度筒

3. 试验步骤

（1）湿润坍落度筒及其他用具，并把筒放在坚实的水平面上，然后用脚踩住两边的脚踏板，使坍落度筒在装料时保持固定的位置。

（2）把按要求取得的混凝土试样用小铲分 3 层均匀地装入筒内，每次所装高度大致为坍落度筒筒高的三分之一，每层用捣棒插捣 25 次。插捣应呈螺旋形由外向中心进行，每次插捣均应在截面上均匀分布。插捣筒边混凝土时，捣棒可以稍稍倾斜。插捣底层时，捣棒应贯穿整个深度。插捣第 2 层和顶层时，插捣深度应为插透本层，并且插入下面一层 1～2cm 的距离。浇灌顶层时，混凝土应灌满到高出坍落度筒。插捣过程中，如混凝土沉落到低于筒口，则应随时添加。顶层插捣完后，刮去多余的混凝土，用抹刀抹平。

（3）清除筒边底板上的混凝土，垂直平稳地提起坍落度筒。坍落度筒的提离过程应在 5～10s 内完成。

从开始装料到提起坍落度筒的整个过程应不间断地进行，并应在 150s 内完成。

（4）提起坍落度筒后，立即测量筒高与坍落后的混凝土拌合物最高点之间的高度差，即为该混凝土拌合物的坍落度值，如图 14-22 所示。

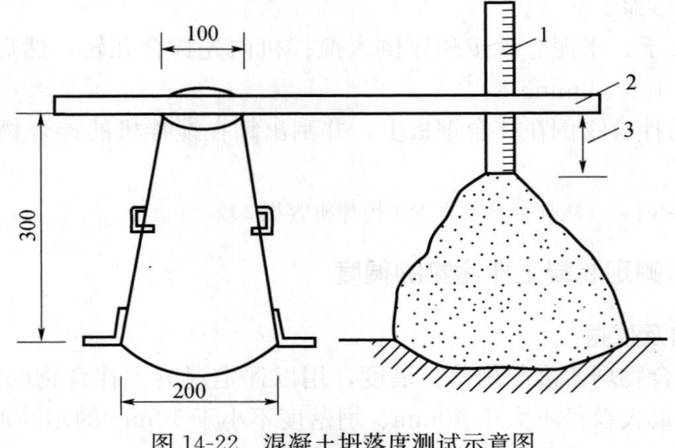

图 14-22 混凝土坍落度测试示意图

4. 结果评定

（1）坍落度筒提起后，如混凝土拌合物发生崩坍或一边剪坏现象，则应重新取样进行测定。如第 2 次试验仍出现上述现象，则表示该混凝土和易性不好，应记录备查。

（2）观察坍落后的混凝土试体的保水性、黏聚性。

黏聚性的检查方法是用捣棒在已坍落的混凝土锥体侧面轻轻敲打。此时，如果锥体渐渐下沉，则表示黏聚性良好，如果锥体倒塌部分崩裂或出现离析现象，则表示黏聚性不好。

保水性以混凝土拌合物中稀浆析出的过程来评定。坍落度筒提离后，如有较多的稀浆从底部析出，锥体部分的混凝土也因失浆而集料外露，则表明此混凝土拌合物的保水性能不好。如坍落度筒提起后无稀浆或仅有少量稀浆自底部析出，则表示此混凝土拌合物保水性良好。

（3）当混凝土拌合物坍落度大于 220mm 时，用钢直尺测量混凝土扩展后最大直径和最小直径，在这两个直径之差小于 50mm 的条件下，用其算术平均值作为坍落扩展度值；否则，此次试验无效。

如果发现粗集料在中央堆集或边缘有水泥净浆析出，表示此混凝土拌合物抗离析性不好，应予记录。

（4）混凝土拌合物坍落度和坍落扩展度值以 mm 为单位，结果修约至 5mm。

三、维勃稠度法测定混凝土拌合物的稠度

1. 试验的目的及依据

测定混凝土拌合物的维勃稠度是用以评定混凝土拌合物坍落度在 10mm 以内混凝土的稠度。本方法适用于集料粒径不大于 40mm，维勃稠度在 5～30s 之间的混凝土拌合物稠度的测定。坍落度不大于 50mm 或干硬性混凝土和维勃稠度大于 30s 的特干性混凝土拌合物的稠度，可采用增实因素法来测定。

试验依据为《普通混凝土拌合物性能试验方法标准》（GB/T 50080—2002）。

2. 主要仪器设备

（1）维勃稠度仪（图 14-23）

① 维勃稠度仪的振动台，台面长 380mm、宽 260mm，支撑在 4 个减振器上。台面底部安装有频率为（50±3）Hz 的振动器。

② 容器。由钢板制成，内径为（240±2）mm，筒壁厚 3mm，筒底厚为 7.5mm。

③ 坍落度筒。其内部尺寸同坍落度试验法中的要求，但无下端的脚踏板。

④ 旋转架。连接测杆及喂料斗。测杆下部安装有透明且水平的圆盘。并用测杆螺丝把测杆固定在套筒中，旋转架安装在支柱上，通过十字凹槽来固定方向。并用定位螺丝来固定其位置。就位后，测杆或喂料斗的轴线与容器的中轴重合。

⑤ 透明圆盘。直径为（230±2）mm、厚度为（10±22）mm。荷载直接固定在圆盘上。由测杆、圆盘及荷载块组成的滑动部分总质量应为（2750±50）g。

（2）捣棒。直径 16mm、长为 600～650mm 的钢棒，端部磨圆。

（3）小铲、秒表等。

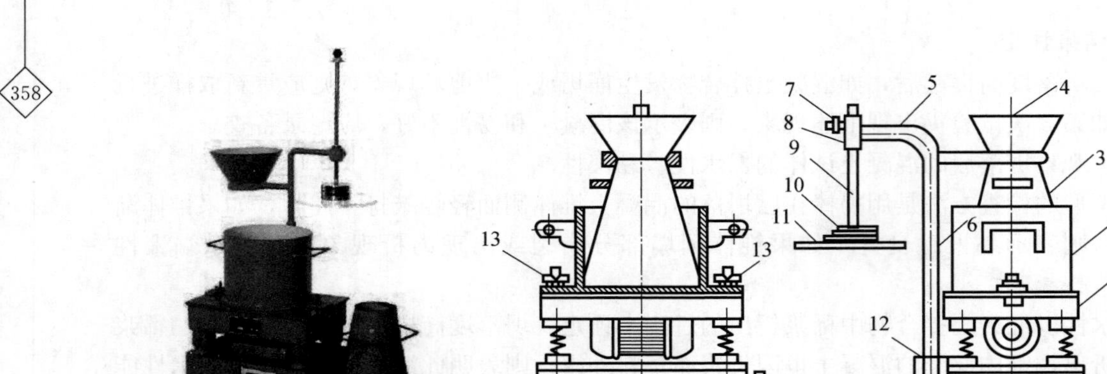

图 14-23 维勃稠度仪

1—振动台；2—容器；3—坍落度筒；4—喂料斗；5—旋转架；6—定位螺丝；7—测杆螺丝；8—套管；9—测杆；10—荷重块；11—透明圆盘；12—支柱；13—固定螺丝

3. 试验步骤

（1）把维勃稠度仪放置在坚实水平面上，用湿布把容器、坍落度筒、喂料斗内壁及其他用具擦湿。

（2）将喂料斗提至坍落度筒上方扣紧，校正容器位置，使其中心与喂料斗中心重合，然后拧紧固定螺丝。

（3）把按要求取得的混凝土试样用小铲分 3 层，经喂料斗均匀装入筒内，装料及插捣的方法同坍落度法。

（4）把喂料斗转离，小心并垂直地提起坍落度筒。此时应注意不使混凝土试件产生横向的扭动。

（5）把透明圆盘转到混凝土圆台体顶面。放松测杆螺丝，小心地降下圆盘，使它轻轻接触到混凝土顶面。

（6）拧紧固定螺丝，并检查测杆螺丝是否已经完全放松。

（7）同时开启振动台和秒表，当振动到透明圆盘的底面被水泥浆布满的瞬间停下秒表，并关闭振动台。

（8）记下秒表上的时间，读数精确至 1s。

四、拌合物表观密度试验

1. 试验的目的及依据

测定混凝土拌合物捣实后的单位体积质量（即表观密度），用以核实混凝土配合比计算中的材料用量。试验依据为《普通混凝土拌合物性能试验方法标准》（GB/T 50080—2016）。

2. 主要仪器设备

（1）容量筒。金属制成的圆筒，筒底应有足够刚度，使之不易变形。对集料最大粒径不大于 40mm 的拌合物，采用容积为 5L 容量筒，其内径与内高均为（186±2）mm，筒壁厚度为 3mm；集料最大粒径大于 40mm 时，容量筒内径与内高均应大于集料最大粒径

的 4 倍。容量筒上缘及内壁应光滑平整，顶面与底面应平行，并与圆柱体的轴线垂直。

（2）台秤。称量 50kg，感量 50g。

（3）振动台。

（4）捣棒。直径 16mm，长 600mm 的钢棒，端部磨圆。

（5）小铲、抹刀、刮尺等。

3. 试验步骤

（1）用湿布把容量筒外壁擦干净，称出质量 m_1，精确到 50g。

（2）混凝土的装料及捣实方法应视拌合物的稠度而定。一般来说，坍落度不大于 70mm 的混凝土用振动台振实；大于 70mm 的用捣棒捣实。

采用捣棒捣实时，应根据容量筒的大小决定分层与插捣次数。用 5L 容量筒时，每层混凝土的高度应不大于 100mm，每层插捣次数按每 10000mm^2 不少于 12 次计算。每次插捣应均衡地分布在每层截面上，由边缘向中心插捣。插捣底层时，捣棒应贯穿整个深度；插捣顶层时，捣棒应插透本层，并使之刚刚插入下面一层。每一层捣完后可把捣棒垫在筒底，将筒按住，左右交替颠击地面各 15 次，直到混凝土表面插捣孔消失看不见大气泡为止。

采用振动台振实时，应一次将混凝土拌合物灌满至稍高出容量筒口。装料时，允许用捣棒稍加插捣。振捣过程中，如混凝土高度沉落到低于筒口，则应随时添加混凝土。振动直至表面出浆为止。

（3）用刮尺刮齐筒口，将多余的混凝土拌合物刮去，表面发现有凹陷应予填平，将容量筒外壁仔细擦净，称出混凝土与容量筒质量 m_2，精确至 50g。

4. 结果计算

混凝土拌合物表观密度 ρ_0（kg/m^3）按式（14-32）计算。

$$\rho_0=\frac{m_2-m_1}{V}\times 1000 \quad (14\text{-}32)$$

式中 m_1——容量筒质量，kg；

m_2——容量筒及试样质量，kg；

V——容量筒容积，L。

试验结果精确至 10kg/m^3。

试验四　混凝土物理力学性能试验

一、试件的制作及养护

1. 试验的目的有依据

制作提供各种性能试验用的混凝土试件。试验依据为《普通混凝土力学性能试验方法标准》（GB/T 50081—2002）。

2. 一般规定

（1）混凝土物理力学性能试验一般以 3 个试件为一组。每一组试件所用的拌合物应从同盘或同一车混凝土中取出，在试验室用机械或人工拌制。

（2）所有试件应在取样后立即制作，确定混凝土设计特征值、强度或进行材料性能研究时，试件的成型方法应视混凝土设备条件、现场施工方法和混凝土的稠度而定。可采用振动台、振动棒或人工插捣。

（3）棱柱体试件宜采用卧式成型。特殊方法成型的混凝土（如离心法、压浆法、真空作业法及喷射法等），其试件的制作应按相应的规定进行。

（4）混凝土集料最大粒径与试件最小边长的关系如表 14-9。

表 14-9　混凝土试件尺寸选用

试件横截面尺寸（mm）	集料最大粒径（mm）	
	劈裂抗拉强度试验	其他试验
100×100	20	31.5
150×150	40	40
200×200	—	63

（5）制作不同力学性能试验所需标准试件的规格及最少制作数量的要求见表 14-10。抗压强度和劈裂抗拉强度试件在特殊情况下，可采用 ϕ150mm×300mm 的圆柱体标准试件或 ϕ100mm×200mm 和 ϕ200mm×400mm 的圆柱体非标准试件。轴心抗压强度和静力弹性模量试件在特殊情况下，可采用 ϕ150mm×300mm 的圆柱体标准试件或 ϕ100mm×200mm 和 ϕ200mm×400mm 的圆柱体非标准试件。

表 14-10　标准试件规格及制作数量

试验项目	试件规格（mm）	与标准试件比值	制作试件数量组（块）	集料最大粒径（mm）
立方体抗压强度	150×150×150	1	1　（3）	40
	100×100×100	0.95	1　（3）	30
	200×200×200	1.05	1　（3）	60
轴心抗压强度	150×150×300	1	1　（3）	40
	100×100×200	0.95	1　（3）	30
	200×200×400	1.05	1　（3）	60
静力弹模	150×150×300	1	1　（6）	40
劈裂抗压强度	150×150×150	0.9	1　（3）	40
	100×100×100	0.85	1　（3）	20
抗折强度	150×150×550	1	1　（3）	40
	100×100×400	0.85	1　（3）	30

3. 主要仪器设备

（1）试模（图 14-24）。由铸铁或钢制成，应具有足够的刚度，并便于拆装。试模内表面应刨光，其不平度应不大于试件边长的 0.05%。组装后各相邻面的不垂直度应不超过±0.5。

（2）捣实设备

可选用下列 3 种之一。

① 振动台（图 14-25）。试验用振动台的振动频率应为（50±3）Hz，空载时振幅约为 0.5mm。

图 14-24　混凝土试模

图 14-25　混凝土振动台

② 振动棒。直径 30mm 高频振动器，

③ 钢制捣棒。直径 16mm，长 600mm，一端为弹头形。

（3）混凝土标准养护室。温度应控制在（20±2）℃，相对湿度为 95%以上。

4. 试验步骤

（1）制作试件前，检查试模，拧紧螺栓并清刷干净。在其内壁涂一薄层矿物油脂。

（2）室内混凝土拌合按规范要求进行拌合。

（3）振捣成型

① 采用振动台成型时应将混凝土拌合物一次装入试模，装料时应用抹刀沿试模内略加插捣，并应使混凝土拌合物稍有富余。振动时应防止试模在振动台上自由跳动。振动应持续到表面出砂浆为止，刮除多余的混凝土并用抹刀抹平。

② 采用人工插捣时，混凝土拌合物应分 2 层装入试模，每层的装料厚度应大致相等。插捣时用捣棒按螺旋方向从边缘向中心均匀进行，插捣底层时捣棒应达到试模底面，插捣上层时，捣棒应贯穿下层深度 20～30mm。插捣时，捣棒应保持垂直，不得倾斜。插捣次数应视试件的截面而定，每层插捣次数在 10000mm^2 截面积内不少于 12 次。插捣后应用橡皮锤轻轻敲击试模四周，直至插捣棒留下的空洞消失为止。

（4）试件成型后，在混凝土临近初凝时进行抹面，要求沿模口抹平。

（5）成型后的带模试件宜用湿布或塑料布覆盖，并在（20±5）℃的室内静置 1～2d，然后编号拆模。

（6）拆模后的试件应立即送入标准养护室养护，试件之间保持一定的距离（10～20mm），试件表面应潮湿，并应避免用水直接冲淋试件。或在温度为（20±2）℃的不流动的 $Ca(OH)_2$ 饱和溶液中养护。

同条件养护的试件成型后应覆盖表面。试件拆模时间可与构件的实际拆模时间相同。拆模后，试件仍需保持同条件养护。

（7）标准养护龄期为 28d，从搅拌加水开始计时。

二、立方体抗压强度试验

1. 试验的目的及依据

测定混凝土立方体的抗压强度，以检验混凝土质量，确定、校核混凝土配合比，并为

控制施工工程质量提供依据。试验依据为《普通混凝土力学性能试验方法标准》(GB/T 50081—2002)。

2. 主要仪器设备

(1) 压力试验机。试件破坏荷载应大于试验机全量程的20%，不大于全量程的80%。试验机上、下压板应有足够的刚度，其中的一块压板（最好是上压板）应带球形支座，使压板与试件接触均衡。

(2) 钢直尺。量程300mm，最小刻度1mm。

3. 试验步骤

(1) 试件从养护地点取出后应尽快进行试验，以免试件内部的温度、湿度发生显著变化。

(2) 试件在试压前应擦拭干净，测量尺寸并检查其外观。试件尺寸测量精确至1mm并据此计算试件的承压面积 A。如实际测定尺寸之差不超过1mm，可按公称尺寸进行计算。

(3) 将试件安放在试验机压板上，试件的中心与试验机下压板中心对准，试件的承压面应与成型时的顶面垂直。开动试验机。当上压板与试件接近时，调整球座，使接触均衡。

在试验过程中应连续均匀地加荷，混凝土强度等级小于C30时，加荷速度取0.3～0.5MPa/s；混凝土强度等级不小于C30且小于C60时，加荷速度取0.5～0.8MPa/s；混凝土强度等级不小于C60时，取0.8～1.0MPa/s；当试件接近破坏而开始迅速变形时，停止调整试验机油门，直到试件破坏，然后记录破坏荷载 P。

4. 结果计算

(1) 混凝土立方体试件抗压强度按式（14-33）计算。

$$f_{cc}=\frac{P}{A} \tag{14-33}$$

式中 f_{cc}——混凝土立方体试件抗压强度，MPa；

P——破坏荷载，N；

A——试件承压面积，mm^2。

混凝土立方体试件抗压强度计算应精确至0.1MPa。

(2) 以3个试件的算术平均值作为该组试件的抗压强度值。3个测量值中的最大值或最小值中如有1个与中间值的差超过中间值的15%，则把最大值及最小值一并舍除，取中间值作为该组试件的抗压强度值；如2个测量值与中间值相差均超过15%，则此组试验结果无效。

(3) 取150mm×150mm×150mm的立方体试件的抗压强度为标准值，用其他尺寸试件测得的强度值均应乘以尺寸换算系数。

三、轴心抗压强度试验

1. 试验的目的及依据

测定混凝土棱柱体试件的轴心抗压强度，检验其是否符合结构设计要求。试验依据为《普通混凝土力学性能试验方法标准》(GB/T 50081—2002)。

2. 主要仪器设备

压力试验机。当混凝土强度等级大于等于C60时，试件周围应设防崩裂网罩。当压力试验机上、下压板不符合规定时，压力试验机上、下压板与试件之间应各垫以符合下列要求的钢垫板。钢垫板的平面尺寸应不小于试件的承压面积，厚度应不小于25mm。

3. 试件制备

混凝土轴心抗压强度试验应采用150mm×150mm×300mm的棱柱体作标准试件。如有必要，允许采用非标准尺寸的棱柱体试件，但其高宽比应在2～3范围内。

试件允许的集料最大粒径应不大于表14-11的规定数值。

表14-11 轴心抗压试件允许集料最大粒径

试件最小边长（mm）	集料最大粒径（mm）
100	30
150	40
200	60

4. 试验步骤

（1）试件从养护地点取出后应及时进行试验，以免试件内部的温度、湿度发生显著变化。

（2）试件在试压前应用干毛巾擦拭干净，测量尺寸，并检查其外观。

试件尺寸测量精确至1mm，并据此计算试件的承压面积A。

（3）将试件直立放置在压力试验机的下压板上，试件的轴心应与压力机下压板中心对准。开动试验机，当上压板与试件接近时，调整球座，使接触均衡。

在试验过程中，应连续均匀地加荷。加荷速度的大小同立方体抗压强度试验相同；当试件接近破坏而开始迅速变形时，停止调整试验机油门，直到试件破坏后，然后记录破坏荷载P。

5. 结果计算

（1）混凝土轴心抗压强度按式（14-34）计算。

$$f_{cp}=\frac{P}{A} \tag{14-34}$$

式中　f_{cp}——混凝土轴心抗压强度，MPa；

P——破坏荷载，N；

A——试件承压面积，mm^2。

混凝土轴心抗压强度计算应精确至0.1MPa。

（2）以3个试件的算术平均值作为该组试件的轴心抗压强度值。3个测量值中的最大值或最小值中如有1个与中间值的差超过中间值的15%，则把最大值及最小值一并舍除，取中间值作为该组试件的轴心抗压强度值；如2个测量值与中间值相差均超过15%，则此组试验结果无效。

（3）采用非标准尺寸试件测得轴心抗压强度值应乘以尺寸换算系数，其值为200mm×200mm×400mm试件乘以1.05；100mm×100mm×300mm试件乘以0.95。

当混凝土强度等级大于等于C60时，宜采用标准试件。使用非标准试件时，尺寸换算系数应由试验确定。

四、抗折强度试验

1. 试验的目的及依据

适用于测定混凝土的抗折强度，检验其是否符合结构设计要求。试验依据为《普通混凝土力学性能试验方法标准》（GB/T 50081—2002）。

2. 主要仪器设备

（1）抗折试验所用的试验设备可以是抗折试验机、万能试验机或带有抗折试验架的压力试验机。所有这些试验机均应带有能使 2 个相等的、均匀、连续速度可控的荷载同时作用在小梁跨度三分点处的装置（图 14-26）。

（2）钢直尺。量程 300mm、最小刻度 1mm。

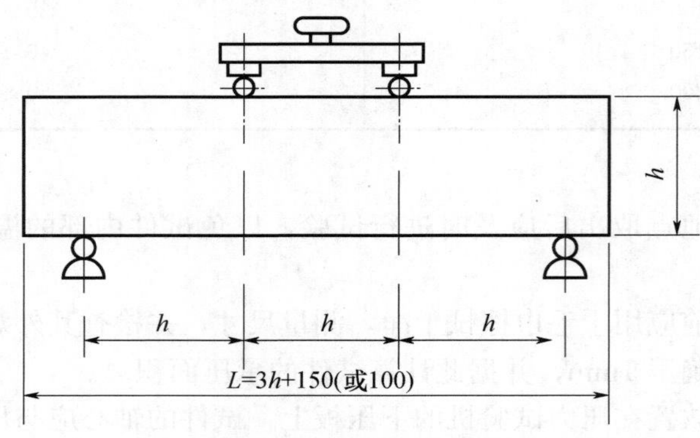

图 14-26　抗折试验装置

3. 试件制备

混凝土抗折试验采用 150mm×150mm×550（600）mm 棱柱体小梁作为标准试件。

如有必要，允许采用 100mm×100mm×400mm 棱柱体试件。

4. 试验步骤

（1）试件从养护地点取出后应及时进行试验，试验前，试件应保持与原养护地点相似的干湿状态。

（2）试件在试验前应先擦拭干净，测量尺寸并检查外观。

试件尺寸测量精确至 1mm，并据此进行强度计算。

试件不得有明显缺损，在受拉区内，不得有表面直径超过 7mm、深度超过 2mm 的孔洞。

（3）按图 14-26 要求调整支承及压头的位置，其所有间距的尺寸偏差应不大于±1mm。将试件在试验机的支座上放稳对中，承压面应选择试件成型时的侧面。开动试验机，当加压头与试件快接近时，调整加压头及支座，使接触均衡。如加压头及支座均不能前后倾斜，则各接触不良之处应用胶皮等物垫平。

在试验过程中，应连续均匀地加荷。混凝土强度等级小于 C30 时，加荷速度为 0.02～0.05MPa/s；混凝土强度等级大于等于 C30 且小于 C60 时，加荷速度取 0.05～0.08MPa/s；混凝土强度等级大于等于 C60 时，取 0.08～0.10MPa/s；当试件接近破坏而开始迅速变形

时，停止调整试验机油门，直到试件破坏，然后记录破坏荷载 P。

5. 结果计算

（1）折断面位于两个集中荷载之间时，抗折强度按式（14-35）计算。

$$f_t = \frac{PL}{bh^2} \tag{14-35}$$

式中 f_t——混凝土抗折强度，MPa；

P——破坏荷载，N；

L——支座间距即跨度，mm；

b——试件截面宽度，mm；

h——试件截面高度，mm。

混凝土抗折强度计算精确至 0.01MPa。

（2）以 3 个试件的算术平均值作为该组试件的抗折强度值。3 个测量值中的最大值或最小值中如有 1 个与中间值的差超过中间值的 15%，则把最大值及最小值一并舍除，取中间值作为该组试件的抗折强度值；如 2 个测量值与中间值相差均超过 15%，则此组试验结果无效。

3 个试件中如有 1 个折断面位于 2 个集中荷载之中，则该试件的试验结果予以舍弃，混凝土抗折强度按另 2 个试件的试验结果计算。如有 2 个试件的折断面均超出两集中荷载之外，则该组试验作废。

（3）采用 100mm×100mm×400mm 棱柱体非标准试件时，取得的抗折强度值应乘以尺寸换算系数 0.85。

当混凝土强度等级大于等于 C60 时，宜采用标准试件。使用非标准试件时，尺寸换算系数应由试验确定。

五、劈裂抗拉强度试验

1. 试验的目的及依据

本方法适用于测定混凝土立方体试件的劈裂抗拉强度，评价混凝土质量。试验依据为《普通混凝土力学性能试验方法标准》（GB/T 50081—2002）。

2. 主要仪器设备

（1）压力试验机。

（2）劈裂抗拉强度试验应采用半径为 75mm 的钢制弧形垫块，其横截面尺寸如图 14-27 所示，垫块的长度与试件相同。

（3）垫条为三层胶合板制成，宽度为 20mm，厚度为 3～4mm，长度不小于试件长度，垫条不得重复使用。

3. 试验步骤

（1）试件从养护地点取出后应及时进行试验，将试件表面与上下承压面擦干净。

（2）将试件放在试验机下压板的中心位置，劈裂承压面和劈裂面应与试件成型时的顶面相垂直。

（3）在上、下压板与试件之间垫以圆弧形垫块及垫条 1 条，垫块与垫条应与试件上、下面的中心线对准，并与成型时的顶面垂直。宜把垫条及试件安装在定位架上使用

（图 14-28）。

（4）开动试验机，当上压板与圆弧形垫块接近时，调整球座，使接触均衡。加荷应连续均匀，加荷速度规定同抗折强度试验相同，试件破坏后记录破坏荷载。

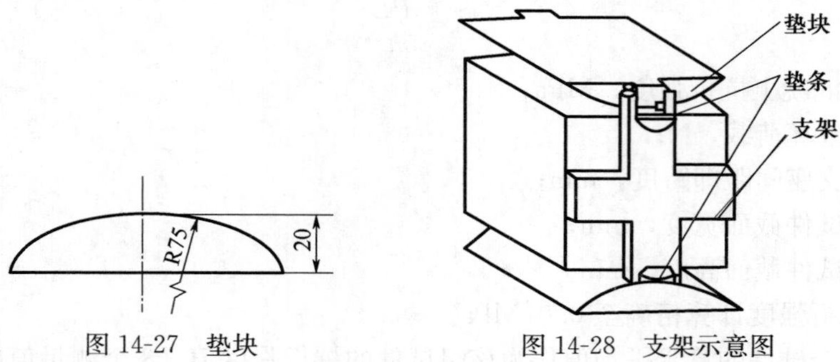

图 14-27　垫块　　图 14-28　支架示意图

4. 结果计算

（1）混凝土劈裂抗拉强度应按式（14-36）计算。

$$f_{ts}=\frac{2f}{\pi A}=0.637\frac{F}{A} \tag{14-36}$$

式中　f_{ts}——混凝土劈裂抗拉强度（MPa）；

F——试件破坏荷载（N）；

A——试件劈裂面面积（mm^2）。

劈裂抗拉强度计算精确到 0.01MPa。

（2）强度值的确定应符合下列规定

① 3 个试件测量值的算术平均值作为该组试件的强度值（精确至 0.01 MPa）。

② 3 个测量值中的最大值或最小值如有一个与中间值的差值超过中间值的 15%，则把最大和最小值一并舍去，取中间值作为该组试验的劈裂抗拉强度值。

③ 如最大值和最小值与中间值的差超过中间值的 15%，则该组试件的试验结果无效。

④ 采用 100mm×100mm×100mm 非标准试件测得的劈裂抗拉强度值，应乘以尺寸换算系数 0.85。当混凝土强度等级大于等于 C60 时，宜采用标准试件。使用非标准试件时，尺寸换算系数应由试验确定。

六、混凝土强度现场无损检测

我国混凝土无损检测技术研究起始于 20 世纪 50 年代，无损检测技术与常规强度试验方法相比，具有以下主要优点：

（1）无损或微损混凝土构件或结构物，不影响其使用性能，检测简便快速。

（2）可直接在新旧结构混凝土上作全面检测，能比较真实地反映混凝土工程的质量。

（3）可进行连续测试和重复测试，使测试结果有良好的可比性，还能了解环境因素和使用情况对混凝土性能的影响。

用于混凝土质量的无损检验的方法很多，有回弹法、超声脉冲速率法、成熟度法、贯入阻力法、拔出法等。

1. 回弹法

通过回弹仪钢锤冲击混凝土表面的回弹值来估算混凝土强度。回弹值越大，说明混凝土表面层硬度越高，从而推断混凝土强度也越高。该法测试简便，但难以准确反映混凝土内部的强度。试验结果受到混凝土表面光滑度、碳化深度、含水量、龄期以及粗骨料种类的影响。

2. 超声脉冲速率法

通过测量超声脉冲在混凝土中的传播速率来估计混凝土的强度。传播速率越快，说明混凝土越密实，由此推测混凝土强度越高。超声速率和强度间的关系受到许多因素的影响，如混凝土龄期、含水状态、骨灰比、集料种类和钢筋位置等。

3. 成熟度法

其基本原理是混凝土强度随时间和温度函数而变化。用热电偶或成熟度仪监测现场混凝土的成熟度，再由成熟度推算出混凝土的强度。

4. 贯入阻力法（又称射钉法）

用火药将探针射入混凝土，由探针的贯入深度或外露长度推定混凝土的强度。该法测定比较容易，但集料硬度会影响试验结果。

5. 拔出法

在混凝土浇筑前预先埋设或在混凝土硬化后开孔设置锚盘，由拔出时的极限拉拔力推算混凝土抗压强度。拔出法检测精度较高，但对结构有一定的损坏。

6. 折断法

在混凝土浇筑前预先埋置塑性圆筒状模板或在混凝土硬化后钻制圆柱芯样，在圆柱芯样上面施加弯曲荷载，使芯底部断裂，由折断时的极限荷载推定混凝土抗压强度。

7. 钻芯法

用钻芯机钻取混凝土芯样，然后进行抗压试验，以芯样强度评定结构混凝土的强度。该法测量精度较高，但对结构破坏较大。

8. 综合法

采用两种或两种以上检测方法综合评定混凝土的强度，如超声-回弹、回弹-拔出、超声-钻芯综合法等。不同的检测方法具有各自的特点，同时也都受到一些因素的影响，采用综合法可获得更多的信息，有助于提高强度推测精度。

试验五　石油沥青性能试验

一、沥青针入度的试验

1. 试验的目的及依据

测定石油沥青的针入度指标，了解沥青的黏结性，并作为评定石油沥青牌号的依据。

本方法依据《沥青针入度测定法》（GB/T 4509—2010）以及《公路工程沥青及沥青混合料试验规程》（JTG E20—2011）测定沥青的针入度。

2. 主要仪器设备

（1）针入度仪（图 14-29）。凡能保证针和针连杆在无明显摩擦下垂直运动，并能指示针贯入深度准确至 0.1mm 的仪器均可使用。针和针连杆组合件总质量为（50±0.05）g，另附（50±10.05）g 砝码一只，以供试验时适合总质量（100±0.05）g 的需要。仪器设有放置平底玻璃保温皿的平台，并有调节水平的装置，针连杆应与平台相垂直。仪器设有针连杆制动按钮，使针连杆可自由下落。针连杆易于装卸，以便检查其重量。仪器还设有可自由转动与调节距离的悬臂，其端部有一面小镜或聚光灯泡，借以观察针尖与试样表面接触情况。当为自动针入度仪时，基本要求与此项相同，但应附有对计时装置的校正检验方法，以经常校验。

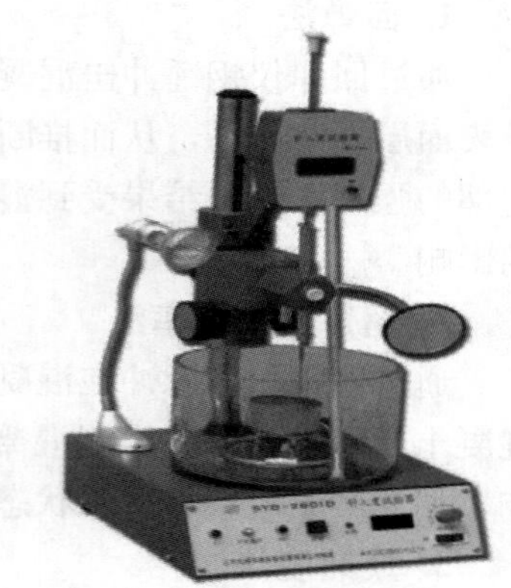

图 14-29　针入度仪

（2）标准针。由硬化回火的不锈钢制成，洛氏硬度 HRC54～60，表面粗糙度 R_a0.2～0.3μm，针及针杆总质量（2.5±0.05）g，针杆上打印有号码标志，针应设有固定用装置盒，以免碰撞针尖，每根针必须附有计量部门的检验单，并定期进行检验。

（3）盛样皿。金属制，圆柱形平底。小盛样皿的内径 55mm，深 35mm（适用于针入度小于 200）；大盛样皿内径 70mm，深 45mm（适用于针入度 200～350）；对针入度大于 350 的试样需使用特殊盛样皿，其深度不小于 60mm，试样容积不少于 125mL。

（4）恒温水浴。容量不少于 10L，控制温度±0.1℃。水中应备有一带孔的搁板，位于水面下不少于 100mm，距水浴底不少于 50mm 处。

（5）平底玻璃皿。容量不少于 1L，深度不少于 80mm。内设有一不锈钢三脚支架，能使盛样皿稳定。

（6）温度计。－8～50℃，分度 0.1℃。

3. 试验步骤

（1）准备工作

① 准备试样。

② 将试样注入盛样皿中，试样高度应超过预计针入度值 10mm，并盖上盛样皿，以防落入灰尘。盛有试样的盛样皿在 15～30℃室温中冷却 1～1.5h（小盛样皿）、1.5～2h（大盛样皿）或 2～2.5h（特殊盛样皿）后，移入保持规定试验温度±0.1℃的恒温水浴中 1～1.5h（小盛样皿）、1.5～2h（大盛样皿）或 2～2.5h（特殊盛样皿）。

③ 调整针入度仪使之水平。检查针连杆和导轨，以确认无水和其他外来物，无明显摩擦。用三氯乙烯或其他溶剂清洗标准针，并拭干。将标准针插入针连杆，用螺丝固紧。按试验条件，加上附加砝码。

（2）试验步骤

① 取出达到恒温的盛样皿，并移入水温控制在试验温度±0.1℃（可用恒温水浴中的水）的平底玻璃皿中的三脚支架上，试样表面以上的水层深度不少于 10mm。

② 将盛有试样的平底玻璃皿置于针入度仪的平台上。慢慢放下针连杆，用适当位置的反光镜或灯光反射观察，使针尖恰好与试样表面接触。拉下刻度盘的拉杆，使与针连杆

顶端轻轻接触，调节刻度盘或深度指示器的指针指示为零。

③ 开动秒表，在指针正指 5s 的瞬间，用手紧压按钮，使标准针自动下落贯入试样，经规定时间，停压按钮使针停止移动。

注：当采用自动针入度仪时，计时与标准针落下贯入试样同时开始，至 5s 时自动停止。

④ 拉下刻度盘拉杆与针连杆顶端接触，读取刻度盘指针或深度指示器的读数，精确至 0.5。

⑤ 同一试样平行试验至少 3 次，各测试点之间及与盛样皿边缘的距离不应少于 10mm。每次试验后，应将盛有盛样皿的平底玻璃皿放入恒温水浴，使平底玻璃皿中水温保持试验温度。每次试验应换一根干净标准针或将标准针取下，用蘸有三氯乙烯溶剂的棉花或布揩净，再用干棉花或布擦干。

⑥ 测定针入度大于 200 的沥青试样时，至少用 3 支标准针，每次试验后将针留在试样中，直至 3 次平行试验完成后，才能将标准针取出。

4. 结果处理

同一试样 3 次平行试验，结果的最大值和最小值之差在允许误差范围内时（见表 14-12），计算 3 次试验结果的平均值，取至整数作为针入度试验结果，以 0.1mm 为单位。

表 14-12　针入度测定允许最大误差表

针入度（0.1mm）	允许差值（0.1mm）
0～49	2
50～149	4
150～249	6
250～349	8
350～500	20

二、沥青延度的试验

1. 试验的目的及依据

测定石油沥青的延度，了解沥青的延性，并作为评定石油沥青牌号的依据。

本方法依据《沥青延度测定法》（GB/T 4508—2010）或《公路工程沥青及沥青混合料试验规程》（JTG E20—2011）测定沥青的延度。试验温度与拉伸速率根据有关规定采用，通常采用的试验温度为 25℃或 15℃，非经注明，拉伸速度为（5±0.25）cm/min。当低温时采用 110.05cm/min 拉伸速度时，应在报告中注明。

2. 主要仪器设备

（1）延度仪。将试件浸没于水中，能保持规定的试验温度及按照规定拉伸速度拉伸试件且试验时无明显振动的延度仪均可使用，其形状及组成如图 14-30。

（2）试模。黄铜制，由两个端模和两个侧模组成，其形状及尺寸如图 14-31。试模内侧表面粗糙度 $Ra0.2\mu m$，当装配完好后可浇铸成表 14-13 尺寸的试样。

（3）试模底板。玻璃板或磨光的铜板、不锈钢板。

（4）恒温水浴。容量不少于 10L，控制温度±0.1℃，水浴中设有带孔搁架，搁架距底不得少于 50mm。试件浸入水中深度不小于 100mm。

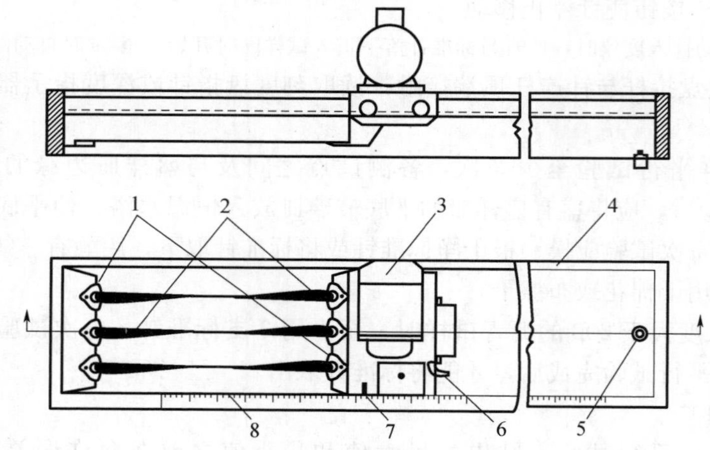

图 14-30　延度仪（单位：mm）

1—试模；2—试样；3—电机；4—水槽；5—泄水孔；6—开关柄；7—指针；8—标尺

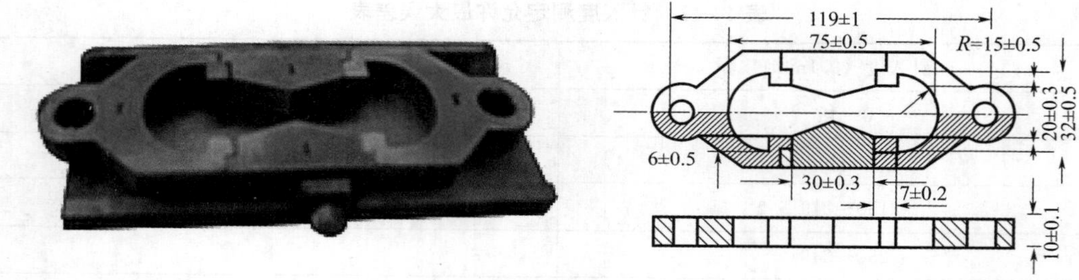

图 14-31　延度试模（单位：mm）

表 14-13　延度试样尺寸　（mm）

总长	74.5～75.5
中间缩颈部长度	29.7～30.3
端部开始缩颈处宽度	19.7～20.3
最小横断面宽	9.9～10.1
厚度（全部）	9.9～10.1

3. 试验步骤

（1）按本规程规定的方法准备试样，然后将试样仔细地从模的一端至另一端往返数次缓缓注入模中，最后略高出试模，灌模时应注意勿使气泡混入。

（2）试件在室温中冷却 30～40min，然后置于规定试验温度±0.1℃的恒温水浴中，保持 30min 后取出，用热刮刀刮除高出试模的沥青，使沥青面与试模面齐平。沥青应自试模的中间刮向两端，且表面应刮得平滑。将试模连同底板再浸入规定试验温度的水浴中 1～1.5h。

(3) 检查延度仪延伸速度是否符合规定要求，然后移动滑板使其指针正对标尺的零点。将延度仪注水，并保温达试验温度±0.5℃。

(4) 将保温后的试件连同底板移入延度仪的水槽中，然后将盛有试样的试模自玻璃板或不锈钢板上取下，将试模两端的孔分别套在滑板及槽端固定板的金属柱上，并取下侧模。水面距试件表面应不小于25mm。

(5) 开动延度仪，并注意观察试样的延伸情况。此时应注意，在试验过程中，水温应始终保持在试验温度规定范围内，且仪器不得有振动，水面不得有晃动，当水槽采用循环水时，应暂时中断循环，停止水流。

在试验中，如发现沥青细丝浮于水面或沉入槽底时，则应在水中加入酒精或食盐，调整水的密度至与试样相近后，重新试验。

(6) 试件拉断时，读取指针所指标尺上的读数，以厘米（cm）表示，在正常情况下，试件延伸时应成锥尖状，拉断时实际断面接近于零。如不能得到这种结果，则应在报告中注明。

4. 结果处理

以平行测定三个结果的平均值作为该沥青的延度。若三次测定值不在其平均值的5%以内，但其中两个较高值在平均值之内，则舍去最低值取两个较高值的平均值作为测定结果，否则试验重做。

三、沥青软化点的测定（环球法）

1. 试验的目的及依据

测定石油沥青的软化点，了解沥青的稳定性，并作为评定石油沥青牌号的依据。

本方法依据《沥青延度测定法》(GB/T 4508—2010）或《公路工程沥青及沥青混合料试验规程》(JTG E20—2011）测定沥青软化点。

2. 主要仪器设备

(1) 软化点试验仪。如图14-32，由下列附件组成。

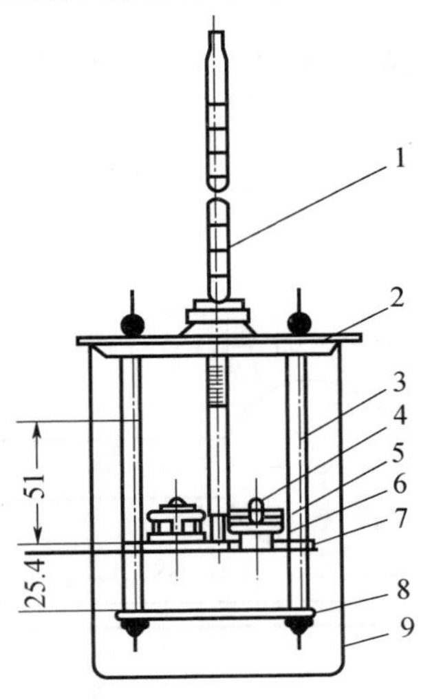

图14-32　软化点试验仪（单位：mm）

1—温度计；2—上盖板；3—立杆；4—钢球；5—钢球定位环；6—金属环；7—中层板；8—下底板；9—烧杯

① 钢球。直径 9.53mm，质量（3.5±0.05）g。

② 试样环。黄铜或不锈钢等制成，形状尺寸如图 14-33。

③ 钢球定位环。黄铜或不锈钢制成，形状尺寸如图 14-34。

④ 金属支架。由两个主杆和三层平行的金属板组成。上层为一圆盘，直径略大于烧杯直径，中间有一圆孔，用以插放温度计。中层板形状尺寸如图 14-35，板上有两个孔，放置金属环，中间有一小孔可支持温度计的测温端部。一侧立杆距环上面 51mm 处刻有水高标记。环下面距下层底板为 25.4mm，下底板距烧杯底不少于 12.7mm，也不得大于 19mm。三层金属板和两个主杆由两螺母固定在一起。

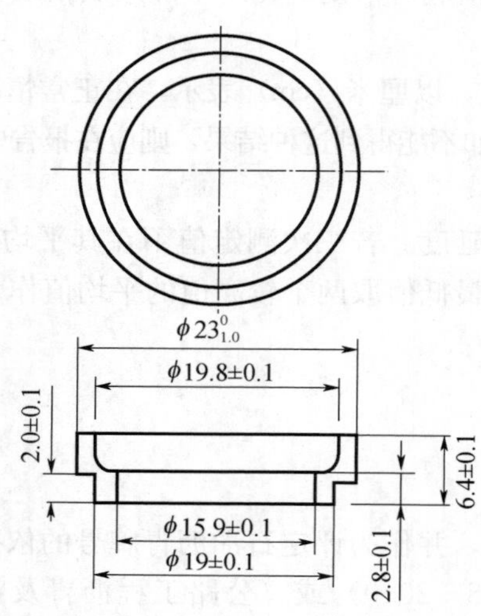

图 14-33　试样环（单位：mm）

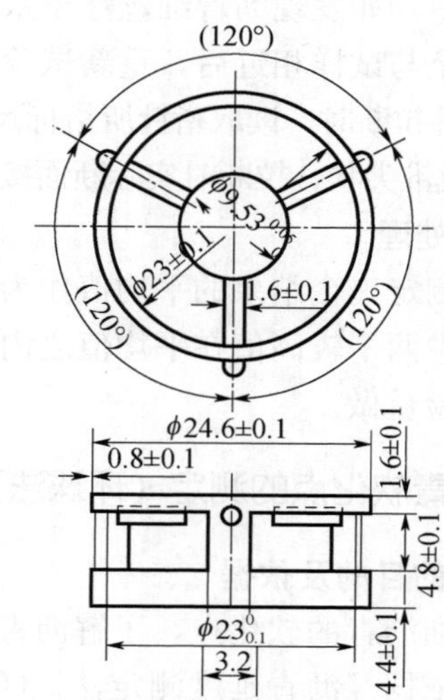

图 14-34　钢球定位环（单位：mm）

⑤ 耐热玻璃烧杯。容量 800～1000mL，直径不少于 86mm，高不少于 120mm。

⑥ 温度计。0～80℃，分度 0.5℃。

（2）环夹。由薄钢条制成，用以夹持金属环，以便刮平表面，形状、尺寸如图 14-36。

（3）装有温度调节器的电炉或其他加热炉具。

（4）试样底板。金属板或玻璃板。

（5）恒温水槽和平直刮刀。

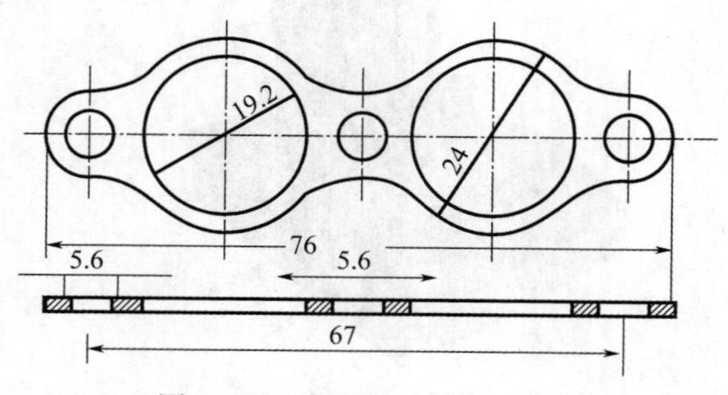

图 14-35　中层板（单位：mm）

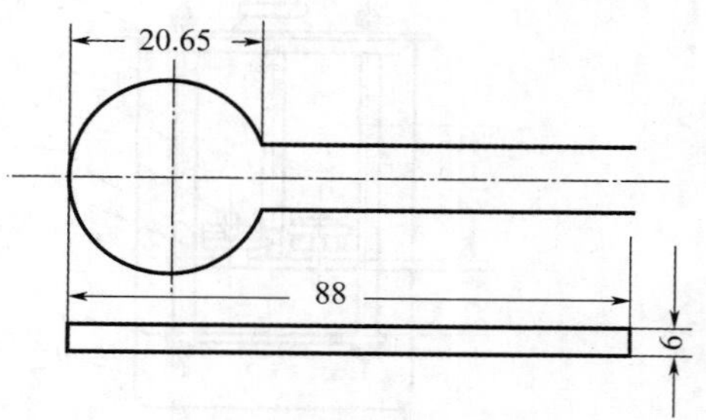

图 14-36　环夹（单位：mm）

3. 试验步骤

（1）准备工作

① 将试样环置于涂有甘油滑石粉隔离剂的试样底板上。按规程的规定方法将准备好的沥青试样徐徐注入试样环内至略高出环面为止。

如估计试样软化点高于120℃，则试样环和试样底板均应预热至80～100℃。

② 试样在室温冷却30min后，用环夹夹着试样杯，并用热刮刀刮除环面上的试样，务使与环面齐平。

（2）试验步骤

① 试样软化点在80℃以下者：

a. 将装有试样的试样环连同试样底板置于装有（5±0.5)℃的保温槽冷水中至少15min；同时将金属支架、钢球、钢球定位环等亦置于相同水槽中。

b. 烧杯内注入新煮沸并冷却至5℃的蒸馏水，水面略低于立杆上的深度标记。

c. 从保温槽水中取出盛有试样的试样环放置在支架中层板的圆孔中，套上定位环；然后将整个环架放入烧杯中，调整水面至深度标记，并保持水温为（5±0.5)℃。注意：环架上任何部分不得附有气泡。将0～80℃的温度计由上层板中心孔垂直插入，使端部测温头底部与试样环下面齐平。

d. 将盛有水和环架的烧杯移至放有石棉网的加热炉具上，然后将钢球放在定位环中间的试样中央，立即加热，使杯中水温在3min内调节至维持每分钟上升（5±0.5)℃。注意：在加热过程中，如温度上升速度超出此范围时，则试验应重做。

e. 试样受热软化逐渐下坠，至与下层底板表面接触时，立即读取温度至0.5℃。

② 试样软化点在80℃以上者：

a. 将装有试样的试样环连同试样底板置于装有（32±1)℃甘油的保温槽中至少15min；同时将金属支架、钢球、钢球定位环等亦置于甘油中。

b. 在烧杯内注入预先加热至32℃的甘油，其液面略低于立杆上的深度标记。

c. 从保温槽中取出装有试样的试样环按上述的方法进行测定，读取温度至1℃。

4. 结果处理

同一试样平行试验两次，当两次测定值的差值符合重复性试验精度要求时，取其平均值作为软化点试验结果，准确至0.5℃。

（1）当试样软化点小于80℃时，重复性试验精度的允许差为1℃，再现性试验精度的允许差为4℃。

（2）当试样软化点等于或大于80℃时，重复性试验精度的允许差为2℃，再现性试验精度的允许差为8℃。

试验六　沥青混合料试验

一、沥青混合料的制备和试件成型

1. 试验的目的及依据

通过制备沥青混合料试件，为进行沥青混合料物理力学性能试验做准备。

本方法依据《公路工程沥青及沥青混合料试验规程》(JTG E20—2011)测定。

2. 主要仪器设备

(1) 击实仪：由击实锤、ϕ98.5mm 平圆形压实头及带手柄的导向棒组成。用人工或机械将压实锤举起从(457.2±1.5)mm 高度沿导向棒自由落下击实，标准击实锤质量(4.536±9)g。

(2) 标准击实台：用以固定试模，在 200mm×200mm×457mm 的硬木墩上面有一块 305mm×305mm×25mm 的钢板，木墩用 4 根型钢固定在下面的水泥混凝土板上。木墩采用青冈栎、松或其他干密度为 0.67～0.77g/cm^3 的硬木制成。人工击实或机械击实必须有此标准击实台。

自动击实仪是将标准击实锤及标准击实台安装一体，并用电力驱动使击实锤连续击实试件且可自动记数的设备，击实速度为(60±5)次/min.

(3) 试验室用沥青混合料拌合机：能保证拌合温度并充分拌合均匀，可控制拌合时间，容量不少于 10L，如图 14-37 所示。搅拌叶自转速度 70～80r/min，公转速度 40～50r/min。

(4) 脱模器：电动或手动，可无破损地推出圆柱体试件，备有要求尺寸的推出环。

(5) 试模：每种至少 3 组，由高碳钢或工具钢制成，每组包括内径 101.6mm、高约 87.0mm 的圆柱形金属筒、底座(直径约 120.6mm)和套筒(内径 101.6mm，高约 69.8mm)各 1 个。

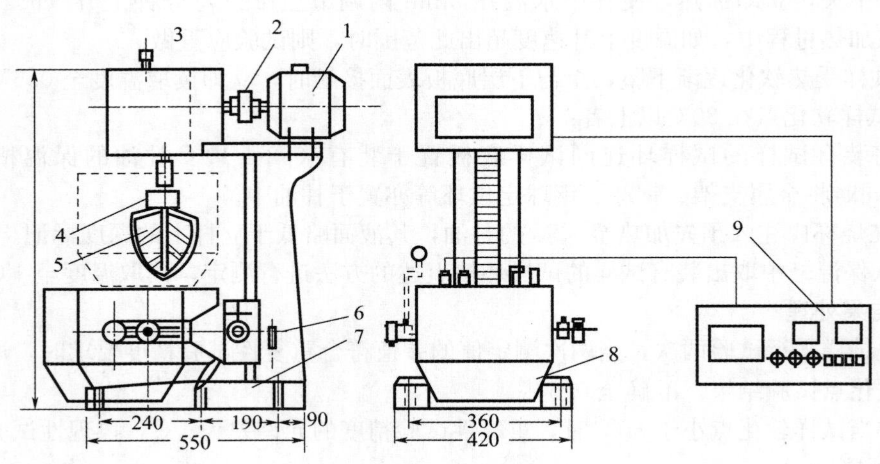

图 14-37 小型沥青混合料拌合机

1—电机；2—联轴器；3—变速箱；4—弹簧；5—拌合叶片；6—升降手柄；7—底座；8—加热拌合锅；9—温度时间控制仪

3. 试验步骤

(1) 准备工作

① 确定制作沥青混合料试件的拌合与压实温度

a. 用毛细管黏度计测定沥青的运动黏度，绘制黏温曲线。当使用石油沥青时，以运动黏度为(170±20)mm^2/s 时的温度为拌合温度；以(280±30)mm^2/s 时的温度为压实温度。亦可用赛氏黏度计测定赛波特黏度，以(85±10)s 时的温度为拌合温度；以(140±15)s 时的温度为压实温度。

b. 当缺乏运动黏度测定条件时，试件的拌合与压实温度可按表 14-14 选用，并根据沥青品种和标号作适当调整。针入度小、稠度大的沥青取高限，针入度大、稠度小的沥青取低限，一般取中值。

表 14-14　沥青混合料拌合及压实温度参考表

沥青种类	拌合温度（℃）	压实温度（℃）	沥青种类	拌合温度（℃）	压实温度（℃）
石油沥青	130～160	110～130	煤沥青	90～120	80～110

② 将各种规格的矿料置于（105±5)℃的烘箱中烘干至恒重（一般不少于 4～6h)。根据需要，可将粗细集料过筛后，用水冲洗再烘干备用。

③ 分别测定不同粒径粗细集料及填料（矿粉）的表观密度，并测定沥青的密度。

④ 将烘干分级的粗细集料，按每个试件设计级配成分要求称其质量，在一金属盘中混合均匀，矿粉单独加热，置烘箱中预热至沥青拌合温度以上约 150℃（石油沥青通常为 163℃）备用。一般按一组试件（每组 3～6 个）备料，但进行配合比设计时宜一个一个分别备料。

⑤ 将沥青试样用电热套或恒温烘箱熔化加热至规定的沥青混合料拌合温度备用。

⑥ 用蘸有少许黄油的棉纱擦净试模、套筒及击实座等，置于 100℃左右烘箱中加热 1h 备用。

（2）混合料拌制

① 将沥青混合料拌合机预热至拌合温度以上 10℃左右备用。

② 将每个试件预热的粗细集料置于拌合机中，用小铲适当混合，然后再加入需要数量的已加热至拌合温度的沥青，开动拌合机一边搅拌，一边将拌合叶片插入混合料中拌合 1～1.5min，然后暂停拌合，加入单独加热的矿粉，继续拌合至均匀为止，并使沥青混合料保持在要求的拌合温度范围内。标准的总拌合时间为 3min。

（3）试件成型

① 将拌好的沥青混合料，均匀称取一个试件所需的用量（约 1200g）。当一次拌合几个试件时，宜将其倒入经预热的金属盘中，用小铲拌合均匀分成几份，分别取用。

② 从烘箱中取出预热的试模及套筒，用蘸有少许黄油的棉纱擦拭套筒、底座及击实锤底面，将试模装在底座上，按四分法从四个方向用小铲将混合料铲入试模中，用插刀沿周边插捣 15 次，中间 10 次。插捣后将沥青混合料表面整平成凸圆弧面。

③ 插入温度计，至混合料中心附近，检查混合料温度。

④ 待混合料温度符合要求的压实温度后，将试模连同底座一起放在击实台上固定，再将装有击实锤及导向棒的压实头插入试模中，然后开启马达（或人工）将击实锤从 457mm 的高度自由落下击实规定的次数（75、50 或 35 次）。

⑤ 试件击实一面后，取下套筒，将试模掉头，装上套筒，然后以同样的方式和次数击实另一面。

⑥ 试件击实结束后，如上下面垫有圆纸，应立即用镊子取掉，用卡尺量取试件离试模上口的高度并由此计算试件高度，如高度不符合要求时，试件应作废，并按式（14-37）调整试件的混合料数量，使高度符合（63.5±1.3）mm 的要求。

$$q=q_0\frac{63.5}{h_0}\tag{14-37}$$

式中 q——调整后沥青混合料用量（g）；

q_0——制备试件的沥青混合料实际用量（g）；

h_0——制备试件的实际高度（mm）。

⑦ 卸去套筒和底座，将装有试件的试模横向放置冷却至室温后，置脱模机上脱出试件。将试件仔细置于干燥洁净的平面上，在室温下静置12h以上供试验用。

二、沥青混合料物理指标试验

1. 试验的目的及依据

通过对沥青混合料物理指标的测定，为沥青混合料的配合比设计提供依据。

本方法依据《公路工程沥青及沥青混合料试验规程》（JTG E20—2011）测定。

2. 主要仪器设备

（1）浸水天平或电子秤。当最大称量在3kg以下时，分度值不大于0.1g，最大称量3kg以上时，分度值不大于0.5g，最大称量10kg以上时，分度值不大于5g，应有测量水中重的挂钩。

（2）网篮。

（3）溢流水箱。如下图14-38所示，使用洁净水，有水位溢流装置，保持试件和网篮浸入水中后的水位一定。

（4）试件悬吊装置。天平下方悬吊网篮及试件的装置，吊线应采用不吸水的细尼龙线绳，并有足够的长度。对轮碾成型机成型的板块状试件可用铁丝悬挂。

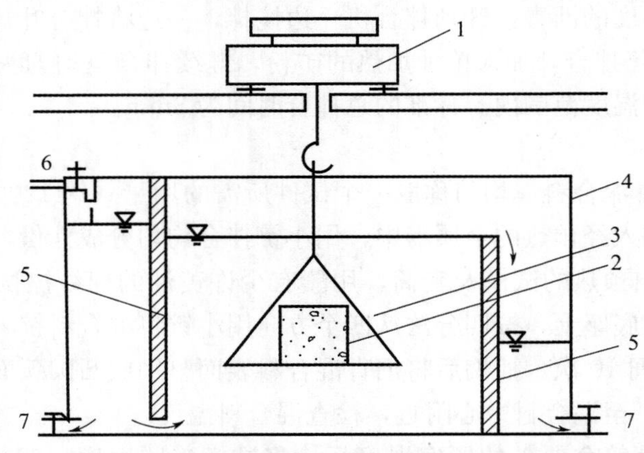

图14-38 溢流水箱及下挂法水中重称量方法示意图

1—浸水天平或电子秤；2—试件；3—网篮；4—溢流水箱；5—水位隔板；6—注入口；7—放水阀门

3. 试验步骤

（1）选择适宜的浸水天平，最大称量应不小于试件质量的1.25倍，且不大于试件质量的5倍。

（2）除去试件表面的浮粒，称取干燥试件在空气中的质量（m_a），精确至5g。

（3）挂上网篮浸入溢流水箱的水中，调节水位，将天平调平或复零，把试件置于网篮

中（注意不要使水晃动），浸水约 1min，称取水中质量（m_w）。

注：若天平读数持续变化，不能在数秒钟内达到稳定，说明试件吸水较严重，不适用于此法测定，应改用表干法或封蜡法测定。

（4）计算物理常数

① 表观密度。密实的沥青混合料试件表观密度，按式（14-38）计算，取 3 位小数。

$$\rho_s = \frac{m_a}{m_a - m_w} \cdot \rho_w \tag{14-38}$$

式中 ρ_s——试件的表观密度，g/cm²；

m_a——干燥试件的空中质量，g；

m_w——试件的水中质量，g；

ρ_w——常温水的密度，≈1g/cm³。

② 理论密度

a. 当试件沥青按油石比 P_a 计时，试件的理论密度 ρ_t 按式（14-39）计算，取 3 位小数。

$$\rho_t = \frac{100 + P_a}{\frac{P_1}{\gamma_1} + \frac{P_2}{\gamma_2} + \cdots\cdots + \frac{P_n}{\gamma_n} + \frac{P_a}{\gamma_a}} \cdot \rho_w \tag{14-39}$$

b. 当沥青按沥青含量 P_b 计时，试件的理论密度 ρ_t 按式（14-40）计算：

$$\rho_t = \frac{100}{\frac{P'_1}{\gamma_1} + \frac{P'_2}{\gamma_2} + \cdots\cdots + \frac{P'_n}{\gamma_n} + \frac{P_b}{\gamma_b}} \cdot \rho_w \tag{14-40}$$

式中 ρ_t——理论密度（g/cm,）；

$P_1 \cdots P_n$——各种矿料的配合比（矿料总和为 $\sum_1^n P_i = 100$）；

$P'_1 \cdots P'_n$——各种矿料的配合比（矿料与沥青之和为 $\sum_1^n P'_i + P_b = 100$）；

$\gamma_1 \cdots \gamma_n$——各种矿料与水的相对密度；

注：矿料与水的相对密度通常采用表观相对密度，对吸水率＞1.5 写的粗集料可采用表观相对密度与表干相对密度的平均值。

P_a——油石比（沥青与矿料的质量比），%；

P_b——沥青含量（沥青质量占沥青混合料总质量的百分率），%；

γ_b——沥青的相对密度，25/25℃。

③ 空隙率。试件的空隙率按式（14-41）计算，取 1 位小数。

$$VV = (1 - \rho_s / \rho_t) \cdot 100 \tag{14-41}$$

式中 VV——试件的空隙率，%；

ρ_t——按实测的沥青混合料最大密度或按式（14-39）或式（14-40）计算的理论密度，g/cm³；

ρ_s——试件的表观密度，g/cm³。

④ 沥青体积百分率。试件中沥青的体积百分率按式（14-42）或式（14-43）计算，取 1 位小数。

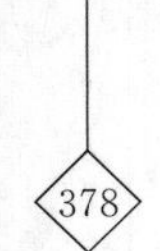

$$VA=\frac{P_b \cdot \rho_s}{\gamma_b \cdot \rho_w} \tag{14-42}$$

或

$$VA=\frac{100 \cdot P_b \cdot \rho_s}{(100+P_a)\ \gamma_b \cdot \rho_w} \tag{14-43}$$

式中　VA——沥青混合料试件的沥青体积百分率，%。

⑤ 矿料间隙率试件的矿料间隙率按式（14-44）计算，取1位小数。

$$VMA=VA+VV \tag{14-44}$$

式中　VMA——沥青混合料试件的矿料间隙率，%。

⑥ 沥青饱和度试件沥青饱和度按式（14-45）计算，取1位小数。

$$VFA=\frac{VA}{VA+VV}\times 100 \tag{14-45}$$

式中　VFA——沥青混合料试件的沥青饱和度，%。

三、沥青混合料马歇尔稳定度试验

1. 试验的目的及依据

本试验通过测定沥青混合料的稳定度和流值，来表征其高温时的稳定性和抗变形能力，确定沥青混合料的配合组成。

本方法依据《公路工程沥青及沥青混合料试验规程》（JTG E20—2011）测定。

2. 主要仪器设备

（1）沥青混合料马歇尔试验仪：可采用符合国家标准《沥青混合料马歇尔试验仪》（GB/T 11823）技术要求的产品，也可采用带数字显示或用 $X-Y$ 记录荷载-位移曲线的自动马歇尔试验仪。试验仪最大荷载不小于25kN，测定精度100N，加载速率应保持（50±5）mm/min，并附有测定荷载与试件变形的压力环（或传感器）、流值计（或位移计）、钢球（直径16mm）和上下压头（曲度半径为50.8mm）等组成。

（2）恒温水槽：能保持水温于测定温度±1℃的水槽，深度不少于150mm。

（3）真空饱水容器：由真空泵和真空干燥器组成。

3. 试验步骤

（1）标准马歇尔试验方法

① 用卡尺（或试件高度测定器）测量试件直径和高度，如试件高度不符合（63.5±1.3）mm要求或两侧高度差大于2mm时，此试件应作废。

② 将恒温水槽（或烘箱）调节至要求的试验温度，对黏稠石油沥青混合料为（60±1)℃。将试件置于已达规定温度的恒温水槽（或烘箱）中保温30～40min。试件应垫起，离容器底部不小于5cm。

③ 将马歇尔试验仪的上下压头放入水槽（或烘箱）中达到同样温度。将上下压头从水槽（或烘箱）中取出拭干净内面。为使上下压头滑动自如，可在下压头的导棒上涂少量黄油。再将试件取出置于下压头上，盖上上压头，然后装在加载设备上。

④ 将流值测定装置安装在导棒上，使导向套管轻轻地压住上压头，同时将流值计读数调零。在上压头的球座上放妥钢球，并对准荷载测定装置（应力环或传感器）的压头，然后调整应力环中百分表对准零或将荷重传感器的读数复位为零。

⑤ 启动加载设备，使试件承受荷载，加载速度为（50±5）mm/min。当试验荷载达

到最大值的瞬间，取下流值计，同时读取应力环中百分表（或荷载传感器）读数和流值计的流值读数（从恒温水槽中取出试件至测出最大荷载值的时间，不应超过 30s）。

⑥ 试验结果和计算

a. 由荷载测定装置读取的最大值即试样的稳定度。当用应力环百分表测定时，根据应力环表测定曲线，将应力环中百分表的读数换算为荷载值，即试件的稳定度（MS），以 kN 计。

b. 由流值计及位移传感器测定装置读取的试件垂直变形，即为试件的流值（FL），以 0.1mm 计。

c. 马歇尔模数试件的马歇尔模数按式（14-46）计算：

$$T=\frac{MS\cdot 10}{FL} \tag{14-46}$$

式中 T——试件的马歇尔模数，kN/mm；

MS——试件的稳定度，kN；

FL——试件的流值，0.1mm。

（2）浸水马歇尔试验方法

① 浸水马歇尔试验方法是将沥青混合料试件，在规定温度，黏稠沥青混合料为（60±1)℃的恒温水槽中保温 48h，然后测定其稳定度。其余方法与标准马歇尔试验方法相同。

② 根据试件的浸水马歇尔稳定度和标准马歇尔稳定度，可按式（14-47）求得试件浸水残留稳定度。

$$MS_0=\frac{MS_1}{MS}\cdot 100 \tag{14-47}$$

式中 MS_0——试件的浸水残留稳定度，%；

MS_1——试件的浸水 48h 后的稳定度，kN；

MS——试件按标准试验方法的稳定度，kN。

（3）真空饱和马歇尔试验方法

① 真空饱和马歇尔试验方法，是将试件先放入真空干燥器中，关闭进水胶管，开动真空泵，使干燥器的真空度达到 730mmHg 以上，维持 15min，然后打开进水胶管，靠负压进入冷水流使试件全部浸入水中，浸水 15min 后恢复常压，取出试件再放入规定稳定度，黏稠沥青混合料为（60±1)℃的恒温水槽中保温 48h，进行马歇尔试验，其余与标准马歇尔试验方法相同。

② 根据试件的真空饱水稳定度和标准稳定度，可按式（14-48）求得试件真空饱水残留稳定度。

$$MS'_0=\frac{MS_2}{MS}\cdot 100 \tag{14-48}$$

式中 MS'_0——试件的真空饱水残留稳定度，%；

MS_2——试件真空饱水后浸水 48h 后的稳定度，kN；

MS——试件按标准试验方法的稳定度，kN。

四、沥青混合料车辙试验

1. 试验的目的及依据

本试验通过测定沥青混合料的高温抗车辙能力，供沥青混合料配合比设计的高温稳定性检验使用。

本方法依据《公路工程沥青及沥青混合料试验规程》（JTG E20—2011）测定。

2. 主要仪器设备

（1）车辙试验机：构造与组成部分见构造示意图 14-39。

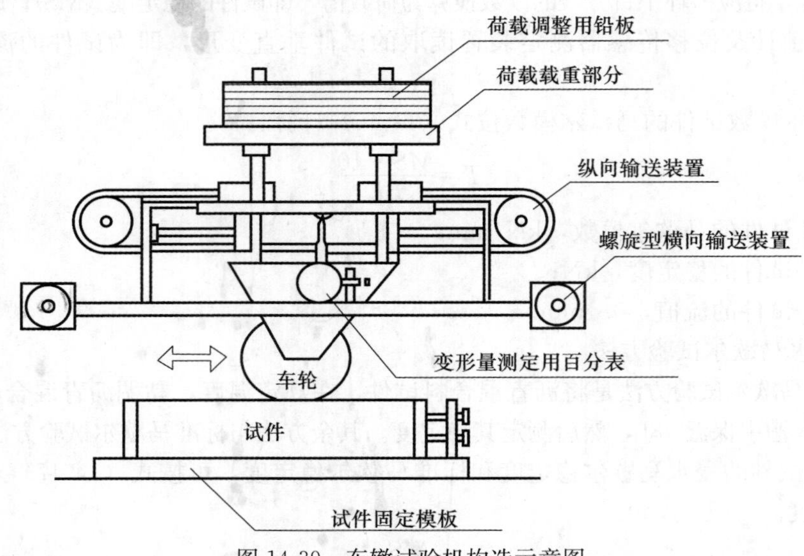

图 14-39　车辙试验机构造示意图

① 试件台。可牢固地安装两种宽度（300mm 和 150mm）的规定尺寸试件的试模。

② 试验轮。橡胶制的实心轮胎，外径 ϕ200mm，轮宽 50mm，橡胶层厚 115mm，橡胶硬度（国际标准硬度）20℃时为 84±4；60℃时为 78±2。试验轮行走距离为（230±10）mm，往返碾压速度为（42±1）次/min（21 次往返/min）。允许采用曲柄连杆驱动试验台运动（试验台不动）的任一种方式。

③ 加载装置。使试验轮与试件的接触压强在 60℃时为（0.7±0.05）MPa，施加的总荷载为 700N 左右，根据需要可以调整。

④ 试模。钢板制成，由底板及侧板组成，试模内侧尺寸长为 300mm，宽为 300mm，厚为 50mm。

⑤ 变形测量装置。自动试验车辙变形并记录曲线的装置，通常用 LVDT，电测百分表或非接触位移计。

⑥ 温度试验装置。自动试验并记录试件表面及恒温室内温度的温度传感器、温度计（精度 0.5℃）。

（2）恒温室：车辙试验机安放在恒温室内，装有加热器、气流循环装置及装有自动温度控制设备，能保持恒温室温度 60±1℃，试件内部温度（60±0.5）℃，根据需要亦可为其他需要的温度。用于保温试件并进行检验。温度应能自动连续记录。

（3）台秤：称量 15kg，分度值不大于 5g。

3. 试验步骤

（1）测定试验轮压强，应符合（0.7±0.05）MPa，将试件装于原试模中。

（2）将试件连同试模一起，置于达到试验温度（60±1)℃的恒温室中，保温不少于5h，也不得多于24h。在试件的试验轮不行走的部位上，粘贴一个热电偶温度计，控制试件温度稳定在（60±0.5)℃。

（3）将试件连同试模置于车辙试验机的试点台上，试验轮在试件的中央部位，其行走方向须与试件碾压方向一致。开动车辙变形自动记录仪，然后启动试验机，使试验轮往返行走，时间约1h，或最大变形达到25mm为止。试验时，记录仪自动记录变形曲线及试件温度。

注：对300mm宽且试验时变形较小的试件，也可对一块试件在两侧1/3位置上进行两次试验取平均值。

4. 结果计算

（1）从车辙试验变形曲线图14-40上读取45min（t_1），及60min（t_2）时的车辙变形d_1及d_2，精确至0.01mm。如变形过大，在未到60min变形已达25mm时，则以达到25mm（d_2）时的时间为t_2，将其前15min为t_1此时的变形量为d_1。

（2）沥青混合料试件的动稳定度按式（14-49）计算：

$$DS=\frac{(t_2-t_1)\cdot 42}{d_2-d_1}\cdot c_1\cdot c_2 \tag{14-49}$$

式中 DS——沥青混合料的动稳定度，次/mm；

d_1——时间t_1（一般为45min）的变形量，mm；

d_2——时间t_2（一般为60min）的变形量，mm；

42——试验轮每分钟行走次数，次/min；

C_1——试验机类型修正系数，曲柄连杆驱动试件的变速行走方式为1.0，链驱动试验轮的等速方式为1.5；

C_2——试件系数，试验室制备的宽300mm的试件为1.0，从路面切割的宽150mm的试件为0.8。

重复性试验动稳定度变异系数的允许值为20%。

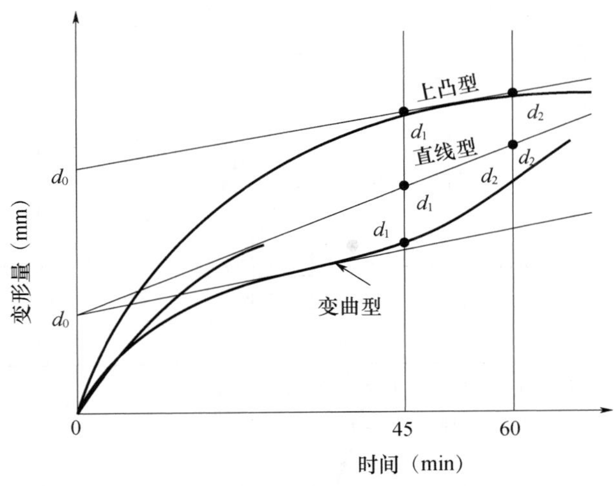

图14-40 车辙试验变形曲线

试验七　钢材力学性能试验

1. 试验的目的及依据

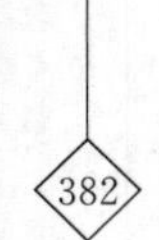

依据标准《金属材料室温拉伸试验方法》（GB/T 228.1—2010）。拉伸试验是测定钢筋在拉伸过程中应力和应变之间的关系曲线以及屈服点、抗拉强度和断后伸长率3个重要指标，来评定钢材的质量。

2. 主要仪器设备

万能材料试验机及不同规格夹具，量具。

万能材料试验机：准确度为1级或优于1级（测力示值相误差±1%）；为保证机器安全和试验准确，所有测量值应在试验机被选量程的20%～80%。

尺寸量具：公称直径≤10mm时，分辨率为0.01mm；公称直径＞10mm时，分辨率为0.05mm

3. 试样准备

试样的形状和尺寸根据钢筋的形状和尺寸要求选定。本实验以截面为圆形钢筋进行。拉伸试样分为比例试样和定标距两种。

（1）比例试样

比例试样按公式 $L_0=K\sqrt{S_0}$ ［S_0 为试样平行长度（试样平行部分的长度）的截面积，mm^2］计算而得，国际上 K 为5.65，试样原始标距不应小于15mm，当试样横截面积太小，可以采用 K 为11.3，圆形比例试样尺寸选定按照表14-15选定。

表14-15　圆形截面比例试样

D/mm	R/mm	K=5.65			K=11.3		
		L_0/mm	L_e/mm	试样编号	L_0/mm	L_e/mm	试样编号
25	$\geqslant 0.75d$	$5d$	$\geqslant L_0+d/2$	R1	$10d$	$\geqslant L_0+d/2$	R01
20				R2			R02
15				R3			R03
10				R4			R04
8				R5			R05
6				R6			R06
5				R7			R07
3				R8			R08

注：1. 如相关产品标准无具体规定，优先采用R2、R4或R7试样；

2. 试样总长度取决于加持方法，原则上 $L_1>L_e+4d_0$

（2）定标距试样

定标距试样原始标距 L_0 的标记：在试样自由长度范围内，取10d或5d。

本实验采用定标距试样进行。

4. 试验步骤

调整试验机测力度盘的指针，对准零点，拨动副指针与主指针重叠。

将试件固定在试验机的夹具内，开动试验机进行拉伸。注意：钢材拉伸试验应力速度。

（1）上屈服强度 R_{eH}

在弹性范围内直至上屈服强度，实验机两夹头的分离速率尽可能保证在表 14-16 规定的应力速率范围内。

表 14-16 应力速率

材料弹性模量 E/MPa	应力速率 $\dot{R}$/（$MPa \cdot s^{-1}$）	
	最小	最大
<150 000	2	20
≥150 000	6	60

（2）下屈服强度 R_{eL}

在上屈服强度过后的拉伸加荷速度在试样平行长度的屈服区间应变速率应在 0.00025～0.0025/s 之间。

（3）性能测定

试样原始截面积采用 S_0 表示，mm^2。

① 上屈服强度 R_{eH}

可以从力-延伸曲线图或峰值力显示器上测得。定义为力首次下降前的最大力 $F_{max}F_{min}$（N）对应的应力（图 14-41），R_{eH}按照式（14-50）计算：

$$R_{eH}=\frac{F_{max}}{S_0} \tag{14-50}$$

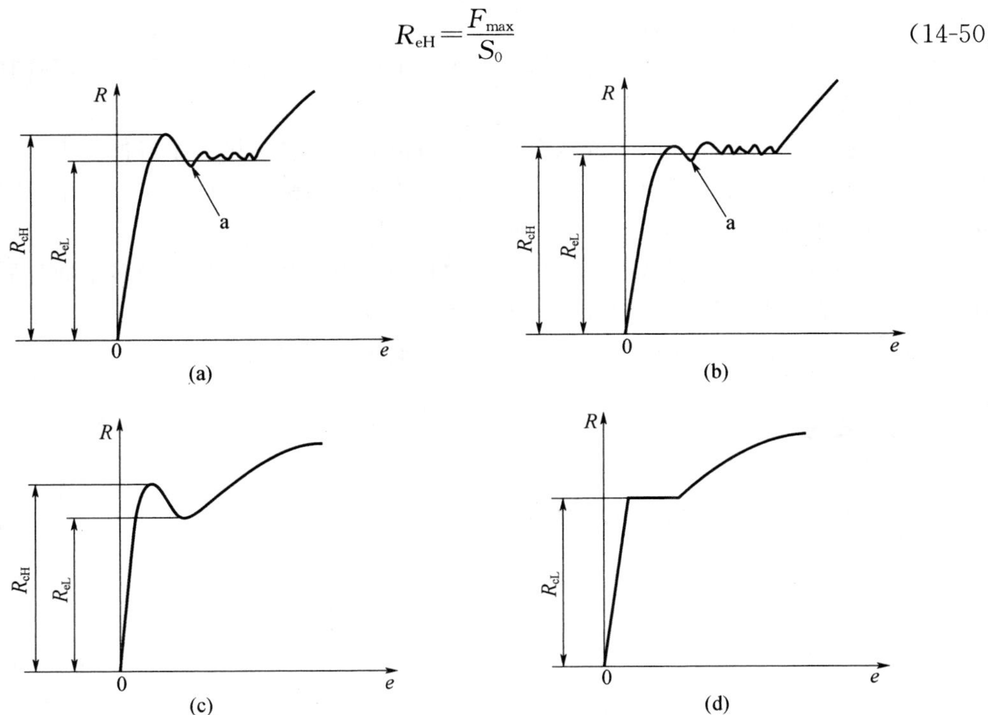

图 14-41 不同类型曲线的上屈服强度和下屈服强度

② 下屈服强度 R_{eL}

可以从力一延伸曲线图或峰值力显示器上测得。定义为不计初始瞬时效应时屈服阶段中的最小力 F_{min}（N）对应的应力，或当测力盘指针首次停止转动的恒定力。按式（14-51）计算 R_{eL}：

$$R_{eL}=\frac{F_{min}}{S_0} \tag{14-51}$$

③ 抗拉强度 σ_b 的测定

试样拉至断裂，从测力度盘读取最大力 F_b（N）即试样拉断后的最大载荷。抗拉强度按式（14-52）计算。

$$\sigma_b=\frac{F_b}{S_0} \tag{14-52}$$

④ 断后伸长率的测定

测量原始标距 L_0（mm），断后标距 L_b（mm），按照式（14-53）计算断后伸长率。

$$\delta=\frac{L_b-L_0}{L_0}\times 100\% \tag{14-53}$$

⑤ 断面收缩率的测定

测量原始截面面积 S_0（试样平行部分的长度的截面积），断后最小截面面积 S_b，按照式（14-54）计算收缩率。

$$\psi=\frac{S_b-S_0}{S_0}\times 100\% \tag{14-54}$$

5. 注意事项

上、下屈服强度位置的判定原则：

（1）屈服前的第一个峰值应力（第一个极大值应力）判为上屈服强度，不管其后的峰值应力比他大或比他小。

（2）屈服阶段中如呈现两个或两个以上的谷值应力，舍去第一个谷值应力（第一个极小值应力）不计，取其余谷值应力中之最小者判为下屈服强度。如只呈现一个下降谷，此谷值应力判为下屈服强度。

（3）屈服阶段中呈现屈服平台，平台应力判为下屈服强度；如呈现多个而且后者高于前者的屈服平台，判定第一个屈服平台为下屈服强度。

（4）正确的判定结果应该是下屈服强度一定低于上屈服强度。

试验思考题

简述测定屈服强度、抗拉强度的意义。

参考文献

[1] 施惠生，郭晓潞．土木工程材料［M］．重庆：重庆大学出版社，2011.
[2] 张俊才，董梦臣，高均明．土木工程材料［M］．北京：中国矿业大学出版社，2009.
[3] 唐朝辉，程瑶，丁文霞等．土木工程材料［M］．北京：中国地质大学出版社，2001.
[4] 伍勇华，房志勇．土木工程材料测试原理与技术［M］．北京：中国建筑工业出版社，2010.
[5] 杨杨，钱晓倩．土木工程材料［M］．武汉：武汉大学出版社，2014.
[6] 王海波．土木工程材料［M］．江西：江西科学技术出版社，2010.
[7] 施惠生，郭晓潞．土木工程材料［M］．重庆：重庆大学出版社，2011.
[8] 余丽武．土木工程材料［M］．2 版．南京：东南大学出版社，2014.
[9] 郑毅．土木工程材料［M］．武汉：武汉大学出版社，2014.
[10] 倪修全，殷和平，陈德鹏．土木工程材料［M］．武汉：武汉大学出版社，2014.
[11] 霍洪媛、赵红玲．土木工程材料［M］．北京：中国水利水电出版社，2012.